SOTHIS PRESS

Sothis Press aims to completely reimagine the public domain book with an emphasis on universal access to captivatingly designed print editions. We believe that technology will enable every single book ever published to be perpetually accessible in beautiful print form. Sothis is beauty in ubiquity.

www.sothis.press
1 Waterhouse Square, London, ECIN 2ST

Oeuvres de Henri Poincaré

PubliÃ©es Sous les Auspices de l'AcadÃ©mie des Sciences par la Section de GÃ©omÃ©trie

Henri PoincarÃ©

SOTHIS PRESS

ISBN 978-1-0365-1071-8

This edition is published by
Sothis Press © 2023. The company
is registered in England and Wales.
The Company Number is 14900389.

ŒUVRES

DE

HENRI POINCARÉ

ŒUVRES

DE

HENRI POINCARÉ

PUBLIÉES

SOUS LES AUSPICES DE L'ACADÉMIE DES SCIENCES

PAR

LA SECTION DE GÉOMÉTRIE

TOME VIII

PUBLIÉ AVEC LA COLLABORATION

DE

PIERRE SÉMIROT

DIRECTEUR DE L'OBSERVATOIRE DE L'UNIVERSITÉ DE BORDEAUX

PARIS

GAUTHIER-VILLARS, ÉDITEUR

LIBRAIRE DU BUREAU DES LONGITUDES, DE L'ÉCOLE POLYTECHNIQUE

Quai des Grands-Augustins, 55

1952

MÉCANIQUE CÉLESTE

ET

ASTRONOMIE

ANALYSE

DE SES

TRAVAUX SCIENTIFIQUES

FAITE PAR HENRI POINCARÉ.

Acta Mathematica, t. 38, p. 110, 114-115 (1921).

XX. — Développement de la Fonction perturbatrice [120, 168, 173, 196, 206, 207, 209, 278].

Je me suis occupé de la fonction perturbatrice à plusieurs points de vue différents.

J'ai d'abord cherché la valeur approchéee des coefficients des termes de rang très élevé. M. Flamme avait déjà employé pour cet objet la méthode de M. Darboux sur les fonctions de très grands nombres. Mais comme cette méthode sous sa forme primitive ne s'appliquait qu'aux fonctions d'une seule variable, M. Flamme devait donc décomposer chaque terme en une somme de produits, où chacun des facteurs ne dépendait que d'une seule anomalie moyenne. J'ai préféré considérer directement la fonction comme dépendant des deux anomalies moyennes. Des procédés analogues sont encore, comme je l'ai montré, applicables dans ce cas. Seulement ils exigent une discussion; j'ai donné les principes qui doivent diriger cette discussion et j'en ai fait l'application dans un cas simple [278].

On peut aussi considérer chaque coefficient comme fonction des excentricités et des inclinaisons, étudier les divers modes de développement de ces fonctions et chercher les conditions de leur convergence. Les conditions auxquelles j'arrive [209] sont relativement simples.

On peut enfin chercher s'il y a des relations entre les divers coefficients. J'en ai trouvé un certain nombre [196, 206, 207].

Dans toutes ces recherches, je me suis servi des relations de ces coefficients avec les périodes de certaines intégrales doubles.

XXII. — Astronomie, Questions diverses [31, 43, 58, 93, 114, 152, 195, 202, 213, 217, 281].

On a vu plus haut quel rôle jouent en Astronomie les séries trigonométriques.

J'ai donc au point de vue de ces applications été amené pour contribuer à la solution de cette question à étudier les conditions de convergence des séries trigonométriques [43, 93]. J'ai reconnu ainsi deux faits principaux :

1° Si une pareille série est absolument convergente pour certaines valeurs du temps, elle l'est éternellement; il n'en est plus de même quand la convergence n'est plus absolue;

2° Une même fonction ne peut pas être représentée par deux séries différentes absolument convergentes.

Je n'ai pu résoudre, de façon à me mettre à l'abri de toute objection, la question de la convergence des séries particulières de M. Lindstedt; cependant, j'ai tout lieu de penser que ces séries ne convergent pas absolument, mais que, en ordonnant convenablement les termes, on peut les rendre semi-convergentes. La convergence pourrait alors ne subsister que pendant un intervalle de temps limité.

On croit d'ordinaire qu'une fonction représentée par une série trigonométrique absolument convergente ne peut croître au delà de toute limite. C'est même cette croyance qui sert de fondement aux démonstrations anciennes de la stabilité du système solaire et qui, depuis, a conduit les astronomes à faire tant d'efforts pour faire rentrer le temps sous les signes sinus et cosinus. Cette croyance est erronée; j'ai montré [31, 93] qu'une pareille fonction devient aussi grande que l'on veut si la convergence n'est pas uniforme. Mais il y a deux manières de croître au delà de toute limite : une fonction peut « tendre vers l'infini ». Il arrive alors qu'elle finit par dépasser une quantité quelconque, si grande qu'elle soit, pour rester ensuite constamment supérieure à cette quantité. Une fonction peut encore subir une infinité d'oscillations successives, de façon que l'amplitude des oscillations croisse indéfiniment. J'ai montré [58] que les deux cas peuvent se présenter, en ce qui concerne la somme d'une série purement trigonométrique. En résumé, quand même on arriverait à représenter les coordonnées des astres par des séries trigonométriques convergentes, on n'aurait pas démontré la stabilité du système solaire.

J'ai ensuite [202] étudié des procédés destinés à augmenter la convergence de certaines séries trigonométriques dont divers astronomes, et en particulier M. Gyldén, avaient fait usage dans les quadratures mécaniques.

Je reviendrai plus loin sur le travail que j'ai consacré aux marées [195] et qui intéresse également l'Astronomie.

Le calcul des perturbations des comètes par les quadratures mécaniques devient particulièrement pénible quand la comète passe très près de l'astre troublant parce qu'à ce moment la distance des deux corps varie très rapidement. J'ai indiqué [213] comment un emploi judicieux des intégrales elliptiques pouvait faciliter ce calcul.

J'ai publié aussi un article [217] sur le rôle des observations du pendule en géodésie et j'ai montré comment les *seules* observations pendulaires, si elles étaient parfaites et complètes, pourraient suffire pour déterminer la forme de la Terre.

Enfin dans la Préface que j'ai écrite pour les leçons de Tisserand sur la détermination des Orbites, j'ai comparé les diverses méthodes en usage et j'ai montré qu'une orbite parabolique pourrait se déterminer à l'aide de trois observations *quelconques*, par des formules où n'entrent que des fonctions rationnelles.

SUR

LE DÉVELOPPEMENT APPROCHÉ

DE LA

FONCTION PERTURBATRICE

Comptes rendus de l'Académie des Sciences, t. 112, p. 269-273 (2 février 1891).

Il arrive souvent que, les moyens mouvements étant presque commensurables, certains termes de la fonction perturbatrice acquièrent, malgré leur rang élevé, une importance considérable par suite de la présence de petits diviseurs. Il peut être nécessaire de les calculer sans connaître les termes qui précèdent ; mais le plus souvent on n'a besoin que d'une valeur approchée, parce qu'il ne s'agit que de reconnaître si ces termes sont négligeables.

Le calcul de ces valeurs approchées a déjà, à plusieurs reprises, occupé les géomètres ; le meilleur et le plus complet des travaux publiés dans cet ordre d'idées est une Thèse de M. Flamme, où cet astronome prend pour point de départ la méthode de M. Darboux sur les fonctions de très grands nombres.

J'ai cru devoir revenir sur cette question pour la raison suivante : M. Flamme commence par développer, par les procédés ordinaires, la fonction perturbatrice en une somme de termes dont chacun est le produit de deux facteurs, le premier dépendant seulement de la longitude de la première planète, et le second de la longitude de la seconde planète. C'est à ces deux facteurs qu'il applique la méthode de M. Darboux. J'ai pensé qu'il pouvait y avoir intérêt à éviter ce développement préliminaire et à appliquer directement cette méthode à la fonction perturbatrice elle-même.

Mais pour cela il faut rendre la méthode de M. Darboux applicable aux fonctions de deux variables, ce qui peut se faire sans rien changer aux principes sur lesquels elle est fondée.

Voici comment j'ai opéré. Soient l et l' les deux anomalies moyennes, u et u' les deux anomalies excentriques, R la fonction perturbatrice à développer. Soit

$$\mathrm{R} = \sum \mathrm{A}_{m_1, m_2} e^{(m_1 l + m_2 l')\sqrt{-1}}.$$

Je me propose de calculer la valeur approchée de A_{m_1, m_2} en supposant

$$m_1 = an + b, \qquad m_2 = cn + d,$$

où n est un entier très grand, a, b, c, d des entiers finis, a et c premiers entre eux.

Par exemple, pour la grande inégalité de Pallas, on prendra

$$a = 2, \qquad b = 1, \qquad c = -1, \qquad d = 0, \qquad n = 8,$$

d'où

$$m_1 = 17, \qquad m_2 = 8.$$

Posons maintenant

$$x = e^{u\sqrt{-1}}, \qquad y = e^{u'\sqrt{-1}},$$

$$e^{l\sqrt{-1}} = t^c, \qquad e^{l'\sqrt{-1}} = t^{-a} z^{\frac{1}{c}},$$

$$\mathrm{F}(z, t) = \mathrm{R}\, t^{ad-bc-1} z^{-\frac{d}{c}}.$$

Soit de plus

$$\Phi(z) = \frac{1}{2i\pi} \int \mathrm{F}(z, t)\, dt,$$

l'intégrale étant prise, en regardant z comme une constante, le long du cercle $|t| = 1$, il viendra

$$\Phi(z) = \sum \mathrm{A}_{m_1 m_2} z^n \qquad (m_1 = an + b,\ m_2 = cn + d).$$

Nous n'avons donc plus à étudier qu'une fonction d'une seule variable à laquelle la méthode de M. Darboux est directement applicable. On sait que tout dépend de la valeur et de la nature des points singuliers de $\Phi(z)$.

Or, pour trouver les points singuliers de $\Phi(z)$, il suffit d'exprimer que z a une valeur telle que deux des points singuliers de $F(z, t)$ considérée comme fonction de t viennent à se confondre. Toutes les valeurs de z ainsi obtenues ne conviennent pas à la question et une discussion est nécessaire.

On trouve ainsi que les points singuliers de $\Phi(z)$ sont de deux sortes.

Nous avons d'abord les quatre points

$$x = \tau \quad \text{ou} \quad \frac{1}{\tau}, \qquad y = \tau' \quad \text{ou} \quad \frac{1}{\tau'},$$

en appelant $\sin\varphi$ et $\sin\varphi'$ les excentricités, et posant

$$\tau = \operatorname{tg}\frac{\varphi}{2}, \qquad \tau' = \operatorname{tg}\frac{\varphi'}{2};$$

z étant, d'autre part, défini en fonction de x et de y par la relation

$$(1) \qquad z = x^a e^{\frac{a\sin\varphi}{2}\left(\frac{1}{x}-x\right)} y^c e^{\frac{c\sin\varphi'}{2}\left(\frac{1}{y}-y\right)}.$$

Nous avons en second lieu les points définis de la manière suivante : Soit Δ le carré de la distance des deux planètes; nous aurons les valeurs de z tirées des équations

$$(2) \qquad \Delta = \frac{d\Delta}{dt} = 0;$$

or ces équations peuvent être remplacées par les suivantes :

$$(3) \qquad P = 0, \qquad Q = 0,$$

P et Q étant deux polynomes entiers en x et y, le premier du 6e ordre, le second du 7e; quant à z, il est toujours défini en fonction de x et y par la relation (1).

Si l'on élimine y entre les deux équations (3), on est amené à une équation algébrique en x du 24e degré.

Ce degré élevé crée une première difficulté. Heureusement on pourra se contenter dans le calcul des racines de cette équation d'une grossière approximation, et la petitesse des excentricités et des inclinaisons facilitera ce calcul.

Si l'on regarde les excentricités et les inclinaisons comme des infiniment petits, le degré s'abaisse à 12; il est donc encore très élevé; mais il s'abaisse beaucoup si l'inclinaison est nulle, de sorte qu'on peut entrevoir qu'en combinant les résultats obtenus par cette méthode dans le cas d'une inclinaison nulle, avec les considérations développées par M. Tisserand dans le Chapitre XXVIII du Tome I de sa *Mécanique céleste*, on pourra arriver à un procédé réellement pratique.

Supposons donc l'inclinaison nulle; si les excentricités sont finies, l'équation s'abaisse au quatrième degré; si les deux excentricités sont très petites et de même ordre, ou même si l'une d'elles seulement est très petite, elle s'abaisse au troisième degré; si enfin les deux encentricités sont très petites d'une manière absolue et l'une très petite par rapport à l'autre, elle s'abaisse au deuxième degré.

Une seconde difficulté provient de la nécessité d'une discussion pour reconnaître quel est de ces 28 points singuliers celui qui répond à la question. J'ai fait cette discussion dans quelques cas particuliers s'écartant peu de ceux qui peuvent être réalisés en Astronomie et j'ai trouvé que c'était un des 24 points définis par les équations (3) qu'il fallait prendre.

Soit donc z_0 le point singulier qui convient à la question; et soient t_0, x_0, y_0 les valeurs correspondantes de t, de x et de y. Si ce point z_0 est un de ceux qui satisfont aux équations (2) et (3), la valeur approchée de $A_{m_1 m_2}$ sera

$$(4) \qquad -\frac{1}{4 n i \pi z_0^n} t_0^{ad-bc-1} z_0^{-\frac{d}{c}} \frac{d^2\Delta}{dt^2},$$

à la condition, bien entendu, que dans $\frac{d^2\Delta}{dt^2}$ on remplace z et t par z_0 et t_0; ou bien encore x et y par x_0 et y_0 si l'on préfère exprimer $\frac{d^2\Delta}{dt^2}$ en fonction de ces deux variables $\left(\text{cela est d'ailleurs de beaucoup préférable, car } \frac{d^2\Delta}{dt^2} \text{ est une fonction rationnelle de } x \text{ et de } y\right)$.

On trouverait une expression analogue dans le cas où le point singulier convenable serait un des quatre points de la première sorte.

La même méthode fournirait sans peine des expressions plus approchées que l'expression (4), où l'erreur est de l'ordre de

$$\frac{1}{n^2 z_0^n}.$$

Il y a beaucoup à faire pour faciliter et rendre réellement pratique la résolution de l'équation algébrique à laquelle on est conduit et la discussion qui doit suivre. Je n'ai fait, dans le Mémoire qui sera bientôt publié, que poser les principes sur lesquels cette discussion doit reposer et je ne les ai appliqués que dans quelques cas particuliers; mais il me semble que l'importance du sujet devrait tenter les chercheurs et les engager à compléter les résultats que j'ai obtenus. Et, en effet, je n'ai abordé ce travail que dans un but très spécial et je me suis arrêté dès qu'il a été atteint.

Dans le cours de ces recherches, j'ai été conduit à la remarque suivante :

Soient r et r' les deux rayons vecteurs, H l'angle qu'ils font entre eux : la fonction perturbatrice de la première planète sera

$$-\frac{1}{\sqrt{\Delta}}+\frac{r\cos H}{r'^2}$$

et celle de la seconde

$$-\frac{1}{\sqrt{\Delta}}+\frac{r'\cos H}{r^2}.$$

La différence sera

$$D=\frac{r\cos H}{r'^2}-\frac{r'\cos H}{r^2}.$$

On sait que $\frac{r\cos H}{r'^2}$ et $\frac{r'\cos H}{r^2}$ ne contiennent pas de termes séculaires proprement dits et qu'on peut écrire, par exemple.

$$\frac{r\cos H}{r'^2}=\sum A_{m_1 m_2}\,{}^{\cos}_{\sin}(m_1 l+m_2 l'),$$

$$\frac{r'\cos H}{r^2}=\sum B_{m_1 m_2}\,{}^{\cos}_{\sin}(m_1 l+m_2 l').$$

$A_{m_1 m_2}$ et $B_{m_1 m_2}$ sont nuls pour $m_1=m_2=0$; mais si les moyens mouvements sont commensurables, si par exemple

(5) $$m_1 n+m_2 n'=0,$$

l'expression $m_1 l+m_2 l'$ devient indépendante du temps et le terme correspondant devient *accidentellement séculaire*.

J'ai remarqué que si l'on donne aux grands axes des valeurs telles que la relation (5) ait lieu, $A_{m_1 m_2}$ devient égal à $B_{m_1 m_2}$, de sorte que la différence D, qui ne contient déjà pas de termes séculaires proprement dits, ne peut pas contenir non plus de termes accidentellement séculaires.

La vérification est très facile.

SUR

LE DÉVELOPPEMENT

DE LA

FONCTION PERTURBATRICE

Bulletin astronomique, t. 14, p. 449-466 (décembre 1897).

Je me propose d'étudier les propriétés du développement de la partie principale de la fonction perturbatrice dans le cas où les excentricités sont nulles et les inclinaisons notables.

Soient a et a' les rayons des deux orbites, qui d'après notre hypothèse sont toutes deux circulaires; soient l et l' les longitudes des deux astres; soit enfin J l'inclinaison mutuelle des plans des deux orbites.

Nous compterons les longitudes l et l' à partir de la ligne des nœuds. Dans ces conditions, le carré de la distance des deux astres a pour expression

$$a^2 + a'^2 - 2aa'(\cos l \cos l' + \sin l \sin l' \cos J).$$

Si nous posons

$$x = e^{l\sqrt{-1}}, \qquad y = e^{l'\sqrt{-1}},$$

d'où

$$\cos l = \frac{x + x^{-1}}{2}, \qquad \cos l' = \frac{y + y^{-1}}{2};$$

$$\sin l = \frac{x - x^{-1}}{2\sqrt{-1}}, \qquad \sin l' = \frac{y - y^{-1}}{2\sqrt{-1}}.$$

Cette expression deviendra

$$a^2 + a'^2 - \frac{aa'}{2}[(x + x^{-1})(y + y^{-1}) - \cos J(x - x^{-1})(y - y^{-1})],$$

cette expression que j'appellerai désormais $F(x, y)$ est un polynome entier en $x, \frac{1}{x}, y, \frac{1}{y}$.

Considérons un polynome entier en $x, \frac{1}{x}, y, \frac{1}{y}$ dont tous les termes sont évidemment de la forme

$$x^a y^b,$$

où a et b sont des entiers positifs ou négatifs.

Je conviendrai de dire que ce polynome est de degré m si, dans tous ses termes, chacun des exposants a et b est au plus égal à m en valeur absolue.

C'est dans ce sens qu'il faudra entendre désormais, sauf avis contraire, le mot *polynome de degré m*.

A ce compte, $F(x, y)$ est un polynome de degré 1.

Il est clair d'abord que si P est un polynome de degré m, il en sera de même de

$$x\frac{dP}{dx}, \qquad y\frac{dP}{dy}.$$

On voit aisément ensuite qu'un polynome de degré m contient $(2m + 1)^2$ coefficients arbitraires; donc tous les polynomes de degré m peuvent s'exprimer linéairement à l'aide de $(2m + 1)^2$ d'entre eux.

Mais on doit remarquer que $F(x, y)$ présente une double symétrie :

1° Il ne change pas quand on permute x et y;

2° Il ne change pas quand on change x en $\frac{1}{x}$ et y en $\frac{1}{y}$.

Un polynome de degré m qui présente cette double symétrie ne contient plus que $(m + 1)^2$ coefficients arbitraires.

En effet, $4m^2$ de ses coefficients sont égaux 4 à 4; $4m$ sont égaux 2 à 2; le terme tout connu seul ne doit être égal à aucun autre coefficient.

Il y a donc

$$\frac{4m^2}{4} + \frac{4m}{2} + 1 = (m + 1)^2$$

coefficients distincts.

Un polynome de degré 1 contient donc 9 coefficients arbitraires; et 4 seulement d'entre eux sont distincts si le polynome présente la double symétrie de F.

Mais F ne dépend que de trois éléments a, a' et J ; il y a donc entre les 4 coefficients de F une relation qui ne jouera d'ailleurs aucun rôle dans l'analyse qui va suivre.

Il s'agit de développer la partie principale de la fonction perturbatrice qui est égale à $\frac{1}{\sqrt{F}}$ suivant les cosinus et les sinus des multiples des deux longitudes l et l' ou, ce qui revient au même, suivant les puissances de

$$e^{l\sqrt{-1}}, \quad e^{l'\sqrt{-1}}.$$

D'après la formule de Fourier, le coefficient de

$$e^{\sqrt{-1}(\alpha l-\beta l')},$$

où α et β sont des entiers positifs ou négatifs, sera représenté par l'intégrale double

$$\frac{1}{4\pi^2}\iint e^{-\sqrt{-1}(\alpha l+\beta l')}\frac{dl\,dl'}{\sqrt{F}}.$$

L'intégration, tant par rapport à l que par rapport à l', doit s'effectuer entre les limites o et 2π.

Exprimée à l'aide des variables

$$x = e^{l\sqrt{-1}}, \qquad y = e^{l'\sqrt{-1}},$$

cette égalité devient

$$(1) \qquad -\frac{1}{4\pi^2}\iint x^{-\alpha}y^{-\beta}\frac{dx\,dy}{xy\sqrt{F}},$$

et elle doit être prise le long d'un chemin imaginaire, les variables x et y décrivant chacune dans leur plan le cercle de rayon 1, de façon que

$$|x| = 1, \qquad |y| = 1.$$

Nous sommes ainsi conduits à étudier l'intégrale double (1) ou, plus généralement, l'intégrale double

$$A(\alpha, \beta, s) = \iint \frac{dx\,dy\,F^s}{x^{\alpha+1}y^{\beta+1}}$$

prise le long des deux cercles $|x| = 1$, $|y| = 1$.

Les nombres α et β sont des entiers positifs ou négatifs et s est la moitié d'un entier impair négatif.

Les intégrales $A(\alpha, \beta, s)$ sont des fonctions transcendantes des coefficients du polynome F et, par conséquent, des deux grands axes a et a' et de l'inclinaison J.

Mais, comme nous allons le voir, toutes ces transcendantes ne sont pas distinctes et il y a entre elles des relations de récurrence que nous allons étudier.

Je commence par observer qu'à cause de la symétrie du polynome F, on a

$$(2) \qquad A(\alpha, \beta, s) = A(\beta, \alpha, s) = A(-\alpha, -\beta, s) = A(-\beta, -\alpha, s).$$

Considérons maintenant une intégrale de la forme

$$\iint \mathrm{HF}^s \frac{dx\,dy}{xy},$$

où H est un polynome de degré m, au sens donné plus haut à ce mot

Les divers termes de H sont de la forme

$$\mathrm{C}x^\alpha y^\beta,$$

où les exposants α et β sont au plus égaux à m en valeur absolue.

L'intégrale elle-même est donc une combinaison linéaire des transcendantes $A(\alpha, \beta, s)$, où

$$|\alpha| \leqq m, \qquad |\beta| \leqq m.$$

Si l'on démontre qu'une pareille intégrale est nulle, on aura une relation linéaire entre ces transcendantes.

Voici comment on peut obtenir de semblables relations.

Soit P un polynome quelconque en x, y, $\frac{1}{x}$ et $\frac{1}{y}$; envisageons l'intégrale

$$\iint \frac{d}{dx}\left(\frac{\mathrm{PF}^{s+1}}{y}\right) dx\,dy;$$

je dis que cette intégrale est nulle. Si, en effet, nous intégrons d'abord par rapport à x, l'intégrale indéfinie est

$$\frac{\mathrm{PF}^{s+1}}{y},$$

et comme cette expression reprend la même valeur quand la variable x a décrit le cercle $|x| = 1$ tout entier, l'intégrale définie est nulle.

Pour la même raison, l'intégrale

$$\iint \frac{d}{dy}\left(\frac{\mathrm{QF}^{s+1}}{x}\right) dx\,dy,$$

où Q est un polynome quelconque, est nulle également. Si donc on a

$$\frac{H}{xy}F^s = \frac{d}{dx}\left(\frac{PF^{s+1}}{y}\right) + \frac{d}{dy}\left(\frac{QF^{s+1}}{x}\right),$$

ou, ce qui revient au même,

$$(3) \qquad H = x\left[F\frac{dP}{dx} + (s+1)P\frac{dF}{dx}\right] + y\left[F\frac{dQ}{dy} + (s+1)Q\frac{dF}{dy}\right];$$

on aura

$$(4) \qquad \iint \frac{H}{xy}F^s\,dx\,dy = 0.$$

Parmi les relations de la forme (4), nous distinguerons celles qui sont *symétriques;* nous appellerons ainsi celles où le polynome H présentera la même double symétrie que le polynome F.

Les relations non symétriques ne nous apprendront rien de plus que les relations symétriques. De toute relation non symétrique, il est en effet aisé de déduire une relation symétrique.

La relation

$$\iint \frac{H(x, y)}{xy}F^s\,dx\,dy = 0$$

entraîne en effet la suivante :

$$\iint \frac{dx\,dy}{xy}F^s\left[H(x, y) + H(y, x) + H\left(\frac{1}{x}, \frac{1}{y}\right) + H\left(\frac{1}{y}, \frac{1}{x}\right)\right] = 0$$

qui est symétrique.

Les deux équations, si l'on tient compte des égalités (2), conduisent d'ailleurs aux mêmes relations linéaires entre les transcendantes $A(\alpha, \beta, s)$.

Il suffira donc d'étudier les relations symétriques.

Nous devons donc rechercher quels sont les polynomes H qui peuvent se mettre sous la forme (3).

Parmi les expressions de la forme (3), nous distinguerons encore celles que nous appellerons *symétriques*.

Nous dirons qu'une expression (3) est symétrique si l'on a

$$(5) \qquad P(x, y) = -P\left(\frac{1}{x}, \frac{1}{y}\right)$$

et

$$(6) \qquad Q(x, y) = P(y, x).$$

De cette définition il résulte que, si un polynome H est égal à une expression (3) symétrique, ce polynome sera lui-même symétrique.

Si les polynomes P et Q sont de degré p, il en sera de même de

$$x\frac{dP}{dx}, \quad x\frac{dQ}{dx}, \quad \ldots$$

et l'expression (3) sera au plus de degré $p+1$; je dis au plus parce qu'il pourrait y avoir des réductions.

Cela posé, nous avons vu qu'il y a $(m+1)^2$ polynomes H symétriques de degré m, linéairement indépendants.

D'autre part, nous devons nous demander combien il y a d'expressions (3) symétriques et linéairement indépendantes qui sont égales à un polynome de degré m au plus.

Pour que l'expression (3) soit égale à un polynome d'ordre m au plus, il suffit que P et Q soient d'ordre $m-1$ au plus.

D'autres expressions (3) où les polynomes P et Q seraient de degré supérieur à $m-1$, pourraient par suite de réduction, être égales à un polynome d'ordre m ou d'ordre inférieur. Mais nous les laisserons de côté; on peut d'ailleurs démontrer que ces expressions ne nous conduiraient à aucune relation nouvelle.

Nous devons donc nous demander combien il y a d'expressions (3) symétriques et linéairement indépendantes où les degrés de P et Q ne dépassent pas $m-1$.

Combien y a-t-il de polynomes P d'ordre $m-1$ satisfaisant à la condition (5) et linéairement indépendants ?

Un polynome de degré $m-1$ contient

$$(2m-1)^2$$

coefficients ; mais en vertu de la relation (5) un de ces coefficients est nul, celui du terme tout connu et les autres sont égaux deux à deux; le polynome contient donc

$$\frac{(2m-1)^2-1}{2} = 2m(m-1)$$

coefficients arbitraires.

Il y a donc $2m(m-1)$ polynomes P indépendants de degré $(m-1)$ satisfaisant à la relation (5).

A chacun de ces polynomes, correspondra un polynome Q défini par l'équation (6) et, par conséquent, une expression (3).

Il y a donc $2m(m-1)$ expressions (3) symétriques et où les polynomes P et Q sont de degré $m-1$ et linéairement indépendants.

Si toutes ces expressions étaient distinctes, il y aurait seulement

$$(m+1)^2 - 2m(m-1)$$

polynomes H linéairement indépendants et non susceptibles d'être mis sous la forme (3).

Nous sommes donc conduits à nous poser la question suivante : ces $2m(m-1)$ expressions sont-elles distinctes ? Pour qu'elles le soient, il faudrait qu'on ne pût trouver aucune identité de la forme

$$x\left[F\frac{dP}{dx} + (s+1)P\frac{dF}{dx}\right] + y\left[F\frac{dQ}{dy} + (s+1)Q\frac{dF}{dy}\right] = 0,$$

ou, ce qui revient au même, aucune identité de la forme

$$(7) \qquad \frac{d}{dx}\left(\frac{PF^{s+1}}{y}\right) + \frac{d}{dy}\left(\frac{QF^{s+1}}{x}\right) = 0.$$

S'il y a p identités de cette forme linéairement indépendantes, il y aura au plus

$$(m+1)^2 - 2m(m-1) + p$$

polynomes H *linéairement indépendants et non susceptibles d'être mis sous la forme* (3)

Cherchons donc les relations de la forme (7).

Cette relation signifie que

$$QF^{s+1}\frac{dx}{x} - PF^{s+1}\frac{dy}{y}$$

est une différentielle exacte ; je l'appellerai

$$d(SF^{s+2})$$

et, *je me propose de démontrer que* S *est un polynome d'ordre* $m-2$.

Regardons, en effet, un instant y comme une constante ; nous aurons alors

$$SF^{s+2} = \int QF^{s+1}\frac{dx}{x}.$$

L'intégrale du second membre est une intégrale elliptique.

Pour introduire les fonctions elliptiques, posons

$$\Phi = \frac{4x^2F}{\frac{aa'}{2}\left[\cos J(y - y^{-1}) - (y + y^{-1})\right]},$$

Alors Φ est un polynome du troisième degré en x et le coefficient de x^3 est égal à 4.

Adoptant les notations de Weierstrass (qu'Halphen a aussi employées dans son Ouvrage), je poserai

$$\Phi = 4x(x - e_2 - e_1)(x - e_3 + e_1),$$
$$e_1 + e_2 + e_3 = 0, \qquad p(\omega_i) = e_i,$$
$$x = p(u) - e_1, \qquad \sqrt{\Phi} = p'(u).$$

Il est clair que e_1, e_2, e_3 sont fonctions de y; il vient alors

$$SF^{s+2} = \int \frac{QF^{s+1}}{x} \sqrt{\Phi}\, du.$$

La fonction sous le signe $\int$

$$\frac{QF^{s+1}\sqrt{\Phi}}{x}$$

est une fonction doublement périodique de u. Cette fonction est paire, elle admet quatre pôles, à savoir

o comme infini d'ordre		$2m + 2s + 1$,
ω_1	»	$2m + 2s + 1$,
ω_2	»	$-3 - 2s$,
ω_3	»	$-3 - 2s$.

Observons que, $2s$ étant impair, tous ces nombres sont pairs.

D'ailleurs, si s est plus grand que $-\frac{3}{2}$, les deux derniers nombres sont négatifs, de sorte que ω_2 et ω_3, au lieu d'être des infinis, sont des zéros.

Décomposons cette fonction doublement périodique en éléments simples; la décomposition sera de la forme

$$A + B_0\zeta'(u) + \Sigma B_i\zeta'(u - \omega_i) + \Sigma CH.$$

Les coefficients A, B et C sont des constantes par rapport à x et ne dépendent que de y; je désigne par H une dérivée d'ordre quelconque de l'une des fonctions

$$\zeta(u), \quad \zeta(u - \omega_1), \quad \zeta(u - \omega_2), \quad \zeta(u - \omega_3).$$

Remarquons que, la fonction étant paire, H ne pourra être qu'une dérivée d'ordre impair; c'est pour la même raison que le développement ne contient pas de terme dépendant des fonctions ζ elles-mêmes, mais seulement des termes provenant de leurs dérivées.

En intégrant nous trouverons

$$SF^{s+2} = A u + B_0 \zeta(u) + \Sigma B_i \zeta(u - \omega_i) + \Sigma C H' + D,$$

où H' est une dérivée d'ordre pair des fonctions ζ et où D est une fonction de y seulement.

Quand u augmente de $2\omega_1$, cette expression augmente de

$$\psi_1 = 2 A \omega_1 + 2 \eta_1 \Sigma B,$$

où

$$\Sigma B = B_0 + B_1 + B_2 + B_3.$$

De même, quand u augmente de $2\omega_2$, cette expression augmente de

$$\psi_2 = 2 A \omega_2 + 2 \eta_2 \Sigma B.$$

Il est clair que A, ΣB, ω_1, η_1, ω_2, η_2 sont des fonctions de y, mais je dis que ψ_1 et ψ_2 ne peuvent dépendre de y.

En effet, quand u augmente de $2\omega_1$ ou de $2\omega_2$, SF^{s+2} augmente de ψ_1 ou de ψ_2 et

$$\frac{dSF^{s+2}}{dy}$$

augmente de $\frac{d\psi_1}{dy}$ ou de $\frac{d\psi_2}{dy}$. Mais

$$\frac{dSF^{s+2}}{dy} = -\frac{PF^{s+1}}{y_1}$$

et est, par conséquent, une fonction périodique de u ; on a donc

$$\frac{d\psi_1}{dy} = \frac{d\psi_2}{dy} = 0,$$

ce qui montre que ψ_1 et ψ_2 sont des constantes.

Or il y a deux valeurs remarquables de y, à savoir

$$y = \pm\sqrt{-1}\,\mathrm{tg}\frac{J}{2}$$

pour lesquelles le polynome Φ est divisible par x^2, pour lesquelles, par conséquent, on a

$$e_1 = e_2.$$

Si nous faisons décrire à la variable y un contour fermé autour de cette valeur remarquable, e_2 décrit un contour fermé autour de e_1.

Donc ω_1, ω_2, η_1, η_2 se changent en

$$3\omega_1 + 2\omega_2, \quad -2\omega_1 - \omega_2, \quad 3\eta_1 + 2\eta_2, \quad -2\eta_1 - \eta_2;$$

A et ΣB ne changent pas.

Donc ψ_1 et ψ_2 se changent en

$$3\psi_1 + 2\psi_2, \quad -2\psi_1 - \psi_2.$$

Mais ψ_1 et ψ_2 qui sont des constantes ne doivent pas changer, on a donc

$$\begin{aligned} \psi_1 &= 3\psi_1 + 2\psi_2, \\ \psi_2 &= -2\psi_1 - \psi_2 \end{aligned}$$

d'où

$$\psi_1 + \psi_2 = 0.$$

D'autre part, il y a deux valeurs remarquables de y pour lesquelles l'équaquation $\Phi = 0$ a une racine double, pour lesquelles, par conséquent, $e_2 = e_3$. Quand y tournera autour de l'une de ces deux valeurs remarquables, les deux racines e_2 et e_3 s'échangeront; ω_1, ω_2, η_1 et η_2 se changeront en

$$\omega_1, \quad \omega_2 - \omega_1, \quad \eta_1, \quad \eta_2 - \eta_1;$$

par conséquent, ψ_1 et ψ_2 se changeront en

$$\psi_1, \quad \psi_2 - \psi_1;$$

on a donc

$$\psi_2 = \psi_2 - \psi_1,$$

d'où

$$\psi_1 = 0$$

et, par conséquent,

$$\psi_2 = 0.$$

Ces deux équations peuvent s'écrire

$$\begin{aligned} A\omega_1 + \eta_1 \Sigma B &= 0, \\ A\omega_2 + \eta_2 \Sigma B &= 0 \end{aligned}$$

et l'on en tire

$$A = \Sigma B = 0.$$

Ces deux équations nous apprennent que SF^{s+2} est une fonction doublement périodique de u.

Cette fonction est impaire et admet au plus quatre pôles, à savoir:

0	d'ordre	$2m + 2s$,
ω_1	»	$2m + 2s$,
ω_2	»	$-4 - 2s$,
ω_3	»	$-4 - 2s$.

D'autre part, F^{s+2} est une fonction doublement périodique impaire qui admet 0 et ω_1 comme pôles d'ordre $2s + 4$, ω_2 et ω_3 comme zéros d'ordre $2s + 4$.

Donc S sera une fonction doublement périodique paire pour laquelle

o sera un pôle d'ordre $(2m+2s)-(2s+4)=2(m-2)$,

ω_1 » $(2m+2s)-(2s+4)=2(m-2)$,

ω_2 » $-4-2s+(2s+4)=0$,

ω_3 » $-4-2s+(2s+4)=0$.

Alors S étant une fonction périodique *paire* de u est une fonction rationnelle de x; comme elle ne devient infinie que pour $u=0$ et pour $u=\omega_1$, c'est-à-dire pour $x=\infty$ et pour $x=0$, ce sera un polynome entier en x et $\frac{1}{x}$; et enfin, comme ses deux infinis sont d'ordre $2(m-2)$ par rapport à u, ce polynome sera d'ordre $m-2$.

Ainsi S, considérée comme fonction de x, est un polynome d'ordre $m-2$ en x et $\frac{1}{x}$; pour la même raison, considérée comme fonction de y, ce sera un polynome d'ordre $m-2$ en y et $\frac{1}{y}$.

Nous conclurons donc que S, *considérée comme fonction de x et de y, est un polynome d'ordre $m-2$, au sens donné plus haut à ce mot.*

C. Q. F. D.

Mais l'expression

$$F^{s+1}\left(Q\frac{dx}{x}-P\frac{dy}{y}\right)=d(SF^{s+2})$$

jouit d'une double symétrie :

1° Quand on permute x et y, F ne change pas, Q se change en P et l'expression change de signe;

2° Quand on change x et y en $\frac{1}{x}$ et $\frac{1}{y}$, F ne change pas, P et Q changent de signe, $\frac{dx}{x}$ et $\frac{dy}{y}$ changent de signe et l'expression ne change pas.

Le polynome S jouit donc des propriétés suivantes :

$$(8)\qquad \left\{\begin{aligned} S(y,x) &= -S(x,y).\\ S\left(\frac{1}{x},\frac{1}{y}\right) &= S(x,y).\end{aligned}\right.$$

Il y aura donc autant de relations de la forme (7) qu'il y a de polynomes S d'ordre $m-2$ satisfaisant aux équations (8).

Un polynome d'ordre $m-2$ contient

$$(2m-3)^2$$

coefficients; mais, parmi ces coefficients, $(2m-4)^2$ sont égaux quatre à quatre en valeur absolue; ce sont ceux des termes en

$$x^\alpha y^\beta$$

où l'exposant α n'est égal ni à β, ni à $-\beta$.

Il y en a $2m-3$ qui sont nuls : ce sont ceux où α est égal à β; il en est de même des $2m-4$ coefficients où α est égal à $-\beta$.

Il y a donc en tout

$$\frac{(2m-4)^2}{4} = (m-2)^2$$

polynomes S linéairement indépendants; c'est aussi le nombre des relations (7), de sorte que

$$p = (m-2)^2.$$

Il y a donc au plus

$$(m+1)^2 - 2m(m-1) + (m-2)^2 = 5$$

polynomes H *linéairement indépendants entre eux et de ceux qui sont susceptibles d'être mis sous la forme* (3); ce nombre 5, et c'est là le point essentiel, est indépendant de m et de s.

Les polynomes P et Q étant arbitraires et assujettis seulement aux conditions (5) et (6), nous pouvons regarder leurs coefficients comme des constantes données.

Les coefficients de l'expression (3) seront donc des fonctions linéaires des coefficients de F et, par conséquent, des polynomes entiers par rapport aux deux grands axes a et a' et à $\cos J$.

Notre expression (3) sera donc de la forme suivante :

$$\Sigma C x^{-\alpha} y^{-\beta},$$

où les C sont des fonctions rationnelles de a, a' et à $\cos J$.

Nous avons vu qu'à chaque expression (3) correspond une relation de la forme (4). Cette relation s'écrira

$$\iint \Sigma C x^{-\alpha} y^{-\beta} \frac{F^s}{xy}\, dx\, dy = 0$$

ce qui donne

$$\Sigma C A(\alpha, \beta, s) = 0. \tag{9}$$

Il y a donc entre les A (α, β, s), qui sont des fonctions transcendantes de a,

a' et $\cos J$, une infinité de relations linéaires dont les coefficients sont des fonctions rationnelles de ces mêmes éléments.

Nous ne considérerons pas q transcendantes $A(\alpha, \beta, s)$ comme *distinctes*, si ces q transcendantes sont liées par une relation de la forme (9).

Considérons alors les transcendantes

$$A(\alpha, \beta, s),$$

où s a une valeur déterminée et où α et β sont au plus égaux à m en valeur absolue.

Ces transcendantes à cause des relations (2) sont au nombre de $(m+1)^2$ correspondant aux $(m+1)^2$ polynomes H de degré m, symétriques et linéairement indépendants.

Mais parmi ces $(m+1)^2$ transcendantes, combien y en aura-t-il qui soient *distinctes?* D'après ce qui précède, il y en aura précisément autant que de polynomes H linéairement indépendants entre eux et de ceux qu'on peut mettre sous la forme (3), c'est-à-dire cinq.

Parmi nos $(m+1)^2$ transcendantes, il y en aura au plus cinq qui seront distinctes, et cela quels que soient m et s.

Comme le nombre m peut être pris aussi grand que l'on veut, nous pouvons encore énoncer le résultat comme il suit :

Parmi les transcendantes $A(\alpha, \beta, s)$ en nombre infini qui correspondent à une valeur donnée de s, il y en a au plus cinq qui seront distinctes

Maintenant, nous avons par définition

$$A(\alpha, \beta, s) = \iint \frac{dx\, dy\, F^s}{x^{\alpha+1} y^{\beta+1}}.$$

Or

$$F = a^2 + a'^2 - \frac{aa'}{2}[(x+x^{-1})(y+y^{-1}) - \cos J(x-x^{-1})(y-y^{-1})];$$

ce que j'écrirai plus simplement

$$F = \Sigma D x^\gamma y^\delta,$$

γ et δ étant des exposants égaux à $+1$, 0, ou -1 ; et les D étant des coefficients de la forme

$$a^2 + a'^2, \quad \pm\frac{aa'}{2}, \quad \pm\frac{aa'}{2}\cos J,$$

et, par conséquent, fonctions rationnelles de a, a' et $\cos J$. Il vient alors

$$A(\alpha, \beta, s) = \Sigma D \iint \frac{dx\, dy\, x^\gamma y^\delta F^{s-1}}{x^{\alpha+1} y^{\beta+1}}$$

ou

$$A(\alpha, \beta, s) = \Sigma D . A(\alpha - \gamma, \beta - \delta, s - 1).$$

Les coefficients D étant rationnels en a, a' et $\cos J$, les transcendantes qui correspondent à la valeur s du troisième exposant se ramènent à celles qui correspondent à la valeur $s - 1$; celles-ci se ramènent de même à celles qui correspondent à la valeur $s - 2$, et ainsi de suite.

Toutes les transcendantes qui correspondent à une valeur du troisième exposant plus grande que $s - n$, se ramènent donc à la valeur $s - n$ et comme, parmi ces dernières, il y en a cinq qui sont distinctes, je puis énoncer le résultat suivant :

Parmi les transcendantes qui correspondent à une valeur du troisième exposant plus grande que $s - n$, il y en a au plus cinq qui sont distinctes.

Mais je puis prendre l'entier n aussi grand que je veux, je puis donc dire :

Parmi *toutes* les transcendantes $A(\alpha, \beta, s)$, *il y en a au plus cinq qui sont distinctes.*

Les coefficients du développement de la fonction perturbatrice sont, à un facteur constant près, égaux à $A\left(\alpha, \beta, -\frac{1}{2}\right)$; donc *les coefficients du développement de la fonction perturbatrice sont des fonctions transcendantes de a, a' et* $\cos J$; mais toutes ces fonctions transcendantes sont des combinaisons linéaires de *cinq transcendantes* distinctes, ou de ces transcendantes multipliées par des fonctions rationnelles des mêmes éléments.

Calculons maintenant les dérivées partielles de $A(\alpha, \beta, s)$ par rapport aux éléments a, a' et $\cos J$.

La différentiation sous le signe $\int$ nous donne

$$\frac{dA(\alpha, \beta, s)}{da} = s \iint \frac{dx\, dy\, F^{s-1}}{x^{\alpha+1} y^{\beta+1}} \frac{dF}{da}.$$

Mais $\frac{dF}{da}$ est un polynome en x, y dont les coefficients sont des fonctions rationnelles de a, a' et $\cos J$.

Je puis donc écrire

$$\frac{dF}{da} = \Sigma E x^\gamma y^\delta,$$

les E étant rationnels en a, a' et $\cos J$: il vient, par conséquent,

$$\frac{d\mathrm{A}(\alpha, \beta, s)}{da} = s\Sigma \mathrm{E}\,\mathrm{A}(\alpha-\gamma, \beta-\delta, s-1).$$

Ainsi la dérivée $\frac{d\mathrm{A}(\alpha, \beta, s)}{da}$ se ramène aux transcendantes

$$\mathrm{A}(\alpha, \beta, s-1);$$

il en est de même pour la même raison des deux autres dérivées partielles

$$\frac{d\mathrm{A}(\alpha, \beta, s)}{da'}, \quad \frac{d\mathrm{A}(\alpha, \beta, s)}{d\cos J}.$$

En différentiant on trouve

$$\frac{d^2\mathrm{A}(\alpha, \beta, s)}{da^2} = s\Sigma \mathrm{E}\frac{d\mathrm{A}(\alpha-\gamma, \beta-\delta, s-1)}{da} + s\sum \frac{d\mathrm{E}}{da}\mathrm{A}(\alpha-\gamma, \beta-\delta, s-1).$$

Les coefficients de cette relation, E et $\frac{d\mathrm{E}}{da}$, sont encore des fonctions rationnelles de a, a' et $\cos J$; par conséquent, la dérivée seconde $\frac{d^2\mathrm{A}}{da^2}$ se ramène aux transcendantes A et à leurs dérivées premières $\frac{d\mathrm{A}}{da}$; mais nous venons de voir que ces dérivées premières se ramènent elles-mêmes aux transcendantes A

Donc la dérivée seconde

$$\frac{d^2\mathrm{A}(\alpha, \beta, s)}{da^2}$$

se ramène aux transcendantes A et il en est de même pour la même raison des autres dérivées partielles du second ordre et des dérivées partielles d'ordre supérieur.

En résumé, *les* $\mathrm{A}(\alpha, \beta, s)$ *et leurs dérivées partielles des différents ordres par rapport à* a, a' *et* $\cos J$ *sont des fonctions transcendantes de* a, a' *et* $\cos J$; *mais, parmi ces transcendantes en nombre infini, il y en a au plus cinq qui sont distinctes.*

Nous pouvons, en particulier, considérer une des transcendantes $\mathrm{A}(\alpha, \beta, s)$ et ses dérivées des divers ordres par rapport à α; six quelconques de ces fonctions sont liées par une relation linéaire dont les coefficients sont des fonctions rationnelles de a; donc :

Les coefficients du développement de la fonction perturbatrice, regardés comme fonctions de a, satisfont à une équation différentielle linéaire à coefficients rationnels du cinquième ordre au plus.

Il en sera encore de même si ces coefficients sont regardés comme fonctions de a' ou de $\cos J$.

Considérons maintenant deux transcendantes :

$$A(\alpha, \beta, s), \quad A(\alpha', \beta', s')$$

(que j'appellerai pour abréger A et A′) et les quatre premières dérivées de A par rapport à a; il y aura entre ces six fonctions une relation linéaire à coefficients rationnels.

Si dans cette relation le coefficient de A′ n'est pas nul, nous conclurons que A′ peut être égalée à une combinaison linéaire de A et de ses dérivées multipliées par des fonctions rationnelles de a, a' et $\cos J$.

Si, au contraire, ce coefficient de A′ était nul, nous conclurions que A satisfait à une équation linéaire, non plus du cinquième, mais du quatrième ordre.

Donc, ou bien tous les coefficients de la fonction perturbatrice satisferont à une équation linéaire du quatrième ordre ; ou bien tous ces coefficients pourront être égalés à une somme de cinq termes, et chacun de ces termes sera égal au produit d'une fonction rationnelle de a, a' et $\cos J$, par le premier de ces coefficients ou l'une de ses dérivées.

Mais il y a plus; considérons les diverses transcendantes de la forme suivante :

$$\Phi = \Sigma G . A(\alpha, \beta, s),$$

les coefficients G étant rationnels en a, a' et $\cos J$.

Si *toutes* ces transcendantes ne satisfont pas à une équation différentielle linéaire du quatrième ordre, je choisirai l'une d'elles qui ne satisfera pas à une équation du quatrième ordre et que j'appellerai Φ_0.

Alors toutes les transcendantes $A(\alpha, \beta, s)$ pourront être égalées à une combinaison linéaire de Φ_0 et de ses quatre premières dérivées multipliées par des fonctions rationnelles de a, a' et $\cos J$.

Si, au contraire, toutes les transcendantes Φ satisfont à une équation du quatrième ordre, des considérations empruntées à la théorie des équations différentielles linéaires, mais qu'il est inutile de reproduire ici, permettraient de montrer que quatre de ces transcendantes au plus (et non plus cinq) sont distinctes, et l'on arriverait encore au même résultat que je puis dans tous les cas énoncer ainsi :

Les coefficients du développement de la fonction perturbatrice peuvent se déduire d'une seule transcendante Φ_0 et cela de la manière suivante :

Chacun de ces coefficients sera égal à la somme de cinq termes au plus; chacun de ces termes sera le produit de deux facteurs; le premier facteur sera la transcendante Φ_0 *ou l'une de ses quatre premières dérivées par rapport à* a*; le second facteur sera une fonction rationnelle de* a, a' *et* $\cos J$.

Ces propriétés des transcendantes $A(\alpha, \beta, s)$ sont tout à fait analogues aux relations de récurrence bien connues entre les coefficients de Laplace.

Il semble qu'elles puissent rendre, dans le cas où les excentricités sont faibles et les inclinaisons fortes, des services analogues à ceux qui rendent ces relations de récurrences bien connues, quand les excentricités et les inclinaisons sont faibles à la fois.

SUR

LE DÉVELOPPEMENT APPROCHÉ

DE LA

FONCTION PERTURBATRICE

Comptes rendus de l'Académie des Sciences, t. 126, p. 370-373 (31 janvier 1898).

On peut développer la fonction perturbatrice, soit suivant les cosinus des multiples des anomalies moyennes, soit suivant ceux des anomalies excentriques. On obtient ainsi des développements de la forme suivante :

$$\frac{1}{\Delta} = \sum A_{mm'} e^{i(ml+m'l')} = \sum B_{mm'} e^{i(mu+m'u')}.$$

Dans cette formule Δ représente la distance des deux planètes, l et l' les anomalies moyennes, u et u' les anomalies excentriques.

Posons

$$e^{iu} = x, \qquad e^{iu'} = y.$$

On sait que les coefficients A peuvent être représentés par une intégrale double de la forme

$$-4\pi^2 A_{mm'} = \iint \frac{Q e^{\Omega}\, dx\, dy}{x^m y^{m'} \sqrt{F}}$$

prise le long des deux circonférences

$$|x| = 1, \qquad |y| = 1.$$

Q et F sont des polynomes en x, y, $\frac{1}{x}$ et $\frac{1}{y}$,

$$\Omega = \frac{m \sin\varphi}{2}\left(x - \frac{1}{x}\right) + \frac{m' \sin\varphi'}{2}\left(y - \frac{1}{y}\right),$$

en désignant par $\sin\varphi$ et $\sin\varphi'$ les deux excentricités.

Les coefficients B peuvent être représentés par une intégrale double de même forme, avec cette différence que Q se réduit à une constante et Ω à zéro, de sorte que l'exponentielle e^{Ω} disparaît.

On peut se proposer de calculer la valeur approchée des coefficients A et B pour de grandes valeurs de m et de m'. Soit, par exemple,

$$m = an + b, \qquad m' = cn + d,$$

où a, b, c, d sont des entiers finis et donnés une fois pour toutes et où n est un entier très grand qu'on fera croître indéfiniment. On sait que le calcul approché des coefficients se ramène à l'étude des points singuliers d'une certaine fonction analytique que je vais mettre sous la forme que lui a donnée M. Féraud :

$$\Phi(z) = \sum A_{mm'} z^n,$$

où n varie de o à $+\infty$.

Cette fonction est égale à l'intégrale double

$$\Phi(z) = \iint \frac{Q e^{\Omega_1}\, dx\, dy}{\left(1 - \frac{z e^{\Omega_0}}{x^a y^c}\right) x^b y^d \sqrt{F}};$$

Ω_1 et Ω_0 sont des polynomes de même forme que Ω, mais où les entiers m et m' sont remplacés par a et c pour Ω_0, par b et d pour Ω_1.

On peut former une fonction $\Phi(z)$ analogue relative aux coefficients B et au développement suivant les anomalies excentriques; on trouve encore une intégrale de même forme, mais où Q doit être remplacé par une constante; Ω_0 et Ω_1 par zéro, de sorte que les exponentielles disparaissent.

L'étude analytique de cette fonction $\Phi(z)$ peut, en conséquence, présenter un certain intérêt; voici les résultats auxquels je suis parvenu :

Supposons d'abord les excentricités nulles; ou bien encore supposons qu'il s'agisse du développement suivant les anomalies excentriques. Dans ces deux cas l'intégrale qui représente $\Phi(z)$ ne contient pas d'exponentielle.

On trouve alors que $\Phi(z)$ satisfait à une équation différentielle linéaire à second membre

$$\Delta\Phi(z) = P.$$

Les coefficients du premier membre et le second membre P sont des polynomes entiers en z.

Dans le cas général, où les exponentielles ne disparaissent pas, la fonction $\Phi(z)$ satisfait encore à une équation de même forme, mais les coefficients du premier membre et P ne sont plus des polynomes entiers en z; ce sont des fonctions uniformes, mais transcendantes de z, n'ayant pour points singuliers que

$$z = 0, \qquad z = \infty.$$

Revenons au cas où les excentricités sont nulles, ou bien à celui du développement suivant les anomalies excentriques, c'est-à-dire au cas où les exponentielles disparaissent; supposons les entiers a et c premiers entre eux et soient α et γ deux entiers tels que

$$\alpha c - a\gamma = 1.$$

Posons

$$z = \frac{1}{t}, \qquad x^a y^c = \xi^{-1}, \qquad x^\alpha y^\gamma = \eta^{-1};$$

l'expression de $\Phi(z)$ deviendra

$$\Phi = \iint \frac{Q_1\,d\xi\,d\eta}{(\xi - t)\sqrt{F_1}}.$$

L'intégrale doit être prise le long des deux circonférences

$$|\xi| = 1, \qquad |\eta| = 1,$$

et il s'agit d'étudier le développement de Φ suivant les puissances négatives de t.

Les lettres Q_1 et F_1 désignent deux polynomes entiers en ξ et η. L'équation

$$F_1(\xi, \eta) = 0,$$

considérée comme équation en η, admettra un certain nombre de racines

$$\eta_1, \quad \eta_2, \quad \ldots, \quad \eta_m.$$

Ces racines se répartiront en deux catégories : la première catégorie comprendra celles qui, quand on fait varier ξ d'une manière continue, de façon que la valeur finale de ξ ait pour module 1, ont leur valeur finale de module plus petit que 1.

Les points singuliers seront les valeurs de ξ pour lesquelles l'équation $F_1 = 0$ a deux racines égales.

Le point singulier est admissible si son module est plus petit que 1 et si les deux racines de l'équation $F_1 = 0$ qui deviennent égales appartiennent à deux catégories différentes.

Soit a celui des points singuliers admissibles dont le module est le plus grand.

Alors, le développement de Φ suivant les puissances négatives de t sera convergent à l'extérieur d'une circonférence de rayon $|a|$. En d'autres termes, la valeur approchée de $A_{mm'}$ sera du même ordre de grandeur que a^n.

La discussion se trouve ainsi simplifiée.

Des procédés analogues sont applicables au cas général où les exponentielles ne disparaissent pas.

DÉVELOPPEMENT

DE LA

FONCTION PERTURBATRICE

Bulletin astronomique, t. 15, p. 70-71 (février 1898).

Dans le numéro de décembre 1897 je me suis occupé du développement de la fonction perturbatrice et j'ai étudié les coefficients de ce développement dans le cas où les excentricités sont nulles et les inclinaisons notables.

J'ai montré que ces coefficients peuvent, à l'aide de certaines relations de récurrence, se déduire de quelques-uns d'entre eux dont le nombre est *au plus* égal à cinq.

J'ai montré, en outre, qu'ils satisfont à des équations différentielles linéaires dont l'ordre est *au plus* égal à cinq.

Mais on peut aller plus loin.

Nous emploierons les mêmes notations que dans le travail auquel je renvoie.

Nous observerons que F ne contient que des termes d'ordre pair en x et y, de telle sorte que

$$F(x, y) = F(-x, -y).$$

Il résulte de là que les coefficients $A(\alpha, \beta, s)$ sont nuls si $\alpha + \beta$ est impair.

Il suffira donc d'envisager les intégrales de la forme

$$\iint HF^s \frac{dx\,dy}{xy},$$

où H est un polynome de degré m satisfaisant non seulement aux conditions

$$H(x, y) = H(y, x) = H\left(\frac{1}{x}, \frac{1}{y}\right),$$

mais, en outre, à la condition

$$H(x, y) = H(-x, -y).$$

Le polynome H contient alors

$$\frac{(m+1)(m+2)}{2}$$

coefficients arbitraires.

Nous sommes conduits de même à supposer que les polynomes P et Q satisfont non seulement aux conditions

$$P(x, y) = -P\left(\frac{1}{x}, \frac{1}{y}\right) = Q(y, x),$$

mais à la condition

$$P(x, y) = P(-x, -y),$$

Il est clair, en effet, que, si P satisfait à cette condition, il en est de même de Q et de H.

Un polynome P, assujetti à ces conditions et de degré $m-1$, contient alors

$$m^2 - m$$

coefficients arbitraires.

Enfin l'identité

$$QF^{s+1}\frac{dx}{x} - PF^{s+1}\frac{dy}{y} = d(SF^{s+2})$$

nous montre que

$$S(x, y) = S(-x, -y).$$

Un polynome S, de degré $m-2$, satisfaisant aux conditions

$$S(x, y) = -S(y, x) = S\left(\frac{1}{x}, \frac{1}{y}\right) = S(-x, -y),$$

contient

$$\frac{(m-2)(m-3)}{2}$$

coefficients arbitraires.

Le nombre des expressions de la forme (1) qui restent indépendantes est donc

$$\frac{(m+1)(m+2)}{2} + \frac{(m-2)(m-3)}{2} - (m^2 - m) = 4.$$

Donc tous les coefficients du développement peuvent se déduire de quatre d'entre eux seulement.

Chacun d'eux satisfait à une équation différentielle linéaire du quatrième ordre.

DÉVELOPPEMENT

DE LA

FONCTION PERTURBATRICE

Bulletin astronomique, t. 15, p. 449-464 (décembre 1898).

1. Les coefficients du développement de la fonction perturbatrice sont eux-mêmes des fonctions des éléments et peuvent être développés, par exemple, suivant les puissances des excentricités et des inclinaisons. On peut se proposer de rechercher quelles sont les conditions de convergences de ces développements.

Nous désignerons par Δ la distance des deux planètes, par u et u' les deux anomalies excentriques, par l et l' les deux anomalies moyennes, et nous étudierons le développement de $\frac{1}{\Delta}$, c'est-à-dire de la partie principale de la fonction perturbatrice; nous distinguerons le développement suivant les anomalies moyennes et le développement suivant les anomalies excentriques.

Soient

$$\frac{1}{\Delta} = \Sigma A_{m,m'} E^{\sqrt{-1}(ml+m'l')}$$

le premier de ces développements et

$$\frac{1}{\Delta} = \Sigma B_{m,m'} E^{\sqrt{-1}(mu+m'u')}$$

le second. Je représente par E la base des logarithmes népériens

Les coefficients $A_{m,m'}$, de même que les coefficients $B_{m,m'}$ peuvent s'exprimer par des intégrales définies.

Posons

$$x = E^{\sqrt{-1}\,u}, \qquad y = E^{\sqrt{-1}\,u'}.$$

Alors $\Delta^2 x^2 y^2$ sera un polynome du sixième degré en x et y.

Soient e et e' les deux excentricités et posons

$$\Omega = \frac{me}{2}\left(x - \frac{1}{x}\right) + \frac{m'e'}{2}\left(y - \frac{1}{y}\right),$$

$$V = \left[1 - \frac{e}{2}\left(x + \frac{1}{x}\right)\right]\left[1 - \frac{e'}{2}\left(y + \frac{1}{y}\right)\right]$$

Nous aurons alors

$$(1) \qquad 4\pi^2 B_{m,m'} = \iint \frac{dx\,dy}{x^{m+1}y^{m'+1}\Delta},$$

$$(2) \qquad 4\pi^2 A_{m,m'} = \iint \frac{dx\,dy\,V E^{\Omega}}{x^{m+1}y^{m'+1}\Delta},$$

les intégrales étant prises le long des deux circonférences

$$|x| = 1, \qquad |y| = 1.$$

Considérons ces intégrales définies comme des fonctions des excentricités et des inclinaisons; ces fonctions seront évidemment développables suivant les puissances de ces variables pourvu qu'elles soient assez petites.

Pour trouver les limites de convergence de ces développements, j'appliquerai la méthode de Cauchy et chercherai quels sont les points singuliers de ces intégrales définies, considérées comme fonctions des excentricités et des inclinaisons.

2. Nous sommes donc ainsi amenés à expliquer comment on trouve les points singuliers des fonctions représentées par des intégrales définies et d'abord par des intégrales définies simples.

Soit

$$\int F(x, z)\,dx,$$

une intégrale définie prise par rapport à x le long d'un certain contour : cette intégrale sera alors fonction du paramètre z.

Pour que, pour cette fonction, une valeur de z soit critique, il faut d'abord que l'un des points singuliers de $F(x, z)$, considérée comme fonction de x, se trouve sur le coutour d'intégration.

Mais comme on peut déformer ce contour d'une manière continue, on peut le faire fuir devant le point singulier, et l'on n'est arrêté que quand ce contour se trouve pris entre deux points singuliers et ne peut plus fuir.

On obtiendra donc toutes les valeurs critiques de z, en exprimant que deux des points singuliers de F, considérée comme fonction de x, se confondent. Mais toutes les valeurs critiques ainsi trouvées ne conviennent pas; il faut, en effet, que les deux points singuliers qui se confondent ainsi soient, avant de s'être confondus de part et d'autre du contour; c'est seulement à cette condition que le contour pris entre deux feux, ne peut plus fuir

Soit donc

$$\varphi(x, z) = 0$$

l'équation qui exprime que la fonction $F(x, z)$ présente une singularité, et supposons qu'elle se décompose en un certain nombre d'équations indépendantes, trois par exemple :

$$\varphi_1(x, z) = 0, \qquad \varphi_2(x, z) = 0, \qquad \varphi_3(x, z) = 0.$$

On obtiendra les valeurs critiques de z de l'une des deux manières suivantes :

1° En annulant deux des trois fonctions φ_1, φ_2, φ_3, et en écrivant, par exemple,

$$\varphi_1(x, z) = \varphi_2(x, z) = 0;$$

en éliminant x et résolvant par rapport à z, on aura une valeur critique de z;

2° En annulant l'une de ces trois fonctions et sa dérivée et écrivant, par exemple,

$$\varphi_1(x, z) = \frac{d\varphi_1}{dx} = 0.$$

On aura encore une valeur critique de z en éliminant x et résolvant par rapport à z.

3. Considérons maintenant une intégrale double

$$\iint F(x, y, z)\, dx\, dy,$$

envisagée comme fonction du paramètre z et étendue à un champ quelconque.

Le cas particulier le plus simple est celui où l'on doit intégrer par rapport à x, le long d'un contour fixe indépendant de y, et par rapport à y, le long d'un contour fixe indépendant de x. C'est précisément ce cas particulier simple que l'on rencontre en ce qui concerne les intégrales (1) et (2).

Si l'on ne donne à x et à y que des valeurs réelles, de telle façon que le champ d'intégration se réduise à une aire plane ordinaire, ce cas particulier simple correspond au cas où cette aire est un rectangle.

Le cas général peut d'ailleurs toujours être ramené à ce cas particulier simple. Pour nous en rendre compte, supposons d'abord qu'on ne donne à x et y que des valeurs réelles et que le champ d'intégration soit une aire plane. Cette aire plane pourra toujours être décomposée en une infinité d'aires rectangulaires, les une finies, les autres de dimensions indéfiniment décroissantes. Pour que l'intégrale totale présente une singularité, il faut et il suffit que l'une des intégrales étendues aux aires rectangulaires partielles ait une singularité. Il suffit donc de considérer les aires rectangulaires.

Le même raisonnement, que je ne développe d'ailleurs pas entièrement, serait applicable quand on donnerait aux variables des valeurs imaginaires, si l'on observe d'autre part que l'on peut toujours déformer le champ d'intégration d'une manière continue.

On ne restreint donc pas d'une façon essentielle la généralité en se supposant placé dans ce cas particulier simple; peu nous importe d'ailleurs au point de vue qui nous occupe, puisque avec les intégrales (1) et (2) nous nous trouvons d'emblée dans ce cas simple.

Soient donc C_x et C_y les deux contours fixes d'intégration par rapport à x et à y. Soit

$$\theta(y, z) = \int F(x, y, z)\, dx,$$

l'intégrale étant prise le long de C_x.

Notre intégrale double sera alors

$$\eta(z) = \int \theta(y, z)\, dy,$$

l'intégrale étant prise le long de C_y.

Nous n'avons plus qu'à appliquer les principes du numéro précédent aux deux intégrales simples

$$\int F\, dx, \quad \int \theta\, dy.$$

Soit

$$\varphi(x, y, z) = 0$$

l'équation qui exprime que la fonction F a une singularité

Décomposons cette équation en équations irréductibles

$$(3) \qquad \varphi_1(x, y, z) = 0, \qquad \varphi_2(x, y, z) = 0, \qquad \varphi_3(x, y, z) = 0$$

On obtiendra les singularités de la fonction $\theta(y, z)$:

1° En annulant deux des fonctions φ_1, φ_2, φ_3 et écrivant, par exemple,

$$\varphi_1(x, y, z) = \varphi_2(x, y, z) = 0;$$

2° En annulant une des trois fonctions et sa dérivée et écrivant

$$\varphi_1 = \frac{d\varphi_1}{dx} = 0.$$

Ces singularités peuvent ne pas toutes convenir, car il peut arriver que les deux points singuliers, qui se confondent, soient d'un même côté du contour d'intégration.

Pour avoir les singularités de $\eta(z)$, considérons maintenant celles de $\theta(y, z)$, qui nous seront données par des systèmes d'équations de l'une des deux formes

$$\varphi_1 = \varphi_2 = 0,$$
$$\varphi_1 = \frac{d\varphi_1}{dx} = 0,$$

et cherchons les conditions pour que deux de ces singularités se confondent.

Si nous considérons z comme un paramètre, x et y comme les coordonnées d'un point dans un plan, les équations (3) représentent un certain nombre de courbes planes.

Les singularités de θ données par un système d'équations de la forme

$$\varphi_1 = \varphi_2 = 0$$

correspondront aux points d'intersection de ces courbes; celles qui seront données par un système de la forme

$$\varphi_1 = \frac{d\varphi_1}{dx} = 0$$

correspondront aux points de contact d'une de ces courbes avec une tangente parallèle à l'axe des y.

Pour que deux de ces singularités se confondent, il faut :

1° Ou bien que trois des fonctions φ s'annulent à la fois

$$\varphi_1 = \varphi_2 = \varphi_3 = 0;$$

2° Ou bien que l'on ait à la fois

$$\varphi_1 = \frac{d\varphi_1}{dx} = 0, \qquad \varphi_2 = 0;$$

mais comme la condition ne doit pas dépendre du choix des coordonnées, et qu'en particulier elle doit subsister quand on permute x et y, on devra avoir aussi

$$\varphi_1 = \frac{d\varphi_1}{dy} = 0, \qquad \varphi_2 = 0$$

et, par conséquent,

$$\varphi_1 = \frac{d\varphi_1}{dx} = \frac{d\varphi_1}{dy} = 0,$$

ce qui veut dire que l'une des courbes (3) aura un point double;

3° Ou bien que les deux courbes

$$\varphi_1 = 0, \qquad \varphi_2 = 0$$

soient tangentes l'une à l'autre ;

4° Ou enfin que les deux courbes

$$\varphi_1 = 0, \qquad \frac{d\varphi_1}{dx} = 0$$

soient tangentes l'une à l'autre. Mais cela entraîne :

$$\text{ou bien} \quad \frac{d\varphi_1}{dy} = 0, \qquad \text{ou bien} \quad \frac{d^2\varphi_1}{dx^2} = 0;$$

mais, comme la condition ne doit pas changer quand on permute x et y, on devra avoir dans tous les cas

$$\varphi_1 = \frac{d\varphi_1}{dx} = \frac{d\varphi_1}{dy} = 0.$$

En résumé, les valeurs critiques de z sont :

1° Celles pour lesquelles trois des courbes (3) se coupent en un même point;

2° Celles pour lesquelles deux de ces courbes sont tangentes;

3° Celles pour lesquelles une de ces courbes a un point double.

Seulement toutes ces valeurs peuvent ne pas convenir, car les deux singularités qui se confondent peuvent être situées d'un même côté du contour d'intégration.

4. Appliquons ces principes aux intégrales (1) et (2). La fonction sous le signe $\int$ sera holomorphe tant par rapport à x et y que par rapport aux excentricités e et e' et à $\sin\frac{J}{2}$, J étant l'inclinaison.

Il y aura exception seulement :

1° Si $e = 1$ ou $e' = 1$ (condition où x et y n'interviennent pas et sur laquelle nous reviendrons);

2° Si x ou y est nul ou infini;

3° Si Δ s'annule, c'est-à-dire si

$$F = \Delta x^2 y^2,$$

qui est un polynome entier du sixième ordre en x, y, est égal à zéro.

Cela est vrai quels que soient les entiers m et m'; cela est vrai d'ailleurs aussi bien de l'intégrale (2) que de l'intégrale (1), car V et E^Ω ne cessent d'être holomorphes que si x ou y est nul ou infini.

Les courbes qui correspondent aux courbes (3), c'est-à-dire celles dont les équations expriment que la fonction sous le signe $\int$ cesse d'être holomorphe, se réduisent donc, en ce qui concerne les intégrales (1) et (2), aux quatre droites

$$(4) \qquad x = 0, \qquad y = 0, \qquad x = \infty, \qquad y = \infty$$

et à la courbe du sixième degré

$$(4\ bis) \qquad F = 0.$$

Cette dernière, dans le cas où l'inclinaison est nulle, se décompose en deux courbes du troisième degré

$$(4\ ter) \qquad F_1 = 0, \qquad F_2 = 0.$$

Pour trouver les valeurs critiques des excentricités ou des inclinaisons, nous devons donc chercher celles pour lesquelles trois de ces courbes (4) ou (4 *bis*) se coupent, ou pour lesquelles deux de ces courbes se touchent, ou pour lesquelles une de ces courbes a un point double.

Mais, comme ces courbes sont les mêmes pour les intégrales (1) et (2), les valeurs pour lesquelles une de ces trois circonstances se présentera, seront également les mêmes pour les intégrales (1) et (2)

Ainsi les valeurs critiques des excentricités ou des inclinaisons sont les mêmes pour les deux intégrales (1) et (2).

Mais une question pourrait encore se poser; nous avons vu que toutes les valeurs critiques ne conviennent pas. Ne pourrait-il se faire qu'une de ces valeurs convînt à (1) sans convenir à (2) ou inversement.

La réponse doit être négative. Comment se fait-il, en effet, que certaines valeurs critiques conviennent et que d'autres ne conviennent pas? Pour nous en rendre compte, faisons varier d'une manière continue l'un de nos paramètres, par exemple l'excentricité e, et, en même temps, déformons d'une manière continue les contours d'intégration. Nous devons diriger cette déformation de telle sorte qu'aucune des valeurs singulières définies par les équations (4) et (4 *bis*) ne se trouve dans le champ d'intégration. Si, e variant d'une manière continue depuis zéro jusqu'à e_0, on peut s'arranger de façon que cette condition ne cesse jamais d'être remplie, c'est que e_0 n'est pas une véritable valeur critique; e_0 ne convient pas; si, au contraire, il est impossible de s'arranger pour que la condition soit remplie (parce que, comme je l'expliquais plus haut, le contour d'intégration se trouve pris entre deux points singuliers), c'est que e_0 est une véritable valeur critique; e_0 convient.

Faisons donc varier e de zéro à e_0 et, en même temps, déformons nos contours d'intégration en partant des contours initiaux

$$|x| = 1, \qquad |y| = 1$$

qui sont les mêmes pour les intégrales (1) et (2); si e_0 ne convient pas a l'intégrale (1), c'est que nous pouvons déformer nos contours de telle façon qu'à aucun moment une des valeurs singulières satisfaisant aux équations (4) et (4 *bis*) ne se trouve dans le champ d'intégration. Mais si cette condition ne cesse jamais d'être remplie en ce qui concerne l'intégrale (1), elle ne cessera jamais non plus de l'être en ce qui concerne l'intégrale (2), puisque les équations (4) et (4 *bis*) qui définissent les valeurs singulières sont les mêmes pour (1) et pour (2). Donc e_0 ne conviendra pas non plus à l'intégrale (2).

C. Q. F. D.

Voici donc un premier résultat.

Les coefficients $B_{m,m'}$ du développement de la fonction perturbatrice suivant les anomalies excentriques, ainsi que les coefficients $A_{m,m'}$ du développement suivant les anomalies moyennes sont eux-mêmes développables suivant les puissances des excentricités et des inclinaisons.

Les limites de convergence de ces nouveaux développements sont les mêmes pour les coefficients $B_{mm'}$ *et pour les coefficients* $A_{mm'}$*; elles sont les mêmes pour tous ces coefficients quels que soient les entiers* m *et* m'.

5. Considérons le cas particulier où les excentricités sont nulles

$$e = e' = 0.$$

On a alors

$$\Omega = 0, \qquad V = 1$$

et, par conséquent,

$$A_{m,m'} = B_{m,m'}.$$

On a alors

$$\Delta^2 = \cos^2\frac{J}{2}\left[a^2 + a'^2 - aa'\left(\frac{x}{y} + \frac{y}{x}\right)\right] + \sin^2\frac{J}{2}\left[a^2 + a'^2 - aa'\left(xy + \frac{1}{xy}\right)\right].$$

Si nous posons

$$X = \frac{x}{y} + \frac{y}{x}, \qquad Y = xy + \frac{1}{xy};$$

on en tirera

$$\Delta^2 = a^2 + a'^2 - aa'X\cos^2\frac{J}{2} - aa'Y\sin^2\frac{J}{2}.$$

On trouvera toutes les singularités en écrivant que la courbe $\Delta^2 = 0$ a un point double; or, comme Δ^2 est fonction linéaire de X et de Y, cette courbe ne peut avoir de point double que si les équations

$$\frac{x}{y} + \frac{y}{x} = Z, \qquad xy + \frac{1}{xy} = Y,$$

où X et Y sont regardés comme les données, $\frac{x}{y}$ et xy comme les inconnues, ont l'une et l'autre une racine double, d'où

$$X = \pm 2, \qquad Y = \pm 2.$$

Voici donc la condition pour que la courbe $\Delta^2 = 0$ ait un point double

$$a^2 + a'^2 \pm 2\,aa'\cos^2\frac{J}{2} \pm 2\,aa'\sin^2\frac{J}{2} = 0. \tag{5}$$

Il n'y a pas lieu de chercher ce que donneraient les autres conditions, à savoir que trois des courbes (3) passent par un même point ou que deux de ces courbes se touchent. Ici, où les courbes (3) sont les quatre droites (4) et la courbe $\Delta^2 = 0$, aucune de ces circonstances ne se présentera.

Il reste donc à étudier la condition (5).

Posons $\nu = \sin^2 \frac{J}{2}$ et proposons-nous de développer suivant les puissances croissantes de ν. La condition (5) devient

$$a^2 + a'^2 + 2aa'[\pm(1-\nu) \pm \nu] = 0,$$

ce qui peut s'écrire de l'une des deux manières suivantes :

$$(5\,bis) \qquad (a' \pm a)^2 = 0; \qquad a^2 + a'^2 \pm 2aa'(1-2\nu) = 0.$$

Dans la première de ces relations ν n'entre pas; la seconde donne

$$\pm \nu = \frac{(a' \pm a)^2}{4aa'}.$$

Le rayon de convergence sera donc la plus petite des deux valeurs

$$\left| \frac{(a' \pm a)^2}{4aa'} \right|,$$

c'est-à-dire

$$\frac{(a'-a)^2}{4aa'}.$$

Ainsi la condition de convergence du développement sera

$$\sin^2 \frac{J}{2} < \frac{(a'-a)^2}{4aa'}.$$

La discussion des équations (5 *bis*) montrerait de même que les coefficients $A_{m,m'}$ sont développables suivant les puissances de a, pourvu que

$$a < a'.$$

Mais on peut encore envisager un autre mode de développement.

Posons

$$\mu = \cos^2 \frac{J}{2},$$

on aura

$$\mu + \nu = 1,$$

Mais nous pourrons écrire

$$4\pi^2 A_{m,m'} = \iint \frac{dx\,dy}{x^{m+1} y^{m'+1} \sqrt{(a^2 + a'^2) - \mu aa'\left(\frac{x}{y} + \frac{y}{x}\right) - \nu aa'\left(xy + \frac{1}{xy}\right)}}.$$

La quantité sous le radical se réduit évidemment à Δ^2 quand on fait $\mu = \cos^2 \frac{J}{2}$, $\nu = \sin^2 \frac{J}{2}$. Mais nous pouvons regarder $A_{m,m'}$ comme fonction de μ

et de ν considérées comme des variables indépendantes, et développer cette fonction suivant les puissance croissantes de μ et de ν.

La relation (5), qui définit les limites de convergence, s'écrit alors

$$a^2 + a'^2 \pm 2\,aa'\mu \pm 2\,aa'\nu = 0$$

ou

$$\pm\mu \pm \nu = \frac{a^2 + a'^2}{2\,aa'}.$$

La condition de convergence du développement est donc

$$|\mu| + |\nu| < \frac{a^2 + a'^2}{2\,aa'}.$$

Cette condition est toujours remplie, car on a

$$|\mu| = \mu; \qquad |\nu| = \nu;$$
$$|\mu| + |\nu| = 1 < \frac{a^2 + a'^2}{2\,aa'}.$$

Nos coefficients sont donc toujours développables suivant les puissances de $\cos^2\frac{J}{2}$ *et* $\sin^2\frac{J}{2}$.

6. Considérons maintenant le cas particulier où l'inclinaison est nulle et développons suivant les puissances des excentricités e et e'.

Les courbes qui correspondent aux courbes (3) sont les courbes (4) et (4 *ter*), à savoir

$$x = 0, \quad y = 0, \quad x = \infty, \quad y = \infty, \quad F_1 = 0, \quad F_2 = 0.$$

1° Cherchons d'abord la condition pour que $F_1 = 0$ ait un point double. Pour nous en rendre compte, cherchons la signification de ces équations. Soient C l'orbite de la première planète, C' celle de la seconde; d'après notre hypothèse ces deux coniques sont dans un même plan. A chaque valeur de x correspond un point M de la conique C et à chaque valeur de y un point M' de la conique C'.

L'équation $F = 0$ exprime alors que la distance MM' est nulle, ce qui peut ne pas vouloir dire que les deux points M et M' coïncident puisque ces deux points peuvent être imaginaires.

L'équation $F_1 = 0$ exprime que le coefficient angulaire de la droite MM' est égal à $\sqrt{-1}$ et l'équation $F_2 = 0$ exprime que ce coefficient est égal à $-\sqrt{-1}$.

Les équations $x = 0$, $x = \infty$ expriment que le point M est à l'infini sur l'une des deux branches infinies de la conique C; les équations $y = 0$, $y = \infty$ expriment que le point M' est à l'infini sur la conique C'.

Pour que la courbe $F_1 = 0$ ait un point double, il faut et il suffit que la droite MM' soit tangente à la fois aux deux coniques C et C'. Les deux coniques C et C' ont un foyer commun, le Soleil. La droite MM', qui est une tangente isotrope à C, doit passer par un des foyers de C, et pour la même raison elle doit passer par un des foyers de C'. Soient alors S le foyer commun de C et C', F le second foyer de C, F' celui de C'.

Pour que les deux coniques admettent une tangente isotrope commune (en dehors de celle qui passe par S qui existe toujours et qui ne saurait convenir), il faut donc que la droite MM' passe par F et F'; c'est-à-dire que la droite FF' ait pour coefficient angulaire $\sqrt{-1}$. Cette condition s'exprime analytiquement comme il suit :

$$ae\,E^{-i\varpi} = a'e'\,E^{-i\varpi'}.$$

Je représente par ϖ et ϖ' les longitudes des périhélies.

C'est, là, la condition pour que $F_1 = 0$ ait un point double (en dehors de celui qui, correspondant à la tangente isotrope passant par S, existe toujours et ne saurait convenir).

2° De même, la condition pour que $F_2 = 0$ ait un point double s'écrit

$$ae\,E^{i\varpi} = a'e'\,E^{i\varpi'}.$$

3° Pour que les deux courbes $F_1 = 0$, $F_2 = 0$ soient tangentes, il faut que les deux coniques C et C' se touchent; car les points d'intersection à distance finie des deux courbes $F_1 = 0$, $F_2 = 0$ correspondent aux quatre points d'intersection des deux coniques.

Il faut donc que la distance des deux foyers F et F' soit égale à la somme ou à la différence des grands axes; ce qui s'écrit

$$(ae\,E^{i\varpi} - a'e'\,E^{i\varpi'})(ae\,E^{-i\varpi} - a'e'\,E^{-i\varpi'}) = (a' \pm a)^2.$$

4° Il faut voir ensuite si l'un des points d'intersection des courbes (4 *ter*) ne peut pas se confondre avec l'un des points d'intersection de l'une de ces courbes avec l'une des droites (4) ou de deux de ces droites entre elles.

Ces deux catégories de points correspondent respectivement : aux quatre intersections de C et de C' (M et M' confondus) et aux cas où les deux points M et M' sont à l'infini sur les deux coniques C et C'.

La condition est donc que l'une des quatre intersections de C et de C' s'éloigne indéfiniment, c'est-à-dire qu'une asymptote de C soit parallèle à une asymptote de C'.

Cela s'écrit d'une des quatre manières

$$\operatorname{tg}^2\frac{\varphi}{2}\,E^{2i\varpi}=\operatorname{tg}^2\frac{\varphi'}{2}\,E^{2i\varpi'},$$

$$\operatorname{cotg}^2\frac{\varphi}{2}\,E^{2i\varpi}=\operatorname{tg}^2\frac{\varphi'}{2}\,E^{2i\varpi'},$$

$$\operatorname{tg}^2\frac{\varphi}{2}\,E^{-2i\varpi}=\operatorname{tg}^2\frac{\varphi'}{2}\,E^{-2i\varpi'},$$

$$\operatorname{cotg}^2\frac{\varphi}{2}\,E^{-2i\varpi}=\operatorname{tg}^2\frac{\varphi'}{2}\,E^{-2i\varpi'},$$

en posant

$$e=\sin\varphi,\qquad e'=\sin\varphi'.$$

Je puis écrire aussi

$$\frac{1\pm\sqrt{1-e^2}}{1\mp\sqrt{1-e^2}}\,E^{2i\varpi}=\frac{1\pm\sqrt{1-e'^2}}{1\mp\sqrt{1-e'^2}}\,E^{2i\varpi'},$$

en prenant dans chaque fraction le signe inférieur dans les deux termes ou le signe supérieur dans les deux termes.

7. Voici donc quelles sont les équations qui définissent les valeurs critiques,

$$ae\,E^{-i\varpi}=a'e'\,E^{-i\varpi'},\tag{7}$$

$$ae\,E^{i\varpi}=a'e'\,E^{i\varpi'},\tag{8}$$

$$(ae\,E^{i\varpi}-a'e'\,E^{i\varpi'})(ae\,E^{-i\varpi}-a'e'\,E^{-i\varpi'})=(a'\pm a)^2,\tag{9}$$

$$\frac{1\pm\sqrt{1-e^2}}{1\mp\sqrt{1-e^2}}\,E^{2i\varpi}=\frac{1\pm\sqrt{1-e'^2}}{1\mp\sqrt{1-e'^2}}\,E^{2i\varpi},\tag{10}$$

auxquelles il convient d'adjoindre

$$e=1,\qquad e'=1.\tag{11}$$

Mais nous avons vu que toutes les valeurs ainsi trouvées peuvent ne pas convenir et il est même aisé de voir qu'elles ne peuvent pas toutes convenir.

En effet, envisageons l'équation (7); elle est satisfaite pour $e=e'=0$. Si donc les valeurs critiques définies par cette équation convenaient, notre fonction présenterait des singularités pour des valeurs très petites de e et e'. Nos coefficients ne seraient pas développables suivant les puissances de e et de e', *même pour des valeurs très petites de ces quantités*. Nous savons qu'il n'en est pas ainsi. Donc les valeurs définies par l'équation (7) ne sauraient convenir.

Le même raisonnement s'applique aux équations (8) et (10). Il importe de remarquer que l'équation (10), malgré la présence des doubles signes, ne représente qu'une seule équation analytique irréductible qui prendrait sa forme algébrique si l'on chassait les radicaux. Cette équation irréductible est satisfaite pour $e = e' = 0$.

Restent les équations (9) et (11). Pour trouver la limite de convergence définie par l'équation (9), remarquons que a, a', ϖ et ϖ' sont des données de la question et sont réelles, mais que e et e' qui sont nos variables indépendantes pourront prendre des valeurs imaginaires.

Donnons à e une série de valeurs de module constant $|e|$, mais d'argument variable; faisons de même pour e'. Le maximum du module du premier membre de (9) est

$$a^2|e^2| + a'^2|e'^2| + 2aa'|ee'\cos(\varpi - \varpi')|;$$

la condition de convergence est donc

$$a^2|e^2| + a'^2|e'^2| + 2aa'|ee'\cos(\varpi - \varpi')| < (a' - a)^2.$$

Nous sommes ainsi conduits à supposer que les seules conditions de convergence de notre développement sont

$$(12)\qquad \begin{cases} |e| < 1, \qquad |e'| < 1, \\ a^2|e^2| + a'^2|e'^2| + 2aa'|ee'\cos(\varpi - \varpi')| < (a' - a)^2. \end{cases}$$

Je ne voudrais pas entrer dans trop de détails; je ne puis cependant me contenter d'un aperçu : il faut donc que j'explique en quelques mots comment on peut donner à la démonstration toute sa rigueur.

Considérons le domaine D défini par les inégalités (12). Il ne contient pas de valeurs singulières satisfaisant aux équations (9) et (11). Mais il en contient qui satisfont aux équations (7), (8), (10). Si l'une de ces valeurs convenait, il en serait de même de toutes celles qui satisferaient à la même équation et qu'on pourrait rencontrer en faisant varier e et e' d'une manière continue et sans cesser de satisfaire à cette équation. Cela serait vrai au moins en ce qui concerne la détermination de la fonction que l'on atteindrait par cette variation continue.

Or on verrait qu'on peut atteindre, par une variation continue, une quelconque des valeurs singulières qui satisfont aux équations (7), (8), (10) et aux inégalités (12) en partant de la valeur $e = 0$, $e' = 0$ et sans cesser de satisfaire à ces équations et sans sortir du domaine D. La valeur singulière $e = 0$, $e' = 0$ ne convenant pas, aucune de ces valeurs ne convient.

Les conditions (12) *sont donc les seules conditions de convergence.*

La troisième condition (12) sera satisfaite quels que soient ϖ et ϖ', si l'on a

$$|ae| + |a'e'| < a' - a,$$

c'est-à-dire si la distance périhélie de l'une des planètes est plus grande que la distance aphélie de l'autre.

SUR

LES PÉRIODES DES INTÉGRALES DOUBLES

ET

LE DÉVELOPPEMENT

DE LA

FONCTION PERTURBATRICE

Comptes rendus de l'Académie des Sciences, t. 124, p. 1259-1260 (8 juin 1897)

On sait que le développement de l'expression

$$\frac{1}{(a^2 - 2aa'\cos\varphi + a'^2)^{\frac{s}{2}}}, \tag{1}$$

suivant les cosinus des multiples de φ, a été très bien étudié. Les coefficients de ce développement, qui sont connus sous le nom de *coefficients de Laplace*, jouissent de propriétés curieuses.

Ce sont des fonctions transcendantes du rapport $\frac{a'}{a}$; mais ces transcendantes sont liées par des relations de récurrence, de telle façon qu'elles s'expriment à l'aide de deux transcendantes distinctes seulement.

D'autre part, chacune de ces transcendantes satisfait à une équation différentielle linéaire à coefficients rationnels.

L'expression (1) n'est autre chose (pour $s=1$) que la fonction perturbatrice dans le cas où les deux excentricités et l'inclinaison sont nulles.

La théorie des périodes des intégrales doubles montre que le développement de la fonction perturbatrice, dans des cas plus généraux, peut encore jouir de propriétés analogues.

Supposons d'abord les deux excentricités nulles, mais l'inclinaison différente de zéro.

On verrait que les coefficients de développement sont des fonctions transcendantes des éléments, mais ces fonctions sont liées entre elles par des fonctions de récurrence, de telle façon qu'il n'y a que cinq transcendantes distinctes.

Si les excentricités ne sont pas nulles, il y a plus de difficulté. Mais supposons que, au lieu de développer suivant les sinus et cosinus des multiples des anomalies moyennes, on développe suivant les sinus et cosinus des multiples des anomalies excentriques. (Dans le cas précédent, les excentricités étant nulles, l'anomalie excentrique se confondait avec l'anomalie moyenne.) Les coefficients de ce développement sont encore des fonctions transcendantes des éléments, mais entre lesquelles il y a des relations de récurrence, de telle façon qu'il n'y ait au plus que seize transcendantes distinctes.

D'autre part, ces coefficients satisfont à des équations différentielles linéaires à coefficients rationnels, de telle façon que leurs dérivées partielles des divers ordres puissent s'exprimer à l'aide d'un nombre fini d'entre elles.

Revenons au développement procédant suivant les multiples des anomalies moyennes. Il n'y aura plus entre les coefficients de relations de récurrence à coefficients rationnels, ou du moins je n'en ai pas trouvé. Mais les coefficients du développement, considérés comme fonctions des éléments, satisfont encore à des équations différentielles linéaires, de telle façon que les dérivées partielles des divers ordres de l'un de ces coefficients puissent s'exprimer à l'aide d'un nombre fini d'entre elles.

SUR

LES PÉRIODES DES INTÉGRALES DOUBLES

ET

LE DÉVELOPPEMENT

DE LA

FONCTION PERTURBATRICE

Journal de Mathématiques, 5e série, t. 3, p. 203-276 (1897).

Introduction.

Soient u et u' les anomalies excentriques de deux astres et D leur distance. Le carré D^2 est un polynome entier par rapport aux lignes trigonométriques de u et de u'.

La partie principale de la fonction perturbatrice est précisément $\frac{1}{D}$. Elle peut se développer soit suivant les cosinus et sinus des anomalies moyennes, soit suivant ceux des anomalies excentriques.

Le premier développement est le plus employé et le plus utile; néanmoins il peut y avoir quelque intérêt à étudier les propriétés du second pour plusieurs raisons :

1° Quand les deux excentricités sont nulles, les deux développements se confondent, quelle que soit d'ailleurs l'inclinaison;

2° Hansen s'est servi de développements procédant suivant l'anomalie moyenne d'une des planètes et l'anomalie excentrique de l'autre;

3° Enfin la connaissance des propriétés du second développement, qui sont plus simples, peut nous guider dans l'étude du premier développement.

Quoi qu'il en soit, le carré D^2 est un polynome du second degré par rapport à $\cos u$, $\sin u$, $\cos u'$, $\sin u'$.

Si nous posons

$$e^{iu} = x, \qquad e^{iu'} = y.$$

D^2 sera un polynome du deuxième degré en x, $\frac{1}{x}$, y, $\frac{1}{y}$ et $x^2y^2D^2$ sera un polynome entier en x, y, soit

$$x^2y^2D^2 = F(x, y), \qquad \text{d'où} \qquad \frac{1}{D} = \frac{xy}{\sqrt{F}}.$$

Nous sommes donc conduits à développer $\frac{1}{\sqrt{F}}$ suivant les puissances positives et négatives de x et de y.

Je traiterai la question pour un polynome F quelconque. Pour que le développement soit possible et valable pour

$$|x| = 1, \qquad |y| = 1,$$

il faut d'abord que F ne s'annule pour aucun des systèmes de valeurs de x et de y dont le module est égal à 1.

Sans cela, l'expression $\frac{1}{\sqrt{F}}$ devenant infini ne pourrait plus être développée par la formule de Fourier.

Il faut ensuite que le radical $\sqrt{F}$ revienne à sa valeur primitive quand l'argument de x augmente de 2π, de telle façon que la variable x décrive la circonférence tout entière du cercle $|x| = 1$.

Regardons y comme une constante; le polynome F, considéré alors comme fonction de x seulement, a un certain nombre de zéros. Il faut que le nombre de ces zéros, qui sont à l'intérieur du cercle $|x| = 1$, soit pair. Cela doit avoir lieu pour toutes les valeurs de y dont le module est égal à 1.

Mais il suffit que cela ait lieu pour $y = 1$; en effet, faisons décrire au point y le cercle $|y| = 1$ tout entier; le nombre des racines de l'équation $F = 0$, qui sont à l'intérieur du cercle $|x| = 1$, demeurera constant. En effet, il ne pourrait changer que si une des racines venait sur la circonférence $|x| = 1$. Or, cela n'est pas possible, car nous avons supposé plus haut que F ne pouvait s'annuler pour $|x| = 1$, $|y| = 1$.

Nous supposerons donc que, pour $y = 1$, l'équation $F = 0$ a un nombre pair de racines à l'intérieur du cercle $|x| = 1$.

Il faut enfin que le radical $\sqrt{F}$ revienne à sa valeur primitive quand l'argument de y augmente de 2π.

Nous supposerons donc encore que, pour $x = 1$, l'équation $F = 0$ (où y est regardée comme l'inconnue) a un nombre pair de racines à l'intérieur du cercle $|y| = 1$.

Ces conditions sont d'ailleurs suffisantes.

Relations de récurrence entre les coefficients.

Nous aurons donc le développement de $\frac{1}{\sqrt{F}}$ sous la forme

$$\frac{1}{\sqrt{F}} = \sum A_{ab} x^a y^b,$$

et le coefficient A_{ab} sera donné par la formule

$$A_{ab} = \frac{-1}{4\pi^2} \iint \frac{dx\, dy\, x^{-a-1} y^{-b-1}}{\sqrt{F(x, y)}}.$$

L'intégrale double doit être prise le long des deux cercles

$$|x| = 1, \qquad |y| = 1.$$

Les coefficients A_{ab} sont en général des fonctions transcendantes des coefficients de F, mais nous allons voir qu'il y a entre les A_{ab} des relations de récurrence de telle façon qu'il ne reste qu'un nombre fini de transcendantes distinctes.

Pour simplifier, je me bornerai d'abord au cas où $a + 1$ et $b + 1$ sont négatifs, de telle façon que le numérateur de la quantité sous le signe $\iint$, $x^{-a-1} y^{-b-1}$ soit un polynome entier. Nous verrons plus loin que les autres cas se ramènent aisément à celui-là. S'il y a entre les A_{ab} $(a + 1 < 0,\ b + 1 < 0)$ une relation linéaire, cette relation s'écrira

$$(1) \qquad \iint \frac{H\, dx\, dy}{\sqrt{F}} = 0,$$

H étant un polynome entier. Nous avons donc à rechercher quelles sont les relations de la forme (1).

On peut en trouver de la manière suivante : soit P un polynome quelconque; on aura évidemment

$$\iint \frac{d}{dx}(P\sqrt{F})\,dx\,dy = 0, \tag{2}$$

car, en intégrant d'abord par rapport à x, on trouve zéro, puisque $P\sqrt{F}$ reprend la même valeur quand, x ayant décrit toute la circonférence $|x| = 1$, son argument augmente de 2π.

D'ailleurs toutes les périodes de l'intégrale double (2) seront nulles.

Or

$$\frac{d}{dx}(P\sqrt{F}) = \frac{1}{\sqrt{F}}\left(\frac{dP}{dx}F + \frac{1}{2}\frac{dF}{dx}P\right).$$

La relation (1) sera donc satisfaite quand on aura

$$H = \frac{dP}{dx}F + \frac{1}{2}\frac{dF}{dx}P.$$

De même, si Q est un polynome quelconque, on aura

$$\iint \frac{d}{dy}(Q\sqrt{F})\,dx\,dy,$$

de sorte que la relation (1) sera encore satisfaite quand on aura

$$H = \frac{dQ}{dy}F + \frac{1}{2}\frac{dF}{dy}Q.$$

Si P et Q sont deux polynomes quelconques, on aura encore

$$\iint \left[\frac{dP}{dx}\frac{d}{dy}(Q\sqrt{F}) - \frac{dP}{dy}\frac{d}{dx}(Q\sqrt{F})\right]dx\,dy = 0;$$

mais ce cas se ramène au précédent, car on a évidemment

$$\frac{dP}{dx}\frac{d}{dy}(Q\sqrt{F}) - \frac{dP}{dy}\frac{d}{dx}(Q\sqrt{F}) = \frac{d}{dy}\left(Q\frac{dP}{dx}\sqrt{F}\right) - \frac{d}{dx}\left(Q\frac{dP}{dy}\sqrt{F}\right).$$

Premier cas.

Le polynome F est homogène et de degré m en x et en y; l'équation $F = 0$ n'a pas de racine double.

Nous supposerons également que le polynome H est homogène et de degré q.

Je dis alors que si le degré q est suffisamment élevé, on pourra trouver deux polynomes P et Q tels que

$$(3) \qquad H = \frac{dP}{dx}F + \frac{1}{2}\frac{dF}{dx}P + \frac{dQ}{dy}F + \frac{1}{2}\frac{dF}{dy}Q$$

et, par conséquent, que l'on aura toujours

$$\iint \frac{H\,dx\,dy}{\sqrt{F}} = 0.$$

Il est clair que, si les polynomes P et Q sont homogènes de degré p, on aura

$$q = m + p - 1,$$

ce qui exige déjà

$$q \geqq m - 1.$$

Maintenant, pour déterminer les polynomes P et Q, je vais opérer de la façon suivante : Je déterminerai d'abord deux polynomes A et B, homogènes et de degré p, par la relation

$$(4) \qquad H = A\frac{dF}{dx} + B\frac{dF}{dy}.$$

Le polynome H contient $q + 1$ coefficients; en identifiant les deux membres de l'équation (4), nous trouverons donc $q + 1$ équations linéaires auxquelles les coefficients de A et de B devront satisfaire.

Le polynome A contient $p + 1$ coefficients, de même que B; nous avons donc $2p + 2$ inconnues.

Si donc

$$q < 2p + 1, \qquad \text{d'où} \qquad q > 2m - 3,$$

nous aurons plus d'inconnues que d'équations.

Si

$$q = 2p + 1, \qquad \text{d'où} \qquad q = 2m - 3,$$

nous aurons autant d'équations que d'inconnues.

Si enfin

$$q > 2p + 1, \qquad \text{d'où} \qquad q < 2m - 3,$$

nous aurons plus d'équations que d'inconnues.

Je dis que si $q \geqq 2m - 3$, on pourra satisfaire à la relation (4). En effet, nous avons supposé que l'équation $F = 0$ n'avait pas de racine double; il en résulte que $\frac{dF}{dx}$ et $\frac{dF}{dy}$ ne peuvent s'annuler à la fois (sauf bien entendu pour $x = y = 0$).

Supposons d'abord

$$q = 2m - 3, \quad \text{d'où} \quad q = 2p + 1, \quad p = m - 2.$$

Nous avons alors autant d'équations que d'inconnues; nous pourrons donc y satisfaire, pourvu que le déterminant de ces équations linéaires ne soit pas nul.

Mais si ce déterminant était nul, on pourrait trouver deux polynomes C et D, homogènes de degré p, tels que

$$C\frac{dF}{dx} + D\frac{dF}{dy} = 0.$$

$\frac{dF}{dx}$, divisant le produit $D\frac{dF}{dy}$ et étant premier avec $\frac{dF}{dy}$, divisera D.

Mais cela est absurde, puisque D est de degré $p = m - 2$ et $\frac{dF}{dx}$ de degré $m - 1$.

Donc le déterminant n'est pas nul.

Donc on pourra satisfaire à nos équations et, par conséquent, à la relation (4).

Soit maintenant $q > 2m - 3$; alors H pourra se mettre d'une infinité de manières sous la forme

$$H = C_1 H_1 + C_2 H_2,$$

H_1 et H_2 étant deux polynomes homogènes de degré $2m - 3$, C_1 et C_2 deux polynomes homogènes de degré $q - 2m + 3$.

Alors H_1 et H_2 pourront se mettre sous la forme (4), de sorte que

$$H_1 = A_1 \frac{dF}{dx} + B_1 \frac{dF}{dy},$$

$$H_2 = A_2 \frac{dF}{dx} + B_2 \frac{dF}{dy}.$$

Il vient alors

$$H = (C_1 A_1 + C_2 A_2)\frac{dF}{dx} + (C_1 B_1 + C_2 B_2)\frac{dF}{dy},$$

de sorte que H est mis aussi sous la forme (4).

Si enfin $q < 2m - 3$, tous les polynomes H ne peuvent pas être mis sous la forme (4), puisque le nombre des équations est plus grand que celui des inconnues.

Il y a $q + 1$ polynomes H de degré q linéairement indépendants. Sur ces $q + 1$ polynomes, il y en aura au plus $2p + 2 = 2q - 2m + 4$ que l'on pourra mettre sous la forme (4).

Je dis qu'il y en aura précisément $2p+2$; le contraire ne pourrait arriver en effet que si un de ces polynomes pouvait être mis sous la forme (4) de deux manières différentes. Cela entraînerait une égalité de la forme

$$C\frac{dF}{dx} + D\frac{dF}{dy} = 0.$$

Or, nous avons vu qu'une pareille égalité est impossible, si le degré p de C et de D est inférieur à $m-1$.

Donc, si $q < 2m-3$, il y aura $2q-2m+4$ polynomes H de degré q, linéairement indépendants, que l'on pourra mettre sous la forme (4).

Combien y a-t-il alors, parmi les polynomes de tous les degrés, de polynomes H non susceptibles d'être mis sous la forme (4), linéairement indépendants entre eux et indépendants également de ceux qui sont susceptibles d'être mis sous la forme (4)?

D'abord tous les polynomes de degré $2m-3$ ou de degré supérieur pouvant se mettre sous la forme (4), il nous reste $(2m-3)(m-1)$ polynomes de degré inférieur à $2m-3$.

Parmi ceux-là, il y en a $2\Sigma(p+1)$ qui peuvent être mis sous la forme (4). Sous le signe Σ le nombre p varie de 0 à $m-3$.

Donc

$$2\Sigma(p+1) = (m-2)(m-1).$$

Il reste donc $(m-1)^2$ polynomes qui ne peuvent pas être mis sous la forme (4).

Passage de la forme (4) à la forme (3).

Supposons donc que H ait été mis sous la forme (4), il s'agit de le mettre sous la forme (3).

Pour cela, remarquons que l'on a

$$mF = x\frac{dF}{dx} + y\frac{dF}{dy}.$$

L'équation (3) devient donc

$$H = \frac{dF}{dx}\left[\frac{1}{2}P + \frac{x}{m}\left(\frac{dP}{dx} + \frac{dQ}{dy}\right)\right] + \frac{dF}{dy}\left[\frac{1}{2}Q + \frac{y}{m}\left(\frac{dP}{dx} + \frac{dQ}{dy}\right)\right].$$

Si donc nous posons

$$Z = \frac{dP}{dx} + \frac{dQ}{dy}.$$

on devra avoir

$$(5)\qquad \begin{cases} A = \dfrac{P}{2} + \dfrac{xZ}{m}, \\ B = \dfrac{Q}{2} + \dfrac{yZ}{m}. \end{cases}$$

A et B sont connus, il faut déterminer Z, P et Q.

Différentions la première des équations (5) par rapport à x, la seconde par rapport à y et ajoutons, il viendra

$$\frac{dA}{dx} + \frac{dB}{dy} = \frac{Z}{2} + \frac{2Z}{m} + \frac{1}{m}\left(x\frac{dZ}{dx} + y\frac{dZ}{dy}\right).$$

Mais, en vertu du théorème des fonctions homogènes, on a

$$x\frac{dZ}{dx} + y\frac{dZ}{dy} = (p-1)Z.$$

On a donc

$$\frac{dA}{dx} + \frac{dB}{dy} = Z\left(\frac{1}{2} + \frac{p+1}{m}\right),$$

ce qui donne Z; Z étant connu, les équations (5) donneront immédiatement P et Q.

Si donc un polynome H peut être mis sous la forme (4), il peut également être mis sous la forme (3), de sorte que l'on a

$$\iint \frac{H\,dx\,dy}{\sqrt{F}} = 0.$$

Une question subsidiaire se pose : un polynome homogène H peut-il être mis de plusieurs manières sous la forme (3)? En d'autres termes, peut-on trouver deux polynomes homogènes P et Q, tels que

$$(6)\qquad \frac{d}{dx}(P\sqrt{F}) + \frac{d}{dy}(Q\sqrt{F}) = 0.$$

L'équation (6) admet une solution évidente. Soit S un polynome homogène de degré

$$p + 1 - m = q + 2 - 2m.$$

Il est clair que l'équation (6) sera satisfaite si l'on fait

$$P\sqrt{F} = \frac{d}{dy}\left(SF^{\frac{3}{2}}\right), \qquad Q\sqrt{F} = -\frac{d}{dx}\left(SF^{\frac{3}{2}}\right),$$

c'est-à-dire

$$P = F\frac{dS}{dy} + \frac{3}{2}S\frac{dF}{dy},$$

$$Q = -F\frac{dS}{dx} + \frac{3}{2}S\frac{dF}{dx}.$$

Cette solution n'existe que si

$$p \geqq m-1, \qquad \text{d'où} \qquad q \geqq 2m-2.$$

Je dis qu'il n'y en a pas d'autre.

Si, en effet, P et Q satisfont à l'équation (6), c'est que

$$Q\sqrt{F}\,dx - P\sqrt{F}\,dy = dT$$

est une différentielle exacte.

Posons donc

$$Q\sqrt{F} = \frac{dT}{dx}, \qquad P\sqrt{F} = -\frac{dT}{dy};$$

T ayant pour dérivées des fonctions homogènes, devra être elle-même une fonction homogène (à une constante près, que je puis supposer nulle).

La fonction homogène T sera d'ailleurs de degré $p + \frac{m}{2} + 1$; d'où

$$\left(p + \frac{m}{2} + 1\right)T = x\frac{dT}{dx} + y\frac{dT}{dy} = \sqrt{F}(Qx - Py).$$

Ainsi T est égal à $\sqrt{F}$ multiplié par un polynome entier $Qx - Py$. Pour montrer que

$$T = SF^{\frac{3}{2}}, \qquad \text{d'où} \qquad Qx - Py = SF,$$

il suffit de faire voir que $Qx - Py$ est divisible par F. En effet on a

$$\left(p + \frac{m}{2} + 1\right)\frac{dT}{dx} = \frac{d\sqrt{F}}{dx}(Qx - Py) + \sqrt{F}\frac{d}{dx}(Qx - Py),$$

ou

$$\left(p + \frac{m}{2} + 1\right)Q\sqrt{F} = \frac{1}{2\sqrt{F}}\frac{dF}{dx}(Qx - Py) + \sqrt{F}\frac{d}{dx}(Qx - Py)$$

ou

$$\left(p + \frac{m}{2} + 1\right)QF = \frac{1}{2}\frac{dF}{dx}(Qx - Py) + F\frac{d}{dx}(Qx - Py),$$

ce qui montre que F divise le produit $\frac{dF}{dx}(Qx - Py)$. Comme l'équation $F = 0$ n'a pas de racine double, F est premier avec $\frac{dF}{dx}$. Donc F divise $Qx - Py$.

C. Q. F. D.

Exposants négatifs.

Nous avons vu que le coefficient de $x^a y^b$ était donné par l'intégrale double

$$\frac{-1}{4\pi^2}\iint \frac{dx\,dy\,x^{-a-1}y^{-b-1}}{\sqrt{F(x,y)}}.$$

Jusqu'ici nous avons supposé que $a+1$ et $b+1$ étaient négatifs, de telle façon qu'au numérateur de la fonction sous le signe $\iint$, les exposants de x et de y soient positifs.

Ne nous imposons plus cette restriction.

Il est clair d'abord que le cas où un de ces exposants est négatif, et celui où ils le sont tous les deux, se ramène aisément à celui où ils sont tous deux positifs. Supposons, par exemple, que

$$a+1>0, \qquad b+1<0;$$

nous poserons

$$x=\frac{1}{x'}, \qquad \text{d'où} \qquad F(x,y)=\frac{F_1(x',y)}{x'^m},$$

$F_1(x', y)$ étant un polynome entier en x' et y; l'intégrale devient alors

$$-\frac{1}{4\pi^2}\iint \frac{dx'\,dy}{\sqrt{F_1}}\,x'^{\frac{m}{2}+a-1}\,y^{-b-1},$$

et l'on voit que les exposants de x' et de y sont positifs, au moins si $m \geqq 4$.

On doit donc s'attendre à retrouver une théorie analogue à celle qui précède.

Mais il vaut mieux la refaire directement.

Il s'agit de trouver les relations de la forme

$$\iint \frac{H\,dx\,dy}{\sqrt{F}}=0, \tag{1 bis}$$

où H n'est plus un polynome entier en x et y, mais un polynome entier en x, y, $\frac{1}{x}$ et $\frac{1}{y}$, ou, si l'on préfère, un polynome entier en x et y, divisé par une puissance de x et par une puissance de y. Nous aurons encore

$$\iint \frac{dP\sqrt{F}}{dx}\,dx\,dy=\iint \frac{dQ\sqrt{F}}{dy}\,dx\,dy=0, \tag{2 bis}$$

si P et Q sont des polynomes entiers en x, y, $\frac{1}{x}$, $\frac{1}{y}$.

Il s'agit donc de voir si l'on peut mettre H sous la forme

$$H = \frac{dP}{dx} F + \frac{1}{2} \frac{dF}{dx} P + \frac{dQ}{dy} F + \frac{1}{2} \frac{dF}{dy} Q, \tag{3 bis}$$

ou encore sous la forme

$$H = A \frac{dF}{dx} + B \frac{dF}{dy}, \tag{4 bis}$$

A et B étant, comme H, P et Q des polynomes entiers en x, y, $\frac{1}{x}$ et $\frac{1}{y}$.

Nous continuerons à supposer que F, H, P, Q, A, B sont homogènes en x et y et que l'équation $F = 0$ n'a pas de racine double.

Nous pourrons alors écrire

$$H = H_1 x^\alpha y^\beta,$$

α et β étant des entiers positifs ou négatifs et H_1 un polynome entier en x et y.

Si alors on peut mettre H_1 sous la forme (4)

$$H_1 = A_1 \frac{dF}{dx} + B_1 \frac{dF}{dy}$$

(ce qui arrivera toujours si le degré de H_1 n'est pas plus petit que $2m - 3$), on pourra mettre H sous la forme (4 *bis*)

$$H = A_1 x^\alpha y^\beta \frac{dF}{dx} + B_1 x^\alpha y^\beta \frac{dF}{dy}.$$

Mais il est aisé de comprendre qu'un polynome H *quelconque* peut toujours se mettre sous la forme

$$H_1 x^\alpha y^\beta,$$

le degré de H_1 *étant au moins égal à* $2m - 3$. Car on peut, sans changer H, multiplier H_1 par x^μ (μ étant arbitraire), à condition de changer α en $\alpha - \mu$.

D'où cette conséquence :

Un polynome H *quelconque peut toujours se mettre sous la forme* (4 *bis*).

Comment maintenant passer de la forme (4 *bis*) à la forme (3 *bis*); un calcul tout à fait analogue à celui qui précède montrerait que A, B, P et Q sont liés par les équations

$$\left\{ \begin{aligned} Z &= \frac{dP}{dx} + \frac{dQ}{dy}, \\ A &= \frac{P}{2} + \frac{xZ}{m}, \\ B &= \frac{Q}{2} + \frac{yZ}{m} \end{aligned} \right. \tag{5 bis}$$

On en déduirait

$$\frac{dA}{dx} + \frac{dB}{dy} = Z\left(\frac{1}{2} + \frac{p+1}{m}\right)$$

De cette équation, on tirera Z et, par conséquent, P et Q, à moins que

$$\frac{1}{2} + \frac{p+1}{m} = 0. \tag{7}$$

Cela montre que, si l'égalité (7) n'a pas lieu, le polynome H peut se mettre sous la forme (3 *bis*) et, par conséquent, que la relation (1 *bis*) a lieu.

D'où cette conséquence : le coefficient de $x^a y^b$ dans le développement est nul, à moins que l'on ait

$$\frac{1}{2} + \frac{p+1}{m} = 0.$$

Mais

$$q = m + p - 1 = -a - b - 2.$$

La relation (7) peut donc s'écrire

$$a + b = -\frac{m}{2}.$$

Le développement de $\frac{1}{\sqrt{F}}$ ne contiendra donc que des termes tels que la somme $a + b$ soit égale à $-\frac{m}{2}$.

Ce résultat était évident d'avance; c'est une conséquence immédiate de l'homogénéité de la fonction $\frac{1}{\sqrt{F}}$.

Mais nous n'avons pas à regretter de l'avoir retrouvé par une voie détournée; car les équations intermédiaires que nous avons obtenues chemin faisant nous seront nécessaires dans la suite.

Mais poursuivons et supposons que la relation (7) ait lieu.

Alors les équations (5 *bis*) entraîneront

$$\frac{dA}{dx} + \frac{dB}{dy} = 0. \tag{8}$$

Ainsi, pour que H puisse se mettre sous la forme (3 *bis*), il ne suffit plus qu'il puisse se mettre sous la forme (4 *bis*), il faut encore que la relation (8) ait lieu.

Cette condition est d'ailleurs suffisante. Car alors, en faisant

$$P = 2A, \qquad Q = 2B, \qquad \text{d'où} \qquad Z = 0,$$

on satisfait aux équations (5 *bis*). J'ajoute même qu'on peut satisfaire à ces équations (5 *bis*) d'une infinité de manières, car la fonction Z peut être choisie arbitrairement.

Nous sommes donc amenés à nous poser la question suivante :

Peut-on mettre H sous la forme (4 *bis*) et cela de telle façon que la relation (8) ait lieu ?

La relation (8) montre que

$$B\,dx - A\,dy = dU$$

est une différentielle exacte; on aura donc

$$B = \frac{dU}{dx}, \qquad A = -\frac{dU}{dy},$$

et, en vertu du théorème des fonctions homogènes,

$$(p+1)\,U = x\frac{dU}{dx} + y\frac{dU}{dy} = Bx - Ay.$$

U est donc un polynome en x, y, $\frac{1}{x}$ et $\frac{1}{y}$; il est homogène et de degré $p+1$ en x et y.

L'équation (4 *bis*) devient alors

$$H = \frac{dF}{dx}\frac{dU}{dy} - \frac{dF}{dy}\frac{dU}{dx}, \tag{9}$$

et nous avons à rechercher si l'on peut mettre H sous la forme (9).

Soit

$$U = Vx^{-\alpha}y^{-\beta},$$

V étant un polynome entier et homogène d'ordre h en x et en y, α et β étant deux entiers positifs; on devra donc avoir

$$h - \alpha - \beta = p + 1 = -\frac{m}{2}.$$

Quant à H, il sera de la forme

$$H = Rx^{-\alpha-1}y^{-\beta-1}, \tag{10}$$

R étant un polynome entier en x et y, homogène de degré $h+m$.

Le polynome R comprend $h+m+1$ coefficients et le polynome U n'en contient que $h+1$.

Quand nous voudrons mettre H sous la forme (9), nous n'aurons donc que $h+1$ inconnues pour satisfaire à $h+m+1$ équations linéaires.

Des $h+m+1$ polynomes H de la forme (10) qui sont linéairement indépendants, il y en aura au plus $h+1$ que l'on pourra mettre sous la forme (9).

Je dis qu'il y en aura précisément $h+1$; le contraire ne pourrait arriver en effet que si l'un de ces polynomes pouvait se mettre de deux manières différentes sous la forme (9) :

$$H = \frac{dF}{dx}\frac{dU}{dy} - \frac{dF}{dy}\frac{dU}{dx} = \frac{dF}{dx}\frac{dU'}{dy} - \frac{dF}{dy}\frac{dU'}{dx},$$

d'où

$$\frac{dF}{dy}\frac{d(U-U')}{dx} - \frac{dF}{dx}\frac{d(U-U')}{dy} = 0.$$

Cette équation exprime que $U-U'$ est fonction de F. Mais F est homogène de degré m et $U-U'$ homogène de degré

$$p+1 = -\frac{m}{2}.$$

On devrait donc avoir

$$U-U' = \frac{1}{\sqrt{F}}.$$

Cela est impossible, puisque $U-U'$ doit être rationnel.

Donc cette circonstance ne pourra se présenter.

Donc il y aura précisément $h+1$ polynomes indépendants qu'on pourra mettre sous la forme (9).

Il y en aura m qui ne pourront se mettre sous cette forme et qui seront linéairement indépendants entre eux et avec ceux qui peuvent se mettre sous la forme (9).

Mais le nombre h peut être pris aussi grand que l'on veut. Nous arrivons donc à la conclusion suivante :

Parmi tous les polynomes H, en nombre infini, il n'y en a que m qui ne peuvent se mettre sous la forme (9) et qui soient linéairement indépendants entre eux et avec ceux qui peuvent se mettre sous la forme (9).

Ou bien encore :

Les coefficients du développement de $\frac{1}{\sqrt{F}}$ sont des fonctions transcendantes des coefficients de F. Mais toutes ces transcendantes ne sont pas distinctes entre elles. Il y a en tout seulement m transcendantes distinctes.

Deuxième cas ; cas général.

Supposons que F soit un polynome entier de degré m, *non homogène* en x et en y.

Nous écrirons

$$F = F_m + F_{m-1} + \ldots + F_0,$$

en désignant par F_k l'ensemble des termes homogènes et d'ordre k en x et en y.

Nous supposerons que l'équation $F_m = 0$ n'a pas de racine multiple. Nous ne supposerons plus, sauf avis contraire, que les polynomes H, P, Q, ... sont homogènes.

Il s'agit de déterminer les relations de la forme (1) ou (1 *bis*); je vais commencer par étudier exclusivement les relations de la forme (1). Je supposerai donc que H, P et Q sont des polynomes entiers (homogènes ou non) en x et y; je me propose de chercher quels sont les polynomes H qui peuvent se mettre sous la forme (3).

Soit q le degré de H; écrivons

$$H = H_q + H_{q-1} + \ldots + H_0,$$

H_k représentant l'ensemble des termes homogènes et d'ordre k.

Comme H_q et F_m sont homogènes, comme $F_m = 0$ n'a pas de racine multiple, nous pourrons toujours trouver deux polynomes P_p et Q_p homogènes d'ordre $p = q - m + 1$ et tels que

$$H_q = \frac{dP_p}{dx} F_m + \frac{1}{2} \frac{dF_m}{dx} P_p + \frac{dQ_p}{dy} F_m + \frac{1}{2} \frac{dF_m}{dy} Q_p.$$

Cela sera toujours possible, comme nous l'avons vu, *à la condition* que

$$q \geqq 2m - 3.$$

Soit maintenant

$$H' = \frac{dP_p}{dx} F + \frac{1}{2} \frac{dF}{dx} P_p + \frac{dQ_p}{dy} F + \frac{1}{2} \frac{dF}{dy} Q_p.$$

Le polynome H', qui peut se mettre sous la forme (3), ne sera plus homogène, mais il sera de degré q et l'ensemble des termes de degré q sera précisément H_q, de sorte que le polynome $H - H'$ sera de degré $q - 1$.

Ainsi, si $q \geqq 2m - 3$, on pourra regarder H comme la somme de deux polynomes, l'un susceptible d'être mis sous la forme (3) et l'autre de degré moindre.

Le degré peut être ainsi abaissé jusqu'à $2m-4$. Mais il n'y a que $(2m-3)(m-1)$ polynomes linéairement indépendants d'ordre $2m-4$.

Il y aura donc *au plus* $(2m-3)(m-1)$ polynomes non susceptibles d'être mis sous la forme (3), linéairement indépendants entre eux et de ceux qu'on peut mettre sous la forme (3).

Mais ce nombre peut encore être abaissé.

Soient P'' et Q'' deux polynomes quelconques d'ordre $m-3$ au plus, et soit

$$H'' = \frac{dP''}{dx}F + \frac{1}{2}\frac{dF}{dx}P'' + \frac{dQ''}{dy}F + \frac{1}{2}\frac{dF}{dy}Q''.$$

Il est clair que H'' sera d'ordre $2m-4$ au plus.

Or il y a $\frac{(m-2)(m-1)}{2}$ polynomes d'ordre $m-3$; donc nous pourrons trouver $\frac{(m-2)(m-1)}{2}$ polynomes P et autant de polynomes Q.

Nous pourrons donc former $(m-2)(m-1)$ polynomes H''; je dis qu'ils seront linéairement indépendants.

S'ils ne l'étaient pas, en effet, c'est qu'on pourrait trouver deux polynomes P'' et Q'', d'ordre $m-3$ au plus et tels que

$$\frac{dP''}{dx}F + \frac{1}{2}\frac{dF}{dx}P'' + \frac{dQ''}{dy}F + \frac{1}{2}\frac{dF}{dy}Q'' = 0.$$

Soit p le degré de celui de ces deux polynomes dont le degré est le plus élevé; nous aurons

$$p \leqq m-3.$$

Soient P''_p, Q''_p l'ensemble des termes de degré p de P'' et de Q''. P''_p et Q''_p ne pourront être identiquement nuls tous les deux.

On devrait avoir

$$(12)\qquad \frac{dP''_p}{dx}F_m + \frac{1}{2}\frac{dF_m}{dx}P''_p + \frac{dQ''_p}{dy}F_m + \frac{1}{2}\frac{dF_m}{dy}Q''_p = 0,$$

ou bien

$$(12\ bis)\qquad \frac{dF_m}{dx}\left[\frac{P''_p}{2} + \frac{x}{m}\left(\frac{dP''_p}{dx} + \frac{dQ''_p}{dy}\right)\right] + \frac{dF_m}{dy}\left[\frac{Q''_p}{2} + \frac{y}{m}\left(\frac{dP''_p}{dx} + \frac{dQ''_p}{dy}\right)\right] = 0.$$

Comme $\frac{dF_m}{dx}$ et $\frac{dF_m}{dy}$ sont premiers entre eux, cela ne pourrait avoir lieu que si

$$\frac{P''_p}{2} + \frac{x}{m}\left(\frac{dP''_p}{dx} + \frac{dQ''_p}{dy}\right) \quad \text{était divisible par} \quad \frac{dF_m}{dy}$$

et

$$\frac{Q''_p}{2} + \frac{y}{m}\left(\frac{dP''_p}{dx} + \frac{dQ''_p}{dy}\right) \quad \text{divisible par} \quad \frac{dF_m}{dx}.$$

Mais $\frac{dF_m}{dx}$ et $\frac{dF_m}{dy}$ étant d'ordre $m-1$ ne peuvent diviser deux polynomes d'ordre plus petit. Donc la relation (12 *bis*) ne pourrait avoir lieu que si l'on avait

$$\frac{P''_p}{2} + \frac{x}{m}\left(\frac{dP''_p}{dx} + \frac{dQ''_p}{dy}\right) = 0,$$
$$\frac{Q''_p}{2} + \frac{y}{m}\left(\frac{dP''_p}{dx} + \frac{dQ''_p}{dy}\right) = 0.$$

En différentiant la première équation par rapport à x, la seconde par rapport à y, et ajoutant, en tenant compte du théorème des fonctions homogènes on trouve

$$\left(\frac{1}{2} + \frac{p+1}{m}\right)\left(\frac{dP''_p}{dx} + \frac{dQ''_p}{dy}\right) = 0,$$

d'où

$$P''_p = Q''_p = 0,$$

ce qui est impossible, puisque P''_p et Q''_p ne peuvent s'annuler à la fois

Les relations (11) et (12) sont donc impossibles.

Les $(m-2)(m-1)$ polynomes H'' sont distincts.

Il y a donc au plus

$$(2m-3)(m-1) - (m-2)(m-1) = (m-1)^2$$

polynomes H qui ne peuvent être mis sous la forme (3) et qui sont indépendants entre eux et de ceux qui sont de la forme (3).

Ce nombre peut-il être réduit davantage ?

En d'autres termes, existe-t-il des polynomes d'ordre $2m-4$, autres que les polynomes H'', et susceptibles d'être mis sous la forme (3) ?

Soit H un de ces polynomes et soit

$$(13) \qquad H = \frac{dP}{dx}F + \frac{1}{2}\frac{dF}{dx}P + \frac{dQ}{dy}F + \frac{1}{2}\frac{dF}{dy}Q.$$

Soit p le degré de P et de Q; on devra avoir $p > m-3$, sans quoi H serait un des polynomes H''.

Comme H est supposé de degré $2m-4$, les termes de degré $>2m-4$ devront disparaître dans le second membre, en particulier les termes de degré $p+m-1$.

On aura donc

$$\frac{dP_p}{dx}F_m+\frac{1}{2}\frac{dF_m}{dx}P_p+\frac{dQ_p}{dy}F_m+\frac{1}{2}\frac{dF_m}{dy}Q_p=0,$$

ou bien

$$\frac{d}{dx}(P_p\sqrt{F_m})+\frac{d}{dy}(Q_p\sqrt{F_m})=0,$$

ou bien

$$Q_p\sqrt{F_m}=\frac{dT}{dx},\qquad P_p\sqrt{F_m}=-\frac{dT}{dy},$$

T étant une fonction de x et y homogène de degré $p+\frac{m}{2}+1$.

Le théorème des fonctions homogènes donnera

$$\left(p+\frac{m}{2}+1\right)T=\sqrt{F_m}(Q_px-P_py).$$

On verrait, comme plus haut dans l'étude de l'équation (6), que Q_px-P_py est divisible par F_m.

On aura donc

$$Q_px-P_py=SF_m,$$

S étant un polynome homogène de degré $p+1-m$.

On aura alors

$$\frac{d}{dx}\left[-\frac{d}{dy}\left(SF^{\frac{3}{2}}\right)\right]+\frac{d}{dy}\left[\frac{d}{dx}\left(SF^{\frac{3}{2}}\right)\right]=0,$$

d'où

$$\frac{H}{\sqrt{F}}=\frac{d}{dx}\left[P\sqrt{F}+\frac{d}{dy}\left(SF^{\frac{3}{2}}\right)\right]+\frac{d}{dy}\left[Q\sqrt{F}-\frac{d}{dx}\left(SF^{\frac{3}{2}}\right)\right].$$

Or on a

$$-\frac{d}{dy}\left(SF^{\frac{3}{2}}\right)=P'\sqrt{F},\qquad \frac{d}{dx}\left(SF^{\frac{3}{2}}\right)=Q'\sqrt{F},$$

P' et Q' étant des polynomes de degré p dont les termes d'ordre p sont précisément P_p et Q_p.

Il vient

$$\frac{H}{\sqrt{F}}=\frac{d}{dx}(P-P')\sqrt{F}+\frac{d}{dy}(Q-Q')\sqrt{F},$$

ce qui montre que les polynomes P et Q peuvent être remplacés par les polynomes $P - P'$ et $Q - Q'$, qui sont de degré moindre.

Donc le degré des polynomes P et Q peut toujours être abaissé et cela jusqu'à $m - 3$, de telle façon que H n'est autre chose qu'un polynome H''.

Il y a donc précisément $(m-1)^2$ polynomes *distincts* non susceptibles d'être ramenés à la forme (3).

Les coefficients du développement où les exposants $-a-1$ et $-b-1$ sont positifs dépendent donc au plus de $(m-1)^2$ transcendantes.

Exposants négatifs.

Il est facile d'étendre ces résultats à l'étude des relations de la forme (1 *bis*).

Supposons donc que H, P et Q soient des polynomes entiers, non plus en x et y, mais en x, y, $\frac{1}{x}$ et $\frac{1}{y}$.

Nous poserons alors

$$H = \frac{H'}{x^{\alpha+1}y^{\beta+1}}, \qquad P = \frac{P'}{x^{\alpha}y^{\beta+1}}, \qquad Q = \frac{Q'}{x^{\alpha+1}y^{\beta}},$$

où α et β sont des entiers positifs et H', P', Q' des polynomes entiers en x et y.

Les valeurs des entiers positifs α et β seront regardées comme fixes, mais pourront d'ailleurs être prises aussi grandes qu'on voudra. Je désignerai toujours par q le degré de H, c'est-à-dire le degré des termes de H dont le degré d'homogénéité en x et en y sera le plus élevé.

Je désignerai de même par p le degré de P et de Q.

Je représenterai par H_q l'ensemble des termes de degré q de H, par P_p et Q_p l'ensemble des termes de degré p de P et de Q.

Je désignerai par q' le degré de H', par p' celui de P' et de Q', de sorte qu'on aura

$$q' = q + \alpha + \beta + 2, \qquad p' = p + \alpha + \beta + 1,$$

d'où

$$q' = p' + m.$$

Les termes du degré le plus élevé de H', P' et Q' seront alors

$$x^{\alpha+1}y^{\beta+1}H_q, \quad x^{\alpha}y^{\beta+1}P_p, \quad x^{\alpha+1}y^{\beta}Q_p.$$

On tire de là

$$(14) \qquad H' = \frac{P'}{2}x\frac{dF}{dx} + \frac{Q'}{2}y\frac{dF}{dy} + F\left(x\frac{dP'}{dx} + y\frac{dQ'}{dy} - \alpha P' - \beta Q'\right).$$

Posons-nous maintenant le problème suivant :

Existe-t-il deux polynomes P'' et Q'' entiers et homogènes en x et y et tels que l'on ait

$$\frac{H_q}{\sqrt{F_m}} = \frac{d}{dx}\left(\frac{P''\sqrt{F_m}}{x^{\alpha}y^{\beta+1}}\right) + \frac{d}{dy}\left(\frac{Q''\sqrt{F_m}}{x^{\alpha+1}y^{\beta}}\right). \tag{15}$$

La relation (15) peut s'écrire

$$H_q x^{\alpha+1}y^{\beta+1} = \frac{P''}{2} x \frac{dF_m}{dx} + \frac{Q''}{2} y \frac{dF_m}{dy} + F_m Z$$

en posant, pour abréger,

$$Z = x\frac{dP''}{dx} + y\frac{dQ''}{dy} - \alpha P'' - \beta Q''.$$

Nous devons d'abord nous demander si l'on peut mettre H_q sous la forme

$$H_q x^{\alpha+1}y^{\beta+1} = A x \frac{dF_m}{dx} + By\frac{dF_m}{dy}, \tag{16}$$

analogue à la forme (4). Dans cette équation, A et B sont des polynomes entiers et homogènes en x et y dont le degré est évidemment p'.

Nous supposerons, pour éviter toute difficulté, non seulement que l'équation $F_m = 0$ n'a pas de racine multiple, mais que $\frac{dF_m}{dy}$ n'est pas divisible par x, ni $\frac{dF_m}{dx}$ par y. Dans ces conditions, $x\frac{dF_m}{dx}$ et $y\frac{dF_m}{dy}$ sont premiers entre eux.

En raisonnant alors comme sur l'équation (4), on verrait que l'on peut toujours mettre H_q sous la forme (16), pourvu que

$$q' \geqq 2m - 1.$$

Une fois H_q mis sous la forme (16), nous déterminerons P'' et Q'' à l'aide des équations

$$A = \frac{P''}{2} + \frac{Z}{m}, \qquad B = \frac{Q''}{2} + \frac{Z}{m};$$

d'où l'on déduit

$$x\frac{dA}{dx} + y\frac{dB}{dy} - \alpha A - \beta B = Z\left(\frac{1}{2} + \frac{p+1}{m}\right).$$

On tirera de là Z et, par conséquent, P'' et Q'', à moins que l'on ait

$$\frac{1}{2} + \frac{p+1}{m} = 0. \tag{17}$$

Donc, H_q pourra toujours se mettre sous la forme (15), pourvu que

$$q' \geqq 2m - 1, \qquad \frac{1}{2} + \frac{p+1}{m} \gtrless 0.$$

Si la relation (17) était satisfaite, on verrait, comme à propos de la discussion de l'équation (8), que, parmi les polynomes $H_q x^{\alpha+1} y^{\beta+1}$ de degré

$$q' = q + \alpha + \beta + 2 = \alpha + \beta + \frac{m}{2},$$

il n'y en a que m qui soient distincts et non susceptibles d'être mis sous la forme (15).

Posons maintenant

$$\frac{H''}{\sqrt{F} x^{\alpha+1} y^{\beta+1}} = \frac{d}{dx}\left(\frac{P''\sqrt{F}}{x^\alpha y^{\beta+1}}\right) + \frac{d}{dy}\left(\frac{Q''\sqrt{F}}{x^{\alpha+1} y^\beta}\right).$$

Le polynome H″ ainsi défini est de la forme (14); ses termes du degré le plus élevé sont $H_q x^{\alpha+1} y^{\beta+1}$, puisque P″ et Q″ sont définis par la relation (15).

Donc H′ — H″ est de degré $q' - 1$; donc H′ est la somme de deux polynomes, l'un H″ de la forme (14), l'autre H′ — H″ de degré moindre. Le degré de H′ peut donc être réduit, à moins qu'il ne soit plus petit que $2m - 1$, ou égal à $\alpha + \beta + \frac{m}{2}$.

De plus, parmi les polynomes de degré $\alpha + \beta + \frac{m}{2}$, il n'y en aura que m réellement distincts et dont le degré ne pourra être réduit $\Big($la réduction, une fois l'étape $\alpha + \beta + \frac{m}{2}$ franchie, pourra être poussée sans obstacle jusqu'à $2m - 2\Big)$.

Il n'y a donc que m polynomes réellement distincts, de degré plus grand que $2m - 2$ et non susceptibles d'être mis sous la forme (14).

Comme le nombre des polynomes de degré $2m - 2$ est égal à $m(2m - 1)$, nous pouvons conclure qu'il y a au plus $2m^2$ polynomes distincts qui ne peuvent se mettre sous la forme (14). Mais ce nombre peut encore être réduit; et, en effet, il y a des polynomes de degré $2m - 2$ qui peuvent se mettre sous la forme (14); on les obtient en prenant pour P′ et Q′ des polynomes quelconques de degré $m - 2$. Or il y a $\frac{m}{2}(m - 1)$ polynomes P′ et autant de polynomes de degré $m - 2$. Cela fera donc $m^2 - m$ polynomes de degré $m - 2$ et de la forme (14).

Je dis qu'ils sont tous linéairement indépendants.

Si, en effet, ils ne l'étaient pas, on pourrait trouver deux polynomes d'ordre $m - 2$, tels que

$$\frac{d}{dx}\left(\frac{P'\sqrt{F}}{x^\alpha y^{\beta+1}}\right) + \frac{d}{dy}\left(\frac{Q'\sqrt{F}}{x^{\alpha+1} y^\beta}\right) = 0,$$

ou en appelant P″ et Q″ les termes d'ordre le plus élevé de P′ et de Q′

$$\frac{d}{dx}\left(\frac{P'' \sqrt{F_m}}{x^\alpha y^{\beta+1}}\right) + \frac{d}{dy}\left(\frac{Q'' \sqrt{F_m}}{x^{\alpha+1} y^\beta}\right) = 0.$$

Cette équation est de même forme que (15) (sauf que H_q est nul); elle entraînerait donc

$$A x \frac{dF}{dx} + B y \frac{dF}{dx} = 0,$$

ou $\Big($puisque A et B sont d'ordre inférieur à m étant du même ordre que P″ ou Q″ et que, d'autre part, $x\frac{dF}{dx}$ et $y\frac{dF}{dy}$ sont premiers entre eux$\Big)$

$$A = 0, \qquad B = 0,$$

ce qui entraîne

$$P'' = Q'' = 0$$

$\Big[$à moins que la relation (17) n'ait lieu; or nous pouvons toujours supposer le contraire, puisqu'elle entraînerait

$$p' = \alpha + \beta - \frac{m}{2} + 1;$$

que l'on a, d'ailleurs,

$$p' \leqq m - 2$$

et que l'on peut supposer α et β aussi grands que l'on veut$\Big]$. Il faudrait donc que P″ et Q″ fussent nuls; et, comme ce sont les termes du degré le plus élevé de P′ et de Q′, il faudrait que P′ et Q′ fussent nuls.

Nos $m^2 - m$ polynomes sont donc linéairement indépendants. Il reste donc

$$2m^2 - (m^2 - m) = m^2 + m$$

polynomes réellement distincts et non susceptibles de se mettre sous la forme (14).

Comme cela a lieu, quelque grands que soient α et β, nous conclurons que nos coefficients dépendent au plus de $m^2 + m$ transcendantes distinctes.

Ce nombre peut-il encore être réduit?

Voici comment la question se pose : Nous avons trouvé qu'un certain nombre de polynomes en x, y, $\frac{1}{x}$, $\frac{1}{y}$ de la forme

$$H = \frac{H'}{x^{\alpha+1} y^{\beta+1}}, \tag{18}$$

où H' est un polynome d'ordre q' en x et y, pourraient être mis sous la forme (3 *bis*), et cela de telle façon que

$$\text{(19)}\qquad P = \frac{P'}{x^{\alpha} y^{\beta+1}}, \qquad Q = \frac{Q'}{x^{\alpha+1} y^{\beta}},$$

P' et Q' étant des polynomes d'ordre $p' = q' - m$ en x et en y.

Quand un polynome H pourra se mettre sous la forme (3 *bis*), et cela de telle façon que P et Q soient de la forme (19), je dirai, pour abréger, que H peut se mettre sous la forme (3 *ter*).

L'analyse qui précède montre que certains polynomes de la forme (18) peuvent se mettre sous la forme (3 *ter*); elle montre en même temps qu'il n'y en a pas d'autres.

Ce qu'il nous reste à voir, c'est si certains polynomes ne pourraient être mis sous la forme (3 *bis*) sans pouvoir être mis sous la forme (3 *ter*)

On aurait donc

$$\frac{H}{\sqrt{F}} = \frac{d}{dx}(P\sqrt{F}) + \frac{d}{dy}(Q\sqrt{F}),$$

et l'on pourrait écrire

$$P = \frac{P'}{x^{a} y^{b+1}}, \qquad Q = \frac{Q'}{x^{a+1} y^{b}}.$$

Le polynome H pourrait ainsi se mettre sous la forme (3 *bis*); mais, pour que cette forme ne se confonde pas avec la forme (3 *ter*), il faut :

1° Ou bien que a soit plus grand que α;

2° Ou bien que b soit plus grand que β;

3° Ou bien enfin que le degré p' des polynomes P' et Q' soit plus grand que $q' - m$.

Nous pourrons, d'ailleurs, toujours supposer $a \geqq \alpha$, $b \geqq \beta$.

Je dis d'abord que, si $a > \alpha$, a peut être diminué d'une unité. On a en effet

$$\text{(14 bis)}\qquad H' x^{a-\alpha} y^{b-\beta} = \frac{P'}{2} x \frac{dF}{dx} + \frac{Q'}{2} y \frac{dF}{dy} + F\left(x\frac{dP'}{dx} + y\frac{dQ'}{dy} - aP' - bQ'\right).$$

Le premier membre étant divisible par x, il doit en être de même du second. Donc on aura pour $x = 0$

$$\text{(20)}\qquad \frac{Q'}{2} y \frac{dF}{dy} + F\left(y\frac{dQ'}{dy} - aP' - bQ'\right) = 0.$$

Nous supposerons que, pour $x=0$, le polynome F est premier avec le polynome $y\frac{dF}{dy}$. Cette équation nous montre alors que, pour $x=0$, Q′ est divisible par F; soit donc

$$Q' = -aUF.$$

Cette égalité ayant lieu seulement pour $x=0$, U sera un polynome entier en y.

Posons maintenant

$$\frac{P''\sqrt{F}}{x^a y^{b+1}} = -\frac{d}{dy}\left(\frac{UF^{\frac{3}{2}}}{x^a y^b}\right), \qquad \frac{Q''\sqrt{F}}{x^{a+1}y^b} = \frac{d}{dx}\left(\frac{UF^{\frac{3}{2}}}{x^a y^b}\right),$$

d'où

$$(21) \qquad \frac{d}{dx}\left(\frac{P''\sqrt{F}}{x^a y^{b+1}}\right) + \frac{d}{dy}\left(\frac{Q''\sqrt{F}}{x^{a+1}y^b}\right) = 0$$

et

$$Q'' = x\left(\frac{dU}{dx}F + \frac{3}{2}U\frac{dF}{dx}\right) - aUF,$$

$$P'' = -y\left(\frac{dU}{dy}F + \frac{3}{2}U\frac{dF}{dy}\right) + bUF,$$

ce qui montre que pour $x=0$, on a $Q''=Q'$, et par conséquent, à cause de (20), $P''=P'$. Donc les deux polynomes $P'-P''$, $Q'-Q''$ sont divisibles par x.

Mais à cause de (21) on aura

$$\frac{H}{\sqrt{F}} = \frac{d}{dx}\frac{(P'-P'')\sqrt{F}}{x^a y^{b+1}} + \frac{d}{dy}\frac{(Q'-Q'')\sqrt{F}}{x^{a+1}y^b}.$$

Comme $P'-P''$ et $Q'-Q''$ sont divisibles par x, on voit que la valeur de a se trouve abaissée d'une unité. C. Q. F. D.

On démontrerait de même que b peut être abaissé d'une unité s'il est plus grand que β.

Je dis maintenant que p' peut être abaissé d'une unité s'il est plus grand que $q'-m$.

Je n'ai presque rien à changer à la démonstration analogue de la fin du paragraphe précédent.

Soient P″ et Q″ les termes du degré le plus élevé de P′ et de Q′, on devrait avoir

$$\frac{d}{dx}\left(\frac{P''\sqrt{F_m}}{x^a y^{b+1}}\right) + \frac{d}{dy}\left(\frac{Q''\sqrt{F_m}}{x^{a+1}y^b}\right) = 0$$

ou bien

$$\frac{Q''\sqrt{F_m}}{x^{a+1}y^b} = \frac{dT}{dx}, \qquad \frac{P''\sqrt{F_m}}{x^a y^{b+1}} = -\frac{dT}{dy},$$

ou

$$kT = \frac{\sqrt{F_m}}{x^a y^b}(Q'' - P''),$$

k étant le degré d'homogénéité de T ; d'où

$$\sqrt{F_m}\,k\frac{dT}{dx} = \frac{1}{2}\,\frac{Q''-P''}{x^a y^b}\,\frac{dF_m}{dx} + \frac{F_m}{x^a y^b}\,\frac{d}{dx}(Q''-P'') - \frac{aF_m(Q''-P'')}{x^{a+1}y^b} = \frac{kQ''F_m}{x^{a+1}y^b}.$$

Cette équation, que l'on peut multiplier par $x^{a+1}y^b$, montre que

$$(Q''-P'')\,x\frac{dF_m}{dx}$$

est divisible par F_m ; et, comme $x\frac{dF_m}{dx}$ est premier avec F_m, que $Q''-P''$, es divisible par F_m.

Soit

$$Q''-P'' = SF_m.$$

Nous poserons

$$\frac{Q'''\sqrt{F}}{x^{a+1}y^b} = \frac{d}{dx}\,\frac{SF^{\frac{3}{2}}}{kx^a y^b}, \qquad \frac{P'''\sqrt{F}}{x^a y^{b+1}} = -\frac{d}{dy}\,\frac{SF^{\frac{3}{2}}}{kx^a y^b}.$$

On en conclut :

1° Que Q''' et P''' ont mêmes termes de degré le plus élevé que Q'' et P'' de façon que les polynomes $P''-P'''$, $Q''-Q'''$ sont de degré moindre ;

2° que

$$\frac{d}{dx}\,\frac{P'''\sqrt{F}}{x^a y^{b+1}} + \frac{d}{dy}\,\frac{Q'''\sqrt{F}}{x^{a+1}y^b} = 0,$$

d'où enfin

$$\frac{H}{\sqrt{F}} = \frac{d}{dx}\,\frac{(P''-P''')\sqrt{F}}{x^a y^{b+1}} + \frac{d}{dy}\,\frac{(Q''-Q''')\sqrt{F}}{x^{a+1}y^b}.$$

On voit que le degré des polynomes a été abaissé. C. Q. F. D.

La démonstration se trouverait en défaut si l'on avait

$$k = 0,$$

ou

$$p' + \frac{m}{2} = a + b,$$

ou

$$p+1+\frac{m}{2}=0.$$

Dans ce cas on trouve simplement

$$Q''=P''.$$

Nous ne pouvons donc plus affirmer que T soit de la forme

$$T=\frac{SF_m^{\frac{3}{2}}}{x^a y^b},$$

où S est un polynome; ni même que T ne soit pas transcendant. La discussion faite plus haut à propos du cas où F était supposé homogène nous a même montré que parmi les intégrales de la forme

$$T=\int\frac{P''\sqrt{F_m}}{x^a y^b}\left(\frac{dy}{y}-\frac{dx}{x}\right),$$

où P'' est un polynome homogène d'ordre $a+b-\frac{m}{2}$; que parmi ces intégrales, dis-je, il y en a qui sont transcendantes et qui sont des combinaisons linéaires de m transcendantes distinctes.

Parmi les polynomes P'' il y en a donc m, distincts entre eux, et qui peuvent ainsi donner naissance à des transcendantes. Supposons cependant que l'intégrale T ne soit pas transcendante. Je dis qu'elle sera de la forme $\frac{SF_m^{\frac{3}{2}}}{x^a y^b}$. Pour nous en rendre compte, regardons un instant y comme une constante et développons suivant les puissances de $x-x_0$, x_0 étant une valeur quelconque de x.

Si x_0 n'est pas nul et si $(x-x_0)$ n'annule par F_m, la quantité sous le signe $\int$ ne contiendra que des puissances entières et positives de $x-x_0$; il en sera donc de même de T; si x_0 n'est pas nul, $\frac{dT}{dx}$ ne contiendra que des puissances positives entières et impaires de $\sqrt{x-x_0}$. Cela montre que T est égal à une fonction T_0 de y, plus une fonction de x et de y, changeant de signe avec $\sqrt{x-x_0}$ et divisible par $(x-x_0)^{\frac{3}{2}}$. Comme $\frac{dT}{dy}$ doit changer de signe avec $\sqrt{x-x_0}$, nous voyons que la fonction T_0 de y doit se réduire à une constante que nous pouvons laisser de côté; de sorte que finalement cette fonction ne contient $(x-x_0)^{\frac{1}{2}}$ qu'à des puissances impaires et au moins égales à 3.

La conclusion, c'est que T est divisible par $F_m^{\frac{3}{2}}$, puisque $\frac{T}{F_m^{\frac{3}{2}}}$ ne devient pas infini pour $x=x_0$; on a donc

$$T=\frac{SF^{\frac{3}{2}}}{x^\mu y^\nu}$$

et il nous reste à montrer que μ et ν sont précisément égaux à a et b. Pour cela développons suivant les puissances croissantes de x; le développement de $\frac{dT}{dx}$ commençant par un terme en x^{-a-1} et celui de $\frac{dT}{dy}$ par un terme en x^{-a}; celui de T devra commencer par un terme en x^{-a}; d'où $a=\mu$. C. Q. F. D.

Comme T est de la forme $\frac{SF^{\frac{3}{2}}}{x^a y^b}$, le reste du raisonnement se poursuivrait comme plus haut et le degré des polynomes ne peut être abaissé.

Nous n'avons donc à nous occuper que des m transcendantes T et des m polynomes P″ correspondant.

Soit $P''=Q''$ l'un de ces polynomes; écrivons

$$H=\frac{d}{dx}\left(\frac{P''\sqrt{F}}{x^a y^{b+1}}\right)+\frac{d}{dy}\left(\frac{P''\sqrt{F}}{x^{a+1} y^b}\right).$$

Nous aurons formé un polynome H qui peut se mettre sous la forme (3 *bis*); je dis qu'il ne peut se mettre sous la forme (3 *ter*). Si, en effet, il pouvait se mettre sous la forme (3 *ter*), on pourrait trouver deux polynomes P′ et Q′ dont les termes de degré le plus élevé sont P″ et $Q''=P''$ et qui seraient tels que

$$\frac{d}{dx}\left(\frac{P'\sqrt{F}}{x^a y^{b+1}}\right)+\frac{d}{dy}\left(\frac{Q'\sqrt{F}}{x^{a+1} y^b}\right)=0.$$

Cela voudrait dire qu'il existerait une intégrale de différentielle totale

$$T=\int\frac{\sqrt{F}}{x^a y^b}\left(\frac{Q'\,dx}{x}-\frac{P'\,dy}{y}\right).$$

Cette intégrale devrait être transcendante et admettre des périodes cycliques, puisque, pour x et y très grands, elle se réduirait sensiblement à

$$\int\frac{\sqrt{F_m}}{x^a y^b}\left(\frac{dx}{x}-\frac{dy}{y}\right)$$

qui est, par hypothèse, l'une de nos m transcendantes et qui admet des périodes cycliques.

Mais il est absurde de supposer que l'intégrale T admette des périodes cycliques. Elle ne pourrait en avoir, en effet, que si la surface

$$z^2 = F$$

admettait des *cycles linéaires*. Nous verrons plus loin qu'elle n'en admet pas, si le polynome F est indécomposable, ce qui est le cas général.

Donc l'hypothèse faite au début était absurde et nos polynomes ne peuvent se mettre sous la forme (3 *ter*).

Il y a donc m polynomes qui peuvent se mettre sous la forme (3 *bis*), sans pouvoir se mettre sous la forme (3 *ter*) et il n'y en a que m.

Il nous restait $m^2 + m$ polynomes distincts ne pouvant se mettre sous la forme (3 *ter*); il restera donc m^2 polynomes distincts ne pouvant se mettre sous la forme (3 *bis*). Ce nombre ne peut plus être réduit, au moins dans le cas général.

Donc les coefficients du développement de $\frac{1}{\sqrt{F}}$ dépendent au plus de m^2 transcendantes distinctes.

Autre démonstration.

On pourrait encore raisonner comme il suit :

Donnons-nous la valeur de q' et choisissons-là de façon que la relation (17) n'ait pas lieu. Alors nous pourrons affirmer que tout polynome qui peut se mettre sous la forme (3 *bis*) peut aussi se mettre sous la forme (3 *ter*).

Il y a $\frac{(q'+1)(q'+2)}{2}$ polynomes de degré q'. Les polynomes P' et Q' sont de degré

$$p' = q' - m.$$

Il y aura donc $\frac{(p'+1)(p'+2)}{2}$ polynomes P' et autant de polynomes Q'. Nous pourrons donc former $(p'+1)(p'+2)$ combinaisons de la forme (3 *ter*).

Mais nous devons observer que toutes ces combinaisons ne sont pas distinctes; combien y aura-t-il de relations entre elles? Pour former toutes ces relations, nous n'avons qu'à rechercher toutes les identités de la forme

$$\frac{d}{dx}\frac{P'\sqrt{F}}{x^a y^{b+1}} + \frac{d}{dy}\frac{Q'\sqrt{F}}{x^{a+1} y^b} = 0. \tag{22}$$

cette identité montre que

$$T = \int \frac{\sqrt{F}}{x^a y^b}\left(\frac{Q'\,dx}{x} - \frac{P'\,dy}{y}\right)$$

est une intégrale de différentielle totale.

Je dis que cette intégrale ne peut être transcendante. En effet, si elle était transcendante, il faudrait qu'elle eût, soit des périodes cycliques, soit des périodes polaires.

J'appelle *période cyclique* celle que l'on obtient quand le point x, y décrit un contour fermé (cycle linéaire) (ce contour fermé ne pouvant, par déformation continue, être ramené à un contour infiniment petit sans passer par un point singulier).

J'appelle *période polaire* celle que l'on obtient quand le point x, y décrit un contour fermé infiniment petit autour d'un point pour lequel la fonction sous le signe $\int$ devient infinie.

Il n'y a pas de période cyclique.

Et, en effet, un cycle linéaire, s'il existait, pourrait toujours être décomposé en cycles élémentaires formés chacun d'un double lacet entourant deux points de la courbe $F(x, y) = 0$; tel est le double lacet qui, enveloppant les deux points ± 1, définit l'une des périodes de l'intégrale

$$\int \frac{dx}{\sqrt{(1-x^2)(1-k^2x^2)}}.$$

Mais si la courbe $F'(x, y) = 0$ est indécomposable, ce que nous supposerons, les deux points de cette courbe enveloppés par le double lacet peuvent s'échanger et se confondre, de sorte que le lacet devient infiniment petit..

Il n'y a donc pas de cycle linéaire.

Il n'y a pas non plus de période polaire.

En effet, la fonction sous le signe $\int$ ne devient infinie que pour $x = 0$ et pour $y = 0$.

Développons suivant les puissances de x; le développement de $\frac{dT}{dx}$ se présentera sous la forme $\sum \frac{A_\mu}{x^\mu}$, où A_μ est une fonction de y; considérons en particulier le terme $\frac{A_1}{x}$; c'est celui-là qui, par intégration, pourrait introduire la transcendante $A_1 \mathrm{L} x$.

Mais alors il y aurait dans $\frac{dT}{dy}$ le terme $\mathrm{L}x \frac{dA_1}{dy}$, et comme ce terme n'existe pas, c'est que $\frac{dA_1}{dy} = 0$, c'est-à-dire que A_1 est une constante.

Mais, d'autre part, A_1 doit changer de signe avec $\sqrt{F}$. Donc, A_1 est nul.

Nous n'aurons donc ni la transcendante Lx, ni pour la même raison la transcendante Ly.

Donc l'intégrale T est algébrique.

Considérons maintenant y comme une constante et soit x_0 une valeur quelconque de x. Si cette valeur n'annule pas F, nous verrons, comme plus haut, que T est développable suivant les puissances de $x - x_0$; si cette valeur annule F, nous verrons comme plus haut que T est divisible par $(x - x_0)^{\frac{3}{2}}$.

Nous conclurons de tout cela que T est divisible par $F^{\frac{3}{2}}$, et nous écrirons

$$T = \frac{SF^{\frac{3}{2}}}{x^\mu y^\nu},$$

S étant un polynome. On verrait, comme plus haut, que

$$\mu = a, \qquad \nu = b,$$

ce qui donne

$$T = \frac{SF^{\frac{3}{2}}}{x^a y^b}.$$

On voit que S est un polynome de degré $p' - m$.

Il y aura autant de relations (22) que de polynomes S; c'est-à-dire

$$\frac{(p' - m + 1)(p' - m + 2)}{2}.$$

Il y a donc

$$(p' + 1)(p' + 2) - \frac{(p' - m + 1)(p' - m + 2)}{2}$$

combinaisons distinctes de la forme (3 *ter*), et

$$\frac{(q' + 1)(q' + 2)}{2} - (p' + 1)(p' + 2) + \frac{(p' - m + 1)(p' - m + 2)}{2} = m^2$$

polynomes distincts non susceptibles d'être mis sous la forme (3 *bis*).

C. Q. F. D.

Cas des racines multiples.

Dans l'exposé qui précède, nous avons fait diverses hypothèses; nous avons supposé entre autres choses que l'équation $F_m = 0$ n'avait pas de racines multiples.

Mais toutes ces hypothèses n'avaient pas pour effet de restreindre la généralité. C'est ainsi que le cas où l'équation a des racines multiples est un cas particulier de celui où elle n'en a pas.

Mais, dans le cas général, il y a entre les coefficients du développement de $\frac{1}{\sqrt{F}}$ un certain nombre de relations linéaires.

Le passage à la limite suffirait pour montrer qu'il y en a au moins autant dans un cas particulier quelconque.

Les coefficients dépendent, dans le cas général, d'un certain nombre de transcendantes distinctes; dans les différents cas particuliers, ce nombre peut diminuer, mais il ne peut jamais augmenter.

Nous avons vu qu'il y a m^2 polynomes distincts non susceptibles de se mettre sous la forme (3 *bis*); il y en aura *au plus* m^2 dans les cas particuliers.

La discussion de chaque cas particulier serait sans doute intéressante, mais je me bornerai aux cas qui se présentent en Astronomie.

Application à la fonction perturbatrice.

Nous avons posé dans l'introduction

$$e^{iu} = x, \qquad e^{iu'} = y,$$

u et u' étant les deux anomalies excentriques.

Alors les coordonnées de la première planète sont de la forme

$$\frac{c_1}{x} + c_2 + c_3 x,$$

tandis que celles de la seconde sont de la forme

$$\frac{c_1}{y} + c_2 + c_3 y.$$

Le carré de la distance des deux planètes D^2 sera donc un polynome du deuxième degré en x, y, $\frac{1}{x}$ et $\frac{1}{y}$. C'est ce polynome que j'appellerai désormais $F(x, y)$; il contiendra des termes en

$$x^2,\quad y^2,\quad xy,\quad x,\quad y,\quad 1,\quad x^{-2},\quad y^{-2},\quad x^{-1}y^{-1},\quad x^{-1},\quad y^{-1},\quad xy^{-1},\quad x^{-1}y.$$

Je poserai aussi quelquefois

$$x^2 y^2 F(x, y) = F'(x, y),$$

et $F'(x, y)$ sera un polynome entier en x et y.

Pour avoir le coefficient de x^2, il suffit de donner à u une valeur dont la partie imaginaire est négative et très grande, u' conservant une valeur finie. Alors la distance D est sensiblement égale à la distance de la première planète à l'origine, c'est-à-dire à

$$a(1 - e\cos u) = a\left(1 - \frac{ex}{2} - \frac{e}{2x}\right)$$

ou sensiblement $-\frac{aex}{2}$.

Le coefficient de x^2 est donc $\frac{a^2e^2}{4}$, a étant le grand axe et e l'excentricité. La même analyse montre que le coefficient de x^{-2} est le même.

De même les coefficients de y^2 et y^{-2} sont tous deux égaux à $\frac{a'^2e'^2}{4}$, a' et e' étant le grand axe et l'excentricité de la seconde planète.

Pour trouver le coefficient de xy observons que, si les parties imaginaires de u et de u' sont toutes deux négatives et très grandes, chacune des planètes se trouvera sur l'ellipse qu'elle décrit en un point très éloigné de l'origine. Si donc nous appelons λ l'angle de l'asymptote (imaginaire) à l'une de ces ellipses avec l'asymptote de l'autre ellipse, le coefficient de $2xy$ sera

$$\frac{aea'e'}{4}\cos\lambda.$$

L'angle λ est toujours imaginaire et $\cos\lambda$ plus grand que 1 s'il est réel.

Comme chaque ellipse a deux asymptotes, nous avons quatre angles λ qui correspondent aux coefficients de

$$2xy, \quad 2xy^{-1}, \quad 2x^{-1}y, \quad 2x^{-1}y^{-1}.$$

L'angle λ ne peut être égal ni à 0, ni à π, puisque les asymptotes sont imaginaires et situées dans deux plans réels différents. Les termes du second degré de $F(x, y)$ ne peuvent donc se réduire à un carré parfait.

Si l'une des excentricités est nulle, e par exemple, les termes en x^2 et x^{-2} disparaissent; mais le terme en xy ne disparaît pas, bien que son coefficient

$$\frac{aea'e'}{4}\cos\lambda$$

contienne e en facteur, parce que $\cos\lambda$ devient infini.

Quant à $F'(x, y) = x^2y^2F(x, y)$, c'est un polynome du sixième degré, généralement indécomposable.

La courbe

$$F'(x, y) = 0$$

est une courbe du sixième degré, avec un point double à l'origine et deux points doubles à l'infini.

Cette courbe se décompose dans deux cas :

1° Si l'inclinaison est nulle, elle se décompose alors en deux courbes du troisième degré;

2° Si les deux excentricités sont nulles, elle a alors pour composantes les deux axes de coordonnées et une courbe du quatrième degré avec deux points doubles à l'infini.

Alors $F(x, y)$ admet des termes en

$$xy, \quad x, \quad y, \quad 1, \quad x^{-1}, \quad y^{-1}, \quad x^{-1}y^{-1}, \quad x^{-1}y, \quad xy^{-1}$$

Mais, de plus, le polynome présente une symétrie particulière.

Il ne change pas quand on permute x et y, ni quand on change x en $\frac{1}{x}$ et y en $\frac{1}{y}$.

Je n'examinerai dans la suite que le cas général et celui où les deux excentricités sont nulles.

Bien d'autres cas particuliers mériteraient quelque attention : celui où l'inclinaison est nulle, celui où les deux grands axes coïncident entre eux et avec l'intersection des plans des orbites, celui où ces deux plans se coupent à angle droit et où leur intersection coïncide avec le grand axe de l'une des deux orbites, etc.

Intégrales de différentielles totales.

Il paraît nécessaire de revenir sur la démonstration que j'ai donnée de ce fait que les intégrales de différentielles totales dépendant de $\sqrt{F}$ ne peuvent être transcendantes, afin de voir si elle s'applique aux cas particuliers que je veux maintenant étudier en détail.

Quand M. Picard a annoncé, pour la première fois, que la surface la plus générale de son degré ne possède pas de cycle linéaire, ce fait a causé un grand étonnement. On sera moins étonné maintenant que la surface

$$z^2 = F$$

n'en possède pas non plus quand le polynome F est indécomposable.

Revenons sur la démonstration. Soit A un point singulier quelconque, c'est-à-dire un ensemble de valeurs complexes de x et de y qui annule $F(x, y)$. J'appellerai *lacet* un chemin d'intégration composé comme il suit. On prendra pour point de départ un point quelconque O non singulier, choisi comme origine de tous les lacets. On ira de O à un point A′ infiniment voisin de A en suivant un chemin quelconque; on décrira un contour infiniment petit enveloppant le point A, de façon à revenir au point A′, et l'on reviendra de A′ en O par le même chemin.

Le lacet sera dit *rectiligne* si le chemin OA′ est rectiligne.

Je représenterai par (A) l'intégrale prise le long de ce lacet en partant du point O en attribuant au radical un signe convenu une fois pour toutes. Je la représenterai par [A] si le lacet est rectiligne. Je remarque deux choses :

1° Une période quelconque de l'intégrale sera une combinaison linéaire à coefficients entiers de périodes de la forme

$$[A]-[B],$$

A et B étant deux points singuliers quelconques;

2° Soient deux lacets, l'un rectiligne, l'autre non rectiligne, enveloppant un même point singulier A. Soient [A] et (A) les deux intégrales correspondantes; la différence

$$(A)-[A]$$

sera égale au double d'une période.

Cela posé, supposons d'abord le polynome F indécomposable, et supposons que nous ayons $n+1$ points singuliers qui peuvent être distincts

$$A_0, \quad A_1, \quad A_2, \quad \ldots, \quad A_n.$$

Nous pourrons alors avoir n périodes distinctes

$$[A_0]-[A_1], \quad [A_1]-[A_2], \quad \ldots, \quad [A_{n-1}]-[A_n].$$

Je dis qu'elles sont toutes nulles.

En effet, le polynome F étant indécomposable, les points A_0 et A_1 peuvent s'échanger. Je puis faire varier d'une manière continue A_0 de façon qu'il vienne en A_1. Le lacet rectiligne entourant A_0 se changera en un lacet, généralement non rectiligne, entourant A_1, de sorte qu'on aura

$$[A_0]=(A_1).$$

Mais $(A_1)-[A_1]$ est le double d'une période. Nous avons donc entre nos n périodes une équation linéaire à coefficients entiers. Le coefficient de $[A_0]-[A_1]$ est impair, celui des autres périodes est pair.

Nous trouverions de même $n-1$ autres équations linéaires. Le déterminant de ces équations ne saurait être nul. En effet, il est

$$\equiv \begin{vmatrix} 1 & 0 & 0 & 0 \\ 0 & 1 & 0 & 0 \\ 0 & 0 & 1 & 0 \\ 0 & 0 & 0 & 1 \end{vmatrix} \equiv 1 \quad (\text{mod } 2).$$

Donc les n périodes sont nulles. C. Q. F. D.

Qu'arrive-t-il maintenant si le polynome F est décomposable? Si alors A_0 et A_1 appartiennent à deux facteurs différents de F, A_0 ne s'échange plus avec A_1. Mais voici comment on peut raisonner :

En faisant varier A_0 et A_1 d'une manière continue, je pourrai les amener en deux points B_0 et B_1 infiniment voisins l'un de l'autre et infiniment voisins de l'un des points d'intersection des deux courbes dans lesquelles se décompose la courbe $F=0$.

Alors les lacets rectilignes $[A_0]$ et $[A_1]$ se changent dans les lacets non rectilignes (B_0) et (B_1), de sorte que

$$[A_0]-[B_0], \quad [A_1]-[B_1]$$

seront des doubles périodes.

Maintenant, en faisant varier d'une manière continue B_0 et B_1, je puis faire tourner B_0 autour de B_1; alors $[B_0]$ et $[B_1]$ se changent respectivement en

$$3[B_0]-2[B_1], \quad 2[B_0]-[B_1],$$

d'où

$$[B_0]=3[B_0]-2[B_1]$$

ou

$$[B_0]=[B_1].$$

On en conclut que $[A_0]-[A_1]$ est encore une double période, et le reste de la démonstration se poursuit comme plus haut.

Cette démonstration suppose que B_0 peut tourner autour de B_1, sans qu'aucun autre point singulier soit très voisin de B_0 et de B_1. C'est ce qui arrivera si la courbe $F=0$ se décompose en plusieurs courbes irréductibles, mais de telle sorte qu'aucun point d'intersection de deux de ces courbes composantes n'appartienne à plus de deux composantes et ne soit pas un point double pour l'une d'elles.

La démonstration s'applique donc, soit dans le cas général du problème du développement de la fonction perturbatrice, soit dans le cas particulier où les deux excentricités sont nulles.

Ainsi les intégrales de différentielles totales de la forme

$$\int (R\,dx + S\,dy),$$

où R et S sont rationnels en x, y et

$$z = \sqrt{F(x, y)}$$

ne peuvent avoir de périodes cycliques, mais seulement des périodes polaires.

Elles ne peuvent donc être transcendantes sans être logarithmiques. Elles seront donc de la forme suivante :

$$A_1 \log R_1 + A_2 \log R_2 + \ldots + A_p \log R_p + T,$$

où R_1, R_2, $\ldots$, R_p et T sont rationnels en x, y, z et où A_1, A_2, $\ldots$, A_p sont des constantes.

Mais il y a plus : si R (ainsi que S) est égal à z multiplié par une fonction rationnelle de x et de y, notre intégrale doit changer de signe quand on change z en $-z$, de telle sorte qu'elle devra être de la forme

$$A_1 \log \frac{P_1(x, y, z)}{P_1(x, y, -z)} + A_2 \log \frac{P_2(x, y, z)}{P_2(x, y, -z)} + \ldots + A_p \log \frac{P_p(x, y, z)}{P_p(x, y, -z)} + zU$$

où U est rationnel en x et y, où les P sont des polynomes en x, y, z et les A des constantes.

Alors le dénominateur commun de R et S doit être de la forme

$$P_1(x, y, z)P_1(x, y, -z)P_2(x, y, z)P_2(x, y, -z)\ldots P_p(x, y, z)P_p(x, y, -z).$$

Nous sommes donc conduits à la règle suivante :

Soit

$$\int z\frac{B\,dx + C\,dy}{D}$$

une intégrale de différentielle totale, où B, C, D sont des polynomes entiers en x et y. Supposons cette intégrale logarithmique et soit D_1 l'un des facteurs de D.

La courbe gauche

$$D_1 = 0, \qquad F = z^2$$

doit se décomposer en deux autres.

Dans les intégrales que nous avons à envisager, le dénominateur est de la forme $x^\alpha y^\beta$, α et β étant des entiers; il n'y aurait donc aucune difficulté si les deux courbes gauches

$$x = 0, \qquad F' = z^2,$$
$$y = 0, \qquad F' = z^2$$

étaient indécomposables. Mais ce n'est pas ce qui arrive. Pour $x = 0$, F' se réduit à $a^2 y^2$, et pour $y = 0$, à $b^2 x^2$, a et b étant des coefficients constants.

La démonstration donnée plus haut dans un cas analogue n'est donc plus applicable et il faut en chercher une nouvelle.

S'il existait une intégrale logarithmique, elle serait de la forme

$$\int \frac{A\,dx + B\,dy}{x^\alpha y^\beta} \sqrt{F'},$$

A et B étant des polynomes en x et y.

Si nous faisons $x =$ const., elle deviendrait

$$\int C\,dy\sqrt{F'},$$

qui devrait admettre une période polaire quand on tournerait autour de $y = 0$, et ne devrait pas admettre de période cyclique.

C serait un polynome entier en y et $\frac{1}{y}$.

Comme F' est un polynome du quatrième degré en y, je poserai

$$\int_{y_0}^{y} \frac{dy}{\sqrt{F'}} = u,$$

et je désignerai par y_0, y_1, y_2, y_3 les quatre racines de l'équation

$$F' = 0.$$

Nous aurons alors

$$y = k\frac{\sigma(u-a)\,\sigma(u+a)}{\sigma(u-b)\,\sigma(u+b)},$$

où k, a et b sont des constantes.

Alors CF' qui est un polynome entier en y et $\frac{1}{y}$ sera une fonction doublement périodique de u, ne changeant pas quand on change u en $-u$. Elle admettra quatre pôles, à savoir $\pm a$ et $\pm b$.

Nous aurons

$$\int \mathrm{C}\, dy \sqrt{\mathrm{F}'} = \int \mathrm{CF}'\, du.$$

Décomposons CF′ en éléments simples, il viendra

$$\begin{aligned}\mathrm{CF}' = {} & m\zeta(u-a) - m\zeta(u+a) + n\zeta(u-b) - n\zeta(u+b) + p \\ & + q[\zeta'(u-a) + \zeta'(u+a)] + r[\zeta'(u-b) + \zeta'(u+b)] + \mathrm{H},\end{aligned}$$

où m, n, p, q, r sont des coefficients constants et où H dépend des dérivées secondes des ζ ou des dérivées d'ordre plus élevé.

La partie transcendante de l'intégrale sera donc

$$\begin{aligned}& m \log \frac{\sigma(u-b)}{\sigma(u+a)} + n \log \frac{\sigma(u-b)}{\sigma(u+b)} + pu \\ & + q[\zeta(u-a) + \zeta(u+a)] + r[\zeta(u-b) + \zeta(u+b)]\end{aligned}$$

Notre intégrale ne doit pas admettre de période cyclique, cette partie transcendante ne doit donc pas changer quand u augmente de $2\omega_1$ ou de $2\omega_2$.

Si u augmente de 2ω, $\zeta(u)$ augmente de 2η et $\sigma(u)$ est multiplié par $-e^{2\eta(u+\omega)}$.

Donc notre transcendante augmente de

$$-4m\eta a - 4n\eta b + 2p\omega + 4(q+r)\eta.$$

Cette expression doit s'annuler quand on donne à ω, soit l'indice 1, soit l'indice 2, en donnant à η l'indice correspondant.

On aura donc

$$ma + nb = q + r, \qquad p = 0.$$

Faisons maintenant varier x d'une manière continue; a et b varieront d'une manière continue, m, n, q et r restent constants et p doit rester nul.

Il y a deux valeurs de x pour lesquelles une des racines de $\mathrm{F}' = 0$ (je puis toujours supposer que c'est celle que j'ai appelée y_0) devient nulle. Si x tourne autour d'une de ces deux valeurs, en décrivant un cercle très petit, y_0 tourne autour de zéro. Alors a se change en $-a$ et b ne change pas.

Comme notre relation doit toujours subsister, nous aurions

$$-ma + nb = q + r, \qquad \text{d'où} \qquad m = 0.$$

Nous trouverions de même

$$n = 0, \qquad \text{d'où} \qquad q + r = 0.$$

Cela montre que notre intégrale est algébrique. C. Q. F. D.

Cette démonstration s'applique au cas général; dans le cas particulier où les excentricités sont nulles, la démonstration est encore plus facile.

En effet, si l'intégrale est de la forme

$$\int \frac{A\,dx + B\,dy}{x^\alpha y^\beta} \sqrt{F'},$$

elle ne pourrait avoir de point singulier logarithmique que pour $x = 0$, ou $y = 0$, ou $x = \infty$, ou $y = \infty$.

Or F′ est égal à xy, multiplié par un polynome du deuxième degré tant en x qu'en y.

Si donc on suppose x très petit et qu'on développe suivant les puissances de x, on n'aura que des puissances *impaires* de $\sqrt{x}$; on n'aura donc pas de terme en $\frac{dx}{x}$ qui introduirait un logarithme.

Donc $x = 0$ n'est pas un point singulier logarithmique et il en est de même de $y = 0$, $x = \infty$, $y = \infty$. C. Q. F. D.

Cas général.

Nous avons vu que dans le cas général, c'est-à-dire si les excentricités ne sont pas nulles, ni les inclinaisons, F est un polynome du deuxième degré.

Désormais, sauf avis contraire, *j'entends par polynome de degré p, un polynome de degré p en x, y, $\frac{1}{x}$, $\frac{1}{y}$*, de telle sorte que dans chacun de ses termes la somme des valeurs absolues des exposants de x et de y soit au plus égale à p.

Soit alors H un polynome de degré q. Il s'agit de savoir si l'on peut trouver deux polynomes P et Q de degré p et tels que

$$\frac{H}{\sqrt{F}} = \frac{d}{dx}(xP\sqrt{F}) + \frac{d}{dy}(yQ\sqrt{F}),$$

d'où

$$(23) \qquad H = F\left(x\frac{dP}{dx} + y\frac{dQ}{dy} + P + Q\right) + \frac{1}{2}\left(xP\frac{dF}{dx} + yQ\frac{dF}{dy}\right).$$

Nous généraliserons en supposant que F est un polynome de degré m.

Si l'on a

$$q = p + m,$$

nous dirons que le polynome H peut se mettre sous la forme (23 *bis*).

Si l'on a

$$q < p + m,$$

de telle façon que les termes de degré $p + m$ se détruisent dans le second membre de (23), nous dirons que H peut se mettre sous la forme (23 *ter*) et ce que nous avons d'abord à établir, c'est que si H peut se mettre sous la forme (23 *ter*), il peut se mettre sous la forme (23 *bis*).

Pour cela, j'adopterai la notation suivante. J'appellerai :

H_1 l'ensemble des termes de H du degré le plus élevé (c'est-à-dire de degré q), en x et y;

H_2 l'ensemble des termes de H du degré le plus élevé (c'est-à-dire de degré q), en x et $\frac{1}{y}$;

H_3 l'ensemble des termes de H du degré le plus élevé (c'est-à-dire de degré q), en $\frac{1}{x}$ et y;

H_4 l'ensemble des termes de H du degré le plus élevé (c'est-à-dire de degré q), en $\frac{1}{x}$ et $\frac{1}{y}$.

Je définirai de même F_1, F_2, F_3, F_4, P_1, P_2, P_3, P_4, Q_1, Q_2, Q_3, Q_4. Je remarque que H_1 et H_2 ont un terme commun, le terme en x^q; Je l'appellerai H_{12}; je définirai de même H_{13}, H_{24}, H_{34}, F_{12}, ... Cela posé, en prenant les termes du degré le plus élevé, en x et y, on aura, si $q = p + m$,

$$H_1 = F_1\left(x\frac{dP_1}{dx} + y\frac{dQ_1}{dy} + P_1 + Q_1\right) + \frac{1}{2}\left(xP_1\frac{dF_1}{dx} + yQ_1\frac{dF_1}{dy}\right).$$

Si, au contraire, H est de la forme (23 *ter*), les termes de degré $p + m$ doivent disparaître, et l'on aura

$$0 = F_1\left(x\frac{dP_1}{dx} + y\frac{dQ_1}{dy} + P_1 + Q_1\right) + \frac{1}{2}\left(xP_1\frac{dF_1}{dx} + yQ_1\frac{dF_1}{dy}\right) \tag{24}$$

ou

$$\frac{d}{dx}(xP_1\sqrt{F_1}) + \frac{d}{dy}(yQ_1\sqrt{F_1}) = 0.$$

Cela montre que

$$yQ_1\sqrt{F_1}\,dx - xP_1\sqrt{F_1}\,dy$$

est une différentielle exacte que j'appellerai

$$d(\mathrm{T}\sqrt{\mathrm{F}_1}).$$

C'est une fonction homogène de degré $p+2+\frac{m}{2}$ en x et y; on a donc

$$\left(p+2+\frac{m}{2}\right)\mathrm{T}\sqrt{\mathrm{F}_1} = xy\sqrt{\mathrm{F}_1}(\mathrm{Q}_1-\mathrm{P}_1).$$

Je poserai $\mathrm{Q}_1-\mathrm{P}_1=\mathrm{R}_1$, et je trouverai

$$\left(p+2+\frac{m}{2}\right)y\mathrm{Q}_1\sqrt{\mathrm{F}_1} = \frac{d}{dx}(xy\mathrm{R}_1\sqrt{\mathrm{F}_1})$$

ou

$$(25)\qquad \left(p+2+\frac{m}{2}\right)y\mathrm{Q}_1\mathrm{F}_1 = y\mathrm{R}_1\mathrm{F}_1 + xy\frac{d\mathrm{R}_1}{dx}\mathrm{F}_1 + \frac{1}{2}xy\mathrm{R}_1\frac{d\mathrm{F}_1}{dx}.$$

Cette équation montre que $x\frac{d\mathrm{F}_1}{dx}\mathrm{R}_1$ est divisible par F_1 $\left(\text{et comme } \mathrm{F}_1 \text{ est premier avec } x\frac{d\mathrm{F}_1}{dx}, \text{ dans le cas général}\right)$, que R_1 est divisible par F_1 (remarquons en passant que, d'après leur définition, F_1, P_1, Q_1, R_1 sont des polynomes entiers en x et y). Soit donc

$$\mathrm{R}_1 = \left(p+2+\frac{m}{2}\right)\mathrm{S}_1\mathrm{F}_1.$$

On voit que S_1 sera un polynome entier homogène et d'ordre $p-m$ en x et y. On aura d'ailleurs

$$y\mathrm{Q}_1\sqrt{\mathrm{F}_1} = \frac{d}{dx}\left(xy\mathrm{S}_1\mathrm{F}_1^{\frac{3}{2}}\right),\qquad x\mathrm{P}_1\sqrt{\mathrm{F}_1} = -\frac{d}{dy}\left(xy\mathrm{S}_1\mathrm{F}_1^{\frac{3}{2}}\right).$$

Les termes du degré $p+m$ en x et $\frac{1}{y}$ doivent disparaître, ce qui donne

$$\frac{d}{dx}(x\mathrm{P}_2\sqrt{\mathrm{F}_2}) + \frac{d}{dy}(y\mathrm{Q}_2\sqrt{\mathrm{F}_2}) = 0,$$

ou bien

$$y\mathrm{Q}_2\sqrt{\mathrm{F}_2}\,dx - x\mathrm{P}_2\sqrt{\mathrm{F}_2}\,dy = d(\mathrm{T}\sqrt{\mathrm{F}_2}),$$

$\mathrm{T}\sqrt{\mathrm{F}_2}$ étant une fonction homogène de degré $p+\frac{m}{2}$ en x et $\frac{1}{y}$; on a donc, par le théorème des fonctions homogènes,

$$\left(p+\frac{m}{2}\right)\mathrm{T}\sqrt{\mathrm{F}_2} = xy\sqrt{\mathrm{F}_2}(\mathrm{Q}_2+\mathrm{P}_2).$$

Si je pose $\mathrm{Q}_2+\mathrm{P}_2=\mathrm{R}_2$, je retrouverai une équation analogue à (25), où le coefficient $p+2+\frac{m}{2}$ sera remplacé par $p+\frac{m}{2}$ et où l'indice 1 sera partout remplacé par l'indice 2. Cette équation montre que R_2 est divisible par F_2. Posons donc

$$R_2 = \left(p + \frac{m}{2}\right) S_2 F_2;$$

S_2 sera un polynome homogène de degré $p - m$ en x et $\frac{1}{y}$ et l'on aura

$$y Q_2 \sqrt{F_2} = \frac{d}{dx}\left(xy S_2 F_2^{\frac{3}{2}}\right), \qquad x P_2 \sqrt{F_2} = -\frac{d}{dy}\left(xy S_2 F_2^{\frac{3}{2}}\right).$$

On démontrerait de même qu'on aura

$$y Q_3 \sqrt{F_3} = \frac{d}{dx}\left(xy S_3 F_3^{\frac{3}{2}}\right), \qquad x P_3 \sqrt{F_3} = -\frac{d}{dy}\left(xy S_3 F_3^{\frac{3}{2}}\right),$$

$$y Q_4 \sqrt{F_4} = \frac{d}{dx}\left(xy S_4 F_4^{\frac{3}{2}}\right), \qquad x P_4 \sqrt{F_4} = -\frac{d}{dy}\left(xy S_4 F_4^{\frac{3}{2}}\right),$$

S_3 et S_4 étant des polynomes homogènes de degré $p - m$ en $\frac{1}{x}$ et y et en $\frac{1}{x}$ et $\frac{1}{y}$.

S_1 et S_2 contiennent un terme en x^{p-m}; soit S_{12} celui de S_1, S_{21} celui de S_2; je vais démontrer que $S_{12} = S_{21}$.

De

$$R_1 = \left(p + 2 + \frac{m}{2}\right) S_1 F_1, \qquad R_2 = \left(p + \frac{m}{2}\right) S_2 F_2,$$

on tire, en égalant les termes indépendants de y,

$$(Q_{12} - P_{12}) = \left(p + 2 + \frac{m}{2}\right) S_{12} F_{12},$$

$$(Q_{12} + P_{12}) = \left(p + \frac{m}{2}\right) S_{21} F_{12};$$

il faut donc démontrer que

$$\left(p + \frac{m}{2}\right)(Q_{12} - P_{12}) = \left(p + 2 + \frac{m}{2}\right)(Q_{12} + P_{12}),$$

ou

$$\left(p + 1 + \frac{m}{2}\right) P_{12} + Q_{12} = 0.$$

Égalons dans (24) les termes indépendants de y; ces termes, dans

$$P_1, \quad Q_1, \quad F_1, \quad x\frac{dF_1}{dx}, \quad x\frac{dP_1}{dx},$$

sont respectivement

$$P_{12}, \quad Q_{12}, \quad F_{12}. \quad m F_{12}. \quad p P_{12}.$$

Il vient donc

$$p P_{12} + P_{12} + Q_{12} + \frac{m}{2} P_{12} = 0,$$

ou

$$\left(p+1+\frac{m}{2}\right)P_{12}+Q_{12}=0.$$

C. Q. F. D.

On démontrerait de même que

S_1 et S_3 ont même terme en y^{p-m},
S_2 et S_4 » y^{m-p},
S_3 et S_4 » x^{m-p}.

Il existe donc un polynome S de degré $p-m$, où

Les termes de degré $p-m$ en x et y sont S_1,
» x et $\frac{1}{y}$ » S_2,
» $\frac{1}{x}$ et y » S_3,
» $\frac{1}{x}$ et $\frac{1}{y}$ » S_4.

Posons alors

$$yQ''\sqrt{F}=\frac{d}{dx}\left(xy\,SF^{\frac{3}{2}}\right), \qquad xP''\sqrt{F}=-\frac{d}{dy}\left(xy\,SF^{\frac{3}{2}}\right).$$

On a donc

$$\frac{d}{dx}(xP''\sqrt{F})+\frac{d}{dy}(yQ''\sqrt{F})=0,$$

et par conséquent

$$\frac{H}{\sqrt{F}}=\frac{d}{dx}\left[x(P-P'')\sqrt{F}\right]+\frac{d}{dy}\left[y(Q-Q'')\sqrt{F}\right].$$

Les polynomes P et Q sont donc remplacés par $P-P''$ et $Q-Q''$ qui sont, comme nous allons le voir, de degré moindre. En effet, les termes de P'' et Q'', qui sont de degré $p-m$

en x et y sont P_1 et Q_1,
x et $\frac{1}{y}$ » P_2 et Q_2,
$\frac{1}{x}$ et y » P_3 et Q_3,
$\frac{1}{x}$ et $\frac{1}{y}$ » P_4 et Q_4.

Le degré des polynomes P et Q peut donc toujours être abaissé si H est de la forme (23 *ter*), de sorte que H peut toujours être ramené à la forme (23 *bis*).

C. Q. F. D.

Il suffit donc de chercher si H peut se mettre sous la forme (23 *bis*).

Combien y a-t-il de polynomes H de degré $q = p + m$?

Il y en a

$$q^2 + (q+1)^2 = (p+m)^2 + (p+m+1)^2$$

Combien y a-t-il de polynomes P de degré p?

Il y en a

$$p^2 + (p+1)^2,$$

et autant de polynomes Q, de sorte qu'il y a

$$2p^2 + 2(p+1)^2$$

expressions de la forme (23 *bis*). Mais toutes ces expressions ne sont pas distinctes, parce qu'il peut y avoir des polynomes P et Q, tels que

$$\frac{d}{dx}(x\text{P}\sqrt{\text{F}}) + \frac{d}{dy}(y\text{Q}\sqrt{\text{F}}) = 0. \tag{26}$$

Cette équation exprime que

$$\int (y\text{Q}\sqrt{\text{F}}\,dx - x\text{P}\sqrt{\text{F}}\,dy)$$

est une intégrale de différentielle totale. Cette intégrale, d'après ce que nous avons vu, ne peut être transcendante; et, en raisonnant comme nous l'avons fait plus haut, on verrait qu'elle doit être de la forme $xy\text{SF}^{\frac{3}{2}}$, S étant un polynome entier en x, y, $\frac{1}{x}$, $\frac{1}{y}$. On aura donc

$$(27)\quad \left\{\begin{aligned} \text{Q} &= \quad \text{SF} + x\frac{d\text{S}}{dx}\text{F} + \frac{3}{2}x\frac{d\text{F}}{dx}\text{S}. \\ \text{P} &= -\text{SF} - y\frac{d\text{S}}{dy}\text{F} - \frac{3}{2}x\frac{d\text{F}}{dy}\text{S}. \end{aligned}\right.$$

Ces équations montrent que S doit être de degré $p - m$. Si, en effet, S était de degré

$$h > p - m,$$

il contiendrait un ensemble de termes homogènes de degré h en x et y que j'appellerais S_1 (et je définirais de même, comme plus haut, S_2, S_3, S_4). Les termes de degré $h + m$ devant disparaître dans le second membre de (27), on aurait

$$0 = \quad \text{S}_1\text{F}_1 + x\frac{d\text{S}_1}{dx}\text{F}_1 + \frac{3}{2}x\frac{d\text{F}_1}{dx}\text{S}_1,$$

$$0 = -\text{S}_1\text{F}_1 - y\frac{d\text{S}_1}{dy}\text{F}_1 + \frac{3}{2}y\frac{d\text{F}_1}{dy}\text{S}_1,$$

ou

$$\frac{d}{dx}\left(xy\,S_1 F_1^{\frac{3}{2}}\right) = 0, \qquad \frac{d}{dy}\left(xy\,S_1 F_1^{\frac{3}{2}}\right) = 0,$$

d'où $S_1 = 0$.

On démontrerait de même que S_2, S_3 et S_4 sont nuls.

Donc S est de degré $p - m$, et il y a autant de relations (26) que de polynomes de degré $p - m$, c'est-à-dire

$$(p - m)^2 + (p - m + 1)^2.$$

Combien y a-t-il alors de polynomes H distincts non susceptibles d'être mis sous la forme (23)? Il y en a

$$(p + m)^2 + (p + m + 1)^2 - 2p^2 - 2(p + 1)^2 + (p - m)^2 + (p - m + 1)^2,$$

c'est-à-dire $4m^2$.

Dans le cas de la fonction perturbatrice, on a

$$m = 2, \qquad 4m^2 = 16.$$

Ainsi *les coefficients du développement de la fonction perturbatrice suivant les cosinus et sinus des multiples des anomalies excentriques sont des fonctions transcendantes des éléments. Mais ces fonctions transcendantes dépendent au plus de* 16 *transcendantes distinctes.*

Cas des excentricités nulles.

Alors, nous l'avons vu, le polynome F contient des termes en

$$xy, \quad x, \quad y, \quad 1, \quad x^{-1}, \quad y^{-1}, \quad x^{-1}y, \quad xy^{-1}, \quad x^{-1}y^{-1}.$$

J'entendrai désormais, sauf avis contraire, par polynome de degré p tout polynome où, dans chaque terme, l'exposant de x, non plus que celui de y, n'excède jamais p en valeur absolue.

En ce sens, F est un polynome de degré 1. Je généraliserai en supposant que F est un polynome de degré m.

Soit H un polynome de degré q; il s'agit de savoir s'il peut se mettre sous la forme (23). Je dirai encore que le polynome est de la forme (23 *bis*), si le degré p des polynomes P et Q (le mot *degré* est entendu au sens nouveau que je lui donne) est égal à $q - m$, et de la forme (23 *ter*) s'il est plus grand que $q - m$.

Je me propose encore d'établir que tout polynome de la forme (23 *ter*) est aussi de la forme (23 *bis*).

Adoptant des notations analogues à celles du paragraphe précédent, je désigne :

par P_1	l'ensemble des termes de	P	de degré p	par rapport à	x,
P_2	»	P	» p	»	y,
P_3	»	P	» p	»	$\frac{1}{x}$,
P_4	»	P	» p	»	$\frac{1}{y}$;
par Q_1	»	Q	» p	»	x,
Q_2	»	Q	» p	»	y,
Q_3	»	Q	» p	»	$\frac{1}{x}$,
Q_4	»	Q	» p	»	$\frac{1}{y}$;
par F_1	l'ensemble des termes de	F	de degré m	par rapport à	x,
F_2	»	F	» m	»	y,
F_3	»	F	» m	»	$\frac{1}{x}$,
F_4	»	F	» m	»	$\frac{1}{y}$.

Je désignerai toujours par P_{12} le terme commun à P_1 et à P_2, qui est alors un terme en $x^p y^p$, et je définirai de même $Q_{13}, \ldots, F_{12}, \ldots$.

Nous retrouverons alors l'équation (24), qui montre que

$$y Q_1 \sqrt{F_1}\, dx - x P_1 \sqrt{F_1}\, dy = dT_1$$

est une différentielle exacte. Si nous observons que par définition P_1, Q_1 et F_1 sont égaux à x^p ou à x^m multipliés par une fonction de y, nous voyons que T_1 doit être égal à $x^{p+1+\frac{m}{2}}$ multiplié par une fonction de y, c'est-à-dire que

$$\left(p+1+\frac{m}{2}\right) T_1 = x\frac{dT_1}{dx} = xy Q_1 \sqrt{F_1}.$$

En égalant les deux valeurs de $\frac{dT_1}{dy}$, on trouve

$$-\left(p+1+\frac{m}{2}\right) P_1 F_1 = y\frac{dQ_1}{dy} F_1 + Q_1 F_1 + \frac{y}{2} Q_1 \frac{dF_1}{dy},$$

ce qui montre que Q_1 est divisible par F_1 $\left(\text{si, comme nous le supposons, } F_1 \text{ est premier avec } y\frac{dF_1}{dy}\right)$.

Nous pourrons alors poser

$$T_1 = xy\,S_1 F_1^{\frac{3}{2}},$$

S_1 étant égal à x^{p-m} multiplié par un polynome d'ordre $p-m$ en y et $\frac{1}{y}$. Nous trouverons de même

$$yQ_2\sqrt{F_2}\,dx - xP_2\sqrt{F_2}\,dy = dT_2$$

et

$$\left(p+1+\frac{m}{2}\right)T_2 = -xyP_2\sqrt{F_2};$$

on démontrerait de la même façon que

$$T_2 = xy\,S_2 F_2^{\frac{3}{2}},$$

S_2 étant égal à y^{p-m} multiplié par un polynome d'ordre $p-m$ en x et $\frac{1}{x}$. Mais S_1 et S_2 ont tous deux un terme en $x^{p-m}y^{p-m}$; j'appelle S_{12} celui de S_1 et S_{21} celui de S_2. Je dis que $S_{12} = S_{21}$.

En effet, nous avons

$$\left(p+1+\frac{m}{2}\right)S_1F_1 = Q_1, \qquad \left(p+1+\frac{m}{2}\right)S_2F_2 = -P_2,$$

d'où

$$\left(p+1+\frac{m}{2}\right)S_{12}F_{12} = Q_{12}, \qquad \left(p+1+\frac{m}{2}\right)S_{21}F_{12} = -P_{12}.$$

Ce qu'il faut donc démontrer, c'est que

$$P_{12} + Q_{12} = 0.$$

Mais si dans l'équation

$$\frac{d}{dx}(xP_1\sqrt{F_1}) + \frac{d}{dy}(yQ_1\sqrt{F_1}) = 0,$$

on conserve seulement les termes en $x^{p+m}y^{p+m}$, on trouve précisément

$$P_{12} + Q_{12} = 0.$$

On définirait de même S_3 et S_4, et l'on verrait comme plus haut que $S_{14} = S_{41}$, ...

Il existe donc un polynome S d'ordre $p-m$ dont les termes de degré $p-m$ en x, en y, en $\frac{1}{x}$, en $\frac{1}{y}$, sont respectivement S_1, S_2, S_3 et S_4, de telle façon que

$$yQ_1\sqrt{F_1} = \frac{d}{dx}\left(xy\,S_1F_1^{\frac{3}{2}}\right), \qquad \ldots.$$

Le reste du raisonnement se poursuivrait comme dans les paragraphes précédents et l'on verrait que tout polynome de la forme (23 *ter*) peut se ramener à la forme (23 *bis*).

Il suffit donc de rechercher si H peut être mis sous la forme (23 *bis*).

Or, combien y a-t-il de polynomes H de degré $q = p + m$? Il y en a

$$(2q+1)^2 = (2p+2m+1)^2.$$

Il y a $(2p+1)^2$ polynomes P de degré p et autant de polynomes Q et, par conséquent, $2(2p+1)^2$ expressions (23). Combien entre ces expressions y a-t-il d'équations (26)?

Si

$$\int (yQ\sqrt{F}\,dx - xP\sqrt{F}\,dy)$$

est une intégrale de différentielle totale, cette intégrale ne peut être transcendante et doit être de la forme $xySF^{\frac{3}{2}}$, S étant un polynome en $x, y, \frac{1}{x}, \frac{1}{y}$.

Les équations (27) qui sont encore valables montreraient que S est de degré $p - m$; car si S était de degré $h > p - m$, en écrivant que les termes en x^{h+m} disparaissent du second membre de (27), on trouverait

$$\frac{d}{dx}\left(xyS_1F_1^{\frac{3}{2}}\right) = 0, \qquad \frac{d}{dy}\left(xyS_1F_1^{\frac{3}{2}}\right) = 0,$$

en appelant S_1 l'ensemble des termes de S en x^h. On aurait donc $S_1 = 0$, et l'on verrait de même que les termes de S en y^h, en x^{-h} et en y^{-h} doivent disparaître.

Il y a donc autant de relations (26) que de polynomes de degré $p - m$, c'est-à-dire

$$(2p - 2m + 1)^2.$$

Combien alors de polynomes H non réductibles à la forme (23)? Il y en a

$$(2p+2m+1)^2 - 2(2p+1)^2 + (2p-2m+1)^2.$$

Cela fait $8m^2$.

Dans le cas de la fonction perturbatrice $m = 1$.

Il y a donc au plus huit transcendantes distinctes.

Influence de la symétrie.

Ce nombre peut encore être abaissé. Nous avons vu, en effet, que le polynome F ne change pas quand on change x en y, ni quand on change x et y en $\frac{1}{x}$ et $\frac{1}{y}$. Nous ne nous servirons que de la première de ces deux symétries.

Ainsi F est un polynome symétrique en x et y.

Soit alors H un polynome symétrique en x et y.

Si nous avons

$$\frac{H}{\sqrt{F}} = \frac{d}{dx}(xP\sqrt{F}) + \frac{d}{dy}(yQ\sqrt{F}),$$

je puis supposer que les polynomes P et Q se changent l'un dans l'autre quand on change x et y.

Si, en effet, il n'en était pas ainsi, en permutant x et y, on trouverait

$$\frac{H}{\sqrt{F}} = \frac{d}{dy}[yP(y, x)\sqrt{F}] + \frac{d}{dx}[xQ(y, x)\sqrt{F}],$$

d'où

$$\frac{H}{\sqrt{F}} = \frac{d}{dx}\left[x\sqrt{F}\,\frac{P(x, y) + Q(y, x)}{2}\right] + \frac{d}{dy}\left[y\sqrt{F}\,\frac{Q(x, y) + P(y, x)}{2}\right],$$

et il est clair que les deux polynomes

$$\frac{P(x, y) + Q(y, x)}{2}, \qquad \frac{Q(x, y) + P(y, x)}{2}$$

(qui remplacent P et Q) se permutent quand on change x et y.

Pour chercher combien il nous restera de transcendantes distinctes, il suffit de chercher combien il y a de polynomes H *symétriques* non susceptibles d'être mis sous la forme (23).

D'après ce qui précède, il suffit de chercher combien il y en a qui ne peuvent se mettre sous la forme (23 *bis*), les polynomes P et Q se permutant quand on change x en y. C'est ce que j'appellerai mettre H sous la forme (23 *quater*).

Il y a

$$(2q + 1)(q + 1) = (2p + 2m + 1)(p + m + 1)$$

polynomes H symétriques de degré q.

Il y a $(2p + 1)^2$ polynomes $P(x, y)$ de degré p. A chacun d'eux correspond le polynome

$$Q(x, y) = P(y, x).$$

Il y a donc $(2p+1)^2$ expressions (23 *quater*); mais toutes ne sont pas distinctes, car on peut avoir entre elles des relations de la forme

$$\frac{d}{dx}(xP\sqrt{F}) + \frac{d}{dy}(yQ\sqrt{F}) = 0, \tag{26 bis}$$

d'où

$$\sqrt{F}(yQ\,dx - xP\,dy) = d\left(SF^{\frac{3}{2}}\right).$$

Si l'on change x en y, le premier membre change de signe; donc $SF^{\frac{3}{2}}$ change de signe, et comme F ne change pas, S change de signe.

Il y aura donc autant de relations (26 *bis*) que de polynomes S de degré $p-m$ qui changent de signe quand on change x en y, c'est-à-dire

$$(2p+2m+1)(p-m).$$

Le nombre des polynomes H symétriques non susceptibles d'être mis sous la forme (23) est donc

$$(2p+2m+1)(p+m+1)-(2p+1)^2+(2p-2m+1)(p-m),$$

c'est-à-dire

$$4m^2+2m.$$

Ici $m=1$; donc $4m^2+2m=6$.

Ainsi, *si les deux orbites sont circulaires* et les deux excentricités nulles et si l'on développe la fonction perturbatrice suivant les sinus et les cosinus des multiples des anomalies excentriques qui se confondent alors avec les anomalies moyennes, *les coefficients* sont des fonctions transcendantes des éléments; mais ils *dépendent au plus de six transcendantes distinctes*.

Tenons compte maintenant de la double symétrie du polynome F; il ne change pas, ni quand on permute x et y, ni quand on change x en $\frac{1}{x}$ et y en $\frac{1}{y}$.

Pour que ces deux changements n'altèrent pas l'intégrable double

$$\iint \frac{H\,dx\,dy}{\sqrt{F}},$$

il faut et il suffit qu'ils n'altèrent pas non plus le polynome

$$H' = xyH$$

Si H′ est un polynome présentant cette double symétrie, et si H peut se mettre sous la forme (23), nous aurons

$$(28) \qquad H' = x\left(F\frac{dP'}{dx} + \frac{1}{2}\frac{dF}{dx}P'\right) + y\left(F\frac{dQ'}{dy} + \frac{1}{2}\frac{dF}{dx}Q'\right)$$

en posant

$$P' = xyP, \qquad Q' = xyQ.$$

Si H′ a cette double symétrie, on pourra toujours supposer que P′ se change en — P′, et que Q′ se change en — Q′ quand x et y se changent en $\frac{1}{x}$ et $\frac{1}{y}$, et, d'autre part, que P′ se change en Q′ et Q′ en P′, quand on permute x et y.

Cela se démontrerait comme plus haut.

Le polynome F est de degré m $\left(\text{je veux dire par là, comme plus haut, qu'il est de degré } m \text{ par rapport à } x \text{ et } \frac{1}{x}, \text{ d'une part; par rapport à } y \text{ et } \frac{1}{y}, \text{ d'autre part}\right)$.

Si P′ et Q′ sont d'ordre p, H′ sera d'ordre $q = p + m$

Il y a

$$(q+1)^2 = (p+m+1)^2$$

polynomes H′ de degré q présentant cette symétrie.

Il y aura, d'autre part, $2p^2 + 2p$ polynomes P′ de degré q se changeant en — P′ quand x et y se changent en $\frac{1}{x}$ et $\frac{1}{y}$. A chaque polynome P′ correspondra un polynome

$$Q'(x, y) = P'(y, x).$$

Il y aura donc $2p^2 + 2p$ expressions (28). Il reste à savoir s'il n'y a pas entre elles des relations de la forme

$$\frac{d}{dx}\frac{P'\sqrt{F}}{y} + \frac{d}{dy}\frac{Q'\sqrt{F}}{x} = 0$$

ou

$$Q'\sqrt{F}\frac{dx}{x} - P'\sqrt{F}\frac{dy}{y} = d\left(S'F^{\frac{3}{2}}\right),$$

d'où

$$Q' = \quad x\left(F\frac{dS'}{dx} + \frac{3}{2}\frac{dF}{dx}S'\right),$$

$$P' = -y\left(F\frac{dS'}{dy} + \frac{3}{2}\frac{dF}{dy}S'\right).$$

On voit que S′ sera un polynome d'ordre $p - m$; ce polynome change de signe quand on permute x et y; il ne change pas quand on change x en $\frac{1}{x}$ et y en $\left(\frac{1}{y}\right)$.

Il y aura donc autant de relations analogues aux relations (26) qu'il y aura de polynomes S' de degré $p - m$ présentant cette symétrie; c'est-à-dire

$$(p - m)^2.$$

Le nombre de nos transcendantes distinctes est alors, d'après un calcul que nous avons fait bien des fois,

$$(p + m + 1)^2 - 2p^2 - 2p + (p - m)^2,$$

c'est-à-dire

$$2m^2 + 2m + 1.$$

Si $m = 1$, on a

$$2m^2 + 2m + 1 = 5.$$

Donc *les coefficients du développement de la fonction perturbatrice dépendent au plus de cinq transcendantes distinctes, quand les deux excentricités sont nulles.*

Relation avec la théorie des périodes des intégrales doubles.

Il n'est peut-être pas inutile de dire comment j'ai été conduit à ces résultats. Les coefficients cherchés sont des périodes de l'intégrale double

$$\iint \frac{x^a y^b}{\sqrt{F}} \frac{dx}{x} \frac{dy}{y}.$$

Soit A_{ab} le coefficient en question; envisageons la fonction

$$\Phi(t, u) = \sum A_{ab} t^a u^b = \iint \frac{dx\, dy}{xy\sqrt{F}\,(1 - tx)(1 - uy)}$$

et étudions ses variations quand on fait varier t et u et, par conséquent, sa nature analytique.

Quand t décrira un contour fermé, les diverses périodes de l'intégrale double s'échangeront entre elles. Les nouvelles déterminations de $\Phi(t, u)$ seront donc des fonctions linéaires des anciennes. En d'autres termes, la fonction $\Phi(t, u)$ considérée comme fonction de t satisfera à une équation différentielle linéaire dont les coefficients seront des fonctions uniformes. L'ordre de cette équation sera au plus N, si N est le nombre des périodes de l'intégrale double.

De plus, la fonction sous le signe $\iint$ étant algébrique, tout point singulier de $\Phi(t, u)$ sera un simple point singulier algébrique ou logarithmique. Donc les coefficients de l'équation linéaire seront des fonctions rationnelles.

On arriverait au même résultat en considérant $\Phi(t, u)$ comme fonction de u; ou bien en supposant entre t et u une relation algébrique quelconque.

En résumé, la fonction $\Phi(t, u)$ et ses dérivées par rapport à t et à u satisfont à deux ou plusieurs équations linéaires dont les coefficients sont des fonctions rationnelles en t et en u.

On peut même, en chassant les dénominateurs, supposer que les coefficients des équations linéaires sont des polynomes entiers en t et en u.

Or, on sait que, si une fonction satisfait à une équation linéaire et si l'on connaît les premiers coefficients, tous les autres peuvent s'en déduire.

Nous devions donc prévoir que tous les coefficients dépendraient d'un nombre fini de transcendantes distinctes.

M. Féraud a présenté dernièrement à la Faculté des Sciences de Paris une Thèse où il se proposait d'étudier la valeur approchée des termes de degré élevé du développement en modifiant la méthode que j'ai exposée dans mon livre sur les *Méthodes nouvelles de la Mécanique céleste*.

Il a introduit une fonction qui présente de grandes analogies avec celle que je viens d'appeler $\Phi(t, u)$; il montra en même temps le lien qu'il y avait entre l'étude de cette fonction et celle des périodes des intégrales doubles.

Je fus ainsi conduit à penser à l'analogie étroite qu'il devait y avoir entre la théorie des périodes des intégrales doubles et celle des périodes des intégrales simples; je pensai en particulier au Mémoire de M. Fuchs, du tome **83** du *Journal de Crelle*, au sujet de l'équation linéaire à laquelle satisfont les périodes de l'intégrale elliptique. Il est évident que l'intégrale

$$J = \int_{-1}^{+1} \frac{dx}{(1-tx)\sqrt{(1-x^2)(1-k^2x^2)}}$$

doit satisfaire à une équation analogue et que l'étude de cette équation conduirait immédiatement aux relations de récurrence bien connues entre les coefficients b de Laplace.

Mais la théorie de ces coefficients de Laplace n'est pas autre chose que celle du développement de la fonction perturbatrice, quand les deux excentricités et l'inclinaison sont nulles.

On peut donc prévoir que le même procédé, appliqué aux intégrales doubles, donnera des relations de récurrence analogues entre les coefficients du développement quand l'inclinaison n'est pas nulle.

On remarquera également que la théorie qui remplit les pages précédentes est une généralisation toute naturelle de la réduction des intégrales hyperelliptiques, réduction qui aboutit, comme on sait, à la distinction des intégrales de première, deuxième et troisième espèce.

On peut donc entrevoir une relation entre le nombre des périodes et celui des intégrales de première et de deuxième espèce, ainsi que cela a lieu pour les intégrales hyperelliptiques et abéliennes.

Ce n'est pas tout; reprenons le coefficient du développement qui est représenté par l'intégrale

$$\iint \frac{x^a y^b}{\sqrt{F}} \frac{dx}{x} \frac{dy}{y}.$$

Cette intégrale peut être regardée comme une fonction des coefficients de F (et, par conséquent, des éléments du mouvement elliptique). Mais, quand ces coefficients varieront et, après avoir décrit des contours fermés, reviendront à leurs valeurs primitives, les périodes de l'intégrale double ne feront que s'échanger entre elles. C'est le même raisonnement que plus haut et le résultat est le même; notre intégrale, considérée comme fonction de l'un des éléments elliptiques, satisfera à une équation linéaire à coefficients rationnels.

Tout ce que nous venons de dire s'applique aux développements procédant suivant les anomalies excentriques. Passons au cas des développements procédant suivant les anomalies moyennes.

Un coefficient quelconque sera donné par l'intégrale

$$(1) \quad J = \iint \frac{x^a y^b}{\sqrt{F}} e^{\frac{a\varepsilon}{2}\left(x-\frac{1}{x}\right)+\frac{b\varepsilon'}{2}\left(y-\frac{1}{y}\right)} \left(\frac{1}{x} - \frac{\varepsilon}{2} - \frac{\varepsilon}{2x^2}\right)\left(\frac{1}{y} - \frac{\varepsilon'}{2} - \frac{\varepsilon'}{2y^2}\right) dx\, dy;$$

e désigne la base des logarithmes népériens, ε et ε' les deux excentricités. C'est la présence du facteur transcendant

$$e^{\frac{a\varepsilon}{2}\left(x-\frac{1}{x}\right)+\frac{b\varepsilon'}{2}\left(y-\frac{1}{y}\right)},$$

qui empêche que les résultats précédents soient immédiatement applicables. C'est ce que j'appellerai le *facteur exponentiel*.

Nous voyons que les deux entiers a et b figurent, d'une part, dans le facteur $x^a y^b$ et, d'autre part, dans le facteur exponentiel; d'autre part, les deux excentricités ε et ε' figurent dans le facteur exponentiel et en dehors de ce facteur.

Si nous posons

$$\frac{a\varepsilon}{2} = \tau, \qquad \frac{b\varepsilon'}{2} = \tau',$$

le facteur exponentiel devient

$$e^{\tau x - \frac{\tau}{x} + \tau' y - \frac{\tau'}{y}},$$

et si nous considérons τ, τ', ε, ε', a, b comme des variables indépendantes, ce qui ne fait qu'étendre la généralité, τ et τ' n'entrent que dans le facteur exponentiel, et, au contraire, ε, ε', a et b ne figurent qu'en dehors de ce facteur.

Cette convention simplifiera l'énoncé des résultats.

On sait que si l'on pose

$$u = \int e^{zx} f(x)\, dx,$$

et si $f(x)$ satisfait à une équation différentielle de la forme

$$\sum A x^m \frac{d^k f}{dx^k} = 0,$$

la fonction u satisfait à l'équation conjuguée

$$\sum (-1)^m A \frac{d^m}{dz^m}(z^k u) = 0,$$

pourvu que le chemin d'intégration soit convenablement choisi, et en particulier si l'intégrale définie u est une période de l'intégrale indéfinie.

Soit de même V une période de l'intégrale double

$$V = \iint e^{zx+uy} f(x, y)\, dx\, dy.$$

Si la fonction $f(x, y)$ satisfait à une ou plusieurs équations linéaires de la forme

$$(2) \qquad \sum A x^\alpha y^\beta \frac{d^{m+n} f}{dx^m\, dy^n} = 0,$$

la période V satisfera aux équations correspondantes

$$(3) \qquad \sum A (-1)^{\alpha+\beta} \frac{d^{\alpha+\beta}(V z^m u^n)}{dz^\alpha\, du^\beta} = 0.$$

Or, si f est une fonction algébrique quelconque de x et de y, f satisfera à deux équations linéaires à coefficients rationnels en x et y. Donc V satisfera de même à deux équations linéaires à coefficients rationnels en z et u.

Cela peut d'abord s'appliquer à la recherche des relations de récurrence entre les coefficients du développement de $\frac{1}{\sqrt{F}}$, recherche qui nous a occupés dans les paragraphes précédents.

En effet, la fonction $\frac{1}{\sqrt{F}}$ étant algébrique, l'intégrale

$$V = \iint e^{zx+uy} \frac{dx\, dy}{\sqrt{F}}$$

satisfera à deux équations analogues à (3). De ces équations il est aisé de déduire des relations de récurrence entre les coefficients du développement de V suivant les puissances de $z^a u^b$. Or le coefficient de $\frac{z^a u^b}{a!\, b!}$ est précisément l'intégrale

$$\iint \frac{x^a y^b\, dx\, dy}{\sqrt{F}},$$

c'est-à-dire l'un des coefficients du développement cherché de $\frac{1}{\sqrt{F}}$.

D'autre part, posons

$$x - \frac{1}{x} = \xi; \qquad y - \frac{1}{y} = \eta;$$

l'intégrale (1) pourra s'écrire

$$J = \iint e^{\tau\xi + \tau'\eta} \Phi(\xi, \eta)\, d\xi\, d\eta;$$

$\Phi(\xi, \eta)$ est une fonction algébrique de ξ et de η. Donc J, considéré comme fonction de τ et de τ', satisfait à deux équations de la forme (3).

Mais on peut encore mettre l'intégrale J sous une autre forme où le même résultat apparaîtra d'une façon non moins évidente. L'intégrale J peut être regardée comme un cas particulier de la suivante

$$\iint e^{\tau x - \frac{\tau_1}{x} + \tau' y - \frac{\tau'_1}{y}} \varphi(x, y) \frac{dx\, dy}{\sqrt{F}},$$

où $\varphi(x, y)$ est une fonction rationnelle de x et de y et où τ, τ_1, τ', τ'_1 sont regardées comme des variables indépendantes entre elles, et indépendantes également, d'après la convention faite plus haut, de ε et ε' qui continuent à figurer dans φ et dans F.

On retrouve l'intégrale J en faisant

$$\tau = \tau_1, \qquad \tau' = \tau'_1.$$

Nous voyons ensuite qu'à un facteur constant près cette intégrale est une période de l'intégrale quadruple

$$\int e^{\tau x + \tau_1 x_1 + \tau' y + \tau'_1 y_1} \frac{\varphi\, dx\, dy\, dx_1\, dy_1}{\sqrt{F}\left(x_1 + \frac{1}{x}\right)\left(y_1 + \frac{1}{y}\right)},$$

ou encore une période de l'intégrale quintuple

$$\int e^{\tau x + \tau_1 x_1 + \tau' y + \tau'_1 y_1} \frac{\varphi\, dx\, dy\, dx_1\, dy_1\, dz}{(z^2 F - 1)\left(x_1 + \frac{1}{x}\right)\left(y_1 + \frac{1}{y}\right)}.$$

Je regarderai cette intégrale comme un cas particulier de la suivante :

$$(4) \qquad \int e^{\tau x + \tau_1 x_1 + \tau' y + \tau'_1 y_1 + uz} \frac{\varphi\, dx\, dy\, dx_1\, dy_1\, dz}{(z^2 F - 1)\left(x_1 + \frac{1}{x}\right)\left(y_1 + \frac{1}{y}\right)}.$$

L'intégrale se trouve ainsi mise sous la forme convenable. Sous le signe $\int$ nous avons le produit d'un facteur exponentiel et d'une fonction algébrique (et même rationnelle) des cinq variables x, y, x_1, y_1, z.

Donc l'intégrale considérée comme fonction de τ, τ_1, τ', τ'_1 et u satisfera à cinq équations différentielles linéaires à coefficients rationnels.

Toutes les dérivées partielles des différents ordres de cette intégrale par rapport à τ, τ_1, τ', τ'_1 et u peuvent s'exprimer linéairement à l'aide d'un nombre fini d'entre elles; et cela par le moyen de ces cinq équations différentielles et de celles qu'on en déduit par différentiation (je reviendrai tout à l'heure sur ce point).

Donc, si nous considérons les intégrales

$$(5) \qquad \int e^{H} \frac{\varphi\, dx\, dy\, dx_1\, dy_1\, dz}{(z^2 F - 1)\left(x_1 + \frac{1}{x}\right)\left(y_1 + \frac{1}{y}\right)} x^a y^b x_1^{a_1} y_1^{b_1} z^c,$$

où $H = \tau x + \tau_1 x_1 + \tau' y + \tau'_1 y_1 + uz$ et où a, b, c, a_1, b_1 sont des entiers toutes ces intégrales peuvent s'exprimer à l'aide d'un nombre fini d'entre elles.

Reprenons maintenant l'intégrale (4). Nous venons de la considérer comme fonction des τ et de u; mais nous regarderons maintenant u et les τ comme des constantes et nous ferons varier les éléments elliptiques (et entre autres ε et ε') dont dépend la partie rationnelle de la fonction sous le signe $\int$.

La dérivée de J par rapport à l'un de ces éléments, ou une dérivée partielle d'ordre quelconque de J par rapport à ces divers éléments, sera de la forme

$$(6)\qquad \iint e^{\text{H}} \frac{dx\,dy}{(\sqrt{\text{F}})^{\text{K}}}\,\text{P},$$

où e^{H} représente le facteur exponentiel et où P est un polynome en x, y, $\frac{1}{x}$ et $\frac{1}{y}$.

De même que l'intégrale (1) a été ramenée à l'intégrale (4), de même cette intégrale (6) se ramènerait à une combinaison d'intégrales de la forme (5).

Donc les diverses dérivées partielles de J peuvent s'exprimer à l'aide d'un nombre fini d'entre elles.

Un dernier point que j'avais réservé reste à examiner. Soit l'intégrale triple

$$(7)\qquad \text{J} = \iiint e^{tx+uy+vz}\,\text{R}(x, y, z)\,dx\,dy\,dz,$$

où R est rationnel en x, y et z; je dis que les dérivées partielles de J par rapport à t, à u et à v peuvent s'exprimer à l'aide d'un nombre fini d'entre elles.

J'ai énoncé plus haut cette propriété, sans la démontrer, en ce qui concerne l'intégrale (4); établie pour l'intégrale triple (7), elle s'étendrait évidemment à l'intégrale quintuple (4). Soit

$$\text{R} = \frac{\text{P}}{\text{Q}},$$

P et Q étant des polynomes.

R satisfera aux équations différentielles

$$\text{PQ}\frac{d\text{R}}{dx} = \text{R}\left(\text{Q}\frac{d\text{P}}{dx} - \text{P}\frac{d\text{Q}}{dx}\right),$$

$$\text{PQ}\frac{d\text{R}}{dy} = \text{R}\left(\text{Q}\frac{d\text{P}}{dy} - \text{P}\frac{d\text{Q}}{dy}\right),$$

$$\left(\text{Q}\frac{d\text{P}}{dy} - \text{P}\frac{d\text{Q}}{dy}\right)\frac{d\text{R}}{dx} = \frac{d\text{R}}{dy}\left(\text{Q}\frac{d\text{P}}{dx} - \text{P}\frac{d\text{Q}}{dx}\right),$$

$$\begin{vmatrix} \frac{d\text{R}}{dx} & \frac{d\text{R}}{dy} & \frac{d\text{R}}{dz} \\ \frac{d\text{P}}{dx} & \frac{d\text{P}}{dy} & \frac{d\text{P}}{dz} \\ \frac{d\text{Q}}{dx} & \frac{d\text{Q}}{dy} & \frac{d\text{Q}}{dz} \end{vmatrix} = 0.$$

Cherchons à former les équations correspondantes auxquelles satisfait J et qui se déduisent des premières comme l'équation (3) se déduit de l'équation (2).

A chaque polynome en x, y, z correspondra un opérateur.

Au polynome

$$\sum \mathrm{A}\, x^m y^n z^p$$

correspond l'opérateur

$$\sum \mathrm{A}(-1)^{m+n+p} \frac{d^{m+n+p}}{dt^m\, du^n\, dv^p}$$

Soient

$$\Delta,\quad \Delta_1,\quad \Delta_2,\quad \mathrm{D}_1,\quad \mathrm{D}_2,\quad \mathrm{D}_3$$

les opérateurs qui correspondent aux polynomes

$$\mathrm{PQ},\qquad \mathrm{S}_1 = \mathrm{Q}\frac{d\mathrm{P}}{dx} - \mathrm{P}\frac{d\mathrm{Q}}{dx},\qquad \mathrm{S}_2 = \mathrm{Q}\frac{d\mathrm{P}}{dy} - \mathrm{P}\frac{d\mathrm{Q}}{dy},$$

$$\mathrm{T}_1 = \frac{d\mathrm{P}}{dy}\frac{d\mathrm{Q}}{dz} - \frac{d\mathrm{P}}{dz}\frac{d\mathrm{Q}}{dy},\qquad \mathrm{T}_2 = \frac{d\mathrm{P}}{dz}\frac{d\mathrm{Q}}{dx} - \frac{d\mathrm{P}}{dx}\frac{d\mathrm{Q}}{dz};$$

$$\mathrm{T}_3 = \frac{d\mathrm{P}}{dx}\frac{d\mathrm{Q}}{dy} - \frac{d\mathrm{P}}{dy}\frac{d\mathrm{Q}}{dx}.$$

Alors les équations auxquelles satisfait J s'écriront

$$(8)\qquad \left\{\begin{array}{c} \Delta(t\mathrm{J}) = \Delta_1 \mathrm{J}, \\ \Delta(u\mathrm{J}) = \Delta_2 \mathrm{J}, \\ \Delta_1(u\mathrm{J}) = \Delta_2(t\mathrm{J}), \\ \mathrm{D}_1(t\mathrm{J}) + \mathrm{D}_2(u\mathrm{J}) + \mathrm{D}_3(v\mathrm{J}) = 0. \end{array}\right.$$

Pour démontrer que toutes les dérivées de J d'ordre suffisamment élevé peuvent s'exprimer à l'aide des dérivées d'ordre moindre, il suffira de montrer qu'une combinaison linéaire quelconque des dérivées d'ordre M peut être regardée comme obtenue de la façon suivante :

Parmi les équations que l'on peut déduire des équations (8), par différentiation, distinguons celles qui sont d'ordre M.

Soient

$$\mathrm{H}_1 = 0,\qquad \mathrm{H}_2 = 0,\qquad \ldots,\qquad \mathrm{H}_\mathrm{K} = 0$$

ces équations. Soient H'_1, H'_2, ..., H'_K les termes de H_1, H_2, ..., H_K qui contiennent des dérivées d'ordre M.

Je dis que toute combinaison linéaire des dérivées d'ordre M de la fonction J pourra se mettre sous la forme

$$\beta_1 \mathrm{H}'_1 + \beta_2 \mathrm{H}'_2 + \ldots + \beta_\mathrm{K} \mathrm{H}'_\mathrm{K},$$

les β étant des fonctions de t, u, v.

Les termes de l'ordre le plus élevé des équations (8) sont :

$$t\,\Delta' \mathrm{J}, \quad u\,\Delta' \mathrm{J}, \quad u\,\Delta'_1 \mathrm{J} - t\,\Delta'_2 \mathrm{J},$$
$$t\,\mathrm{D}'_1 \mathrm{J} + u\,\mathrm{D}'_2 \mathrm{J} + v\,\mathrm{D}'_3 \mathrm{J},$$

où Δ', Δ'_1, Δ'_2, D'_1, D'_2, D'_3 représentent les opérateurs obtenus en conservant les dérivées de l'ordre le plus élevé dans les opérateurs Δ, Δ_1, ...; ils correspondent respectivement aux polynomes P', Q', S'_1, S'_2, T'_1, T'_2, T'_3 obtenus en conservant dans les polynomes P, Q, S_1, S_2, T_1, T_2, T_3 les termes du degré le plus élevé.

Dans une équation d'ordre M obtenue en différentiant et combinant les équations (8), les termes d'ordre M seront de la forme

$$(9) \quad \beta_1 t \square_1 \Delta' \mathrm{J} + \beta_2 (u \square_2 \Delta'_1 \mathrm{J} - t \square_2 \Delta'_2 \mathrm{J}) + \beta_3 (t \square_3 \mathrm{D}'_1 \mathrm{J} + u \square_3 \mathrm{D}'_2 \mathrm{J} + v \square_3 \mathrm{D}'_3 \mathrm{J}),$$

où β_1, β_2, β_3 sont des fonctions, $\square_1$, $\square_2$, $\square_3$ des opérateurs quelconques.

Ce qu'il s'agit de démontrer, c'est que toute combinaison des dérivées d'ordre M peut se mettre sous la forme (9), ou, ce qui revient au même, que tout polynome homogène d'ordre M en x, y et z peut se mettre sous la forme

$$\beta_1 t \mathrm{P}' \mathrm{Q}' \mathrm{V}_1 + \beta_2 \mathrm{V}_2 (u \mathrm{S}'_2 - t \mathrm{S}'_2) + \beta_3 \mathrm{V}_3 (t \mathrm{T}'_1 + u \mathrm{T}'_2 + v \mathrm{T}'_3),$$

où V_1, V_2, V_3 sont des polynomes arbitraires correspondant aux opérateurs $\square_1$, $\square_2$, $\square_3$.

Or, pour cela, il suffit que les trois polynomes

$$\mathrm{P}'\mathrm{Q}', \quad u \mathrm{S}'_1 - t \mathrm{S}'_2, \quad t \mathrm{T}'_1 + u \mathrm{T}'_2 + v \mathrm{T}'_3$$

ne puissent s'annuler à la fois.

C'est justement ce qui a lieu quand on attribue des valeurs quelconques aux trois indéterminées t, u et v et quand les polynomes P et Q sont les plus généraux de leur degré.

Le théorème démontré quand les polynomes P et Q sont les plus généraux de leur degré sera vrai (et pourrait se démontrer par passage à la limite) pour des polynomes quelconques.

SUR

LES PÉRIODES DES INTÉGRALES DOUBLES

ET

LE DÉVELOPPEMENT

DE LA

FONCTION PERTURBATRICE

Bulletin astronomique, t. 14, p. 353-354 (septembre 1897)

On sait que le développement de l'expression

$$\frac{1}{(a^2 - 2aa' \cos\varphi + a'^2)^{\frac{s}{2}}}, \tag{1}$$

suivant les cosinus des multiples de φ, a été très bien étudié. Les coefficients de ce développement, qui sont connus sous le nom de *coefficients de Laplace*, jouissent de propriétés curieuses.

Ce sont des fonctions transcendantes du rapport $\frac{a'}{a}$; mais ces transcendantes sont liées par des relations de récurrence, de telle façon qu'elles s'expriment à l'aide de deux transcendantes distinctes seulement.

D'autre part, chacune de ces transcendantes satisfait à une équation différentielle linéaire à coefficients rationnels

L'expression (1) n'est autre chose (pour $s = 1$) que la fonction perturbatrice dans le cas où les deux excentricités et l'inclinaison sont nulles.

La théorie des périodes des intégrales doubles montre que le développement de la fonction perturbatrice, dans des cas plus généraux, peut encore jouir de propriétés analogues.

Supposons d'abord les deux excentricités nulles, mais l'inclinaison différente de zéro.

On verrait que les coefficients de développement sont des fonctions transcendantes des éléments, mais ces fonctions sont liées entre elles par des fonctions de récurrence, de telle façon qu'il n'y a que cinq transcendantes distinctes.

Si les excentricités ne sont pas nulles, il y a plus de difficulté. Mais supposons que, au lieu de développer suivant les sinus et cosinus des multiples des anomalies moyennes, on développe suivant les sinus et cosinus des multiples des anomalies excentriques. (Dans le cas précédent, les excentricités étant nulles, l'anomalie excentrique se confondait avec l'anomalie moyenne.) Les coefficients de ce développement sont encore des fonctions transcendantes des éléments, mais entre lesquelles il y a des relations de récurrence, de telle façon qu'il n'y ait au plus que seize transcendantes distinctes.

D'autre part, ces coefficients satisfont à des équations différentielles linéaires à coefficients rationnels, de telle façon que leurs dérivées partielles des divers ordres puissent s'exprimer à l'aide d'un nombre fini d'entre elles.

Revenons au développement procédant suivant les multiples des anomalies moyennes. Il n'y aura plus entre les coefficients de relations de récurrence à coefficients rationnels, ou du moins je n'en ai pas trouvé. Mais les coefficients du développement, considérés comme fonctions des éléments, satisfont encore à des équations différentielles linéaires, de telle façon que les dérivées partielles des divers ordres de l'un de ces coefficients puissent s'exprimer à l'aide d'un nombre fini d'entre elles.

SUR

LES PÉRIODES DES INTÉGRALES DOUBLES

Journal de Mathématiques, 6e série, t. 2, p. 135-189 (1906).

Voir *Œuvres de Henri Poincaré*, t. III, p. 493-539.

SUR

LA THÉORIE DE LA PRÉCESSION

Comptes rendus de l'Académie des Sciences, t. 132, p. 50-53 (14 janvier 1901).

Stockwell a cherché à déterminer les variations séculaires de l'équateur terrestre qui sont la conséquence des variations séculaires de l'écliptique.

Mais, récemment, M. Backlund (*Bulletin de l'Académie de Saint-Pétersbourg*, mai 1900) a repris ces calculs par la méthode de Gyldén et est arrivé à des résultats entièrement différents. C'est ainsi que le coefficient d'une de ces inégalités serait, d'après Stockwell, 20438″ et d'après notre éminent correspondant 5681″.

Le principe de la méthode employée par M. Backlund consiste à ne pas supprimer tout de suite dans ses équations les termes à courte période qui produisent la nutation; dans les équations qu'on obtient après quelques transformations figurent certains coefficients périodiques qui dépendent de ces termes; et pour l'intégration, au lieu de supprimer purement et simplement ces coefficients périodiques comme on le fait d'ordinaire, M. Backlund en conserve la partie constante, qu'il appelle ν_0^2 et μ_0^2.

Pour apprécier la légitimité de cette analyse, il suffira d'étudier l'équation simple

$$\frac{d^2 v}{dt^2} = a \sin(nt + v) + b \sin pt, \tag{1}$$

considérée par M. Backlund (p. 397). Nous supposerons que a et n sont très petits, mais que b et p soient beaucoup plus petits et cela de telle façon que $\frac{b}{p^2}$ soit notablement plus grand que $\frac{a}{n^2}$, et que p^2 soit du même ordre de grandeur que $\frac{a^2}{n^2}$.

Le premier terme du second membre de (1) est alors un terme à courte période et le second un terme séculaire. Les équations de la précession peuvent être ramenées à cette forme, avec cette différence qu'il y a un grand nombre de termes à courte période et un grand nombre de termes séculaires.

Soit alors

$$\frac{d^2 v_0}{dt^2} = a \sin(nt + v_0), \tag{1 bis}$$

une équation analogue à (1), mais où l'on a fait $b = 0$, et posons

$$v = v_0 + \varepsilon.$$

Nous aurons alors en négligeant ε^2

$$\frac{d^2 \varepsilon}{dt^2} = a\varepsilon \cos(nt + v_0) + b \sin pt. \tag{2}$$

Si l'on appliquait la méthode de Stockwell, on négligerait le premier terme et l'on trouverait

$$\frac{d^2 \varepsilon}{dt^2} = b \sin pt, \qquad \varepsilon = -\frac{b}{p^2} \sin pt.$$

M. Backlund trouve d'abord en première approximation

$$v_0 = -\frac{a}{n^2} \sin nt,$$

d'où

$$\cos(nt + v_0) = \cos nt + \frac{a}{n^2} \sin^2 nt.$$

L'équation (2) devient

$$\frac{d^2 \varepsilon}{dt^2} = \varepsilon \left(a \cos nt + \frac{a^2}{n^2} \sin^2 nt \right) + b \sin pt$$

ou, en conservant la valeur moyenne du coefficient de ε,

$$\frac{d^2 \varepsilon}{dt^2} = \frac{a^2}{2n^2} \varepsilon + b \sin pt,$$

d'où

$$\varepsilon = -\frac{b \sin pt}{\frac{a^2}{2n^2} + p^2}$$

Telles sont les deux analyses entre lesquelles il s'agit de décider; la chose est d'autant plus facile que les équations (1 *bis*) et (2) peuvent s'intégrer rigoureusement.

Posons, en effet,

$$nt + v_0 = 2\mathrm{W},$$

l'équation (1 *bis*) devient

$$\frac{d^2\mathrm{W}}{dt^2} = a \sin \mathrm{W} \cos \mathrm{W},$$

d'où

$$\frac{d\mathrm{W}}{dt} = i\sqrt{p(u) - e_1}, \qquad \sin \mathrm{W} = \frac{i}{\sqrt{a}}\sqrt{p(u) - e_2}, \qquad \cos \mathrm{W} = \frac{1}{\sqrt{a}}\sqrt{p(u) - e_2},$$

$$e_2 - e_3 = a, \qquad e_1 + e_2 + e_3 = 0,$$

$$\cos(nt + v_0) = \frac{1}{a}[2p(u) + e_1],$$

où $p(u)$ est la fonction doublement périodique de Weierstrass et où u est égal à t plus une constante imaginaire.

L'équation (2), qui peut alors s'écrire

$$\text{(2 bis)} \qquad \frac{d^2\varepsilon}{du^2} = \varepsilon[2p(u) + e_1] + b \sin pt,$$

a ses coefficients périodiques.

Nous sommes ainsi amenés à envisager des équations linéaires à second membre de la forme

$$\text{(3)} \qquad \varepsilon'' - \varphi\varepsilon = \mathrm{X},$$

où φ est périodique en t (et où je désigne les dérivées par des lettres accentuées). D'après un théorème bien connu, l'équation sans second membre

$$\varepsilon'' - \varphi\varepsilon = 0$$

admettra deux intégrales de la forme suivante :

$$\varepsilon_1 = e^{\alpha t}\psi_1, \qquad \varepsilon_2 = e^{-\alpha t}\psi_2,$$

ψ_1 et ψ_2 étant périodiques. Je puis toujours supposer que l'on a

$$\text{(4)} \qquad \varepsilon'_1\varepsilon_2 - \varepsilon'_2\varepsilon_1 = 1,$$

et l'on trouve alors, pour l'intégrale de l'équation (3),

$$\text{(5)} \qquad \varepsilon = \beta_1\varepsilon_1 + \beta_2\varepsilon_2,$$

avec

$$\beta_1 = \int \mathrm{X}\varepsilon_2\, dt, \qquad \beta_2 = -\int \mathrm{X}\varepsilon_1\, dt$$

Nous pouvons d'ailleurs traiter séparément chacun des termes de X ; prenons alors

$$X = e^{ipt}.$$

Soit (en supposant que l'unité de temps ait été choisie de telle façon que la période de la fonction φ soit égale à 2π)

$$\psi_1 = \Sigma a_k e^{ikt}, \qquad \psi_2 = \Sigma c_k e^{ikt}.$$

Dans les intégrales β_1 et β_2, les seuls termes sensibles sont ceux qui contiendront un petit diviseur (en considérant p et α comme très petits). Ces termes sont

$$\beta_1 = \frac{c_0\, e^{(-\alpha+ip)t}}{-\alpha+ip}, \qquad \beta_2 = \frac{a_0\, e^{(\alpha+ip)t}}{\alpha+ip}.$$

Si l'on ne conserve dans β_1 et β_2 que ces termes à petit diviseur, le terme en e^{ipt} dans ε sera, d'après la formule (5),

$$\frac{-2a_0c_0\alpha\, e^{ipt}}{\alpha^2+p^2}.$$

Dans le cas où la fonction φ est petite (ce qui arrive ici, puisque le facteur a est petit), les termes a_0 et c_0 sont notablement plus importants que les autres termes de ψ_1 et ψ_2; de tous les termes de ε, le plus important est le terme en e^{ipt} que je viens d'écrire; enfin, à cause de la relation (4), on a sensiblement

$$2a_0c_0\alpha = 1,$$

de sorte qu'il reste sensiblement

$$\varepsilon = \frac{-e^{ipt}}{\alpha^2+p^2}. \tag{6}$$

Dans le cas où α s'annule, il y a une dégénérescence et l'intégrale générale de l'équation sans second membre serait de la forme

$$\varepsilon = \gamma_1\psi_1 + \gamma_2(t\psi_1 + \zeta),$$

ζ étant périodique comme ψ_1, tandis que les γ sont les constantes d'intégration. Mais à la limite, la formule (6) subsiste.

Comparons maintenant cette formule (6) avec celles de Stockwell et de Backlund. Nous voyons que, pour obtenir celle de Stockwell, il faut faire $\alpha = 0$, et pour obtenir celle de Backlund,

$$\alpha = \frac{a}{n\sqrt{2}}.$$

Or, quelle est la véritable valeur de α? On le voit tout de suite : l'équation (2 *bis*), quand on y supprime le second membre, admet pour intégrale

$$\varepsilon_1 = \sqrt{p(u) - e_1},$$

qui est une fonction périodique. Donc α est nul; donc c'est Stockwell qui a raison.

Il faut attribuer aux inégalités en question les coefficients de Stockwell, dont quelques-uns sont quatre fois plus forts que ceux de Backlund.

La critique qui précède ne saurait, en aucune façon, s'adresser à notre savant correspondant, puisqu'il n'a fait qu'appliquer une méthode classique que tout le monde croyait correcte.

Mais c'est là une raison de plus pour que j'aie cru devoir mettre en évidence le vice fondamental de la méthode de Gyldén, dont on pourrait être tenté de faire d'autres applications.

Il est singulier que Gyldén soit tombé dans cette erreur, puisqu'il avait lui-même intégré les équations (1 *bis*) et (2).

SUR LA PRÉCESSION(¹)

Comptes rendus de l'Académie des Sciences, t. 132, p. 291-292 (11 février 1901)

Je vous suis très reconnaissant pour avoir appelé l'attention sur l'erreur commise dans ma Note sur la précession. En effet, il m'avait échappé que, par des approximations successives, le second terme du membre droit dans

$$\frac{d^2 v_1}{dt^2} = a \sin(at + \varepsilon) + a(v_1 + v_2)\cos(at + \varepsilon) - a v_1 v_2 \sin(at + \varepsilon)\ldots$$

donne naissance à un terme

$$+ a v_1 v_2 \sin(at + \varepsilon),$$

ce qui réduit ν_0^2 à zéro (au moins aux quantités d'ordre supérieur).

Cette erreur élémentaire m'appartient exclusivement.

Dans votre Note vous considérez l'équation

$$\frac{d^2 \varepsilon}{dt^2} = a\varepsilon \cos(nt + v_0) + b \sin pt.$$

Gyldén considère au début des approximations l'équation

$$\frac{d^2 \varepsilon}{dt^2} = a\varepsilon \cos(nt + v_0) - \frac{1}{2} a\varepsilon^2 \sin(nt + v_0) - \frac{1}{6} a\varepsilon^3 \cos(nt + v_0) + b \sin pt,$$

et parvient à déterminer ν_0^2 dans

$$-\frac{b}{\nu_0^2 + p^2} \sin pt.$$

(¹) Extrait d'une lettre de M. O. Backlund à M. Poincaré.

La valeur de ρ_0^2 ainsi déterminée est évidemment beaucoup plus petite que $\frac{a^2}{2n^2}$.

Gyldén dit expressément qu'il est même inutile, pour la détermination de ρ_0^2, de partir de l'équation, où l'on a négligé la deuxième et la troisième puissance de ε. C'est justement ce que vous avez démontré.

Je serais très reconnaissant, si vous vouliez bien faire insérer ces lignes dans les *Comptes rendus*. Je le dois à la mémoire de Gyldén.

SUR

LA FIGURE DE LA TERRE

Comptes rendus de l'Académie des Sciences, t. 107, p. 67-71 (9 juillet 1888).

Est-il possible de trouver une loi de la variation de la densité à l'intérieur de la Terre qui satisfasse à la fois :

1° A l'équation de Clairaut;

2° A la valeur observée $\frac{1}{293}$ de l'aplatissement;

3° A la valeur observée 305,6 de la constante de la précession?

Depuis quelque temps déjà, les géomètres considèrent comme vraisemblable que cela est impossible; si, en effet, on admet que la compressibilité diminue rapidement quand la pression augmente, M. Callandreau a montré que l'on a

$$\frac{d^2\rho}{da^2} < 0, \qquad \frac{d\eta}{da} > 0,$$

et, si η est croissant, M. Radau a démontré qu'il doit y avoir entre l'aplatissement et la constante de la précession une relation à laquelle les valeurs observées ne satisfont pas.

Quelques doutes pouvaient subsister cependant; pour établir cette relation, M. Radau est obligé de supposer que la quantité qu'il a appelée η est comprise entre 0 et 0,54. Son résultat subsiste-t-il encore quand on s'affranchit de cette hypothèse?

Cette Note a pour but de montrer que le théorème de M. Radau est encore vrai, sans qu'on ait à faire aucune hypothèse.

Rappelons d'abord les notations habituellement employées.

Nous appelons ε l'ellipticité d'une couche sphéroïdale quelconque; a le rayon de cette couche, celui du globe entier étant pris pour unité; ρ la densité de cette couche; D la densité moyenne du sphéroïde limité extérieurement par cette couche;

$$\eta = \frac{a}{\varepsilon}\frac{d\varepsilon}{da}, \qquad \zeta = a\frac{d\eta}{da};$$

D_1, ε_1 et η_1 les valeurs de D, ε et η à la surface.

L'équation de Clairaut s'écrit

$$\left(\frac{1}{6}a^2\varepsilon'' - \varepsilon\right)D + (a\varepsilon' + \varepsilon)\rho = 0,$$

ou bien encore

$$(1) \qquad (\zeta + \eta^2 - \eta - 6)\left(\frac{D}{\rho} - 1\right) + (\zeta + \eta^2 + 5\eta) = 0$$

De plus, on doit avoir à la surface

$$\varepsilon_1 = \frac{1}{293}, \qquad \eta_1 = 0{,}543.$$

Enfin, les observations de la précession nous donnent

$$\frac{2}{5}\int\frac{D}{D_1}da^5 = 1 - \frac{1}{I}, \qquad I = 1{,}955$$

Si la densité est constamment décroissante, on a

$$\frac{d\rho}{da} < 0, \qquad \rho < D, \qquad \frac{D}{\rho} - 1 > 0,$$

et l'équation (1) donne alors

$$(\zeta + \eta^2 - \eta - 6)(\zeta + \eta^2 + 5\eta) < 0.$$

Comme l'aplatissement va constamment en croissant, on a

$$\eta > 0,$$

de sorte que l'inégalité précédente se décompose en deux :

$$(2) \qquad \zeta + \eta^2 + 5\eta > 0, \qquad \zeta + \eta^2 - \eta - 6 < 0.$$

Je vais me proposer maintenant de démontrer qu'on a *constamment*

$$\eta < 3.$$

En différentiant l'équation (1), on trouve

$$\frac{d\zeta+(2\eta-1)\,d\eta}{\zeta+\eta^2-\eta-6}-\frac{d\zeta+(2\eta+5)\,d\eta}{\zeta+\eta^2+5\eta}-\frac{3\,d\eta}{\zeta}=\frac{\mathrm{D}\,d\left(\frac{1}{\rho}\right)}{1-\frac{\mathrm{D}}{\rho}}.$$

Lorsque a est croissant, $\frac{1}{\rho}$ est aussi croissant, ce qui entraîne l'inégalité

$$(3)\qquad \frac{d\zeta+(2\eta-1)\,d\eta}{\zeta+\eta^2-\eta-6}-\frac{d\zeta+(2\eta+5)\,d\eta}{\zeta+\eta^2+5\eta}-\frac{3\,d\eta}{\zeta}<0.$$

Posons

$$\mathrm{F}=\left(\frac{\zeta+\eta^2-\eta-6}{\zeta+\eta^2+5\eta}\right)^5\left(\frac{\zeta-\eta^2+3\eta}{\zeta-\eta^2-7\eta-10}\right)^3.$$

Le premier membre de l'inégalité (3) pourra s'écrire

$$-\frac{1}{20}\,\frac{d\mathrm{F}(\zeta-\eta^2+3\eta)(\zeta-\eta^2-7\eta-10)}{\mathrm{F}\zeta(\eta+1)^2}.$$

Les inégalités (2) entraînent la suivante :

$$\zeta-\eta^2-7\eta-10<0,$$

de sorte que l'inégalité (3) peut s'écrire

$$(4)\qquad \frac{d\mathrm{F}}{\mathrm{F}}\,\frac{\zeta-\eta^2+3\eta}{\zeta}<0.$$

Pour les valeurs très petites de a, ζ et η sont très petits et tous deux positifs; par conséquent, F est positif. Je dis que, quand on fera croître a, F restera toujours positif.

En effet, en vertu des inégalités (2), F est de même signe que $\zeta-\eta^2+3\eta$. Donc, pour les petites valeurs de a, F et $\zeta-\eta^2+3\eta$ sont tous deux positifs. Pour que ces deux fonctions pussent devenir toutes deux négatives, il faudrait d'abord qu'elles fussent toutes deux positives, décroissantes et très voisines de zéro.

Mais, si l'on suppose

$$\mathrm{F}>0,\qquad \zeta-\eta^2+3\eta>0,\qquad d\mathrm{F}<0,$$

l'inégalité (4) nous donne

$$\zeta>0,$$

ce qui est incompatible avec les inégalités (2) et la supposition que $\zeta-\eta^2+3\eta$ est très voisin de zéro.

Nous avons donc toujours

$$\zeta-\eta^2+3\eta>0$$

En résumé, les deux quantités η et ζ doivent satisfaire aux inégalités suivantes :

$$\eta > 0, \qquad \zeta + \eta_1^2 - \eta - 6 < 0, \qquad \zeta - \eta_1^2 + 3\eta > 0,$$

et ces inégalités sont les seules auxquelles elles doivent satisfaire.

Il est aisé d'en déduire

$$\eta < 3.$$

On sait que Clairaut avait déjà démontré, *mais seulement pour la valeur de η à la surface*, l'inégalité

$$\eta_1 < 3.$$

Cela posé, reprenons le raisonnement de M. Radau. Ce savant établit, par un calcul ingénieux, l'identité suivante :

$$\sqrt{1+\eta_1} = \int \frac{D}{D_1} da^5 \frac{1 + \frac{1}{2}\eta - \frac{1}{10}\eta^2}{\sqrt{1+\eta}};$$

d'où l'on déduit

$$\sqrt{1+\eta_1} = \frac{5}{2}\left(1 - \frac{1}{1,955}\right)\left(\frac{1+\frac{1}{2}\xi - \frac{1}{10}\xi^2}{\sqrt{1+\xi}}\right),$$

ξ étant une des valeurs que peut prendre η, quand a varie de 0 à 1.

L'observation donne

$$\sqrt{1+\eta_1} = \frac{5}{2}\left(1 - \frac{1}{1,987}\right),$$

d'où l'on déduirait

$$(5) \qquad \frac{1+\frac{1}{2}\xi - \frac{1}{10}\xi^2}{\sqrt{1+\xi}} = \frac{1 - \frac{1}{1.987}}{1 - \frac{1}{1,955}} = 1,018.$$

Or, quand a varie de 0 à 1, η reste compris entre 0 et 3 ; il en est donc de même de ξ, ce qui entraîne l'inégalité

$$\frac{1+\frac{1}{2}\xi - \frac{1}{10}\xi^2}{\sqrt{1+\xi}} < \frac{1+\frac{1}{6} - \frac{1}{90}}{\sqrt{1+\frac{1}{3}}} < 1,0008.$$

L'équation (5) est donc impossible.

En résumé, *aucune hypothèse sur la loi des densités ne peut satisfaire aux observations.*

Je m'abstiens de toute tentative d'interprétation de ce résultat et je ne recherche pas si l'on doit, pour expliquer cette anomalie, reprendre la discussion des observations, ou supposer, avec quelques géologues, un mouvement relatif du noyau fluide interne par rapport à l'écorce solide; ou, enfin, si la petite différence, entre l'aplatissement observé et l'aplatissement calculé, est due simplement aux irrégularités de la surface et à celles qui, selon les idées de M. Faye, existeraient dans la distribution des matières solides et liquides à l'intérieur du globe.

Dans les hypothèses envisagées par M. Radau, et où

$$0 < \eta < \eta_1,$$

la valeur de I reste sensiblement constante et égale à 1,987. Dans le cas plus général où je me suis placé, I peut prendre d'autres valeurs, mais il reste toujours plus grand que 1,987; j'ajoute qu'il est toujours plus petit que 2,04. On voit que les limites entre lesquelles peut varier I sont encore très rapprochées.

SUR

LA FIGURE DE LA TERRE

Bulletin astronomique, t. 6, p. 5-11 (janvier 1889).

1. Les récents travaux de MM. Stieltjes, Tisserand, Radau et Callandreau ont appelé de nouveau l'attention sur la question de la figure de la Terre, que l'on croyait épuisée. Ces travaux semblent montrer qu'il est difficile de trouver une loi des densités qui satisfasse à la fois à la valeur observée de l'aplatissement et à la valeur observée de la précession. J'ai pensé qu'il ne serait pas inutile de reprendre le problème en me plaçant à un point de vue nouveau

J'adopterai les notations de M. Radau; j'appellerai donc :

a, le rapport du rayon du sphéroïde considéré au rayon du globe entier;
ε, l'aplatissement de ce sphéroïde;
ρ, la densité de la couche sphéroïdale envisagée;
D, la densité moyenne du sphéroïde entier.

Je désignerai par les indices 0 et 1 les valeurs de ces diverses quantités au centre et à la surface, et les dérivées par rapport à a par des accents.

Je poserai, comme M. Radau,

$$\frac{a\varepsilon'}{\varepsilon} = \eta,$$

et je poserai de plus

$$a\eta' = \zeta$$

Dans ces conditions, l'équation différentielle de Clairaut peut se mettre sous l'une des formes suivantes :

$$\left(\frac{1}{6}a^2\varepsilon' - \varepsilon\right)D + (a\varepsilon' + \varepsilon)\rho = 0,$$

$$(a\eta' + 5\eta + \eta^2)D + 2a(1+\eta)D' = 0,$$

$$\text{dérivée logarithmique de } D\sqrt{1+\eta} = -\frac{5\eta+\eta^2}{2a(1+\eta)}.$$

D'autre part, la condition qui détermine l'aplatissement à la surface peut s'écrire

$$\eta_1 = 0,543.$$

Le problème est ainsi entièrement déterminé.

Après avoir établi ces formules, M. Radau montre que, si η va constamment en croissant du centre à la surface, il est impossible de satisfaire à la fois aux observations de précession et aux observations géodésiques.

J'ai été ainsi conduit à me poser les deux questions suivantes :

1° Serait-il possible de satisfaire aux observations en renonçant à l'hypothèse que η doit être constamment croissant?

2° Si cela est impossible, quelle sera la distribution des densités qui, pour une valeur donnée de la constante de précession, conduira à une valeur maximum de l'aplatissement, c'est-à-dire à une valeur aussi rapprochée que possible de la valeur observée.

2. Voici le système de représentation dont je ferai usage. Je représenterai un mode quelconque de distribution des densités par une courbe C dont les différents points auront pour coordonnées les valeurs de η et de ζ dans les différentes couches qui composent le sphéroïde terrestre.

Dès que cette courbe C sera connue, on possédera toutes les données du problème. On a, en effet,

$$\frac{da}{a} = \frac{d\eta}{\zeta};$$

comme nous connaissons ζ en fonction de η, nous pouvons écrire

$$\log a = \int_{0,543}^{\eta} \frac{d\eta}{\zeta},$$

ce qui nous donne a en fonction de η.

L'équation de Clairaut donne ensuite

$$\log(D\sqrt{1+\eta}) = \text{const.} - \int \frac{5\eta+\eta^2}{2a(1+\eta)}\frac{da}{d\eta}d\eta,$$

ce qui nous donne D en fonction de η (et par conséquent de a) à un facteur constant près; ce facteur constant se détermine d'ailleurs sans peine, puisque D_1 est une donnée de la question.

Connaissant D en fonction de a, on en déduira ρ en fonction de a. La courbe C définit donc la loi des densités. Voyons maintenant à quelles conditions doit satisfaire cette courbe pour être acceptable.

Supposons qu'on parcoure cette courbe C depuis le point A, qui correspond au centre de la Terre, c'est-à-dire à $a = 0$, jusqu'au point B, qui correspond à la surface du globe, c'est-à-dire à $a = 1$.

Alors a devra aller constamment en croissant, et par conséquent $d\eta$ devra être constamment de même signe que ζ.

Si donc nous imaginons que les axes des η et des ζ soient placés comme le sont d'ordinaire les axes des x et des y dans le plan, la courbe devra être parcourue de gauche à droite si l'on est au-dessus de l'axe des η, et de droite à gauche dans le cas contraire.

En dehors de l'axe des η, la courbe C ne pourra pas avoir de tangente verticale (c'est-à-dire parallèle à l'axe des ζ); on pourrait cependant admettre exceptionnellement une tangente verticale d'inflexion.

Sur l'axe des η, la tangente à la courbe C est, au contraire, toujours verticale (à moins qu'on n'admette que cette courbe a un point anguleux ou un point de rebroussement), excepté toutefois au point A.

Au point A on doit avoir $a = 0$; le point B est défini par la condition

$$\eta = 0{,}543.$$

de sorte qu'on doit avoir

$$\int_B^A \frac{d\eta}{\zeta} = -\infty.$$

Cela montre d'abord qu'au point A, ζ doit s'annuler, sans quoi l'intégrale serait finie. Supposons qu'au point A nous ayons $\eta = \eta_0$ et

$$\lim \frac{\zeta}{\eta - \eta_0} = h.$$

Il vient alors

$$\frac{1}{\zeta} = \frac{h}{\eta - \eta_0} + \varphi(\eta),$$

$\varphi(\eta)$ restant finie pour $\eta = \eta_0$; d'où

$$a = (\eta - \eta_0)^h \psi(\eta),$$

$\psi(\eta)$ restant finie pour $\eta = \eta_0$. Pour que a s'annule pour $\eta = \eta_0$, il faut et il suffit que h soit positif.

Cela veut dire que la tangente au point A à la courbe C doit être comprise dans l'angle formé par l'axe des η positifs et par une parallèle à l'axe des ζ positifs, c'est-à-dire dans le premier quadrant.

Nous devons maintenant nous poser la question suivante : Quelles sont les discontinuités que peut présenter la courbe C? Observons que la densité ρ peut être discontinue, mais doit être toujours finie, et par conséquent que D est toujours continue. De même, ζ peut être discontinue, mais doit rester finie, de sorte que η doit être continue.

Si donc la courbe C présente une discontinuité, c'est-à-dire si elle se décompose en deux arcs de courbe AD et EB ne se raccordant pas, les deux points extrêmes D et E seront sur une même verticale; on pourra supposer les deux arcs de courbe raccordés par un segment de verticale DE.

3. Jusqu'ici nous ne nous sommes pas préoccupés de la condition

$$\frac{d\rho}{da} < 0;$$

nous allons maintenant en tenir compte. Posons

$$D = \frac{\lambda}{a^3} + \rho, \qquad \rho = \lambda\mu;$$

d'où

$$\frac{1}{\mu} = \frac{a^3 D}{\rho} - a^3$$

et, en tenant compte de la relation $d(a^3 D) = \rho\, da^3$,

$$d\left(\frac{1}{\mu}\right) = + a^3 D\, d\left(\frac{1}{\rho}\right).$$

On doit donc avoir

$$\frac{d\mu}{da} < 0,$$

c'est-à-dire que μ doit croître de la surface au centre.

Nous sommes donc conduits à construire les courbes $\mu = \text{const.}$, que j'appellerai *courbes de densité*.

L'équation de Clairaut nous donne

$$(\zeta + \eta^2 - \eta - 6)\frac{1}{a^3} + \mu(\zeta + \eta^2 + 5\eta) = 0,$$

$$\frac{\zeta + \eta^2 - \eta - 6}{(\zeta + \eta^2 + 5\eta)a^3} = -\mu.$$

Si nous regardons μ comme une constante et que nous prenions la dérivée logarithmique en observant que $\frac{da}{a} = \frac{d\eta}{\zeta}$, nous trouverons

$$\frac{d\zeta + (2\eta - 1)\,d\eta}{\zeta + \eta^2 - \eta - 6} - \frac{d\zeta + (2\eta + 5)\,d\eta}{\zeta + \eta^2 + 5\eta} - \frac{3\,d\eta}{\zeta} = 0,$$

ou, en développant,

$$2\zeta(\eta + 1)\,d\zeta = d\eta(3\zeta^2 - 16\zeta + \eta^4 + 4\eta^3 - 11\eta^2 - 30\eta)$$

Telle est l'équation différentielle des courbes de densité.

Cette équation admet trois solutions particulières remarquables :

1° La droite $\eta = -1$;

2° La parabole $\zeta + \eta^2 - \eta - 6 = 0$, qui correspond à $\mu = 0$ et que j'appellerai la parabole P;

3° La parabole $\zeta + \eta^2 + 5\eta = 0$, qui correspond à $\mu = \infty$ et que j'appellerai la parabole P'.

Cette équation différentielle admet les points singuliers suivants :

1° Le point $\eta = -1$, $\zeta = 4$, que j'appellerai N et qui appartient à la fois aux paraboles P et P' et à la droite $\eta = -1$;

2° Le point $\eta = -1$, $\zeta = \frac{4}{3}$, que j'appellerai S et qui appartient seulement à la droite $\eta = -1$;

3° Les points $\eta = 0$, $\zeta = 0$; $\eta = -5$, $\zeta = 0$, que j'appellerai O et R et qui appartiennent à la parabole P';

4° Les points $\eta = 3$, $\zeta = 0$; $\eta = -2$, $\zeta = 0$, que j'appellerai Q et Q' et qui appartiennent à la parabole P.

Une discussion facile montre que par les points N, O et Q' passent une infinité de courbes de densité, tandis que par les points S, R et Q passent deux de ces courbes seulement. En d'autres termes, pour employer les dénominations que j'ai introduites dans mes Mémoires sur les courbes définies par des équations différentielles, les points singuliers N, O et Q' sont des nœuds, tandis que S, R et Q sont des cols (*voir fig.* 1).

Comme η reste toujours positif et que, d'autre part, μ est essentiellement positif, on n'aura jamais à sortir de la région du plan que je couvre de hachures sur la figure 1 et qui est limitée par l'axe des ζ et par les paraboles P et P'.

Nous devons donc tout d'abord nous proposer de construire les courbes de densité qui sont contenues dans cette région.

Il existe d'abord une courbe de densité exceptionnelle OMQ qui va du

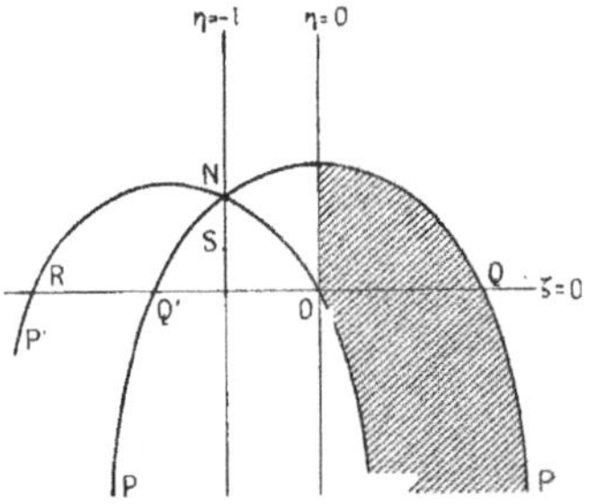

Fig. 1.

point O au point Q et qui, par conséquent, partage la région hachurée en deux régions partielles. Il importe de remarquer que cette courbe OMQ ne va pas couper l'axe des η entre le point O et le point Q; en effet, il est aisé de démontrer que sa tangente au point Q a pour coefficient angulaire

$$\frac{d\zeta}{d\eta} = 3,$$

ce qui montre que cette tangente est parallèle à une droite du premier quadrant. Si la courbe OMQ allait couper la droite OQ en un point M situé entre O et Q, il y aurait (d'après un théorème que j'ai démontré dans mon Mémoire sur les courbes définies par les équations différentielles) entre Q et M un point où l'axe des η serait tangent à une courbe de densité, ce qui est impossible; car, en tous les points de cet axe, la tangente à la courbe de densité est verticale.

On démontrerait de même que, si l'on excepte le point O, aucune courbe de densité ne peut couper la droite OQ en plus d'un point.

Les courbes de densité présentent donc l'aspect que leur donne la figure 2, où elles sont représentées en trait plein, pendant que les axes sont en pointillé.

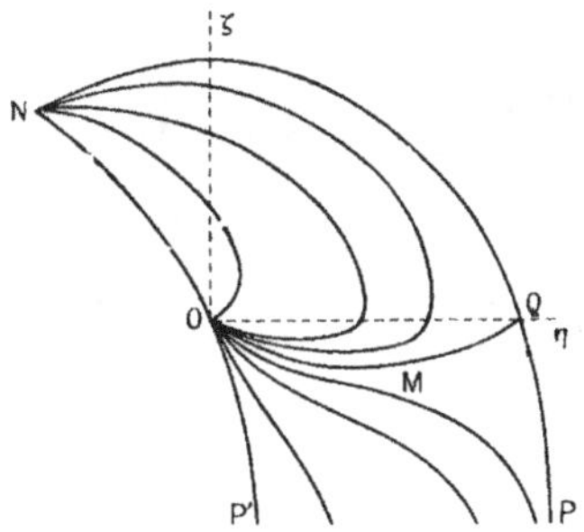

Fig. 2.

SUR

LA FIGURE DE LA TERRE

Bulletin astronomique, t. 6, p. 49-60 (février 1889).

4. Quand on parcourt la courbe C du point A au point B, a doit croître de 0 à 1 et, par conséquent, μ doit décroître; on doit donc avoir

$$\frac{d\zeta+(2\eta-1)\,d\eta}{\zeta+\eta^2-\eta-6}-\frac{d\zeta+(2\eta+5)\,d\eta}{\zeta+\eta^2+5\eta}-\frac{3\,d\eta}{\zeta}=\frac{d\mu}{\mu}<0.$$

Si l'on fait, par exemple,

$$d\eta=0,\qquad d\zeta>0,$$

cette inégalité est satisfaite.

Il faut alors que la direction de la tangente à la courbe C, *en tenant compte du sens dans lequel cette courbe doit être parcourue*, soit du même côté de la tangente à la courbe de densité qu'une droite verticale parcourue *de bas en haut*.

Pour exprimer ce résultat d'une façon plus nette, faisons la convention suivante : Nous avons vu que la région comprise entre les deux paraboles P et P' est partagée par la courbe OMQ en deux régions partielles et que chacune des courbes de densité est comprise tout entière dans l'une de ces régions partielles, dont elle ne peut sortir.

Celles de ces courbes de densité qui appartiennent à la région partielle OMQN coupent la droite OQ en un point et un seul.

Si une courbe de densité coupe la droite OQ en M' et qu'une autre courbe coupe OQ en M'', convenons de dire que la première courbe est plus avancée que la seconde si M′ est à droite de M″. De cette façon, une courbe de densité appartenant à la région ONQM sera d'autant plus avancée qu'elle s'éloignera davantage de la parabole P et se rapprochera davantage de la parabole P′ et de la courbe OMQ.

Cela posé, on voit que, si l'on parcourt la courbe C du point A au point B, cette courbe ira couper nécessairement des courbes de densité de plus en plus avancées si ζ est positif et, au contraire, des courbes de densité de moins en moins avancées si ζ est négatif.

Il résulte de là que la courbe C ira en s'éloignant de la courbe OMQ dès qu'elle sera au-dessous de la droite OQ; elle ne pourra donc franchir cette courbe OMQ, ni sortir de la région OMQN.

En particulier, η est toujours plus petit que 3.

5. Occupons-nous maintenant de la condition relative à la densité à la surface. On peut admettre qu'à la surface on a à peu près

$$\frac{\rho}{D} = \frac{1}{2},$$

d'où

$$\mu = 1, \qquad a = 1$$

et

$$2\zeta + 2\eta^2 + 4\eta - 6 = 0.$$

Si $\eta_1 = 0,543$, on trouve à peu près

$$\zeta = 1,7;$$

le point B devrait donc avoir pour coordonnées

$$\eta = 0,543, \qquad \zeta = 1,7.$$

Si nous considérons maintenant un point du sphéroïde terrestre très voisin de la surface, il pourra arriver, si la densité varie très rapidement dans le voisinage de la surface, que la densité de ce point ne soit pas égale à $\frac{D}{2}$; mais, comme la densité va toujours en croissant de la surface au centre, elle devra être toujours plus grande que $\frac{D}{2}$; on a ainsi

$$\frac{\rho}{D} > \frac{1}{2}, \qquad \mu > 1$$

et

$$2\zeta + 2\eta^2 + 4\eta - 6 < 0, \qquad \zeta < 1,7.$$

La courbe

$$2\zeta + 2\eta^2 + 4\eta - 6 = 0$$

est une parabole que j'appellerai la parabole P″, qui est comprise entre les deux paraboles P et P′ et qui va passer par le point N.

Comme nous connaissons la valeur de l'aplatissement à la surface, nous savons que

$$\eta_1 = 0,543,$$

et nous en concluons que le point B est à l'intersection de la parabole P″ et de la droite $\eta = 0,543$. Mais, si nous ne connaissions pas l'aplatissement, nous saurions seulement que le point B est sur la parabole P″ et sur l'arc EF de cette parabole compris entre le point E, intersection de P″ et de l'axe des ζ, et le point F, intersection de P″ et de la courbe de densité OMQ.

Nous saurions ainsi que η_1 est plus petit que η du point F, ce qui nous donnerait une limite de l'aplatissement. C'est là un résultat bien connu, dû à M. Tisserand.

6. Cherchons maintenant l'équation des courbes en termes finis.

Quand on suppose, comme au paragraphe 3,

$$D = \frac{\lambda}{a^3} + \lambda\mu$$

et que l'on fait $\mu = 1$, l'équation de Clairaut s'écrit

$$\left(\frac{1}{6}a^2\varepsilon'' - \varepsilon\right)\left(\frac{1}{a^3} + 1\right) + (a\varepsilon' + \varepsilon) = 0.$$

On trouve facilement une intégrale particulière de cette équation : c'est

$$\varepsilon = \frac{a^3}{1 + a^3};$$

d'où

$$\eta = 3 - \frac{3a^3}{1 + a^3}, \qquad \zeta = 9(\varepsilon^2 - \varepsilon)$$

ou

$$\zeta = \eta^2 - 3\eta.$$

C'est encore l'équation d'une parabole et cette parabole n'est autre chose que la courbe de densité OMQ; on vérifie aisément qu'elle passe par les points O et Q et que sa tangente au point Q a bien pour coefficient angulaire

$$\frac{d\zeta}{d\eta} = 3.$$

Une autre intégrale particulière de l'équation de Clairaut est

$$\varepsilon = \frac{a^{-2}}{1 + a^3},$$

d'où, pour l'intégrale générale,

$$\varepsilon = \frac{a^3 + \lambda a^{-2}}{1 + a^3} \qquad (\lambda \text{ constante d'intégration})$$

et, pour l'équation générale des courbes de densité,

$$\left(\frac{\zeta + \eta^2 - \eta - 6}{\zeta + \eta^2 + 5\eta}\right)^5 = \text{const.} \left(\frac{\zeta - \eta^2 - 7\eta - 10}{\zeta - \eta^2 + 3\eta}\right)^3.$$

7. Jusqu'ici nous avons admis que le point A, extrémité de la courbe C, pouvait se trouver en un point quelconque du segment de droite OQ. Cela n'est pas possible, si l'on veut que la densité au centre de la Terre soit finie. Nous avons en effet

$$\log \frac{D\sqrt{1+\eta}}{D_1\sqrt{1+\eta_1}} = -\int_{\eta_1}^{\eta} \frac{5\eta + \eta^2}{2(1+\eta)} \frac{d\eta}{\zeta} \qquad \text{et} \qquad \log a = \int_{\eta_1}^{\eta} \frac{d\eta}{\zeta}.$$

Au point A la première de ces intégrales doit être finie et la seconde infinie. Cela ne peut avoir lieu que si, en ce point, le rapport des quantités sous le signe $\int$ est nul, c'est-à-dire si

$$\frac{5\eta + \eta^2}{2(1+\eta)} = 0;$$

d'où

$$\eta = 0.$$

Ainsi, le point A se confond avec le point O et, si l'on supposait que ce point A fût tout autre point de la droite OQ, il faudrait admettre également que la densité au centre est infinie, ce qui ne peut pas être le cas de la nature.

Je dois maintenant expliquer pourquoi je n'ai pas cru devoir laisser complètement de côté les lois de densité, inadmissibles au point de vue physique, qui correspondent à des courbes C se terminant en un point de OQ différent du point O. C'est que, s'il est impossible que la densité suive exactement une de ces lois, elle peut du moins les suivre à très peu près, sauf dans le voisinage immédiat du centre de la Terre. C'est ainsi que G. Darwin a cru pouvoir examiner le cas où la densité est proportionnelle à une certaine puissance négative de a; il admettait évidemment que la densité, après avoir suivi cette loi jusqu'à une très faible distance du centre, suivait ensuite une loi toute différente jusqu'au centre; qu'il y avait ainsi au centre de la Terre une sorte de noyau où la densité variait suivant une loi inconnue, mais trop petit pour que la distribution de la matière à l'intérieur de ce noyau pût influer d'une façon sensible sur l'aplatissement ou sur la précession.

Dans notre mode de représentation, la loi de G. Darwin serait représentée par une courbe C réduite à un point unique, à savoir au point

$$\zeta = 0, \qquad \eta = 0,543.$$

Quand donc la courbe C aboutira à un point de OQ autre que O, il restera sous-entendu que cette courbe ne représente qu'approximativement la loi des densités, et que la courbe véritable, après avoir suivi la courbe C jusqu'à un point très voisin de A, s'en détache ensuite et va aboutir au point O, sans jamais s'éloigner sensiblement de la droite OQ.

Une dernière remarque au sujet du mode de représentation adopté.

Si la courbe C coupe la droite OQ en un autre point que le point A (l'intersection se faisant à angle droit comme nous l'avons vu), elle peut représenter une infinité de lois de densité différentes.

Imaginons, en effet, une courbe C partant du point A, confondu ou non avec O, coupant ensuite la droite OQ en un point D et aboutissant enfin au point B, et cherchons ensuite comment varie a quand on parcourt cette courbe. Au point A, a est nul; quand on parcourt l'arc AD, a va en croissant, et tend vers une certaine limite a_0 quand on se rapproche indéfiniment de D. Au point D, on a $\eta = \eta_0$, $\zeta = 0$; si l'on suppose que l'on stationne quelque temps en ce point, on aura pour l'accroissement de $\log a$, pendant la durée de ce stationnement,

$$\int \frac{d\eta}{\zeta}.$$

$d\eta$ est nul, parce que η ne varie pas pendant le stationnement; ζ est nul : donc l'intégrale est indéterminée, de sorte que, quand on quitte de nouveau le point D, la valeur de a peut ne plus être égale à a_0 et être devenue a_1. Quand ensuite on parcourra l'arc DB, on croîtra de a_1 à 1.

Le rapport de a_1 à a_0 est indéterminé.

Il est aisé de voir que, pour les valeurs de a comprises entre a_0 et a_1, la densité varie en raison inverse d'une certaine puissance de la distance.

Il peut arriver, en particulier, que le point A se confonde avec le point D : dans ce cas, a_0 est nul.

8. M. Radau a démontré l'identité suivante :

$$\sqrt{1+\eta_1} = \int_0^1 \frac{D}{D_1}\, da^5 \frac{1+\frac{1}{2}\eta - \frac{1}{10}\eta^2}{\sqrt{1+\eta}},$$

d'où il est permis de conclure, puisque $\frac{D}{D_1}$ est essentiellement positif,

$$\sqrt{1+\eta_1} = \frac{1+\frac{1}{2}\xi - \frac{1}{10}\xi^2}{\sqrt{1+\xi}} \int_0^1 \frac{D}{D_1}\, da^5,$$

ξ étant l'une des valeurs que peut prendre η quand a varie de 0 à 1. Comme η reste toujours compris entre 0 et 3, ainsi que nous l'avons vu plus haut, il y a lieu de chercher comment varie la fraction

$$\frac{1+\frac{1}{2}\xi - \frac{1}{10}\xi^2}{\sqrt{1+\xi}}$$

quand ξ varie de 0 à 3.

On trouve que la dérivée de cette expression ne s'annule que pour $\xi = 0$ et pour $\xi = \frac{1}{3}$.

Nous sommes donc conduits à substituer dans l'expression les valeurs

$$0, \quad \frac{1}{3} \quad \text{et} \quad 3,$$

ce qui nous donne

$$1, \quad 1,0008 \quad \text{et} \quad 0,8.$$

On voit de plus que l'expression devient égale à 1 pour

$$\xi = 5 - \sqrt{20} = 0,53.$$

Ainsi, ξ variant de 0 à $\frac{1}{3}$, l'expression croît de 1 à 1,0008; ξ variant de $\frac{1}{3}$ à 0,53, l'expression décroît de 1,0008 à 1; ξ variant de 0,53 à 3, elle décroît encore de 1 à 0,8.

On a donc

$$\sqrt{1+\eta_1} < 1,0008 \int_0^1 \frac{D}{D_1}\, da^5.$$

Les observations de la précession exigeraient

$$\sqrt{1+\eta_1} = 1,018 \int_0^1 \frac{D}{D_1}\, da^5.$$

Il est donc impossible d'y satisfaire.

9. Ayant ainsi reconnu l'impossibilité de satisfaire exactement aux observations, nous devons maintenant, par le calcul des variations, chercher quelle est la loi des densités qui y satisfait le mieux. Je dois ajouter toutefois que cela n'a guère qu'un intérêt de curiosité, car un grand nombre de lois très différentes y satisfont presque également bien, et celle qui y satisfait le mieux n'est pas pour cela sensiblement plus probable que les autres.

Il faut chercher la variation de l'intégrale

$$\int_0^1 \mathrm{D}\, da^5.$$

A cet effet nous allons poser

$$\mathrm{D}\sqrt{1+\eta} = e^u,$$

d'où

$$u' + \frac{5\eta + \eta^2}{2a(1+\eta)} = 0 \tag{1}$$

et, d'autre part,

$$\delta\int_0^1 \mathrm{D}\, da^5 = \delta\int_0^1 \frac{e^u\, da^5}{\sqrt{1+\eta}} = \int_0^1 \left[\delta u \frac{e^u}{\sqrt{1+\eta}} - \frac{1}{2}\delta\eta \frac{e^u}{(1+\eta)^{\frac{3}{2}}}\right] da^5 = 0. \tag{2}$$

On trouve en outre, en différentiant l'équation (1),

$$2a\,\delta u' + \delta\eta \frac{\eta^2 + 2\eta + 5}{(1+\eta)^2} = 0,$$

ce qui donne

$$-\frac{1}{2}\int_0^1 e^u\, da^5\, \delta\eta (1+\eta)^{-\frac{3}{2}} = \int e^u a \frac{\sqrt{1+\eta}}{\eta^2 + 2\eta + 2}\, \delta u'\, da^5. \tag{3}$$

L'intégration par parties montre ensuite que le second membre de l'égalité (3) se réduit à

$$\left(e^u a \frac{\sqrt{1+\eta}\,\delta u}{\eta^2 + 2\eta + 5}\right)_0^1$$
$$-\int_0^1 e^u\, \delta u\, da^5 \left[a u' \frac{\sqrt{1+\eta}}{\eta^2 + 2\eta + 5} + 5\frac{\sqrt{1+\eta}}{\eta^2 + 2\eta + 5} + a\eta' \frac{3\eta^2 + 6\eta - 1}{2\sqrt{1+\eta}(\eta^2 + 2\eta + 5)^2}\right].$$

Le terme tout connu s'annule aux deux limites; en effet, il contient a en facteur, il s'annule donc pour $a = 0$; de plus, pour $a = 1$, δu est nul; car la valeur de u pour $a = 1$, qui est $\log\left(\mathrm{D}_1\sqrt{1+\eta_1}\right)$, est une donnée de la question.

Si l'on observe ensuite que

$$a u' + 5 = \frac{10 + 5\eta - \eta^2}{2(1+\eta)}, \qquad a\eta' = \xi,$$

on verra que le second membre de (3) se réduit simplement à

$$-\int_0^1 e^u \delta u\, da^5 \left[\frac{10+5\eta-\eta^2}{2\sqrt{1+\eta}(\eta^2+2\eta+5)} + \zeta\frac{3\eta^2+6\eta-1}{2\sqrt{1+\eta}(\eta^2+2\eta+5)^2}\right],$$

de sorte que l'équation (2) se réduit à

$$\int_0^1 \frac{e^u \delta u\, da^5}{2\sqrt{1+\eta}}\left[2 - \frac{10+5\eta-\eta^2}{\eta^2+2\eta+5} - \zeta\frac{3\eta^2+6\eta-1}{(\eta^2+2\eta+5)^2}\right] = 0$$

ou

$$\int_0^1 \frac{e^u \delta u\, da^5}{2\sqrt{1+\eta}(\eta^2+2\eta+5)}\left(3\eta^2-\eta-\zeta\frac{3\eta^2+6\eta-1}{\eta^2+2\eta+5}\right) = 0.$$

Si l'on veut que cette équation soit satisfaite quel que soit δu, il faut que l'on ait

$$\zeta = \frac{(3\eta^2-\eta)(\eta^2+2\eta-5)}{3\eta^2+6\eta-1}.$$

C'est là l'équation d'une certaine courbe que j'appellerai la courbe K.

Les valeurs remarquables de η entre $\eta = 0$ et $\eta = 3$ sont les suivantes :

$$\eta = \frac{1}{3}, \qquad \eta = \frac{\sqrt{12}-3}{3} = 0,155.$$

Pour $\eta = 0$, on a.......................... $\zeta = 0$, $\dfrac{d\zeta}{d\eta} = 5$

Pour $0 < \eta < 0,155$, on a.................. $\zeta > 0$

Pour $\eta = 0,155$, on a...................... $\zeta = \infty$

Pour $0,155 < \eta < \frac{1}{3}$, on a................ $\zeta < 0$

Pour $\eta = \frac{1}{3}$, on a......................... $\zeta = 0$

Pour $\eta > \frac{1}{3}$, on a......................... $\zeta > 0$

Ainsi la courbe K, qui possède une asymptote verticale

$$\eta = 0,155,$$

coupe la droite OQ en deux points, à savoir au point o et au point $\eta = \frac{1}{3}$. Il est aisé de voir quelle est la portion de cette courbe qui convient à la question ; c'est l'arc compris entre le point A, qui a pour coordonnées

$$\eta = \frac{1}{3}, \qquad \zeta = 0,$$

et le point B, qui a pour coordonnées

$$\eta = 0,543, \qquad \zeta = 0,8.$$

Calculons ensuite D et ρ; on trouve

$$\log D\sqrt{1+\eta} = \text{const.} - \int \frac{(5\eta+\eta^2)(3\eta^2+6\eta-1)\,d\eta}{2(1+\eta)(3\eta^2-\eta)(\eta^2+2\eta+5)}.$$

Lorsqu'on parcourra la courbe K du point A au point B, la quantité sous le signe $\int$ restera essentiellement positive; donc $D\sqrt{1+\eta}$ ira en décroissant et, comme $\sqrt{1+\eta}$ est croissant, D sera décroissant.

L'équation de Clairaut nous donne ensuite

$$\frac{\rho}{D} = \frac{6+\eta-\eta^2-\zeta}{6(1+\eta)} = \frac{-6\eta^4-8\eta^3+12\eta^2+40\eta-6}{6(1+\eta)(3\eta^2+6\eta-1)}$$

ou

$$\frac{\rho}{D} = \frac{-2\eta^2+\frac{4}{3}\eta+\frac{2}{3}}{6(1+\eta)} + \frac{37\frac{1}{3}\eta-5\frac{1}{3}}{6(1+\eta)(3\eta^2+6\eta-1)}.$$

Dans la première fraction, le numérateur décroît et est positif, le dénominateur croît : donc la fraction décroît; il nous reste à examiner la seconde fraction. La dérivée logarithmique de cette seconde fraction s'écrit

$$\frac{37\frac{1}{3}}{37\frac{1}{3}\eta-5\frac{1}{3}} - \frac{6(\eta+1)}{3\eta^2+6\eta-1} - \frac{1}{1+\eta}$$

ou

$$\frac{-112\eta^2+32\eta-5\frac{1}{3}}{\left(37\frac{1}{3}\eta-5\frac{1}{3}\right)(3\eta^2+6\eta-1)} - \frac{1}{1+\eta}.$$

Sous cette forme, il est aisé de voir que cette dérivée logarithmique est négative et, par conséquent, que $\frac{\rho}{D}$ décroît et que ρ *est décroissant*, ce qui est la condition pour qu'une loi des densités soit admissible.

La courbe K, *ou plutôt la portion de cette courbe comprise entre les points* A *et* B, *représente donc une loi des densités admissible, et cette loi est celle qui correspond au minimum de la quantité que l'on a coutume d'appeler* I *et qui est définie par l'égalité*

$$\frac{2}{5}\int_0^1 \frac{D}{D_1}\,da^5 = 1 - \frac{1}{I}.$$

10. Il peut être intéressant de rechercher quelle est la loi qui répond au maximum de cette même quantité I; l'existence de ce maximum est certaine, puisque M. Tisserand a démontré (*Bull. astron.*, t. 1, p. 419) l'inégalité

$$I < 2,0288.$$

Cependant, le calcul des variations ne nous donne aucun maximum; il n'y a qu'une loi des densités pour laquelle la variation δI est nulle, c'est celle qui correspond au minimum dont nous avons parlé dans le paragraphe précédent.

Nous devons donc conclure que I n'aurait pas de maximum si la loi des densités était complètement arbitraire, et que si I est limité, c'est parce que la densité est assujettie à être décroissante.

Pour qu'il y ait maximum, il faut que, quelle que soit la variation $\delta\rho$ de la densité, la variation δI ne soit jamais positive. Or, si $\delta\rho$ était entièrement arbitraire, cela ne pourrait avoir lieu que si δI était toujours nulle, et nous venons de voir que cette hypothèse conduisait à une solution inadmissible.

S'il y a maximum, c'est donc que $\delta\rho$ n'est pas entièrement arbitraire; comment cela peut-il se faire ? Si ρ était constamment décroissant et qu'on donnât à $\delta\rho$ des valeurs suffisamment petites mais d'ailleurs arbitraires, $\rho + \delta\rho$ serait encore décroissant, de sorte que ces valeurs de $\delta\rho$ seraient admissibles. Ainsi $\delta\rho$ est arbitraire, à moins que ρ ne soit constant; si, au contraire, ρ est constant, $\delta\rho$ doit être décroissant et n'est plus arbitraire.

Le maximum de I correspond donc à une courbe de densité. Il ne reste plus qu'à comparer entre elles les différentes courbes de densité. Comme l'équation générale de ces courbes ne contient qu'un seul paramètre arbitraire, I n'est plus fonction que de ce paramètre. Alors I atteindra son maximum soit lorsque sa dérivée par rapport à ce paramètre s'annulera, soit quand la courbe de densité se réduira à une des courbes extrêmes qui correspondent aux cas de $\mu = 0$ ou $\mu = \infty$.

On vérifierait que la première doit être rejetée; parmi les trois courbes extrêmes ($\mu = 0$, $\mu = \infty$) qui sont les trois paraboles

$$\zeta = -\eta^2 - 5\eta, \qquad \zeta = -\eta^2 + \eta + 6, \qquad \zeta = \eta^2 - 3\eta,$$

la dernière est seule admissible.

Elle correspond au cas suivant :

La densité du globe est constante et égale à $\lambda\mu$; de plus, un point matériel de masse finie égale à $\frac{4}{3}\pi\lambda$ se trouve au centre de la Terre; on a alors

$$\rho = \lambda\mu, \qquad D = \lambda\left(\frac{1}{a^3} + \mu\right),$$

et l'on trouve

$$\eta = 3 - \frac{3a^3}{\frac{1}{\mu} + a^3};$$

on a à la surface

$$\eta_1 = \frac{3}{\mu + 1}, \qquad D_1 = \lambda(\mu + 1).$$

D'ailleurs, d'après la définition de I, il vient

$$I = \frac{\frac{1}{3}D_1}{\frac{1}{5}\rho} = \frac{5}{3}\,\frac{\mu + 1}{\mu} = \frac{5}{3 - \eta_1}.$$

Mais on sait que

$$\eta_1 = \frac{5\varphi}{2\varepsilon_1} - 2,$$

ce qui donne

$$I = \frac{1}{1 - \frac{\varphi}{2\varepsilon_1}} = 2,0288$$

Le maximum de I est donc précisément la limite supérieure trouvée par M. Tisserand. Cette limite peut être atteinte ou plutôt on peut en approcher autant que l'on veut.

11. L'analyse qui précède est celle par laquelle j'avais été conduit aux conclusions énoncées dans une Note récemment insérée aux *Comptes rendus de l'Académie des Sciences*. Depuis, M. Callandreau a montré (*Bull. astron.*, t. 5, p. 473) que le résultat le plus important, c'est-à-dire l'inégalité $\eta < 3$, peut être déduit presque immédiatement des équations de Clairaut. J'ai cru néanmoins devoir reproduire mon analyse primitive, parce qu'elle me conduit à d'autres inégalités importantes et qu'elle me fait connaître entre autres le système complet des inégalités auxquelles satisfont les quantités η et ζ. Les mêmes principes pourraient d'ailleurs, comme je me réserve de le faire voir plus tard, conduire au système complet des inégalités auxquelles satisfont les quantités η, ζ, ε, a, ρ et D.

LES MESURES DE GRAVITÉ

ET

LA GÉODÉSIE

Bulletin astronomique, t. 18, p. 5-39 (janvier 1901).

I. Tout le monde regarde les observations du pendule comme le complément nécessaire des mesures géodésiques; mais on ne s'est pas toujours rendu exactement compte des véritables relations qui relient ces deux séries de données obtenues par des moyens si différents.

Il y a une circonstance qui a probablement déjà été remarquée, mais sur laquelle on n'a peut-être pas suffisamment insisté : c'est que les observations du pendule ne viennent pas seulement nous fournir un complément aux mesures géodésiques, mais elles pourraient les remplacer complètement si elles pouvaient être assez multipliées et si elles étaient suffisamment exactes. De même, d'ailleurs, les mesures géodésiques, si elles étaient parfaites, pourraient dispenser des observations pendulaires.

Bien entendu, je ne veux pas dire qu'il faut renoncer aux mesures géodésiques. Les deux méthodes d'observation ne sont ni l'une ni l'autre assez précises pour qu'il ne soit pas nécessaire de les contrôler l'une par l'autre.

Mais, pour que ce contrôle soit possible, il faut justement se rendre bien compte de la nature de leur dépendance mutuelle. C'est là le but du présent travail.

Je me suis donc proposé de donner une formule propre à déduire la forme du géoïde des seules observations pendulaires, et en particulier la déformation *locale* du géoïde provenant d'une perturbation *locale* de la gravité. Cette formule est celle que je donne plus loin [§ IV, form. (1)].

Une remarque avant d'aller plus loin : dans un article récemment publié dans la *Revue générale des Sciences*, M. Brillouin a exposé quelques idées originales.

Il a fait remarquer que la définition habituelle du géoïde comporte une ambiguïté. On dit d'ordinaire que c'est la prolongation idéale de la surface des mers au-dessous du sol des continents. Mais qu'entend-on par là ?

Est-ce la surface qu'un nivellement opéré sous terre dans des galeries de mines montrerait être partout de niveau avec les océans ? C'est là une première définition, et j'appellerai G_1 le géoïde ainsi défini.

Mais est-ce bien là le véritable prolongement de la surface des mers ? Il est permis d'en douter. Dans tous les cas où la forme de la planète est susceptible d'une définition géométrique et où la densité est supposée donnée par une formule analytique, il est aisé de constater que la surface des mers et celle du géoïde G_1 sont définies par des équations dont les premiers membres sont des fonctions analytiques *entièrement différentes*.

Faisons, par exemple, une hypothèse aussi simple que possible. Le noyau solide de la planète a la forme d'un ellipsoïde et sa densité est constante. Il n'y a pas de rotation. Le noyau est partiellement recouvert par une masse liquide, qui joue le rôle de nos mers, mais *dont la densité est négligeable*.

Il est aisé alors de définir le géoïde G_1 qui prolonge la surface de cette mer sous la partie du noyau solide qui n'est pas recouverte ; on constate alors que la surface G_1 est un ellipsoïde, tandis que la surface de la mer est une surface transcendante.

J'appellerai donc G_2 le géoïde qui est la continuation *analytique* de la surface des mers au-dessous des continents.

Pour nous rendre compte de la différence entre les deux géoïdes nous allons prendre un exemple simple, auquel d'ailleurs tous les autres cas peuvent *pratiquement* se ramener.

Imaginons que, dans une région déterminée, la surface de la Terre s'élève au-dessus du géoïde, que dans cette région cette surface se réduise à une portion de sphère, dont le rayon sera R et dont le centre ne coïncidera pas en général avec celui de la Terre ; et enfin qu'entre cette surface sphérique et le géoïde la densité soit constante et égale à ρ.

Soit W le potentiel total; il se composera du potentiel U dû à la force centrifuge et du potentiel V dû à l'attraction. Ce dernier pourra lui-même être décomposé en deux parties : 1° le potentiel V_1 dû à une sphère attirante S homogène de densité ρ, de centre C et de rayon R; 2° le potentiel V_2 dû aux masses attirantes supplémentaires, c'est-à-dire à la partie de la planète qui est extérieure à la sphère S et de masses réparties à l'intérieur de cette sphère et dont la densité ρ' sera égale à la densité réelle de la Terre au même point diminuée de la constance ρ; on peut d'ailleurs concevoir qu'en certains points ρ' soit négatif.

On aura alors

$$W = U + V_1 + V_2.$$

Dans la région envisagée, entre la surface sphérique qui est celle de la Terre et celle du géoïde, la densité de la Terre est supposée égale à ρ; par conséquent, ρ' est nul; il n'y a donc dans cette région aucune des masses supplémentaires qui engendrent V_2.

Donc V_2 est dans toute cette région une fonction *analytique* et peut toujours être représentée analytiquement par la même formule.

De même U est fonction analytique dans tout l'espace.

Venons à V_1; soit r la distance du point (x, y, z) à C; on aura

$$\left.\begin{aligned} V_1 &= \frac{M}{r} && (\text{pour } r > R) \\ V_1 &= \frac{3M}{2R} - \frac{Mr^2}{2R^3} && (\text{pour } r < R) \end{aligned}\right\} \quad M = \frac{4}{3}\pi\rho R^3.$$

Si donc j'appelle V'_1 la continuation analytique pour $r < R$ de la valeur de V_1 pour $r > R$, on aura

$$V_1 - V'_1 = \frac{3M}{2R} - \frac{Mr^2}{2R^3} - \frac{M}{r}.$$

Si j'appelle de même W' la continuation analytique à l'intérieur de la surface sphérique de la valeur de W à l'extérieur de cette surface, nous aurons

$$W - W' = \frac{3M}{2R} - \frac{Mr^2}{2R^3} - \frac{M}{r}.$$

Soit maintenant $r = R - \varepsilon$; cette différence ε, qui sera très petite, représentera à peu de chose près l'altitude de la surface de la Terre au-dessus du géoïde. Or on trouve, en négligeant ε^3,

$$W' - W = +\frac{3M\varepsilon^2}{2R^3}.$$

Soit maintenant δ la différence de niveau entre le géoïde G_1 dont l'équation est $W = \text{const.}$, et le géoïde G_2 dont l'équation est $W' = \text{const.}$ Nous pourrons écrire

$$W' - W = -g\delta,$$

d'où

$$\delta = -\frac{3M\varepsilon^2}{2gR^3} = -\frac{4\pi}{3}\frac{3}{2}\frac{\rho\varepsilon^2}{g}.$$

Or on a sensiblement

$$g = \frac{4}{3}\pi\Delta R_0,$$

Δ étant la densité moyenne de la Terre et R_0 son rayon ; il vient donc

$$\delta = -\frac{3}{2}\frac{\rho}{\Delta}\frac{\varepsilon^2}{R_0}.$$

Ainsi la distance des deux géoïdes est proportionnelle au carré de l'altitude ; elle est d'un peu moins de $0^m,12$ pour une altitude de 1^{km} et d'un peu moins de 2^m pour une altitude de 4^{km}.

L'influence sur la gravité est plus grande.

On a, en effet, sensiblement,

$$g = -\frac{dW}{dr};$$

et si j'appelle g' la continuation analytique, à l'intérieur de la sphère, de la valeur de g à l'extérieur de cette sphère on aura

$$g' = -\frac{dW'}{dr},$$

d'où

$$g' - g = -\frac{d(W' - W)}{dr} = \frac{d(W' - W)}{d\varepsilon} = +4\pi\rho\varepsilon = 3g\frac{\rho}{\Delta}\frac{\varepsilon}{R_0}.$$

L'altération de la gravité est proportionnelle à la première puissance de la gravité.

Rappelons qu'on a proposé, pour réduire le pendule au niveau de la mer, deux corrections :

1° La correction

$$+2g\frac{\varepsilon}{R_0}.$$

Je l'appellerai *correction de Faye*, bien qu'elle soit connue depuis fort longtemps, parce que M. Faye a le premier proposé de ne pas faire d'autre correction.

2° La correction

$$-\frac{3}{2}g\frac{\rho}{\Delta}\frac{\varepsilon}{R_0}$$

qui est connue sous le nom de *correction de Bouguer* et qui est destinée à tenir compte des masses continentales.

Nous devons donc envisager :

1° La valeur de la gravité, affectée de la correction de Faye seule, c'est ce que serait la pesanteur à la surface du géoïde, si les masses continentales étaient *condensées* sur cette surface, ou plutôt, pour plus de précision, dans une couche infiniment mince située au-dessous de cette surface. Ce n'est pas autre chose que ce que nous avons appelé g'.

2° La valeur de la gravité, affectée des corrections de Faye et de Bouguer, c'est ce que serait la pesanteur à la surface du géoïde, les masses continentales étant rasées ; c'est ce que j'appellerai g''.

3° La valeur qu'aurait la gravité à la surface du géoïde, si les masses continentales subsistaient telles qu'elles sont. C'est ce que j'ai appelé g.

Dans le premier cas, les masses continentales sont au-dessous du géoïde, elles attirent de haut en bas; dans le second, elles sont supprimées, elles n'attirent pas du tout; dans le troisième, elles sont au-dessus du géoïde, elles attirent de bas en haut. On aura donc

$$g'' = \frac{g + g'}{2}.$$

On s'explique ainsi pourquoi la différence $g' - g$ est le double de la correction de Bouguer.

M. Brillouin adopte le géoïde G_2, ou plutôt, afin d'enlever à la définition ce qu'elle a d'un peu abstrait, il rapporte tout à une surface de référence G'_2 qui n'est plus la surface des mers, mais une surface de niveau extérieure à toutes les masses attirantes.

Outre les géoïdes G_1 et G_2, il conviendrait de considérer le géoïde de M. Helmert, dont la définition est plus compliquée.

Le choix de M. Brillouin me paraît tout à fait judicieux; je remarquerai toutefois que, dans ce qui va suivre, je n'aurai pas à me préoccuper de la différence des deux géoïdes, puisque je négligerai ε^2. J'aurai, au contraire, à tenir compte de la différence entre les deux valeurs de g qui contient ε à la première puissance, et nous verrons plus loin que c'est la valeur g' (c'est-à-dire la valeur affectée de la correction de Faye seule) qui intervient dans la détermination de la forme du géoïde.

Quand je parle de la détermination de la forme du géoïde, je ne me préoccupe pas seulement de rechercher la meilleure valeur de l'aplatissement. Cette considération passerait plutôt au second plan et il s'agit avant tout de rechercher de combien le géoïde s'écarte de la forme ellipsoïdale.

L'incertitude sur l'aplatissement doit en effet être aujourd'hui regardée comme du même ordre de grandeur que les coefficients des termes non ellipsoïdaux.

II. Une des difficultés que nous rencontrerons est la suivante : si nous voulons développer le potentiel en une série de fonctions sphériques, le développement ne sera valable qu'à l'extérieur d'une sphère, extérieure elle-même à toutes les masses attirantes. Il en résulte qu'il n'est pas valable sur la surface même du volume attirant, si l'on excepte celui des points de cette surface qui est le plus éloigné du centre de la sphère.

On peut se débarrasser de cette difficulté grâce à l'artifice de la condensation imaginé par M. Helmert, ou grâce à des artifices analogues. Imaginons d'abord que l'on décrive une sphère complètement intérieure au volume attirant, mais qui s'écartera très peu de la surface de ce volume, puisque cette surface est sensiblement sphérique; la distance de cette surface à la sphère est de l'ordre de l'aplatissement. Nous prendrons pour unité le rayon de cette sphère. Supposons ensuite que les masses attirantes extérieures à cette sphère soient *condensées* sur la surface de cette sphère, c'est-à-dire transportées sur la surface de la sphère au point le plus voisin de la position qu'elles occupent réellement.

La masse totale ainsi condensée est de l'ordre de l'aplatissement; la distance de la position réelle de chaque masse partielle à la position fictive qui lui est attribuée par suite de la condensation est aussi de l'ordre de l'aplatissement. On conclut aisément de là que l'erreur ainsi commise *sur le potentiel* V est de l'ordre du carré de l'aplatissement. Nous pouvons donc la négliger.

Mais il faut nous rendre compte de l'erreur commise sur g, ou plutôt, ce qui revient au même, comme on le verra plus loin, de l'erreur commise sur $\frac{dV}{dr}$.

Soit donc v le potentiel dû aux masses attirantes extérieures à la sphère.

Soient M′ une des masses attirantes, M le point attiré, O le centre de la sphère, r' la distance OM', r la distance OM, ψ l'angle M'OM, ρ la distance MM', de telle sorte que

$$\rho^2 = r'^2 + r^2 - 2rr'\cos\psi;$$

il viendra

$$v = \int \frac{\delta r'^2 \sin\psi \, d\psi \, d\theta \, dr'}{\rho},$$

où δ désigne la densité de la matière attirante et θ l'angle du plan MOM' avec un plan fixe passant par OM.

Nous pourrons poser

$$\cos\psi = 1 - \frac{h^2}{2}, \qquad r = 1 + \varepsilon z, \qquad r' = 1 + \varepsilon z',$$

ε étant une constante de l'ordre de l'aplatissement, de telle sorte que z et z' sont finis.

Nous aurons $\sin\psi \, d\psi = h \, dh$, et d'ailleurs, si je pose

$$k = r'^2 \int_0^{2\pi} \delta \, d\theta,$$

k sera une fonction de r' et de ψ, dont je ne veux retenir qu'une chose, c'est qu'elle est finie. Notre équation devient ainsi

$$v = \varepsilon \int \frac{kh \, dh \, dz'}{\rho},$$

d'où (1)

$$\frac{dv}{dr} = \varepsilon \int \frac{kh \, dh (r - r'\cos\psi) \, dz'}{\rho^3}.$$

On a d'ailleurs,

$$r - r'\cos\psi = \varepsilon z - \varepsilon z' + \frac{h^2}{2} + \frac{\varepsilon h^2 z'}{2},$$

$$\rho^2 = \varepsilon^2 (z - z')^2 + h^2 (1 + \varepsilon z)(1 + \varepsilon z').$$

Nous poserons ensuite $h = \varepsilon\xi$, et nous remarquerons qu'on doit alors faire varier ξ depuis zéro jusqu'à $\frac{2}{\varepsilon}$ qui est une très grande quantité. Nous trouverons ainsi

$$r - r'\cos\psi = \varepsilon (z - z') + (1 + \varepsilon z') \frac{\varepsilon^2 \xi^2}{2},$$

$$\rho^2 = \varepsilon^2 [(z - z')^2 + \xi^2] + \varepsilon^3 \xi^2 (z + z' + \varepsilon z z').$$

---

(1) L'expression qui figure au deuxième membre de l'équation est en réalité la valeur de $-\frac{dv}{dr}$. Il suffit, pour rectifier le calcul qui suit, d'y substituer partout $-\frac{dv}{dr}$ à $\frac{dv}{dr}$

Nous poserons

$$\frac{\xi^2}{2}(1+\varepsilon z') = \lambda,$$

$$(z-z')^2 + r^2\xi^2 = R_0^2, \qquad \mu = \xi^2(z'-z)r;$$

d'où $\rho^2 = \varepsilon^2 R_0^2 + \varepsilon^3\mu$,

$$\frac{dv}{dr} = \varepsilon\int \frac{k\xi\, d\xi\, dz'(z - z' + \varepsilon\lambda)}{(R_0^2 + \varepsilon\mu)^{\frac{3}{2}}}.$$

Soit alors

$$(1+x)^{-\frac{3}{2}} = \Sigma\beta_n x^n \qquad (\beta_0 = 1),$$

nous aurons

$$\frac{dv}{dr} = \int kG\, d\xi\, dz';$$

$$G = +\Sigma\beta_n\varepsilon^{n+1}(z-z')\mu^n\xi R_0^{-3-2n} + \Sigma\beta_n\varepsilon^{n+2}\lambda\xi\mu^n R_0^{-3-2n}.$$

Nous aurons à examiner les différents termes de l'intégrale $\frac{dv}{dr}$ qui répondent aux différents termes de G. Remarquons d'abord que tous ces termes restent finis pour $\xi = 0$, $z = z'$. En effet, si ξ et $z - z'$ sont des infiniment petits du premier ordre, λ sera du second ordre, μ du troisième ordre, R_0 du premier ordre. Le terme général de la première partie de G (je veux dire celui qui figure sous le premier signe Σ) sera d'ordre $n - 1$; le terme général de la deuxième partie de G sera d'ordre n. Tous seront donc au moins d'ordre -1, et les intégrales correspondantes qui sont des intégrales doubles resteront finies.

Voyons maintenant comment toutes nos intégrales se comporteront pour ξ très grand. Si ξ est regardé comme un infiniment grand du premier ordre, λ est du second ordre, μ du second ordre, R_0 du premier ordre. Le terme général de la première partie de G est de l'ordre -2; l'intégrale reste donc finie et, comme elle contient en facteur ε^{n+1}, elle est de l'ordre de ε^{n+1}.

Le terme général de la second partie de G est de l'ordre 0, l'intégrale est donc très grande, de l'ordre de ξ, ou plutôt de l'ordre des $\varepsilon^{n+2}\xi$.

Comme la limite supérieure de ξ est $\frac{2}{\varepsilon}$, l'intégrale sera finalement de l'ordre de ε^{n+1}. Si nous négligeons donc le carré de ε, nous pouvons réduire G au premier terme de chaque partie et écrire

$$G = \varepsilon(z-z')\xi R_0^{-3} + \varepsilon^2\frac{\xi^3 r'}{2}R_0^{-3}.$$

Le second terme lui-même peut considérablement se simplifier; en effet, les seules parties sensibles de l'intégrale sont celles qui correspondent aux grandes valeurs de ξ; nous pouvons donc prendre

$$R_0 = r\xi.$$

La différence

$$\varepsilon^2 \frac{\xi^3 r'}{2} [R_0^{-3} - (r\xi)^{-3}]$$

est d'ordre — 2 pour ξ très grand, de sorte que l'intégrale correspondante reste finie pour $\xi = \infty$; elle est donc de l'ordre ε^2, c'est-à-dire négligeable

Nous pouvons donc écrire, en négligeant ε^2,

$$\text{(1)} \qquad \frac{dv}{dr} = \varepsilon \int \frac{\delta r'^2 \xi (z - z')\, d\theta\, dz'\, d\xi}{R_0^3} + \varepsilon \int \frac{\delta r'^3}{2 r^3} d\theta\, dz'\, dh.$$

Le premier terme représente l'attraction des masses les plus voisines : c'est la correction topographique ordinaire. Quant au second terme, il peut se simplifier encore. On peut, en effet, remarquer que $\frac{r'}{r}$ est sensiblement égal à 1, et il reste alors

$$\varepsilon \int \delta\, d\theta\, dz'\, dh,$$

expression qui : 1° est indépendante de r et 2° reste la même avant et après la condensation.

Quelle est donc l'influence de la condensation sur g ? Cette influence ne s'exerce que sur le premier terme de $\frac{dv}{dr}$. Il faut, non pas faire la correction topographique à la façon ordinaire, c'est-à-dire supprimer les masses les plus voisines ou bien encore supprimer le premier terme du second membre de (1), mais condenser ces masses sur la sphère de rayon 1, c'est-à-dire remplacer ce premier terme par ce qu'il devient après la condensation, soit par

$$\text{(2)} \qquad \varepsilon \int \frac{\delta r'^2 \xi z\, d\theta\, dz'\, d\xi}{(z^2 + r^2 \xi^2)^{\frac{3}{2}}}.$$

[Remarquons en passant que, dans le premier terme du second membre (1) comme dans l'expression (2), nous pourrions au numérateur remplacer le facteur r'^2 par 1, l'erreur commise serait de l'ordre de ε^2.]

Ce n'est pas autre chose que la correction de M. Helmert.

Mais on peut employer également l'artifice de M. Brillouin. Si l'on n'a pas recours à la condensation, les développements en fonctions sphériques seront encore valables, mais seulement à l'extérieur de la sphère S_1 de rayon $1 + \varepsilon\zeta$, qui enveloppe toutes les masses attirantes. Le géoïde qui nous servira de surface de référence sera alors choisi de façon à envelopper cette sphère. Quant à g, nous lui attribuerons sa valeur véritable pour les points extérieurs à la sphère; cette valeur $\left(\text{ou plutôt celle de } \frac{dW}{dr} \text{ qui en diffère de quantités de l'ordre de } \varepsilon^2\right)$ sera dans cette région développable en séries de fonctions sphériques. Nous ferons au contraire subir une correction aux valeurs observées à l'intérieur de la sphère. La valeur corrigée sera, par définition, la valeur de g au point de la sphère S_1 le plus voisin du point d'observation, cette valeur étant affectée de la correction de Faye (sans celle de Bouguer) pour tenir compte de la différence d'altitude.

Soient V_0 le potentiel dû à l'attraction des masses intérieures à la sphère de rayon 1, U le potentiel dû à la force centrifuge, la valeur de g sera (en négligeant ε^2)

$$g = -\frac{dV_0}{dr} - \frac{dU}{dr} - \frac{dv}{dr}.$$

Nous désignerons par $P(z)$ et Q les deux termes du second membre de (1); par $P_0(z)$ l'expression (2). On a donc

$$g = -\frac{dV_0}{dr} - \frac{dU}{dr} - P(z) - Q \tag{3}$$

La valeur corrigée de M. Helmert est

$$-\frac{dV_0}{dr} - \frac{dU}{dr} - P_0(z) - Q.$$

Voyons ce qu'est la correcton de M. Brillouin. Soient M le point d'observation, M_1 le point de la sphère S_1 le plus rapproché de M.

D'un autre côté, si M est la masse totale de la Terre, on aura

$$-\frac{dV_0}{dr} = \frac{M}{r^2} + T,$$

T étant de l'ordre de ε. L'équation (3) devient alors

$$g = \frac{M}{r^2} + T - \frac{dU}{dr} - P(z) - Q \tag{3 bis}$$

ou, en faisant $r = 1 + \varepsilon z$ et négligeant ε^2,

$$g = M - 2M\varepsilon z + T - \frac{dU}{dz} - P(z) - Q. \tag{3 ter}$$

Les équations (3) et (3 *bis*) nous donnent la valeur observées de g au point M.

Pour en déduire la valeur de g au point M_1, il suffit d'y faire $z = \zeta$; $P(z)$ se change ainsi en $P(\zeta)$. Les trois termes $\frac{dU}{dr}$, Q et T ne subissent que des changements insensibles, de l'ordre de ε^2.

Quant à $\frac{M}{r^2}$, il passe de la valeur $\frac{M}{(1+\varepsilon z)^2}$ à la valeur $\frac{M}{(1+\varepsilon\zeta)^2}$ ou en négligeant ε^2, de la valeur $M - 2M\varepsilon z$ à la valeur $M - 2M\varepsilon\zeta$. Nous trouvons ainsi

$$g = M - 2M\varepsilon\zeta + T - \frac{dU}{dz} - P(\zeta) - Q. \tag{4}$$

Pour passer de cette valeur vraie au point M_1 à la valeur corrigée au point M, il faut, d'après la convention que nous venons de faire, lui faire subir la correction de Faye qui est

$$2M\varepsilon(\zeta - z).$$

On trouve ainsi

$$g = M - 2M\varepsilon z + T - \frac{dU}{dr} - P(\zeta) - Q.$$

En comparant cette équation à (3 *ter*), on voit que la correction de M. Brillouin est $P(z) - P(\zeta)$, tandis que celle de M. Helmert était $P(z) - P_0(z)$.

Les deux corrections conduiraient d'ailleurs à une analyse toute semblable et à des résultats qui ne différeraient que de quantités de l'ordre de ε^2.

Dans ce qui va suivre, afin d'éviter la difficulté signalée, j'adopterai l'hypothèse de la condensation. Les valeurs de g, dont il sera question dans la suite, seront donc toujours les valeurs observées, *affectées de la correction de M. Helmert*.

On peut trouver cependant que l'approximation adoptée, qui est celle du carré de l'aplatissement, n'est pas toujours suffisante. Pour la pousser plus loin, on peut développer, non plus en séries de fonctions sphériques, mais en séries de fonctions de Lamé. L'approximation est alors le carré des différences d'altitude et non plus le carré de l'aplatissement. C'est ce que j'ai fait dans le dernier paragraphe de ce travail.

Il convient alors de faire la condensation non plus sur une sphère, mais sur un ellipsoïde, homofocal à ceux qui engendrent les fonctions de Lamé. On prendra cet ellipsoïde très peu différent d'un géoïde.

L'analyse précédente s'appliquerait sans changement à ce nouveau cas, et le résultat ne serait pas sensiblement modifié.

Nous pouvons donc, à condition de faire la correction de M. Helmert, employer sans crainte, soit les développements en fonctions sphériques, soit les développements en fonctions de Lamé.

III. Nous disposons de trois séries d'observations :

1° Les mesures de pendule, qui nous font connaître la valeur de g aux différents points de la surface terrestre;

2° Les opérations de nivellement, qui nous font connaître l'altitude du point d'observation, ou plus exactement la valeur du potentiel W en ce point.

Je dis qu'il y a équivalence entre ces deux énoncés. Soit, en effet, dh la différence d'altitude de deux points voisins, mesurée directement par le nivellement; soit g l'intensité moyenne de la pesanteur entre ces deux points, le travail dW de la pesanteur quand on passera d'un point à l'autre sera

$$dW = -g\,dh.$$

3° Les observations géodésiques, qui nous font connaître la forme du géoïde, c'est-à-dire la distance d'un point de la surface du géoïde, c'est-à-dire de la surface

$$W = \text{const.} \tag{1}$$

au centre de la Terre.

Je désignerai cette distance par $R + \zeta$, rapportant ainsi le géoïde à une sphère de référence de rayon R; de sorte que ζ sera la distance du géoïde à cette sphère, comptée sur le rayon vecteur. Nous nous arrangerons toujours pour que cette sphère de référence soit tout entière extérieure à la planète, de telle façon que ζ soit négatif.

Je désignerai par W_0 la constante du second membre de l'équation (1).

Ce que je veux remarquer, c'est que ces trois séries d'observations ne sont pas indépendantes et même que si les observations de deux des séries étaient complètes et parfaites, elles nous dispenseraient de la troisième.

Je négligerai d'abord le carré de l'aplatissement; dans ces conditions, notre proposition et les conséquences que j'en veux tirer sont aisées à établir.

Désignons par

$$x = r \sin\theta \cos\varphi, \qquad y = r \sin\theta \sin\varphi, \qquad z = r \cos\theta,$$

les coordonnées d'un point quelconque; par V le potentiel dû à l'attraction seule; par $U = \frac{\omega^2}{2}(x^2 + y^2)$ le potentiel dû à la force centrifuge; par $W = V + U$ le potentiel total. Grâce à la condensation, le développement de V sera de la forme

$$V = \Sigma a_n r^{-(n+1)} X_n$$

X_n étant une fonction sphérique d'ordre n de θ et de φ et a_n un coefficient. Un seul des coefficients a_n est fini, c'est a_0, qui est tel que $a_0 X_0$ représente la masse M de la Terre; un autre est de l'ordre de l'aplatissement, tous les autres sont encore beaucoup plus petits.

Nous aurons d'autre part,

$$U = U_0 + U_2,$$

où

$$U_0 = \frac{\omega^2}{3}(x^2+y^2+z^2), \qquad U_2 = \frac{\omega^2}{6}(x^2+y^2-2z^2).$$

D'autre part, je développerai de la même manière ζ, qui est fonction de θ et de φ, et j'écrirai

$$\zeta = \Sigma b_n X_n,$$

les b_n étant des coefficients dont deux seulement sont de l'ordre de l'aplatissement et les autres beaucoup plus petits.

Soit maintenant $r = R + \eta$ le rayon vecteur d'un point de la surface terrestre; nous aurons encore

$$\eta = \Sigma c_n X_n,$$

les c_n étant encore des coefficients de l'ordre de l'aplatissement ou d'ordre plus petit.

Quant à g, c'est une force dont les trois composantes sont

$$\frac{dW}{dx}, \quad \frac{dW}{dy}, \quad \frac{dW}{dz}.$$

La composante dirigée suivant le rayon vecteur est $\frac{dW}{dr}$; soit T la composante perpendiculaire à ce rayon, on aura

$$g = \sqrt{\left(\frac{dW}{dr}\right)^2 + T^2},$$

T est de l'ordre de l'aplatissement, on peut donc écrire, en négligeant le carré de l'aplatissement,

$$g = -\frac{dW}{dr} = -\frac{dV}{dr} - \frac{dU}{dr}.$$

Or

$$\frac{dV}{dr} = -\Sigma(n+1)a_n r^{-(n+2)} X_n,$$

$$\frac{dU}{dr} = \frac{2\omega^2 r}{3} + \frac{\omega^2}{3}\,\frac{x^2+y^2-2z^2}{r}.$$

Dans les termes du développement de V, je mets en évidence, en le faisant sortir du signe Σ, le premier terme qui est le seul qui soit fini et qui peut s'écrire

$$a_0 r^{-1} X_0 = \frac{M}{r}.$$

Il vient ainsi

$$g = \frac{M}{(R+\eta)^2} - \frac{2\omega^2}{3}(R+\eta) - \frac{\omega^2}{3}\frac{(x^2+y^2-2z^2)}{r^2}(R+\eta)$$
$$+ \Sigma(n+1) a_n X_n (R+\eta)^{-(n+2)}.$$

Comme η, ω^2 et les a_n sont au plus de l'ordre de l'aplatissement, nous pouvons écrire, en négligeant le carré de l'aplatissement,

$$(2) \quad g = \frac{M}{R^2}\left(1 - \frac{2\eta}{R}\right) - \frac{2\omega^2 R}{3} - \frac{\omega^2 R}{3}\frac{x^2+y^2-2z^2}{r^2} + \Sigma(n-1) a_n X_n R^{-(n+2)}.$$

Développons g en série harmonique, il vient

$$g = \Sigma g_n X_n.$$

En remplaçant η dans l'équation (2) par son développement et identifiant les deux développements, il vient

$$(3) \qquad g_n = -\frac{2 C_n M}{R^3} + (n+1) a_n R^{-(n+2)}.$$

Il y a exception pour deux coefficients : g_0 (coefficient de $X_0 = 1$) et celui que j'appellerai g_2, c'est-à-dire le coefficient de [1]

$$X_2 = \frac{x^2+y^2-2z^2}{r^2}.$$

---

[1] Les notations employées pourraient engendrer quelque confusion. Il y a, en effet, $2n+1$ fonctions sphériques d'ordre n et par conséquent $2n+1$ coefficients g_n.

Il y a, en particulier, cinq coefficients g_2. Celui que je désigne spécialement par g_2 (de même que ceux que j'ai désignés ou que je désignerai par a_2, b_2, c_2, g'_2, ...) est celui de

$$\frac{x^2+y^2-2z^2}{r^2}.$$

Les quatre autres pourront être désignés par

$$g_2^{(1)}, \quad g_2^{(2)}, \quad g_2^{(3)}, \quad g_2^{(4)}$$

et les coefficients correspondants par

$$a_2^{(k)}, \quad b_2^{(k)}, \quad c_2^{(k)}, \quad g_2'^{(k)}, \quad \ldots).$$

On remarquera alors que les formules (3 *ter*), (5 *ter*), (8 *ter*), etc., s'appliquent à g_2 seulement, tandis que les coefficients $g_2^{(k)}$ satisfont aux formules (3), (5), (8) où l'on doit faire, bien entendu, $n = 2$.

On a, en effet,

$$g_0 = \frac{M}{R^2}\left(1 - \frac{2C_0}{R}\right) - \frac{2\omega^2 R}{3}, \tag{3 bis}$$

$$g_2 = -\frac{2C_2 M}{R^3} - \frac{\omega^2 R}{3} + 3a_2 R^{-4}. \tag{3 ter}$$

D'autre part, pour $r = R + \zeta$, W doit se réduire à W_0; on a donc

$$W_0 = \frac{M}{R+\zeta} + \frac{\omega^2}{3}(R+\zeta)^2 + \frac{\omega^2}{6}X_2(R+\zeta)^2 + \Sigma a_n X_n (R+\zeta)^{-(n+1)},$$

ou en négligeant le carré de l'aplatissement

$$W_0 = \frac{M}{R}\left(1 - \frac{\zeta}{R}\right) + \frac{\omega^2 R^2}{3} + \frac{\omega^2 X_2 R^2}{6} + \Sigma a_n X_n R^{-(n+1)}. \tag{4}$$

Dans cette équation, on remplacerait ζ par son développement et l'on trouverait ensuite en identifiant les deux développements

$$\frac{M}{R^2} b_n = a_n R^{-(n+1)}. \tag{5}$$

Il y a exception pour b_0 et b_2, qui sont donnés par

$$W_0 - \frac{M}{R} + \frac{M}{R^2} b_0 = + \frac{\omega^2 R^2}{3}, \tag{5 bis}$$

$$\frac{M}{R^2} b_2 = + \frac{\omega^2 R^2}{6} + a_2 R^{-3}. \tag{5 ter}$$

Venons aux nivellements et reprenons la formule

$$dW = -g\, dh.$$

Cette formule nous apprend que dW étant une différentielle exacte, il n'en est pas généralement de même de dh, de sorte que les polygones de nivellement ne se ferment pas exactement, à moins qu'on n'y fasse une correction appropriée. On sait que les expériences ont montré jusqu'ici que cette correction est à peu près de l'ordre des erreurs d'observation, de sorte qu'on n'a pas avantage à la faire.

Pour le moment, je me bornerai à remarquer que dh contient des facteurs de l'ordre de l'aplatissement et que g est égal à $\frac{M}{R^2}$, à des quantités près du même ordre; on aura donc, en négligeant le carré de cet aplatissement

$$dW = -\frac{M}{R^2} dh,$$

d'où

$$W - W_0 = -\frac{Mh}{R^2}$$

en appelant h l'altitude au-dessus du géoïde.

En un point de la surface dont l'altitude est h, on aura donc

$$W = W_0 - \frac{Mh}{R^2},$$

d'où l'équation

$$W_0 - \frac{Mh}{R^2} = \frac{M}{R}\left(1 - \frac{\eta}{R}\right) + \frac{\omega^2 R^2}{3} + \frac{\omega^2 X_2 R^2}{6} + \Sigma a_n X_n R^{-(n+1)} \tag{6}$$

dont le second membre diffère de celui de (4) par la substitution de ζ à η.

En retranchant (6) de (4) et divisant par $\frac{M}{R^2}$, il vient

$$h = \eta - \zeta. \tag{7}$$

Pour démontrer cette formule (7), au carré de l'aplatissement près, il suffirait d'ailleurs de considérations géométriques très simples.

Les opérations de nivellement nous donnent h; c'est-à-dire les coefficients

$$c_n - b_n = c_n - \frac{a_n}{M} R^{-(n-1)}.$$

Les opérations géodésiques nous donnent les coefficients b_n et par conséquent a_n.

Les mesures de pendule donnent g, c'est-à-dire les coefficients

$$-\frac{2c_n M}{R^3} + (n+1) a_n R^{-(n+2)}.$$

On voit que deux quelconques des trois séries donnent tout ce que donne la troisième. C'est ce que nous avions annoncé.

Voyons ce que cela signifie. On fait ordinairement subir aux observations du pendule deux corrections pour tenir compte de l'altitude. La première correction (que j'appellerai *correction de Faye*) provient de l'augmentation de la distance au centre de la Terre. Elle est égale à $\frac{2hM}{R^3}$.

La seconde correction, dite *correction de Bouguer*, est destinée à tenir compte de l'attraction des masses placées entre le point d'observation et le niveau de la mer.

Soit g' la valeur de la pesanteur affectée de la correction de Faye, non affectée de celle de Bouguer; on a

$$g' = g + \frac{2hM}{R^3}$$

et si l'on pose

$$g' = \Sigma g'_n X_n,$$

il vient

$$(8) \qquad g'_n = -\frac{2b_n M}{R^3} + (n+1)a_n R^{-(n+2)} = (n-1)a_n R^{-(n+2)}.$$

Pour g'_0 et g'_2, cette équation doit être remplacée par

$$(8\,bis) \qquad g'_0 = \frac{M}{R^2}\left(1 - \frac{2b_0}{R}\right) - \frac{2\omega^2 R}{3} = +\frac{2W_0}{R} - \frac{M}{R^2} - \frac{4\omega^2 R}{3},$$

$$(8\,ter) \qquad g'_2 = -\frac{2b_2 M}{R^3} - \frac{\omega^2 R}{3} + 3a_2 R^{-4} = a_2 R^{-4} - \frac{2\omega^2 R}{3}.$$

Nous nous servirons de ces formules pour montrer comment on peut calculer le relèvement du géoïde, ζ, en fonction de g' (intensité corrigée de la pesanteur).

Soit ρ la densité d'une couche attirante quelconque répandue sur une sphère de rayon R; le potentiel dû à cette couche sera à la surface de la sphère

$$V = \Sigma \alpha_n X_n R^{-(n+1)}$$

et les valeurs de l'attraction, à l'intérieur ou à l'extérieur, seront

$$\Sigma(n+1)\alpha_n X_n R^{-(n+2)}, \quad -\Sigma n\alpha_n X_n R^{-(n+2)},$$

dont la différence

$$\Sigma(2n+1)\alpha_n X_n R^{-(n+2)} = 4\pi\rho.$$

Or

$$\sum \frac{g'_n R X_n}{n-1} = V - \frac{M}{R} - \frac{2\omega^2 R^2 X_2}{3},$$

le développement dans le premier membre commençant par les termes où $n = 2$; car on peut supposer que l'origine a été choisie de telle façon que $a_1 = b_1 = g'_1 = 0$. Nous poserons

$$N = \frac{M}{R} - \frac{2\omega^2 R^2 X_2}{3}$$

et nous écrirons

$$V - N = \sum \frac{2g'_n R X_n}{[(2n+1)-3]} = \sum \frac{2g'_n R X_n}{2n+1}$$
$$+ 3\sum \frac{2g'_n R X_n}{(2n+1)^2} + 3^2 \sum \frac{2g'_n R X_n}{(2n+1)^3} + \dots$$

Soit alors P_0 le potentiel d'une couche répandue sur la sphère et ayant pour densité $g' - g'_0$; soient P_1 le potentiel d'une couche de densité P_0, P_2 celui d'une couche de densité P_1, etc.

Soit, à la surface de la sphère,

$$P_k = \Sigma \beta_n^k X_n,$$

il viendra

$$\frac{(2n+1)\beta_n^k}{R} = 4\pi\beta_n^{k-1}$$

et

$$\frac{(2n+1)\beta_n^0}{R} = 4\pi g'_n.$$

d'où

$$\sum \frac{g'_n R X_n}{2n+1} = \frac{P_0}{4\pi},$$

$$\sum \frac{g'_n R X_n}{(2n+1)^2} = \frac{P_1}{(4\pi)^2 R},$$

$$\sum \frac{g'_n R X_n}{(2n+1)^3} = \frac{P_2}{(4\pi)^3 R^2},$$

$$\dots\dots\dots\dots\dots\dots\dots\dots$$

d'où

$$(9) \qquad V - N = \frac{2R}{3}\left[P_0\left(\frac{3}{4\pi R}\right) + P_1\left(\frac{3}{4\pi R}\right)^2 + P_2\left(\frac{3}{4\pi R}\right)^3 + \dots\right].$$

Cette formule nous permet de déduire des mesures de pendule la valeur de V et, par conséquent, le relèvement du géoïde.

En général, la série (9) converge avec la même rapidité qu'une progression géométrique dont la raison serait $\frac{3}{5}$. La convergence serait donc assez lente, mais on peut l'augmenter en calculant à part les premières harmoniques. Soit, en effet,

$$g' = g'_0 + \sum_{n=2}^{n=p} g'_n X_n + g''.$$

Soient ensuite P''_0 le potentiel dû à une couche de densité g'', P''_1 celui qui est dû à une couche de densité P''_0, etc.; il viendra

$$V - N = \sum_{n=2}^{n=p} \frac{g'_n R X_n}{n-1} + S,$$

où

$$S = \frac{2R}{3}\left[P''_0\left(\frac{3}{4\pi R}\right) + P''_1\left(\frac{3}{4\pi R}\right)^2 + P''_2\left(\frac{3}{4\pi R}\right)^3 + \dots\right].$$

La série S converge alors comme une progression dont la raison serait $\frac{3}{2p+3}$.

L'emploi de la série (9) sera surtout avantageux quand on voudra évaluer l'influence d'une perturbation locale de la gravité.

Supposons en effet que, dans une région R_0 assez limitée, la gravité subisse des variations considérables et irrégulières; nous pourrons alors poser

$$g' - g'_0 = g'' + g''',$$

où g'' sera une fonction dont les variations seront petites et lentes dans la région R_0, tandis que la fonction g''' sera nulle ou très petite en dehors de R_0, et prendra au contraire des valeurs considérables et à variations irrégulières dans la région R_0. D'ailleurs, g''' doit être choisi de telle façon que son développement harmonique commence par des fonctions sphériques du second ordre.

Nous représenterons par P''_k et P'''_k des potentiels qui seront formés avec g'' et g''', comme les P_k l'étaient avec $g' - g'_0$, et nous poserons

$$V'' = \frac{2R}{3}\left[P''_0\left(\frac{3}{4\pi R}\right) + P''_1\left(\frac{3}{4\pi R}\right)^2 + \ldots\right]$$

et

(9 *bis*) $$V''' = \frac{2R}{3}\left[P'''_0\left(\frac{3}{4\pi R}\right) + P'''_1\left(\frac{3}{4\pi R}\right)^2 + \ldots\right],$$

d'où

$$V'' + V''' = V - N.$$

Alors V'' représentera ce que serait $V - N$ si la perturbation locale de la gravité n'existait pas, tandis que V''' représentera l'influence de cette perturbation locale.

Voyons quel est le relèvement de géoïde dû à cette perturbation locale.

On a sur la sphère de référence de rayon R

$$W = W_0 - \frac{dW}{dr}\zeta + \frac{1}{2}\frac{d^2W}{dr^2}\zeta^2 + \ldots.$$

Avec le degré d'approximation adopté, nous pouvons négliger les termes en ζ^2, ζ^3, ..., et remplacer $\frac{dW}{dr}$ par g'_0; nous aurons donc

$$W = W_0 + g'_0\zeta.$$

D'autre part,

$$W = V + U = + V'' + V''' + U + N,$$

d'où

$$g'_0\zeta = - W_0 + V'' + U + V''' + N.$$

Nous pouvons alors séparer la partie du relèvement du géoïde qui est indépendante de la perturbation locale, et celle qui est due à l'influence de cette perturbation en posant

$$\zeta = \zeta'' + \zeta''',$$
$$g'_0 \zeta'' = -W_0 + V'' + U + N,$$
$$g'_0 \zeta''' = V'''.$$

Alors

$$\zeta''' = \frac{2R}{3g'_0}\left[P''_0\left(\frac{3}{4\pi R}\right) + P''_1\left(\frac{3}{4\pi R}\right)^2 + \ldots\right]$$

représente la partie du relèvement du géoïde qui est due à l'influence de la perturbation locale.

La série (9 *bis*) converge en général avec une assez grande rapidité; mais nous remplacerons au paragraphe suivant cette série par une intégrale définie dont la discussion est plus facile.

Je voudrais seulement faire deux remarques :

1° Les coefficients g'_1 (qui sont au nombre de trois puisqu'il y a trois fonctions sphériques du premier ordre) doivent être nuls. C'est là une condition à laquelle les observations du pendule doivent satisfaire;

2° M. Faye a remarqué que, si l'on fait subir aux observations du pendule la correction de Faye, en s'abstenant de faire la correction de Bouguer, ces observations se réduisent sensiblement à la valeur théorique. Cette proposition n'est, bien entendu, que grossièrement approchée. Voyons néanmoins quelle conséquence on pourrait en tirer au sujet de la forme du géoïde, si elle était rigoureusement exacte.

La valeur théorique, c'est celle qui résulte de la formule de Clairaut, supposant la Terre formée de couches concentriques en équilibre.

Comme le relèvement du géoïde ζ ne dépend que de la valeur de g', si g' a la même valeur que dans l'hypothèse de Clairaut, ce géoïde aura aussi la même forme que dans cette hypothèse, c'est-à-dire que ce sera rigoureusement un ellipsoïde de révolution.

Je le répète, cette conséquence n'est que grossièrement approchée, si la proposition d'où on l'a déduite n'est elle-même que grossièrement approchée.

IV. Pour aller plus loin, nous allons chercher à donner à la formule (9) une autre forme.

Nous prendrons R pour unité de longueur, afin de simplifier les calculs algébriques, quitte à rétablir à la fin l'homogénéité.

Nous avons alors, pour $r = \mathrm{R}$,

$$\mathrm{V} - \mathrm{N} = \Sigma \alpha_n \mathrm{X}_n = \sum \frac{g'_n \mathrm{X}_n}{n-1},$$

$$g' - g'_0 = \Sigma g'_n \mathrm{X}_n; \qquad \mathrm{P}_0 = 4\pi \sum \frac{g'_n \mathrm{X}_n}{2n+1}.$$

Tous ces développements commencent par des termes du second ordre ($n = 2$).

Remarquons maintenant que l'on a

$$\frac{1}{n-1} = \frac{2}{2n+1} + \frac{3}{(2n+1)(n-1)}.$$

Soit alors

$$\Phi(r) = \sum \frac{g'_n r^n \mathrm{X}_n}{n-1},$$

$$\Theta(r) = \sum \frac{g'_n r^n \mathrm{X}_n}{2n+1},$$

$$f(r) = \sum \frac{g'_n r^n \mathrm{X}_n}{(2n+1)(n-1)},$$

de sorte que

$$\Phi(1) = \mathrm{V} - \mathrm{N}, \qquad \mathrm{P}_0 = 4\pi\Theta(1);$$

on aura

$$\Phi(r) = 2\Theta(r) + 3f(r).$$

Or $4\pi\Theta(r)$ n'est autre chose que le potentiel d'une couche sphérique ayant pour densité $g' - g'_0$, par rapport à un point intérieur à la sphère dont les coordonnées seront

$$x = r \sin\theta \cos\varphi, \qquad y = r \sin\theta \sin\varphi, \qquad z = r\cos\theta.$$

Nous aurons donc

$$4\pi\Theta(r) = \int \frac{\mathrm{D}' d\omega'}{\rho},$$

où l'intégration est étendue à tous les éléments $d\omega'$ de la sphère, où D' désigne la valeur de la fonction $g' - g'_0$ au centre de gravité de l'élément $d\omega'$, et où ρ désigne la distance de cet élément au point attiré x, y, z.

Soit ψ l'angle sous lequel cette distance est vue de l'origine; on aura

$$\rho = \sqrt{1 - 2r\cos\psi + r^2}.$$

Remarquons maintenant que, le développement harmonique de $g' - g'_0$

commençant par des fonctions sphériques du second ordre, on a, quel que soit le point x, y, z,

$$\int D' d\omega' = \int D' \cos\psi \, d\omega' = 0,$$

Nous pouvons donc écrire

$$4\pi \Theta(r) = \int D' F(r, \psi) \, d\omega',$$

avec

$$F(r, \psi) = \frac{1}{\sqrt{1 - 2r\cos\psi + r^2}} - 1 - r\cos\psi$$

Nous avons, d'autre part,

$$\frac{d}{dr}\frac{f(r)}{r} = \frac{\Theta(r)}{r^2}; \qquad f(r) = r\int_0^r \frac{\Theta(r)\,dr}{r^2},$$

d'où

$$4\pi f(r) = r \iint \frac{D' F(r, \psi)}{r^2} d\omega' \, dr,$$

l'intégration devant s'étendre d'une part à tous les éléments $d\omega'$ de la sphère, d'autre part à toutes les valeurs de r depuis o jusqu'à r.

Je puis donc écire

$$4\pi f(r) = r \int D' H(r, \psi) \, d\omega',$$

avec

$$H(r, \psi) = \int_0^r \frac{F(r, \psi)}{r^2} dr.$$

Nous devons donc calculer l'intégrale $H(r, \psi)$. Pour cela nous poserons

$$r = \frac{2(t + \cos\psi)}{1 - t^2}, \qquad \rho = \frac{1 + 2t\cos\psi + t^2}{1 - t^2},$$

d'où

$$\frac{dr}{\rho} = \frac{2\,dt}{1 - t^2}$$

et

$$F(r, \psi)\frac{dr}{r^2 dt} = \frac{1 - t^2}{2(t + \cos\psi)^2} - \frac{1 + 2t\cos\psi + t^2}{2(t + \cos\psi)^2} - \frac{\cos\psi(1 + 2t\cos\psi + t^2)}{(1 - t^2)(t + \cos\psi)}$$

ou, en décomposant en éléments simples,

$$F(r, \psi)\frac{dr}{r^2 dt} = -1 + \frac{\cos\psi}{t - 1} + \frac{\cos\psi}{t + 1}.$$

L'intégrale indéfinie est donc

$$-t + \cos\psi \log(1 - t^2).$$

Pour avoir $H(1, \psi)$, il faut intégrer depuis $r = 0$, c'est-à-dire $t = -\cos\psi$, ce qui donne

$$\cos\psi(1 + 2\log\sin\psi)$$

jusqu'à $r = 1$; d'où

$$\rho = 2\sin\frac{\psi}{2}, \qquad t = 2\sin\frac{\psi}{2} - 1, \qquad 1 - t^2 = 4\sin\frac{\psi}{2}\left(1 - \sin\frac{\psi}{2}\right),$$

ce qui donne

$$1 - 2\sin\frac{\psi}{2} + \cos\psi\log\left(4\sin\frac{\psi}{2} - 4\sin^2\frac{\psi}{2}\right),$$

d'où

$$H(1, \psi) = 2\sin^2\frac{\psi}{2} - 2\sin\frac{\psi}{2} + \cos\psi\log\frac{\sin\frac{\psi}{2}\left(1 - \sin\frac{\psi}{2}\right)}{\sin^2\frac{\psi}{2}\cos^2\frac{\psi}{2}},$$

ou enfin

$$H(1, \psi) = 2\sin^2\frac{\psi}{2} - 2\sin\frac{\psi}{2} - \cos\psi\log\left(\sin\frac{\psi}{2} + \sin^2\frac{\psi}{2}\right).$$

Si nous remarquons que, pour $r = 1$, on a $\rho = 2\sin\frac{\psi}{2}$, cela peut s'écrire

$$H(1, \psi) = \frac{\rho^2}{2} - \rho - \left(1 - \frac{\rho^2}{2}\right)\log\left(\frac{\rho}{2} + \frac{\rho^2}{4}\right).$$

On a ainsi

$$V - N = \Phi(1) = 2\Theta(1) + 3f(1).$$

Or

$$\Theta(1) = \frac{P_0}{4\pi} = \frac{1}{4\pi}\int\frac{D'\,d\omega'}{\rho} = \frac{1}{4\pi}\int D'F(1, \psi)\,d\omega',$$

$$f(1) = \frac{1}{4\pi}\int D'H(1, \psi)\,d\omega',$$

d'où

$$V - N = \frac{1}{4\pi}\int D'\,d\omega'[2F(1, \psi) + 3H(1, \psi)].$$

Or

$$F(1, \psi) = \frac{1}{2\sin\frac{\psi}{2}} - 2\cos^2\frac{\psi}{2} = \frac{1}{\rho} - 2 + \frac{\rho^2}{2}.$$

Si donc nous posons

$$G(\rho) = 2F(1, \psi) + 3H(1, \psi),$$

il vient

$$G(\rho) = \frac{2}{\rho} - 4 - 3\rho + \frac{5\rho^2}{2} - 3\left(1 - \frac{\rho^2}{2}\right)\log\left(\frac{\rho}{2} + \frac{\rho^2}{4}\right)$$

et nous pouvons écrire finalement

$$V - N = \frac{1}{4\pi}\int D' G(\rho)\, d\omega',$$

ou, en rétablissant l'homogénéité,

$$(1) \qquad V - N = \frac{1}{4\pi R}\int D' G\left(\frac{\rho}{R}\right) d\omega'.$$

En d'autres termes, la partie complémentaire du potentiel d'où dépend le relèvement du géoïde nous sera donnée par le potentiel d'une couche attirante dont la densité est $g' - g'_0$; la loi d'attraction en fonction de la distance ρ étant représentée par la fonction

$$\frac{1}{4\pi R} G\left(\frac{\rho}{R}\right).$$

Nous avons obtenu les formules précédentes en supposant que D' est la valeur de $g' - g'_0$ sur l'élément $d\omega'$. Il en résultait que le développement de D' commençait par des fonctions sphériques du second ordre.

Qu'arriverait-il si, dans l'intégrale

$$\int D' G(\rho)\, d\omega',$$

on remplaçait D' par une fonction dont le développement contiendrait des fonctions sphériques d'ordre 0 ou 1?

Soient D'_0 et D'_1 deux fonctions analogues à D', mais se réduisant, la première à une fonction sphérique d'ordre 0, c'est-à-dire à une constante, la seconde à une fonction sphérique d'ordre 1, c'est-à-dire à une fonction linéaire des coordonnées rectangulaires de l'élément $d\omega'$.

Je dis que

$$\int D'_0\, G\, d\omega' = \int D'_1\, G\, d\omega' = 0$$

En effet, le développement de

$$F(r, \psi) = \Sigma r^n Y_n,$$

où Y_n représente une fonction sphérique d'ordre n dépendant de ψ, commence par des termes du second ordre ($n = 2$). Il en est de même du développement de

$$r H(r, \psi) = \sum \frac{r^n}{n-1} Y_n.$$

Il vient ensuite

$$G(\rho) - 2F(1, \psi) + 3H(1, \psi) = \sum \frac{2n+1}{n-1} Y_n.$$

Il suffit donc de démontrer que

$$\int D'_0 Y_n d\omega' = \int D'_1 Y_n d\omega' = 0 \qquad (n \geqq 2).$$

Or cela est évident, si D'_0 et D'_1 sont des fonctions d'ordre 0 et 1 et Y_n une fonction sphérique d'ordre supérieur.

Supposons maintenant que l'on étudie l'effet d'une perturbation locale de la gravité limitée à une région R_0. Nous poserons comme au paragraphe précédent

$$g' - g'_0 = g'' + g''',$$

de telle façon que g'' varie régulièrement et lentement dans la région R_0 et que g''' ne prenne de valeurs sensibles qu'à l'intérieur de cette région. Seulement, comme nous ne serons plus forcés de supposer que le développement de g''' commence par des fonctions sphériques du second ordre, nous pourrons admettre que, en dehors de la région R_0, g''' est non seulement très petit, mais nul.

Soient D'_2 et D'_3 les valeurs de g'' et de g''' au centre de gravité de l'élément $d\omega'$; nous poserons :

$$(1\ bis) \qquad \begin{cases} V'' = \dfrac{1}{4\pi R} \displaystyle\int D'_2 G\left(\frac{\rho}{R}\right) d\omega', \\ V''' = \dfrac{1}{4\pi R} \displaystyle\int D'_3 G\left(\frac{\rho}{R}\right) d\omega', \end{cases}$$

d'où

$$V - N = V'' + V'''.$$

La formule (1 *bis*) est l'équivalent de la formule (9 *bis*) du paragraphe précédent.

Nous aurons de même

$$(1\ ter) \qquad \begin{cases} g'_0 \zeta'' = \dfrac{1}{4\pi R} \displaystyle\int D'_2 G\left(\frac{\rho}{R}\right) d\omega' + \frac{M}{R} - W_0 + U, \\ g'_0 \zeta''' = \dfrac{1}{4\pi R} \displaystyle\int D'_3 G\left(\frac{\rho}{R}\right) d\omega', \end{cases}$$

où ζ'' représente ce que serait le relèvement du géoïde sans la perturbation locale, et ζ''' le surcroît de relèvement dû à la perturbation.

C'est la formule (1 *ter*) qu'il convient d'étudier de plus près.

Supposons que la région R_0 soit contenue dans un petit cercle de rayon λ.

L'intégrale du second membre de (1 *ter*) représentera le potentiel d'une couche attirante répandue sur la région R_0 et agissant suivant la loi $G\left(\frac{\rho}{R}\right)$. Mais, en général, l'attraction de cette couche ne sera sensible que dans le voisinage de la région R_0 et principalement dans cette région elle-même. Nous n'avons donc à nous préocuper que des valeurs très petites de ρ; mais si ρ est très petit, le terme prépondérant est le terme en $\frac{1}{\rho}$, qui est très grand, tandis que le terme en $\log\rho$, quoique très grand, est beaucoup plus petit que le premier et tandis que les autres termes sont finis.

Précisons davantage. Soit K la plus grande valeur de g''' et distinguons les trois parties de V''' qui sont dues respectivement :

1° Au terme en $\frac{1}{\rho}$;

2° Au terme en $\log\rho$;

3° Aux autres termes de $G\left(\frac{\rho}{R}\right)$.

Ces trois parties seront respectivement du même ordre de grandeur que

$$\frac{K\lambda}{R}, \quad \frac{K\lambda^2}{R^2}\log\frac{\lambda}{R}, \quad \frac{K\lambda^2}{R^2}.$$

Comme le rayon λ du cercle qui enveloppe la région R_0 a été supposé très petit, les deux dernières parties seront, en général, tout à fait négligeables, de sorte que l'on aura simplement

$$g'_0\zeta''' = \int \frac{D'_3\, d\omega'}{2\pi\rho}$$

ou, en reprenant les notations du paragraphe précédent,

$$g'_0\zeta''' = \frac{P''_0}{2\pi},$$

c'est-à-dire que la série (9 *bis*) du paragraphe précédent pourra être réduite à son premier terme.

Remarquons que la formule (1 *ter*), étant homogène, peut être employée avec n'importe quelles unités. En effet, D'_3 et g'_0 représentant des quantités de même nature, $\frac{D'_3}{g'_0}$ est un nombre abstrait; il en est de même de G, de sorte que l'intégrale

$$\int \frac{D'_3}{g'_0} G\left(\frac{\rho}{R}\right) d\omega'$$

est le carré d'une longueur et que

$$\zeta''' - \frac{1}{4\pi R}\int \frac{D'_3}{g'_0}\, \Omega\left(\frac{\rho}{R}\right) d\omega'$$

est une longueur.

V. Cherchons maintenant à faire le calcul en négligeant non plus le carré de l'aplatissement, mais le carré du relèvement du géoïde au-dessus de l'ellipsoïde, qui est une quantité beaucoup plus petite.

Nous n'aurons pour cela qu'à faire jouer aux fonctions de Lamé le rôle des fonctions sphériques.

Nous adopterons un ellipsoïde de référence qui jouera le rôle de notre sphère de référence de rayon R; et nous nous servirons de cet ellipsoïde pour définir, à la manière ordinaire, un système de coordonnées elliptiques ρ, μ, ν. (Si l'ellipsoïde est de révolution, l'une des variables ν devient illusoire, il convient de la remplacer par la longitude géographique.) On sait que l'on considère un système de fonctions de Lamé que j'appellerai

$$R_i, \quad S_i, \quad M_i, \quad N_i.$$

R_i et S_i sont fonctions de ρ, M_i de μ, N_i de ν. R_i est un polynome en ρ et $\sqrt{\rho^2 - a^2}$, $\sqrt{\rho^2 - b^2}$, $\sqrt{\rho^2 - c^2}$ (si l'on désigne par a, b, c les trois axes de l'ellipsoïde); M_i est formé avec μ et N_i avec ν comme R_i avec ρ.

On sait également que, quand l'ellipsoïde est de révolution, N_i n'est autre chose que le cosinus ou le sinus d'un multiple de la longitude géographique.

Enfin, toute fonction qui satisfait à l'équation de Laplace à l'extérieur de l'ellipsoïde peut se développer en série procédant suivant les produits $S_i M_i N_i$. De même toute fonction qui satisfait à l'équation de Laplace à l'intérieur de l'ellipsoïde peut se développer en série procédant suivant les produits $R_i M_i N_i$.

Je supposerai que l'ellipsoïde de référence a pour équation $\rho = 0$. Je désignerai par R_i^0 et S_i^0 les valeurs de R_i et S_i pour $\rho = 0$; par R'_i et S'_i les dérivées de R_i et S_i par rapport à ρ; par R'^0_i et S'^0_i les valeurs de R'_i et S'_i pour $\rho = 0$.

Je distinguerai :

1° La fonction d'ordre 0 que je désignerai par l'indice 0, R_0, ..., elle se réduit à une constante;

2° Les trois fonctions d'ordre 1 que je désignerai par les indices 1, 2, 3;

3° Celles des cinq fonctions du second ordre qui sont des polynomes en ρ;

elles sont au nombre de deux, et je les désignerai par R_4 et R_5. On a alors à l'extérieur de la planète

$$V = \Sigma a_i S_i M_i N_i.$$

A la surface de l'ellipsoïde de référence on aura

$$U = \Sigma \lambda_i M_i N_i R_i^0.$$

Tous les coefficients λ_i sont nuls, à l'exception de λ_0, λ_4, λ_5; ce dernier coefficient est nul lui-même si l'ellipsoïde est de révolution.

Je désignerai par ζ le relèvement du géoïde et par η celui de la surface terrestre au-dessus de l'ellipsoïde de référence, et nous aurons

$$\zeta = \Sigma b_i M_i N_i \qquad \eta = \Sigma c_i M_i N_i.$$

Nous aurons encore (en négligeant le carré de ζ)

$$W = V + U, \qquad g = -\frac{dW}{dn} = -\frac{dV}{dn} - \frac{dU}{dn},$$

$$\frac{dV}{dn} = \frac{dV}{d\rho}\frac{d\rho}{dn} = \frac{d\rho}{dn}\Sigma a_i S'_i M_i N_i,$$

en désignant par $\frac{d}{dn}$ les dérivées estimées suivant la normale.

Quelle sera la valeur de U en dehors de l'ellipsoïde de référence? Nous savons que U est proportionnel à $x^2 + y^2$; nous pourrons donc écrire

$$U = \Sigma \lambda_i M_i N_i R_i + kP,$$

où

$$P = \frac{x^2}{a^2} + \frac{y^2}{b^2} + \frac{z^2}{c^2} - 1$$

s'annule sur l'ellipsoïde de référence et où k est un coefficient constant convenablement choisi.

Examinons d'abord un cas simple, celui où la surface du géoïde se confond avec la surface terrestre et avec l'ellipsoïde de référence ($\eta = \zeta = 0$). Je désignerai par W_0, V_0, g_0 les valeurs de W, V et g qui correspondent à ce cas simple.

Nous aurons, sur l'ellipsoïde de référence,

$$V_0 + U = C.$$

C étant une constante; d'où

$$\lambda_i R_i^0 + a_i S_i^0 = 0 \qquad \text{(sauf pour } i = 0\text{)},$$

ce qui montre que tous les a_i sont nuls, sauf a_0, a_4 et a_5.

Nous désignerons par W_{00}, g_{00}, V_{00} les valeurs de W_0, g_0, V_0 pour $\rho = 0$, de sorte que $W_{00} = C$.

Venons maintenant au cas général.

Nous pouvons avoir avantage à introduire une notation nouvelle en posant

$$\zeta' = \frac{d\rho}{dn}\zeta, \qquad \eta' = \frac{d\rho}{dn}\eta,$$

de telle façon que ζ', par exemple, représente l'accroissement de ρ quand on s'élève verticalement depuis la surface de l'ellipsoïde jusqu'à celle du géoïde.

Nous pouvons poser ai-je dit,

$$g = -\frac{dW}{d\rho}\frac{d\rho}{dn}.$$

En effet, on a

$$g = \sqrt{N^2 + T^2},$$

N étant la composante de la gravité normale aux ellipsoïdes homofocaux à l'ellipsoïde de référence et T la composante tangentielle.

Cette dernière étant de l'ordre de ζ, on peut prendre

$$g = N = -\frac{dW}{d\rho}\frac{d\rho}{dn}$$

en négligeant ζ^2.

Nous venons de définir V_0, W_0 et g_0; nous poserons, dans le cas général,

$$V = V_0 + \delta V, \qquad g = g_0 + \delta g,$$

d'où

$$W = V + U = W_0 + \delta V.$$

On voit que δV et δg sont de l'ordre de ζ.

En un point de la surface terrestre, on a (en négligeant ζ^2).

$$W_0 = W_{00} + \frac{dW_0}{d\rho}\eta' = C + \frac{dW_0}{d\rho}\eta',$$

$$\frac{dW_0}{d\rho} = -\frac{dn}{d\rho}g_{00} + \frac{d^2W_0}{d\rho^2}\eta',$$

et en un point du géoïde .

$$W_0 = C + \frac{dW_0}{d\rho}\zeta',$$

$$\frac{dW_0}{d\rho} = -\frac{dn}{d\rho}g_{00} + \frac{d^2W_0}{d\rho^2}\zeta'.$$

On aura donc, en un point de la surface terrestre,

$$W = C + \frac{dW_0}{d\rho}\eta' + \delta V = C - \frac{dn}{d\rho}g_{00}\eta' + \delta V$$

$$g = g_{00} - \frac{d\rho}{dn}\frac{d^2W_0}{d\rho^2}\eta' + \delta g$$

et en un point du géoïde

$$W = C - \frac{dn}{d\rho} g_{00} \zeta' + \delta V,$$

$$g = g_{00} - \frac{d\rho}{dn} \frac{d^2 W_0}{d\rho^2} \zeta' + \delta g.$$

Bien entendu, on pourra, avec l'approximation adoptée, réduire δV et δg à leurs valeurs au point correspondant de l'ellipsoïde.

Comme à la surface de l'ellipsoïde W doit se réduire à la constante C, on aura

$$\frac{dn}{d\rho} g_{00} \zeta' = \delta V$$

ou

$$g_{00} \zeta = \delta V.$$

Supposons maintenant que l'on fasse subir à g la correction de Faye. Nous aurons encore

$$h = \eta - \zeta$$

et la correction de Faye sera ici

$$\left(\frac{d\rho}{dn}\right)^2 \frac{d^2 W_0}{d\rho^2} h = \frac{d\rho}{dn} \frac{d^2 W_0}{d\rho^2} (\eta' - \zeta').$$

Après la correction, g devient

$$g' = g_{00} - \frac{d\rho}{dn} \frac{d^2 W_0}{d\rho^2} \zeta' + \delta g.$$

Remarquons maintenant que

$$\delta g = -\frac{d\rho}{dn} \frac{d\,\delta V}{d\rho},$$

de sorte que nous arrivons finalement à l'équation suivante :

$$(1) \qquad g' - g_{00} = -\left(\frac{d\rho}{dn}\right)^2 \frac{1}{g_{00}} \frac{d^2 W_0}{d\rho^2} \delta V - \frac{d\rho}{dn} \frac{d\,\delta V}{d\rho}.$$

Telle est l'équation d'où il faut tirer δV.

Voyons en passant ce que devient cette équation dans le cas simple traité aux paragraphes précédents, c'est-à-dire quand l'ellipsoïde de référence se réduit à une sphère.

C'est alors le rayon vecteur r qui joue le rôle de ρ; on a

$$W_0 = \frac{M}{r}, \qquad g_0 = \frac{M}{r^2}, \qquad \frac{d^2 W_0}{d\rho^2} = \frac{2M}{r^3}; \qquad \frac{d\rho}{dn} = 1.$$

Nous supposerons $R = 1$ et l'on aura alors à la surface de la sphère de référence

$$W_{00} = M, \qquad g_{00} = M; \qquad \frac{d^2 W_0}{d\rho^2} = 2M.$$

L'équation (1) devient

$$g' - g_{00} = -2\delta V - \frac{d\,\delta V}{dr}.$$

Si

$$\delta V = \Sigma a_n r^{-(n+1)} X_n,$$

on a pour $r = 1$

$$\frac{d\,\delta V}{dr} = -\Sigma(n+1) a_n X_n.$$

L'équation (1) devient alors

$$g' = g_{00} = \Sigma(n-1) a_n X_n.$$

On retrouve donc bien les résultats obtenus dans les paragraphes précédents.

Revenons à l'équation (1) et voyons quel parti on peut en tirer

Envisageons le coefficient

$$\frac{d\rho}{dn} \frac{1}{g_{00}} \frac{d^2 W_0}{d\rho^2};$$

il se réduit à une constante aux quantités près de l'ordre de l'aplatissement; je l'égalerai donc à $C + \alpha F$, C étant une constante, F une fonction de μ et de ν et α un coefficient de l'ordre de l'aplatissement. Notre équation devient ainsi

$$g' - g_{00} = -\frac{d\rho}{dn}(C + \alpha F)\,\delta V - \frac{d\rho}{dn} \frac{d\,\delta V}{d\rho}.$$

Pour déterminer δV, et par conséquent ζ' et ζ, je me propose de développer δV suivant les puissances de α, sous la forme

$$\delta V = v_0 + \alpha v_1 + \alpha^2 v_2 + \ldots.$$

Nous aurons alors la série d'équations

$$(2a) \qquad g' - g_{00} = -\frac{d\rho}{dn}\left(C v_0 + \frac{dv_0}{d\rho}\right),$$

$$(2b) \qquad \frac{d\rho}{dn} F v_0 = -\frac{d\rho}{dn}\left(C v_1 + \frac{dv_1}{d\rho}\right),$$

$$(2c) \qquad \frac{d\rho}{dn} F v_1 = -\frac{d\rho}{dn}\left(C v_2 + \frac{dv_2}{d\rho}\right),$$

$$\ldots\ldots\ldots\ldots\ldots\ldots\ldots\ldots$$

Alors les v_k peuvent se développer de la façon suivante, à l'extérieur de l'ellipsoïde de référence :

$$v_k = \Sigma \alpha_{i,k} S_i M_i N_i.$$

Alors pour intégrer ($2a$) nous développerons $g' - g_{00}$ sous la forme suivante :

$$g' - g_{00} = \frac{d\rho}{dn} \Sigma g'_i M_i N_i,$$

développement qui est toujours possible d'après un théorème bien connu, et l'équation ($2a$) nous donnera

$$g'_i = - a_{i0}(CS_i^0 + S_i'^0),$$

ce qui détermine les coefficients a_{i_0} et, par conséquent, v_0.

Quand v_0 est connu, on connaît le premier membre de ($2b$); on développera ce premier membre de la même façon que le premier membre de ($2a$) et l'on se servira de ($2b$) pour déterminer v_1 comme on s'est servi de ($2a$) pour déterminer v_0; et ainsi de suite.

Cela suffit pour montrer comment on doit corriger les résultats des paragraphes précédents afin de tenir compte des puissances supérieures de l'aplatissement. Cela montre en même temps que le plus important de ces résultats subsiste; je veux dire que la connaissance de la gravité en tous les lieux du globe suffit pour déterminer la forme du géoïde.

SUR

LES DÉVIATIONS DE LA VERTICALE EN GÉODÉSIE

Bulletin astronomique, t. 18, p. 257-276 (juillet 1901).

I. Les géodésiens ont coutume de déduire les déviations de la verticale soit vers l'Est, soit vers le Nord, de la différence observée entre les deux latitudes géodésique et astronomique, ou bien encore entre les deux azimuts géodésique et astronomique, ou bien encore entre les deux longitudes. On tient seulement compte de la différence des deux azimuts, par exemple, aux deux stations extrêmes, sans se préoccuper de la loi suivant laquelle cette différence a varié dans les stations intermédiaires. Cette façon d'opérer, généralement légitime, ne tient pas compte de toutes les circonstances du problème et peut entraîner certaines causes d'erreur. Ces causes d'erreur sont à la vérité fort minimes, ainsi que l'ont montré divers auteurs et, en particulier, Yvon Villarceau (*C. R. Acad. Sc.*, t. **62**, 1866, p. 741), mais cependant mon attention a été attirée sur elles parce qu'elles peuvent devenir sensibles dans les régions équatoriales.

Peut-être une courte digression ne sera-t-elle pas inutile ? Que doit-on entendre par méridien ? Est-ce le lieu des points du géoïde où le plan tangent est parallèle à une direction donnée du plan équatorial, ou, en d'autres termes, est-ce le lieu des points de longitude donnée ? Ou bien est-ce une courbe tracée sur le géoïde et qui en chaque lieu est tangente au plan méridien de ce lieu, ou, en d'autres termes, est-ce une courbe où l'azimut de la tangente est constamment nul?

Pour un ellipsoïde, ou en général pour une surface de révolution, les deux définitions concordent et, de plus, les méridiens ainsi définis sont des lignes géodésiques. Mais pour un géoïde quelconque les lignes de longitude constante diffèrent des lignes d'azimut nul, et ni les unes ni les autres ne sont des lignes géodésiques.

De même, il faudra distinguer les lignes de latitude constante des lignes où l'azimut de la tangente est constamment égal à 90°.

Soient M un point quelconque du géoïde, MA, MB, MC, MD les tangentes : 1° à la ligne de longitude constante; 2° à la ligne d'azimut nul; 3° à la ligne de latitude constante; 4° à la ligne dont l'azimut est 90°.

MB sera perpendiculaire à MD par définition. Mais MA et MD d'une part, MB et MC d'autre part devront être des diamètres conjugués de l'indicatrice du géoïde. Il en résulte que MA ne peut se confondre avec MB (ou MC avec MD) que si MB et MD sont les axes de l'indicatrice. Cette circonstance ne peut se présenter pour tous les points du géoïde que dans le cas des surfaces de révolution.

Si une des lignes de latitude constante se confond avec une ligne dont l'azimut est 90°, la tangente en chaque point devra être un des axes de l'indicatrice; ce sera donc une ligne de courbure, satisfaisant à l'équation générale des lignes de courbure

$$\frac{dx}{dl} = \frac{dy}{dm} = \frac{dz}{dn},$$

où x, y, z sont les coordonnées et l, m, n les cosinus directeurs de la normale à la surface. Or n c'est le sinus de la latitude; si donc la latitude est constante, dz sera nulle et la courbe sera plane.

De même, si une des lignes de longitude constante se confond avec une ligne d'azimut nul, on verra de même que c'est une ligne de courbure et que c'est une courbe plane. De plus, ce sera une ligne géodésique.

Cela posé, supposons que l'on trace un arc de méridienne AB sur la surface du géoïde, par des moyens géodésiques. Qu'est-ce que cela veut dire? Cela signifie : 1° que cet arc AB sera une ligne géodésique; 2° que l'azimut au point initial sera nul.

En général, cet arc AB ne sera ni une ligne de longitude constante, ni une ligne d'azimut nul, et cela quand même la déviation de la verticale serait nulle aux deux points extrêmes A et B, du moment qu'elle ne serait pas nulle tout le long de l'arc.

Supposons donc la déviation nulle en A et en B, et différente de zéro entre A et B. Comme AB n'est pas une ligne de longitude constante, la longitude de B ne sera pas égale à celle de A; comme ce n'est pas non plus une ligne d'azimut nul, l'azimut en B ne sera pas nul. On constatera donc une différence entre les longitudes géodésique et astronomique, de même qu'entre les azimuts géodésique et astronomique, et, si l'on applique les formules usuelles, on en déduira l'existence d'une déviation de la verticale au point B, laquelle déviation n'existe pas d'après notre hypothèse.

En résumé, la différence entre les longitudes géodésique et astronomique ou entre les azimuts géodésique et astronomique ne dépend pas seulement de la déviation au point considéré, mais de la déviation dans toutes les stations de la chaîne.

C'est l'influence de cette cause d'erreur que je voudrais étudier par une analyse un peu plus approfondie.

II. Soient l et λ la longitude et la latitude d'un point d'une sphère,

$$x = \cos l \cos\lambda, \qquad y = \sin l \cos\lambda, \qquad z = \sin\lambda,$$

les coordonnées rectangulaires de ce même point.

Soient

$$l = F(\lambda)$$

l'équation d'une courbe tracée sur la sphère, φ l'azimut de cette courbe.

Soient M et M' deux points infiniment voisins de cette courbe, MM'P un triangle rectangle infiniment petit dont l'hypoténuse est MM' et dont les côtés sont un arc de méridien et un arc de parallèle, de telle sorte que

$$MM' = ds, \qquad MP = d\lambda, \qquad M'P = \cos\lambda\, dl.$$

On aura dans ce triangle

$$\text{(1)} \qquad \operatorname{tg}\varphi = \frac{M'P}{MP} = \frac{dl\cos\lambda}{d\lambda} = l'\cos\lambda$$

en désignant par l' et l'' les dérivées première et seconde de l par rapport à λ.

Soit maintenant ψ l'angle de la normale à la sphère avec le plan osculateur.

Les cosinus directeurs de la normale à la sphère sont x, y, z. On aura ceux du plan osculateur de la façon suivante : Soit

$$A = y'z'' - z'y'', \qquad B = z'x'' - x'z'', \qquad C = x'y'' - y'x'',$$
$$A^2 + B^2 + C^2 = D^2,$$
$$A = \alpha D, \qquad B = \beta D, \qquad C = \gamma D;$$

α, β, γ sont les cosinus directeurs cherchés de telle sorte que

$$\sin\psi = \alpha x + \beta y + \gamma z,$$

d'où

$$\sin\psi = \frac{1}{D}\begin{vmatrix} x & y & z \\ x' & y' & z' \\ x'' & y'' & z'' \end{vmatrix} = \frac{\Delta}{D}.$$

Considérons un mobile parcourant notre courbe de façon que la latitude varie proportionnellement au temps. Les composantes de la vitesse seront x', y', z', et celles de l'accélération x'', y'', z''; de sorte que D sera le parallélogramme construit sur la vitesse et l'accélération. Pour avoir l'aire de ce parallélogramme, il faut multiplier la vitesse par la composante normale de l'accélération. Cette composante, d'après un théorème bien connu, est égale à $\frac{v^2}{\rho}$, v étant la vitesse et ρ le rayon de courbure. On aura donc

$$D = \frac{v^3}{\rho}.$$

Or

$$v = \frac{ds}{d\lambda} = \frac{1}{\cos\varphi}, \qquad \rho = \cos\psi,$$

d'où

$$D = \frac{1}{\cos\psi\cos^3\varphi}$$

et enfin

$$\operatorname{tg}\psi = \Delta\cos^3\varphi.$$

Il reste à calculer Δ; on observera que Δ semble dépendre de λ, de l, de l' et l''; mais par raison de symétrie, il ne dépendra que de λ, l' et l'', et pas de l. Nous pourrons donc, après avoir calculé par différentiation x', y', z', x'', y'', z'', faire $l = 0$; nous trouvons ainsi

$$\Delta = \begin{vmatrix} \cos\lambda & 0 & \sin\lambda \\ -\sin\lambda & l'\cos\lambda & \cos\lambda \\ -\cos\lambda(1 + l'^2) & l''\cos\lambda - 2l'\sin\lambda & -\sin\lambda \end{vmatrix},$$

ou en développant et réduisant

$$\Delta = -l''\cos\lambda + 2l'\sin\lambda + l'^3\cos^2\lambda\sin\lambda,$$

d'où

$$(2) \qquad \operatorname{tg}\psi = -l''\cos^3\varphi\cos\lambda + l'\sin\lambda(2\cos^3\varphi + \sin^2\varphi\cos\varphi).$$

Si la courbe diffère peu d'un grand cercle, $\operatorname{tg}\psi$ peut être remplacé par ψ. Si la courbe s'écarte peu d'un méridien de telle façon que l', l'' et φ soient très petits, la formule se simplifie et nous pouvons écrire tout simplement

$$(3) \qquad \psi = -l''\cos\lambda + 2l'\sin\lambda.$$

III. Faisons le même calcul pour un ellipsoïde peu aplati. Désignons toujours par l et λ la longitude et la latitude. Soient

$$x = C\cos l, \qquad y = C\sin l, \qquad z = S$$

les coordonnées rectangulaires d'un point quelconque. C et S sont des fonctions de λ, peu différentes de $\cos\lambda$ et $\sin\lambda$. Nous désignerons par C', C'', ... les dérivées successives de C par rapport à λ; de même pour celles de S, l, ...

Si nous reprenons notre petit triangle MM'P, nous aurons

$$MM' = ds, \qquad MP = R\,d\lambda, \qquad M'P = C\,dl,$$

R étant le rayon de courbure de la section méridienne, d'où

$$(4) \qquad \operatorname{tg}\varphi = \frac{M'P}{MP} = \frac{C\,dl}{R\,d\lambda} = \frac{R_1}{R}\,l'\cos\lambda,$$

R_1 étant le second rayon de courbure principal de l'ellipsoïde. Le rapport des rayons de courbure $\frac{R_1}{R}$ diffère peu de l'unité.

Nous définissons A, B, C et D comme plus haut et de sorte que

$$\alpha = \frac{A}{D}, \qquad \beta = \frac{B}{D}, \qquad \gamma = \frac{C}{D}$$

sont les cosinus directeurs du plan osculateur. D'un autre côté, les cosinus directeurs de la normale à l'ellipsoïde sont

$$\cos l\cos\lambda, \qquad \sin l\cos\lambda, \qquad \sin\lambda,$$

de sorte que l'on a

$$\sin\psi = \alpha\cos l\cos\lambda + \beta\sin l\cos\lambda + \gamma\sin\lambda.$$

En posant

$$\Delta = \begin{vmatrix} \cos l\cos\lambda & \sin l\cos\lambda & \sin\lambda \\ x' & y' & z' \\ x'' & y'' & z'' \end{vmatrix}$$

on trouve donc encore

$$\sin\psi = \frac{\Delta}{D}.$$

On aura encore

$$D = \frac{v^3}{\rho}, \qquad v = \frac{ds}{d\lambda} = \frac{R}{\cos\varphi}, \qquad \rho = \rho_0 \cos\psi,$$

ρ_0 étant le rayon de courbure de la section normale tangente à la courbe envisagée, d'où

$$D = \frac{R^3}{\rho_0 \cos\psi \cos^3\varphi}, \qquad \operatorname{tg}\psi = \Delta \cos^3\varphi \frac{\rho_0}{R^3}.$$

Pour le calcul de Δ nous allons, comme plus haut, faire $l = 0$. Nous avons d'ailleurs

$$S' = R\cos\lambda, \qquad C' = -R\sin\lambda,$$

d'où

$$S'^2 + C'^2 = R^2, \qquad S'S'' + C'C'' = RR'.$$

Il vient ainsi

$$\Delta R = \begin{vmatrix} S' & 0 & -C' \\ C' & l'C & S' \\ C'' - l'^2 C & l''C + 2l'C' & S'' \end{vmatrix},$$

ou en développant

$$\Delta R = l'C(S'S'' + C'C'') - l'^3 C^2 C' - (l''C + 2l'C')(S'^2 + C'^2),$$

ou

$$\Delta R = l'CRR' - l'^3 C^2 C' - (l''C + 2l'C')R^2,$$

ou (à cause de $R \operatorname{tg}\varphi = Cl'$)

$$\Delta = l'(CR' - C'R\operatorname{tg}^2\varphi) - (l''C + 2l'C')R,$$

ou enfin

$$(5) \qquad \operatorname{tg}\psi = \frac{\rho_0 \cos^3\varphi}{R^3}[l'(CR' - C'R\operatorname{tg}^2\varphi) - (l''C + 2l'C')R].$$

Si nous supposons que la courbe diffère très peu d'un méridien, de telle façon que ψ et φ soient très petits et ρ_0 très peu différent de R, nous aurons tout simplement

$$(6) \qquad \psi = l'\frac{CR'}{R^2} - l''\frac{C}{R} - 2l'\frac{C'}{R}.$$

En résumé, les formules (4), (5) et (6) sont tout à fait de même forme que les formules correspondantes (1), (2) et (3). Les coefficients de l' et de l'' sont, il est vrai, des fonctions de λ et de φ plus compliquées que dans le cas de la sphère. Mais ces fonctions ont, dans le cas de l'ellipsoïde et dans le cas de la sphère, des valeurs très peu différentes, si l'aplatissement est faible, de sorte que dans la plupart des applications qui vont suivre on obtiendra une approximation suffisante en se contentant des formules relatives à la sphère.

IV. Passons maintenant au cas d'un géoïde quelconque; je supposerai toutefois que ce géoïde diffère extrêmement peu d'un ellipsoïde de révolution que je prendrai pour ellipsoïde de référence et que cet ellipsoïde est lui-même peu aplati. Soient M un point quelconque du géoïde, N sa projection sur l'ellipsoïde de telle façon que MN soit normale à l'ellipsoïde. Soit MP la verticale vraie au point M. Je définirai le point M par la longitude l et par la latitude λ du point N sur l'ellipsoïde et par la longueur

$$MN = \zeta.$$

J'appellerai ensuite ξ et η, les deux composantes de la déviation de la verticale vers le Nord et vers l'Est, de telle façon que l'angle très petit de MN avec MP soit $\sqrt{\xi^2+\eta^2}$.

Comment vont se transformer nos formules? Les angles φ et ψ vont, à ce qu'il semble, dépendre non seulement, comme dans le cas précédent, de λ, de l' et de l'', mais de ζ, de ζ', de ζ'', de ξ et de η.

A vrai dire, si l'on supposait que le point M est sur le géoïde, c'est-à-dire que la courbe lieu des points M est l'horizontale et, par conséquent, normale à MP, il y aurait une relation entre ζ', ξ et η, exprimant que la tangente au lieu des points M est perpendiculaire à MP. Ces trois variables ne seraient donc pas indépendantes. Mais on peut ne pas faire cette hypothèse, au moins au début du calcul.

Nos variables ζ, ζ', ζ'', ξ, η étant très petites, nous pouvons écrire

$$\varphi = \varphi_0 + \frac{d\varphi}{d\zeta}\zeta + \frac{d\varphi}{d\zeta'}\zeta' + \frac{d\varphi}{d\eta}\eta,$$
$$\psi = \psi_0 + \frac{d\psi}{d\zeta}\zeta + \frac{d\psi}{d\zeta'}\zeta' + \frac{d\psi}{d\zeta''}\zeta'' + \frac{d\psi}{d\eta}\eta + \frac{d\psi}{d\xi}\xi,$$

φ_0 et ψ_0 étant les valeurs de φ et ψ pour $\zeta = \zeta' = \zeta'' = \xi = \eta = 0$, c'est-à-dire les valeurs données par les formules (4) et (5). Il est clair, en effet, que φ ne peut dépendre ni de ζ'', ni de ξ.

Je dis maintenant que si $\eta = 0$, on peut prendre tout simplement $\varphi = \varphi_0$. Nous pouvons, en effet, toujours supposer $\xi = 0$, de sorte que MP se confonde avec MN. Soient MT et NT′ les tangentes au lieu des points M et au lieu des points N. L'angle $\varphi - \varphi_0$ n'est autre chose que l'angle des deux plans MNT′ et NMT. Si M′ est un point voisin de M sur la courbe lieu des points M et si N′ est le point correspondant sur le lieu des points N, M′N′ est comme MN normale à l'ellipsoïde.

Les droites MN, M′N′, ... engendrent une surface réglée. Les plans MNT et MNT′ sont les plans tangents à la surface réglée aux points M et N. Ces plans tangents se confondent si la surface réglée est développable; c'est ce qui arrive d'abord si, l'aplatissement étant nul, l'ellipsoïde se réduit à une sphère, parce qu'alors la surface réglée se réduit à un cône. C'est ce qui arrive encore si le lieu des points M est tangent à une ligne de courbure, c'est-à-dire si l'azimut est voisin de o ou de 90°.

Comme l'aplatissement est très petit, comme ζ est toujours très faible, nous pourrons prendre sans erreur sensible

$$\varphi = \varphi_0 + \frac{d\varphi}{d\eta}\eta.$$

Le calcul du terme $\frac{d\varphi}{d\eta}\eta$ se déduit immédiatement des formules de l'astronomie sphérique, la correction à apporter à l'azimut est $\eta \operatorname{tg}\lambda$, de sorte que l'on a

$$(7) \qquad \varphi = \operatorname{arc\,tg}(l' \cos\lambda) + \eta \operatorname{tg}\lambda.$$

Pour le calcul de ψ, nous pouvons raisonner à peu près de la même manière.

Je remarque d'abord que, si l'aplatissement est nul, si $\xi = \eta = o$, et si le lieu des points N est un grand cercle de la sphère, on a

$$\psi = \psi_0 = o.$$

En effet, la verticale MP se confond avec MN, c'est-à-dire avec un rayon de la sphère; le lieu des points M est, comme celui des points N, une courbe plane dont le plan passe par MN. Donc l'angle ψ est nul.

Ainsi les dérivées

$$\frac{d\psi}{d\zeta}, \quad \frac{d\psi}{d\zeta'}, \quad \frac{d\psi}{d\zeta''}$$

s'annulent quand l'aplatissement est nul ainsi que ψ_0.

On aura encore

$$\psi = \psi_0 = o,$$

si, l'aplatissement n'étant pas nul, le lieu des points N se réduit à un méridien de l'ellipsoïde, pourvu d'ailleurs que $\xi = \eta = 0$. Dans ce cas encore, le lieu des points M comme celui des points N est une courbe plane dont le plan passe par MN.

Si l'on observe que les lignes que nous aurons à envisager s'écartent peu des lignes géodésiques et que, d'autre part, l'aplatissement est très faible, nous voyons que nous pourrons sans erreur sensible supposer

$$\frac{d\psi}{d\zeta} = \frac{d\psi}{d\zeta'} = \frac{d\psi}{d\zeta''} = 0$$

et écrire

$$\psi = \psi_0 + \frac{d\psi}{d\xi}\xi + \frac{d\psi}{d\eta}\eta.$$

Pour évaluer le terme complémentaire

$$\frac{d\psi}{d\xi}\xi + \frac{d\psi}{d\eta}\eta,$$

j'observerai que l'angle dont il faut corriger ψ pour tenir compte de la déviation de la verticale n'est autre chose que l'angle des deux plans MTN et MTP, c'est-à-dire

$$-\eta\cos\varphi + \xi\sin\varphi.$$

Si l'on suppose que le lieu des points M diffère très peu d'une ligne géodésique, nous pourrons confondre l'angle ψ avec sa tangente, de sorte que la formule (2) (à laquelle nous nous bornerons en négligeant l'aplatissement) s'écrira

$$\psi_0 = -l''\cos^3\varphi\cos\lambda + l'\sin\lambda(2\cos^3\varphi + \sin^2\varphi\cos\varphi),$$

d'où

$$(8) \qquad \psi = -l''\cos^3\varphi\cos\lambda + l'\sin\lambda(2\cos^3\varphi + \sin^2\varphi\cos\varphi) - \eta\cos\varphi + \xi\sin\varphi.$$

Dans le cas où la courbe considérée diffère peu d'un méridien, cette formule se réduit à

$$(9) \qquad \psi = -l''\cos\lambda + 2l'\sin\lambda - \eta.$$

Si nous supposons maintenant que la courbe diffère très peu d'un grand cercle, de telle sorte que l'équation du grand cercle soit

$$l = F(\lambda),$$

celle de la courbe

$$l = F(\lambda) + \delta l,$$

l'azimut du grand cercle φ, celui de la courbe $\varphi + \delta\varphi$, il viendra

$$\delta\varphi = \cos\lambda \cos^2\varphi\, \delta l'$$

et, en laissant de côté les termes en ξ et en η,

$$\begin{aligned}\delta\psi = &- \delta l'' \cos^3\varphi \cos\lambda + \delta l' \sin\lambda(2\cos^3\varphi + \sin^2\varphi\cos\varphi)\\ &+ \delta\varphi[3l''\cos\lambda\cos^2\varphi\sin\varphi - l'\sin\lambda(\sin\varphi + 3\cos^2\varphi\sin\varphi)].\end{aligned}$$

Mais la courbe $l = F(\lambda)$ étant un grand cercle pour lequel ψ est nul, nous pouvons écrire

$$l'' = l' \operatorname{tg}\lambda(2 + \operatorname{tg}^2\varphi),$$

d'où

$$3l''\cos\lambda\cos^2\varphi\sin\varphi - l'\sin\lambda\sin\varphi(1 + 3\cos^2\varphi) = 2l'\sin\lambda\sin\varphi.$$

Or

$$2l'\sin\lambda\sin\varphi\,\delta\varphi = 2\delta l'\sin\lambda\sin^2\varphi\cos\varphi,$$

d'où enfin

$$\delta\psi = -\delta l''\cos^3\varphi\cos\lambda + \delta l'\sin\lambda\cos\varphi(2 + \sin^2\varphi).$$

Si nous observons que pour la courbe $l = F(\lambda)$, qui est un grand cercle, $\psi = 0$, nous pourrons écrire finalement

$$(10)\qquad \psi = -\delta l''\cos^3\varphi\cos\lambda + \delta l'\sin\lambda\cos\varphi(2 + \sin^2\varphi) - \eta\cos\varphi + \xi\sin\varphi.$$

Rappelons d'autre part que la longitude et la latitude astronomiques du point M sont

$$l + \frac{\eta}{\cos\lambda} \quad \text{et} \quad \lambda + \xi.$$

V. Appliquons maintenant ces résultats au problème qui nous occupe. Soit AB un arc de méridien tracé par des moyens géodésiques; ce devra d'abord être une ligne géodésique, de sorte qu'on aura par la formule (9),

$$(11)\qquad l''\cos\lambda - 2l'\sin\lambda + \eta = 0.$$

D'autre part, au point A l'azimut doit être nul, de sorte qu'on aura par la formule (7) et φ étant très petit

$$(12)\qquad l'_0\cos\lambda_0 + \eta_0\operatorname{tg}\lambda_0 = 0.$$

Je désigne par des indices 0 les valeurs relatives au point A et par des indices 1 les valeurs relatives au point B. Au point B, on aura de même pour la différence mesurable des azimuts géodésique et astronomique

$$(13)\qquad \varphi_1 = l'_1\cos\lambda_1 + \eta_1\operatorname{tg}\lambda_1.$$

Nous prendrons pour origine des longitudes astronomiques le point A, de sorte qu'on aura

$$(14) \qquad l_0 + \frac{\eta_0}{\cos\lambda_0} = 0$$

et pour la longitude mesurable du point B (différence des longitudes géodésique et astronomique)

$$(15) \qquad L_1 = l_1 + \frac{\eta_1}{\cos\lambda_1}.$$

C'est de l'ensemble des équations (11) à (15) qu'il faut tirer des conclusions en ce qui concerne η, tandis qu'ordinairement on se sert des équations

$$(16) \qquad \varphi_1 = (\eta_1 - \eta_0)\,\mathrm{tg}\,\lambda,$$

$$(17) \qquad L_1 = \frac{\eta_1 - \eta_0}{\cos\lambda},$$

comme si l était toujours nul.

Les formules peuvent se mettre sous une forme plus simple.

Posons

$$H = L\cos\lambda.$$

H est mesurable, puisque L n'est autre chose que la longitude astronomique.

On trouve alors

$$H = l\cos\lambda + \eta,$$

d'où

$$H' = l'\cos\lambda - l\sin\lambda + \eta',$$
$$H'' = l''\cos\lambda - 2l'\sin\lambda - l\cos\lambda + \eta''.$$

Or

$$\varphi = l'\cos\lambda + \eta\,\mathrm{tg}\,\lambda,$$

d'où

$$(18) \qquad H' = \varphi - H\,\mathrm{tg}\,\lambda + \eta'.$$

D'ailleurs l'équation (11) devient

$$(19) \qquad H'' + H = \eta''.$$

La combinaison des équations (18) et (19) nous donne l'équation de condition suivante à laquelle doivent satisfaire les quantités mesurables H et φ :

$$(20) \qquad \varphi' = H'\,\mathrm{tg}\,\lambda + H\,\mathrm{tg}^2\lambda.$$

Je remarque d'abord, à titre de vérification, que les équations (18) et (19) nous conduisent de nouveau à un théorème que nous avons démontré plus haut directement. Si une ligne est à la fois ligne de longitude constante et ligne d'azimut nul, de telle façon que l'on ait $H = \varphi = 0$, ce sera une ligne géodésique.

Si, en effet, $H = \varphi = 0$, l'équation (18) donnera $\eta' = 0$, d'où $\eta'' = 0$, et alors l'équation (19), qui est celle des lignes géodésiques, se trouve satisfaite d'elle-même.

Reprenons notre arc de méridien AB tracé par des moyens géodésiques (*cf.* § I); ce sera une ligne géodésique, ce qui s'exprime par l'équation (19); de plus, au point A on devra avoir $\varphi_0 = 0$ et, par conséquent,

$$H'_0 = -H_0 \operatorname{tg}\lambda_0 + \eta'_0;$$

et comme le point A a été pris pour origine des longitudes astronomiques et que, par conséquent, H_0 est nul, on aura

$$H'_0 = \eta'_0. \tag{21}$$

Si l'arc AB est petit, H, qui est nul à une des extrémités, restera toujours très petit, de sorte que l'équation (19) pourra s'écrire

$$H'' = \eta''$$

ou, à cause de (21),

$$H' = \eta'. \tag{22}$$

Et si l'on suppose η nul au point A

$$H = \eta. \tag{23}$$

L'équation (18) devient alors

$$\varphi = H \operatorname{tg}\lambda = \eta \operatorname{tg}\lambda. \tag{24}$$

Les équations approchées (23) et (24) sont en somme équivalentes aux formules ordinairement employées (16) et (17) et aux résultats d'Yvon Villarceau.

Définissons les fonctions Y et Z par les équations

$$\frac{dY}{d\lambda} = H, \qquad \frac{dZ}{d\lambda} = Y$$

avec la condition que Y et Z s'annulent au point A

Nous aurons, au lieu de (22) et de (23),

$$H' + Y = \eta', \tag{25}$$

$$H + Z = \eta; \tag{26}$$

d'où

$$\varphi = \eta \operatorname{tg}\lambda - Y + Z \operatorname{tg}\lambda. \tag{27}$$

Si l'arc AB est très petit du premier ordre, en général η (considéré comme nul au point initial A) sera aussi du premier ordre et il en sera de même de H et de φ; mais Y sera du deuxième ordre et Z du troisième; de sorte qu'on pourra négliger les termes du deuxième et du troisième ordre dans les formules (26) et (27), qui se réduiront aux formules (23) et (24).

Mais dans certaines circonstances cette conclusion ne sera pas légitime.

Supposons que l'on soit près de l'équateur; le terme $\eta \operatorname{tg}\lambda$ deviendra beaucoup plus petit à cause du facteur $\operatorname{tg}\lambda$ et pourra devenir comparable à Y.

Dans ce cas, le dernier terme $Z \operatorname{tg}\lambda$ est négligeable, car les deux facteurs Z et $\operatorname{tg}\lambda$ sont tous deux très petits; d'un autre côté, nous pouvons prendre avec une approximation suivante :

$$Y = \int H \, d\lambda = \int \eta \, d\lambda,$$

de sorte que la formule (27) qui donne les azimuts devient

$$\varphi = \eta \operatorname{tg}\lambda - \int \eta \, d\lambda,$$

d'où l'on tire pour la valeur de η

$$\eta = \frac{\varphi}{\operatorname{tg}\lambda} + \operatorname{cotg}\lambda \int \frac{\varphi \, d\lambda}{\operatorname{tg}\lambda}.$$

Le second terme pourra ne pas être négligeable devant le premier, à cause du facteur $\operatorname{cotg}\lambda$ qui est très grand.

Cela sera surtout à craindre si les déviations de la verticale sont grandes et varient irrégulièrement, comme cela peut arriver dans les pays de montagne.

Supposons que, sur l'arc AB, η reste constamment positif, soit nul au point A, croisse d'abord rapidement, puis décroisse de telle façon qu'au point B il redevienne nul ou très petit. Alors $\int \eta \, d\lambda$ pourra être relativement grand, bien que η soit nul ou très petit et le second terme de notre formule pourra devenir le plus important.

Si on laisse de côté les cas où se produiraient de semblables irrégularités, la valeur de η à l'extrémité B sera du même ordre de grandeur que la valeur moyenne de η sur l'arc AB, et il en résultera que le terme $\int \eta \, d\lambda$ sera comparable à η multiplié par l'arc AB (le rayon de la sphère étant pris pour unité).

Par conséquent, pour que l'on puisse négliger ce terme correctif, il faut que l'arc AB soit négligeable devant $\operatorname{tg}\lambda$, c'est-à-dire devant la distance du point B à l'équateur.

Ce terme correctif pourra donc d'autant plus facilement être négligé que l'arc AB sera plus court. Mais tout dépend de la façon dont cet arc est compensé. Quand on réduira un arc de méridien, cet arc sera en général assez long; mais il sera partagé en plusieurs sections assez courtes et à l'extrémité de chacune de ces sections on mesurera les éléments astronomiques (latitude et azimut). Si chaque section était calculée pour elle-même, elle serait assez courte pour qu'il n'y eût pas lieu de se préoccuper de la correction dont nous avons parlé. Mais en opérant de la sorte, on se priverait des avantages de la compensation; on ne peut donc traiter les différentes sections indépendamment les unes des autres.

Supposons, par exemple, qu'on calcule l'arc tout entier, *en bloc*, en partant des seules données géodésiques; puis qu'on veuille se servir des données astronomiques pour calculer les déviations de la verticale aux extrémités des différentes sections. La correction sera alors, en général, nécessaire. Pour qu'on puisse s'en passer, en effet, ce qui devrait y être négligeable devant la latitude, ce ne serait pas la longueur d'une des sections, ce serait la longueur totale de l'arc.

Il faudrait pour ainsi dire, pour avoir le droit de se passer de la correction, *se remettre à l'heure* au commencement de chaque section. Je m'explique. Soit AB l'arc total, partagé par exemple en n sections : AA_2, A_2A_3, ..., $A_{n-1}A_n$, A_nB. Si l'arc AB est calculé *en bloc*, ce sera une ligne géodésique unique, telle que l'azimut astronomique soit nul au point A, et l'on mesurera l'azimut astronomique aux points A_2, ..., A_n, et au point B; c'est de là qu'on déduira les variations de la verticale. Dans ce cas la correction sera nécessaire, à moins que l'arc *total* ne soit négligeable devant la latitude. Si, au contraire, les différentes sections sont traitées indépendamment, l'arc AB sera une sorte de ligne brisée dont les éléments seront des lignes géodésiques. Il faudra donc distinguer en chaque point de division, au point A_i par exemple, qui est un point anguleux de la ligne brisée, l'azimut de l'élément $A_{i-1}A_i$ et l'azimut de l'élément A_iA_{i+1}. L'azimut des divers éléments AA_2, A_2A_3, ..., A_nB aux points *initiaux* A, A_2, ..., A_n, sera nul, et l'on mesurera l'azimut de ces mêmes éléments aux points *finaux* A_2, A_3, ..., B. En d'autres termes, *on se remettra à l'heure* en revenant à l'azimut zéro au commencement de chaque section. Dans ces conditions, la correction ne serait pas nécessaire, pourvu que chaque arc *partiel* soit négligeable devant la latitude.

VI. Si au lieu d'un arc de méridien on avait affaire à un arc orienté d'une manière quelconque, on pourrait appliquer les formules (3) ou (6); mais on peut encore faire autrement.

Au lieu de définir la position d'un point sur la sphère par sa longitude et sa latitude, on peut se servir d'un autre système de coordonnées, qui seraient définies de la même façon que la longitude et la latitude, mais en faisant jouer le rôle du pôle à un point quelconque de la sphère.

Soit alors P le pôle, L et $\lambda + \xi = \nu$ la longitude et la latitude astronomiques d'un point quelconque M, et φ l'azimut astronomique d'une ligne passant par ce point.

Soit maintenant P_1 le point qui dans le nouveau système de coordonnées va jouer le rôle du pôle, c'est-à-dire ce que je pourrai appeler le *nouveau pôle;* soient de même L_1 et ν_1 la *nouvelle* longitude et la *nouvelle* latitude astronomiques du point considéré et φ_1 le nouvel azimut astronomique de la ligne considée.

Il y a entre les quantités L, ν, φ et L_1, ν_1, φ_1, certaines relations faciles à écrire. Si en effet L_0 et ν_0 sont la longitude et la latitude du nouveau pôle P_1 et si l'on envisage le triangle sphérique PP_1M, les trois côtés de ce triangle sont :

$$PP_1 = \frac{\pi}{2} - \nu_0, \qquad PM = \frac{\pi}{2} - \nu, \qquad P_1M = \frac{\pi}{2} - \nu_1$$

et les trois angles sont :

$$P = L - L_0, \qquad P_1 = \pi + L_0 - L_1, \qquad M = \varphi - \varphi_1,$$

Supposons maintenant que l'on ait mesuré un arc AB de ligne géodésique de direction quelconque. Je désignerai par

$$L^0, \quad \nu^0, \quad \varphi^0$$

la longitude et la latitude astronomiques du point A et l'azimut astronomique de AB au point A; par

$$L_1^0, \quad \nu_1^0, \quad \varphi_1^0$$

les *nouvelles* coordonnées astronomiques du point A et le *nouvel* azimut astronomique au point A. Je désignerai par

$$L^1, \quad \nu^1, \quad \varphi^1, \quad L_1^1, \quad \nu_1^1, \quad \varphi_1^1$$

les quantités analogues relatives au point B.

On calculera l'arc AB comme si c'était une ligne géodésiqne de l'ellipsoïde de référence. Mais dans l'analyse qui va suivre, nous pourrons supposer que l'ellipsoïde de référence se réduit à une sphère et que l'aplatissement est nul. L'erreur commise ainsi sera de l'ordre de la déviation η de la verticale multipliée par l'aplatissement e; comme ces deux facteurs sont très petits, cette erreur sera très petite, non seulement d'une manière absolue, mais encore par rapport à la quantité à mesurer, c'est-à-dire à η. C'est ce dont on peut d'ailleurs se rendre compte en comparant les formules (1) et (3) du paragraphe II aux formules (4) et (6) du paragraphe III.

Nous pourrons donc raisonner comme si l'ellipsoïde de référence était une sphère et dire que l'arc AB doit être calculé comme si c'était un arc de grand cercle. Nous choisirons le *nouveau pôle* P_1 sur ce grand cercle de façon que AB soit un arc d'un *nouveau méridien*.

On mesurera L^0, ν^0, φ^0 au point A. Le grand cercle en question sera ainsi entièrement déterminé et l'on choisira le nouveau pôle P_1 sur ce grand cercle. On en déduira L_1^0, ν_1^0, φ_1^0 en résolvant le triangle sphérique PP_1M (qui se réduit à PP_1A), comme il a été expliqué plus haut. On aura d'ailleurs

$$L_1^0 = 0, \qquad \varphi_1^0 = 0.$$

Les nouvelles coordonnées du point B devraient être

$$0, \quad \nu_1^0 + s, \quad 0$$

s'il n'y avait pas de déviation de la verticale; s est la longueur mesurée de l'arc AB. Les observations astronomiques nous donnent pour ces nouvelles coordonnées du point A

$$L_1^1, \quad \nu_1^1, \quad \varphi_1^1,$$

Posons maintenant

$$H_1 = L_1 \cos \nu_1,$$

$$\eta_1 = \eta \cos \varphi - \xi \sin \varphi, \qquad \xi_1 = \eta \sin \varphi + \xi \cos \varphi,$$

$$Y_1 = \int H_1 \, d\nu_1, \qquad Z_1 = \int Y_1 \, d\nu_1,$$

de sorte que H_1, η_1, Y_1, Z_1 jouent par rapport au nouveau système de coordonnées le même rôle que H, η, Y, Z par rapport à l'ancien.

L'arc AB étant un *nouveau méridien*, les formules du paragraphe précédent seront applicables et nous aurons

$$H_1 + Z_1 = \eta_1, \qquad \varphi_1 = \eta_1 \operatorname{tg} v_1 - Y_1 + Z_1 \operatorname{tg} v_1,$$
$$H_1'' + H_1 = \eta_1'', \qquad H_1' = \varphi_1 - H_1 \operatorname{tg} v_1 + \eta_1'.$$

$v_1 =$ latitude géodésique $+ \xi_1$.

Je n'aurais donc rien à changer à ce que j'ai dit au paragraphe précédent si l'on mesurait soit L_1 d'où H_1, soit φ_1. Mais ce que l'on mesurera, ce sera soit la longitude L, soit l'azimut φ (rapportés au système de coordonnées habituel).

Il est inutile d'écrire explicitement les relations entre L_1, v_1, φ_1, L, v et φ. La considération du triangle sphérique PP_1M nous donne trois relations entre L_1, v_1, L, v et $\varphi - \varphi_1$. Nous aurons donc une relation entre $\varphi - \varphi_1$, L_1 et v_1 et nous pourrons écrire

$$\varphi = \varphi_1 + F(L_1, v_1).$$

En faisant dans cette équation $L_1 = \varphi_1 = 0$, $v_1 = v_1^0 + s$, on aura l'azimut calculé

$$\varphi = F(0, v_1^0 + s).$$

En y faisant $L_1 = L_1^1$, $\varphi_1 = \varphi_1^1$, $v_1 = v_1^1$, on aura l'azimut astronomique observé que j'appellerai $\varphi + \delta\varphi$; on aura donc

$$\delta\varphi = \varphi_1^1 + \frac{dF}{dL_1} L_1^1 + \frac{dF}{dv_1} \delta v_1$$

en posant

$$\delta v_1 = v_1^1 - v_1^0 - s;$$

d'où

$$\delta\varphi = \eta_1 \operatorname{tg} v_1 - Y_1 + Z_1 \operatorname{tg} v_1 + \frac{1}{\cos v_1} \frac{dF}{dL_1} (\eta_1 - Z_1) + \frac{dF}{dv_1} \xi_1. \tag{28}$$

Si l'arc est très petit, on peut négliger Y_1 et Z_1 et écrire simplement

$$\delta\varphi = \eta_1 \operatorname{tg} v_1 + \frac{1}{\cos v_1} \frac{dF}{dL_1} \eta_1 + \frac{dF}{dv_1} \xi_1.$$

ou

$$\delta\varphi = \left(\operatorname{tg} v_1 + \frac{1}{\cos v_1} \frac{dF}{dL_1}\right)(\eta \cos\varphi - \xi \sin\varphi) + \frac{dF}{dv_1}(\xi \cos\varphi + \eta \sin\varphi).$$

Mais si l'arc est très petit, on peut appliquer simplement les formules ordinaires de la déviation de la verticale, de sorte que

$$\delta\varphi = \eta \operatorname{tg} \lambda.$$

En identifiant on voit que

$$\eta \operatorname{tg}\lambda = \eta_1 \operatorname{tg} v_1 + \frac{1}{\cos v_1} \frac{dF}{dL_1} \eta_1 + \frac{dF}{dv_1} \xi_1,$$

de sorte que la formule (28) devient

$$\delta\varphi = \eta \operatorname{tg}\lambda - Y_1 + Z_1 \operatorname{tg} v_1 + \frac{1}{\cos v_1} \frac{dF}{dL_1} Z_1.$$

En seconde approximation, on peut négliger Z_1 et prendre

$$Y_1 = \int \eta_1 \, dv_1;$$

d'où

$$(29) \qquad \delta\varphi = \eta \operatorname{tg}\lambda - \int \eta_1 \, dv_1,$$

$$(30) \qquad \eta = \delta\varphi \operatorname{cotg}\lambda + \operatorname{cotg}\lambda \int \eta_1 \, dv_1.$$

Sous les latitudes équatoriales le facteur cotgλ est très grand, de sorte que le terme correctif peut être sensible, bien que $\int \eta_1 \, dv_1$ soit petit.

Ces conclusions ne seraient pas modifiées si l'on tenait compte de l'aplatissement, c'est-à-dire si l'on prenait pour surface de référence un ellipsoïde et non une sphère. Les formules finales conserveraient la même forme, seulement les coefficients devraient subir une correction qui pourrait aller au plus au centième de leur valeur.

On voit par ce rapide exposé de quels pièges on devrait se défier si l'on voulait déterminer près de l'équateur les déviations de la verticale par le moyen des mesures d'azimut. Déjà dans sa triangulation de Java, sous une latitude assez basse et dans un pays très accidenté, M. Oudemans a rencontré des difficultés analogues. Il résulte, en effet, de l'ensemble de ses déterminations que les déviations de la verticale déduites des mesures d'azimut sont en général et systématiquement trois fois plus grandes que les déviations déduites des mesures de longitude (dans des stations différentes, il est vrai).

Dans ces conditions, il est clair qu'il vaudra mieux, dans un grand nombre de cas, s'abstenir de rien déduire des mesures d'azimut prises près de l'équateur, d'autant plus que toute erreur commise dans cette mesure se trouve affectée du facteur considérable cotgλ.

Remarquons encore que dans la formule (29) le terme principal ne dépend que de η, tandis que le terme correctif dépend de η_1, et par conséquent à la fois de ξ et de η.

SUR L'ÉQUILIBRE DES MERS

Comptes rendus de l'Académie des Sciences, t. 118, p. 948-952 (30 avril 1894).

La théorie des marées n'est pas encore faite; la précision avec laquelle on les prédit ne doit pas faire illusion, car les procédés employés sont semi-empiriques.

Laplace n'a pu arriver à intégrer ses équations qu'en supposant qu'il n'y a pas de continents, et que la profondeur de la mer ne dépend que de la latitude. Cette hypothèse est beaucoup trop éloignée de la réalité pour qu'on puisse rien conclure du résultat qu'il a obtenu.

L'étude des oscillations à longue période et en particulier de la marée bimensuelle est relativement facile; on peut y négliger, en effet, l'inertie du liquide et la force de Coriolis, ce qui réduit la question à un simple problème de Statique. L'importance de ce problème a été mise en évidence dans le Traité de Philosophie naturelle de Thomson et Tait. Ces deux illustres savants, aidés par M. G. Darwin, ont cherché, en effet, en comparant la théorie avec les observations, à reconnaître quelle déformation élastique subissait la masse solide du globe sous l'influence de l'attraction lunaire.

Leur conclusion est que le globe terrestre présente une rigidité égale à celle de l'acier, sinon une rigidité plus grande encore; toutefois les résultats sont trop discordants pour que cette conclusion soit absolument certaine.

Ces discordances sont dues, sans doute, pour la plus grande part, à l'incertitude des observations; mais l'imperfection de la théorie y est peut-être aussi pour quelque chose.

Dans les paragraphes **806** à **810** de l'Ouvrage que je viens de citer, on cherche à tenir compte de la présence des continents, mais en négligeant l'attraction mutuelle des eaux soulevées; dans le paragraphe **815**, on tient compte de cette attraction, mais en supposant qu'il n'y a pas de continent; il arrive alors que l'amplitude de la marée est, par l'effet de cette attraction, multipliée par un coefficient dont l'expression est très simple; mais la valeur de ce coefficient pourrait être considérablement modifiée par la présence des continents. Il y aurait donc lieu de poussser plus loin l'approximation; on rendrait ainsi plus facile et plus sûre la discussion nouvelle des observations, qui pourrait être entreprise dès que celles-ci seront plus nombreuses et plus exactes.

Voici comment le problème se pose analytiquement :

Soient

1, le rayon du globe supposé sphérique;
h, la surélévation des mers;
σ, la densité du globe terrestre;
1, celle des mers.

Soit V le potentiel dû à l'attraction de l'eau soulevée, de telle sorte que, si $d\omega$ est un élément de la surface de la sphère terrestre et ρ la distance de cet élément au point (x, y, z), on ait

$$V = \int \frac{h\,d\omega}{\rho}.$$

Si alors je désigne par r la distance du point (x, y, z) au centre de la Terre et si j'envisage en particulier la valeur de V pour $r = 1$, on aura

$$2\frac{dV}{dr} + V = 4\pi h.$$

Je désigne par φ la fonction perturbatrice (qui, d'après l'approximation généralement admise, est à la surface de la sphère une fonction sphérique du second ordre) et par C une constante que je me réserve de déterminer plus tard.

On aura alors à la surface des continents

$$h = 0, \qquad \text{d'où} \qquad 2\frac{dV}{dr} + V = 0,$$

et à la surface des mers

$$V - \frac{4\pi\sigma}{3}h = \varphi + C,$$

d'où

$$2\frac{dV}{dr} + V = \xi(V - \varphi - C) = \xi V + \psi$$

en posant

$$\xi = \frac{3}{\sigma}, \qquad \psi = -\xi(\varphi + C).$$

Ces conditions, jointes à l'équation de Laplace $\Delta V = 0$ et à la condition de la constance du volume total des eaux, déterminent V et h.

Cherchons alors à développer V et h suivant les puissances croissantes de ξ en posant

$$(1) \qquad V = V_0 + V_1\xi + V_2\xi^2 + \ldots, \qquad h = h_0 + h_1\xi + h_2\xi^2 + \ldots.$$

Toutes les quantités h_i doivent s'annuler à la surface des continents et l'on aura, d'autre part, à la surface des mers,

$$2\frac{dV_0}{dr} + V_0 = \psi, \qquad 2\frac{dV_1}{dr} + V_1 = V_0, \qquad 2\frac{dV_2}{dr} + V_2 = V_1 \qquad \ldots.$$

On en déduit

$$V_0 = \int \frac{\psi\, d\omega}{4\pi\rho}, \qquad V_1 = \int \frac{V_0\, d\omega}{4\pi\rho}, \qquad \ldots,$$

les intégrales étant étendues à tous les éléments $d\omega$ de la surface des mers seulement, ainsi que toutes celles que nous aurons à considérer dans la suite.

On peut se demander si les séries ainsi obtenues convergent. La réponse doit être affirmative, comme le prouve la méthode de Schwarz convenablement modifiée.

Si nous posons, en effet,

$$\int V_n V_m\, d\omega = W_{m.n},$$

nous voyons aisément que l'on a

$$W_{m.n} = W_{m+n.0} = W_{m+n}; \qquad W_n > 0; \qquad \frac{W_1}{W_0} < \frac{W_2}{W_1} < \frac{W_3}{W_2} < \ldots.$$

De plus $\frac{W_{n+1}}{W_n}$ est toujours plus petit que 1, et si ψ est égal à la somme de $(p+1)^2$ fonctions données multipliées chacune par un coefficient arbitraire, on peut disposer de ces coeficients arbitraires de telle sorte que

$$\frac{W_{n+1}}{W_n} < 2p + 1.$$

Si alors μ est la limite de $\frac{W_n}{W_{n+1}}$ pour n infini, on pourra trouver des nombres k et g tels que

$$V_n < \mu^n(kn + g),$$

ce qui prouve que les séries (1) convergent uniformément, pourvu que $\xi < \mu$.

La fonction V est une fonction méromorphe de ξ; soit k_i l'un des pôles; le résidu correspondant sera un coefficient constant A_i, multiplié par une fonction u_i satisfaisant aux conditions suivantes :

$$\Delta u_i = 0 \quad \text{(à l'intérieur du globe)}; \qquad \int u_i^2 d\omega = 1;$$

$$2\frac{du_i}{dr} + u_i = 0 \quad \text{(à la surface des continents)};$$

$$2\frac{du_i}{dr} + u_i = k_i u_i \quad \text{(à la surface des mers)}.$$

Les fonctions u_i jouent, par rapport à un globe dont la surface est formée de continents et de mers, le même rôle que les fonctions sphériques par rapport à un globe entièrement recouvert par les eaux. Une fonction quelconque peut, à la surface des mers, être développée en série procédant suivant les fonctions u_i, soit

$$\psi = \Sigma A_i u_i, \qquad A_i = \int \psi u_i d\omega,$$

d'où

(2)
$$V = \sum \frac{A_i u_i}{k_i - \xi}.$$

Il reste à déterminer la constante arbitraire C, qui entre implicitement dans ψ; on le fera en écrivant que le volume des mers demeure invariable.

S'il n'y avait pas de continents, les fonctions u_i se réduiraient aux fonctions sphériques; on aurait

$$k_1 = 1, \qquad k_2 = k_3 = k_4 = 3, \qquad k_5 = 5;$$

$$u_1 = \frac{1}{2\sqrt{\pi}}, \qquad u_2 = \frac{x}{2}\sqrt{\frac{3}{\pi}}, \qquad u_3 = \frac{y}{2}\sqrt{\frac{3}{\pi}}, \qquad u_4 = \frac{z}{2}\sqrt{\frac{3}{\pi}};$$

$$A_1 = A_2 = A_3 = A_4 = 0; \qquad \psi = A_5 u_5$$

et

$$V = \frac{A_5 u_5}{5 - \xi}.$$

Pour passer du résultat où ξ est négligé au résultat exact, il suffit alors de le multiplier par le facteur

(3)
$$\frac{1}{1 - \frac{\xi}{5}};$$

si maintenant on tient compte des continents, les nombres k_i augmentent et le facteur précédent devient

$$\frac{1}{1-\frac{\xi}{k_0}} < \frac{1}{1-\frac{\xi}{5}}.$$

Mais, et c'est là que je voulais en venir, les coefficients A_1, A_2, A_3, A_4 ne sont plus nuls et la formule (2) contient des termes où entrent les facteurs

$$\frac{1}{1-\frac{\xi}{k_i}} \qquad (i = 1, 2, 3, 4).$$

lesquels sont notablement plus grands que le facteur (3).

Il est très probable que, avec la distribution réelle des continents, les coefficients A_1, A_2, A_3, A_4, sans être nuls, sont négligeables. MM. Thomson et Tait auraient alors eu raison de dire au paragraphe 816 que l'attraction mutuelle des eaux n'altère pas sensiblement les résultats. Mais la vérification reste à faire; dans l'état actuel de la théorie, elle entraînerait sans doute des calculs fort pénibles et hors de proportion avec le but à atteindre. Peut-être cependant les considérations qui précèdent aideront-elles d'autres chercheurs à trouver une méthode assez rapide pour qu'on puisse calculer une limite supérieure de A_1, A_2, A_3 et A_4

SUR L'ÉQUILIBRE

ET

LES MOUVEMENTS DES MERS

Journal de Mathématiques, 5e série, t. 2, p. 57-102 (1896).

Introduction.

Le problème des marées présente une telle complication qu'il ne peut guère être abordé du premier coup dans toute sa généralité et qu'il convient de partager la difficulté. Il faudrait tenir compte à la fois de l'attraction des astres, de celle du bourrelet liquide, qu'ils soulèvent, de l'inertie du liquide, de la présence des continents, de la rotation du Globe et de la force centrifuge composée, etc.

Peut-être serait-ce s'acheminer vers la solution complète que d'examiner séparément chacune de ces difficultés et de chercher à résoudre le problème quand on n'a à triompher que d'une seule d'entre elles.

Si les astres étaient fixes par rapport à la Terre et entraînés dans son mouvement de rotation, le problème serait beaucoup plus simple, puisque la surface des océans prendrait une position d'équilibre dont elle ne s'écarterait plus. On n'aurait plus alors à tenir compte ni de l'inertie du liquide, ni de la force centrifuge composée et l'on serait ramené à une simple question de Statique.

On pourrait encore se contenter de cette approximation si le mouvement des astres était très lent; les mers prendraient alors une forme très peu différente de leur figure d'équilibre.

Malheureusement il n'en est pas ainsi et cependant la solution de cette question peut avoir une importance pratique; les oscillations réelles des mers peuvent être regardées comme la superposition d'un grand nombre d'oscillations périodiques, les unes à courte, les autres à longue période. Chacune de ces oscillations partielles se comporte comme si elle était seule. Les oscillations à très longue période peuvent alors se calculer par la méthode statique. C'est ce qu'ont très bien aperçu lord Kelvin et M. Tait (*cf.* Tait et Thomson, *Traité de Philosophie naturelle*).

Cette étude statique serait extrêment simple si les océans recouvraient toute la surface de la Terre; l'emploi des fonctions sphériques donnerait une solution immédiate, soit que l'on néglige l'attraction du bourrelet liquide, soit qu'on en tienne compte.

La présence des continents complique le problème; si l'on néglige l'attraction du bourrelet liquide, il suffit d'appliquer une correction très simple; c'est ce qu'ont fait Tait et Thomson.

J'ai voulu le traiter en tenant compte à la fois de l'attraction du bourrelet et de la présence des continents; j'y suis parvenu en introduisant certaines fonctions dont les propriétés rappellent celles des fonctions sphériques, mais qui dépendent de la forme des continents.

Je me suis occupé ensuite des oscillations à courte période, mais *en négligeant d'abord l'attraction du bourrelet liquide*. Il est d'abord aisé de voir que l'étude des oscillations éprouvées par la mer sous l'influence des mouvements des astres se ramène à celle de ses oscillations propres, c'est-à-dire de celles qu'elle éprouverait, *si elle était soustraite à cette influence* et si elle était écartée de sa figure d'équilibre, puis abandonnée à elle-même. C'est ainsi que l'intégration des équations différentielles linéaires à second membre se ramène à l'intégration des équations sans second membre.

J'ai donc été conduit à étudier les oscillations propres d'un liquide. J'ai supposé d'abord que ce liquide était enfermé dans un vase assez petit pour qu'on puisse négliger la courbure de la surface d'équilibre; j'ai distingué le cas où la profondeur est finie et celui où elle est infiniment petite.

J'ai abordé ensuite le cas où le vase est assez grand pour qu'on doive regarder la surface d'équilibre comme sphérique.

J'ai fait ressortir l'analogie de ce problème avec celui des vibrations d'une membrane tendue dont je me suis occupé dans les *Rendiconti del Circolo matematico di Palermo*.

Enfin j'ai abordé un problème se rapprochant beaucoup plus de la réalité et j'ai tenu compte de la rotation du Globe et de la force centrifuge composée.

I. — Équilibre des mers.

Soit V_1 le potentiel dû à la sphère terrestre, V_2 celui qui est dû au bourrelet liquide, $+\varphi$ celui qui est dû aux astres et à la force centrifuge. Le potentiel total $V_1 + V_2 + \varphi$ devra être égal à une constante C à la surface de la mer qui différera d'ailleurs peu d'une sphère

$$V_1 + V_2 + \varphi = C.$$

Soit ρ la densité de la sphère terrestre, 1 son rayon, h l'épaisseur du bourrelet, de telle façon que la distance de la surface de la mer au centre de la Terre soit $1 + h$; nous aurons

$$V_1 = \frac{4}{3}\pi\rho(1 + h)^{-1} = \frac{4}{3}\pi\rho - \frac{4}{3}\pi\rho h.$$

Soit σ la densité du liquide, V_2 pourra être regardé comme le potentiel d'une surface attirante; cette surface pourra être confondue avec celle de la sphère terrestre et la densité superficielle de la matière attirante sera σh.

Si j'envisage la dérivée $\frac{dV_2}{dr}$, elle aura des valeurs différentes en un point très voisin de la sphère, mais intérieur, et en un point très voisin de la sphère, mais extérieur. Pour éviter toute confusion, je désignerai par $\frac{dV_2}{dr}$ la dérivée en un point intérieur et par $\frac{dV'_2}{dr}$ la dérivée en un point extérieur; il viendra alors

$$\frac{dV_2}{dr} - \frac{dV'_2}{dr} = 4\pi\sigma h.$$

D'autre part, si V_2 à la surface de la sphère est développée en série de fonctions sphériques et que l'on ait

$$V_2 = \Sigma X_n,$$

il viendra

$$\frac{dV_2}{dr} = \Sigma n X_n, \qquad \frac{dV'_2}{dr} = -\Sigma(n + 1)X_n,$$

d'où

$$4\pi\sigma h = \Sigma(2n + 1)X_n = 2\frac{dV_2}{dr} + V_2.$$

L'équation d'équilibre devient donc

$$\frac{4}{3}\pi\rho - \frac{4}{3}\pi\rho h + V_2 = C - \varphi$$

ou

$$V_2\left(1-\frac{\rho}{3\sigma}\right)-\frac{2\rho}{3\sigma}\frac{dV_2}{dr}=C-\frac{4}{3}\pi\rho-\varphi.$$

Cette équation devra être satisfaite à la surface des mers; à la surface des continents, on devra avoir $h = 0$, d'où

$$2\frac{dV_2}{dr}+V_2=0.$$

Enfin, à l'intérieur de la sphère, on aura

$$\Delta V_2 = 0.$$

Nous pouvons simplifier un peu ces notations; supprimons d'abord l'indice 2 devenu inutile et écrivons V au lieu de V_2. Posons ensuite

$$\xi_0=\frac{3\sigma}{\rho},\qquad \Phi=\frac{3\sigma}{\rho}\varphi,\qquad \left(C-\frac{4}{3}\pi\rho\right)\frac{3\sigma}{\rho}=-k.$$

On devra avoir à la surface des mers

$$2\frac{dV}{dr}+V=\xi_0 V+\Phi+k$$

et à la surface des continents

$$2\frac{dV}{dr}+V=0.$$

Pour réunir ces deux équations en une seule, j'introduirai un coefficient ε qui sera égal à 1 sur la surface des mers et à 0 sur celle des continents et j'écrirai

$$(1)\qquad 2\frac{dV}{dr}+V=\xi_0\varepsilon V+\varepsilon(\Phi+k).$$

Le problème consiste alors à trouver une fonction V qui satisfasse à l'équation (1) à la surface de la sphère et à

$$\Delta V = 0$$

à l'intérieur de la sphère.

Pour cela remplaçons l'équation (1) par

$$(1\ bis)\qquad 2\frac{dV}{dr}+V=\xi\varepsilon V+\varepsilon(\Phi+k),$$

où ξ est une indéterminée et développons V suivant les puissances de ξ. Soit

$$V=v_0+\xi v_1+\xi^2 v_2-\ldots.$$

Il viendra

$$2\frac{dv_0}{dr} + v_0 = \varepsilon(\Phi + k),$$

$$2\frac{dv_1}{dr} + v_1 = \varepsilon v_0,$$

$$2\frac{dv_2}{dr} + v_2 = \varepsilon v_1,$$

et, en général.

(2) $$2\frac{dv_n}{dr} + v_n = \varepsilon v_{n-1}$$

à la surface de la sphère et

(3) $$\Delta v_n = 0$$

à l'intérieur.

Le théorème de Green nous donne

$$\int\left(v_n\frac{dv_m}{dr} - v_m\frac{dv_n}{dr}\right)d\omega = 0,$$

ou, en tenant compte de (2),

(4) $$\int(v_n v_{m-1} - v_m v_{n-1})\varepsilon\, d\omega = 0.$$

Les intégrations doivent être étendues à tous les éléments $d\omega$ de la surface de la sphère.

Posons

$$\int v_m v_n \varepsilon\, d\omega = V_{m,n}.$$

L'équation (4) montre que

$$V_{m,n-1} = V_{m-1,n},$$

et comme, d'ailleurs,

$$V_{m,n} = V_{n,m},$$

on conclut que

$$V_{m,n} = V_{0,m+n},$$

ce qui me permettra d'écrire avec un seul indice

$$V_{m,n} = V_{m+n}.$$

Je dis que V_n est essentiellement positif; en effet, si $n = 2p$, on a

$$V_n = \int v_p^2 \varepsilon\, d\omega > 0,$$

et si $n = 2p - 1$, on a

$$V_n = \int v_p v_{p-1}\, \varepsilon\, d\omega = \int v_p \left(2\frac{dv_p}{dr} + v_p\right) d\omega = \int 2v_p \frac{dv_p}{dr}\, d\omega + \int v_p^2\, d\omega,$$

ou, en vertu du théorème de Green,

$$V_n = 2\int \sum \left(\frac{dv_p}{dx}\right)^2 d\tau + \int v_p^2\, d\omega > 0.$$

La première intégrale doit être étendue à tous les éléments $d\tau$ du volume de la sphère et $\sum \left(\frac{dv_p}{dx}\right)^2$ est la somme des carrés des trois dérivées partielles de v_p.

Si l'on change Φ en $\Phi + \lambda v_0$, v_n se change en $v_n + \lambda v_{n+1}$; V_{2n} et V_{2n-1} se changent en

$$\int (v_n + \lambda v_{n+1})^2 \varepsilon\, d\omega = V_{2n} + 2\lambda V_{2n+1} + \lambda^2 V_{2n+2}$$

et

$$\int (v_n + \lambda v_{n+1})(v_{n-1} + \lambda v_n)\varepsilon\, d\omega = V_{2n-1} + 2\lambda V_{2n} + \lambda^2 V_{2n+1}.$$

Ces expressions, quel que soit λ, doivent être positives; c'est-à-dire que les équations en λ

$$V_{2n} + 2\lambda V_{2n+1} + \lambda^2 V_{2n+2} = 0, \qquad V_{2n-1} + 2\lambda V_{2n} + \lambda^2 V_{2n+1} = 0$$

doivent avoir leurs racines imaginaires. On a donc

$$V_{2n+1}^2 < V_{2n} V_{2n+2}, \qquad V_{2n}^2 < V_{2n-1} V_{2n+1},$$

d'où

$$\frac{V_{2n}}{V_{2n-1}} < \frac{V_{2n+1}}{V_{2n}} < \frac{V_{2n+2}}{V_{2n+1}}.$$

Le rapport $\frac{V_{n+1}}{V_n}$ va donc en croissant avec n.

Or

$$\frac{V_{2n}}{V_{2n-1}} = \frac{\int v_n^2 \varepsilon\, d\omega}{2\int \sum \left(\frac{dv_n}{dx}\right)^2 d\tau + \int v_n^2\, d\omega} < \frac{\int v_n^2\, d\omega}{2\int \sum \left(\frac{dv_n}{dx}\right)^2 d\tau + \int v_n^2\, d\omega}.$$

Si v_n est développé en série de fonctions sphériques sous la forme

$$v_n = \Sigma X_p,$$

nous aurons

$$\frac{dv_n}{dr} = \Sigma p X_p.$$

Si nous posons

$$\int X_p^2 \, d\omega = A_p^2,$$

il viendra

$$\int v_n^2 \, d\omega = \Sigma A_p^2$$

et

$$\int \sum \left(\frac{dv_n}{dx}\right)^2 d\tau = \int \frac{dv_n}{dr} v_n \, d\omega = \Sigma p A_p^2,$$

d'où

$$\frac{V_{2n}}{V_{2n-1}} = \frac{\Sigma A_p^2}{\Sigma(2p+1)A_p^2} < 1, \qquad \frac{V_{n+1}}{V_n} < 1$$

Soit

$$\Phi + k = \alpha_1 \varphi_1 + \alpha_2 \varphi_2 + \ldots + \alpha_q \varphi_q,$$

où $\varphi_1, \varphi_2, \ldots, \varphi_q$ sont q fonctions données et où $\alpha_1, \alpha_2, \ldots, \alpha_q$ sont des indéterminées. Les fonctions V et v_n seront des fonctions linéaires et homogènes des α, et nous pourrons poser

$$v_n = \alpha_1 v_n^{(1)} + \alpha_2 v_n^{(2)} + \ldots + \alpha_q v_n^{(q)}.$$

Le rapport $\frac{V_{2n}}{V_{2n-1}}$ dépend aussi des α.

Or, si $q = \nu^2$, je puis, quelles que soient les fonctions φ_i, choisir les indéterminées α de telle façon que le développement de v_n en série de fonctions sphériques, commence par une fonction d'ordre $\nu - 1$.

On aura alors

$$\frac{V_{2n}}{V_{2n-1}} < \frac{1}{2\nu - 1}. \tag{5}$$

Considérons $\alpha_1, \alpha_2, \ldots, \alpha_q$ comme les coordonnées homogènes d'un point dans l'espace à $q - 1$ dimensions. On pourra trouver dans cet espace une région R_n telle qu'à l'intérieur de cette région l'inégalité (5) soit vérifiée.

On pourra également trouver une région R_{n+1} telle que dans cette région on ait

$$\frac{V_{2n+2}}{V_{2n+1}} < \frac{1}{2\nu - 1}.$$

Cette région sera tout entière contenue dans R_n, puisque

$$\frac{V_{2n}}{V_{2n-1}} < \frac{V_{2n+2}}{V_{2n+1}}.$$

On peut en conclure que, quand n croît indéfiniment, R_n tend à se réduire à une région limite que j'appelle R, qui peut se réduire à un seul point, mais qui contient au moins un point.

Le rapport $\frac{V_{n+1}}{V_n}$ allant en croissant et étant plus petit que 1 tend vers une limite qui est au plus égale à 1; mais d'après ce qui précède, si le point α_1, α_2, ..., α_q est dans la région R, cette limite sera plus petite que $\frac{1}{2\nu - 1}$.

On peut donc trouver un nombre A tel que l'on ait

$$V_n < A(2\nu - 1)^{-n},$$

pourvu que le point α_1, α_2, ..., α_q soit dans la région R.

Cela posé, il est aisé d'intégrer l'équation (2). Soient $d\omega$ et $d\omega'$ deux éléments de la surface de la sphère; D la distance de ces deux éléments, soient ε' et v'_{n-1} les valeurs des fonctions ε et v_{n-1} au centre de gravité de l'élément $d\omega'$; on aura

$$(6) \qquad v_n = \int \frac{\varepsilon' v'_{n-1} \, d\omega'}{4\pi D}.$$

Je me propose de trouver la limite supérieure de $|v_n|$ que j'appelle g_n.

Pour cela, je divise la surface de la sphère en deux régions, que j'appelle R'' et R'''. Ces deux régions seront séparées l'une de l'autre par un petit cercle qui sera l'intersection de la sphère terrestre avec une autre sphère ayant pour centre l'élément $d\omega$ et pour rayon μ. La région R'' sera celle des deux régions qui contiendra l'élément $d\omega$. Nous poserons

$$v_n = v''_n + v'''_n.$$

v''_n sera défini comme v_n par l'intégrale (6); seulement cette intégrale, au lieu d'être étendue à la sphère tout entière, sera étendue à la région R''; de même, v'''_n sera l'intégrale (6) étendue à R'''.

Cela posé, nous aurons

$$(v''_n)^2 = \left[\int \frac{\varepsilon' v'_{n-1}}{4\pi D} d\omega'\right]^2 < \int \varepsilon'^2 v'^2_{n-1} d\omega' \int \frac{d\omega'}{16\pi^2 D^2}.$$

Les intégrales doivent être étendues à R'''. La première est plus petite que

$$\int \varepsilon'^2 v'^2_{n-1} d\omega'$$

étendue à la sphère tout entière; mais cette dernière est égale à

$$\int \varepsilon' v'^2_{n-1} d\omega' = V_{2n-2};$$

car

$$\varepsilon' = 0 \quad \text{ou} \quad 1, \qquad \text{d'où} \qquad \varepsilon' = \varepsilon'^2.$$

D'autre part,

$$\int \frac{d\omega'}{16\pi^2 D^2} < \int \frac{d\omega'}{16\pi^2\mu^2} = \frac{1}{4\pi\mu^2};$$

car dans R''' on a $D > \mu$.

Il vient ainsi

$$|v_n'''| < \frac{\sqrt{V_{2n-2}}}{2\mu\sqrt{\pi}} < \frac{1}{2\mu}\sqrt{\frac{A}{\pi}}\,(2\nu - 1)^{-(n-1)}$$

(si le point $\alpha_1, \alpha_2, \ldots, \alpha_q$ est dans la région R).

On a ensuite

$$|v_n''| = \left| \int \frac{\varepsilon' v_{n-1}'}{4\pi D}\, d\omega' \right| < \int \frac{g_{n-1}\, d\omega'}{4\pi D}.$$

Les intégrales doivent être étendues à R''; la seconde est aisée à calculer; elle est égale à $\frac{\mu g_{n-1}}{2}$.

Il vient donc

$$|v_n''| < \frac{\mu g_{n-1}}{2},$$

d'où

$$|v_n| < \frac{1}{2\mu}\sqrt{\frac{A}{\pi}}\,(2\nu - 1)^{-(n-1)} + \frac{\mu}{2} g_{n-1}$$

et

$$g_n < \frac{1}{2\mu}\sqrt{\frac{A}{\pi}}\,(2\nu - 1)^{-(n-1)} + \frac{\mu}{2} g_{n-1}.$$

La quantité μ est arbitraire; mais il nous suffit de lui donner une valeur quelconque; l'inégalité précédente peut s'écrire

$$g_n < \frac{a}{(2\nu - 1)^n} + b g_{n-1},$$

a et b étant des constantes.

Si λ est la plus petite des deux quantités

$$b = \frac{\mu}{2} \qquad \text{et} \qquad \frac{1}{2\nu - 1},$$

cela s'écrit

$$g_n < a\lambda^n + \lambda g_{n-1}.$$

On en déduit

$$
\begin{aligned}
&g_1 < (a + g_0)\lambda, \\
&g_2 < a\lambda^2 + \lambda g_1 < \lambda^2(2a + g_0), \\
&g_3 < a\lambda^3 + \lambda g_2 < \lambda^3(3a + g_0), \\
&\dots\dots\dots\dots\dots\dots\dots\dots \\
&g_n < \lambda^n(na + g_0), \\
&\dots\dots\dots\dots\dots\dots
\end{aligned}
$$

Comme μ est arbitraire, je puis prendre

$$\mu < \frac{2}{2\nu - 1}$$

d'où

$$\lambda = \frac{1}{2\nu - 1}.$$

Il résulte de là que la série

$$v_0 + \xi v_1 + \xi^2 v_2 + \dots$$

est (pourvu que le point $\alpha_1, \alpha_2, \dots, \alpha_q$ soit dans la région R) absolument et uniformément convergente toutes les fois que

$$|\xi| < 2\nu - 1.$$

Soit maintenant

$$
(7) \qquad \begin{cases}
\varphi^\star = \alpha_1(\Phi + k) + \alpha_2 v_0 + \alpha_3 v_1 \dots + \alpha_q v_{q-2} \qquad (q = \nu^2), \\
v_n^\star = \alpha_1 v_n + \alpha_2 v_{n+1} + \dots + \alpha_q v_{n+q-1}, \\
V^\star = v_0^\star + \xi v_1^\star + \xi^2 v_2^\star + \dots,
\end{cases}
$$

d'où

$$2\frac{dV^\star}{dr} + V^\star = \xi\varepsilon V^\star + \varepsilon\varphi^\star.$$

Si alors $V^\star$ est regardée comme une fonction de ξ définie par la série (7) et si le point $\alpha_1, \alpha_2, \dots, \alpha_q$ est dans la région R, cette fonction de ξ sera holomorphe dans le cercle de rayon $2\nu + 1$.

Mais on a

$$
\begin{aligned}
V^\star = \alpha_1 V + \alpha_2 \frac{V - v_0}{\xi} + \alpha_3 \frac{V - v_0 - v_1\xi}{\xi^2} + \dots \\
+ \alpha_q \frac{V - v_0 - v_1\xi - \dots - v_{q-2}\xi^{q-2}}{\xi^{q-1}},
\end{aligned}
$$

d'où l'on peut conclure que V est une fonction rationnelle de $V^\star$ et de ξ et que, par conséquent, à l'intérieur du cercle de rayon $2\nu + 1$, V est une fonction méromorphe de ξ dont les pôles sont les racines de l'équation

$$\alpha_1\xi^{q-1} + \alpha_2\xi^{q-2} + \alpha_3\xi^{q-3} + \dots + \alpha_{q-1}\xi + \alpha_q = 0.$$

Comme ν est arbitraire, il résulte de là que V est méromorphe dans tout le plan et que ses pôles sont fixes, je veux dire indépendants du centre de gravité de l'élément $d\omega$.

Je vais maintenant montrer que les pôles sont simples et étudier les résidus; je veux démontrer que, si ξ_i est un pôle et U_i le résidu correspondant, on a à la surface de la sphère

$$2\frac{dU_i}{dr} + U_i = \varepsilon\xi_i U_i, \tag{8}$$

et à l'intérieur

$$\Delta U_i = 0.$$

Il me suffirait pour cela de répéter le raisonnement que j'ai fait dans mon Mémoire sur les équations de la Physique mathématique qui a été inséré dans les *Rendiconti del Circolo matematico di Palermo;* il est inutile de le reproduire ici.

Le théorème de Green nous donne

$$\int\left(V\frac{dU_i}{dr} - U_i\frac{dV}{dr}\right)d\omega = 0,$$

ou en vertu des équations (1 *bis*) et (8)

$$\int \varepsilon\, d\omega[V\xi_i U_i - U_i(\xi V + \Phi + k)] = 0$$

ou

$$(\xi_i - \xi)\int \varepsilon V U_i\, d\omega = \int \varepsilon U_i(\Phi + k)\, d\omega.$$

Soit alors

$$V = \frac{U_i}{\xi - \xi_i} + V',$$

V′ ne deviendra pas infini pour $\xi = \xi_i$; il viendra donc

$$-\int \varepsilon U_i^2\, d\omega + \int (\xi_i - \xi) V' U_i \varepsilon\, d\omega = \int \varepsilon U_i(\Phi + k)\, d\omega,$$

ou pour $\xi = \xi_i$

$$-\int \varepsilon U_i^2\, d\omega = \int \varepsilon U_i(\Phi + k)\, d\omega. \tag{9}$$

II. — Fonctions fondamentales.

Il n'y aura, en général, qu'une seule fonction U_i qui satisfasse à l'équation (8) ou plutôt toutes les fonctions qui satisferont à cette équation ne différeront que par un facteur constant.

Soit u_i une de ces fonctions; je la choisirai de telle façon que

$$\int \varepsilon u_i^2 \, d\omega = 1,$$

et la solution la plus générale de l'équation (8) sera

$$U_i = A_i u_i,$$

A_i étant un facteur constant; je dirai que u_i est une fonction *fondamentale*.

Il est aisé de voir que, si u_i et u_k sont deux fonctions fondamentales correspondant à deux nombres différents ξ_i et ξ_k, on aura

$$\int \varepsilon u_i u_k \, d\omega = 0. \tag{10}$$

Mais il peut arriver aussi que plusieurs fonctions linéairement indépendantes satisfassent à une même équation (8). Il n'y en aura en tout cas qu'un nombre fini (au plus ν^2, si $|\xi_i|\,(2\nu - 1)$).

Toutes les fonctions U_i qui satisfont à l'équation (8) peuvent s'exprimer linéairement à l'aide de $q + 1$ fonctions linéairement indépendantes que j'appellerai *fondamentales* et que je désignerai par

$$u_i, \quad u_{i+1}, \quad \ldots, \quad u_{i+q}.$$

Je pourrai choisir ces fonctions fondamentales de telle façon que

$$\int \varepsilon u_i^2 \, d\omega = 1, \qquad \int \varepsilon u_i u_k \, d\omega = 0 \qquad (i \gtrless k).$$

Nous aurons alors

$$U_i = A_i u_i + A_{i+1} u_{i+1} + \ldots + A_{i+q} u_{i+q},$$

les A étant des facteurs constants.

Voici quelles règles je suivrai pour le numérotage des fonctions u_i et des nombres ξ_i.

J'observe d'abord que les nombres ξ_i sont essentiellement positifs et plus grands que 1.

Je les rangerai par ordre de grandeur croissante. Mais il pourra arriver, comme je viens de le dire, qu'un même nombre ξ_i corresponde à $q+1$ fonctions fondamentales

$$u_i, \quad u_{i+1}, \quad \dots, \quad u_{i+q}.$$

Dans ce cas, je désignerai indifféremment le nombre ξ_i par les lettres

$$\xi_i, \quad \xi_{i+1}, \quad \dots, \quad \xi_{i+q},$$

et le nombre suivant sera ξ_{i+q+1}.

Dans ces conditions, le nombre ξ_k correspondra toujours à la fonction u_k de même indice, et au lieu d'écrire le terme infini de V correspondant au pôle $\xi = \xi_i$ sous la forme $\frac{U_i}{\xi - \xi_i}$, je pourrai l'écrire

$$\frac{A_i u_i}{\xi - \xi_i} + \frac{A_{i+1} u_{i+1}}{\xi - \xi_{i+1}} + \dots + \frac{A_{i+q} u_{i+q}}{\xi - \xi_{i+q}}.$$

Les coefficients A_i se calculent aisément à l'aide de la formule (9); on trouve

$$A_i = -\int \varepsilon u_i (\Phi + k) d\omega$$

On aura évidemment l'inégalité

(11) $$\xi_{\nu^2} > 2\nu - 1.$$

Si une fonction quelconque F est développable en série de fonctions fondamentales sous la forme

$$F = B_1 u_1 + B_2 u_2 + \dots,$$

on aura, en vertu des relations (10),

$$B_i = \int \varepsilon u_i F d\omega.$$

L'analogie avec les fonctions sphériques est donc évidente.

D'ailleurs, il y a un cas où nos fonctions fondamentales se réduisent aux fonctions sphériques elles-mêmes : c'est le cas de $\varepsilon = 1$; c'est-à-dire celui où les mers recouvrent toute la surface du Globe.

De l'égalité (6) nous avons déduit plus haut l'inégalité suivante, où g_n représente le maximum de $|v_n|$:

(12) $$g_n < \frac{1}{2\mu\sqrt{\pi}} \sqrt{V_{2n-2}} + \frac{\mu}{2} g_{n-1}.$$

Nous avons de même

$$2\frac{du_i}{dr} + u_i = \varepsilon \xi_i u_i,$$

d'où

$$u_i = \xi_i \int \frac{\varepsilon' u'_i \, d\omega'}{4\pi D}.$$

Cette relation, où les notations ont le même sens que dans la relation (6), est analogue à l'égalité (6); seulement v_n et v_{n-1} sont remplacés par u_i et $\xi_i u_i$.

Nous pourons donc récrire l'inégalité (12) en y remplaçant g_n par le maximum de $|u_i|$, que j'appelle G_i, g_{n-1} par le maximum de $|\xi_i u_i|$, qui est $\xi_i G_i$ et

$$V_{2n-2} = \int \varepsilon v_{n-1}^2 \, d\omega$$

par

$$\int \varepsilon \xi_i^2 u_i^2 \, d\omega = \xi_i^2.$$

L'inégalité devient ainsi

$$G_i < \frac{\xi_i}{2\mu\sqrt{\pi}} + \frac{\mu}{2}\xi_i G_i.$$

Comme μ est arbitraire, je puis le choisir de façon à rendre le second membre minimum; je prendrai donc

$$\mu = \frac{1}{\sqrt{G_i}\,\pi^{\frac{1}{4}}},$$

d'où

$$G_i < \xi_i \frac{\sqrt{G_i}}{\sqrt[4]{\pi}},$$

d'où enfin

$$G_i < \frac{\xi_i^2}{\sqrt{\pi}}.$$

Nous avons ensuite, par l'inégalité de Schwarz,

$$A_i^2 = \left[\int \varepsilon u_i (\Phi + k) \, d\omega\right]^2 < \int \varepsilon^2 u_i^2 \, d\omega \int (\Phi + k)^2 \, d\omega.$$

La première des intégrales du dernier membre est égale à 1 par la relation (10); la seconde peut être regardée comme donnée; je l'appelle Q^2 et j'en déduis

$$|A_i| < Q.$$

Envisageons la série

$$\sum \frac{A_i u_i}{\xi - \xi_i}\left(\frac{\xi}{\xi_i}\right)^p.$$

Cette série sera absolument convergente si la suivante l'est

$$\sum \frac{A_i u_i}{\xi_i^{p+1}}.$$

Or, le terme général de cette série est plus petit que

$$\frac{Q}{\sqrt{\pi}}\xi_i^{-(p-1)}.$$

Or

$$\xi_{\nu^2} > 2\nu - 1.$$

Donc

$$\xi_i > C'\sqrt{i},$$

C′ étant une constante. Le terme général est donc plus petit qu'un facteur constant multiplié par $\xi_i^{-\frac{p-1}{2}}$.

La condition de convergence est donc que $p > 3$

Considérons alors la série

$$W = \sum \frac{A_i u_i \xi^5}{(\xi - \xi_i)\xi_i^5};$$

elle converge uniformément et représente une fonction méromorphe W qui a mêmes pôles et mêmes résidus que V; on a donc

$$V = W + E(\xi),$$

E désignant une fonction entière de ξ.

D'autre part, on a

$$2\frac{dW}{dr} + W = \varepsilon \sum \frac{A_i u_i \xi^5}{(\xi - \xi_i)\xi_i^5},$$

la série du second membre convergeant uniformément, d'où

$$2\frac{dW}{dr} + W = \varepsilon\xi W - \varepsilon\xi^5 \sum \frac{A_i u_i}{\xi_i^5};$$

la série du dernier terme du second membre est encore absolument et uniformément convergente. Comme on a, d'autre part,

$$2\frac{dV}{dr} + V = \varepsilon\xi V + \varepsilon(\Phi + k),$$

on en déduira

$$2\frac{dE}{dr} + E = \varepsilon\xi E + \varepsilon(\Phi + k) + \varepsilon\xi^5 \sum \frac{A_i u_i}{\xi_i^5}.$$

Soit alors

$$E = e_0 + e_1\xi + e_2\xi^2 + \ldots, \tag{13}$$

on aura

$$\frac{2\,de_n}{dr} + e_n = \varepsilon e_{n-1},$$

sauf pour $n = 0$ et $n = 5$, pour lesquels nous devrons écrire les équations suivantes :

$$\frac{2\,de_0}{dr} + e_0 = \varepsilon(\Phi + k); \qquad \frac{2\,de_5}{dr} + e_5 = \varepsilon e_4 + \varepsilon \sum \frac{A_i u_i}{\xi_i^5}.$$

Les équations qui définissent les e_n sont donc à partir de $n = 6$ tout à fait de même forme que les équations qui définissent les v_n.

Si donc nous désignons par $E_{m,n}$ les intégrales analogues aux $V_{m,n}$, nous voyons que

$$E_{m,n} = E_{m+n},$$

$$E_n > 0, \qquad \frac{E_{n+1}}{E_n} < \frac{E_{n+2}}{E_{n+1}}.$$

Ces inégalités sont vraies pour $n > 10$; donc à partir de $n = 10$, le rapport $\frac{E_{n+1}}{E_n}$ qui est positif va en croissant; et alors à moins que ce rapport ne soit constamment nul, il tendra vers une limite différente de o qui sera l'inverse du rayon de convergence de la série (13).

Mais la fonction E doit être entière : il faut donc que ce rapport soit constamment nul et que l'on ait

$$E_{n+1} = 0,$$

pour $n > 10$; on a donc

$$\int \varepsilon e_n^2\, d\omega = 0,$$

et, par conséquent,

$$e_n = 0,$$

pour $n \geq 6$.

La fonction E est donc un polynome du 5e degré.

Comme W est divisible par ξ^5, on aura évidemment

$$E = v_0 + v_1\xi + v_2\xi^2 + v_3\xi^3 + v_4\xi^4 + v_5\xi^5.$$

On a, d'ailleurs, en comparant les développements de E, V et W,

$$v_5 = e_5 - \sum \frac{A_i u_i}{\xi_i^0}, \qquad v_6 = -\sum \frac{A_i u_i}{\xi_i^0}$$

L'équation

$$2\frac{dv_6}{dr} + v_6 = \varepsilon v_5$$

donne alors

$$\varepsilon v_5 = -\varepsilon \sum \frac{A_i u_i}{\xi_i^0},$$

d'où

$$\varepsilon e_5 = 0.$$

Si maintenant je suppose que l'on puisse trouver cinq fonctions w_1, w_2, w_3, w_4, w_5 telles que

$$2\frac{dw_2}{dr} + w_2 = \varepsilon w_1, \qquad 2\frac{dw_3}{dr} + w_3 = \varepsilon w_2, \qquad 2\frac{dw_4}{dr} + w_4 = \varepsilon w_3$$

$$2\frac{dw_5}{dr} + w_5 = \varepsilon w_4, \qquad 2\frac{d(\Phi + k)}{dr} + \Phi + k = \varepsilon w_5;$$

la série

(14)
$$\sum A_i u_i$$

convergera et l'on aura tout simplement

(15)
$$V = \sum \frac{A_i u_i}{\xi - \xi_i}.$$

C'est ce qui arrivera si la fonction $\Phi + k$ est continue ainsi que toutes ses dérivées et si elle s'annule ainsi que ses dérivées des cinq premiers ordres sur le bord des continents.

J'ajouterai que, selon toutes les analogies, la série (14) est probablement toujours convergente et la formule (15) toujours vraie.

III-IV. — Application aux marées.

Supposons donc que la série (14) soit toujours convergente, ce qui donne

$$\Phi + k = -\sum A_i u_i,$$

$$V = \sum \frac{A_i u_i}{\xi - \xi_i}.$$

La fonction Φ est donnée; nous pourrons donc la développer sous la forme

$$\Phi = \sum B_i u_i,$$

et nous aurons de même

$$1 = \sum C_i u_i.$$

Une fois qu'on a admis la possibilité du développement, rien n'est plus facile, comme nous l'avons vu, que de calculer les coefficients B_i et C_i.

On a alors

$$A_i = -B_i - C_i k.$$

Il reste à calculer la constante k; nous le ferons en remarquant que le volume du liquide doit demeurer constant.

Or la variation de ce volume est proportionnelle à

$$\int \left(2\frac{dV}{dr} + V\right) d\omega.$$

Je fais remarquer que sur les continents

$$2\frac{dV}{dr} + V = 0.$$

On doit donc avoir

$$\int \left(2\frac{dV}{dr} + V\right) d\omega = 0.$$

Or

$$2\frac{dV}{dr} + V = \varepsilon \sum \frac{A_i u_i \xi_i}{\xi - \xi_i}.$$

Il vient ainsi

$$k \sum \frac{C_i \xi_i}{\xi - \xi_i} \int \varepsilon u_i d\omega + \sum \frac{B_i \xi_i}{(\xi - \xi_i)} \int \varepsilon u_i d\omega = 0, \tag{16}$$

ce qui déterminerait la constante k.

Il faut faire finalement $\xi = \xi_0$.

Si l'on suppose que les mers recouvrent tout le Globe, les fonctions fondamentales u_i se réduisent aux fonctions sphériques X_i; les nombres ξ_i sont égaux à $2\nu - 1$; ν étant la racine carrée de i à une unité près *par excès*.

On a alors

$$C_i = \int \varepsilon u_i d\omega = \int X_i d\omega,$$

ce qui montre que tous les C_i sont nuls, sauf C_1.

De plus, dans l'équation (16), tous les termes $\int \varepsilon u_i d\omega$ sont nuls, sauf le premier; il reste donc

$$kC_1 + B_1 = 0.$$

Dans le cas particulier des marées, Φ a une forme particulière; c'est une fonction sphérique du deuxième ordre; je puis toujours supposer que

$$\Phi = B_5 X_5,$$

puisque le choix des cinq fonctions fondamentales

$$u_i = X_i \quad (i = 5, 6, 7, 8, 9),$$

qui doivent être des fonctions sphériques du deuxième ordre, reste arbitraire dans une certaine mesure.

On a, d'ailleurs,

$$B_1 = 0,$$

d'où

$$k = 0, \qquad A_5 = -B_5,$$

$$V = \frac{-\Phi}{\xi - \xi_5} = \frac{\Phi}{5 - \xi}.$$

Si l'on fait d'abord $\xi = 0$, c'est-à-dire si l'on néglige l'attraction du liquide sur lui-même, il vient

$$V = \frac{\Phi}{5}.$$

Si l'on fait ensuite $\xi = \xi_0$, il vient

$$V = \frac{\Phi}{5 - \xi_0} = \frac{\Phi}{5} \frac{5}{5 - \xi_0}.$$

Comme on a à peu près $\xi_0 = \frac{3}{5}$, cela fait

$$V = \frac{\Phi}{5} \frac{25}{22}.$$

On voit que l'erreur commise en négligeant l'attraction du liquide sur lui-même est assez faible.

Supposons maintenant que la mer ne recouvre plus le Globe tout entier, mais négligeons l'attraction du liquide sur lui-même, il viendra

$$V = -\sum \frac{A_i u_i}{\xi_i},$$

d'où, à la surface des mers,

$$2\frac{dV}{dt} + V = \Phi + k.$$

La constante k doit être déterminée par la condition que la variation du volume total soit nulle.

Lord Kelvin et M. Tait, dans leur *Traité de Philosophie naturelle*, ont appliqué cette méthode aux oscillations lentes dont la période est de six mois ou de quinze jours; ils ont comparé le résultat obtenu avec l'observation; cette comparaison n'est pas satisfaisante si l'on tient compte de ce fait que la marée apparente devrait être diminuée par la déformation éprouvée par la croûte terrestre elle-même, qui n'est pas absolument rigide. Le résultat ne pourrait s'expliquer qu'en admettant, non seulement, que le Globe terrestre est un solide plein, mais qu'il est beaucoup plus rigide que l'acier.

Sans doute, la méthode employée par les deux illustres savants anglais consiste à négliger l'attraction du liquide sur lui-même. Nous venons de voir que, dans le cas où les mers recouvrent le Globe entier, l'erreur relative qui est commise est de $\frac{3}{22}$. Les auteurs concluent qu'elle doit être aussi faible dans le cas de la nature.

Je ne m'inscris pas en faux contre cette conclusion, elle est probablement exacte; je voudrais seulement montrer qu'elle n'est pas aussi évidente qu'on pourrait d'abord le croire

Nous avons

$$V = -\sum \frac{A_i u_i}{\xi_i - \xi_0},$$

au lieu de

$$V = -\sum \frac{A_i u_i}{\xi_i}.$$

L'erreur relative commise *sur un terme* de la série est donc $\frac{\xi_0}{\xi_i - \xi_0}$.

Comme ξ_i est plus grand que $2\nu - 1$, s'il y a des continents, et égal à $2\nu - 1$ s'il n'y en a pas, cette erreur est plus petite dans le premier cas que dans le second.

Mais, d'autre part, les termes en

$$A_1 u_1, \quad A_2 u_2, \quad A_3 u_3, \quad A_4 u_4,$$

qui disparaissent quand il n'y a pas de continents, ne sont pas nuls quand il y a des continents.

D'un autre côté, on peut concevoir que les valeurs de $\xi_1, \xi_2, \xi_3, \xi_4$, soient voisines de ce qu'elles seraient si les continents n'existaient pas, c'est-à-dire de 1 et de 3.

Les erreurs relatives commises sur ces quatre termes seraient alors voisines de $\frac{3}{2}$ ou de $\frac{1}{4}$.

On peut donc concevoir que, pour certaines formes particulières de continents, l'erreur relative commise sur V soit notablement plus grande que $\frac{3}{22}$.

Il est probable qu'il n'en est pas ainsi, mais pour le vérifier il faudrait faire le calcul complet, et à cause de la forme capricieuse des continents ce calcul, même réduit à une approximation grossière, serait absolument inextricable.

V. — Généralités sur les oscillations.

Nous ne nous sommes occupés jusqu'ici que des oscillations à longue période, ce qui est une simple question de Statique; les oscillations à courte période doivent, au contraire, être traitées en tenant compte de l'inertie, c'est-à-dire comme une question de Dynamique.

Considérons d'abord un système dont la position est définie par n coordonnées quelconques $q_1, q_2, \ldots, q_n$; soient $q'_1, q'_2, \ldots, q'_n$ les vitesses, c'est-à-dire les dérivées de ces coordonnées.

Soient T l'énergie cinétique, U l'énergie potentielle due aux forces intérieures. Soit

$$Q_1\delta q_1 + Q_2\delta q_2 + \ldots + Q_n\delta q_n$$

le travail virtuel des forces extérieures correspondant à une variation virtuelle δq_i de la coordonnée q_i.

Les équations de Lagrange nous donneront

$$\frac{d}{dt}\frac{dT}{dq'_a} - \frac{dT}{dq_a} + \frac{dU}{dq_a} = Q_a \qquad (a = 1, 2, \ldots, n). \tag{1}$$

Les Q_a sont des fonctions données du temps.

Je suppose que le système ne s'écarte jamais beaucoup d'un certain état d'équilibre stable. Cet état d'équilibre stable devra correspondre à un minimum de la fonction U. Je suppose, par exemple, qu'il corresponde aux valeurs

$$q_1 = q_2 = \ldots = q_n = 0, \qquad U = 0.$$

Je suppose que U s'annule avec les q, ce qui est permis, puisque U n'est déterminé qu'à une constante près. Alors U est développable suivant les puissances des q_a; le développement commence par des termes du second degré. Comme les q_a sont très petits, je m'arrêterai à ces termes et U sera un polynome homogène du second degré par rapport aux q_a.

Avec cette même approximation, T sera un polynome homogène du second degré par rapport aux q'_a indépendant des q_a et nos équations deviendront

$$\frac{d}{dt}\frac{dT}{dq'_a}+\frac{dU}{dq_a}=Q_a. \tag{2}$$

Les premiers membres de ces équations sont des polynomes linéaires et à coefficients constants par rapport aux q et aux q''; les seconds membres sont des fonctions connues de t. Nous avons donc des équations différentielles linéaires à second membre et il faut d'abord intégrer les équations sans second membre,

$$\frac{d}{dt}\frac{dT}{dq'_a}+\frac{dU}{dq_a}=0. \tag{3}$$

Il faut, pour faire l'intégration, poser

$$q_a=\alpha_a\cos\lambda t,\qquad q'_a=-\alpha_a\lambda\sin\lambda t, \tag{4}$$

les α_a et λ étant des constantes qu'il s'agit de déterminer.

Soient T_0 et U_0 ce que deviennent T et U quand on y remplace les q_a et les q'_a par les α_a. Quand on y remplacera les q_a et les q'_a par leurs valeurs (4), on trouvera

$$U=U_0\cos^2\lambda t,\qquad T=T_0\lambda^2\sin^2\lambda t;\qquad \frac{dU}{dq_a}=\frac{dU_0}{d\alpha_a}\cos\lambda t\cdot$$

$$\frac{dT}{dq'_a}=-\lambda\sin\lambda t\frac{dT_0}{d\alpha_a};\qquad \frac{d}{dt}\frac{dT}{dq'_a}=-\lambda^2\cos\lambda t\frac{dT_0}{d\alpha_a},$$

de sorte que l'équation (3) devient

$$\lambda^2\frac{dT_0}{d\alpha_a}=\frac{dU_0}{d\alpha_a}. \tag{5}$$

L'ensemble des équations (5) signifie que $\lambda^2 T_0-U_0$, qui est une forme quadratique par rapport aux α_a, a son discriminant nul.

L'équation qui exprime que ce discriminant est nul est une équation algébrique de degré n en λ^2; comme T et U sont deux formes quadratiques définies positives. cette équation en λ^2 a toutes ses racines réelles et positives.

Le théorème des fonctions homogènes, comparé aux équations (5), nous donne évidemment

$$\lambda^2T_0=U_0,$$

et les équations (5) deviennent

$$\frac{1}{T_0}\frac{dT_0}{d\alpha_a} = \frac{1}{U_0}\frac{dU_0}{d\alpha_a}$$

ou

$$\frac{d}{d\alpha_a}\left(\frac{T_0}{U_0}\right) = 0,$$

de sorte que la résolution des équations (5) revient à la recherche des maxima et des minima, ou des *maxima minimorum* du rapport $\frac{T_0}{U_0}$.

Je désignerai par

$$\pm\lambda_1, \quad \pm\lambda_2, \quad \ldots, \quad \pm\lambda_n$$

les n racines de l'équation en λ^2; les lettres $\alpha_a^{(i)}$ seront les valeurs des α_a qui satisfont aux équations (5) en y faisant $\lambda = \lambda_i$.

D'après la théorie des formes quadratiques, les deux formes T_0 et U_0 peuvent toujours se décomposer comme il suit :

$$T_0 = P_1^2 + \ldots + P_n^2,$$
$$U_0 = \mu_1 P_1^2 + \ldots + \mu_n P_n^2,$$

les P étant des polynomes linéaires et homogènes par rapport aux α_a et les μ étant des constantes.

On voit tout de suite alors que

$$\mu_i = \lambda_i^2$$

et que les valeurs des $\alpha_a^{(i)}$ satisferont aux équations suivantes équivalentes aux équations (5) et qui sont au nombre de $n-1$:

$$P_k = 0 \qquad (k = 1, 2, \ldots, i-1; k = i+1, i+2, \ldots, n).$$

Comme ces équations ne déterminent les $\alpha_a^{(i)}$ qu'à un facteur constant près, nous disposerons de ce facteur constant de telle sorte que

$$P_i(\alpha_a^{(i)}) = 1.$$

On a alors

$$2P_i(\alpha_a) = \sum \alpha_a \frac{dT_0(\alpha_a^{(i)})}{d\alpha_a^{(i)}} = \frac{1}{\lambda_i^2}\sum \alpha_a \frac{dU_0(\alpha_a^{(i)})}{d\alpha_a^{(i)}},$$

ce qui entraîne les équations

$$(6) \qquad \sum \alpha_a^{(i)} \frac{dT_0(\alpha_a^{(i)})}{d\alpha_a^{(i)}} = 2, \qquad \sum \alpha_a^{(k)} \frac{dT_0(\alpha_a^{(i)})}{d\alpha_a^{(i)}} = 0 \qquad (i \gtrless k).$$

Voici maintenant comment on pourra conduire le raisonnement.

Le rapport $\frac{U_0}{T_0}$ ne peut s'annuler, il a donc un minimum λ_1^2 qui est atteint pour $\alpha_a = \alpha_a^{(1)}$; assujetissons ensuite les α_a à la condition

$$\sum \alpha_a^{(1)} \frac{dT_0(\alpha_a)}{d\alpha_a} = 0; \tag{7}$$

il y aura encore un minimum (plus grand que le premier), que j'appelle λ_2^2 et qui sera atteint pour $\alpha_a = \alpha_a^{(2)}$.

J'assujettis les α_a à la condition (7) et, de plus, à la condition

$$\sum \alpha_a^{(2)} \frac{dT_0(\alpha_a)}{d\alpha_a} = 0, \tag{7 bis}$$

et j'obtiens un nouveau minimum λ_3^2, et ainsi de suite.

Toutes ces considérations permettent de définir les $\alpha_a^{(i)}$ et les λ_i et nous fournissent, par conséquent, la solution complète des équations sans second membre; revenons maintenant aux équations à second membre (2).

Les Q_a sont des fonctions de t qui pourront toujours se mettre sous la forme d'intégrales de Fourier; mais il nous suffira de nous réduire pour ainsi dire à l'un des éléments de ces intégrales et à poser

$$Q_a = R_a \cos \lambda t,$$

les R_a étant des constantes données.

Nous pourrons alors résoudre les équations (2) en posant

$$q_a = \alpha_a \cos \lambda t;$$

c'est cette solution qui constituera ce qu'on peut appeler une oscillation simple *forcée*, tout à fait analogue aux ondes élémentaires dont la réunion constitue les marées; tandis que nous réservons le nom d'oscillations simples *propres* aux solutions

$$q_a = \alpha_a^{(i)} \cos \lambda_i t$$

des équations (3).

Les équations (2) deviennent alors (en divisant par $\cos \lambda t$)

$$-\lambda^2 \frac{dT_0}{d\alpha_a} + \frac{dU_0}{d\alpha_a} = R_a. \tag{8}$$

Multiplions les équations (8) par $\alpha_a^{(i)}$ et ajoutons, il viendra

$$2(\lambda_i^2 - \lambda^2) P_i(\alpha_a) = \Sigma R_a \alpha_a^{(i)}. \tag{9}$$

Les n équations (8) sont ainsi remplacées par les n équations (9).

Si l'on avait

$$R_a = k\frac{dT_0}{d\alpha_a^{(i)}} \quad \left[\text{j'écris } \frac{dT_0}{d\alpha_a^{(i)}} \text{ pour } \frac{dT_0(\alpha_a^{(i)})}{d\alpha_a^{(i)}}\right].$$

la solution serait immédiate et l'on aurait

$$\alpha_a = \frac{k\alpha_a^{(i)}}{\lambda_i^2 - \lambda^2}.$$

On est donc conduit à chercher à déterminer les n coefficients

$$k_1, \quad k_2, \quad \ldots, \quad k_n$$

par les n équations

$$(10) \qquad R_a = k_1\frac{dT_0}{d\alpha_a^{(1)}} + k_2\frac{dT_0}{d\alpha_a^{(2)}} + \ldots + k_n\frac{dT_0}{d\alpha_a^{(n)}}.$$

Pour cela, multiplions ces équations par $\alpha_a^{(i)}$ et ajoutons; il viendra, en vertu de (6),

$$\Sigma R_a\alpha_a^{(i)} = 2k_i.$$

Les coefficients k_i étant ainsi déterminés, on aura

$$(11) \qquad \alpha_a = \sum_i \frac{k_i\alpha_a^{(i)}}{\lambda_i^2 - \lambda^2}.$$

On voit comment l'étude des oscillations forcées se ramène à celle des oscillations propres.

Dans les problèmes que nous aurons à traiter, la situation du système n'est plus définie par un nombre fini de paramètres, mais par une infinité; T et U ne s'expriment plus par des sommes de termes, mais par des intégrales définies.

Tout ce que nous avons dit subsiste d'ailleurs; la manière d'étudier les oscillations propres par la suite des minima successifs du rapport de T à U; celle de ramener les oscillations forcées aux oscillations propres; enfin les équations (6) où il faut remplacer les sommes par des intégrales et qui deviennent ainsi ces séries d'équations, analogues aux équations (10) du paragraphe II, et que l'on rencontre dans tous les problèmes de Physique mathématique

La première idée de cette généralisation, qui est le fondement de tout ce qui va suivre, est due à lord Rayleigh.

Les équations (11) montrent que les α_a sont des fonctions rationnelles de λ^2; ces fonctions sont les analogues de la fonction V étudiée dans le paragraphe I et qui est une fonction méromorphe de ξ.

Nous pouvons tirer de ces mêmes équations (11) α_a développé suivant les puissances de λ^2; il viendra

$$\alpha_a = \beta_a^{(0)} + \beta_1^{(1)}\lambda^2 + \beta_2^{(2)}\lambda^4 + .$$

avec la condition

$$\beta_a^{(k)} = \sum \frac{k_i \alpha_a^{(i)}}{\lambda_i^{2k+2}}.$$

Formons maintenant les expressions

$$(12) \qquad \sum_a \beta_a^{(m)} \frac{dT_0}{d\beta_a^{(n)}}, \qquad \sum \beta_a^m \frac{dU_0}{d\beta_a^{(n)}}$$

(je suppose, bien entendu, que dans T_0 et U_0 les α_a ont été remplacés par $\beta_a^{(n)}$).

Ces expressions sont analogues aux intégrales $V_{m,n}$ considérées dans le paragraphe I.

On trouve aisément

$$\sum_a \beta_a^{(m)} \frac{dT_0}{d\beta_a^{(n)}} = \sum \frac{2k_i^2}{\lambda_i^{2m+2n+4}},$$

$$\sum_a \beta_a^{(m)} \frac{dU_0}{d\beta_a^{(n)}} = \sum \frac{2k_i^2}{\lambda_i^{2m+2n+2}}.$$

Ces équations montrent que les expressions (12) ne changent pas quand on change m et n en $m+h$ et $n-h$.

Cette proposition est analogue à l'équation

$$V_{m,n} = V_{m+1,n-}$$

démontrée dans le paragraphe I.

VI. — Oscillations propres des liquides.

Considérons un liquide enfermé dans un vase assez petit pour qu'à l'intérieur de ce vase la pesanteur puisse être regardée comme une force constante en grandeur et en direction. La surface libre du liquide en équilibre se réduira à un plan horizontal.

Nous supposerons que l'on peut négliger l'attraction mutuelle des diverses portions du liquide et les effets de la force centrifuge composée; et nous proposons d'étudier les petites oscillations de ce liquide lorsqu'il a été peu écarté de sa position d'équilibre, puisqu'il est abandonné à lui-même.

A l'origine du temps, le liquide est écarté de sa position d'équilibre, mais il est en repos; si la forme initiale de la surface libre, écartée de l'équilibre, est convenablement choisie, le mouvement du liquide sera périodique, et nous aurons ce qu'on appelle une *oscillation propre simple*.

Si cette forme initiale est quelconque, le mouvement du liquide résulte de la superposition d'une infinité d'oscillations simples. Dans tous les cas, d'après le théorème de Lagrange, comme nous partons du repos, il y aura une fonction des vitesses.

Considérons le cas d'une oscillation simple; comme le mouvement est périodique, cette fonction sera de la forme

$$\Phi = \varphi \sin \lambda t,$$

φ étant indépendant du temps. L'équation de continuité sera

$$\Delta\varphi = 0.$$

La pression p, si nous prenons la densité du liquide pour unité et l'axe des z dirigé de haut en bas, sera donnée par la formule

$$p = gz - \frac{d\Phi}{dt} - \frac{1}{2}\left[\left(\frac{d\Phi}{dx}\right)^2 + \left(\frac{d\Phi}{dy}\right)^2 + \left(\frac{d\Phi}{dz}\right)^2\right].$$

Mais les mouvements étant très petits, nous pouvons négliger le carré de Φ et il reste

$$p = gz - \frac{d\Phi}{dt} = gz - \lambda\varphi \cos \lambda t$$

La force vive du liquide est égale

$$\frac{1}{2}\int\left[\left(\frac{d\Phi}{dx}\right)^2 + \left(\frac{d\Phi}{dy}\right) + \left(\frac{d\Phi}{dz}\right)^2\right]d\tau = \frac{\sin^2 \lambda t}{2}\int\sum\left(\frac{d\varphi}{dx}\right)^2 d\tau.$$

L'intégration doit être étendue à tous les éléments de volume $d\tau$ du liquide.

Quant à l'énergie potentielle, elle est égale à

$$\frac{1}{2}\int g z^2 d\omega,$$

l'intégration étant étendue à tous les éléments $d\omega$ de la surface libre du liquide.

Cette surface libre, en négligeant des infiniment petits, peut être assimilée à un plan horizontal et nous prendrons ce plan pour plan des xy.

Une molécule qui se trouve à la surface libre était dans le plan des xy quand le liquide était en équilibre. La quantité z qui entre dans notre intégrale n'est donc autre chose que la projection sur l'axe des z du déplacement de cette molécule.

Or les projections du déplacement d'une molécule sur les trois axes sont évidemment égales à

$$-\frac{\cos \lambda t}{\lambda}\frac{d\varphi}{dx}, \quad -\frac{\cos \lambda t}{\lambda}\frac{d\varphi}{dy}, \quad -\frac{\cos \lambda t}{\lambda}\frac{d\varphi}{dz}.$$

L'énergie potentielle est donc égale à

$$\frac{g\cos^2\lambda t}{2\lambda^2}\int\left(\frac{d\varphi}{dz}\right)^2 d\omega = \frac{g\cos^2\lambda t}{2\lambda^2}\int\left(\frac{d\varphi}{dz}\right)^2 dx\,dy.$$

D'après ce que nous avons vu plus haut, le problème est ainsi ramené à rechercher les maxima et minima relatifs du rapport de l'intégrale

$$A = \int\sum\left(\frac{d\varphi}{dx}\right)^2 d\tau$$

à l'intégrale

$$B = \int\left(\frac{d\varphi}{dz}\right)^2 d\omega.$$

La première intégrale est étendue aux éléments $d\tau$ du volume du liquide et ce volume est limité, d'une part, par la surface de la paroi du vase et, d'autre part, par la surface libre, qui est une portion du plan des xy. La seconde intégrale est étendue à la surface libre.

La fonction φ est assujettie à deux conditions

1° A l'intérieur du vase, on aura

$$\Delta\varphi = 0.$$

2° Sur la surface de la paroi, on aura

$$\frac{d\varphi}{dn} = 0.$$

On trouve

$$\frac{1}{2}\delta A = \int\sum\frac{d\varphi}{dx}\frac{d\delta\varphi}{dx}d\tau,$$

ou, en vertu du théorème de Green,

$$\frac{1}{2}\delta A = \int\frac{d\varphi}{dn}\delta\varphi\,d\omega + \int\frac{d\varphi}{dn}\delta\varphi\,d\omega' - \int\Delta\varphi\,\delta\varphi\,d\tau.$$

La première intégrale est étendue à la surface libre, le long de laquelle on a

$$\frac{d\varphi}{dn} = \frac{d\varphi}{dz}.$$

La seconde est étendue à la surface de la paroi; elle est nulle.

La troisième est étendue au volume du vase; elle est également nulle.

Il reste donc

$$\frac{1}{2}\delta A = \int\frac{d\varphi}{dz}\delta\varphi\,d\omega.$$

On trouve, d'autre part,

$$\frac{1}{2}\delta B = \int \frac{d\varphi}{dz}\,\delta\,\frac{d\varphi}{dz}\,d\omega$$

Mais le théorème de Green nous donne également

$$\frac{1}{2}\delta A = \int \varphi\,\frac{d\delta\varphi}{dn}\,d\omega + \int \varphi\,\frac{d\delta\varphi}{dn}\,d\omega' - \int \varphi\delta\Delta\varphi\,d\tau.$$

Mais la fonction φ étant *assujettie* aux deux conditions $\Delta\varphi = 0$, $\frac{d\varphi}{dn} = 0$, on devra avoir :

Sur la surface de la paroi

$$\frac{d\delta\varphi}{dn} = 0.$$

Donc la seconde intégrale est nulle.

Dans l'intérieur du vase

$$\Delta\delta\varphi = 0.$$

Donc la troisième intégrale est nulle.

Sur la surface libre

$$\frac{d\delta\varphi}{dn} = \frac{d\delta\varphi}{dz} = \delta\,\frac{d\varphi}{dz}.$$

Donc enfin

$$\frac{1}{2}\delta A = \int \varphi\,\delta\,\frac{d\varphi}{dz}\,d\omega.$$

Soit U le volume du liquide, ce volume est constant; on a donc

$$\delta U = -\frac{\cos\lambda t}{\lambda}\left(\int \frac{d\delta\varphi}{dn}\,d\omega + \int \frac{d\delta\varphi}{dn}\,d\omega'\right) = 0,$$

donc

$$\int \delta\,\frac{d\varphi}{dz}\,d\omega = 0.$$

Pour que $\delta\,\frac{A}{B}$ soit nul, il faut que $\delta B = 0$ soit une conséquence de $\delta A = 0$ et $\delta U = 0$, ce qui exige qu'à la surface libre on ait

$$\frac{d\varphi}{dz} = a\varphi + b,$$

a et b étant des constantes. Mais la fonction des vitesses n'est définie qu'à une constante près; je puis donc supposer $b = 0$.

La condition nécessaire et suffisante pour que

$$\delta \frac{A}{B} = 0,$$

c'est donc que le rapport de φ à $\frac{d\varphi}{dz}$ soit constant en tous les points de la surface libre.

Ainsi la recherche des oscillations propres simples du liquide se ramène à la détermination d'une fonction φ satisfaisant aux conditions suivantes :

1° A l'intérieur du vase

$$\Delta\varphi = 0;$$

2° Sur la paroi du vase

$$\frac{d\varphi}{dn} = 0;$$

3° Sur la surface libre

$$\frac{d\varphi}{dz} : \varphi = \text{const.}$$

On peut arriver à ce résultat d'une autre manière. Nous avons trouvé

$$p = gz - \lambda\varphi \cos\lambda t.$$

A la surface libre, p est nul, et z est égal à la projection du déplacement sur l'axe des z, ainsi que je l'ai dit plus haut, c'est-à-dire à

$$-\frac{\cos\lambda t}{\lambda}\frac{d\varphi}{dz}.$$

On a donc

$$g\frac{d\varphi}{dz} = -\lambda^2\varphi.$$

La recherche des fonctions φ, qui correspondent aux différentes oscillations simples et qui sont analogues dans une certaine mesure aux fonctions fondamentales du paragraphe II, le développement d'une fonction quelconque en série procédant suivant ces fonctions fondamentales, se ferait d'après des procédés analogues à ceux des premiers paragraphes de ce travail ou de mon Mémoire cité des *Rendiconti*.

Mais je préfère ne pas m'y attarder et passer tout de suite au cas où la profondeur du vase est très petite.

Soit h la profondeur du vase, de telle façon que la surface de la paroi ait pour équation

$$z = h(x, y).$$

Je supposerai que h est très petit ainsi que ses dérivées $\frac{dh}{dx}, \frac{dh}{dy}$.

Je développe φ suivant les puissances croissantes de z et j'ai

$$\varphi = \varphi_0 + \varphi_1 z + \varphi_2 z^2 + \dots.$$

A la surface libre, c'est-à-dire pour $z = 0$, nous devrons avoir

$$\frac{d\varphi}{dz} = -\frac{\lambda^2}{g}\varphi,$$

d'où

$$(1) \qquad \varphi_1 = -\frac{\lambda^2}{g}\varphi_0.$$

A l'intérieur nous devons avoir $\Delta\varphi = 0$, ce qui s'écrit

$$(\Delta\varphi_0 + z\Delta\varphi_1 + \dots) + (2\varphi_2 + 6z\varphi_3 + 12z^2\varphi_4 + \dots) = 0,$$

ou, en faisant $z = 0$,

$$(2) \qquad \Delta\varphi_0 + 2\varphi_2 = 0.$$

Au fond du vase, c'est-à-dire pour $z = h$, nous devons avoir

$$\frac{d\varphi}{dn} = 0.$$

Comme les cosinus directeurs de la normale sont proportionnels à

$$\frac{dh}{dx}, \quad \frac{dh}{dy} \quad \text{et} \quad -1,$$

cela peut s'écrire

$$(3) \qquad \frac{d\varphi}{dz} = \frac{d\varphi}{dx}\frac{dh}{dx} + \frac{d\varphi}{dy}\frac{dh}{dy}.$$

Or, pour $z = h$, on a

$$\frac{d\varphi}{dz} = \varphi_1 + 2\varphi_2 h + 3\varphi_3 h^2 + \dots,$$

$$\frac{d\varphi}{dx} = \frac{d\varphi_0}{dx} + h\frac{d\varphi_1}{dx} + \dots,$$

$$\frac{d\varphi}{dy} = \frac{d\varphi_0}{dy} + h\frac{d\varphi_1}{dy} + \dots.$$

Je substitue dans l'équation (3) en négligeant le carré de h et j'obtiens

$$(4) \qquad \varphi_1 + 2\varphi_2 h = \frac{dh}{dx}\frac{d\varphi_0}{dx} + \frac{dh}{dy}\frac{d\varphi_0}{dy}.$$

Tirons φ_1 et φ_2 de (1) et de (2) et substituons dans (4), il viendra

$$-\frac{\lambda^2}{g}\varphi_0 = h\,\Delta\varphi_0 + \sum \frac{dh}{dx}\frac{d\varphi_0}{dx}$$

ou

$$\sum \frac{d}{dx}\left[h\frac{d\varphi_0}{dx}\right] + \frac{\lambda^2}{g}\varphi_0 = 0, \tag{5}$$

Au bord du vase, on a

$$z = h = 0,$$

et par conséquent on a, à la fois,

$$\frac{d\varphi}{dz} = -\frac{\lambda^2}{g}\varphi, \qquad \frac{d\varphi}{dz} = \frac{dh}{dx}\frac{d\varphi}{dx} + \frac{dh}{dy}\frac{d\varphi}{dy}.$$

Si nous négligeons h, nous tirons de là

$$\frac{d\varphi}{dz} = 0, \qquad \varphi = 0$$

et, comme z est nul,

$$\varphi_0 = 0.$$

Ainsi la fonction φ_0 doit satisfaire à l'équation (5) en tous les points de la surface libre qui est une aire plane et, au bord de cette aire plane, elle doit s'annuler

C'est cette condition à la limite que nous adopterons; mais je dois observer que, pour l'établir, j'ai dû supposer non seulement que h est très petit, mais que ses dérivées le sont également; de sorte que, sur le bord, le fond du vase présente une pente très douce.

Si, au contraire, j'avais supposé que près du bord la paroi du vase est verticale, j'aurais dû remplacer la condition à la limite

$$\varphi_0 = 0$$

par la suivante

$$\frac{d\varphi_0}{dn} = 0.$$

On peut arriver au même résultat d'une autre manière.

La force vive est égale à

$$\frac{\sin^2\lambda t}{2}\int\sum\left(\frac{d\varphi}{dx}\right)^2 d\tau = \frac{\sin^2\lambda t}{2}\int\int dx\,dy\int^h dz\sum\left(\frac{d\varphi}{dx}\right)^2.$$

Or

$$\sum\left(\frac{d\varphi}{dx}\right)^2 = \left(\frac{d\varphi_0}{dx} + z\frac{d\varphi_1}{dx} + \ldots\right)^2 + \left(\frac{d\varphi_0}{dy} + z\frac{d\varphi_1}{dy} + \ldots\right)^2 + (\varphi_1 + 2z\varphi_2 + \ldots)^2,$$

ou, puisque z est très petit,

$$\sum\left(\frac{d\varphi}{dx}\right)^2 = \left(\frac{d\varphi_0}{dx}\right)^2 + \left(\frac{d\varphi_0}{dy}\right)^2 + \varphi_1^2,$$

et, comme on a

$$\varphi_1 = -\frac{\lambda^2}{g}\varphi_0,$$

la force vive est égale à

$$\frac{\sin^2\lambda t}{2}\int h\,d\omega\left[\left(\frac{d\varphi_0}{dx}\right)^2 + \left(\frac{d\varphi_0}{dy}\right)^2 + \frac{\lambda^4}{g^2}\varphi_0^2\right].$$

L'énergie potentielle est égale à

$$\frac{g\cos^2\lambda t}{2\lambda^2}\int\left(\frac{d\varphi}{dz}\right)^2 d\omega = \frac{\lambda^2\cos^2\lambda t}{g}\int\varphi_0^2\,d\omega.$$

Mais l'équation (4) montre que φ_1 (et par conséquent λ^2) est une quantité très petite de l'ordre de h ; nous devons donc négliger le terme en φ_1^2 dans l'expression de la force vive qui se réduit à

$$\frac{\sin^2\lambda t}{2}\int h\,d\omega\sum\left(\frac{d\varphi_0}{dx}\right)^2.$$

D'ailleurs, nos formules montrent suffisamment que l'énergie cinétique moyenne est de l'ordre de h et l'énergie potentielle moyenne de l'ordre de λ^2 ; et comme, dans une oscillation simple, ces deux énergies moyennes doivent être égales, on doit conclure que λ^2 est de l'ordre de h, ce qui justifie une fois de plus la réduction que nous venons de faire.

Cela posé, la recherche des oscillations simples se ramène à la détermination des maxima et des minima relatifs du rapport de l'intégrale

$$A = \int h\,d\omega\sum\left(\frac{d\varphi_0}{dx}\right)^2$$

à l'intégrale

$$B = \int\varphi_0^2\,d\omega.$$

L'application des règles du calcul des variations nous conduirait à l'équation (5), que nous avons obtenue directement.

Comparons à un problème en apparence très différent, celui des vibrations d'une membrane tendue.

L'énergie cinétique est proportionnelle alors à l'intégrale

$$B = \int\rho\varphi^2\,d\omega,$$

ρ désignant l'épaisseur de la membrane et φ le déplacement d'un point de la membrane par rapport à sa position d'équilibre. Ce déplacement est supposé normal à la membrane.

L'énergie potentielle est proportionnelle à l'intégrale

$$A = \int h \left[\left(\frac{d\varphi}{dx}\right)^2 + \left(\frac{d\varphi}{dy}\right)^2 \right] d\omega,$$

h désignant la tension de la membrane.

D'autre part, sur le bord de la membrane, la fonction φ doit s'annuler.

Le problème consiste à rechercher les maxima et les minima relatifs du rapport $\frac{A}{B}$.

Mais les intégrales A et B sont les mêmes que dans le problème qui nous occupait d'abord; il suffit d'y faire $\rho = 1$.

Le problème des oscillations d'un liquide dans un vase peu profond est donc identique au problème des vibrations d'une membrane d'épaisseur constante, mais de tension variable.

J'ai traité complètement le problème de la membrane dans mon Mémoire cité des *Rendiconti*; j'y ai supposé, il est vrai, la tension constante; mais mon analyse serait encore applicable, *mutatis mutandis*, au cas de la tension variable.

VII. — Influence de la courbure.

Supposons maintenant que le vase soit assez grand pour que la surface libre d'équilibre ne puisse plus être regardée comme plane, mais doive être considérée comme sphérique.

Je suppose toujours qu'il n'y a pas de rotations et que l'on néglige l'attraction du liquide.

On aura, dans une oscillation simple, pour la fonction des vitesses,

$$\Phi = \varphi \sin \lambda t,$$

φ étant indépendant du temps. A l'intérieur du liquide, il viendra

$$\Delta\varphi = 0.$$

La pression p sera, en négligeant le carré de Φ,

$$p = \frac{a}{r} - \frac{d\Phi}{dt} - b$$

a et b désignent des constantes et r la distance au centre de la sphère. Cela peut s'écrire d'ailleurs

$$p = \frac{a}{r} - \lambda\varphi \cos\lambda t - b.$$

La force vive est égale encore à

$$\frac{\sin^2\lambda t}{2} \int \sum \left(\frac{d\varphi}{dx}\right)^2 d\tau$$

et l'énergie potentielle à

$$\frac{1}{2} \frac{a}{R^2} \int \rho^2 \, d\omega.$$

L'intégration est étendue à tous les éléments $d\omega$ de la surface libre sphérique d'équilibre; R est le rayon de cette surface et $R + \rho$ la distance au centre d'une molécule de la surface libre après déformation.

Les projections d'une molécule sur les trois axes sont

$$-\frac{\cos\lambda t}{\lambda} \frac{d\varphi}{dx}, \quad -\frac{\cos\lambda t}{\lambda} \frac{d\varphi}{dy}, \quad -\frac{\cos\lambda t}{\lambda} \frac{d\varphi}{dz}.$$

La projection sur le rayon vecteur sera

$$-\frac{\cos\lambda t}{\lambda} \frac{d\varphi}{dr}.$$

Il est clair qu'en un point de la surface libre on a

$$\frac{d\varphi}{dn} = \frac{d\varphi}{dr} = \frac{x}{r}\frac{d\varphi}{dx} + \frac{y}{r}\frac{d\varphi}{dy} + \frac{z}{r}\frac{d\varphi}{dz}.$$

L'énergie potentielle est donc égale à

$$\frac{\cos^2\lambda t}{\lambda^2} \frac{a}{2R^2} \int \left(\frac{d\varphi}{dr}\right)^2 d\omega.$$

Il faut maintenant chercher les maxima et les minima relatifs du rapport de l'intégrale

$$A = \int \sum \left(\frac{d\varphi}{dx}\right)^2 d\tau$$

à l'intégrale

$$B = \int \sum \left(\frac{d\varphi}{dr}\right)^2 d\omega.$$

Il vient

$$\frac{1}{2}\delta A = \int \sum \frac{d\varphi}{dx} \delta \frac{d\varphi}{dx} d\tau = \int \varphi \frac{d\delta\varphi}{dr} d\omega + \int \varphi \, \delta \frac{d\varphi}{dn} d\omega' - \int \varphi \, \delta\Delta\varphi \, d\tau.$$

Les notations ont même signification que dans le paragraphe précédent; on a encore

$$\delta\Delta\varphi = 0,$$

et sur la paroi du vase

$$\delta\frac{d\varphi}{dn} = 0.$$

Il reste

$$\frac{1}{2}\delta A = \int \varphi\frac{d\delta\varphi}{dr}\,d\omega.$$

D'autre part,

$$\frac{1}{2}\delta B = \int \frac{d\varphi}{dr}\frac{d\delta\varphi}{dr}\,d\omega.$$

Enfin, U étant le volume total du liquide, on doit avoir

$$\delta U = 0,$$

c'est-à-dire

$$\int \frac{d\delta\varphi}{dr}\,d\omega = 0.$$

Il faut que $\delta A = 0$ soit une conséquence de $\delta B = 0$, $\delta U = 0$. Cela exige

$$\frac{d\varphi}{dr} = \alpha\varphi + \beta.$$

Comme φ n'est déterminé qu'à une constante près, je puis supposer $\beta = 0$. D'ailleurs, à la surface, la pression est nulle; d'où

$$\frac{a}{r} = \lambda\varphi\cos\lambda t + b,$$

ou

$$\frac{a}{R+\rho} = \lambda\varphi\cos\lambda t + b,$$

ou

$$\frac{a}{R} - \frac{a\rho}{R^2} = \lambda\varphi\cos\lambda t + b.$$

Il faut prendre la constante b égale à $\frac{a}{R}$ et il vient, en remplaçant ρ par sa valeur,

$$\frac{a}{\lambda}\cos\lambda t\frac{d\varphi}{dr} = \lambda\varphi\cos\lambda t,$$

d'où

$$\frac{d\varphi}{dr} = \frac{\lambda^2\varphi}{a}.$$

Passons maintenant au cas où la profondeur est infiniment petite.

Soit $R + \rho$ la distance d'une molécule au centre : développons φ suivant les puissances de ρ et écrivons

$$\varphi = \varphi_0 + \varphi_1 \rho + \varphi_2 \rho^2 + \ldots .$$

On devra avoir à la surface libre

$$\varphi = \varphi_0, \qquad \frac{d\varphi}{dr} = \varphi_1,$$

d'où

$$\varphi_1 = \frac{\lambda^2 \varphi_0}{a}.$$

La force vive est égale à

$$\frac{\sin^2 \lambda t}{2} \int h \, d\omega \left[D\varphi + \left(\frac{d\varphi}{dr}\right)^2 \right].$$

Ici h est la profondeur et $D\varphi$ le carré de la composante de la vitesse perpendiculaire au rayon vecteur.

On peut prendre

$$D\varphi = D\varphi_0, \qquad \frac{d\varphi}{dr} = \varphi_1 = \frac{\lambda^2 \varphi_0}{a},$$

et, comme λ^2 est très petit, négliger le terme en $\left(\frac{d\varphi}{dr}\right)^2$. Il reste pour la force vive

$$\frac{\sin^2 \lambda t}{2} \int h \, D\varphi_0 \, d\omega.$$

L'énergie potentielle est, d'autre part,

$$\frac{\cos^2 \lambda t}{\lambda} \frac{a}{2 R^2} \int \left(\frac{d\varphi}{dr}\right)^2 d\omega = \frac{\lambda^2}{a} \frac{\cos^2 \lambda t}{2 R^2} \int \varphi_0^2 \, d\omega.$$

Le problème est donc ramené à la recherche des maxima et minima relatifs du rapport de l'intégrale

$$A = \int h \, D\varphi_0 \, d\omega$$

à l'intégrale

$$B = \int \varphi_0^2 \, d\omega.$$

De plus, φ_0 doit s'annuler au bord de la mer.

Considérons sur la sphère les courbes $\varphi_0 = \text{const.}$; envisageons deux de ces courbes infiniment voisines, correspondant aux valeurs φ_0 et $\varphi_0 + d\varphi_0$; soit $d\nu$

la distance d'un point de la seconde courbe à la première courbe, estimée suivant la normale à cette première courbe; nous aurons

$$D\varphi_0 = \left(\frac{d\varphi_0}{d\nu}\right)^2.$$

Faisons la représentation conforme de la surface sphérique de la mer sur une aire plane; par exemple par projection stéréographique.

Considérons les projections des deux courbes $\varphi_0 = \text{const.}$ et soit $d\nu'$ la distance de ces deux courbes estimée suivant la normale; on aura

$$d\nu' = \gamma\, d\nu,$$

γ étant le rapport de similitude d'une figure plane infiniment petite à la figure sphérique correspondante.

Soit $d\omega'$ la projection de l'élément $d\omega$ de la sphère, on aura

$$d\omega' = \gamma^2\, d\omega.$$

Il vient ainsi

$$A = \int h \left(\frac{d\varphi_0}{d\nu'}\right)^2 d\omega',$$

$$B = \int \frac{1}{\gamma^2} \varphi_0^2\, d\omega'.$$

Rapportons la figure plane à deux axes rectangulaires, celui des x' et celui des y', nous aurons

$$d\omega' = dx'\, dy',$$

$$\left(\frac{d\varphi_0}{d\nu'}\right)^2 = \left(\frac{d\varphi_0}{dx'}\right)^2 + \left(\frac{d\varphi_0}{dy'}\right)^2$$

d'où

$$A = \int h\, dx'\, dy' \left[\left(\frac{d\varphi_0}{dx'}\right)^2 + \left(\frac{d\varphi_0}{dy'}\right)^2\right],$$

$$B = \int \frac{1}{\gamma^2}\, dx'\, dy'\, \varphi_0^2.$$

Le problème est ainsi ramené à celui de la membrane, avec une épaisseur variable $\frac{1}{\gamma^2}$ et une tension variable h.

Je me réserve de revenir dans un prochain numéro sur le même sujet. J'ai jusqu'ici négligé les effets de rotation du globe et de la force centrifuge composée; il me faut maintenant en tenir compte; les résultats obtenus subsisteront dans leurs traits généraux, mais ils seront sensiblement modifiés et compliqués.

La recherche des oscillations propres simples dans le mouvement relatif se ramène, comme dans le cas du mouvement absolu, à l'intégration d'un système d'équations différentielles linéaires à coefficients constants et le principe de moindre action nous apprend que cette intégration se rattache aussi à une question de minimum.

Après avoir exposé les principes généraux qui régissent cette question, nous les appliquerons d'abord au cas d'un liquide oscillant dans un vase tournant assez petit pour qu'on puisse négliger la courbure de la surface; puis, enfin, au cas des mers; mais nous négligerons toujours l'attraction interne du liquide.

SUR L'ÉQUILIBRE

ET

LES MOUVEMENTS DES MERS

Journal de Mathématiques, 5e série, t. 2, p. 217-262 (1896).

VIII. — Mouvement relatif.

J'ai jusqu'ici négligé les effets de la rotation du Globe et de la force centrifuge composée; pour en tenir compte, je rappelle d'abord les principes fondamentaux de la dynamique des systèmes en mouvement relatif et, plus généralement, des systèmes où interviennent des forces gyrostatiques.

Soient $q_1, q_2, \ldots, q_n; q_{n+1}, q_{n+2}, \ldots, q_{n+k}$ les $n+k$ coordonnées qui définissent la situation du système. En reprenant les notations du paragraphe V, les équations de Lagrange s'écriront

$$\frac{d}{dt}\frac{dT}{dq'_i} - \frac{dT}{dq_i} + \frac{dU}{dq_i} = Q_i. \tag{1}$$

Parmi les paramètres q, nous distinguerons :

1° $q_1, q_2, \ldots, q_n$, que j'appellerai les q_a ou les paramètres à variation faible;

2° $q_{n+1}, q_{n+2}, \ldots, q_{n+k}$, que j'appellerai les q_b ou les paramètres à variation rapide.

Je supposerai que T et U sont indépendants des q_b, T dépendant seulement des q'_b; et que $Q_b = 0$. L'équation de Lagrange devient alors

$$\frac{d}{dt}\frac{dT}{dq'_b} = 0,$$

d'où

(2) $$\frac{dT}{dq'_b} = p_b,$$

p_b étant une constante.

Soit maintenant

$$H = T - U - \sum p_b q'_b.$$

Des équations (2) on peut tirer les q'_b en fonction des q_a, des q'_a et des constantes p_b; et si l'on substitue dans H les valeurs ainsi trouvées, H n'est plus fonction que des q_a et des q'_a.

Pour éviter toute confusion, je désignerai par des d ordinaires les dérivées prises par rapport aux q_a et aux q'_a en regardant les q'_b comme des variables indépendantes et par des ∂ ronds les dérivées prises par rapport aux q_a et aux q'_a en regardant les q'_b comme des fonctions des q_a et des q'_a.

Il vient alors

$$\frac{\partial H}{\partial q_a} = \frac{dT}{dq_a} - \frac{dU}{dq_a} + \sum \frac{dT}{dq'_b}\frac{\partial q'_b}{\partial q_a} - \sum p_b \frac{\partial q'_b}{\partial q_a},$$

$$\frac{\partial H}{\partial q'_a} = \frac{dT}{dq'_a} + \sum \frac{dT}{dq'_b}\frac{\partial q'_b}{\partial q'_a} - \sum p_b \frac{\partial q'_b}{\partial q'_a}$$

ou, en vertu des équations (2),

$$\frac{\partial H}{\partial q_a} = \frac{dT}{dq_a} - \frac{dU}{dq_a},$$

$$\frac{\partial H}{\partial q'_a} = \frac{dT}{dq'_a},$$

de sorte qu'avec les nouvelles variables les équations de Lagrange deviennent

(3) $$\frac{d}{dt}\frac{\partial H}{\partial q'_a} - \frac{\partial H}{\partial q_a} = Q_a \qquad (a = 1, 2, \ldots, n).$$

Si les forces extérieures sont nulles, ces équations se réduisent à

$$\frac{d}{dt}\frac{\partial H}{\partial q'_a} - \frac{\partial H}{\partial q_a} = 0,$$

dont la signification est bien connue. Elles veulent dire que l'action hamiltonienne.

$$\int_{t_0}^{t_1} H\,dt$$

doit être minimum.

Les équations (3 *bis*) entraînent la suivante, qui est l'équation de la conservation de l'énergie

$$-E = H - \sum \frac{\partial H}{\partial q'_a} q'_a = \text{const.}$$

Dans le problème qui nous occupe, nous aurons un seul paramètre à variation rapide q_b : c'est l'angle dont le globe solide terrestre a tourné autour de son axe à partir d'une certaine position prise pour origine ; sa dérivée q'_b est sa vitesse angulaire de rotation. Nous aurons une infinité de paramètres à variation faible q_a qui définiront la position relative des particules liquides par rapport au globe solide.

T est un polynome homogène du deuxième degré par rapport aux q'_a et aux q'_b ; U ne dépend pas de ces quantités ; les $\frac{\partial T}{\partial q'_i}$ sont des polynomes homogènes du premier degré en q'_a et q'_b.

Les q'_b tirés des équations (2) sont des polynomes du premier degré non homogènes par rapport aux q'_a ; H est donc un polynome du deuxième degré non homogène par rapport aux q'_a.

J'observe que H n'est déterminé qu'à une constante près, puisque cette fonction n'intervient que par ses dérivées ; je puis donc, sans restreindre la généralité, supposer que H s'annule avec les q_a et les q'_a, de sorte que son développement suivant les puissances de ces quantités ne contiendra pas de termes de degré zéro.

Je pourrai même, sans changer les équations (3), ajouter à H un terme de la forme Aq'_a, A étant un coefficient arbitraire ; cela revient en effet à ajouter à $\frac{\partial H}{\partial q'_a}$ la constante A ; ce qui ne change pas $\frac{d}{dt} \frac{\partial H}{\partial q'_a}$.

Je puis donc encore, sans restreindre la généralité, supposer que, dans le développement de H, les termes du premier degré par rapport aux q' et de degré zéro par rapport aux q disparaissent.

Enfin je supposerai que les valeurs

$$q_a = 0, \qquad q'_a = 0$$

correspondent à une position d'équilibre stable ; les équations (3 *bis*) se réduisent alors à

$$\frac{\partial H}{\partial q_a} = 0.$$

Ainsi les dérivées premières de H doivent s'annuler pour $q_a = q'_a = 0$; ce qui montre que le développement de H ne contient pas de termes du premier degré et commence par des termes du deuxième degré.

Quant aux termes de degré supérieur au second, nous pouvons les négliger, parce que les q_a et les q'_a sont très petits. En définitive, nous pouvons regarder H comme un polynome homogène du deuxième degré par rapport aux q_a et aux q'_a et nous écrirons

$$H = H_2 + 2H_1 + H_0.$$

H_2 sera du degré 2 par rapport aux q'_a et de degré 0 par rapport aux q_a.

H_1 sera du degré 1 par rapport aux q'_a et de degré 1 par rapport aux q_a.

H_0 sera du degré 0 par rapport aux q'_a et de degré 2 par rapport aux q_a.

L'énergie E sera alors évidemment égale à

$$E = H_2 - H_0.$$

Les équations (3) deviennent alors des équations linéaires à second membre et à coefficients constants; et les équations (3 *bis*) sont les mêmes équations sans second membre.

Pour intégrer ces équations sans second membre, posons

$$q_a = \alpha_a e^{i\lambda t},$$

nous aurons n équations linéaires et homogènes par rapport aux n quantités $\alpha_a e^{i\lambda t}$; en écrivant que leur déterminant est nul, on obtiendra une équation de degré $2n$ en λ, qu'il s'agit d'étudier.

Cette équation a été étudiée d'une manière approfondie par Tait et Thomson dans leur *Traité de Philosophie naturelle*. De tous les résultats intéressants qu'ils ont obtenus au sujet de la réalité des racines, un seul nous est nécessaire.

Si les formes quadratiques H_2 et $-H_0$ sont définies positives (c'est le cas auquel nous aurons affaire), toutes les racines sont réelles.

IX. — Étude des équations sans second membre.

Ces résultats bien connus étant rappelés, cherchons à étendre à ce problème ainsi généralisé les résultats du paragraphe V.

Le principe de la moindre action de Hamilton nous apprend que l'intégrale

$$J = \int_{t_0}^{t_1} H\,dt$$

doit être minimum; à la condition que les q_a soient assujettis à avoir des valeurs données pour $t = t_0$ et pour $t = t_1$

Si cette condition n'était pas remplie, nous aurions

$$\delta J = \sum \left(\frac{\partial H}{dq'_a} \delta q_a \right)_{t=t_1} - \sum \left(\frac{dH}{dq'_a} \delta q_a \right)_{t=t_0}.$$

Si le mouvement est assujetti à être périodique de période $t_1 - t_0$, les expressions

$$q_a, \quad q'_a, \quad \frac{dH}{dq'_a}, \quad \delta q_a$$

reprendront les mêmes valeurs pour $t = t_0$ et pour $t = t_1$, et l'on aura encore

$$\delta J = 0$$

Ainsi l'intégrale J est encore minimum si le mouvement est assujetti à être périodique et si l'intégrale est étendue à une période entière.

Cela posé, soit

$$q_a = \alpha_a^{(k)} e^{i\lambda_k t}$$

une solution (imaginaire) des équations (3 *bis*) et

$$q_a = \beta_a^{(k)} e^{-i\lambda_k t}$$

la solution imaginaire conjuguée.

Si nous faisons

$$q_a = \gamma_a e^{+i\lambda_k t} + \delta_a e^{-i\lambda_k t}, \tag{4}$$

l'intégrale J prise entre les limites, $t = 0$ et $t = \frac{2\pi}{\lambda_k}$ devra être minimum (ou tout au moins sa première variation devra s'annuler) quand on y fera

$$\gamma_a = \alpha_a^{(k)}, \qquad \delta_a = \beta_a^{(k)}.$$

Voyons quelle est la valeur de cette intégrale. L'expression de H, quand on y substitue à la place des q_a leurs valeurs (4), se composera de trois termes : 1° un terme en $e^{2i\lambda_k t}$, qui sera homogène du deuxième degré par rapport aux γ_a; 2° un terme indépendant de t, qui sera homogène du premier degré tant par rapport aux γ_a que par rapport aux δ_a; 3° un terme en $e^{-2i\lambda_k t}$, qui sera homogène du second degré par rapport aux δ_a. Soient H', H'', H''' ces trois termes

$$H = H' + H'' + H'''.$$

Les intégrales de H' et H''' sont nulles; de sorte que

$$J = \frac{2\pi}{\lambda_k} H''.$$

La variation $\delta H''$ de H'' doit donc être nulle, quand $\gamma_a = \alpha_a^{(k)}$, $\delta_a = \beta_a^{(k)}$.

Mais, à cause de la forme bilinéaire de H'', cela peut encore s'énoncer autrement :

H'' doit être nul quels que soient les γ_a quand on y fait $\delta_a = \beta_a^{(k)}$ et quels que soient les δ_a quand on y fait $\gamma_a = \alpha_a^{(k)}$.

Voyons quelle est la forme de H''.

Nous avons posé

$$H = H_2 + 2H_1 + H_0.$$

Nous devons remplacer les q_a par

$$\gamma_a e^{i\lambda_k t} + \delta_a e^{-i\lambda_k t}$$

et les q'_a par

$$i\lambda_k(\gamma_a e^{i\lambda_k t} - \delta_a e^{-i\lambda_k t}).$$

On voit que H_2 contiendra λ_k^2 en facteur et que H_1 contiendra λ_k. H est donc un polynome du deuxième degré en λ_k.

Nous devons ensuite conserver les termes indépendants de t; nous aurons alors

$$H'' = M_2\lambda_k^2 + 2i\lambda_k M_1 + M_0,$$

M_2, M_1 et M_0 étant des formes bilinéaires en γ_a et δ_a.

H'' ne doit pas changer quand on permute γ_a et δ_a et qu'on change λ_k en $-\lambda_k$.

On a donc

$$M_2(\gamma_a, \delta_a) = M_2(\delta_a, \gamma_a), \qquad M_0(\gamma_a, \delta_a) = M_0(\delta_a, \gamma_a),$$
$$M_1(\gamma_a, \delta_a) = -M_1(\delta_a, \gamma_a).$$

D'après ce que nous venons de voir, on doit avoir, quels que soient les δ_a,

$$\lambda_k^2 M_2(\alpha_a^{(k)}, \delta_a) + 2i\lambda_k M_1(\alpha_a^{(k)}, \delta_a) + M_0(\alpha_a^{(k)}, \delta_a) = 0.$$

On aura donc en particulier

$$(5) \qquad \lambda_k^2 M_2(\alpha_a^{(k)}, \alpha_a^{(m)}) + 2i\lambda_k M_1(\alpha_a^{(k)}, \alpha_a^{(m)}) + M_0(\alpha_a^{(k)}, \alpha_a^{(m)}) = 0$$

et, de même,

$$\lambda_m^2 M_2(\alpha_a^{(m)}), \alpha_a^{(k)} + 2i\lambda_m M_1(\alpha_a^{m}, \alpha_a^{(k)}) + M_0(\alpha_a^{(m)}, \alpha_a^{(k)}) = 0$$

ou, ce qui revient au même,

$$(6) \qquad \lambda_m^2 M_2(\alpha_a^{(k)}, \alpha_a^{(m)}) - 2i\lambda_m M_1(\alpha_a^{(k)}, \alpha_a^{(m)}) + M_0(\alpha_a^{(k)}, \alpha_a^{(m)}) = 0.$$

Les deux relations (5) et (6) montrent que l'équation

$$(7) \qquad \lambda^2 M_2 + 2i\lambda M_1 + M_0 = 0$$

a pour racines

$$\lambda = \lambda_k, \qquad \lambda = -\lambda_m.$$

Reprenons l'équation des forces vives

$$H_2 - H_0 = \text{const.}$$

Cette équation doit être satisfaite en particulier quand on fait

$$q_a = \alpha_a^{(k)} e^{i\lambda_k t} + \alpha_a^{(m)} e^{i\lambda_m t}.$$

Le premier membre de l'équation des forces vives contient alors des termes en $e^{2i\lambda_k t}$, $e^{2i\lambda_m t}$, $e^{it(\lambda_k+\lambda_m)}$. Le coefficient de cette dernière exponentielle doit s'annuler, à moins que

$$\lambda_k + \lambda_m = 0:$$

Supposons donc

$$\lambda_k \gtrless -\lambda_m; \tag{8}$$

le coefficient de cette exponentielle est nul, ce qui entraîne l'égalité

$$-\lambda\lambda_m M_2(\alpha_a^{(k)}, \alpha_a^{(m)}) - M_0(\alpha_a^{(k)}, \alpha_a^{(m)}) = 0. \tag{9}$$

Nous pouvions le prévoir, car le produit $-\lambda_k\lambda_m$ des racines de (7) doit être égal à $\frac{M_0}{M_2}$.

Considérons quelques cas particuliers : si l'on fait $k = m$, l'équation (5), l'équation (6) et l'équation (9) se réduisent à

$$\lambda_k^2 M_2(\alpha_a^{(k)}, \alpha_a^{(k)}) + M_0(\alpha_a^{(k)}, \alpha_a^{(k)}) = 0.$$

Soit maintenant

$$\lambda_k = -\lambda_m, \qquad \alpha_a^{(m)} = \beta_a^{(k)};$$

l'équation (9) ne sera plus vraie, mais les équations (5) et (6) subsisteront et s'écriront

$$\lambda_k^2 M_2(\alpha_a^{(k)}, \beta_a^{(k)}) + 2i\lambda_k M_1(\alpha_a^{(k)}, \beta_a^{(k)}) - M_0(\alpha_a^{(k)}, \beta_a^{(k)}) = 0.$$

L'équation (7) a alors une racine égale à λ_k; mais sur l'autre racine nous ne savons rien.

Comme les $\alpha_a^{(k)}$ ne sont déterminés qu'à un facteur constant près, et que les $\beta_a^{(k)}$ sont imaginaires conjuguées des α_a^k, nous pourrons supposer qu'on les a choisis de telle façon que

$$\lambda_k^2 M_2(\alpha_a^{(k)}, \beta_a^{(k)}) - M_0(\alpha_a^{(k)}, \beta_a^{(k)}) = I_k = \pm 1. \tag{10}$$

Un cas particulier qui a été traité à fond par Lord Kelvin est celui où les coefficients de H_1 sont très grands par rapport à ceux de H_0 et de H_2. Il y a rencontré des résultats analogues à ceux que nous venons de trouver dans le cas général et il serait intéressant de les déduire des résultats généraux.

Si H_1 est très grand, λ ne poura être que très grand ou très petit. Supposons λ très grand; nous pourrons donc dans nos équations négliger M_0. Les équations (5) et (6) s'écrivent alors

$$\lambda_k M_2 + 2 i M_1 = 0, \qquad \lambda_m M_2 - 2 i M_1 = 0,$$

et l'on en déduit, si λ_k n'est pas égal à $-\lambda_m$,

$$M_2(\alpha_a^{(k)}, \alpha_a^{(m)}) = 0.$$

C'est l'équation de Lord Kelvin (*cf.* Tait et Thomson, *Philosophie naturelle*, 3e éd., n° 345[xv]). On s'en rendra compte aisément. Les deux auteurs anglais ont choisi des variables particulières, de telle sorte que

$$H_2 = \sum \frac{q_a'^2}{2}.$$

L'équation précédente s'écrit alors

$$\sum \alpha_a^{(k)} \alpha_a^{(m)} = 0.$$

X. — Étude des équations à second membre

Revenons maintenant aux équations à second membre

$$\frac{d}{dt}\frac{dH}{dq_a'} - \frac{dH}{dq_a} = Q_a.$$

Elles signifient que l'action doit être minimum, c'est-à-dire que

(11) $$\int_{t_0}^{t_1} \left(\delta H + \sum Q_a\, \delta q_a\right) dt = 0.$$

Soit

$$Q_a = + r_a e^{i\lambda t} + s_a e^{-i\lambda t}.$$

On pourra satisfaire aux équations en posant

$$q_a = \alpha_a e^{i\lambda t} + \beta_a e^{-i\lambda t}$$

et l'équation (11) devra être satisfaite si, donnant aux q_a et aux Q_a ces valeurs, on fait

$$t_0 = 0, \qquad t_1 = \frac{2\pi}{\lambda},$$

$$\delta q_a = \gamma_a e^{i\lambda t} + \delta_a e^{-i\lambda t},$$

et cela quels que soient γ_a et δ_a.

Nous ferons en particulier

$$\gamma_a = 0, \qquad \delta_a = \alpha_a^{(k)}$$

et l'équation (11) deviendra

$$\lambda^2 M_2(\alpha_a, \alpha_a^{(k)}) + 2i\lambda M_1(\alpha_a, \alpha_a^{(k)}) + M_0(\alpha_a, \alpha_a^{(k)}) = -\sum r_a \alpha_a^{(k)}. \tag{12}$$

Des équations (12) on pourra tirer les α_a, et l'on tirerait de même les β_a des équations

$$\lambda^2 M_2(\beta_a, \beta_a^{(k)}) - 2i\lambda M_1(\beta_a, \beta_a^{(k)}) + M_0(\beta_a, \beta_a^{(k)}) = -\sum s_a \alpha_a^{(k)}. \tag{12 bis}$$

Étudions les équations (12); on voit qu'on peut en tirer les α_a et que ces quantités seront linéaires et homogènes par rapport aux r_a et rationnelles par rapport à λ. Considérons-les comme fonctions de λ :

1° Je vois d'abord que les α_a s'annuleront pour $\lambda = \infty$;

2° Les valeurs de λ pour lesquelles les α_a deviendront infinis seront celles pour lesquelles on pourra satisfaire aux n équations

$$\left\{ \begin{array}{c} \lambda^2 M_2(\alpha_a, \alpha_a^{(k)}) + 2i\lambda M_1(\alpha_a, \alpha_a^{(k)}) + M_0(\alpha_a, \alpha_a^{(k)}) = 0 \\ (k = 1, 2, \ldots, n) \end{array} \right. \tag{13}$$

sans que les α_a s'annulent

En annulant le déterminant des équations (13) on arrivera à une équation de degré $2n$ en λ; les valeurs cherchées sont donc au nombre de $2n$.

Or on satisfait à ces équations en faisant

$$\lambda = \lambda_m, \quad \alpha_a = \alpha_a^m \qquad \text{ou} \qquad \lambda = -\lambda_m, \quad \alpha_a = \beta_a^m.$$

Les $2n$ infinis des fonctions α_a sont donc

$$\lambda = \pm\lambda_1, \qquad \lambda = \pm\lambda_2, \qquad \ldots, \qquad \lambda = \pm\lambda_n.$$

Il reste à chercher les résidus correspondants.

Posons donc

$$\alpha_a = \frac{\rho\alpha_a^m}{\lambda - \lambda_m} + \gamma_a \tag{14}$$

il s'agit de déterminer ρ et les γ_a.

Nous avons pour cela les équations suivantes :

$$\frac{\rho}{\lambda-\lambda_m}[\lambda^2 M_2(\alpha_a^m, \alpha_a^k)+2i\lambda M_1(\alpha_a^m, \alpha_a^k)+M_0(\alpha_a^m, \alpha_a^k)]$$
$$+[\lambda^2 M_2(\gamma_a, \alpha_a^k)+2i\lambda M_1(\gamma_a, \alpha_a^k)+M_0(\gamma_a, \alpha_a^k)]=-\sum r_a \alpha_a,$$

ou en faisant tendre λ vers λ_m et tenant compte de la relation (6),

(14) $$2\rho[\lambda_m M_2(\alpha_a^m, \alpha_a^k)+iM_1(\alpha_a^m, \alpha_a^k)]$$
$$+[\lambda_m^2 M_2(\gamma_a, \alpha_a^k)+2i\lambda_m M_1(\gamma_a, \alpha_a^k)+M_0(\gamma_a, \alpha_a^k)]=-\sum r_a \alpha_a^k.$$

Mais on a, quels que soient les γ_a,

$$\lambda_m^2 M_2(\gamma_a, \alpha_a^m)-2i\lambda_m M_1(\gamma_a, \alpha_a^m)+M_0(\gamma_a, \alpha_a^m)=0,$$

ou bien encore, en changeant λ_m en $-\lambda_m$ et α_a^m en β_a^m.

(15) $$\lambda_m^2 M_2(\gamma_a, \beta_a^m)+2i\lambda_m M_1(\gamma_a, \beta_a^m)+M_0(\gamma_a, \beta_a^m)=0.$$

Parmi les équations (14), nous distinguerons celle qui correspond à

$$\lambda_k=-\lambda_m, \qquad \alpha_a^k=-\beta_a^m;$$

elle se réduit à

(16) $$2\rho[\lambda_m M_2(\alpha_a^m, \beta_a^m)+iM_1(\alpha_a^m, \beta_a^m)]=-\sum r_a \beta_a^m;$$

c'est de celle-là qu'on déduira ρ.

Mais à cause de (10) cela peut s'écrire

$$\rho=-I_m\lambda_m\sum r_a\beta_a^m.$$

Nous tirons de là

(17) $$\alpha_a=-\sum_{m=1}^{m=n} I_m\left(\frac{\alpha_a^m\lambda_m\Sigma_a r_a\beta_a^m}{\lambda-\lambda_m}-\frac{\beta_a^m\lambda_m\Sigma_a r_a\beta_a^m}{\lambda+\lambda_m}\right),$$

ou en posant

$$\sum r_a\beta_a^m=-B_m, \qquad \sum r_a\alpha_a^m=-A_m,$$
$$\alpha_a=\sum I_m\left(\frac{B_m\alpha_a^m\lambda_m}{\lambda-\lambda_m}-\frac{A_m\beta_a^m\lambda_m}{\lambda+\lambda_m}\right).$$

Développons α_a suivant les puissances croissantes de λ sous la forme

$$\alpha_a=\varepsilon_a^0+\lambda\varepsilon_a^1+\lambda^2\varepsilon_a^2+\ldots,$$

il viendra

(18) $$\begin{cases}\varepsilon_a^0=-\sum I_m(B_m\alpha_a^m+A_m\beta_a^m), & \varepsilon_a^1=\sum I_m\dfrac{A_m\beta_a^m-B_m\alpha_a^m}{\lambda_m},\\ \varepsilon_a^2=-\sum I_m\dfrac{B_m\alpha_a^m+A_m\beta_a^m}{\lambda_m^2}, & \varepsilon_a^3=\sum I_m\dfrac{A_m\beta_a^m-B_m\alpha_a^m}{\lambda_m^3}.\end{cases}$$

Posons maintenant

$$J_{p,q} = M_0(\varepsilon_a^p, \varepsilon_a^q), \qquad J'_{p,q} = M_1(\varepsilon_a^p, \varepsilon_a^q), \qquad J''_{p,q} = M_2(\varepsilon_a^p, \varepsilon_a^q).$$

on trouve immédiatement

(A) $$J_{p,q} = J_{p,q}, \qquad J'_{p,q} = -J'_{p,q}, \qquad J''_{p,q} = J''_{p,q}, \qquad J'_{p,q} = 0.$$

Nous pourrons écrire les formules (18) sous la forme

(18 *bis*) $$\varepsilon_a^p = -\sum{}' I_m \frac{B_m \alpha_a^m}{\lambda_m^p},$$

avec cette convention que le signe $\sum'$ ne porte pas comme $\sum$ sur n termes, mais sur $2n$ termes partagés en deux séries; pour la première série, m varie de 1 à n; et l'on passe d'un terme de la première série au terme corespondant de la seconde en changeant λ_m en $-\lambda_m$, α_a^m et A_m en β_a^m et B_m réciproquement.

Il vient alors

$$J''_{p-1,q} = -\sum{}' I_m \frac{B_m}{\lambda_m^{p-1}} M_2(\alpha_a^m, \varepsilon_a^q)$$

$$J'_{p,q} = -\sum{}' I_m \frac{B_m}{\lambda_m^p} M_1(\alpha_a^m, \varepsilon_a^q),$$

$$J_{p+1,q} = -\sum{}' I_m \frac{B_m}{\lambda_m^{p+1}} M_0(\alpha_a^m, \varepsilon_a^q).$$

On a, d'autre part,

$$\lambda_m^2 M_2(\alpha_a^m, \varepsilon_a^q) + 2i\lambda_m M_1(\alpha_a^m, \varepsilon_a^q) + M_0(\alpha_a^m, \varepsilon_a^q) = 0;$$

d'où

(19) $$J''_{p-1,q} + 2iJ'_{p,q} + J_{p+1,q} = 0.$$

On trouverait de même

(19 *bis*) $$J''_{p,q-1} - 2iJ'_{p,q} + J_{p,q+1} = 0.$$

On trouvera une autre relation de la façon suivante; il vient

$$J''_{p-1,q-1} = \sum{}'' \frac{B_m B_k}{\lambda_m^{p-1} \lambda_k^{q-1}} M_2(\alpha_a^m, \alpha_a^k) I_m I_k.$$

La somme $\sum''$ contient $4n^2$ termes, chacun des $2n$ termes de ε_a^{p-1} (expressions 18 *bis*) devant être combiné avec chacun des $2n$ termes de ε_a^{q-1}.

De même,

$$J_{p,q} = \sum{}'' \frac{B_m B_k}{\lambda_m^p \lambda_k^q} M_0(\alpha_a^m, \alpha_a^k) I_m I_k.$$

Considérons la somme

$$J''_{p-1,q-1} + J_{p,q}.$$

En vertu de l'équation (9), tous les termes de cette somme (qui sont au nombre de $4n^2$) disparaîtront, à l'exception de ceux (au nombre de $2n$) qui sont tels que

$$\lambda_k = -\lambda_m, \qquad \alpha_a^k = \beta_a^m, \qquad B_k = A_m.$$

Il vient donc, en tenant compte de (10),

$$\begin{aligned} J''_{p-1,q-1} + J_{p,q} &= \sum{}' \frac{A_m B_m}{\lambda_m^{p+q}} (-1)^q (M_0 - \lambda_m^2 M_2) \\ &= (-1)^{q+1} \sum{}' \frac{A_m B_m I_m}{\lambda_m^{p+q}} \end{aligned}$$

ou enfin (puisque les termes sont égaux deux à deux au signe près),

$$\frac{J''_{p-1,q-1} + J_{p,q}}{2} = (-1)^{q+1} \sum \frac{2 A_m B_m I_m}{\lambda_m^{p+q}}, \tag{20}$$

si $p+q$ est pair et

$$J''_{p-1,q-1} + J_{p,q} = 0, \tag{20 bis}$$

si $p+q$ est impair.

L'expression $J''_{p-1,q-1} + J_{p,q}$ ne dépend donc que de $p+q$ et de la parité de q; elle change de signe sans changer de valeur absolue, quand q augmente d'une unité et que p diminue d'une unité. On a donc la relation

$$J''_{p-1,q} + J_{p+1,q} + J''_{p,\ -1} + J_{p,q+1} = 0,$$

que l'on pourrait d'ailleurs obtenir en ajoutant (19) et (19 *bis*).

En faisant dans cette relation $q = p$, on trouve

$$2J''_{p,p-1} + 2J_{p,p+1} = 0,$$

de sorte qu'on retrouve l'équation (20 *bis*).

De (19) et (19 *bis*) on déduit encore

$$J''_{p-1,q} + 2iJ'_{p,} = J''_{p+1,q-2} - 2iJ'_{p+1,q-1}$$

Toutes ces relations montrent que les fonctions $J_{p,q}$ ne sont pas indépendantes les unes des autres; considérons l'ensemble des fonctions J telles que $p+q \leqq 2n$, des fonctions J′ telles que $p+q \leqq 2n-1$ et des fonctions J″ telles que $p+q \leqq 2n-2$; le nombre total de ces fonctions, qui sont distinctes en tenant compte des relations (A), est de $2n^2+(n+1)^2$. Le nombre des relations distinctes de la forme (19) est $n(2n-1)$; il reste donc seulement n^2+3n+1 fonctions distinctes.

XI. — Cas de l'équilibre stable.

Je vais me restreindre maintenant au cas où H_2 et $-H_0$ sont deux formes quadratiques définies positives, de sorte que l'équilibre reste stable, *même si l'on supprime les forces centrifuges composées*

C'est évidemment le cas de la nature, dans le problème qui nous occupe.

Alors, d'après ce que nous avons plus haut, tous les λ_m sont réels.

Mais ce n'est pas tout; si γ_a et δ_a sont imaginaires conjugués, on a

$$M_2(\gamma_a, \delta_a) > 0, \qquad M_0(\gamma_a, \delta_a) < 0.$$

Il vient donc

$$\lambda_k^2 M_2(\alpha_a^k, \beta_a^k) - M_0(\alpha_a^k, \beta_a^k) > 0,$$

ce qui montre que tous les nombres que nous avons appelés I_k et I_m, et qui dans le cas général peuvent être égaux à $+1$ ou à -1, sont dans le cas qui nous occupe tous égaux à $+1$.

Toutes les formules qui précèdent se trouvent ainsi notablement simplifiées.

Il en résulte une série d'inégalités sur lesquelles il me reste à appeler l'attention.

Supposons en particulier que r_a soit réel; c'est-à-dire que $r_a = s_a$, puisque r_a et s_a sont imaginaires conjugués.

Les quantités α_a^m, β_a^m sont imaginaires conjuguées, de même que r_a, s_a et que A_m, B_m.

Il en résulte que ε_a^p est réel si p est pair et purement imaginaire si p est impair.

On a donc, si p est pair,

$$M_2(\varepsilon_a^p, \varepsilon_a^p) > 0, \qquad M_0(\varepsilon_a^p, \varepsilon_a^p) < 0,$$

et au contraire, si p est impair,

$$M_2(\varepsilon_a^p, \varepsilon_a^p) < 0, \qquad M_0(\varepsilon_a^p, \varepsilon_a^p, \varepsilon_a^p) > 0,$$

c'est-à-dire que

$$(21) \qquad \begin{cases} J''_{p,p} > 0, & J_{p,p} < 0 \quad \text{(pour } p \text{ pair)}, \\ J''_{p,p} < 0, & J_{p,p} > 0 \quad \text{(pour } q \text{ impair)} \end{cases}$$

Il est clair d'ailleurs qu'on aura dans tous les cas

$$J'_{p,p} = 0$$

Cela posé, reprenons l'équation (20) qui s'écrit maintenant (puisque $I_m = 1$)

$$(20) \qquad \frac{J''_{p-1,q-1} + J_{p,q}}{2} = (-1)^{q+1} \sum \frac{2 A_m B_m}{\lambda_m^{p+q}} \qquad (p + q \text{ pair}).$$

Si nous faisons $q = p$, il vient

$$(J''_{p-1,p-1} + J_{p,p})(-1)^{p+1} = 4 \sum \frac{A_m B_m}{\lambda_m^{2p}}.$$

Comme A_m et B_m sont imaginaires conjugués, le second membre est positif, d'où l'on tire

$$J''_{p-1,p-1} + J_{p,p} < 0 \qquad (\text{si } p \text{ est pair}),$$
$$J''_{p-1,p-1} + J_{p,p} > 0 \qquad (\text{si } p \text{ est impair}).$$

Ces inégalités sont d'ailleurs des conséquences immédiates des inégalités (21).

Je poserai pour abréger

$$\frac{1}{4}(J''_{(p-1)p-1} + J_{p,p})(-1)^{p+1} = \sum \frac{A_m B_m}{\lambda_m^{2p}} = K_p > 0.$$

Cette valeur de K_p nous montre alors d'autres propriétés du nombre K_p qui font ressortir son analogie avec les intégrales J_{2p} envisagées dans la première partie.

On trouve en effet

$$\frac{K_{p+1}}{K_p} < \frac{K_{p+2}}{K_{p+1}},$$

de sorte que le rapport $\frac{K_{p+2}}{K_p}$ va constamment en croissant; sa limite pour p infini est en général égale à la plus grande des valeurs de $\frac{1}{\lambda_m^2}$.

Si l'on a donc

$$\lambda_1^2 < \lambda_2^2 < \ldots < \lambda_n^2,$$

la limite de ce rapport sera $\frac{1}{\lambda_1^2}$:

A moins que A_1 (et par conséquent B_1) ne soient nuls, auquel cas cette limite serait égale à $\frac{1}{\lambda_2^2}$;

A moins que non seulement A_1 et B_1, mais encore A_2 et B_2 ne soient nuls, auquel cas la limite serait $\frac{1}{\lambda_3^2}$;

Et ainsi de suite.

Cela posé, reprenons l'équation

$$(12) \qquad \lambda^2 M_2(\alpha_a, \alpha_a^k) + 2i\lambda M_1(\alpha_a, \alpha_a^k) + M_0(\alpha_a, \alpha_a^k) = -\sum r_a \alpha_a^k = A_k.$$

qui doit être satisfaite par le développement

$$\alpha_a = \varepsilon_a^0 + \lambda\varepsilon_a^1 + \lambda^2\varepsilon_a^2 + \ldots$$

On en déduira

$$(22)\qquad \left\{\begin{aligned} &M_0(\varepsilon_a^0, \alpha_a^k) = -\sum r_a \alpha_a^k,\\ &M_0(\varepsilon_a^1, \alpha_a^k) = -2iM_1(\varepsilon_a^0, \alpha_a^k),\\ &M_0(\varepsilon_a^2, \alpha_a^k) = -2iM_1(\varepsilon_a^1, \alpha_a^k) - M_2(\varepsilon_a^0, \alpha_a^k). \end{aligned}\right.$$

Les équations (22) nous donneront $3n$ quantités

$$(22)\qquad \varepsilon_a^0, \quad \varepsilon_a^1, \quad \varepsilon_a^2.$$

On pourra donc former

$$J''_{00}, \quad J''_{11}, \quad J_{11}, \quad J_{22}$$

et, par conséquent, le rapport

$$-\frac{J''_{11} + J_{22}}{J''_{00} + J_{11}} = \frac{K_2}{K_1}.$$

Les quantités (23) sont des fonctions linéaires des n quantités r_a; K_2 et K_1 sont donc deux formes quadratiques définies positives par rapport aux r_a.

Les A_k sont des fonctions linéaires des r_a, mais à coefficients imaginaires; les B_k sont des formes imaginaires conjuguées des A_k.

Les r_a sont au nombre de n comme les A_k et les B_k; mais nous avons supposé les r_a réels, tandis que les A_k et les B_k sont imaginaires.

Si donc nous donnons aux r_a des valeurs réelles quelconques, nous ne pouvons pas choisir ces valeurs de façon à donner aux A_k des valeurs imaginaires arbitraires; il doit donc y avoir n relations linéaires entre les n quantités A_k et les n quantités B_k; ou, si l'on aime mieux, entre les parties réelles et imaginaires des A_k (ces relations expriment d'ailleurs que la somme des résidus des fonctions α_a qui sont n fonctions rationnelles de λ; que cette somme, dis-je, est nulle).

En revanche, les produits $A_k B_k$, qui sont au nombre de n, sont réels et positifs; on peut donc choisir les r_a de façon qu'ils aient des valeurs réelles et positives, *arbitraires* en ce sens qu'elles ne sont assujetties à aucune égalité, mais *devant satisfaire à certaines inégalités*.

Cela ne me suffit pas encore pour mon objet; mais nous pouvons déjà en tirer certaines conséquences.

On a, en effet,

$$K_2 = \sum \frac{A_m B_m}{\lambda_m^4}, \qquad K_1 = \sum \frac{A_m B_m}{\lambda_m^2},$$

ce qui nous montre que le rapport $\frac{K_2}{K_1}$ est toujours compris entre $\frac{1}{\lambda_1^2}$ et $\frac{1}{\lambda_m^2}$; nous avons donc déjà des inégalités auxquelles doivent satisfaire λ_1 et λ_n. Les mêmes considérations nous donneraient également des inégalités auxquelles devraient satisfaire les autres λ_m.

Au paragraphe V nous avons montré que, pour le mouvement absolu, la détermination des λ_m se ramène à l'étude des variations du rapport de deux formes quadratiques; ici l'étude d'un rapport analogue ne nous donne plus les λ_m, mais des limites supérieures ou inférieures de ces quantités.

Mais on peut aller plus loin; n'assujettissons plus les r_a à être réels, mais posons

$$r_a = \rho_a + i\lambda\sigma_a,$$

les ρ_a et les σ_a étant réels. Soient alors $\varepsilon_a'^k$ et $\varepsilon_a''^k$, ce que devient ε_a^k quand on y remplace r_a par ρ_a et par σ_a; il viendra évidemment

$$\alpha_a = (\varepsilon_a'^0 + \lambda\varepsilon_a'^1 + \ldots) + i\lambda(\varepsilon_a''^0 + \lambda\varepsilon_a''^1 + \ldots)$$

et, par conséquent,

$$\varepsilon_a^0 = \varepsilon_a'^0, \qquad \varepsilon_a^1 = \varepsilon_a'^1 + i\varepsilon_a''^0, \qquad \varepsilon_a^2 = \varepsilon_a'^2 + i\varepsilon_a''^1 + \ldots,$$

ce qui montre que ε_a^k est encore réel si k est pair et purement imaginaire si k est impair.

Je remarque que α_a est encore une fonction rationnelle de λ et que cette fonction conserve sa propriété essentielle, à savoir qu'elle ne change pas quand on change à la fois i en $-i$ et λ en $-\lambda$.

Ses infinis sont toujours $\pm\lambda_m$; si alors j'appelle $\lambda_m A_m \alpha_a^m$ le résidu relatif à λ_m, et $-\lambda_m B_m \beta_a^m$ le résidu relatif à $-\lambda_m$, il sera facile de voir :

1° Que A_m et B_m sont les mêmes pour tous les α_a et ne dépendent pas de l'indice a;

2° Que A_m et B_m sont imaginaires conjugués.

On n'a plus :

$$\sum r_a \beta_a^m = -B_m, \qquad \sum r_a \alpha_a^m = -A_m,$$

mais on a

$$B_m = \sum \beta_a^m (\rho_a + i\lambda_m \sigma_a), \qquad -A_m = \sum \alpha_a^m (\rho_a - i\lambda_m \sigma_a).$$

En revanche, les formules (18) et toutes celles qui s'en déduisent restent vraies, de sorte que l'on a encore

$$\frac{1}{4}(J''_{p-1,p-1} + J_{p,p})(-1)^{p-1} = \sum \frac{A_m B_m}{\lambda_m^{2p}} = K_p > 0.$$

Les équations (22) doivent être remplacées par les suivantes :

$$(22\ bis) \qquad \begin{cases} M_0(\varepsilon_a^0, \alpha_a^k) = -\sum \rho_a \alpha_a^k, \\ M_0(\varepsilon_a^1, \alpha_a^k) = -2iM_1(\varepsilon_a^0, \alpha_a^k) - i\sum \sigma_a \alpha_a^k, \\ M_0(\varepsilon_a^2, \alpha_a^k) = -2iM_1(\varepsilon_a^1, \alpha_a^k) - M_2(\varepsilon_a^0, \alpha_a^k). \end{cases}$$

On tirera de là les $3n$ quantités (23) sous la forme de fonctions linéaires des ρ_a et des σ_a. Donc K_2 et K_1 seront des formes quadratiques définies positives des ρ_a et des σ_a.

Mais les ρ_a et les σ_a sont au nombre de $2n$; on pourra donc les choisir de telle façon que les A_m puissent prendre des valeurs imaginaires arbitraires et que les $A_m B_m = |A_m^2|$ prennent des valeurs réelles et positives *complètement arbitraires*.

Alors $\frac{1}{\lambda_m^2}$ sera le minimum du rapport $\frac{K_2}{K_1}$, et $\frac{1}{\lambda_1^2}$ en sera le maximum. Posons

$$\rho_a = \theta_1 \rho_a^1 + \theta_2 \rho_a^2 + \ldots + \theta_q \rho_a^q,$$
$$\sigma_a = \theta_1 \sigma_a^1 + \theta_2 \sigma_a^2 + \ldots + \theta_q \sigma_a^q.$$

Choisissons ensuite les θ pour que le rapport soit aussi petit que possible, en supposant les ρ_a^k et les σ_a^k donnés. Le rapport dépend encore des ρ_a^k et des σ_a^k et son maximum nouveau sera $\frac{1}{\lambda_q^2}$. En somme, nous retrouvons tous les résultats du paragraphe V.

Avant d'aller plus loin, observons que les deux formes H_2 et H_0 jouent un rôle analogue; toute notre analyse subsisterait si nous changions H_2 en $-H_0$, M_2 en $-M_0$ et λ en $\frac{1}{\lambda}$.

XII. — Problème du vase tournant.

Considérons un vase qui contient un liquide pesant, mais qui est assez petit, pour que la pesanteur puisse être regardée comme constante en grandeur et en direction.

Ce vase est animé d'une vitesse de rotation uniforme Ω autour d'un axe parallèle à l'axe des z. La surface libre du liquide en équilibre n'est plus alors un plan horizontal, mais un paraboloïde de révolution.

Toutefois, nous supposerons que Ω est assez petit pour que l'on puisse négliger Ω^2 qui entre en facteur dans la force centrifuge ordinaire, sans pouvoir négliger Ω qui entre en facteur dans la force centrifuge composée. A cette condition, nous pourrons regarder la surface libre comme un plan horizontal.

Du reste, si l'on avait à tenir compte de Ω^2, il n'y aurait à faire subir aux résultats que quelques modifications très simples.

Il s'agit d'étudier les petites oscillations du liquide dans ce vase.

Pour cela, nous allons voir comment les principes du paragraphe VIII peuvent s'appliquer au mouvement relatif d'un système par rapport à des axes mobiles.

Soit un système formé de n points matériels

$$m_1, \quad m_2, \quad \ldots, \quad m_n.$$

La masse du point m_i sera m_i ; ses coordonnées par rapport aux axes mobiles seront

$$x_i, \quad y_i, \quad z_i$$

dans l'état d'équilibre, et

$$x_i + \xi_i, \quad y_i + \eta_i, \quad z_i + \zeta_i$$

dans l'état de mouvement.

Si les axes mobiles sont animés d'une vitesse de rotation Ω autour de l'axe des z, les projections de la vitesse *absolue* du point m_i sur les trois axes mobiles seront

$$\frac{d\xi_i}{dt} - \Omega(y_i + \eta_i), \quad \frac{d\eta_i}{dt} + \Omega(x_i + \xi_i), \quad \frac{d\zeta_i}{dt}$$

et la force vive absolue du système sera

$$(1) \qquad \mathrm{T} = \sum \frac{m}{2}\left(\frac{d\xi^2}{dt^2} + \frac{d\eta^2}{dt^2} + \frac{d\zeta^2}{dt^2}\right) + \Omega \sum m\left(x\frac{d\eta}{dt} - y\frac{d\xi}{dt}\right)$$
$$+ \Omega \sum m\left(\xi\frac{d\eta}{dt} - \eta\frac{d\xi}{dt}\right) + \frac{\Omega^2}{2}\sum m[(x+\xi)^2 + (y+\eta)^2].$$

Le premier terme représente la force vive relative, le second et le troisième représentent, au facteur près Ω, le moment de rotation dans le mouvement relatif; le dernier terme, qui contient en facteur Ω^2, est négligeable.

La vitesse angulaire Ω joue le rôle de q'_b, et l'on a, en négligeant dans T le terme en Ω^2,

$$p_b = \frac{dT}{d\Omega} = \sum m\left(x\frac{d\eta}{dt} - y\frac{d\xi}{dt}\right) + \sum m\left(\xi\frac{d\eta}{dt} - \eta\frac{d\xi}{dt}\right),$$

d'où

$$\text{(2)} \qquad \begin{aligned} H = \sum \frac{m}{2}\,\frac{d\xi^2 + d\eta^2 + d\zeta^2}{dt^2} - \Omega\sum m\left(x\frac{d\eta}{dt} - y\frac{d\xi}{dt}\right) \\ - \Omega\sum m\left(\xi\frac{d\eta}{dt} - \eta\frac{d\xi}{dt}\right) - U. \end{aligned}$$

D'après une remarque faite au paragraphe VIII, nous pouvons supprimer dans H les termes du premier degré par rapport aux q'_a qui sont représentés ici par le second terme de l'expression (2), de sorte qu'il reste

$$\text{(3)} \qquad H = \sum \frac{m}{2}\,\frac{d\xi^2 + d\eta^2 + d\zeta^2}{dt^2} - \Omega\sum m\left(\xi\frac{d\eta}{dt} - \eta\frac{d\xi}{dt}\right) - U,$$

d'où

$$\begin{aligned} H_2 &= \sum \frac{m}{2}\,\frac{d\xi^2 + d\eta^2 + d\zeta^2}{dt^2}, \\ H_1 &= \Omega\sum m\left(\eta\frac{d\xi}{dt} - \xi\frac{d\eta}{dt}\right), \\ H_0 &= -U. \end{aligned}$$

Pour passer au problème du liquide, où le nombre des molécules est infini, il suffit de remplacer les sommes par des intégrales et il vient

$$\begin{aligned} H_2 &= \int \frac{d\tau}{2}\,\frac{d\xi^2 + d\eta^2 + d\zeta^2}{dt^2}, \\ H_1 &= \Omega\int d\tau\left(\eta\frac{d\xi}{dt} - \xi\frac{d\eta}{dt}\right). \end{aligned}$$

Les intégrations sont étendues à tous les éléments de volume $d\tau$ du liquide.

Quant à la valeur de $H_0 = -U$, nous l'avons obtenue au paragraphe VI; nous avons trouvé

$$H_0 = -U = -\int g\xi^2\frac{d\omega}{2},$$

l'intégration étant étendue à tous les éléments $d\omega$ de la surface libre. Les fonctions ξ, η, ζ sont assujetties à deux conditions :

1° On doit avoir l'équation de continuité

$$\frac{d\xi}{dx} + \frac{d\eta}{dy} + \frac{d\zeta}{dz} = 0; \tag{4}$$

2° Sur la paroi du vase, on doit avoir

$$l\xi + m\eta + n\zeta = 0, \tag{5}$$

l, m, n étant les cosinus directeurs de la surface de la paroi.

On peut supposer, en outre, que les diverses molécules du fluide sont soumises à des forces extérieures et que le travail virtuel de ces forces pour des déplacements virtuels $\delta\xi$, $\delta\eta$, $\delta\zeta$ des molécules est représenté par l'intégrale

$$\int d\tau(X\,\delta\xi + Y\,\delta\eta + Z\,\delta\zeta)$$

qui correspond ainsi à la somme que nous appelions dans les paragraphes précédents

$$\sum Q_a\,\delta q_a.$$

Il faut donc que l'on ait, en vertu du principe de Hamilton,

$$\int_{t_0}^{t_1}\left[\delta H + \int d\tau(X\,\delta\xi + Y\,\delta\eta + Z\,\delta\zeta)\right] = 0,$$

en supposant que $\delta\xi$, $\delta\eta$, $\delta\zeta$ sont nuls pour $t = t_0$, $t = t_1$ et que ξ, η, ζ sont assujettis aux équations (4) et (5).

On peut écrire ceci sous une autre forme, en introduisant deux fonctions arbitraires ψ et θ,

$$\int_{t_0}^{t_1}\left[\delta H + \int d\tau \sum X\,\delta\xi + \int d\tau\psi \sum \frac{d\,\delta\xi}{dx} + \int d\omega'\theta(l\,\delta\xi + m\,\delta\eta + n\,\delta\zeta)\right] = 0. \tag{6}$$

La troisième intégrale est étendue à tous les éléments $d\omega'$ de la surface de la paroi dont les cosinus directeurs sont l, m, n.

Cette équation (6) est évidemment vraie, quelles que soient les fonctions ψ et θ si ξ, η et ζ sont assujetties aux conditions (4) et (5), et, en vertu des principes du calcul des variations, elle sera encore vraie, pour un choix convenable de ψ et de θ, sans que ξ, η, ζ soient assujetties à aucune condition.

On arrive ainsi aux équations du mouvement qu'on aurait pu obtenir directement et qui s'écrivent

$$(7)\quad \left\{\begin{aligned} &\frac{d^2\xi}{dt^2}+2\Omega\frac{d\eta}{dt}+\frac{d\psi}{dx}=X,\\ &\frac{d^2\eta}{dt^2}-2\Omega\frac{d\xi}{dt}+\frac{d\psi}{dy}=Y,\\ &\frac{d^2\zeta}{dt^2}\qquad\qquad+\frac{d\psi}{dz}=Z, \end{aligned}\right.$$

à l'intérieur du vase ;

$$\psi=-g\zeta,$$

à la surface libre.

Je prends le signe — devant $g\zeta$ dans la dernière de ces équations, parce que je considère l'axe des z positifs, comme dirigé vers le bas.

Ces équations, jointes à (4) et à (5), définiront les quatre fonctions ξ, η, ζ, ψ.

Supposons, en particulier, que ces quatre fonctions soient proportionnelles à $e^{i\lambda t}$, nos équations deviendront

$$(7\ bis)\quad \left\{\begin{aligned} &-\lambda^2\xi+2i\Omega\lambda\eta+\frac{d\psi}{dx}=X,\\ &-\lambda^2\eta-2i\Omega\lambda\xi+\frac{d\psi}{dy}=Y,\\ &-\lambda^2\zeta\qquad\qquad+\frac{d\psi}{dz}=Z, \end{aligned}\right.$$

à l'intérieur du vase;

$$\psi=-g\zeta,$$

à la surface libre.

XIII. — Développement en série.

L'élimination de ψ entre les équations (7 *bis*) nous conduit aux équations suivantes :

$$(7\ ter)\quad \left\{\begin{aligned} &-\lambda^2\left(\frac{d\eta}{dz}-\frac{d\zeta}{dy}\right)-2i\Omega\lambda\frac{d\xi}{dz}=\frac{dY}{dz}-\frac{dZ}{dy},\\ &-\lambda^2\left(\frac{d\zeta}{dx}-\frac{d\xi}{dz}\right)-2i\Omega\lambda\frac{d\eta}{dz}=\frac{dZ}{dx}-\frac{dX}{dz},\\ &-\lambda^2\left(\frac{d\xi}{dy}-\frac{d\eta}{dx}\right)-2i\Omega\lambda\frac{d\zeta}{dz}=\frac{dX}{dy}-\frac{dY}{dx} \end{aligned}\right.$$

à l'intérieur du vase;

$$(8)\quad \left\{\begin{aligned} -g\frac{d\zeta}{dx} &= X + \lambda^2\xi - 2i\Omega\lambda\eta, \\ -g\frac{d\zeta}{dy} &= Y + \lambda^2\eta + 2i\Omega\lambda\xi, \end{aligned}\right.$$

$$\int \zeta\, d\omega = 0$$

à la surface libre.

La troisième équation (8) est une conséquence immédiate de (4) et de (5).

Supposons maintenant que l'on ait

$$X = X_0 + \lambda X_1, \qquad Y = Y_0 + \lambda Y_1, \qquad Z = Z_0 + \lambda Z_1$$

et que

$$X_0\, dx + Y_0\, dy + Z_0\, dz$$

soit une différentielle exacte.

Développons ξ, η, ζ suivant les puissances croissantes de λ, de telle sorte que l'on ait, par exemple,

$$\xi = \Sigma\lambda^n\xi_n.$$

Alors les équations (7 *ter*) et (8) nous donnent, en égalant les coefficients des puissances semblables de λ :

Premier groupe.

$$(7a)\quad \left\{\begin{aligned} -2i\Omega\frac{d\xi_0}{dz} &= \frac{dY_1}{dz} - \frac{dZ_1}{dy}, \\ -2i\Omega\frac{d\eta_0}{dz} &= \frac{dZ_1}{dx} - \frac{dX_1}{dz}, \\ -2i\Omega\frac{d\zeta_0}{dz} &= \frac{dX_1}{dy} - \frac{dY_1}{dx} \end{aligned}\right.$$

à l'intérieur du vase;

$$(4a)\quad \frac{d\xi_0}{dx} + \frac{d\eta_0}{dy} + \frac{d\zeta_0}{dz} = 0$$

à l'intérieur du vase;

$$(5a)\quad l\xi_0 + m\eta_0 + n\zeta_0 = 0$$

pour la paroi;

$$(8a)\quad -g\frac{d\zeta_0}{dx} = X_0, \qquad -g\frac{d\zeta_0}{dy} = Y_0,$$

$$\int \zeta_0\, d\omega = 0$$

pour la surface libre.

Deuxième groupe.

$$(7b)\qquad -2i\Omega\frac{d\xi_1}{dz}=\frac{d\eta_0}{dz}-\frac{d\zeta_0}{dy}$$

et deux équations qu'on en déduit par symétrie;

$$(4b)\qquad \frac{d\xi_1}{dx}+\frac{d\eta_1}{dy}+\frac{d\zeta_1}{dz}=0,$$

$$(5b)\qquad l\xi_1+m\eta_1+n\zeta_1=0,$$

$$(8b)\qquad \begin{cases}-g\dfrac{d\zeta_1}{dx}=X_1-2i\Omega\eta_0,\\ -g\dfrac{d\zeta_1}{dy}=Y_1+2i\Omega\xi_0,\end{cases}$$

$$\int\zeta_1\,d\omega=0.$$

Troisième groupe ($n>0$).

$$(7c)\qquad -2i\Omega\frac{d\xi_{n+1}}{dz}=\frac{d\eta_n}{dz}-\frac{d\zeta_n}{dy}$$

et deux équations qu'on en déduit par symétrie,

$$(4c)\qquad \frac{d\xi_{n+1}}{dx}+\frac{d\eta_{n+1}}{dy}+\frac{d\zeta_{n+1}}{dz}=0,$$

$$(5c)\qquad l\xi_{n+1}+m\eta_{n+1}+n\zeta_{n+1}=0,$$

$$(8c)\qquad \begin{cases}-g\dfrac{d\zeta_{n+1}}{dx}=\xi_{n-1}-2i\Omega\eta_n,\\ -g\dfrac{d\zeta_{n+1}}{dy}=\eta_{n-1}+2i\Omega\xi_n.\end{cases}$$

$$\int\zeta_n\,d\omega=0.$$

Voyons comment ces trois groupes d'équations vont nous permettre de déterminer par récurrence toutes nos inconnues :

1° Les équations ($7a$) déterminent ξ_0 à une fonction inconnue près de x et de y; les équations ($8a$) achèvent ensuite la détermination de ζ_0. Ces deux équations ($8a$) sont compatibles, parce que

$$X_0\,dx+Y_0\,dy$$

est pour $z=0$ une différentielle exacte.

2° Pour achever la détermination de ξ_0 et η_0, nous devons nous servir des équations (4 a) et (5 a). Ces équations nous font connaître

$$\frac{d\xi_0}{dx}+\frac{d\eta_0}{dy} \quad \text{et} \quad l\xi_0+m\eta_0,$$

puisque ζ_0 est entièrement déterminé. D'autre part, ξ_0 et η_0 sont définis à deux fonctions arbitraires près de x et de y; c'est-à-dire que l'on a

$$\xi_0=\xi'_0+\xi''_0, \qquad \eta_0=\eta'_0+\eta''_0,$$

ξ'_0 et η'_0 étant entièrement connus, pendant que ξ''_0 et η''_0 ne dépendent que de x et de y. Les équations (4 a) et (5 a) peuvent alors s'écrire

$$(9\,a) \qquad \frac{d\xi''_0}{dx}+\frac{d\eta''_0}{dy}=\varphi, \qquad l\xi''_0+m\eta''_0+n\theta=0,$$

φ et θ étant deux fonctions connues de x et de y.

Ces équations ne sont pas toujours compatibles. Soit, en effet,

$$z=h(x, y)$$

l'équation de la paroi du vase. Les cosinus directeurs l, m, n sont proportionnels à

$$\frac{dh}{dx}, \quad \frac{dh}{dy}, \quad -1,$$

de sorte que la seconde équation (9 a) peut s'écrire

$$\xi''_0\frac{dh}{dx}+\eta''_0\frac{dh}{dy}=\theta.$$

Soit alors F(h) une fonction de h qui s'annule pour $h=0$; on aura

$$\int dx\,dy\left[\frac{d\xi''_0\,\mathrm{F}(h)}{dx}+\frac{d\eta''_0\,\mathrm{F}(h)}{dy}\right]=0,$$

l'intégration étant étendue à toute la surface du vase, puisque sur le bord du vase F(h) s'annule.

Cela peut s'écrire, en tenant compte des équations (9 a),

$$(10\,a) \qquad \int dx\,dy[\mathrm{F}(h)\varphi+\mathrm{F}'(h)\theta]=0.$$

Il faut donc que X_1, Y_1, Z_1 satisfassent à certaines conditions que je n'écrirai pas.

Supposons la condition (10 a) satisfaite; je dis qu'elle sera suffisante pour que l'on puisse déterminer ξ''_0 et η''_0, de façon à satisfaire aux équations (9 a).

Nous pouvons, en effet, toujours trouver deux fonctions ξ_0^* et η_0^* qui satisfassent à la première des équations (9 *a*)

$$\frac{d\xi_0^*}{dx} + \frac{d\eta_0^*}{dy} = \varphi.$$

Cela peut se faire d'une infinité de manières; on peut, par exemple, prendre

$$\eta_0^* = 0, \qquad \xi_0^* = \int_0^x \varphi\, dx.$$

On aura ensuite

$$\xi_0'' = \xi_0^* - \frac{d\psi}{dy}, \qquad \eta_0'' = \eta_0^* + \frac{d\psi}{dx},$$

ψ étant une fonction auxiliaire.

La seconde équation (9 *a*) montre ensuite que ψ doit satisfaire à une équation de la forme

(9 *a bis*) $$\frac{d\psi}{dx}\frac{dh}{dy} - \frac{dh}{dx}\frac{d\psi}{dy} = \theta^*,$$

θ^* étant une fonction connue de x et de y. En vertu de (10 *a*), on aura

(10 *a bis*) $$\int dx\, dy\, F'(h)\theta^* = 0.$$

Prenons alors un système particulier de coordonnées qui comprendra la variable h et une variable s qui variera de 0 à 2π quand on fera le tour de l'une des courbes fermées $h = \text{const.}$ Soit J le jacobien ou déterminant fonctionnel de x et de y par rapport à s et à h. Les équations (9 *a bis*) et (10 *a bis*) deviendront

(9 *a ter*) $$\frac{d\psi}{ds} = J\theta^*.$$

(10 *a ter*) $$\iint F'(h) J\theta^*\, dh\, ds = 0.$$

L'équation (10 *a ter*) ayant lieu, quel que soit $F'(h)$, nous pourrons écrire

(10 *a quater*) $$\int_0^{2\pi} J\theta^*\, ds = 0.$$

L'équation (9 *a ter*) nous donne

$$\psi = \int_0^s J\theta^*\, ds + \text{fonction arbitraire de } h.$$

Mais, pour que cette fonction soit uniforme, il faut et il suffit que

$$\int_0^{2\pi} J\theta' \, ds = 0.$$

Or cette condition est remplie en vertu de l'équation (10 *a quater*).

3° La fonction ψ n'est encore déterminée qu'à une fonction arbitraire près de h que j'appellerai $f(h)$; si cette fonction $f(h)$ était connue, les équations (7 *b*) et (8 *b*) détermineraient ζ_1 complètement et ξ_1 et η_1 à des fonctions arbitraires près de x et de y. Il est aisé de vérifier que les équations (8 *b*) sont toujours compatibles.

4° Il faudrait ensuite achever la détermination de ξ_1 et η_1 à l'aide de (4 *b*) et (5 *b*); pour cela posons

$$\xi_1 = \xi_1' + \xi_1'', \qquad \eta_1 = \eta_1' + \eta_1'',$$

ξ_1' et η_1' étant entièrement connues, tandis que ξ_1'' et η_1'' ne dépendent que de x et de y.

Nous arriverons à des équations de même forme que (9 *a*) qui s'écriront

$$(9\,b) \qquad \frac{d\xi_1''}{dx} + \frac{d\eta_1''}{dy} = \varphi_1, \qquad \xi_1''\frac{dh}{dx} + \eta_1''\frac{dh}{dy} = \theta_1,$$

où φ_1 et θ_1 sont deux fonctions connues. Pour que ces équations soient compatibles, on devra avoir

$$(10\,b) \qquad \int dx\,dy[\mathrm{F}(h)\varphi_1 + \mathrm{F}'(h)\theta_1] = 0.$$

5° J'ai dit que ζ_1, $\frac{d\xi_1}{dz}$, $\frac{d\eta_1}{dz}$, φ_1 et θ_1 étaient des fonctions connues, *mais en supposant que la fonction $f(h)$ soit connue elle-même.*

Je vais maintenant me servir de l'équation (10 *b*) pour achever la détermination de $f(h)$.

Nous connaissons complètement ζ_0, $\frac{d\xi_0}{dz}$, $\frac{d\eta_0}{dz}$; il en résulte que $\frac{d\xi_1}{dz}$ et $\frac{d\eta_1}{dz}$ sont aussi entièrement connus; au contraire, $\frac{d\zeta_1}{dz}$ n'est pas complètement déterminé, parce que $\frac{d\xi_0}{dy} - \frac{d\eta_0}{dx}$ ne l'est pas.

ξ_0 est déterminé au terme près $-f'(h)\frac{dh}{dy} = -\frac{df(h)}{dy}$ et η_0 au terme près $f'(h)\frac{dh}{dx} = \frac{df(h)}{dx}$. Il en résulte que $\frac{d\zeta_1}{dz}$ sera déterminé au terme près

$$\frac{1}{2i\Omega}\Delta f(h).$$

La valeur de ζ_1 pour $z = 0$ nous est donnée par les équations (8 *b*); mais comme ξ_0 et η_0 ne sont pas entièrement déterminés, ces équations nous montrent que $\frac{d\zeta_1}{dx}$ et $\frac{d\zeta_1}{dy}$ sont déterminés à des termes près en

$$+\frac{2i\Omega}{g}\frac{df(h)}{dx}, \qquad +\frac{2i\Omega}{g}\frac{df(h)}{dy}$$

et, par conséquent, ζ_1 à un terme près en

$$+\frac{2i\Omega}{g}f(h),$$

en supposant, ce qui est permis,

$$\int f(h)\,d\omega = 0.$$

La valeur de ζ_1 pour $z = h$ est alors déterminée à un terme près en

$$\frac{h}{2i\Omega}\Delta f(h) + \frac{2i\Omega}{g}f(h)$$

et l'équation (10 *b*) prend la forme

$$(10\,b\ bis)\qquad \int dx\,dy\Big[-F(h)\Delta f(h) + F'(h)\Big(h\Delta f - \frac{4\Omega^2 f}{g}\Big)\Big] = \text{expression connue},$$

ou bien

$$(10\,b\ ter)\qquad \int J\,dh\,ds\Big[(hF' - F)(f'\Delta h + f''Dh) - \frac{4\Omega^2 F' f}{g}\Big] = \text{expression connue},$$

où j'ai posé pour abréger

$$Dh = \Big(\frac{dh}{dx}\Big)^2 + \Big(\frac{dh}{dy}\Big)^2.$$

En intégrant par partie et remarquant que $F(h)$ s'annule pour $h = 0$, on trouve

$$-\int dx\,dy\,F(h)\Delta f(h) = \int dx\,dy\,F'(h)f'(h)\,Dh;$$

de sorte que l'équation (10 *b ter*) devient

$$\int JF'\,dh\,ds\Big(hf'\Delta h + hf''Dh + f' - \frac{4\Omega^2 f}{g}\Big) = \text{expression connue}.$$

La fonction F′ étant connue, on peut tirer de là l'équation différentielle qui définira la fonction f.

Soit, en effet,

$$A = \int_0^{2\pi} J\, Dh\, ds, \qquad B = \int_0^{2\pi} J\, \Delta h\, ds, \qquad C = \int_0^{2\pi} J\, ds;$$

A, B, C sont des fonctions connues de h.

Notre équation différentielle s'écrit alors

$$(11) \qquad A h f'' + f'(Bh + C) + KCf = E,$$

E étant une quatrième fonction connue de h.

C'est là une équation différentielle du deuxième ordre qui ne détermine la fonction f qu'à deux constantes arbitraires près.

Voyons comment on peut déterminer ces constantes.

Je supposerai que la fonction h n'a qu'un seul maximum que j'appellerai h_0, de telle façon que les courbes $h =$ const. soient des courbes fermées s'enveloppant mutuellement. C'est d'ailleurs ce que j'ai déjà supposé implicitement en prenant les variables h et s.

Cela posé, j'observe que J s'annule, ainsi que Dh, pour $h = h_0$. Il en résulte que A, B, C et E s'annulent également et il en est de même de $\frac{A}{C}$, tandis que $\frac{B}{C}$ reste fini et qu'il en est de même, en général, de $\frac{E}{C}$.

Si j'écris l'équation (11) sous la forme

$$\frac{A}{C} h f'' + f'\left(h\frac{B}{C} + 1\right) + Kf = \frac{E}{C},$$

je vois que le coefficient de f'' s'annule deux fois; pour $h = 0$ et pour $h = h_0$.

Il en résulte que pour $h = 0$, par exemple, l'intégrale générale de l'équation (11) devient infinie, ou du moins que ses dérivées d'ordre suffisamment élevé deviennent infinies.

Si donc on veut que f reste fini pour $h = 0$, ainsi que toutes ses dérivées, il faudra assujettir les deux constantes d'intégration à une certaine relation.

De même, si l'on veut que f reste fini pour $h = h_0$, ainsi que toutes ses dérivées, il faudra assujettir les deux constantes d'intégration à une seconde relation.

Ces constantes devant ainsi satisfaire à deux relations seront entièrement déterminées.

La fonction f est donc déterminée complètement, ainsi que ξ_0, η_0, ζ_1 $\frac{d\xi_1}{dz}$, $\frac{d\eta_1}{dz}$, φ_1 et θ_1.

6° Les fonctions φ_1 et θ_1 ainsi déterminées satisfont à la condition (10 *b*); on déterminera ξ_1'' et η_1'' par les équations (9 *b*); ce qui nous fera connaître ξ_1 et η_1, non pas complètement, mais à des termes près en

$$-f'_1(h)\frac{dh}{dy} \quad \text{et} \quad f'_1(h)\frac{dh}{dx},$$

$f_1(h)$ étant une nouvelle fonction arbitraire de h.

7° Nous formerons une équation (10 *c*) avec (4 *c*) et (5 *c*) de la même manière que nous avons formé (10 *a*) avec (4 *a*) et (5 *a*) et (10 *b*) avec (4 *b*) et (5 *b*); traitant ensuite (10 *c*) comme nous venons de traiter (10 *b*), nous déterminerons $f_1(h)$. La détermination de ξ_1, η_1 et ζ_1 sera ainsi achevée.

8° Par les équations (7 *c*) et (8 *c*), nous déterminerons

$$\zeta_2, \quad \frac{d\xi_2}{dz}, \quad \frac{d\eta_2}{dz}.$$

9° La condition (10 *c*) étant remplie, les équations (4 *c*) et (5 *c*) sont compatibles. Elles nous donneront ξ_2 et η_2 à des termes près en

$$-f'_2(h)\frac{dh}{dy} \quad \text{et} \quad f'_2(h)\frac{dh}{dx}$$

$f_2(h)$ étant une nouvelle fonction arbitraire.

10° On déterminera $f_2(h)$ comme on a déterminé $f(h)$ et $f_1(h)$. La détermination de ξ_2, η_2, ζ_2 sera alors terminée.

Et ainsi de suite.

Nous avons dû supposer plus haut que non seulement X_0, Y_0, Z_0, mais X_1, Y_1, Z_1 doivent satisfaire à certaines relations. La généralité se trouverait ainsi restreinte, et pour éviter cela nous poserons non plus

$$X = X_0 + \lambda X_1,$$

mais

$$X = X_0 + \lambda X_1 + \lambda^2 X_2, \qquad Y = Y_0 + \lambda Y_1 + \lambda^2 Y_2, \qquad \ldots$$

Nos équations doivent alors être modifiées.

Dans l'équation (7 *b*), on doit ajouter un second membre $\frac{dY_2}{dz} - \frac{dZ_2}{dy}$ et il faut modifier de même les autres équations déduites de (7 *b*) par symétrie.

Les équations ($8c$) doivent également être modifiées pour $n = 1$ et l'on doit les écrire

$$-g\frac{d\zeta_2}{dx} = \xi_0 - 2i\Omega\eta_1 + X_2,$$

$$-g\frac{d\zeta_2}{dy} = \eta_0 + 2i\Omega\xi_1 + Y_2.$$

Tout ce que nous avons dit subsiste d'ailleurs et les fonctions X_2, Y_2, Z_2 peuvent être quelconques.

Nous avons ainsi le moyen de développer ξ, η, ζ suivant les puissances de λ; mais le domaine de convergence est évidemment limité.

C'est ici qu'on peut appliquer les principes du paragraphe XI.

Nous avons vu que dans le cas où il y a un nombre fini de degrés de liberté, les quantités q_a (qui sont analogues à ξ, η, ζ) sont des fonctions rationnelles de λ, dont les infinis sont les quantités $\pm\lambda_m$.

Ici, le nombre des degrés de liberté étant illimité, ξ, η, ζ seront des fonctions uniformes (et très probablement méromorphes) de λ. En multipliant le développement de ξ suivant les puissances de λ par un polynome tel que le suivant :

$$(\lambda^2 - \lambda_1^2)(\lambda^2 - \lambda_2^2)\ldots(\lambda^2 - \lambda_{m-1}^2)(\lambda^2 - \lambda_m^2),$$

on étendra donc beaucoup l'étendue du domaine de convergence (il est même probable qu'on pourra l'étendre indéfiniment) et, d'ailleurs, on augmentera la rapidité de la convergence.

De là l'intérêt qui s'attache à la détermination des λ_m. Nous avons vu que cette détermination pouvait reposer sur la considération du rapport $\frac{k_{p+1}}{k_p}$; ici ce rapport s'écrit, en faisant, par exemple, $p = 3$,

$$\frac{-\int d\tau(\xi_3^2 + \eta_3^2 + \zeta_3^2) + g\int \zeta_4^2\,d\omega}{\int d\tau(\xi_2^2 + \eta_2^2 + \zeta_2^2) - g\int \zeta_3^2\,d\omega}. \tag{12}$$

J'observe que ce rapport est essentiellement positif. En effet, si nous supposons, comme il convient, X_0, Y_0, Z_0, X_2, Y_2, Z_2 réels; X_1, Y_1, Z_1 purement imaginaires, il arrivera que ξ_2, η_2, ζ_2, ξ_4, η_4, ζ_4 seront réels, tandis que ξ_3, η_3, ζ_3 seront purement imaginaires.

Les fonctions ξ_n, η_n, ζ_n dépendent évidemment du choix de X, Y, Z; supposons donc qu'on choisisse X, Y, Z, de façon que le rapport $\frac{k_4}{k_3}$ soit maximum. Le maximum ainsi obtenu, que j'appellerai le *premier maximum*, est précisément $\frac{1}{\lambda_1^2}$.

Soit maintenant

$$X = \alpha_1 A_1 + \alpha_2 A_2 + \ldots + \alpha_p A_p,$$
$$Y = \alpha_1 B_1 + \alpha_2 B_2 + \ldots + \alpha_p B_p,$$
$$Z = \alpha_1 C_1 + \alpha_2 C_2 + \ldots + \alpha_p C_p,$$

les α étant des coefficients indéterminés, les A, B, C étant des fonctions quelconques de x, y, z.

Les fonctions A, B, C étant d'abord supposées données, choisissons les coefficients α, de telle façon que le rapport (12) soit minimum. Soit R le minimum ainsi obtenu. Ce minimum R dépend du choix des fonctions A, B, C; choisissons ces fonctions de telle façon que R soit maximum. Le maximum ainsi obtenu sera ce que j'appellerai le $p^{\text{ième}}$ *maximum* du rapport (12); il sera égal à $\frac{1}{\lambda_p^2}$.

Tout est donc ramené à l'étude des maxima successifs du rapport (12).

XIV. — Cas d'une profondeur très petite.

Tout ce qui précède est susceptible d'importantes simplifications, quand la profondeur du vase est infiniment petite.

Nous pouvons alors développer toutes nos quantités suivant les puissances croissantes de z et négliger le carré de z. Nous aurons alors

$$\xi = \xi' + z\xi'', \qquad \eta = \eta' + z\eta'', \qquad \zeta = \zeta' + z\zeta'',$$
$$X = X' + zX'', \qquad Y = Y' + zY'', \qquad Z = Z' + zZ'',$$

ξ', ξ'', ..., X', X'', ... étant des fonctions de x et de y.

La troisième équation (7 *ter*) devient alors

$$-\lambda^2\left(\frac{d\xi'}{dy} - \frac{d\eta'}{dx}\right) - 2i\Omega\lambda\zeta'' = \frac{dX'}{dy} - \frac{dY'}{dx}.$$

Les équations (8) deviennent

$$-g\frac{d\zeta'}{dx} = X' + \lambda^2\xi' - 2i\Omega\lambda\eta',$$
$$-g\frac{d\zeta'}{dy} = Y' + \lambda^2\eta' + 2i\Omega\lambda\xi',$$
$$\int \zeta'\,d\omega = 0.$$

D'autre part, (4) nous donne (en négligeant les termes en z devant ceux qui ne contiennent pas z)

$$\frac{d\xi'}{dx} + \frac{d\eta'}{dy} + \zeta'' = 0$$

et (5) devient, en négligeant les termes en z^2, zh, ...,

$$\xi' \frac{dh}{dx} + \eta' \frac{dh}{dy} = \zeta' + h\zeta''.$$

En éliminant ζ'' entre ces équations, nous trouvons

$$-\lambda^2\left(\frac{d\xi'}{dy} - \frac{d\eta'}{dx}\right) + 2i\Omega\lambda\left(\frac{d\xi'}{dx} + \frac{d\eta'}{dy}\right) = \frac{dX'}{dy} - \frac{dY'}{dx},$$

$$\frac{d(h\xi')}{dx} + \frac{d(h\eta')}{dy} = \zeta'.$$

Je transcris ces équations en supprimant les accents devenus inutiles.

(1) $$\begin{cases} -g\dfrac{d\zeta}{dx} = X + \lambda^2\xi - 2i\Omega\lambda\eta, \\ -g\dfrac{d\zeta}{dy} = Y + \lambda^2\eta + 2i\Omega\lambda\xi, \end{cases}$$

(2) $$\int \zeta\, d\omega = 0,$$

(3) $$-\lambda^2\left(\frac{d\xi}{dy} - \frac{d\eta}{dx}\right) + 2i\Omega\lambda\left(\frac{d\xi}{dx} + \frac{d\eta}{dy}\right) = \frac{dX}{dy} - \frac{dY}{dx},$$

(4) $$\frac{d(h\xi)}{dx} + \frac{d(h\eta)}{dy} = \zeta.$$

Développons maintenant toutes ces expressions suivant les puissances de λ et soit

$$X = X_0 + \lambda X_1 + \lambda^2 X_2, \qquad Y = Y_0 + \lambda Y_1 + \lambda^2 Y_2,$$

$$\xi = \xi_0 + \lambda\xi_1 + \lambda^2\xi_2 + \ldots + \lambda^n\xi_n + \ldots,$$

....

Nous arriverons à la série d'équations suivantes :

Premier groupe.

(1 a) $$-g\frac{d\zeta_0}{dx} = X_0, \qquad -g\frac{d\zeta_0}{dy} = Y_0,$$

(2 a) $$\int \zeta_0\, d\omega = 0$$

$\left(\text{avec la condition } \dfrac{dX_0}{dy} = \dfrac{dY_0}{dx}\right)$,

(3 a) $$2i\Omega\left(\frac{d\xi_0}{dx} + \frac{d\eta_0}{dy}\right) = \frac{dX_1}{dy} - \frac{dY_1}{dx},$$

(4 a) $$\frac{dh\xi_0}{dx} + \frac{dh\eta_0}{dy} = \zeta_0.$$

Deuxième groupe.

(1 b) $$\left\{\begin{aligned} -g\frac{d\zeta_1}{dx} &= X_1 - 2i\Omega\eta_0, \\ -g\frac{d\zeta_1}{dy} &= Y_1 + 2i\Omega\xi_0, \end{aligned}\right.$$

(2 b) $$\int \zeta_1\,d\omega = 0,$$

(3 b) $$2i\Omega\left(\frac{d\xi_1}{dx} + \frac{d\eta_1}{dy}\right) = \frac{dX_2}{dy} - \frac{dY_2}{dx} + \frac{d\xi_0}{dy} - \frac{d\eta_0}{dx}.$$

(4 b) $$\frac{dh\xi_1}{dx} + \frac{dh\eta_1}{dy} = \zeta_1.$$

Troisième groupe.

(1 c) $$\left\{\begin{aligned} -g\frac{d\zeta_2}{dx} &= X_2 - 2i\Omega\eta_1 + \xi_0, \\ -g\frac{d\zeta_2}{dy} &= Y_2 + 2i\Omega\xi_1 + \eta_0, \end{aligned}\right.$$

(2 c) $$\int \zeta_2\,d\omega = 0,$$

(3 c) $$2i\Omega\left(\frac{d\xi_2}{dx} + \frac{d\eta_2}{dy}\right) = \frac{d\xi_1}{dy} - \frac{d\eta_1}{dx},$$

(4 c) $$\frac{dh\xi_2}{dx} + \frac{dh\eta_2}{dy} = \zeta_2.$$

Quatrième groupe ($n > 2$).

(1 d) $$\left\{\begin{aligned} -g\frac{d\zeta_n}{dx} &= -2i\Omega\eta_{n-1} + \xi_{n-2}, \\ -g\frac{d\zeta_n}{dy} &= 2i\Omega\xi_{n-1} + \eta_{n-2}. \end{aligned}\right.$$

(2 d) $$\int \zeta_n\,d\omega = 0,$$

(3 d) $$2i\Omega\left(\frac{d\xi_n}{dx} + \frac{d\eta_n}{dy}\right) = \frac{d\xi_{n-1}}{dy} - \frac{d\eta_{n-1}}{dx},$$

(4 d) $$\frac{dh\xi_n}{dx} + \frac{dh\eta_n}{dy} = \zeta_n.$$

A ces équations il faut adjoindre les suivantes :

Soit $F(h)$ une fonction quelconque de h s'annulant pour $h = 0$, on aura, comme dans le paragraphe précédent,

$$\int d\omega\left[F'(h)\left(\frac{dh\xi}{dx} + \frac{dh\eta}{dy}\right) + (F - hF')\left(\frac{d\xi}{dx} + \frac{d\eta}{dy}\right)\right] = 0;$$

d'où l'on tire les équations

$$(10\,a)\qquad \int d\omega\left[2i\Omega\zeta_0 F' + (F - hF')\left(\frac{dX_1}{dy} - \frac{dY_1}{dx}\right)\right] = 0,$$

$$(10\,b)\qquad \int d\omega\left[2i\Omega\zeta_1 F' + (F - hF')\left(\frac{dX_2}{dy} - \frac{dY_2}{dx} + \frac{d\xi_0}{dy} - \frac{d\eta_0}{dx}\right)\right] = 0,$$

$$(10\,c)\qquad \int d\omega\left[2i\Omega\zeta_n F' + (F - hF')\left(\frac{d\xi_{n-1}}{dy} - \frac{d\eta_{n-1}}{dx}\right)\right] = 0.$$

L'équation ($10\,a$) est une condition à laquelle doivent satisfaire les fonctions X_1 et Y_1.

Les équations ($10\,b$) et ($10\,c$) doivent servir à déterminer ξ_0, η_0, ξ_{n-1}, η_{n-1}.

Voici comment se dirigent les calculs :

Les équations ($1\,a$) et ($2\,a$) détermineront ζ_0 ;

Les équations ($3\,a$) et ($4\,a$), qui sont compatibles si la condition ($10\,a$) est satisfaite, détermineront ξ_0 et η_0 à des termes près

$$-\frac{df_0(h)}{dy} \quad \text{et} \quad \frac{df_0(h)}{dx},$$

$f_0(h)$ étant une fonction arbitraire de h.

Les équations ($1\,b$) et ($2\,b$) détermineront ζ_1 au terme près

$$+\frac{2i\Omega}{g}f_0(h).$$

En même temps $\frac{d\xi_0}{dy} - \frac{d\eta_0}{dx}$ sera déterminé au terme près $-\Delta f_0(h)$; de sorte que l'équation ($10\,b$) prendra la forme

$$\int d\omega\left[-\frac{4\Omega^2}{g}F'f_0 + (hF' - F)\Delta f_0\right] = \text{expression connue.}$$

C'est l'équation ($10\,b$ *bis*) du paragraphe précédent et nous avons vu comment il faut la traiter pour déterminer $f_0(h)$.

La fonction $f_0(h)$ étant ainsi connue, la détermination de ξ_0, η_0, ζ_1 se trouve achevée.

Et ainsi de suite

Pour pouvoir appliquer les principes du paragraphe XI, il nous faut voir ce que deviennent nos fonctions H_2, H_1, H_0 au degré d'approximation adopté. On trouve aisément

$$H_2 = \int \frac{h\,d\omega}{2}\,\frac{d\xi^2 + d\eta^2}{dt^2},$$

$$H_1 = \Omega\int h\,d\omega\left(\eta\frac{d\xi}{dt} - \xi\frac{d\eta}{dt}\right),$$

$$H_0 = -\frac{g}{2}\int \zeta^2\,d\omega.$$

Le rapport $\frac{K_1}{K_3}$ prend alors la forme

$$\frac{-\int h\,d\omega(\xi_3^2+\eta_3^2)+g\int\zeta_4^2\,d\omega}{\int h\,d\omega(\xi_3^2+\eta_3^2)-g\int\zeta_3^2\,d\omega}.$$

En tenant compte des équations $(1\,d)\,(n=4)$ et $(4\,d)\,(n=3)$, cette expression devient

$$(5)\qquad \frac{-\int h\,d\omega(\xi_3^2+\eta_3^2)+g\int\zeta_4^2\,d\omega}{\int h\,d\omega\left[\left(g\frac{d\zeta_4}{dx}-2i\Omega\eta_3\right)^2+\left(g\frac{d\zeta_4}{dy}+2i\Omega\xi_3\right)^2\right]-g\int d\omega\left(\frac{dh\xi_3}{dx}+\frac{dh\eta_3}{dy}\right)^2},$$

et elle ne contient plus que trois fonctions arbitraires

$$\xi_3,\quad \eta_3,\quad \zeta_4.$$

Ces trois fonctions ne sont pas cependant entièrement arbitraires, car elles sont assujetties à la condition $(2\,d)\,(n=4)$ et à la condition $(10\,c)\,(n=4)$.

Ces conditions sont d'ailleurs les seules. Si elles sont remplies, on pourra à l'aide de $(3\,d)$ et $(4\,d)\,(n=4)$, puis de $(1\,d)$, $(2\,d)\,(n=5)$ et $(10\,c)\,(n=5)$, déterminer ξ_4, η_4, ζ_5, et ainsi de suite.

Il reste à voir que ces fonctions ξ_3, η_3, ζ_4 sont compatibles avec les équations $(1\,a, b, c)$, $(2\,a, b, c)$, $(3\,a, b, c)$, $(4\,a, b, c)$, $(10\,a, b)$, $(1\,d)\,(n=3$ et $4)$, $(2\,d)\,(n=3$ et $4)$, (3), $(4\,d)\,(n=3)$, $(10\,c)\,(n=3)$.

Or cette compatibilité est évidente, $(1\,d)\,(n=4)$ donnera ξ_2 et η_2 et entraînera comme conséquence $(3\,d)\,(n=3)$; $(4\,d)\,(n=3)$ nous donnera ζ_3 et entraînera $(10\,c)\,(n=3)$ et $(2\,d)\,(n=3)$.

Ensuite $(1\,d)\,(n=3)$ donnera ξ_1 et η_1 et entraînera $(3\,c)$; $(4\,c)$ donnera ζ_2 et entraînera $(10\,c)\,(n=2)$ et $(2\,c)$.

On pourra choisir X_2 et Y_2 arbitrairement; $(1\,c)$ donnera ξ_0 et η_0 et entraînera $(3\,b)$; $(4\,b)$ donnera ζ_1 et entraînera $(10\,b)$ et $(2\,b)$.

Enfin $(1\,b)$ donnera X_1 et Y_1 et entraînera $(3\,b)$; $(4\,a)$ donnera ζ_0 et entraînera $(10\,a)$ et $(2\,a)$; $(1\,a)$ donnera X_0 et Y_0.

Voyons maintenant si nous ne pouvons pas nous affranchir de ces deux conditions $(2\,d)\,(n=4)$, $(10\,c)\,(n=4)$.

Pour cela j'observe d'abord que si j'ajoute à ξ_4 une constante quelconque, le dénominateur de (5) ne change pas.

Il en est encore de même si j'ajoute respectivement à ξ_3, η_3, ζ_4 les termes

$$-\frac{df(h)}{dy}, \quad \frac{df(h)}{dx}, \quad +\frac{2i\Omega f(h)}{g},$$

$f(h)$ étant une fonction quelconque de h.

On est donc amené à chercher à déterminer cette fonction $f(h)$ de telle façon que le numérateur soit minimum.

Je puis encore énoncer le problème en d'autres termes : quelle est la condition que doivent remplir les fonctions ξ_3, η_3, ζ_4 pour que le numérateur augmente quand on change ξ_3, η_3, ζ_4 en

$$\xi_3 - \frac{df(h)}{dy}, \qquad \eta_3 + \frac{df(h)}{dx}, \qquad \zeta_4 + \frac{2i\Omega}{g}f(h),$$

et cela quelle que soit la fonction arbitraire $f(h)$?

Écrivons donc que la variation de ce numérateur est nulle

$$(6) \qquad -\int h(\xi_3\,\delta\xi_3 + \eta_3\,\delta\eta_3)\,d\omega + g\int \zeta_4\,\delta\zeta_4\,d\omega = 0.$$

Cette condition doit être remplie quelle que soit $f(h)$ quand on fait

$$\delta\xi_3 = -\frac{df(h)}{dy}, \qquad \delta\eta_3 = \frac{df(h)}{dx}, \qquad \delta\zeta_4 = +\frac{2i\Omega}{g}f,$$

d'où

$$(6\,bis) \qquad \int hf'\left(\xi_3\frac{dh}{dy} - \eta_3\frac{dh}{dx}\right)d\omega + 2i\Omega\int \zeta_4 f\,d\omega = 0.$$

Posons $f = F'$, $f' = F''$; nous pourrons encore supposer que F s'annule pour $h = 0$, et nous aurons

$$\int hF''\left(\xi_3\frac{dh}{dy} - \eta_3\frac{dh}{dx}\right)d\omega + 2i\Omega\int \zeta_4 F'\,d\omega = 0.$$

Or, hF'' est la dérivée de $hF' - F$, et comme $hF' - F$ s'annule pour $h = 0$, l'intégration par parties nous donnera

$$\int hF''\left(\xi_3\frac{dh}{dy} - \eta_3\frac{dh}{dx}\right)d\omega = -\int (hF' - F)\left(\frac{d\xi_3}{dy} - \frac{d\eta_3}{dx}\right)d\omega.$$

On tire de là

$$(6\,ter) \qquad \int\left[(F - hF')\left(\frac{d\xi_3}{dy} - \frac{d\eta_3}{dx}\right) + 2i\Omega\zeta_4 F'\right]d\omega = 0,$$

ce qui n'est autre chose que l'équation $(10\,c)$ $(n = 4)$.

Si, de même, dans l'équation (6 *bis*) nous faisons

$$f = 1,$$

il vient

$$\int \zeta_4\, d\omega = 0,$$

ce qui n'est autre chose que l'équation (2 d) ($n = 4$).

Nous sommes ainsi conduit à l'énoncé suivant :

Considérons le rapport (5) où ξ_3, η_3, ζ_4 sont trois fonctions tout à fait arbitraires; ou mieux le rapport

$$(5\ bis)\qquad \frac{\int (hu^2 + hv^2 + gw^2)\, d\omega}{\int d\omega \left[h\left(g\frac{dw}{dx} + 2\Omega v\right)^2 + h\left(g\frac{dw}{dy} - 2\Omega u\right)^2 + g\left(\frac{dhu}{dx} + \frac{dhv}{dy}\right)^2 \right]},$$

où j'ai posé

$$\xi_3 = iu, \qquad \eta_3 = iv, \qquad \zeta_4 = w,$$

de telle façon que les trois fonctions arbitraires u, v, w soient réelles.

Posons maintenant

$$u = \alpha_1 u_1 + \alpha_2 u_2 + \ldots + \alpha_p u_p - \frac{df(h)}{dy},$$

$$v = \alpha_1 v_1 + \alpha_2 v_2 + \ldots + \alpha_p v_p + \frac{df(h)}{dx},$$

$$w = \alpha_1 w_1 + \alpha_2 w_2 + \ldots + \alpha_p w_p - \frac{2\Omega f(h)}{g}.$$

Dans ces expressions, les α_i sont des coefficients indéterminés, les u_i, les v_i, les w_i des fonctions complètement arbitraires; $f(h)$ une fonction arbitraire de h.

Regardant d'abord les u_i, les v_i, les w_i comme déterminés, nous choisissons les α_i et $f(h)$ de telle façon que le rapport (5 *bis*) soit aussi petit que possible; soit R le minimum ainsi obtenu qui dépendra des u_i, des v_i et des w_i; choisissons les u_i, v_i, w_i de façon que R soit aussi grand que possible; le maximum ainsi obtenu, que j'appellerai le $p+1^{\text{ième}}$ *maximum* sera $\frac{1}{\lambda_p^2}$.

La définition du $p+1^{\text{ième}}$ maximum se trouve ainsi un peu modifiée puisqu'au lieu de $p+1$ coefficients arbitraires, on a p coefficients arbitraires α_i et une fonction arbitraire $f(h)$. Mais cette modification n'a rien d'essentiel.

Ainsi, *la détermination des périodes des oscillations propres du vase tournant est ramenée à la recherche des maxima successifs du rapport* (5 *bis*).

De cette détermination dépend, comme je l'ai expliqué à la fin du paragraphe précédent, la possibilité d'étendre le domaine de convergence des séries procédant suivant les puissances de λ et d'augmenter la rapidité de leur convergence.

Ainsi l'étude du mouvement des mers, en tenant compte de la rotation du Globe, se trouve rattachée aux principes exposés dans la première partie de ce travail, où je négligeais cette rotation.

Dans un cas comme dans l'autre on est amené à envisager les maxima successifs du rapport de deux intégrales.

C'est ce qu'on comprendra mieux d'ailleurs si je montre ce que devient le rapport (5 *bis*) quand on suppose la rotation nulle.

On a alors

$$\Omega = 0, \qquad u = v = 0$$

et le rapport se réduit à

$$\frac{1}{g} \frac{\int w^2 \, d\omega}{\int h\left[\left(\frac{dw}{dx}\right)^2 + \left(\frac{dw}{dy}\right)^2\right] d\omega},$$

ce qui est précisément le rapport envisagé au paragraphe VI.

Il resterait à tenir compte de la courbure; mais c'est ce qui pourrait se faire d'après les mêmes principes.

SUR UN THÉORÈME GÉNÉRAL RELATIF AUX MARÉES

Bulletin astronomique, t. 20, p. 215-229 (juin 1903).

La théorie générale des marées est extrêmement compliquée, et conduit à bien peu de propositions susceptibles d'un énoncé simple; c'est ce qui m'engage à publier quelques formules générales qui me semblent pouvoir être utiles dans certains cas.

Je désigne par W le potentiel générateur des marées, par V le potentiel total, comprenant non seulement les termes provenant de l'attraction de la Lune et du Soleil, termes dont l'ensemble nous donne W, mais aussi les termes qui proviennent de l'attraction de la Terre elle-même, de la force centrifuge ordinaire et de l'attraction des eaux soulevées

J'appelle p la pression et je pose

$$\varphi = V - p.$$

Je représente par ω la vitesse de rotation de la Terre et je prends l'axe de rotation pour axe des z. J'appelle u, v, w les composantes du déplacement. Les équations du mouvement s'écriront alors :

$$(1) \quad \begin{cases} \dfrac{d^2 u}{dt^2} - 2\omega \dfrac{dv}{dt} = \dfrac{d\varphi}{dx}, \\ \dfrac{d^2 v}{dt^2} + 2\omega \dfrac{du}{dt} = \dfrac{d\varphi}{dy}, \\ \dfrac{d^2 w}{dt^2} \qquad\qquad = \dfrac{d\varphi}{dz}. \end{cases}$$

Pour établir ces équations, je néglige d'une part le carré des déplacements et d'autre part, le frottement. M. Hough a montré en effet dans le tome XXVIII des *Proceedings of the London Mathematical Society* combien sont faibles les effets du frottement.

Aux équations (1), il convient d'adjoindre l'équation de continuité

$$\frac{du}{dx}+\frac{dv}{dy}+\frac{dw}{dz}=0. \tag{2}$$

Cela posé, isolons un volume de liquide; soit Ψ ce volume, S la surface fermée qui le limite; soit $d\tau$ un élément de ce volume, $d\sigma$ un élément de la surface S; soit T la force vive de ce liquide; nous aurons, en prenant pour unité la densité du liquide,

$$\mathrm{T}=\int\frac{d\tau}{2}\sum\left(\frac{du}{dt}\right)^2$$

d'où

$$\frac{d\mathrm{T}}{dt}=\int d\tau\sum\left(\frac{du}{dt}\frac{d^2u}{dt^2}\right).$$

En multipliant les équations (1) respectivement par

$$\frac{du}{dt},\quad\frac{dv}{dt},\quad\frac{dw}{dt},$$

et ajoutant, on trouve

$$\sum\left(\frac{du}{dt}\frac{d^2u}{dt^2}\right)=\frac{du}{dt}\frac{d\varphi}{dx}+\frac{dv}{dt}\frac{d\varphi}{dy}+\frac{dw}{dt}\frac{d\varphi}{dz}=\sum\frac{du}{dt}\frac{d\varphi}{dx},$$

d'où

$$\frac{d\mathrm{T}}{dt}=\int d\tau\sum\frac{du}{dt}\frac{d\varphi}{dx}.$$

Nous allons transformer le second membre en intégrant par parties; il vient

$$\int d\tau\frac{du}{dt}\frac{d\varphi}{dx}=\int dx\,dy\,dz\frac{du}{dt}\frac{d\varphi}{dx}=\int dy\,dz\,\varphi\frac{du}{dt}-\int dx\,dy\,dz\,\varphi\frac{d^2u}{dt\,dx}.$$

Si nous appelons α, β, γ les cosinus directeurs de l'élément $d\sigma$, on aura

$$dy\,dz=\alpha\,d\sigma;\qquad dx\,dz=\beta\,d\sigma;\qquad dx\,dy=\gamma\,d\sigma,$$

et par conséquent

$$\int d\tau\frac{du}{dt}\frac{d\varphi}{dx}=\int\alpha\,d\sigma\,\varphi\frac{du}{dt}-\int d\tau\,\varphi\frac{d}{dt}\frac{du}{dx},$$

d'où

$$\frac{dT}{dt} - \int d\tau \sum \frac{du}{dt}\frac{d\varphi}{dx}$$
$$= \int \varphi\, d\sigma \left(\alpha \frac{du}{dt} + \beta \frac{dv}{dt} + \gamma \frac{dw}{dt}\right) - \int \varphi\, d\tau \frac{d}{dt}\left(\sum \frac{du}{dx}\right).$$

En vertu de l'équation (2), la dernière intégrale est nulle; si d'autre part je désigne par N la composante du déplacement, normale à l'élément $d\sigma$, de telle sorte que

$$N = \alpha u + \beta v + \gamma w,$$

nous pourrons écrire

$$(3) \qquad \frac{dT}{dt} = \int \varphi \frac{dN}{dt}\, d\sigma.$$

C'est cette équation fort simple qu'il s'agit d'interpréter. Pour cela, je sais que le potentiel W qui engendre les marées est une fonction du temps et que cette fonction est une somme de termes trigonométriques. Nous pouvons considérer isolément l'un de ces termes et la marée partielle qui est due à ce terme. Dans ces conditions W, u, v, w, φ, N sont des fonctions périodiques de même période. L'équation (3) est évidemment encore vraie quand on se borne à cette marée partielle.

Alors T est une fonction périodique de t; et comme la dérivée d'une fonction périodique a sa valeur moyenne nulle, nous pourrons écrire

$$(4) \qquad \text{val. moy.} \int \varphi \frac{dN}{dt}\, d\sigma = 0.$$

Nous pourrions d'ailleurs écrire tout aussi bien

$$(4\ bis) \qquad \text{val. moy.} \int N \frac{d\varphi}{dt}\, d\sigma = 0,$$

et, en effet,

$$\int \varphi \frac{dN}{dt}\, d\sigma + \int N \frac{d\varphi}{dt}\, d\sigma = \frac{d}{dt}\int \varphi N\, d\sigma$$

et $\int \varphi N\, d\sigma$ est une fonction périodique de T.

La surface S qui limite le volume Ψ se compose de trois parties :

1° Une portion du fond de la mer que j'appelle *la surface* S_1;

2° Une portion de la surface libre que j'appelle S_2;

3° Une portion de surface située à l'intérieur des mers et séparant le volume Ψ du reste du volume de l'Océan; c'est ce que j'appellerai S_3.

Au fond de la mer, on a

$$N = 0,$$

de sorte que la portion de l'intégrale qui se rapporte à la surface S_1 est nulle

Voyons ce qui se passe sur la surface libre S_2.

Le potentiel V se compose de trois parties :

1° Le potentiel générateur des marées W ;

2° Le potentiel dû à l'attraction de la partie solide du Globe, à la force centrifuge ordinaire et à l'attraction d'un liquide qui occuperait le volume compris entre le fond des mers et la surface d'équilibre *moyenne* de la mer, telle qu'elle serait sans l'action des astres ; c'est ce que j'appelle V' ;

3° Le potentiel dû à l'action des eaux soulevées, c'est-à-dire à l'attraction d'une masse liquide qui occuperait le volume compris entre la surface d'équilibre *moyenne* et la surface d'équilibre *actuelle* des mers. C'est ce que j'appelle V''.

On a donc

$$V = W + V' + V''.$$

Sur la surface d'équilibre moyenne, V' est une constante et l'on a $V' = V'_0$.

Comme la surface d'équilibre actuelle diffère très peu de la surface moyenne, on aura

$$V' = V'_0 - g\delta,$$

g étant l'intensité de la pesanteur, et δ la distance des deux surfaces comptée sur la normale à l'une d'elles, c'est-à-dire selon la verticale ; cette distance est ce que nous avons appelé N et ce que j'appellerai N_2 pour rappeler qu'il s'agit d'un élément de la surface S_2. On a donc

$$V' = V'_0 - gN_2.$$

D'ailleurs p est égal à une constante, à la pression atmosphérique p_0, de sorte que

$$\varphi = W + V'' + V'_0 - p_0 - gN_2 ;$$

comme φ et V ne sont déterminés qu'à une constante près, nous pourrons supposer $V'_0 = p_0$ et écrire

$$\varphi = W + V'' - gN_2. \tag{5}$$

L'intégrale $\int \varphi \frac{dN}{dt} d\sigma$ relative à la surface S_2 devient ainsi

$$\int W \frac{dN_2}{dt} d\sigma + \int V'' \frac{dN_2}{dt} d\sigma - \int g N_2 \frac{dN_2}{dt} d\sigma.$$

La troisième de ces intégrales a sa valeur moyenne nulle, car c'est la dérivée de la fonction périodique

$$\frac{1}{2} \int g N_2^2 \, d\sigma.$$

La seconde de ces intégrales a également sa valeur moyenne nulle, si l'on suppose que le volume Ψ est le volume total de l'Océan tout entier. En effet, V'' est le potentiel dû à l'attraction des eaux soulevées, c'est-à-dire d'un volume dont chaque élément est un petit prisme de base $d\sigma$ et de hauteur N_2. L'énergie potentielle due à l'attraction des eaux soulevées sur elles-mêmes est alors au signe près

$$\frac{1}{2} \int V'' N_2 \, d\sigma$$

et, en vertu d'un théorème bien connu de la théorie du potentiel newtonien, sa dérivée est égale à

$$\int V'' \frac{dN_2}{dt} d\sigma = \int N_2 \frac{dV''}{dt} d\sigma.$$

Notre intégrale est donc encore la dérivée d'une fonction périodique.

Si le volume Ψ n'est qu'une partie des Océans, ce qui précède n'est plus exact, néanmoins notre seconde intégrale peut encore être négligée, et, en effet, dans la plupart des questions relatives aux marées, l'effet du potentiel V'' peut être considéré comme beaucoup plus petit que ceux des potentiels W et V'.

L'intégrale relative à la surface S_2 peut donc s'écrire

$$\text{val. moy.} \int W \frac{dN_2}{dt} d\sigma.$$

Envisageons maintenant la surface S_3. Soit L la ligne fermée qui limite la surface S_2. La surface S_3 pourra être considérée comme engendrée par une droite normale à S_2, c'est-à-dire verticale, qui se déplace en s'appuyant sur la ligne L. Dans les questions relatives aux marées, on regarde la profondeur de la mer comme très petite, et elle l'est en effet par rapport aux longueurs d'onde et aux dimensions horizontales des Océans. Nous pourrons donc supposer que le long d'une de ces droites, la fonction φ et le déplacement N (que nous appellerons N_3 pour rappeler qu'il s'agit d'un élément de la surface S_3) sont sensiblement constants depuis la surface jusqu'au fond de la mer.

Alors si ds est un élément de la ligne L et h la profondeur de la mer, l'élément $d\sigma$ de la surface S_3 sera $h\,ds$, de sorte que notre intégrale pourra s'écrire

$$\int h\varphi \frac{dN_3}{dt}\,ds,$$

et que l'équation (4) deviendra

$$\text{(6)} \qquad \text{val. moy.} \int h\varphi \frac{dN_3}{dt}\,ds = -\,\text{val. moy.} \int W \frac{dN_2}{dt}\,d\sigma.$$

La première intégrale doit être étendue à tous les éléments ds de la ligne L et la seconde à tous les éléments $d\sigma$ de la surface S_2 limitée par cette ligne.

Il nous reste à interpréter cette équation. Si d'abord la surface S_2 comprend l'Océan tout entier, la profondeur h est nulle tout le long de la ligne L qui n'est plus autre chose que le bord des mers, et notre équation se réduit à

$$\text{(6 \textit{bis})} \qquad \text{val. moy.} \int W \frac{dN_2}{dt}\,d\sigma = 0,$$

d'où l'on déduit aisément comme nous l'avons vu plus haut

$$\text{(6 \textit{ter})} \qquad \text{val. moy.} \int N_2 \frac{dW}{dt}\,d\sigma = 0.$$

De là nous pouvons déjà déduire une conséquence importante. On sait qu'on a cherché à expliquer certains phénomènes astronomiques par le ralentissement de la rotation terrestre dû à l'action des marées.

La réalité de ce ralentissement ne saurait être douteuse; car le frottement des marées absorbe de l'énergie qui ne peut être empruntée qu'à la force vive de rotation du Globe. Quant au mécanisme de ce ralentissement, on en rend compte de la façon suivante : par suite du frottement la marée est en retard sur le passage de la Lune au méridien et le bourrelet formé par les eaux soulevées ne se trouve pas dans le même méridien que la Lune; il s'ensuit que la résultante des actions de la Lune sur ce bourrelet ne va pas rencontrer l'axe de la Terre et possède par rapport à cet axe un *moment* qui tend à ralentir la rotation.

Mais alors on est conduit aux réflexions suivantes : le frottement n'est pas la seule cause du retard des marées; ce n'est pas uniquement de lui que dépend l'établissement des ports. Ce n'est même pas la cause principale de ce retard et j'ajouterai que, sauf pour certains ports situés au fond d'un canal peu profond, le frottement n'exerce sur l'établissement qu'une influence inappréciable. Dans ces conditions on peut se demander si, *alors même qu'il n'y aurait pas de frottement*, l'action de la Lune sur le bourrelet ne va pas avoir une résultante ne rencontrant pas l'axe et ne va pas tendre à faire varier la vitesse de rotation de la Terre. *La réponse doit être négative.*

En effet l'action de la Lune sur un élément du bourrelet, qu'on peut assimiler à un prisme de base $d\sigma$ et de hauteur N_2, a pour moment par rapport à l'axe terrestre

$$\frac{dW}{d\psi} N_2 \, d\sigma,$$

en appelant ψ la longitude du lieu; de sorte que le moment total est

$$\int \frac{dW}{d\psi} N_2 \, d\sigma. \tag{7}$$

Je dis que la valeur moyenne de cette intégrale est nulle. Supposons d'abord, en effet, que W se réduise à l'un de ses termes trigonométriques. On sait quelle est la forme des différents termes trigonométriques de W. Chacun d'eux est égal à une fonction de la latitude multipliée par le cosinus ou le sinus d'un multiple de

$$\psi - \alpha t,$$

α étant une constante. Ainsi chacun des termes de W satisfait à une équation de la forme

$$\frac{dW}{d\psi} = -\alpha \frac{dW}{dt}.$$

On aurait donc, si W se réduisait à un seul terme,

$$\int \frac{dW}{d\psi} N_2 \, d\sigma = -\alpha \int \frac{dW}{dt} N_2 \, d\sigma.$$

Donc en vertu de l'équation (6 *ter*), l'intégrale (7) aura une valeur moyenne nulle.

Rappelons en passant que, dans ce cas, l'équation (6 *ter*) est rigoureuse, car, lorsque la surface S_2 s'étend à l'Océan entier, nous avons vu que celle de nos intégrales qui dépend de V'' a sa valeur moyenne rigoureusement nulle.

Supposons maintenant que W se compose de plusieurs termes; et pour fixer les idées supposons deux termes seulement, le raisonnement qui va suivre s'étendant sans peine au cas d'un nombre quelconque de termes. Soient W' et W'' ces deux termes :

$$W = W' + W''.$$

Soient N′ et N″ les termes correspondants de N_2

$$N_2 = N' + N'';$$

nous aurons

$$\int \frac{dW}{d\psi} N_2 \, d\sigma = \int \frac{dW'}{d\psi} N' \, d\sigma + \int \frac{dW'}{d\psi} N'' \, d\sigma + \int \frac{dW''}{d\psi} N' \, d\sigma + \int \frac{dW''}{d\psi} N'' \, d\sigma.$$

La première et la quatrième intégrale du second membre ont leur valeur moyenne nulle, d'après ce qu'on vient de voir, puisqu'elles ne sont autre chose que ce que deviendrait l'intégrale (7) si W se réduisait, soit au terme unique W′, soit au terme unique W″.

Je dis maintenant que la deuxième intégrale (de même que la troisième) a également sa valeur moyenne nulle. Supposons, en effet, que W′ soit proportionnel à $\cos(\alpha' t + \beta')$ et W″ à $\cos(\alpha'' t + \beta'')$; alors N″ sera proportionnel à $\cos(\alpha'' t + \gamma'')$, de sorte que notre deuxième intégrale se présentera sous la forme d'une somme de deux termes, le premier proportionnel à une ligne trigonométrique de $(\alpha' + \alpha'')t$, le second à une ligne trigonométrique de $(\alpha' - \alpha'')t$. Comme ni $(\alpha' + \alpha'')$, ni $(\alpha' - \alpha'')$ ne sont nuls (sans quoi les deux termes W′ et W″ ayant même argument devraient être réunis en un seul), les valeurs moyennes de ces deux termes seront nulles. C. Q. F. D.

Donc le moment de la résultante de l'action de la Lune sur les eaux soulevées a toujours sa valeur moyenne nulle, de sorte qu'il ne peut y avoir aucun changement dans la durée de la rotation de la Terre. Le principe de la conservation de l'énergie pouvait nous permettre de prévoir ce résultat, bien qu'on eût toujours pu se demander s'il n'y avait pas compensation entre l'énergie de rotation perdue par la Terre et l'énergie de translation gagnée par la Lune.

Ainsi le frottement seul peut produire l'effet en question, mais comme nous savons par les calculs de M. Hough que le retard des marées produit par le frottement est presque négligeable, nous devons conclure que cet effet est beaucoup plus petit qu'il ne le serait si on le calculait en partant, par exemple, de l'établissement observé dans les ports de la Manche, qu'il est beaucoup trop petit par conséquent pour produire des effets astronomiques tels que l'accélération séculaire de la Lune.

L'influence des marées océaniennes sur la durée du jour est donc tout à fait minime et n'est nullement comparable à l'effet des marées dues à la viscosité et à l'élasticité de la partie solide du Globe, effet sur lequel M. Darwin a insisté dans une série de Mémoires du plus haut intérêt.

Revenons à l'interprétation de notre équation (6); et d'abord quelle est la signification d'un élément quelconque $W\frac{dN_2}{dt}d\sigma$ de l'intégrale du second membre.

Supposons que W est proportionnel à $\cos(\alpha t+\beta)$; s'il n'y avait pas de retard de la marée, N_2 serait également proportionnel à $\cos(\alpha t+\beta)$ et $\frac{dN_2}{dt}$ à $\sin(\alpha t+\beta)$. Alors le produit $W\frac{dN_2}{dt}$ serait proportionnel à $\sin 2(\alpha t+\beta)$ et sa valeur moyenne serait nulle.

Si, au contraire, il y a un retard de la marée, N_2 sera proportionnel à $\cos(\alpha t+\gamma)$ et la différence $\gamma-\beta$ mesurera le *décalage* de la marée, positif s'il y a avance, négatif s'il y a retard; nous supposons bien entendu α positif; on aura alors

$$W\frac{dN_2}{dt}d\sigma=-M\alpha\cos(\alpha t+\beta)\sin(\alpha t+\gamma),$$

où M est une quantité positive indépendante du temps.

La valeur moyenne de notre élément sera donc

$$-M\frac{\alpha}{2}\sin(\gamma-\beta)$$

et aura, par conséquent, signe opposé à celui de $\sin(\gamma-\beta)$. Elle sera positive s'il y a retard, et négative s'il y a avance.

Il importe de préciser ce que, dans un pareil énoncé, nous entendons par *retard* et par *avance*. Supposons une onde de marée se propageant avec une certaine vitesse, par exemple dans le sens du méridien; si au départ il y a accord entre la pleine mer et le passage de la Lune au méridien, un peu plus loin la marée va se trouver en retard sur la Lune, puisque la propagation de l'onde n'est pas instantanée; le retard va s'accentuer à mesure qu'on s'éloignera du point de départ; il finira par dépasser une demi-période; à ce moment nous dirons que la marée est en avance; c'est ainsi qu'une horloge qu'on ne remettrait jamais à l'heure finirait par avancer quand elle retarderait de plus de 6 heures.

Nous convenons donc de dire que *la marée est en avance quand* $\sin(\gamma-\beta)$ *est positif et en retard dans le sens contraire.*

Les points où la marée est en retard sont ceux où le travail moyen de l'attraction de la Lune sur la molécule d'eau envisagée est positif; en effet la mer étant en retard, la Lune tend à accélérer son mouvement pour le ramener à la position d'équilibre pour laquelle il y aurait concordance de phase. Si, au contraire, la marée est en avance, le travail moyen de l'attraction lunaire est négatif; car la Lune tend à retarder le mouvement de la mer pour le ramener à la position d'équilibre, position qu'elle a pour ainsi dire dépassée.

Cherchons maintenant à interpréter le premier membre de (6).

Ici une courte digression est nécessaire. Reprenons les équations (1), le volume Ψ et la surface S qui le limite. L'équation de continuité appliquée à l'ensemble du volume Ψ nous donne

$$\int N\, d\sigma = 0,$$

l'intégrale étant étendue à tous les éléments $d\sigma$ de la surface fermée S. Le long de S_1, on a $N = 0$ et les éléments correspondants de l'intégrale sont nuls; le long de S_2, notre intégrale peut s'écrire $\int N_2\, d\sigma$, et comme un élément $d\sigma$ de S_3 est égal, comme nous l'avons vu, à $h\, ds$, cette partie de l'intégrale peut s'écrire $\int h N_3\, ds$, de sorte que nous avons finalement

$$\int h N_3\, ds = -\int N_2\, d\sigma, \tag{8}$$

la première intégrale étant étendue à tous les éléments ds de la ligne fermée L et la seconde à tous les éléments $d\sigma$ de la surface S_2 limitée par cette ligne.

Écrivons maintenant les équations (1) mais avec des axes quelconques et désignons par λ, μ, ν les trois composantes de la rotation terrestre

$$\left\{\begin{aligned} &\frac{d^2u}{dt^2} - 2\nu\frac{dv}{dt} + 2\mu\frac{dw}{dt} = \frac{d\varphi}{dx}, \\ &\frac{d^2v}{dt^2} - 2\lambda\frac{dw}{dt} + 2\nu\frac{du}{dt} = \frac{d\varphi}{dy}, \\ &\frac{d^2w}{dt^2} - 2\mu\frac{du}{dt} + 2\lambda\frac{dv}{dt} = \frac{d\varphi}{dz}. \end{aligned}\right. \tag{1 bis}$$

Si nous supposons que l'axe des z est la verticale au point considéré, nous voyons que la composante w est très petite au fond de la mer; car si la profondeur est très petite, la pente est aussi très petite et la normale à la surface du fond est sensiblement verticale. Cette composante, très petite au fond, sera partout très petite, puisque la profondeur est très petite. Dans les deux premières équations (1 *bis*) nous pourrons donc négliger les termes en $\frac{dw}{dt}$.

Supposons maintenant que près du point considéré la mer se réduise à un canal étroit et qu'on prenne l'axe des x parallèle à la direction de ce canal. Alors v est nul sur le bord du canal, et, comme la largeur est très petite, v sera très petit dans tout le canal. Nous pourrons donc négliger $\frac{dv}{dt}$ dans la première équation (1 *bis*), qui se réduira à

$$\frac{d^2 u}{dt^2} = \frac{d\varphi}{dx}. \tag{1 ter}$$

Revenons à notre intégrale (6); la lettre N_3 y désigne la projection du déplacement sur la normale à la surface S_3, normale dirigée *vers l'extérieur* du volume Ψ. Si donc nous supposons que l'axe des x positifs est, dans le cas particulier qui nous occupe, dirigé vers l'intérieur de ce volume, nous aurons pour l'élément de l'intégrale (6)

$$h\varphi \frac{dN_3}{dt} ds = -h\varphi \frac{du}{dt} ds.$$

Supposons une onde se propageant dans le canal *vers l'intérieur* du volume Ψ; nous aurons

$$\varphi = A \cos(\alpha t - \beta x + \gamma),$$

β et α étant positifs. On aura donc en vertu de l'équation (1 *ter*)

$$u = -A \frac{\beta}{\alpha^2} \sin(\alpha t - \beta x + \gamma)$$

et

$$-\varphi \frac{du}{dt} = +A^2 \frac{\beta}{\alpha} \cos^2(\alpha t - \beta x + \gamma).$$

La valeur moyenne de notre élément sera donc positive.

Si nous avions eu une onde se propageant vers l'extérieur du volume Ψ, il aurait fallu supposer β négatif et cette valeur moyenne aurait été négative.

Si nous avions eu une onde stationnaire, de telle façon que

$$\varphi = A \cos\alpha t \cos(\beta x + \gamma),$$

nous aurions eu

$$u = A \frac{\beta}{\alpha^2} \cos\alpha t \sin(\beta x + \gamma)$$

et

$$-\varphi \frac{du}{dt} = A^2 \frac{\beta}{4\alpha} \sin 2\alpha t \sin 2(\beta x + \gamma),$$

et cette valeur moyenne aurait été nulle.

Si nous supposons deux ondes simultanées se propageant en sens inverse avec la même vitesse

$$\varphi = \mathrm{A}\cos(\alpha t - \beta x + \gamma) + \mathrm{B}\cos(\alpha t + \beta x + \gamma')$$

nous aurions eu

$$u = -\mathrm{A}\frac{\beta}{\alpha^2}\sin(\alpha t - \beta x + \gamma) + \mathrm{B}\frac{\beta}{\alpha^2}\sin(\alpha t + \beta x + \gamma')$$

et

$$-\varphi\frac{du}{dt} = \mathrm{A}^2\frac{\beta}{\alpha}\cos^2(\alpha t - \beta x + \gamma) - \mathrm{B}^2\frac{\beta}{\alpha}\cos^2(\alpha t + \beta x + \gamma'),$$

de sorte que la valeur moyenne serait la somme algébrique des valeurs moyennes que donnerait séparément chacune des deux ondes.

Imaginons maintenant un canal plus large, mais toujours parallèle à l'axe des x.

Nos équations (1 *bis*) deviennent

$$\frac{d^2u}{dt^2} - 2\nu\frac{dv}{dt} = \frac{d\varphi}{dx},$$
$$\frac{d^2v}{dt^2} + 2\nu\frac{du}{dt} = \frac{d\varphi}{dy},$$

où ν est la composante verticale de la rotation, c'est-à-dire ω multiplié par le sinus de la latitude.

Je supposerai de plus pour faciliter le calcul que le potentiel générateur W est nul dans la région considérée, que nous regarderons comme assez petite pour pouvoir être considérée comme plane. Dans ces conditions, en négligeant aussi V'', l'équation (5) nous donnera

$$\mathrm{N}_2 = -\frac{\varphi}{g},$$

et l'équation (8) deviendra

$$-\int ghu\,ds = \int gh\mathrm{N}_2\,ds = \int \varphi\,d\sigma,$$

d'où l'on déduit aisément

$$g\frac{dhu}{dx} + \varphi = 0. \tag{9}$$

Nous supposerons d'ailleurs h constant pour simplifier. Nous voyons alors qu'on peut satisfaire aux équations (1 *bis*) et (9) ainsi qu'aux conditions aux limites en posant

$$\varphi = \mathrm{A}\,e^{ay}\cos(\alpha t - \beta x),$$
$$u = \mathrm{B}\,e^{ay}\sin(\alpha t - \beta x), \qquad v = 0$$

pourvu que

$$gh\beta B = A, \qquad + B\alpha^2 = \beta A, \qquad 2\nu B\alpha = \beta u.$$

Les conditions aux limites sont en effet satisfaites, car si $y = b$ et $y = b'$ sont les équations des deux bords du canal, ces conditions aux limites exigent que pour ces deux valeurs de y on ait $v = 0$.

En adoptant pour φ et u ces valeurs il est aisé de vérifier que la signification de l'élément

$$h\varphi \frac{dN_3}{dt} ds = -h\varphi \frac{du}{dt} ds$$

demeure bien la même que dans le cas simple d'abord traité.

Dans le cas général, il serait plus difficile de donner une définition directe du sens dans lequel se propage une onde de marée. Mais nous pouvons admettre *par définition* que l'élément d'intégrale $h\varphi \frac{dN_3}{dt} ds$ représente la *quantité de perturbation* qui pénètre dans le volume Ψ à travers l'élément $h\, ds$.

Les exemples simples cités plus haut suffiraient pour justifier cette définition. Mais on peut en donner une autre justification.

Si, en effet, nous reprenons l'équation (3) nous voyons que $\int \varphi \frac{dN}{dt} d\sigma$ représente l'accroissement de la force vive totale, de sorte qu'il est naturel de considérer $\varphi \frac{dN}{dt} d\sigma\, dt$ comme la quantité de force vive qui entre dans le volume pendant le temps dt à travers l'élément $d\sigma$.

Revenons à l'équation (6) et supposons d'abord que le volume Ψ comprenne l'Océan tout entier; alors elle se réduira à

$$\int W \frac{dN_2}{dt} d\sigma = 0.$$

Comme les éléments de cette intégrale sont positifs si la marée est en retard et négatifs si elle est en avance, nous devons d'abord conclure qu'il est impossible que la marée soit en retard sur toute la surface des mers, ou en avance sur toute la surface des mers, en donnant aux mots *avance* et *retard* le même sens que plus haut.

Si maintenant nous reprenons l'équation (6) en ne supposant plus que le volume Ψ comprenne l'Océan entier, nous voyons que si l'on considère les ondes de marée qui pénètrent dans ce volume, ou qui en sortent, ces ondes doivent converger vers les régions où la marée est en avance, et diverger des régions où elle est en retard.

Car, si nous supposons que le volume Ψ soit une région vers laquelle les ondes de marée convergent de toutes parts, dans le premier membre de (6) tous les éléments seront positifs. L'intégrale

$$\int W \frac{dN_2}{dt} d\sigma$$

devra donc être négative, c'est-à-dire que la marée devra être en avance.

On s'étonnera d'abord de ce résultat, car il semble que, si l'on considère la propagation d'une onde, la marée doit être plus en retard en aval qu'en amont. Mais on devra réfléchir que l'avance de la marée ne peut se maintenir qu'à la condition qu'elle soit entretenue par une perturbation venue du dehors.

Examinons à ce point de vue la théorie des marées de Whewell qui, comme on le sait, supposait que les marées prenaient naissance dans les mers antarctiques, produisaient des ondes qui remontaient vers le Nord et suivaient les deux Océans Atlantique et Pacifique à la façon d'une vague qui se propage dans un canal et convergeaient vers les mers arctiques.

Or, si nous reprenons l'équation (6) en l'étendant aux mers arctiques seules, nous voyons que, dans le voisinage du pôle, W est très faible, de sorte que notre équation se réduit sensiblement à

$$\text{val. moy.} \int h\varphi \frac{dN_3}{dt} ds = 0.$$

Or, si les ondes convergeaient toutes vers le pôle, tous les éléments de cette intégrale seraient positifs.

La théorie de Whewell ne serait donc tenable que si l'on attribuait au frottement un effet considérable capable de détruire les marées en 12 heures; or, si l'on s'en rapporte aux calculs de M. Hough, que je citais plus haut, il faudrait 20 ans pour réduire l'amplitude des oscillations à une fraction $\frac{1}{e}$ de sa valeur initiale.

ANWENDUNG DER THEORIE DER INTEGRALGLEICHUNGEN AUF DIE FLUTBEWEGUNG DES MEERES

Sechs Vorträge (Université de Göttingue), p. 12-19 (23 avril 1909).

Ich will Ihnen heute über einige Anwendungen der Integralgleichungstheorie auf die Flutbewegung berichten, die ich im letzten Semester gelegentlich einer Vorlesung über diese Erscheinung gemacht habe.

Die Differentialgleichungen des Problems sind die folgenden :

$$(1)\qquad \begin{cases} a. & k^2 \sum \dfrac{\partial}{\partial x}\left(h_1 \dfrac{\partial \varphi}{\partial x}\right) + k^2\left(\dfrac{\partial \varphi}{\partial x}\dfrac{\partial h_2}{\partial y} - \dfrac{\partial \varphi}{\partial y}\dfrac{\partial h_2}{\partial x}\right) = \zeta, \\ b. & g\zeta = -\lambda^2\varphi + \mathrm{II} + \mathrm{W}. \end{cases}$$

Wir stellen uns dabei vor, dass die Kugeloberfläche der Erde etwa durch stereographische Projektion konform auf die (x, y)-Ebene bezogen sei ; dann bedeute $k(x, y)$ das Ähnlichkeitsverhältnis der Abbildung zwischen Ebene und Kugel. Die Lösung des Flutproblems denken wir uns durch periodische Funktionen der Zeit t gegeben, und wir nehmen speziell an, dass unsere Gleichungen (1) einem einzigen periodischen Summanden von der Form $A\cos(\lambda t + \alpha)$ entsprechen, sodass also λ in unseren Gleichungen die Schwingungsperiode bestimmt ; es ist bequem, statt der Kosinus komplexe Exponentialgrössen einzuführen und also etwa anzunehmen, dass alle unsere Funktionen die Form

$$e^{i\lambda t} f(x, y)$$

haben: der reelle und imaginäre Teil dieser komplexen Lösungen stellt uns dann die physikalisch brauchbaren Lösungen dar.

$\varphi(x, y)$ ist definiert durch

$$-\lambda^2\varphi = V - p,$$

wo V das hydrostatische Potential, p der Druck ist.

Ist h die Tiefe des Meeres, so definieren wir

$$h_1 = -\frac{h\lambda^2}{-\lambda^2 + 4\omega^2\cos^2\vartheta},$$

$$h_2 = -\frac{2\omega i\cos\vartheta}{\lambda}h_1 \qquad (i = \sqrt{-1})$$

wo ϑ die Colatitude des zu (x, y) gehörigen Punktes der Erde, ω die Winkelgeschwindigkeit der Erde bedeutet. $\zeta(x, y)$ ist die Differenz zwischen der Dicke der mittleren und der gestörten Wasserschicht, d. h. $\zeta > 0$ entspricht der Ebbe, $\zeta < 0$ der Flut.

g ist die Beschleunigung der Schwerkraft, W das Pontiential der Störungskräfte, Π ist das Potential, welches von der Anziehung der Wassermassen von der Dicke ζ herrührt. Ist z. B.

$$\zeta = \sum A_n X_n,$$

so wird

$$\Pi = \sum \frac{4\pi A_n}{2n+1}X_n,$$

wo die X, die Kugelfunktionen sind

Die Einheiten sind so gewählt, dass die Dichte des Wassers gleich 1, der Radius der Erdkugel gleich 1 ist.

De Grösse Π kann man meistens vernachlässigen; tut man dies, so erhält man sofort für φ eine partielle Differentialgleichung 2. Ordnung. Um aus derselben φ zu bestimmen, muss mann gewisse Grenzbedingungen vorschreiben. Wir unterscheiden da zwei Fälle:

1. Der Rand des Meeres ist eine vertikale Mauer; dann wird

$$\frac{\partial\varphi}{\partial n} + \frac{2\omega i}{\lambda}\cos\vartheta\frac{\partial\varphi}{\partial s} = 0,$$

wobei $\frac{\partial\varphi}{\partial n}$, $\frac{\partial\varphi}{\partial s}$ die normale bzw. tangentiale Ableitung von φ ist.

2. Der Rand des Meeres ist nicht vertikal; dann ist dort

$$h = 0, \qquad \text{also} \qquad h_1 = h_2 = 0.$$

Die Grenzbedingung lautet hier, dass φ am Rande regulär und endlich bleiben soll.

Um auf diese Probleme die Methoden der integralgleichungen anwenden zu können, erinnern wir uns zunächst der allgemeinen Überlegungen, wie sie Hilbert und Picard für Differentialgeichungen anstellen. Sei

$$D(u) = f(x, y)$$

eine partielle Differentialgleichung 2. Ordnung für u, die elliptischen Typus hat, so ist eine, gewisse Grenzbedingungen erfüllende, Lösung u darstellbar in der Form

$$u = \int f' G d\sigma',$$

wobei $G(x, y; x', y')$ die zu diesen Randbedingungen gehörige Greensche Funktion des Differentialausdruckes $D(u)$ ist; f' ist $f(x', y')$, $d\sigma' = dx'\,dy'$, und das integral ist über dasjenige Gebiet der (x', y')-Ebene zu erstrecken, für welches die Randwertaufgabe gestellt ist. Um die Greensche Funktion zu berechnen und so die Randwert-aufgabe zu lösen, setze man

$$D(u) = D_0(u) + D_1(u),$$

wo

$$D_1(u) = a\frac{\partial u}{\partial x} + b\frac{\partial u}{\partial y} + cu$$

ein linearer Differentialausdruck ist. Nehmen wir nun an, wir kennen die Greensche Funktion G_0 von $D_0(u)$, so haben wir die Lösung von

$$D(\varphi) = f$$

in der Form

$$\varphi = \int G_0\left(f' - a'\frac{\partial \varphi'}{\partial x'} - b'\frac{\partial \varphi'}{\partial y'} - c'\varphi'\right) d\sigma'.$$

Schaffen wir hieraus durch partielle Integrationen die Ableitungen $\frac{\partial \varphi'}{\partial x'}, \frac{\partial \varphi'}{\partial y'}$ heraus, so werden wir direkt auf eine Integralgleichung zweiter Art für φ geführt, die wir nach der Fredholmschen Methode behandeln können, wenn ihr Kern nicht zu stark singulär wird.

Bei uneserem Probleme der Flutbewegung tritt nun gerade dieser Fall ein; der Kern wird so hoch unendlich, dass die Fredholmschen Methoden versagen; ich will Ihnen jedoch zeigen, in welcher Weise man diese Schwierigkeiten überwinden kann.

Betrachten wir erst den Fall der ersten Grenzbedingung

$$\frac{\partial \varphi}{\partial n} + C\frac{\partial \varphi}{\partial s} = 0,$$

wo C eine gegebene Funktion von x, y ist. Die Differentialgleichung, die sich bei Vernachlässigung von II ergibt, hat die Form

$$A\Delta\varphi + D_1 = f,$$

und wir stehen daher vor der Aufgabe, die Gleichung

$$\Delta\varphi = F$$

mit unserer Randbedingung zu integrieren.

Diese Aufgabe ist äquivalent mit der, eine im Innern der Randkurve reguläre Potentialfunktion V, die am Rande die Bedingung $\frac{\partial V}{\partial n} + C\frac{\partial V}{\partial s} = 0$ erfüllt, als Potential einer einfachen Randbelegung zu finden. Bezeichnet s die Bogenlänge auf der Randkurve von einem festen Anfangspunkte bis zu einem Punkte P, s' die bis zum Punkte P', so erhält man für V eine Integralgleichung; jedoch wird der Kern $K(s, s')$ derselben für $s = s'$ von der ersten Ordnung unendlich, und es ist daher in dem Integrale

$$\int_A^B K(x, y) f(y)\, dy$$

der sogenannte Cauchysche Hauptwert zu nehmen, der definiert ist als das arithmetische Mittel aus den beiden Werten, die das Integral erhält, wenn ich es in der komplexen y-Ebene unter Umgehung des Punktes $y = x$ das eine mal auf einem Wege AMB oberhalb, das andere mal auf einem Wege AM'B unterhalb der reellen Achse führe.

Anstatt die Methoden zu benutzen, die Kellogg zur Behandlung solcher unstetiger Kerne angibt, will ich einen andern Weg einschlagen. Wir betrachten neben der Operation

$$S[f(x)] = \int K(x, y) f(y)\, dy$$

die iterierte

$$S^2[f(x)] = \iint K(x, z) K(z, y) f(y)\, dz\, dy,$$

bei der ebenfalls das Doppelintegral als Cauchyscher Hauptwert zu nehmen ist; dies soll folgendermassen verstanden werden: wir betrachten für die

Variable z die Wege AMB, AM'B, für y die Wege APB, AP'B, die zueinander liegen mögen, wie in der Figur angedeutet ist. Dann bilden wir die 4 Integrale, die sich ergeben, wenn ich einen Weg für z mit einem für y kombiniere.

z : AMB, AM'B, AMB, AM'B:
y : APB, APB, AP'B, AP'B,

und nehmen aus diesen 4 Integralen das arithmetische Mittel. Ziehen wir noch 2 Wege AQB, AQ'B wie in der Figur, so sehen wir, dass sich in der ersten Wegkombination der Weg AMB für z ersetzen lässt durch AQB + AMBQA, in der zweiten AM'B durch AQ'B, in der dritten AMB durch AQB und in der

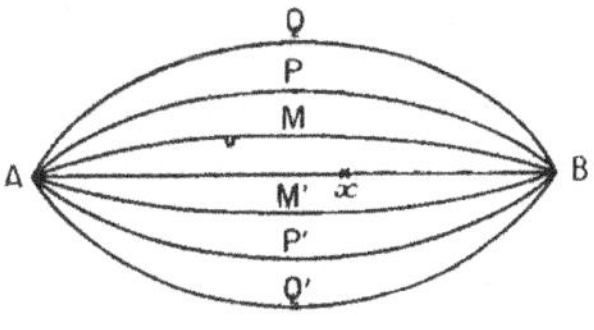

Fig. 1.

vierten AM'B durch AQ'B + AM'BQ'A, sodass wir jetzt die folgenden Wegkombinationen haben :

z.	y.
AQB + AMBQA	APB
AQ'B	APB
AQB	AP'B
AQ'B + AM'BQ'A	AP'B.

Führen wir jetzt die Integrale aus und wenden den Residuenkalkul auf die geschlossenen Wege an, so zeigt sich, dass unsere Operation $S^2[f(x)]$, die einer Integralgleichung 1. Art zugehört, übergeht in eine Operation, welche durch die linke Seite einer Integralgleichung 2. Art gegeben ist, deren Kern überall endlich bleibt; wenn wir zuerst die vier Kombinationen von den Wegen AQB und AQ'B mit den Wegen APB und AP'B nehmen, so bekommen wir ein doppeltes Integral welches nicht unendlich werden kann, da auf diesen Wegen $x \neq y$ und $y \neq z$. Betrachten wir jetzt die beiden Wegkombinationen AMBQA, APB und AM'BQ'A, AP'B, oder AMBQA, APB und AQ'BM'A, BP'A, so ist leicht zu sehen, dass z eine geschlossene Kurve AMBQA oder AQ'BM'A um x beschreibt, und dass gleichzeitig y eine geschlosseme Kurve APBP'A um y beschreibt. Wir dürfen also die Residuenmethode auwenden, und wir bekommen ein Glied, wo die unbekannte Funktion ohne Integralzeichen auftritt, wie in der linken Seite einer Integralgleichung zweiter Art. Indem wir so auf eine durchaus reguläre Integralgleichung 2. Art geführt werden, die der Fredholmschen Methode zugänglich ist, haben wir die Schwierigkeit bei unserem Problem überwunden.

Nur ein Punkt bedarf noch der Erläuterung : wenn x und y gleichzeitig in einen der Endpunkte A, B des Intervalles hineinfallen, so versagen zunächst die obigen Betrachtungen, und es scheint, als wären wir für diese Stellen der Endlichkeit unseres durch Iteration gewonnen Kernes nicht sicher. Dieses Bedenken wird jedoch bei unserm Problem dadurch beseitigt, dass der Rand des Meeres, der das Integrationsintervall darstellt, geschlossen ist, woraus sich ergibt, dass die Punkte A, B keine Ausnahmestellung einnehmen können.

Durch diese Überlegungen ist also der Fall, der vertikalen Meeresufer erledigt.

Wir betrachten den zweiten und schwierigeren Fall, dass das Ufer des Meeres keine vertikale Mauer ist. Dann ist am Rande

$$h = h_1 = h_2 = 0,$$

Da die Glieder 2. Ordnung unserer Differentialgleichung für φ durch den Ausdruck $h_1 \Delta\varphi$ gegeben sind, so ist die Randkurve jetzt eine singuläre Linie für die Differentialgleichung. Ausserdem werden h_1, h_2 gemäss ihrer Definition für die durch die Gleichung

$$4\omega^2 \cos^2 \mathfrak{I} = \lambda^2$$

gegebene *kritische geographische Breite* $\mathfrak{I}$ unendlich. Um trotz dieser Singularitäten, welche das Unendlichwerden des Kerns K zur Folge haben, das Problem durchzuführen, bin ich gezwungen gewesen, das reelle Integrationsgebiet durch ein komplexes zu ersetzen, indem ich y in eine komplexe Veränderliche $y + iz$ verwandle; x hingegen bleibt reell.

Wir deuten xyz als gewöhnliche rechtwinklige Koordinaten in einem dreidimensionalen Raum und zeichnen den Durchschnitt AB einer Ebene $x =$ konst. mit dem in der (x, y)-Ebene gelegenen Meeresbecken. Entspricht C der kritischen geographischen Breite, so ist es nicht schwer, diese Singularität durch Ausweichen in das komplexe Gebiet zu umgehen. Wählen wir ferner irgend zwei Punkte D, E zwischen A und B und umgeben A, von D ausgehend und dorthin zurückkehrend, mit einer kleinen Kurve und verfahren entsprechend bei B — räumlich gesprochen : umgeben wir die Randkurve mit einem ringförmigen Futteral —, so stellen wir uns jetzt das Problem, unsere Differentialgleichung so zu integrieren, dass φ, wenn wir seine Wertänderung längs der den Punkt A umgebenden Kurve verfolgen, mit demselben Wert nach D zurückkehrt, mit dem es von dort ausging. Diese « veränderte » Grenzbedingung ist mit der ursprünglichen, welche verlangte, dass φ am Rande (im Punkte A endlich bleibt und sich regulär verhält, äquivalent. Zwar sind die zu der neuen und der alten Grenzbedingung gehörigen Greenschen Funktionen G, G_1 nicht identish, wohl aber die den betreffenden Randbedingungen unterworfenen Lösungen von

(1) $$D(u) = f.$$

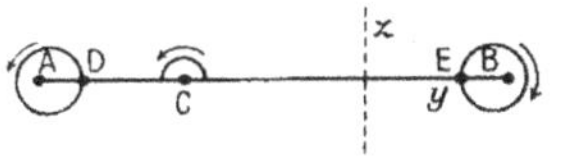

Fig. 2.

Hiervon überzeugen wir uns leichter im Falle nur *einer* Variablen y; dann ergeben die Gleichungen

$$u = \int G(y, y')f(y')\,dy', \qquad u_1 = \int G_1(y, y')f(y')\,dy'$$

durch Anwendung des Cauchyschen Integralsatzes dass $u - u_1 = 0$ ist.

Um jetzt das Problem (1) zu behandeln, ziehe ich die vorige Methode heran, die hier aber in zwei Stufen zur Anwendung kommt, da unsere veränderte Randbedingung für die Gleichung $\Delta u = f$ unzulässig ist ([1]). Wir können setzen

$$D(u) = \Delta(h_1 u) + D_1(u) + D_2(u);$$

dabei soll $D_1(u)$ nur die Glieder 1. Ordnung $\frac{\partial u}{\partial x}, \frac{\partial u}{\partial y}$, $D_2(u)$ aber nur u selbst enthalten. Indem wir

$$\Delta(v) = f$$

unter der Randbedingung $v = 0$ integrieren, erhalten wir für $u = \frac{v}{h_1}$ eine am Rande endliche und reguläre Funktion, für welche

$$\Delta(h_1 u) \equiv D_0(u) = f$$

([1]) Diese Randbedingung ist nicht von solcher Art, dass sie eine bestimmte Lösung von $\Delta(u) = f$ auszeichnet.

ist. Darauf integrieren wir

$$D_0(u)+D_2(u)=f$$

unter Zugrundelegung der ursprünglichen Grenzbedingung nach der gewöhnlichen Methode. Der in der hierbei zu benutzenden Integralgleichung auftretende Kern ist zwar unendlich, aber von solcher Ordnung, dass sich die Singularität durch Iteration des Kerns beseitigen lässt: die partielle Integration, welche Glieder von einer zu hohen Ordnung des Unendlichwerdens einführen würde, bleibt uns an dieser Stelle erspart.

Das damit bewältigte Integrationsproblem ist aber der Integration von

$$D_0(u)+D_2(u)=f$$

unter der veränderten Grenzbedingung äquivalent, und infolgedessen können wir jetzt die zweite Stufe ersteigen und auch die Lösung von

$$D(u)\equiv[D_0(u)+D_2(u)]+D_1(u)=f$$

unter der veränderten Grenzbedingung bestimmen.

Wir haben bis jetzt das Glied Π als so klein vorausgesetzt, dass wir es ganz vernachlässigen durften. Heben wir diese Voraussetzung auf, so entstehen keine wesentlichen neuen Schwierigkeiten. Π ist ein von ζ erzeugtes Anziehungspotential; wir haben also

$$\Pi=\int\frac{\zeta' d\sigma'}{r},$$

wenn $d\sigma'$ ein Flächenelement der Kugel, ζ' den Wert der Funktion ζ im Schwerpunkt (x', y') dieses Flächenelementes, r aber die räumlich gemessene Entfernung der beiden Kugelpunkte (x, y); (x', y') bedeutet, und die Integration über die ganze Kugeloberfläche erstreckt wird. Wir können auch schreiben

$$\Pi=\int\frac{\zeta' dx' dy'}{k^2 r}.$$

Setzen wir dies in unsere Ausgangsgleichungen ein, von denen wir noch die erste mittels Aufstellung der zugehörigen Greenschen Funktion und unter Berücksichtigung der Randbedingung aus einer Differential- in eine Integralgleichung verwandeln, so erhalten wir zwei simultane Integralgleichungen für ζ und φ, die mit Hilfe der soeben erörterten Methoden aufgelöst werden können.

SUR

LES ÉQUATIONS DU MOUVEMENT DE LA LUNE

Bulletin astronomique, t. 17, p. 167-204 (mai 1900).

1. A l'exemple de MM. Hill et Brown, nous rapporterons la Lune à trois axes tournants, la vitesse de rotation étant égale à n', moyen mouvement du Soleil. Les axes des x et des y sont dans le plan de l'écliptique et l'axe des z perpendiculaire à ce plan. Dans ces conditions, les équations du mouvement de la Lune sont de la forme suivante :

$$(1) \qquad x'' - 2n'y' = \frac{dV_1}{dx}, \qquad y'' + 2n'x' = \frac{dV_1}{dy}, \qquad z'' = \frac{dV_1}{dz}.$$

Les lettres accentuées x', x'', ..., désignent les dérivées de x par rapport au temps. Quant à V_1 c'est une fonction des coordonnées x, y, z de la Lune et de l'anomalie moyenne l' du Soleil. Elle dépend en outre de deux constantes, à savoir : la *parallaxe* α qui est une quantité inversement proportionnelle au grand axe de l'orbite solaire et l'*excentricité* e' de l'orbite solaire.

Considérée comme fonction de α, e' et l', elle est développable suivant les puissances de α, $e'\cos l'$ et $e'\sin l'$. Considérons-la maintenant comme fonction de α, x, y, z, nous verrons qu'elle se réduit à

$$\frac{\varkappa}{r} + \frac{3}{2}n'^2x^2$$

pour $\alpha = 0$ ($\varkappa$ est un coefficient constant et $r^2 = x^2 + y^2 + z^2$). Quant au coefficient α^n, c'est un polynome homogène d'ordre $n + 2$ en x, y et z.

Les équations peuvent être mises sous la forme canonique par l'artifice suivant. Posons

$$X = x' - n'y, \qquad Y = y' + n'x, \qquad Z = z';$$

$$T = \frac{x'^2 + y'^2 + z'^2}{2}; \qquad F = T - V_1 - n'L;$$

L étant une variable auxiliaire. En prenant pour variables conjuguées

$$\begin{array}{cccc} x, & y, & z, & L; \\ X, & Y, & Z, & l', \end{array}$$

nos équations prennent la forme canonique

$$(2) \qquad \left\{ \begin{array}{llll} \dfrac{dx}{dt} = \dfrac{dF}{dX}, & \dfrac{dy}{dt} = \dfrac{dF}{dY}, & \dfrac{dz}{dt} = \dfrac{dF}{dZ}, & \dfrac{dL}{dt} = \dfrac{dF}{dl'}, \\ \dfrac{dX}{dt} = -\dfrac{dF}{dx}, & \dfrac{dY}{dt} = -\dfrac{dF}{dy}, & \dfrac{dZ}{dt} = -\dfrac{dF}{dz}, & \dfrac{dl'}{dt} = -\dfrac{dF}{dL}. \end{array} \right.$$

Les trois premières équations de chaque ligne se déduisent directement des équations (1); on a d'ailleurs $\frac{dl'}{dt} = n'$ et $\frac{dF}{dL} = -n'$; quant à la dernière équation de la première ligne, elle peut être regardée comme la définition de la variable auxiliaire L.

J'ai déjà fait usage des équations (2) dans un article antérieur (*Bull. astron.*, mars 1900).

Toutes les théories de la Lune conduisent à développer x, y et z en fonction : 1° de trois constantes d'intégration a, e et γ; 2° de trois arguments fonctions linéaires du temps τ, l et λ; 3° de l'anomalie moyenne solaire l'; 4° des deux constantes solaires α et e'.

Des trois constantes a, e et γ, la première est une sorte de demi-grand axe moyen de l'orbite lunaire, la seconde joue le rôle de l'excentricité et la troisième de l'inclination. Les trois arguments τ, l et λ représentent respectivement la distance *moyenne* de la Lune au Soleil, la distance moyenne de la Lune au périgée, la distance moyenne de la Lune au nœud.

Nous remarquons alors : 1° que les coordonnées sont des fonctions périodiques de période 2π des quatre arguments τ, l, λ et l'; 2° que si l'on regarde pour un instant τ et a comme des constantes et si l'on considère les coordonnées comme des fonctions de l, λ, l', e, γ, e' et α, ces coordonnées sont développables suivant les puissances des quantités

$$(3) \qquad \alpha, \quad e\cos l, \quad e\sin l, \quad \gamma\cos\lambda, \quad \gamma\sin\lambda, \quad e'\cos l', \quad e'\sin l'.$$

De tous ces faits bien connus, on peut déduire diverses conséquences.

Nos quatre arguments τ, l, λ et l' sont des fonctions linéaires du temps et nous pouvons écrire

$$\tau = c_1 t + \varepsilon_1, \qquad l = c_2 t + \varepsilon_2, \qquad \lambda = c_3 t + \varepsilon_3, \qquad l' = c_4 t + \varepsilon_4,$$

ou plus simplement, en posant

$$\tau = w_1, \qquad l = w_2, \qquad \lambda = w_3, \qquad l' = w_4$$

nous pouvons écrire

$$w_i = c_i t + \varepsilon_i.$$

Il est clair que $c_4 = n'$ et que $c_1 + c_4 = n$, n étant le moyen mouvement de la Lune.

Cela posé, considérons α et e' comme des constantes et regardons nos coordonnées comme fonctions de t et des quantités

$$(4) \qquad a, \quad e, \quad \gamma, \quad L_0, \quad \varepsilon_i,$$

L_0 est une constante choisie de telle façon que l'équation des forces vives s'écrive

$$F = -n' L_0.$$

Nous désignerons par des ∂ les dérivées prises par rapport à t et aux variables (4), et je poserai.

$$[\beta, \beta'] = \sum \left(\frac{\partial x}{\partial \beta} \frac{\partial X}{\partial \beta'} - \frac{\partial x}{\partial \beta'} \frac{\partial X}{\partial \beta} \right) + \frac{\partial L}{\partial \beta} \frac{\partial l'}{\partial \beta'} - \frac{\partial L}{\partial \beta'} \frac{\partial l'}{\partial \beta}.$$

Dans cette équation je désigne par β et β' deux quelconques des quantités (4); j'ajoute que sous le signe Σ on doit changer x et X d'abord en y et Y, puis en z et Z.

D'après un théorème bien connu, nos équations étant canoniques, les crochets $[\beta, \beta']$ doivent se réduire à des constantes.

Regardons maintenant nos coordonnées comme des fonctions des quantités

$$(5) \qquad a, \quad e, \quad \gamma, \quad L_0, \quad w_i$$

et désignons par des d les dérivées prises par rapport à ces quantités (5). Posons

$$(\beta, \beta') = \sum \left(\frac{dx}{d\beta} \frac{dX}{d\beta'} - \frac{dx}{d\beta'} \frac{dX}{d\beta} \right) + \frac{dL}{d\beta} \frac{dl'}{d\beta'} - \frac{dL}{d\beta'} \frac{dl'}{d\beta},$$

où β et β' sont deux quelconques des quantités (5).

J'observe alors que l'on a

$$\frac{dx}{d\varepsilon_k} = \frac{dx}{dw_k}; \qquad \frac{dx}{d\beta} = \frac{dx}{d\beta} + t\sum \frac{dx}{dw_j}\frac{dc_j}{d\beta}$$

si β est l'une des quantités a, e, γ, L_0, et j'en conclus :

$$(6) \qquad [\varepsilon_i, \varepsilon_k] = (w_i, w_k); \qquad [\varepsilon_i, \beta] = (w_i, \beta) + t\sum \frac{dc_j}{d\beta}(w_i\, w_j).$$

On aurait une expression analogue pour le crochet $[\beta, \beta']$, si β et β' désignaient deux des quantités a, e, γ, L_0.

On voit d'abord que (w_i, w_k) doit se réduire à une constante. Considérons maintenant la seconde équation (6). Le premier membre est une constante; comme (w_i, β) et (w_i, w_j) sont des fonctions périodiques des quatre arguments, le second membre est égal à une fonction périodique, plus une autre fonction périodique multipliée par t; il ne peut donc se réduire à une constante que si le coefficient de t s'annule et si en même temps (w_i, β) se réduit à une constante dépendant seulement de a, e, γ, L_0.

On démontrerait de même que si β et β' sont deux quelconques des quantités a, e, γ, et L_0, la parenthèse (β, β') se réduit à une constante.

Mais il y a plus, grâce à une circonstance particulière au cas de la Lune. Nous savons que x, Y, Z et L sont des fonctions paires des w, tandis que X, y, z et l' sont des fonctions impaires. Il en résulte que (si β et β' sont toujours deux des quantités a, e, γ et L_0) les dérivées

$$\frac{dx}{d\beta}, \quad \frac{dY}{d\beta}, \quad \frac{dZ}{d\beta}, \quad \frac{dL}{d\beta}, \quad \frac{dX}{dw}, \quad \frac{dy}{dw}, \quad \frac{dz}{dw}, \quad \frac{dl'}{dw}$$

sont des fonctions paires tandis que les dérivées

$$\frac{dx}{dw}, \quad \frac{dY}{dw}, \quad \frac{dZ}{dw}, \quad \frac{dL}{dw}, \quad \frac{dX}{d\beta}, \quad \frac{dy}{d\beta}, \quad \frac{dz}{d\beta}, \quad \frac{dl'}{d\beta}$$

sont impaires

Donc les parenthèses (w_i, w_j) et (β, β') sont des fonctions impaires des w et elles doivent se réduire à des constantes indépendantes des w, elles doivent être nulles. Cette circonstance simplifie beaucoup la démonstration du théorème que nous avons en vue et qui serait vrai dans des cas beaucoup plus généraux.

Si μ, μ' et μ'' sont trois quelconques des quantités (5), on a évidemment l'identité

$$\frac{d(\mu, \mu')}{d\mu''} + \frac{d(\mu', \mu'')}{d\mu} + \frac{d(\mu'', \mu)}{d\mu'} = 0.$$

Cette identité nous donne en particulier

$$\frac{d(w_i, \beta)}{d\beta'} = \frac{d(w_i, \beta')}{d\beta}$$

puisque (β, β') est indépendant des w et que $(\beta', w_i) = -(w_i, \beta')$.

On peut donc trouver quatre fonctions A_1, A_2, A_3, A_4 de a, e, γ et L_0 telles que

$$\frac{dA_i}{d\beta} = (\beta, w_i).$$

De ces trois relations

$$(w_i, w_j) = (\beta, \beta') = 0, \qquad \frac{dA_i}{d\beta} = (\beta, w_i),$$

il est aisé de conclure que

$$dS = \Sigma x\, dX + L\, dl' - \Sigma A_i\, dw_i$$

est une différentielle exacte (je regarde, bien entendu, a, e' et n' comme des constantes).

Si je me rappelle que $w_4 = l'$, je puis écrire

$$dS = \Sigma x\, dX + (L - A_4)\, dl' - A_1\, d\tau - A_2\, dl - A_3\, d\lambda.$$

J'observe ensuite que dX, dY, dZ, dl' $d\tau$, dl, $d\lambda$ sont indépendants de dL_0; il en résulte que S est indépendant de L_0 et il doit en être même de $L - A_4$, A_1, A_2 et A_3.

Donc A_1, A_2, A_3 dépendent seulement de a, e, γ (et en outre, bien entendu, de α, e' et n').

D'autre part, l'équation $F = -n' L_0$ me donne

$$L = L_0 + \frac{T - V_1}{n'}$$

et comme T et V_1 ne dépendent pas de L_0, $A_4 - L_0$ n'en dépendra pas non plus. Nous pourrons donc poser

$$A_4 - L_0 = \frac{G}{n'},$$

G étant une fonction de a, e, et γ.

Donc en résumé

(7)
$$dS = x\, dX + y\, dY + z\, dZ - A_1\, d\tau - A_2\, dl - A_3\, d\lambda + \frac{T - V_1 - G}{n'}\, dl'$$

est une différentielle exacte. Tel est le premier fait que je voulais mettre en évidence. Je n'insiste pas sur les procédés de vérification qui en résultent.

2. Si nous regardons e', α et n' comme des constantes, G, A_1, A_2 et A_3 ne dépendent de a, e et γ.

Voyons ce que deviennent les équations (2) si, au lieu de

$$x,\quad y,\quad z,\quad L;$$
$$X,\quad Y,\quad Z,\quad l',$$

on prend pour variables nouvelles

$$A_1,\quad A_2,\quad A_3,\quad A_4:$$
$$w_1,\quad w_2,\quad w_3,\quad w_4.$$

L'expression

$$\Sigma x\, dX + L\, dl' - \Sigma A_i dw_i$$

étant une différentielle exacte, la forme canonique des équations ne sera pas altérée et elles deviendront

$$\frac{dA_i}{dt} = \frac{dF}{dw_i},\qquad \frac{dw_i}{dt} = -\frac{dF}{dA_i}.$$

Mais on a

$$F = -n' L_0 = G - n' A_4.$$

Les équations deviennent donc (si l'on observe que G ne dépend que de a, e, γ et, par conséquent, de A_1, A_2, A_3)

$$\frac{dA_i}{dt} = 0,\qquad \frac{dw_1}{dt} = -\frac{dG}{dA_1},\qquad \frac{dw_2}{dt} = -\frac{dG}{dA_2},$$
$$\frac{dw_3}{dt} = -\frac{dG}{dA_3},\qquad \frac{dw_4}{dt} = n'.$$

Mais nous devons avoir $\frac{dw_i}{dt} = c_i$.

On a donc

$$(8)\qquad -dG = c_1\, dA_1 + c_2\, dA_2 + c_3\, dA_3.$$

3. Nous avons dit que x, y, z, X, Y, Z sont des fonctions périodiques des quatre arguments w et, de plus, sont développables suivant les puissances des quantités (3).

Il est aisé d'en conclure qu'il en est de même de

$$\frac{dS}{da},\quad e\frac{dS}{de},\quad \gamma\frac{dS}{d\gamma},$$

et par conséquent de

$$S - S_0.$$

(S_0 étant une fonction qui ne dépend que de quatre arguments w et des constantes α, e' et n', mais qui est indépendante de a, e et γ).

D'autre part, il en est encore de même de

$$\frac{dS}{d\tau} + A_1, \quad \frac{dS}{dl} + A_2, \quad \frac{dS}{d\lambda} + A_3, \quad \frac{dS}{dl'} + \frac{G}{n'}$$

et par conséquent de

$$\frac{dS_0}{d\tau} + A_1, \quad \frac{dS_0}{dl} + A_2, \quad \frac{dS_0}{d\lambda} + A_3, \quad \frac{dS_0}{dl'} + \frac{G}{n'}.$$

Comme, d'une part $\frac{dS_0}{d\tau}$, $\frac{dS_0}{dl}$, $\frac{dS_0}{d\lambda}$, $\frac{dS_0}{dl'}$ ne dépendent que de τ, l, λ, l' et de α, e' et n'; et que d'autre part A_1, A_2, A_3 et G ne dépendent que de a, e, γ et de α, e' et n', nous devrons conclure que l'on aura

$$\frac{dS_0}{d\tau} = \frac{dS'_0}{d\tau} + D_1, \qquad \frac{dS_0}{d\lambda} = \frac{dS'_0}{d\lambda} + D_3,$$

$$\frac{dS_0}{dl} = \frac{dS'_0}{dl} + D_2, \qquad \frac{dS_0}{dl'} = \frac{dS'_0}{dl'} + D_4,$$

$$A_1 = A'_1 - D_1, \qquad A_2 = A'_2 - D_2, \qquad A_3 = A'_3 - D_3, \qquad \frac{G}{n'} = \frac{G'}{n'} - D_4;$$

les D étant des constantes dépendent seulement de α, e' et n'; tandis que A'_1, A'_2, A'_3, G', S'_0 sont comme $\frac{dS_0}{d\tau} + A$, ..., des fonctions périodiques des w, développables suivant les puissances des quantités (3). (Remarquons que S'_0 ne devant pas dépendre de a, e et γ, ne pourra contenir que les arguments τ et l', puisqu'il ne peut dépendre de l, par exemple, sans dépendre de e; d'autre part, les A'_i et G' ne devant pas dépendre des arguments w seront développables suivant les puissances α, e^2, e'^2, γ^2; je devrais même ajouter de α^2, e^2, e'^2, γ^2, mais les considérations précédentes ne suffiraient par pour l'établir.)

Remarquons maintenant que si D_1, D_2, D_3, D_4 sont quatre constantes dépendant seulement de α, e' et n', l'égalité

$$dS = \Sigma x\, dX - A_1\, d\tau - A_2\, dl - A_3\, d\lambda + \frac{T - V_1 - G}{n'}\, dl'$$

entraine la suivante :

$$d(S - D_1\tau - D_2 l - D_3\lambda - D_4 l') = \Sigma x\, dX - (A_1 + D_1)\, d\tau - (A_2 + D_2)\, dl$$
$$- (A_3 + D_3)\, d\lambda + \frac{T - V_1 - G + n' D_4}{n'}\, dl'.$$

Nous pouvons donc sans altérer notre relation fondamentale changer S en $S - D_1\tau - D_2 l - D_3\lambda - D_4 l'$, et en même temps A_1, A_2, A_3, G en $A_1 + D_1$, $A_2 + D_2$, $A_3 + D_3$, $G + n'D_4$, ou, ce qui revient au même, S en $S - S_0 + S'_0$; S_0 en S'_0, A_1, A_2, A_3, G en A'_1, A'_2, A'_3, G'.

Nous pouvons donc toujours supposer, et c'est là que je voulais en venir :

1° Que la fonction S est périodique par rapport à τ, l, λ et l' et qu'elle est développable suivant les puissances des quantités (3);

2° Que A_1, A_2, A_3 et G sont développables suivant les puissances de

$$\alpha, \quad e^2, \quad \gamma^2, \quad e'^2.$$

Cela posé, comme S est développable suivant les puissances de $e\cos l$ et de $e\sin l$, tous les termes de S qui contiennent l contiendront aussi e : donc $\frac{dS}{dl}$ est divisible par e; il en est de même pour la même raison de $\frac{dX}{dl}$, $\frac{dY}{dl}$, $\frac{dZ}{dl}$. Donc

$$A_2 = \Sigma x \frac{dX}{dl} - \frac{dS}{dl}$$

est divisible par e, et comme A_2 ne contient que des puissance paires de e, γ et e', il sera divisible par e^2.

On trouverait de même que A_3 doit être divisible par γ^2.

Remarquons, avant d'aller plus loin, que les constantes a, e et γ ne sont pas entièrement définies; nous pourrions, sans avoir rien à changer à ce qui précède, remplacer a, e et γ par

$$\varphi_0, \quad e\varphi_1, \quad \text{et} \quad \gamma\varphi_2,$$

φ_0, φ_1 et φ_2 étant trois fonctions quelconques de a, e, γ, α et e' développables suivant les puissances de α, e^2, γ^2, et e'^2.

Rien ne nous empêcherait donc de supposer, par exemple,

$$A_1 = \sqrt{a}, \qquad A_2 = e^2, \qquad A_3 = \gamma^2.$$

4. Voyons maintenant comment on peut appliquer ces considérations au calcul des coordonnées par approximations successives. Nous supposerons d'abord $\alpha = e' = 0$; nous supposerons en outre $\gamma = 0$ et, par conséquent, $z = Z = 0$ et nous nous proposerons de développer x et y suivant les puissances de l'excentricité e.

Soient

$$x = x_0 + x_1 + x_2 + \ldots,$$
$$y = y_0 + y_1 + y_2 + \ldots,$$

ces développements. Soient

$$X = X_0 + X_1 + X_2 + \ldots,$$
$$Y = Y_0 + Y_1 + Y_2 + \ldots,$$

les développements correspondants de X et Y. Alors x_i, y_i, Y_i, Z_i sont les termes d'ordre i par rapport à l'excentricité e.

Soit de même

$$S_1 = S_0 + S_1 + S_2 + \ldots,$$

le développement de S.

Je supposerai de même A_1, A_2, A_3 développés suivant les puissances de e; et les développements pourront s'écrire

$$A_1 = \xi_0 + \xi_2 + \ldots, \qquad A_2 = \eta_2 + \eta_4 + \ldots, \qquad A_3 = 0;$$

il est clair, en effet que les développements ne peuvent contenir que des termes d'ordre pair, que celui de A_2 commence par un terme du second ordre, enfin que A_3 est nul puisque $\gamma = 0$.

Je développerai enfin sous la même forme les moyens mouvements c_i

$$c_1 = f_0 + f_2 + f_4 + \ldots,$$
$$c_2 = g_0 + g_2 + g_4 + \ldots,$$
$$c_3 = h_0 + h_2 + \ldots.$$

(D'ailleurs c_3 n'interviendra pas puisque nous supposons $\gamma = 0$.)

Il importe de remarquer que les constantes a, e et γ n'ayant pas été complètement définies, ainsi que je l'ai fait observer plus haut, ces développements restent arbitraires dans une certaine mesure. Je pourrais, par exemple, choisir arbitrairement ξ_2, ξ_4, ξ_6, ... Le mieux, afin de faciliter la comparaison avec les autres méthodes, est de supposer $c_1 = f_0$, $f_2 = f_4 = \ldots = 0$.

Les premiers termes du développement x_0, y_0, X_0 et Y_0 sont ceux que M. Hill a calculés dans son Mémoire sur la variation (*American Journal of Mathematics*, tome I); nous les regarderons comme connus; ainsi x_0, y_0, X_0 et Y_0 seront des fonctions connues de τ et de ξ_0; ces fonctions satisferont d'ailleurs à la condition

$$dS_0 = x_0\, dX_0 + y_0\, dY_0 - \xi_0\, d\tau.$$

Considérons maintenant les termes du 1er degré, nous trouvons

$$dS_1 = \Sigma x_1\, dX_0 + \Sigma x_0\, dX_1$$

ce qui, en posant

$$S'_1 = S_1 - \Sigma x_0 X_1,$$

peut s'écrire

$$dS'_1 = \Sigma x_1 \, a X_0 - \Sigma X_1 \, dx_0.$$

Nous savons que S'_1 doit contenir e en facteur; d'autre part, dX_0 et dx_0 (ni, par conséquent, la différentielle totale dS'_1) ne dépendent pas de de. Cela ne peut arriver que si S'_1 est nul. Nous avons donc

$$\Sigma x_1 \, dX_0 - \Sigma X_1 \, dx_0 = 0. \tag{9}$$

Pour mettre cette équation (9) sous la forme d'équations différentielles, je remarque que l'on a

$$X = x' - n'y = c_1 \frac{dx}{d\tau} + c_2 \frac{dx}{dl} - n'y,$$

$$Y = y' + n'x = c_1 \frac{dy}{d\tau} + c_2 \frac{dy}{dl} + n'x.$$

En remplaçant x, y, c_1 et c_2 par leurs développements, et égalant les termes de même ordre, je trouve

$$X_0 = f_0 \frac{dx_0}{d\tau} - n'y_0,$$

$$X_1 = f_0 \frac{dx_1}{d\tau} + g_0 \frac{dx_1}{dl} - n'y_1,$$

$$X_2 = f_0 \frac{dx_2}{d\tau} + f_2 \frac{dx_0}{d\tau} + g_0 \frac{dx_2}{dl} - n'y_2,$$

$$X_3 = f_0 \frac{dx_3}{d\tau} + f_2 \frac{dx_1}{d\tau} + g_0 \frac{dx_3}{dl} + g_2 \frac{dx_1}{dl} - n'y_3,$$

$$\ldots\ldots\ldots\ldots\ldots\ldots\ldots\ldots\ldots\ldots\ldots\ldots,$$

avec des formules analogues pour les Y_i.

Ces formules sont simplifiées, si nous supposons comme je l'ai dit plus haut

$$f_0 = c_1, \qquad f_2 = f_4 = \ldots = 0.$$

J'introduirai la notation suivante; je poserai

$$Dx = f_0 \frac{dx}{d\tau} + g_0 \frac{dx}{dl},$$

Dx représente alors ce qui serait la dérivée de x par rapport au temps t, si l'on y remplaçait τ et l par $f_0 t + \varepsilon_1$, $g_0 t + \varepsilon_2$ (au lieu de $c_1 t + \varepsilon_1$, $c_2 t + \varepsilon_2$).

Dans ces conditions, on a

$$\begin{aligned}
X_0 &= Dx_0 - n'y_0, & Y_0 &= Dy_0 + n'x_0,\\
X_1 &= Dx_1 - n'y_1, & Y_1 &= Dy_1 + n'x_1,\\
X_2 &= Dx_2 - n'y_2, & Y_2 &= Dy_2 + n'x_2,\\
X_3 &= Dx_3 - n'y_3 + g_2\frac{dx_1}{dl}, & Y_3 &= Dy_3 + n'x_3 + g_2\frac{dy}{dl},\\
&\cdots & &\cdots
\end{aligned}$$

On trouve ainsi les équations suivantes :

$$(10)\quad \begin{cases} x_1\dfrac{dX_0}{d\tau} - (Dx_1 - n'y_1)\dfrac{dx_0}{d\tau} + y_1\dfrac{dY_0}{d\tau} - (Dy_1 + n'x_1)\dfrac{dy_0}{d\tau} = 0,\\[2mm] x_1\dfrac{dX_0}{df_0} - (Dx_1 - n'y_1)\dfrac{dx_0}{df_0} + y_1\dfrac{dY_0}{df_0} - (Dy_1' + nx_1)\dfrac{dy_0}{df_0} = 0. \end{cases}$$

Les équations (10) sont deux équations différentielles linéaires qui définissent les deux fonctions inconnues x_1 et y_1 en fonction de t (en supposant que τ et l aient été remplacés par $f_0 t + \varepsilon_1$, $g_0 t + \varepsilon_2$). Ces deux équations sont du premier ordre, de sorte que le système est du second ordre.

Elles sont identiques aux équations (10) de mon article antérieur (*Bull. astron.*, mars 1900, p. 99). Toutefois comme cette identité pourrait être dissimulée par la différence des notations, quelques explications sont nécessaires. En premier lieu, dans les équations du Mémoire cité, les inconnues étaient désignées par ξ et η; il conviendrait donc pour les retrouver de remplacer x_1, y_1, Dx_1, Dy_1 par ξ, η, ξ', η'. Ensuite x_0 et y_0 doivent être remplacés par x et y. Enfin nous employions dans le Mémoire cité la valeur m définie par l'égalité $f_0 = \frac{n'}{m}$, et nous avions choisi une unité de temps telle que $\tau = t$, ce qui nous permettait de faire (après la différentiation par rapport à f_0 ou à m) $f_0 = 1$, $n' = m$. Dans ces conditions on doit remplacer

$$\frac{dx_0}{d\tau},\quad \frac{dy_0}{d\tau},\quad \frac{dX_0}{d\tau},\quad \frac{dY_0}{d\tau},\quad \frac{dx_0}{df_0},\quad \frac{dy_0}{df_0},\quad \frac{dX_0}{df_0},\quad \frac{dY_0}{df_0},\quad n'$$

par

$$x',\quad y',\quad x'' - my',\quad y'' + mx',\quad -m\frac{dx}{dm},\quad -m\frac{dy}{dm},$$
$$x' - m\frac{dx'}{dm} + m^2\frac{dy}{dm},\quad y' - m\frac{dy'}{dm} - m^2\frac{dx}{dm},\quad m,$$

et l'on retrouvera les équations citées.

5. Passons aux termes du second ordre; il vient

$$dS_2 = \Sigma x_2 dX_0 + \Sigma x_0 dX_2 + \Sigma x_1 dX_1 - \xi_2 d\tau - \eta_2 dl,$$

ce qui, en posant

$$S'_2 = S_2 - \Sigma x_0 X_2,$$

s'écrit

$$dS'_2 = \Sigma(x_2\, dX_0 - X_2\, dx_0) + \Sigma x_1\, dX_1 - \xi_2\, d\tau - \eta_2\, dl.$$

Je suppose que je regarde pour un instant τ et f_0 comme des constantes. Alors,

$$d\tau = dX_0 = dx_0 = 0$$

et

(11) $$dS'_2 = \Sigma x_1\, dX_1 - \eta_2\, dl.$$

Cette équation détermine S'_2. En effet, x_1 et X_1 sont connus.

$$\frac{dS'_2}{dl} = \sum x_1 \frac{dX_1}{dl} - \eta_2$$

est un polynome entier par rapport aux cosinus et aux sinus des multiples de l, et ce polynome ne doit pas contenir de terme indépendant de l, puisqu'il est la dérivée de S'_2 qui doit être un polynome de même forme.

Nous disposerons donc de l'indéterminée η_2 de façon à faire disparaître ce terme indépendant de l. Alors dS'_2 sera entièrement déterminée; il en sera encore de même de S'_2 à une constante près indépendante de e et de l. Mais comme S'_2 doit contenir e^2 en facteur, cette constante devra être nulle et S'_2 sera entièrement connue.

Nous trouvons ensuite les équations

(12) $$\left\{ \begin{aligned} \sum\left(x_2 \frac{dX_0}{d\tau} - X_2 \frac{dx_0}{d\tau}\right) &= \frac{dS'_2}{d\tau} - \sum x_1 \frac{dX_1}{d\tau} + \xi_2, \\ \sum\left(x_2 \frac{dX_0}{df_0} - X_2 \frac{dx_0}{df_0}\right) &= \frac{dS'_2}{df_0} - \sum x_1 \frac{dX_1}{df_0}. \end{aligned} \right.$$

Quelle est la forme des équations (12)? Les premiers membres ne diffèrent de ceux des équations (10) que par la substitution des inconnues x_2 et y_2 aux inconnues x_1 et y_1. Dans les seconds membres, tout est connu, sauf la constante ξ_2 que nous déterminerons plus loin.

Le calcul de x_2 et y_2 est donc ramené à l'intégration d'équations linéaires à second membre, dont les premiers membres sont ceux des équations (10); c'est ce que j'avais annoncé dans le Mémoire cité, p. 99, à la fin du paragraphe 2

Prenons maintenant les termes du troisième ordre

$$dS_3 = \Sigma(x_3\, dX_0 + x_0\, dX_3 + x_1\, dX_2 + x_2\, dX_1).$$

Nous poserons

$$S'_3 = S_3 - \Sigma x_0 X_3,$$
$$dS'_3 = \Sigma(x_3\, dX_0 - X_3\, dx_0) + \Sigma(x_1\, dX_2 + x_2\, dX_1).$$

Et si nous regardons pour un instant τ et f_0 comme des constantes,

(11 *bis*) $$dS'_3 = \Sigma(x_1\, dX_2 + x_2\, dX_1).$$

Cette équation déterminera S'_3 comme l'équation (11) a déterminé S'_2. (Ici le terme indépendant de l dans $\frac{dS'_3}{dl}$ disparaît de lui-même.)

Nous formerions ensuite des équations analogues aux équations (12) et dont la première serait

$$\sum\left(x_3\frac{dX_0}{d\tau} - X_3\frac{dx_0}{d\tau}\right) = \frac{dS'_3}{d\tau} - \sum\left(x_1\frac{dX_2}{d\tau} + x_2\frac{dX_1}{d\tau}\right),$$

et dont la seconde s'en déduirait par la substitution de df_0 à $d\tau$.

Mais pour que l'analogie soit complète, il convient de poser

$$X_3 = X'_3 + g_2\frac{dx_1}{dl}, \qquad Y_3 = Y'_3 + g_2\frac{dy_1}{dl},$$

de telle façon que

$$X'_3 = Dx_3 - n'y_3, \qquad Y'_3 = Dy_3 + n'x_3.$$

Nous obtenons ainsi les équations

(13) $$\left\{\begin{aligned} &\sum\left(x_3\frac{dX_0}{d\tau} - X'_3\frac{dx_0}{d\tau}\right) = \frac{dS'_3}{d\tau} - \sum\left(x_1\frac{dX_2}{d\tau} + x_2\frac{dX_1}{d\tau}\right) + g_2\sum\frac{dx_1}{dl}\frac{dx_0}{d\tau},\\ &\sum\left(x_3\frac{dX_0}{df_0} - X'_3\frac{dx_0}{df_0}\right) = \frac{dS'_3}{df_0} - \sum\left(x_1\frac{dX_2}{df_0} + x_2\frac{dX_1}{df_0}\right) + g_2\sum\frac{dx_1}{dl}\frac{dx_0}{df_0}.\end{aligned}\right.$$

Les premiers membres sont ceux des équations (10). Dans les seconds membres tout serait connu si nous connaissions les deux constantes g_2 et ξ_2; mais la première de ces constantes figure explicitement dans nos équations, la seconde y figure implicitement puisque x_2, y_2 et, par conséquent, S'_3 en dépendent.

6. Il reste donc à déterminer ces deux constantes. Commençons par ξ_2. Je me servirai pour cela de l'équation (8) qui, A_3 étant nulle, se réduit ici à

(14) $$-dG = c_1\, dA_1 + c_2\, dA_2.$$

J'y remplacerai c_1 par f_0 et A_1, A_2, c_2 par leurs développements; je remplacerai également G par son développement

$$G = G_0 + G_2 + G_4 + \ldots.$$

Nous aurons d'abord

$$-dG_0 = f_0\, d\xi_0,$$

ce qui ne nous apprend rien, et ensuite

$$-dG_2 = f_0\, d\xi_2 + g_0\, d\eta_2$$

ou

$$(15)\quad \begin{cases} -\dfrac{dG_2}{df_0} = f_0\dfrac{d\xi_2}{df_0} + g_0\dfrac{d\eta_2}{df_0}, \\ -\dfrac{dG_2}{de} = f_0\dfrac{d\xi_2}{de} + g_0\dfrac{d\eta_2}{de}. \end{cases}$$

Comme G_2, ξ_2 et η_2 sont homogènes d'ordre 2 par rapport à e, la dernière équation (15) entraîne la suivante :

$$-G_2 = f_0\xi_2 + g_0\eta_2.$$

En différentiant par rapport à f_0 et retranchant la première équation (15), je trouve

$$\xi_2 + \frac{dg_0}{df_0}\eta_2 = 0.$$

Comme η_2 a été calculé antérieurement, cette équation nous donnera ξ_2.

Avant d'aller plus loin, montrons comment le même procédé permettra d'obtenir ξ_4 quand on connaîtra η_4 et g_2. Nous aurons

$$-dG_4 = f_0\, d\xi_4 + g_0\, d\eta_4 + g_2\, d\eta_2,$$

d'où

$$-\frac{dG_4}{df_0} = f_0\frac{d\xi_4}{df_0} + g_0\frac{d\eta_4}{df_0} + g_2\frac{d\eta_2}{df_0}$$

$$-\frac{dG_4}{de} = f_0\frac{d\xi_4}{de} + g_0\frac{d\eta_4}{de} + g_2\frac{d\eta_2}{de}.$$

Comme G_4, ξ_4 et η_4 sont homogènes d'ordre 4 et η_2 homogène d'ordre 2 par rapport à e, on aura

$$-G_4 = f_0\xi_4 + g_0\eta_4 + \frac{1}{2}g_2\eta_2.$$

Si l'on différentie par rapport à f_0 et qu'on élimine $\dfrac{dG_4}{df_0}$, il viendra

$$\xi_4 + \eta_4\frac{dg_0}{df_0} + \frac{1}{2}\left(\eta_2\frac{dg_2}{df_0} - g_2\frac{d\eta_2}{df_0}\right) = 0,$$

ce qui donne ξ_4 et ainsi de suite.

7. Avant de déterminer g_2, voyons comment on pourra intégrer les équations à second membre (12) et (13) et les équations de même forme par la méthode de la variation des constantes.

Soient x et y nos deux fonctions inconnues et écrivons nos équations sous la forme

$$(16)\quad \begin{cases} \sum\left(x\frac{dX_0}{d\tau} - X'\frac{dx_0}{d\tau}\right) = P, \\ \sum\left(x\frac{dX_0}{df_0} - X'\frac{dx_0}{df_0}\right) = Q, \end{cases}$$

où l'on a posé

$$X' = Dx - n'y, \qquad Y' = Dy + n'x.$$

Les seconds membres P et Q sont regardés comme connus.

Posons

$$\Delta = \frac{dx_0}{d\tau}\frac{dy_0}{df_0} - \frac{dx_0}{df_0}\frac{dy_0}{d\tau}.$$

Nous connaissons la solution générale des équations sans second membre,

$$x = x_1, \qquad y = y_1.$$

Il est clair que les équations étant linéaires et la solution subsistant quelle que soit la constante ε_2,

$$x = \frac{dx_1}{d\varepsilon_2} = \frac{dx_1}{dl}, \qquad y = \frac{dy_1}{d\varepsilon_2} = \frac{dy_1}{dl}$$

sera encore une solution. Soit

$$x_1\frac{dy_1}{dl} - y_1\frac{dx_1}{dl} = k\Delta,$$

il est aisé de voir que k est une constante.

Posons alors

$$x = \beta_1 x_1 + \beta_2\frac{dx_1}{dl}, \qquad y = \beta_1 y_1 + \beta_2\frac{dy_1}{dl}.$$

Il s'agit de déterminer β_1 et β_2; or nos équations deviennent

$$\left(x_1 D\beta_1 + \frac{dx_1}{dl}D\beta_2\right)\frac{dx_0}{d\tau} + \left(y_1 D\beta_1 + \frac{dy_1}{dl}D\beta_2\right)\frac{dy_0}{d\tau} = -P,$$

$$\left(x_1 D\beta_1 + \frac{dx_1}{dl}D\beta_2\right)\frac{dx_0}{df_0} + \left(y_1 D\beta_1 + \frac{dy_1}{dl}D\beta_2\right)\frac{dy_0}{df_0} = -Q.$$

d'où

$$D\beta_1 = \frac{\frac{dy_1}{dl}\left(Q\frac{dy_0}{df_0} - P\frac{dy_0}{d\tau}\right) + \frac{dx_1}{dl}\left(Q\frac{dx_0}{df_0} - P\frac{dx_0}{d\tau}\right)}{k\Delta^2},$$

$$D\beta_2 = \frac{y_1\left(P\frac{dy_0}{d\tau} - Q\frac{dy_0}{df_0}\right) + x_1\left(P\frac{dx_0}{d\tau} - Q\frac{dx_0}{df_0}\right)}{k\Delta^2}.$$

L'application de ce procédé ne présente pas de difficulté, parce que Δ ne s'annule pas.

8. Par ce procédé, ou par tout autre, on verrait que si P et Q sont des fonctions périodiques de t et de l, la solution des équations (16) est de la forme

$$x = \varphi_0 + C_1 t x_1 + C_2 t \frac{dx_1}{dl},$$

$$y = \varphi_1 + C_1 t y_1 + C_2 t \frac{dy_1}{dl};$$

φ_0 et φ_1 étant des fonctions périodiques de τ et l, C_1 et C_2 des coefficients constants.

Si, de plus, P est une fonction paire de τ et l, et Q une fonction impaire, x devra être une fonction pairê de τ, l et t, et y une fonction impaire. Donc la constance C_1 devra être nulle.

Si, dans les premiers membres des équations (16), on substitue à la place de x et y, soit x_1 et y_1, soit $\frac{dx_1}{dl}$ et $\frac{dy_1}{dl}$, on trouve zéro; mais si l'on substitue

$$t\frac{dx_1}{dl}, \quad t\frac{dy_1}{dl},$$

on trouve

$$-\sum \frac{dx_1}{dl}\frac{dx_0}{d\tau}, \qquad -\sum \frac{dx_1}{dl}\frac{dx_0}{df_0}.$$

Cela posé, cherchons à déterminer g_2 et pour cela écrivons les équations (13) sous la forme

$$\sum\left(x_3\frac{dX_0}{d\tau} - X'_3\frac{dx_0}{d\tau}\right) = P + g_2\sum\frac{dx_1}{dl}\frac{dx_0}{d\tau}$$

$$\sum\left(x_3\frac{dX_0}{df_0} - X'_3\frac{dx_0}{df_0}\right) = Q + g_2\sum\frac{dx_1}{dl}\frac{dx_0}{df_0}.$$

Comme la constante ξ_2 a été déterminée plus haut, P et Q sont des fonctions entièrement connues. Ces fonctions sont périodiques, la première paire et la seconde impaire.

Si g_2 était nul, ces équations nous donneraient

$$x_3 = \varphi_0 + C_2 t \frac{dx_1}{dl},$$

$$y_3 = \varphi_1 + C_2 t \frac{dy_1}{dl},$$

φ_0 et φ_1 étant périodiques. Si, au contraire, g_2 n'est pas nul, ces mêmes équations donnent

$$x_3 = \varphi_0 + C_2 t \frac{dx_1}{dl} - g_2 t \frac{dx_1}{dl},$$

$$y_3 = \varphi_1 + C_2 t \frac{dy_1}{dl} - g_2 t \frac{dy_1}{dl}.$$

Comme x_3 et y_3 doivent être périodiques, on devra prendre $g_2 = C_2$, ce qui détermine g_2.

9. Le calcul des termes d'ordre supérieur se ferait de la même manière. En égalant les termes du quatrième ordre, nous aurons l'expression de dS_4, et, par conséquent, celle de dS'_4 où

$$S'_4 = S_4 - \Sigma x_0 X_4.$$

Si dans cette expression on regarde τ et f_0 comme des constantes on obtiendra une équation analogue à l'équation (11) qui déterminera S'_4; on choisira η_4 de façon que S'_4 soit périodique, c'est-à-dire de façon que le terme indépendant de l dans $\frac{dS'_4}{dl}$ disparaisse.

Connaissant η_4 et g_2 on calculera ξ_4 par le procédé du paragraphe 6. On formera ensuite des équations analogues aux équations (12) qui détermineront x_4 et y_4.

On calculera ensuite S'_5 à l'aide d'une équation analogue à (11) ou plutôt à (11 *bis*); le terme constant de $\frac{dS'_5}{dl}$ disparaîtra de lui-même.

On formera ensuite des équations analogues à (13) dont l'intégration déterminera x_5 et y_5; on choisira g_4 par le procédé du paragraphe 8 de telle façon que x_5 et y_5 soient périodiques. Et ainsi de suite.

10. J'attirerai l'attention sur une circonstance bien digne de remarque et qui semble d'abord tout à fait paradoxale.

Mon but était d'intégrer les équations (2) *et, dans tout le cours de cette analyse, je ne me suis pas servi une seule fois de ces équations.*

Il faut donc que je les aie introduites implicitement; mais où et comment l'ai-je fait ?

J'ai supposé d'abord que les équations étaient de la forme canonique.

Je me suis servi ensuite des conditions

$$X = x' - n'y, \qquad Y = y' + n'x.$$

Cela revenait à supposer que la fonction F était de la forme suivante :

$$F = \frac{(X + n'y)^2 + (Y - n'x)^2}{2} + \varphi(x, y).$$

Comme e' est supposé nul, nous pouvons supposer $L = 0$ et F se réduit à $T - V_1$; la fonction $\varphi(x, y)$ n'est autre chose que $-V_1$. Mais il semble que nous n'avons fait aucune hypothèse sur la fonction $\varphi(x, y)$.

Bien entendu, ce n'est pas là qu'une apparence. Nous avons au début regardé x_0 et y_0 comme des fonctions connues de τ et de f_0. Or il se trouve que si l'on se donne x_0 et y_0 en fonction de τ et de f_0, cela suffit pour déterminer la fonction $\varphi(x, y)$.

Si nous connaissons en effet x_0 et y_0 en fonction de τ et de f_0, nous connaîtrons également

$$X_0 + n'y_0 = f_0\frac{dx_0}{d\tau}, \qquad Y_0 - n'x_0 = f_0\frac{dy_0}{d\tau}$$

et, par conséquent,

$$T = \frac{(X_0 + n'y_0)^2 + (Y_0 - n'x_0)^2}{2}.$$

D'après l'équation des forces vives, $F = T + \varphi(x_0, f_0)$ devra se réduire à une constante qui ne pourra dépendre que de f_0. Je puis donc écrire.

$$T + \varphi = \theta(f_0).$$

On voit ensuite que

$$\sum\left(\frac{dX_0}{d\tau}\frac{dx_0}{df_0} - \frac{dX_0}{df_0}\frac{dx_0}{d\tau}\right)$$

est une constante, dépendant seulement de f_0, soit $\psi(f_0)$. Cette fonction $\psi(f_0)$ peut être regardée comme connue puisque x_0, y_0, X_0 et Y_0 le sont.

Nous trouvons ensuite

$$\psi(f_0)\frac{d\tau}{dt} = \frac{dF}{df_0} = \frac{d\theta}{df_0},$$

d'où

$$\theta = \int f_0\,\psi(f_0)\,df_0,$$

ce qui détermine θ (à une constante près qui ne joue aucun rôle).

Comme T et θ sont maintenant des fonctions connues, φ sera une fonction connue de τ et de f_0; comme x_0 et y_0 sont aussi des fonctions connues de τ et de f_0, on peut regarder φ comme une fonction connue de x_0 et de y_0 et le paradoxe se trouve expliqué.

11. Supposons maintenant $e = \alpha = e' = 0$ et cherchons à développer suivant les puissances de γ. Comme e' est nul, nous pouvons encore supposer

$$L = 0, \qquad F = T - V_1.$$

Soient

$$\begin{array}{lllll} x = \Sigma x_i, & y = \Sigma y_i, & z = \Sigma z_i, & X = \Sigma X_i, & Y = \Sigma Y_i, \\ Z = \Sigma Z_i, & S = \Sigma S_i, & F = \Sigma F_i, & A_1 = \Sigma \xi_i, & A_2 = \Sigma \eta_i, \\ A_3 = \Sigma \zeta_i, & G = \Sigma G_i, & c_1 = \Sigma f_i = f_0, & c_2 = \Sigma g_i, & c_3 = \Sigma h_i, \end{array}$$

nos développements procédant suivant les puissances des γ. Observons :

1° Que $x, y, X, Y, S, F, A_1, A_2, A_3, G, c_1, c_2, c_3$ ne contiennent dans leurs développements que des termes d'ordre pair, tandis que z et Z ne contiennent que des termes d'ordre impair;

2° Que $A_2 = 0$;

3° Que le développement de A_3 commence par le terme ζ_2. Nous poserons

$$S'_i = S_i - \Sigma x_0 X_i.$$

La considération de dS_0 ne nous apprend rien; nous trouvons ensuite

$$\Sigma(x_2\, dX_0 + x_0\, dX_2) + z_1\, dZ_1 - \xi_2\, d\tau - \zeta_2\, d\lambda = dS_2,$$

$$\Sigma(x_2\, dX_0 - X_2\, dx_0) + z_1\, dZ_1 - \xi_2\, d\tau - \zeta_2\, d\lambda = dS'_2.$$

Faisons varier d'abord γ, les autres variables demeurant constantes; comme $dX_0 = dx_0 = d\tau = d\lambda = 0$, il vient

$$z_1 \frac{dZ_1}{d\gamma} = \frac{dS'_2}{d\gamma}.$$

Comme S'_2 est homogène d'ordre 2 et Z_1 d'ordre 1 par rapport à γ, on en conclut

$$S'_2 = \frac{z_1 Z_1}{2}.$$

En tenant compte de cette relation et en égalant les deux valeurs de $\frac{dS'_2}{d\tau}$, ainsi que celles de $\frac{dS'_2}{d\lambda}$, on trouve

$$(17)\quad \begin{cases} \sum\left(x_2\frac{dX_0}{d\tau} - X_2\frac{dx_0}{d\tau}\right) + \frac{1}{2}\left(z_1\frac{dZ_1}{d\tau} - Z_1\frac{dz_1}{d\tau}\right) = \xi_2, \\ \frac{1}{2}\left(z_1\frac{dZ_1}{d\lambda} - Z_1\frac{dz_1}{d\lambda}\right) = \zeta_2. \end{cases}$$

Considérons ensuite le développement de F suivant les puissances de z et de Z; le premier terme indépendant de z et de Z, c'est F_0; le second terme (d'ordre 2 en z et Z) sera de la forme

$$\frac{\Phi z^2}{2} + \frac{Z^2}{2},$$

Φ étant une fonction de x et de y.

On trouve alors

$$F_2 = \sum\left(\frac{dF_0}{dx_0}x_2 + \frac{dF_0}{dX_0}X_2\right) + \frac{\Phi z_1^2}{2} + \frac{Z_1^2}{2}.$$

D'autre part e' étant nul, S ne soit pas dépendre de l'; donc $\frac{dX}{dl'}, \frac{dS}{dl'}, \ldots,$ sont nuls. Donc

$$T - V_1 = G,$$

et comme nous avons déjà $F = T - V_1$, il vient

$$F = G, \qquad F_2 = G_2.$$

Si nous tenons compte des équations

$$\frac{dX_0}{dt} = f_0\frac{dX_0}{d\tau} = -\frac{dF_0}{dx_0}, \qquad \frac{dx_0}{dt} = f_0\frac{dx_0}{d\tau} = \frac{dF_0}{dX_0},$$

nous pouvons donc écrire

$$(18)\quad -f_0\sum\left(x_2\frac{dX_0}{d\tau} - X_2\frac{dx_0}{d\tau}\right) + \frac{\Phi z_1^2}{2} + \frac{Z_1^2}{2} = G_2.$$

Nous poserons, par une notation analogue à celle des paragraphes précédents

$$Dx = f_0\frac{dx}{d\tau} + g_0\frac{dx}{dl} + h_0\frac{dx}{d\lambda} + n'\frac{dx}{dl'},$$

de telle façon que Dx est la dérivée de x par rapport à t, si l'on suppose que τ, l, λ et l' y ont été remplacés par $f_0 t + \varepsilon_1$, $g_0 t + \varepsilon_2$, $h_0 t + \varepsilon_3$, $n't + \varepsilon_4$ (au lieu de $c_1 t + \varepsilon_1, \ldots$).

Comme ici e et e' sont supposés nuls, nos fonctions ne dépendent ni de l, ni de l', de sorte que nous avons simplement

$$Dx = f_0 \frac{dx}{d\tau} + h_0 \frac{dx}{d\lambda}.$$

Nous aurons donc

$$Dz_1 = f_0 \frac{dz_1}{d\tau} + h_0 \frac{dz_1}{d\lambda}, \qquad DZ_1 = f_0 \frac{dZ_1}{d\tau} + h_0 \frac{dZ_1}{d\lambda}.$$

Nous aurons d'ailleurs évidemment

$$(19) \qquad Z_1 = Dz_1, \qquad DZ_1 = D^2 z_1.$$

Multiplions donc les deux équations (17) par f_0 et h_0 et ajoutons-les entre elles et à l'équation (18), il viendra

$$(20) \qquad \frac{1}{2}(z_1 DZ_1 - Z_1 Dz_1) + \frac{1}{2}(\Phi z_1^2 + Z_1^2) = G_2 + f_0 \xi_2 + h_0 \zeta_2.$$

Mais l'équation (8) devient ici

$$-d(G_0 + G_2 + \ldots) = f_0\, d(\xi_0 + \xi_2 + \ldots) + (h_0 + h_2 + \ldots)\, d(\zeta_2 + \zeta_4 + \ldots),$$

d'où, en égalant les termes d'ordre 2,

$$-dG_2 = f_0\, d\xi_2 + h_0\, d\zeta_2$$

et

$$-\frac{dG_2}{d\gamma} = f_0 \frac{d\xi_2}{d\gamma} + h_0 \frac{d\zeta_2}{d\gamma}.$$

Comme G_2, ξ_2 et η_2 sont homogènes d'ordre 2 par rapport à γ, on en déduit

$$-G_2 = f_0 \xi_2 + h_0 \zeta_2,$$

de sorte que le second membre de l'équation (20) est nul. Le premier membre se réduit si l'on tient compte des relations (19), de sorte que l'équation (20) ainsi réduite s'écrit

$$\frac{1}{2}(z_1 D^2 z_1 + \Phi z_1^2) = 0$$

ou

$$(21) \qquad D^2 z_1 + \Phi z_1 = 0.$$

On retombe ainsi sur l'équation linéaire du second ordre bien connue, à laquelle satisfait la fonction z_1 et que l'on peut obtenir par des procédés beaucoup plus simples.

12. Les fonctions z_1 et Z_1 étant ainsi connues, on calculera ζ_2 par la seconde équation (17). On calculera ξ_2 par un procédé tout à fait pareil à celui du paragraphe **6**, qui conduira à l'équation

$$\xi_2 + \frac{dh_0}{df_0}\zeta_2 = 0.$$

Nous trouvons ensuite

$$(22)\quad \left\{\begin{aligned} \sum\left(x_2\frac{dX_0}{d\tau} - X_2\frac{dx_0}{d\tau}\right) &= \frac{1}{2}\left(Z_1\frac{dz_1}{d\tau} - z_1\frac{dZ_1}{d\tau}\right) + \xi_2, \\ \sum\left(x_2\frac{dX_0}{df_0} - X_2\frac{dx_0}{df_0}\right) &= \frac{1}{2}\left(Z_1\frac{dz_1}{df_0} - z_1\frac{dZ_1}{df_0}\right). \end{aligned}\right.$$

La première de ces équations n'est autre chose que la première des équations (17) et la seconde s'obtiendrait de la même manière.

Les seconds membres des équations (22) sont entièrement connus. On a d'ailleurs

$$X_2 = Dx_2 - n'y_2, \qquad Y_2 = Dy_2 + n'x_2.$$

Les équations (22) sont donc de même forme que les équations (12) et elles s'intégreraient de la même manière

13. Nous trouvons ensuite

$$\Sigma(x_4\,dX_0 - X_4\,dx_0) + \Sigma x_2\,dX_2 + z_3\,dZ_1 + z_1\,dZ_3 - \xi_4\,d\tau - \zeta_4\,d\lambda = dS'_4,$$

d'où

$$\frac{dS'_4}{d\gamma} = z_3\frac{dZ_1}{d\gamma} + z_1\frac{dZ_3}{d\gamma} + \sum x_2\frac{dX_2}{d\gamma}.$$

Comme Z_1, X_2, Z_3 et S'_4 sont homogènes en γ d'ordre 1, 2, 3 et 4 j'en déduis

$$(23)\qquad 4S'_4 = z_3Z_1 + 3z_1Z_3 + 2x_2X_2.$$

Nous pourrions former l'équation différentielle à laquelle z_3 satisfait par le procédé du paragraphe **11**. Mais il est plus simple de la former directement, ainsi que je l'ai déjà fait remarquer; elle est de la forme

$$D^2z_3 + \Phi_1 z_3 = P - 2h_2 D\frac{dz_1}{d\lambda},$$

où P est une fonction connue, périodique et impaire de τ et de λ.

On en déduira z_3, après avoir choisi la constante h_2 de telle sorte que la valeur de z_3 soit périodique.

Nous pouvons donc regarder désormais z_3 et Z_3 comme connus; il en sera de même :

1° De S'_4 en vertu de la relation (23);

2° De ζ_4 en vertu de la relation

$$\sum x_2 \frac{dX_2}{d\lambda} + z_3 \frac{dZ_1}{d\lambda} + z_1 \frac{dZ_3}{d\lambda} - \zeta_4 = \frac{dS'_4}{d\lambda};$$

3° De ξ_4 par le procédé du paragraphe 6

Nous pouvons alors poser

$$\sum \left(x_4 \frac{dX_0}{d\tau} - X_4 \frac{dx_0}{d\tau} \right) = P,$$

$$\sum \left(x_4 \frac{dX_0}{df_0} - X_4 \frac{dx_0}{df_0} \right) = Q,$$

P et Q étant des fonctions connues.

Si nous posons

$$X'_4 = D x_4 - n' y_4, \qquad Y'_4 = D y_4 + n' x_4,$$

nous aurons

$$X_4 = X'_4 + h_2 \frac{dx_2}{d\lambda}, \qquad Y_4 = Y'_4 + h_2 \frac{dy_2}{d\lambda},$$

et nous trouvons les équations

$$(24) \qquad \begin{cases} \sum \left(x_4 \frac{dX_0}{d\tau} - X'_4 \frac{dx_0}{d\tau} \right) = P + h_2 \sum \frac{dx_0}{d\tau} \frac{dx_2}{d\lambda}, \\ \sum \left(x_4 \frac{dX_0}{df_0} - X'_4 \frac{dx_0}{df_0} \right) = Q - h_2 \sum \frac{dx_0}{df_0} \frac{dx_2}{d\lambda}, \end{cases}$$

dont les seconds membres sont connus et qui s'intègrent comme les équations (12) et (22).

En résumé, je m'en tiens aux procédés usuels en ce qui concerne la latitude, tandis que pour les termes de la longitude qui dépendent de l'inclinaison, j'ai recours à un procédé analogue à celui des paragraphes 4 à 9.

14. Supposons maintenant $e = e' = \gamma = 0$ et développons suivant les puissances de α. Nous emploierons toujours nos mêmes notations pour nos développements, bien qu'ils procèdent suivant les puissances d'une autre variable; nous définirons S'_i de la même manière; enfin nous pourrons toujours supposer

$$L = 0, \qquad F = T - V_1.$$

Nous aurons $z = Z = 0$, parce que γ est nul.

Supposons que l'on ait calculé $x_0, y_0, x_1, y_1, \ldots$ jusqu'à x_{i-1}, y_{i-1} et qu'on se propose de calculer x_i et y_i. J'observe que nos x_i ne dépendent que d'un seul argument, à savoir de τ. On a donc

$$X_i = f_0 \frac{dx_i}{d\tau} - n'y_i = Dx_i - n'y_i, \qquad Y_i = Dy_i + n'x_i.$$

Nous pourrons écrire, en considérant les termes d'ordre i,

$$\Sigma(x_i\, dX_0 - X_i\, dx_0) + \Sigma u\, dv - \xi_i\, d\tau = dS'_i,$$

les u et les v étant des fonctions antérieurement calculées. On en déduit

$$(25) \qquad \begin{cases} \sum\left(x_i \frac{dX_0}{d\tau} - X_i \frac{dx_0}{d\tau}\right) + \sum u \frac{dv}{d\tau} - \xi_i = \frac{dS'_i}{d\tau}, \\ \sum\left(x_i \frac{dX_0}{df_0} - X_i \frac{dx_0}{df_0}\right) + \sum u \frac{dv}{df_0} = \frac{dS'_i}{df_0}. \end{cases}$$

Nous remarquerons ensuite que, e' étant nul, on doit avoir

$$F = T - V_1 = G$$

et, par conséquent, $F_i = G_i$; or on trouve

$$F_i = \sum\left(x_i \frac{dF_0}{dx_0} + X_i \frac{dF_0}{dX_0}\right) + P,$$

P dépendant des fonctions antérieurement calculées. Si l'on observe que

$$(26) \qquad \sum\left(x_i \frac{dF_0}{dx_0} + X_i \frac{dF_0}{dX_0}\right) = -f_0 \sum\left(x_i \frac{dX_0}{d\tau} - X_i \frac{dx_0}{d\tau}\right),$$

on conclura

$$(27) \qquad P + f_0 \sum u \frac{dv}{d\tau} = f_0 \frac{dS'_i}{d\tau} + G_i + f_0 \xi_i.$$

Le premier membre est connu, c'est une série trigonométrique en τ; comme S'_i est périodique, la dérivée $\frac{dS'_i}{d\tau}$ ne devra pas contenir de terme constant. Nous prendrons donc $G_i + f_0 \xi_i$ égal au terme constant du premier membre. De cette façon, $G_i + f_0 \xi_i$ est déterminé en fonction de f_0 et $\frac{dS'_i}{d\tau}$ en fonction de f_0 et τ. Donc S'_i est déterminé à une constante près qui ne dépend que de f_0.

L'équation (8) me donne ensuite

$$-dG_i = f_0\, d\xi_i,$$

ce qui peut s'écrire

$$(28) \qquad \xi_i = \frac{d(G_i + f_0 \xi_i)}{df_0}.$$

Comme $G_i + f_0 \xi_i$ est déterminé, cette équation détermine ξ_i et par conséquent G_i.

J'ai dit plus haut que S'_i était déterminé *à une constante près*, mais comme S'_i doit être une fonction impaire de τ, on voit tout de suite que cette constante doit être nulle. Alors S'_i, ξ_i, u et v étant connues, les équations (25) sont de même forme que les équations (12) et (22) et s'intègrent de la même manière.

15. Nous allons enfin supposer $e = \alpha = \gamma = 0$ et développer suivant les puissances de e'; nous n'avons plus alors

$$L = 0, \qquad F = T - V$$

mais nous aurons toujours

$$z = Z = 0.$$

Nous supposerons que l'on connaisse déjà x_0, y_0, x_1, y_1 jusqu'à x_{i-1}, y_{i-1} et que l'on se propose de calculer x_i et y_i, à l'aide de la relation

$$\Sigma(x_i\, dX_0 - X_i\, dx_0) + \Sigma u\, dv - \xi_i\, d\tau - H_i\, dl' = dS'_i,$$

où H_i représente l'ensemble des termes d'ordre i de $\dfrac{T - V_1 - G}{n'}$.

Nous retrouverons d'abord les équations (25) avec cette différence que l'indice i s'applique aux termes d'ordre i par rapport à e' et non plus aux termes d'ordre i par rapport à α.

Il vient ensuite

$$\sum u \frac{dv}{dl'} - H_i = \frac{dS'_i}{dl'}. \tag{29}$$

Or

$$H_i = \frac{1}{n'}\left[\sum\left(\frac{dF_0}{dx_0}x_i + \frac{dF_0}{dX_0}X_i\right) + P - G_i\right],$$

P ne dépendant que des fonctions déjà calculées.

Si nous muliplions la première équation (25) par f_0 et (29) par n', puis que nous ajoutions en tenant compte de la relation (26), nous aurons

$$\sum u\left(f_0\frac{dv}{d\tau} - n'\frac{dv}{dl'}\right) + P = G_i + f_0\xi_i + f_0\frac{dS'_i}{d\tau} - n'\frac{dS'_i}{dl'}.$$

Le premier membre est connu et cette équation se traitera comme l'équation (27). Nous égalerons $G_i + f_0\xi_i$ au terme constant du premier membre; alors

$$f_0\frac{dS'}{d\tau} - n'\frac{dS'}{dl'}$$

sera déterminé; donc S'_i sera déterminé à une constante près; comme S'_i doit être une fonction impaire, cette constante doit être nulle et S'_i peut être regardé comme entièrement connu.

On déterminera ensuite ξ_i par l'équation (29) qui reste vraie et l'on n'aura plus qu'à intégrer les équations (25), toujours par le même procédé.

16. Chaque terme de nos développements contient, en facteur, un monome de la forme

$$\mu = \alpha^{k_1} e^{k_2} \gamma^{k_3} e'^{k_4}.$$

C'est ce monome μ que M. Brown appelle la *caractéristique* du terme.

Jusqu'ici nous ne nous sommes occupés que des termes dont la caractéristique est une puissance d'une seule des quantités α, e, γ, e'; mais il est aisé de concevoir que la combinaison de ces divers procédés permette de traiter le cas général.

Nous désignerons dans la suite par

$$x_\mu,\quad y_\mu,\quad X_\mu,\quad Y_\mu,\quad S_\mu,\quad S'_\mu,\quad \xi_\mu,\quad \eta_\mu,\quad \zeta_\mu,\quad G_\mu,\quad H_\mu$$

l'ensemble des termes des développements de

$$x,\quad y,\quad X,\quad Y,\quad S,\quad S' = S - x_0 X - y_0 Y,$$
$$A_1,\quad A_2,\quad A_3,\quad G,\quad \frac{T - V_1 - G}{n'},$$

dont la caractéristique est μ.

Nous désignerons par

$$z_\mu,\quad Z_\mu,\quad g_\mu,\quad h_\mu$$

l'ensemble des termes des développements de

$$z,\quad Z,\quad c_2,\quad c_3$$

qui admettent respectivement pour caractéristiques

$$\frac{\mu}{\gamma},\quad \frac{\mu}{\gamma},\quad \frac{\mu}{e},\quad \frac{\mu}{\gamma^{\chi}}.$$

De cette façon nous désignons par le même indice, non pas toujours les termes qui ont la même caractéristique, mais ceux que l'on détermine dans la même approximation.

Je suppose alors que l'on ait calculé les termes dont l'indice est un monome diviseur de μ, et que l'on se propose de calculer les termes dont l'indice est égal à μ

17. Trois cas sont à distinguer; le premier est celui où μ ne contient en facteur ni γ, ni e.

On trouve alors

$$\Sigma(x_\mu\, dX_0 - X_\mu\, dx_0) + \Sigma u\, dv - \xi_\mu\, d\tau - H_\mu\, dl' = dS'_\mu,$$
$$H_\mu = \frac{1}{n'}\left[\sum\left(\frac{dF_0}{dx_0}x_\mu + \frac{dF_0}{dX_0}X_\mu\right) + P - G_\mu\right],$$

où u, v et P ne dépendent que des fonctions antérieurement déterminées.

Ces équations se traiteront absolument comme celles du paragraphe **15**; il n'y a absolument rien à changer à l'analyse de ce paragraphe.

18. Le second cas est celui où μ contient en facteur γ, mais pas e. On a alors

$$\Sigma(x_\mu\, dX_0 - X_\mu\, dx_0) + (z_\mu\, dZ_1 + z_1\, dZ_\mu)$$
$$+ \Sigma u\, dv - \xi_\mu\, d\tau - \zeta_\mu\, d\lambda - H_\mu\, dl' = dS'_\mu.$$

Dans cette relation u et v sont des fonctions préalablement déterminées: z_1 et Z_1 sont des termes de caractéristique γ (comme au paragraphe **11**).

Nous pourrions déterminer z_μ et Z_μ par le procédé du paragraphe **11**, mais il est préférable d'avoir recours aux procédés ordinaires qui conduisent comme celui du paragraphe **11** à une équation de la forme

$$D^2 z_\mu + \Phi z_\mu = P - 2h_\mu D\frac{dz_1}{d\lambda},$$

où P est une fonction connue, périodique et impaire.

Cette équation est de même forme que celle que nous avons rencontrée au paragraphe **13**; elle permet de déterminer z_μ; on détermine en même temps h_μ, en choisissant cette constante de façon à faire disparaître les termes non périodiques dans z_μ.

Nous avons ensuite

$$z_\mu\frac{dZ_1}{d\gamma} + z_1\frac{dZ_\mu}{d\gamma} + \sum u\frac{dv}{d\gamma} = \frac{dS'_\mu}{d\gamma}.$$

Mais S'_μ, Z_1, Z_μ, v sont des fonctions homogènes en γ dont l'ordre est respectivement k, 1, $k-1$, k'; cet ordre est d'ailleurs connu. On en déduit

$$kS'_\mu = z_\mu Z_1 + (k-1)z_1 Z_\mu + \Sigma k' uv,$$

ce qui détermine S'_μ

On a ensuite

$$z_\mu \frac{dz_1}{d\lambda} + z_1 \frac{dZ_\mu}{d\lambda} + \sum u \frac{dv}{d\lambda} - \frac{dS'_\mu}{d\lambda} = \zeta_\mu,$$

$$z_\mu \frac{dZ_1}{dl'} + z_1 \frac{dZ_\mu}{dl'} + \sum u \frac{dv}{dl'} - \frac{dS'_\mu}{dl'} = H_\mu,$$

ce qui détermine ζ_μ et H_μ.

L'équation (8) nous donne ensuite

$$-dG_\mu = f_0\, d\xi_\mu + h_0\, d\zeta_\mu + \Sigma \varepsilon\, d\varepsilon',$$

où ε et ε' représentent divers termes déjà connus du développement de c_3 et de A_3.

On tire de là par le procédé du paragraphe 6

$$-\frac{dG_\mu}{d\gamma} = f_0 \frac{d\xi_\mu}{d\gamma} + h_0 \frac{d\zeta_\mu}{d\gamma} + \sum \varepsilon \frac{d\varepsilon'}{d\gamma},$$

d'où

$$-G_\mu = f_0 \xi_\mu + h_0 \zeta_\mu + \sum \frac{k'}{k} \varepsilon \varepsilon',$$

où k et k' sont des degrés d'homogénéité de G_μ (le même que pour ξ_μ et ζ_μ), et de ε' par rapport à γ.

On tire de là

$$\xi_\mu + \frac{dh_0}{df_0} \zeta_\mu + \sum \left(\frac{k'}{k} \varepsilon' \frac{d\varepsilon}{df_0} + \frac{k' - k}{k} \varepsilon \frac{d\varepsilon'}{df_0} \right) = 0,$$

ce qui détermine ξ_μ.

Nous arrivons enfin aux équations

$$\sum \left(x_\mu \frac{dX_0}{d\tau} - X_\mu \frac{dx_0}{d\tau} \right) = \frac{dS'_\mu}{d\tau} - z_\mu \frac{dZ_1}{d\tau} - z_1 \frac{dZ_\mu}{d\tau} - \sum u \frac{dv}{d\tau} + \xi_\mu = Q,$$

dont le second membre est une fonction connue, et à une équation analogue

$$\sum \left(x_\mu \frac{dX_0}{df_0} - X_\mu \frac{dx_0}{df_0} \right) = R,$$

dont le second membre est également une fonction connue.

Observons maintenant que si l'on pose

$$X'_\mu = D x_\mu - n' y_\mu, \qquad Y'_\mu = D y_\mu + n' x_\mu,$$

on aura

$$X_\mu - X'_\mu = \sum h_\varepsilon \frac{dx_\omega}{d\lambda},$$

où ε et ω sont deux caractéristiques telles que $\varepsilon\omega = \mu\gamma^2$ [1]. Comme tous les x_ω où ω est un diviseur de μ sont connus, ainsi que tous les h_ε où ε est un diviseur de μ, et que h_μ lui-même, la différence $X_\mu - X'_\mu$, est connue et il en est de même de la différence $Y_\mu - Y'_\mu$.

Nos équations peuvent donc s'écrire

$$\sum\left(x_\mu \frac{dX_0}{d\tau} - X'_\mu \frac{dx_0}{d\tau}\right) = Q',$$

$$\sum\left(x_\mu \frac{dX_0}{df_0} - X'_\mu \frac{dx_0}{df_0}\right) = R',$$

où Q' et R' sont deux fonctions connues. Elles sont tout à fait de même forme que les équations (24) et s'intègrent de la même manière.

19. Le troisième cas est celui où μ contient e en facteur. On a alors

$$\begin{aligned} &\Sigma(x_\mu\, dX_0 - X_\mu\, dx_0) + (z_\mu\, dZ_1 + z_1\, dZ_\mu) \\ &\quad + \Sigma\, u\, dv - \xi_\mu\, d\tau - \eta_\mu\, dl - \zeta_\mu\, d\lambda - H_\mu\, dl' = dS_\mu \end{aligned}$$

u et v étant des fonctions antérieurement déterminées.

On en tire

$$z_1 \frac{dZ_\mu}{de} + \sum u \frac{dv}{de} = \frac{dS'_\mu}{de},$$

d'où

(30) $$z_1 Z_\mu + \sum \frac{k'}{k} uv = S'_\mu,$$

où k et k' désignent les degrés d'homogénéité de S'_μ (le même que celui de Z_μ) et de v par rapport à e.

La fonction $S'_\mu - z_1 Z_\mu$ est alors déterminée.

Nous trouvons ensuite

$$z_\mu \frac{dZ_1}{d\gamma} + \bar{z}_1 \frac{dZ_\mu}{d\gamma} + \sum u \frac{dv}{d\gamma} = \frac{dS'_\mu}{d\gamma},$$

d'où l'on tire

(31) $$z_\mu Z_1 + (p-1) z_1 Z_\mu + \Sigma\, p' uv = p S'_\mu,$$

---

[1] Les cas $\varepsilon = \gamma^2$, $\omega = \mu$ et $\varepsilon = \mu\gamma^2$, $\omega = 1$ sont naturellement exclus; le premier parce que le terme $h_0 \frac{dx_\mu}{d\lambda}$ figure dans Dx_λ et que pour $\varepsilon = \gamma^2$, h_ε n'est autre chose que h_0; le second parce que pour $\omega = 1$, x_ω se réduit à x_0 et que $\frac{dx_0}{d\lambda}$ est nul.

où 1, $p-1$, p' et p sont les degrés d'homogénéité de Z_1, Z_μ et S'_μ par rapport à γ. La comparaison de ces deux équations nous donne

$$z_\mu Z_1 - z_1 Z_\mu = \sum \frac{pk'-p'k}{k} uv. \tag{32}$$

Cette équation (32) va nous permettre de déterminer z_μ et Z_μ. Nous aurons en effet,

$$Z_\mu = D z_\mu + \sum g_\varepsilon \frac{dz_\omega}{dl} + \sum h_\varepsilon \frac{dz_\omega}{d\lambda}.$$

Dans les termes $g_\varepsilon \frac{dz_\omega}{dl}$, ε et ω représentent deux caractéristiques telles que

$$\varepsilon\omega = e\mu.$$

D'ailleurs ε doit être divisible par e, sans quoi g_ω serait nul, puisque le développement de c_2 ne doit pas contenir de puissance négative de e. De plus ω doit être divisible par e, sans quoi $\frac{dz_\omega}{dl}$ serait nul.

Donc ε et ω sont des diviseurs de μ. Le cas $\varepsilon = e$, $\omega = \mu$ doit être exclu parce que g_ε se réduit alors à g_0 et que le terme $g_0 \frac{dz_\mu}{dl}$ est compris dans $D z_\mu$. Le cas $\varepsilon = \mu$, $\omega = e$ doit être exclu également parce que pour $\omega = e$, z_ω est nul.

La conclusion est que les indices ε et ω étant des diviseurs de μ plus petits que μ, tous les termes en question sont connus.

Dans les termes $h_\varepsilon \frac{dz_\omega}{d\lambda}$, ε et ω représentent deux caractéristiques telles que

$$\varepsilon\omega = \gamma^2\mu.$$

L'indice ε doit être divisible par γ^2, sans quoi h_ε serait nul, puisque le développement de c_3 ne doit pas contenir de puissance négative de γ. De plus, ω doit être divisible par γ^2, sans quoi $\frac{dz_\omega}{d\lambda}$ serait nul.

Donc ε et ω sont des diviseurs de μ. Le cas $\varepsilon = \gamma^2$, $\omega = \mu$ est exclu parce que h_ε se réduit alors à h_0 et que le terme $h_0 \frac{dz_\mu}{d\lambda}$ est compris dans $D z_\mu$. Le cas $\varepsilon = \mu$, $\omega = \gamma^2$ n'est pas exclu. Alors z_ω se réduit à z_1, z_1 ayant même signification qu'au paragraphe **11**.

La conclusion est que tous ces termes sont connus à l'exception du terme $h_\mu \frac{dz_1}{d\lambda}$.

L'équation (32) prend donc la forme

$$z_\mu Z_1 - z_1 D z_\mu = P + h_\mu z_1 \frac{dz_1}{d\lambda}, \tag{33}$$

où P est une fonction entièrement connue.

La fonction z_μ dépend donc ici d'une équation linéaire du premier ordre et non plus du second. Cette même équation (33) déterminerait en même temps la constante h_μ par la condition que z_μ soit périodique.

On trouve ensuite

$$z_\mu \frac{dZ_1}{d\lambda} + z_1 \frac{dZ_\mu}{d\lambda} + \sum u \frac{dv}{d\lambda} - \zeta_\mu = \frac{dS'_\mu}{d\lambda},$$

$$z_1 \frac{dZ_\mu}{dl} + \sum u \frac{dv}{dl} - \eta_\mu = \frac{dS'_\mu}{dl},$$

$$z_1 \frac{dZ_\mu}{dl'} + \sum u \frac{dv}{dl'} - H_\mu = \frac{dS'_\mu}{dl'},$$

car x_0 et X_0 ne dépendent pas de λ, l et l'; ni Z_1 de l et l'.

En tenant compte de (30), ces équations deviennent

$$(34)\quad \left\{\begin{aligned} z_\mu \frac{dZ_1}{d\lambda} - Z_\mu \frac{dz_1}{d\lambda} = \zeta_\mu - \sum\left(\frac{k-k'}{k} u \frac{dv}{d\lambda} - \frac{k'}{k} v \frac{du}{d\lambda}\right),\\ \sum\left(\frac{k-k'}{k} u \frac{dv}{dl} - \frac{k'}{k} v \frac{du}{dl}\right) = \eta_\mu,\\ \sum\left(\frac{k-k'}{k} u \frac{dv}{dl'} - \frac{k'}{k} v \frac{du}{dl'}\right) = H_\mu,\end{aligned}\right.$$

ce qui détermine ζ_μ, η_μ et H_μ.

On détermine ensuite ξ_μ par le procédé du paragraphe 6. L'équation (8) nous donne

$$-dG_\mu = f_0\, d\xi_\mu + g_0\, d\eta_\mu + h_0\, d\zeta_\mu + \Sigma g_\varepsilon\, d\eta_\omega + \Sigma h_\varepsilon\, d\zeta_\omega$$

Dans les termes $g_\varepsilon\, d\eta_\omega$, on doit avoir

$$\varepsilon\omega = e\mu.$$

D'ailleurs ε doit être divisible par e et il en est de même de ω, puisque A_2 est divisible par e^2. Donc ε et ω divisent μ. On ne peut avoir $\omega = \mu$, d'où $\varepsilon = e$, $g_\varepsilon = g_0$, puisque le terme $g_0\, d\eta_\mu$ figure déjà explicitement. On ne peut avoir $\varepsilon = \mu$, d'où $\omega = e$, car alors η_ω serait nul, puisque A_2 est divisible par e_2.

Tous ces termes sont donc connus.

Dans les termes $h_\varepsilon\, d\zeta_\omega$, on doit avoir

$$\varepsilon\omega = \gamma^2\mu.$$

L'indice ε doit être divisible par γ^2, et il en est de même de ω, puisque A_3 est divisible par γ^2. Donc ε et ω divisent μ. On ne peut avoir $\omega = \mu$, d'où $\varepsilon = \gamma^2$, $h_\varepsilon = h_0$, puisque le terme $h_0\, d\zeta_\mu$ figure déjà explicitement. On pourrait avoir $\varepsilon = \mu$, $\omega = \gamma^2$, mais h_μ a déjà été calculé. Tous ces termes sont donc connus.

On tire de là

$$\frac{dG_\mu}{de} = f_0\frac{d\xi_\mu}{de} + g_0\frac{d\eta_\mu}{de} + h_0\frac{d\zeta_\mu}{de} + \sum g_\varepsilon\frac{d\eta_\omega}{de} + \sum h_\varepsilon\frac{d\zeta_\omega}{de}$$

ou

$$-G_\mu = f_0\xi_\mu + g_0\eta_\mu + h_0\zeta_\mu + \sum\frac{k'}{k}(g_\varepsilon\eta_\omega + h_\varepsilon\zeta_\omega),$$

k et k' étant le degré d'homogénéité de G_μ et de η_ω (ou de ζ_ω) en e

On en tire enfin

$$\begin{aligned} o = \xi_\mu + \frac{dg_0}{df_0}\eta_\mu + \frac{dh_0}{df_0}\zeta_\mu + \sum\frac{k'}{k}\left(\frac{dg_\varepsilon}{df_0}\eta_\omega + \frac{dh_\varepsilon}{df_0}\zeta_\omega\right) \\ + \sum\frac{k'-k}{k}\left(g_\varepsilon\frac{d\eta_\omega}{df_0} + h_\varepsilon\frac{d\zeta_\omega}{df_0}\right). \end{aligned}$$

Cette équation détermine ξ_μ, car η_μ et ζ_μ sont connus.

On trouverait ensuite, toujours par le même procédé, des équations de la forme

$$\sum\left(x_\mu\frac{dX_0}{d\tau} - X_\mu\frac{dx_0}{d\tau}\right) = Q,$$
$$\sum\left(x_\mu\frac{dX_0}{df_0} - X_\mu\frac{dx_0}{df_0}\right) = R,$$

où Q et R sont connus, et l'on en déduirait, toujours de la même manière d'autres équations de la forme

$$\sum\left(x_\mu\frac{dX_0}{d\tau} - X'_\mu\frac{dx_0}{d\tau}\right) = Q_1 + g_\mu\sum\frac{dx_1}{dl}\frac{dx_0}{d\tau},$$
$$\sum\left(x_\mu\frac{dX_0}{df_0} - X'_\mu\frac{dx_0}{df_0}\right) = R_1 + g_\mu\sum\frac{dx_1}{dl}\frac{dx_0}{df_0}.$$

Ces équations, intégrées toujours par le même procédé, nous donneraient x_μ et y_μ et elles nous feraient en même temps connaître g_μ que l'on déterminerait par la condition que x_μ et y_μ soient périodiques.

20. Malheureusement, l'équation du premier ordre (33) n'est pas aussi facile à manier qu'on pourrait le croire. Elle donne en effet en appelant P_1 le second membre

$$z_\mu = z_1\int\frac{P_1\,d\tau}{z_1^2}$$

et la présence de z_1^2 au dénominateur est gênante parce que z_1 est susceptible de s'annuler.

On pourrait songer à réserver l'équation (33) comme un moyen de vérification et à revenir pour le calcul de z_μ à l'équation ordinairement employée. Voici comment cette équation pourrait se déduire de (33) :

Différentions cette équation (33), il viendra (en nous souvenant que $Z_1 = Dz_1$)

$$z_\mu D^2 z_1 - z_1 D^2 z_\mu = DP + h_\mu D\left(z_1 \frac{dz_1}{d\lambda}\right).$$

Or

$$D^2 z_1 + \Phi z_1 = 0;$$

il reste donc

$$-z_1(D^2 z_\mu + \Phi z_\mu) = DP + 2h_\mu z_1 D\frac{dz_1}{d\lambda} + h_\mu\left(\frac{dz_1}{d\lambda} D z_1 - z_1 D\frac{dz_1}{d\lambda}\right).$$

On doit se souvenir que

$$\frac{dz_1}{d\lambda} D z_1 - z_1 D\frac{dz_1}{d\lambda} = \text{const.}$$

Alors on doit pouvoir choisir la constante h_μ de telle façon que

$$DP + h_\mu\left(\frac{dz_1}{d\lambda} D z_1 - z_1 D\frac{dz_1}{d\lambda}\right)$$

soit divisible par z_1. La possibilité d'un pareil choix est un moyen de vérification. Il doit arriver ensuite que h_μ étant ainsi choisi, on trouve pour z_μ une fonction périodique. C'est une seconde vérification.

Mais il y a mieux à faire. Rapprochons l'équation (32) de la première équation (34). Ces deux équations peuvent s'écrire

$$z_\mu Z_1 - Z_\mu z_1 = Q, \qquad z_\mu \frac{dZ_1}{d\lambda} - Z_\mu \frac{dz_1}{d\lambda} = R + \zeta_\mu,$$

Q et R étant connus.

On tirera z_μ et Z_μ *sans intégration* de ces deux équations du premier degré. Comme, ainsi que nous venons de le voir, le déterminant de ces équations

$$Z_1 \frac{dz_1}{d\lambda} - z_1 \frac{dZ_1}{d\lambda}$$

se réduit à une constante, on pourra achever cette opération sans avoir à faire une division dans laquelle on pourrait craindre que le diviseur ne devînt nul.

On devra pouvoir choisir h_μ de telle façon que les valeurs de z_μ et Z_μ ainsi trouvées satisfassent à la condition trouvée plus haut

$$Z_\mu = D z_\mu + \sum g_\varepsilon \frac{dz_\omega}{dl} + \sum h_\varepsilon \frac{dz_\omega}{d\lambda}.$$

C'est une vérification et cela détermine en même temps la constante h_μ.

On remarquera que la constante ζ_μ est restée arbitraire. Cette nouvelle constante arbitraire remplace la constante d'intégration de l'équation (33).

Nous n'avons rien à changer d'ailleurs au calcul de η_μ, H_μ, g_μ, x_μ et y_μ.

21. Dans les calculs qui précèdent, nous avons souvent différentié par rapport à la constante que nous appelons f_0. Si l'on veut pouvoir comparer avec les formules usuelles, il faut poser

$$f_0 = \frac{n'}{m},$$

d'où

$$f_0 \frac{dx}{df_0} = -m \frac{dx}{dm}.$$

Mais pour que la comparaison soit possible avec les formules données par Delaunay et d'autres auteurs, il faut faire plusieurs remarques.

En premier lieu, ce que j'appelle ici m, c'est ce que Delaunay appelle $\frac{m}{1-m}$. M. Brown appelle cette même quantité m; mais il y a d'autres différences; j'ai supposé mes coordonnées, x par exemple, exprimées en fonction de n', α, f_0 et, en outre, de e, γ, τ, l, λ, e', l'. La quantité α, d'où dépendent les termes parallactiques, était égale à

$$\alpha = \frac{a_0}{a},$$

a_0 étant une longueur constante et a' le demi-grand axe de l'orbite solaire. M. Brown exprime tout en fonction de a, α' et m et, en outre, de e, γ, τ, l, λ, e', l'. La longueur a est le coefficient du terme principal du développement de $x_0 + \sqrt{-1}\,y_0$; c'est une fonction de n' et de m, c'est-à-dire de n' et de f_0. Quant à α' (qu'il appelle α) c'est le rapport

$$\alpha' = \frac{a}{a'}.$$

La longueur a reste constante dans le mouvement de la Lune, mais ce n'est pas une constante absolue au point de vue qui nous occupe, puisqu'elle dépend de f_0. A la fin du calcul, toutefois, et après toutes les différentiations, on pourra supposer $a = a_0$, d'où $\alpha = \alpha'$.

A cause de l'homogénéité spéciale des équations, les coordonnées x, y, z sont de la forme suivante :

$$x = a\varphi(\alpha', m),$$

et l'on aura ailleurs

$$a = n'^{-\frac{2}{3}}\psi(m);$$

la fonction $\varphi(\alpha', m)$ dépendant, en outre, de e, γ, τ, l, λ, e', l'.

On trouve alors

$$f_0 \frac{dx}{df_0} = -m\varphi\frac{da}{dm} - ma\frac{d\varphi}{d\alpha'}\frac{d\alpha'}{dm} - ma\frac{d\varphi}{dm}$$

Or

$$\alpha' = \alpha\frac{a}{a_0}, \qquad \text{d'où} \qquad \frac{d\alpha'}{\alpha'} = \frac{da}{a} = \frac{dm}{a}\frac{da}{dm},$$

d'où

$$f_0 \frac{dx}{df_0} = -m\varphi\frac{da}{dm} - m\alpha'\frac{d\varphi}{d\alpha'}\frac{da}{dm} - ma\frac{d\varphi}{dm}$$

Cette formule rend les comparaisons possibles.

Observons maintenant que l'analyse précédente, exigeant des différentiations par rapport à m, conviendrait plus particulièrement aux cas où l'on veut obtenir le développement *littéral* des coordonnées, comme le faisait Delaunay. Ce n'est pas qu'elle ne puisse être appliquée à la recherche d'un développement numérique analogue à celui de Brown. Il faudrait alors calculer d'avance, non seulement x_0 et y_0, mais un certain nombre de leurs dérivées successives par rapport à m, ce qui d'ailleurs se ferait sans difficulté.

22. Cherchons ce que devient, dans les nouvelles approximations, le paradoxe signalé au paragraphe **10**. Voyons donc dans quelle mesure nous avons eu affaire aux équations différentielles qu'il s'agissait d'intégrer. Nous verrons que nous nous sommes servi de ces équations aux paragraphes **11**, **14**, **15**, **17**; que nous n'y avons fait nullement appel aux paragraphes **12**, **19** et **20**; et qu'enfin aux paragraphes **13** et **18** nous nous sommes servi de ces équations pour le calcul de z, mais que nous n'en avons plus eu besoin pour le calcul de x et de y.

En résumé, après avoir déterminé, à l'aide des équations qu'il s'agit d'intégrer, les termes de x et de y qui sont indépendants de e et de γ, et ceux de z qui sont indépendants de e, nous pourrons, sans faire intervenir de nouveau ces équations, calculer les termes de x et de y qui dépendent de γ ou de e, ceux de z qui dépendent de e.

Le résultat conserve son apparence paradoxale, mais le paradoxe s'explique comme au paragraphe **10**.

SUR LES PETITS DIVISEURS

DANS

LA THÉORIE DE LA LUNE

Bulletin astronomique, t. 25, p. 321-360 (septembre 1908).

1. Dans le développement de la théorie de la Lune, on voit s'introduire de petits diviseurs de la forme suivante :

$$p_1 n_1 + p_2 n_2 + p_3 n_3 + p_4 n_4;$$

les p sont des entiers, positifs ou négatifs; n_1 et n_2 sont les moyens mouvements de la Lune et du Soleil, n_3 et n_4 sont ceux du périgée et du nœud. Si l'on pose

$$\frac{n_2}{n_1} = m,$$

on voit que ce petit diviseur est divisible par m si p_1 est nul, et par m^2 si

$$p_1 = p_2 = 0.$$

Parmi les diviseurs, tels que p_1 et p_2 soient nuls, diviseurs qui sont par conséquent divisibles par m^2, il en est qui méritent une attention particulière. Considérons le développement de n_3 et de n_4 suivant les puissances croissantes de m; on sait que les termes en m^2 sont égaux et de signe contraire, au moins si nous négligeons les carrés de la parallaxe, des excentricités et de l'inclinaison. Si donc nous supposons

$$p_1 = p_2 = 0, \qquad p_3 = p_4,$$

nous aurons un petit diviseur de la forme

$$p_3(n_3 + n_4)$$

qui sera divisible par m^3. Ce sera ce que nous appellerons un *très petit diviseur analytique*.

Mais on sait que les termes en m^3 sont presque aussi grands que les termes en m^2; il en résulte que le rapport $\frac{n_3}{n_4}$, au lieu d'être égal à -1, ainsi qu'il arriverait si l'on pouvait négliger les termes en m^3, est sensiblement égal à -2. Si donc nous supposons

$$p_1 = p_2 = 0, \qquad 2p_3 = p_4,$$

nous aurons un diviseur de la forme

$$p_3(n_3 + 2n_4)$$

dont la valeur numérique est très petite. Ce sera un *tres petit diviseur numerique*. Les très petits diviseurs numériques ne sont pas analytiquement divisibles par m^3, mais ils sont numériquement de l'ordre de m^3. Au contraire, les très petits diviseurs analytiques sont analytiquement divisibles par m^3, mais ils sont numériquement de l'ordre de m^2.

Dans les applications, il est clair que ce sont les très petits diviseurs numériques qui pourraient sembler susceptibles de jouer un rôle important. Mais on peut se placer à un autre point de vue. Supposons qu'on se propose, comme le faisait Delaunay, de développer les coordonnées de la Lune suivant les puissances de m, des excentricités, de l'inclinaison et de la parallaxe. On peut se demander si le développement ne contiendra que des puissances positives, ou si par suite de l'intervention des petits diviseurs, divisibles par m, m^2 ou m^3, nous n'allons pas arriver à des termes où l'exposant de m sera négatif. Dans cette question, il est évident que le rôle important sera joué par les très petits diviseurs analytiques.

C'est là la question qui va être l'objet du présent travail.

2. Il importe de remarquer avant d'aller plus loin que les très petits diviseurs, tant analytiques que numériques, ne pourront intervenir que dans des termes d'ordre très élevé. Commençons par les très petits diviseurs analytiques.

Soient L et L′ les longitudes moyennes de la Lune et du Soleil, ϖ et θ celles du périgée et du nœud; soient

$$\tau = L - L', \qquad l = L - \varpi, \qquad \lambda = L - \theta$$

la différence des longitudes (moyennes), l'anomalie moyenne et la distance de la Lune au nœud. Les termes de la fonction perturbatrice qui pourront donner lieu à un très petit diviseur analytique seront de la forme

$$k(\varpi + \theta) = k(2\,\mathrm{L}' - l - \lambda + 2\tau).$$

Or les termes qui dépendent de l'argument

$$m_1 \mathrm{L}' + m_2 l + m_3 \lambda + m_4 \tau$$

contiennent en facteur $e'^{|m_1|} e^{|m_2|} \gamma^{|m_3|}$, e et e' étant les excentricités de la Lune et du Soleil et γ l'inclinaison; notre terme contiendra donc en facteur $e'^{2k} e^k \gamma^k$. Mais la fonction perturbatrice ne peut contenir que des puissances paires de γ, d'où il résulte que k est au moins égal à 2 et que notre terme doit contenir en facteur $e^2 \gamma^2 e'^4$. Dans les expressions de la longitude, les termes correspondants contiendront au moins en facteur $e\gamma^2 e'^4$, et dans les expressions de la latitude, au moins $e^2 \gamma e'^4$.

Passons aux très petits diviseurs numériques; les termes correspondants sont de la forme

$$k(\varpi + 2\theta) = k(3\,\mathrm{L}' - l - 2\lambda + 3\tau).$$

Ils contiennent en facteur $e'^{3k} e^k \gamma^{2k}$.

De plus, ils contiennent en facteur la parallaxe α si le coefficient de τ est impair. Si donc $k = 1$, nous aurons en facteur $\alpha e'^3 e \gamma^2$, et, si $k = 2$, $e'^6 e^2 \gamma^4$.

Nous aurons alors en facteur, dans les expressions de la longitude, $\alpha e'^3 \gamma^2$ ou $e'^6 e \gamma^4$, et, dans celles de la latitude, $\alpha e'^3 e\gamma$ ou $e'^6 e^2 \gamma^3$.

3. Venons maintenant à la question que j'ai posée à la fin du paragraphe 1 et qui fait l'objet de ce travail. Je ne l'aborderai pas immédiatement et je vais traiter successivement une série de cas de plus en plus compliqués en commençant par un exemple extrêmement simple.

Soit un système d'équations canoniques

$$\frac{dx_i}{dt} = \frac{d\mathrm{F}}{dy_i}, \qquad \frac{dy_i}{dt} = -\frac{d\mathrm{F}}{dx_i}. \tag{1}$$

F est une fonction des n variables x et des n variables y, périodique de période 2π par rapport aux y. De plus, F est développable suivant les puissances d'un paramètre α sous la forme

$$\mathrm{F} = \mathrm{F}_0 + \alpha \mathrm{F}_1 + \alpha^2 \mathrm{F}_2 + \ldots$$

F_0 est fonction des x seulement, et il n'y a entre les dérivées $\frac{dF_0}{dx_i}$ aucune relation linéaire à coefficients constants entiers. C'est là un problème très simple et déjà bien des fois traité ; je vais néanmoins, à titre d'exemple, le traiter par la méthode que je compte employer dans des cas plus compliqués.

Si la fonction F, et non pas seulement son premier terme F_0, était indépendante des y, l'intégration des équations (1) serait immédiate, les x se réduiraient à des constantes et les y à des fonctions linéaires du temps. Si F_0, F_1, ..., F_{q-1} étaient indépendants des y et que α fût assez petit pour que α^q fût négligeable, cela reviendrait encore au même, puisque nous négligerions précisément les termes qui dépendent des y et qui figurent seulement dans F_q, F_{q+1}, ...

Voici donc comment nous allons opérer; nous allons faire une série de changements de variables qui n'altéreront pas la forme des équations (1) et qui seront tels qu'après le premier changement de variables F_0 et F_1, après le deuxième F_0, F_1 et F_2, après le troisième F_0, F_1, F_2 et F_3, après le $q^{\text{ième}}$ F_0, F_1, ..., F_q soient indépendants des y.

Pour expliquer en quoi consistent ces changements de variables, supposons donc qu'on ait effectué le $(q-1)^{\text{ième}}$ et qu'on se propose d'effectuer le $q^{\text{ième}}$. Je suppose, par conséquent, que F_0, F_1, ..., F_{q-1} sont indépendants des y; et je me propose de faire un changement de variables tel qu'après ce changement les équations restent de même forme, mais de telle façon que F_q soit indépendant des y.

Le changement de variables devra d'abord être *canonique*, c'est-à-dire ne pas altérer la forme canonique des équations. Il faut pour cela que, si les x et les y sont les variables anciennes, et les x' et les y' les variables nouvelles, l'expression

$$\Sigma x\, dy - \Sigma x'\, dy'$$

soit une différentielle exacte. Pour cela nous introduirons une fonction quelconque S des variables anciennes x de la première série et des variables nouvelles y' de la deuxième série, $S(x, y')$, et nous poserons

$$y_i = \frac{dS}{dx_i}, \qquad x'_i = \frac{dS}{dy'_i}, \tag{2}$$

d'où

$$dS = \Sigma y\, dx + \Sigma x'\, dy$$

Les équations (2) définissent les relations entre les variables anciennes et nouvelles. Je prendrai

$$S = \Sigma xy' + \alpha^q \theta(x, y'),$$

la fonction θ étant périodique de période 2π par rapport aux y'.

On voit alors que, si l'on résout les équations (2) par rapport aux x et aux y, les variables anciennes seront exprimées en fonction des nouvelles; les différences $x - x'$, $y - y'$ seront alors des fonctions des x', des y' et du paramètre α; ces fonctions seront développables suivant les puissances croissantes de α et elles seront périodiques par rapport aux y'.

Il en sera donc de même de $F(x, y)$, de sorte que la forme de nos équations ne sera pas altérée par le changement de variables. Il reste à disposer de θ de façon à rendre F_q indépendant des y'.

On aura, en négligeant α^{q+1},

$$x_i = x'_i - \alpha^q \frac{d\theta'}{dy'_i}, \qquad y_i = y'_i + \alpha^q \frac{d\theta'}{dx'}.$$

Je désigne par

$$\theta', \quad \frac{d\theta'}{dx'}, \quad \frac{d\theta'}{dy}$$

ce que deviennent

$$\theta, \quad \frac{d\theta}{dx}, \quad \frac{d\theta}{dy'}$$

quand on y remplace les x par les x'.

On a (toujours en négligeant α^{q+1})

$$F_0 = F'_0 + \sum \frac{dF'_0}{dx'_i}(x_i - x'_i) = F'_0 - \sum n_i (x_i - x'_i).$$

Je désigne par F'_k ce que devient F_k quand on y remplace les x et les y par les x' et les y'; je pose d'ailleurs

$$n_i = -\frac{dF'_0}{dx'_i},$$

de telle sorte que les n_i représentent les moyens mouvements. On tire de là

$$F_0 = F'_0 + \alpha^q \sum n_i \frac{d\theta'}{dy'_i}.$$

On a également, toujours au même degré d'approximation,

$$\alpha^h F_h = \alpha^h F'_h,$$

d'où, toujours en négligeant α^{q+1},

$$F = F'_0 + \alpha F'_1 + \alpha^2 F'_2 + \ldots + \alpha^{q-1} F'_{q-1} + \alpha^q \left[F'_q + \sum n_i \frac{d\theta'}{dy'_i} \right].$$

Comme $F'_0, F'_1, \ldots, F'_{q-1}$ sont indépendants des y', il suffit de choisir θ' de telle façon que

$$F'_q + \sum n_i \frac{d\theta'}{dy'_i}$$

soit indépendant des y'. Il suffit de rappeler que, si φ est une fonction quelconque donnée des y', périodique par rapport à ces variables y' et développable par conséquent en série de Fourier, on peut toujours déterminer une fonction inconnue θ' de même forme par l'équation

$$\sum n_i \frac{d\theta'}{dy'_i} = \varphi, \tag{3}$$

où les n_i sont des coefficients constants, à la double condition :

1° Qu'il n'y ait entre les n_i aucune relation linéaire à coefficients entiers (condition que nous avons supposée remplie au début de ce paragraphe);

2° Que la série de Fourier qui représente φ n'ait pas de terme indépendant des y'.

Si donc $[F'_q]$ est le terme indépendant des y' dans la série de Fourier qui représente F'_q, nous pourrons déterminer θ' par l'équation

$$\sum n_i \frac{d\theta'}{dy'_i} = [F'_q] - F'_q, \tag{4}$$

qui se traite comme l'équation (3), en regardant les x' et, par conséquent, les n comme des constantes. Alors

$$F'_q + \sum n_i \frac{d\theta'}{dy'_i} = [F'_q]$$

sera indépendant des y', ce qui était la condition que nous nous étions imposée.

La suite des changements de variables se poursuivra donc sans difficulté. Soient alors x_i et y_i les variables primitives, x_i^* et y_i^* les variables finales. On voit que toute fonction des x, des y et de α, développable suivant les puissances de α et périodique par rapport aux y, sera également une fonction des x^*, des y^* et de α, développable suivant les puissances de α et périodique par rapport aux y^*; et en effet ces propriétés ne sont pas altérées par les changements de variables successifs. D'ailleurs, puisque après le dernier changement de variables les y^* ne figurent plus dans F que dans les termes que nous négligeons, les x^* se réduisent à des constantes et les y^* à des fonctions linéaires du temps. Il résulte de là *qu'on n'a pas à craindre que α passe jamais au dénominateur* et qu'on n'aura que des puissances positives de α dans le développement.

4. Abordons maintenant un problème un peu plus compliqué; supposons qu'il y ait entre les dérivées $\frac{dF_0}{dx_i}$ des relations linéaires à coefficients constants et entiers. Nous pouvons d'ailleurs immédiatement, par un changement linéaire de variables, supposer que ces relations sont de la forme

$$\frac{dF_0}{dx_1} = 0, \qquad \frac{dF_0}{dx_2} = 0, \qquad \ldots,$$

ce qui nous ramène au cas où F_0 ne dépend pas de toutes les variables x.

Nous distinguerons ainsi deux sortes de variables x; il nous sera commode d'appeler les unes z et les autres u, et, s'il y a par exemple p variables z et q variables u, de désigner la même variable par x_i ou z_i si $i \leqq p$, ou bien encore par x_{i+p} ou u_i si $i + p > p$.

De même, nous aurons deux sortes de variables y, à savoir les v correspondant aux z et les w correspondant aux u. Grâce à ces conventions, nous pourrons écrire indifféremment par exemple $\Sigma x\, dy$ ou bien

$$\Sigma z\, dv + \Sigma u\, dw.$$

Reprenons donc les équations (1), et supposons que F_0 dépende seulement des z et pas des u ni des v ou des w et que, d'autre part, F_1 dépende seulement des z et des u, mais pas des v ni des w (ou ce qui revient au même seulement des x et pas des y).

Je suppose d'ailleurs qu'il n'y a ni entre les $\frac{dF_0}{dz}$, ni entre les $\frac{dF_1}{du}$ aucune relation linéaire à coefficients constants entiers.

Nous allons opérer comme au numéro précédent, c'est-à-dire que nous allons faire une série de changements de variables de telle façon qu'après le q^{ieme} changement $F_0, F_1, \ldots, F_q$ soient indépendants des y; et pour définir ce changement de variables, je suppose comme plus haut qu'avant le changement $F_0, F_1, \ldots, F_{q-1}$ soient indépendants des y, et je me propose de faire un changement tel que les équations conservent la même forme, mais de telle façon que F_q devienne indépendant des y comme le sont déjà $F_0, F_1, \ldots, F_{q-1}$.

Nous conserverons pour définir ce changement de variables les équations (2), en convenant de désigner, par exemple, indifféremment par z'_i ou x'_i ou bien par u'_i et x'_{i+p} la variable nouvelle qui correspond à la variable ancienne $z_i = x_i$ ou bien $u_i = x_{i+p}$.

Je prendrai cette fois

$$S = \Sigma x y' + \alpha^q \theta(x, y') + \alpha^{q-1} \theta_1(x, w').$$

Les fonctions θ et θ_1 sont périodiques par rapport aux y'; mais, tandis que θ dépend de tous les y', c'est-à-dire des v' aussi bien que des w', la fonction θ_1 ne dépend que des w'.

Ce que nous avons dit au paragraphe 3 subsiste, c'est-à-dire que le changement de variables n'altère pas la forme des équations; on aura d'ailleurs, en négligeant α^{q+1},

$$x_i = x'_i - \alpha^q \frac{d\theta'}{dy'_i} - \alpha^{q-1} \frac{d\theta'_1}{dy'_i},$$

ou, puisque θ'_1 ne dépend que des w',

$$z_i = z'_i - \alpha^q \frac{d\theta'}{dv'_i},$$

$$u_i = u'_i - \alpha^q \frac{d\theta'}{dw'_i} - \alpha^{q-1} \frac{d\theta'_1}{dw'_i}.$$

Il vient ensuite, toujours au même degré d'approximation

$$F_0 = F'_0 + \sum \frac{dF'_0}{dz'_i}(z_i - z'_i),$$

$$\alpha F_1 = \alpha F'_1 + \alpha \sum \frac{dF'_1}{dz'_i}(z_i - z'_i) + \alpha \sum \frac{dF'_1}{du'_i}(u_i - u'_i),$$

ou, en posant

$$n_i = -\frac{dF'_0}{dz'_i}, \qquad n_i^1 = -\frac{dF'_1}{du'_i}$$

et en remplaçant $z_i - z'_i$ et $u_i - u'_i$ par leurs valeurs,

$$F_0 = F'_0 + \alpha^q \sum n_i \frac{d\theta'}{dv'_i},$$

$$\alpha F_1 = \alpha F'_1 + \alpha^q \sum n_i^1 \frac{d\theta'_1}{dw'_i}.$$

On a d'ailleurs

$$\alpha^2 F_2 = \alpha^2 F'_2, \qquad \ldots, \qquad \alpha^q F_q = \alpha^q F'_q,$$

d'où

$$F = F'_0 + \alpha F'_1 + \ldots + \alpha^{q-1} F'_{q-1} + \alpha^q \left[F'_q + \sum n_i \frac{d\theta'}{dv'_i} + \sum n_i^1 \frac{d\theta'_1}{dw'_i} \right].$$

Il faut donc choisir θ' et θ'_1 de telle façon que

$$F'_q + \sum n_i \frac{d\theta'}{dv'_i} + \sum n_i^1 \frac{d\theta'_1}{dw'_i}$$

soit indépendant des y'. Pour cela, comme F' est une fonction périodique des y', supposons-la développée en série de Fourier; soit A_q l'ensemble des termes de cette série qui dépendent des v'; soit B_q l'ensemble de ceux qui dépendent des w' sans dépendre des v'; soit C_q l'ensemble de ceux qui sont indépendants à la fois des v' et des w', c'est-à-dire de tous les y', de telle sorte que

$$F'_q = A_q + B_q + C_q.$$

Nous déterminerons alors θ' et θ'_1 par les équations

$$(5)\qquad \sum n_i \frac{d\theta'}{dv'_i} = -A_q,$$

$$(6)\qquad \sum n'_i \frac{d\theta'_1}{dw'_i} = -B_q,$$

qui se traitent comme l'équation (3), de sorte que

$$F'_q + \sum n_i \frac{d\theta'}{dv'_i} + \sum n'_i \frac{d\theta'_1}{dw'_i} = C_q$$

soit indépendante des y'.

Inutile de répéter la suite des raisonnements du paragraphe 3; nous voyons ici encore que l'on *ne peut avoir que des puissances positives de* α.

5. Les difficultés commencent quand on suppose que F, au lieu d'être développable suivant les puissances d'un seul paramètre α, est développable suivant celles de deux paramètres α et β, de telle sorte que l'on ait

$$F = \Sigma \alpha^p \beta^q F_{pq}.$$

On peut ramener ce cas au précédent en posant

$$\beta = \lambda \alpha.$$

On trouve alors

$$F = \Sigma \alpha^h F_h = \Sigma\Sigma \alpha^{p+q} \lambda^q F_{pq},$$

de telle sorte que

$$F_0 = F_{00}, \qquad F_1 = F_{10} + \lambda F_{01}, \qquad F_2 = F_{20} + \lambda F_{11} + \lambda^2 F_{02}, \qquad \ldots,$$

et l'on peut ensuite appliquer l'analyse des paragraphes 3 ou 4. On en conclura donc encore que les inconnues x et y peuvent se développer suivant les puissances croissantes de α, le coefficient de α^h dépendant entre autres choses de λ et pouvant être désigné par $\varphi_h(\lambda)$. Mais il reste à savoir si ces inconnues x et y peuvent également se développer suivant les puissances croissantes de α et β, quand ces deux paramètres sont regardés comme indépendants. Pour cela, il faut et il suffit que $\varphi_h(\lambda)$ soit un polynome entier de degré h au plus en λ. En est-il réellement ainsi, c'est la question qu'il nous reste à traiter. Dans le cas du paragraphe 3, c'est-à-dire si F_{00} dépend de toutes les variables x sans qu'il y ait entre ses dérivées de relation linéaire à coefficients entiers, elle se résout immédiatement.

En effet, la forme des équations n'étant pas altérée par les changements de variables successifs, il suffira d'examiner ce qui se passe dans un de ces changements et pour cela d'envisager l'équation (4). Nous voyons alors que $[F'_q]-F'_q$ se présente sous la forme d'un polynome entier d'ordre q en λ, puisque

$$F_q = \Sigma \lambda^p F_{q-p,p}.$$

Quant au premier membre, il est indépendant de λ, puisque

$$F_0 = F_{00}$$

et ses dérivées $-n_i$ sont indépendantes de λ. Il en résulte que θ sera un polynome entier d'ordre q en λ.

Nous rencontrons au contraire des difficultés dans le cas du paragraphe 4. Nous avons alors à envisager au lieu de l'équation (4) les équations (5) et (6). Les seconds membres $-A_q$ et $-B_q$ sont encore des polynomes entiers de degré q en λ au moins pour le premier changement de variables. Le premier membre de (5) est encore indépendant de λ; mais il n'en est pas de même du premier membre de (6), car F_1 et, par conséquent, les n'_i sont des polynomes du premier degré en λ.

En général, par conséquent, l'intégration de (6) introduira des diviseurs qui seront des polynomes du premier degré en λ; ces diviseurs entreront au premier degré dans le dénominateur de θ_1; aux approximations suivantes A_q et B_q ne seront plus alors des polynomes entiers en λ, mais des fonctions rationnelles contenant ces diviseurs au dénominateur; donc, dès le second changement de variables, le dénominateur de θ_1 pourra contenir ces diviseurs à des puissances supérieures.

Il résulte de tout cela que $\varphi_h(\lambda)$ ne sera plus un polynome entier en λ, mais une fonction rationnelle de λ dont le dénominateur sera décomposable en facteurs du premier degré. Qu'arrive-t-il alors si l'on veut développer suivant les puissances de α et de β? On aura, par exemple, un terme en $\frac{\alpha^q}{a+b\lambda}$ et l'on pourra écrire

$$\frac{\alpha^q}{a+b\lambda} = \sum \pm \frac{b^p \lambda^p}{a^{p+1}} \alpha^q = \sum \pm \frac{b^p}{a^{p+1}} \beta^p \alpha^{q-p}$$

ou bien

$$\frac{\alpha^q}{a+b\lambda} = \sum \pm \frac{a^p}{b^{p+1}\lambda^{p+1}}\alpha^q = \sum \pm \frac{a^p}{b^{p+1}}\alpha^{q+p+1}\beta^{-p-1},$$

suivant qu'on veut développer d'abord suivant les puissances de α et ensuite suivant celles de β, ou inversement. *D'aucune manière, on ne pourra éviter l'introduction des exposants négatifs.*

6. Il y a cependant un cas où la difficulté ne se présente pas. Supposons que F_{00}, F_{10}, ..., F_{q0} ne dépendent ni des u ni des w; alors

$$\frac{dF_{10}}{du'_i} = 0$$

et

$$n_i^1 = -\frac{dF'_{10}}{du'_i} - \lambda\frac{dF'_{01}}{du'_i}$$

est divisible par λ.

D'autre part, B_q est un polynome de degré q en λ, mais ce polynome est divisible par λ; et en effet B_q représente l'ensemble des termes de F'_q qui dépendent des w' sans dépendre des v' et, pour $\lambda = 0$, F'_q se réduit à F'_{q0} qui par hypothèse ne dépend pas des w', de sorte que B_q s'annule pour $\lambda = 0$.

Nous pouvons alors diviser l'équation (6) par λ, de telle façon que le second membre devient un polynome de degré $q-1$ en λ, et le premier membre devient indépendant de λ. Il ne s'introduit donc plus de diviseurs dépendant de λ.

Pour que ce raisonnement soit valable, il faut que les changements de variables successifs n'altèrent pas la forme des équations, c'est-à-dire que les F_{q0} restent indépendants des u et des w. Or, si nous supposons $\lambda = 0$, les variables u et w disparaissent de nos équations; et la suite des changements de variables ne peut les y introduire. Donc, après un changement quelconque ces variables doivent cesser de figurer dans les équations dès qu'on y fait $\lambda = 0$ c'est-à-dire quand F_q se réduit à F_{q0}.

C'est ce qui arrive en particulier quand $F_{q0} = 0 (q \geqq 1)$. *Si donc* F *ne contient que des termes indépendants à la fois de* α *et de* β *ou des termes divisibles par* β, *nous n'aurons pas de puissances négatives de* α *et de* β *dans les expressions des coordonnées.*

Cela est encore vrai si les termes indépendants de β dépendent seulement des z.

7. Ce qui précède suffirait pour que nous puissions en faire l'application au cas de la Lune, si les développements des coordonnées de cet astre procédaient seulement suivant les puissances de α et de e', qui sont des paramètres donnés figurant dans les équations différentielles. Mais ils procèdent également suivant celles de e et de l'inclinaison, qui sont des constantes d'intégration. Cela m'oblige à reprendre la question encore à un autre point de vue.

Supposons des équations canoniques

$$(1\ bis)\qquad \frac{dx_i}{dt}=\frac{dF}{dy_i},\qquad \frac{dy_i}{dt}=-\frac{dF}{dx_i},\qquad \frac{d\xi_i}{dt}=\frac{dF}{d\eta_i},\qquad \frac{d\eta_i}{dt}=-\frac{dF}{d\xi_i}.$$

Je suppose que

$$F=\Sigma\alpha^q F_q$$

est développable suivant les puissances du paramètre α, que F est périodique par rapport aux y et développable suivant les puissances des ξ et des η; je suppose enfin que F_0 ne dépend que des x et est indépendant des y, des ξ et des η.

C'est précisément ce qui arrive dans le problème des trois corps, quand on adopte les variables képlériennes canoniques, c'est-à-dire les deux variables L proportionnelles aux racines carrées des grands axes et qui jouent le rôle des x, les deux longueurs moyennes qui jouent le rôle des y, et de plus les quatre combinaisons

$$L(1-\sqrt{1-e^2}),\quad L\sqrt{1-e^2}(1-\cos i),$$

deux pour chacune des deux planètes que nous appellerons les ρ_i, et les longitudes des périhélies et des nœuds changées de signe que nous appellerons les ω_i, et que l'on pose ensuite

$$\xi_i=\sqrt{2\rho_i}\cos\omega_i,\qquad \eta_i=\sqrt{2\rho_i}\sin\omega_i.$$

Supposons F_q développé suivant les puissances des ξ et des η, et écrivons

$$F_q=\Sigma F_{qp},$$

F_{qp} étant l'ensemble des termes homogènes de degré p par rapport aux ξ et aux η; comme F_{qp} est une fonction périodique des y, nous pouvons la supposer développée en série de Fourier et désigner par $[F_{qp}]$ le terme de cette série de Fourier qui est indépendant des y.

Il est clair que $[F_{10}]$ dépend seulement des x, et je supposerai :

1° Que $[F_{11}]=0$;

2° Que $[F_{12}]$ est de la forme

$$[F_{12}] = \sum \frac{\gamma_i}{2}(\xi_i^2 + \eta_i^2),$$

les γ_i dépendant seulement des x.

Si ces deux conditions n'étaient pas remplies, il suffirait pour qu'elles le fussent de faire un changement linéaire *canonique* de variables, de façon que les nouvelles variables ξ'_i et η'_i fussent des fonctions linéaires (non homogènes en général) des ξ_i et des η_i, les coefficients dépendant seulement des x; on aurait, par exemple,

$$\xi'_i = \Sigma \beta_{ik}\xi_k + \Sigma \beta'_{ik}\eta_k + \beta_{i0},$$

les β dépendant seulement des x. On pourra remarquer en passant que la première condition est remplie d'elle-même dans le cas du problème des trois corps. Il résulte de tout cela que nous pouvons supposer les deux conditions remplies.

Si F dépendait seulement des x et des combinaisons

$$\rho_i = \frac{\xi_i^2 + \eta_i^2}{2},$$

l'intégration serait immédiate. En effet, on aurait

$$\frac{dx}{dt} = 0, \qquad x = \text{const.}$$

$$\frac{d\rho}{dt} = \xi\frac{d\xi}{dt} + \eta\frac{d\eta}{dt} = \xi\frac{dF}{d\eta} - \eta\frac{dF}{d\xi},$$

$$\frac{dF}{d\xi} = \frac{dF}{d\rho}\frac{d\rho}{d\xi} = \xi\frac{dF}{d\rho}, \qquad \frac{dF}{d\eta} = \eta\frac{dF}{d\rho},$$

$$\frac{d\rho}{dt} = 0, \qquad \rho = \text{const.}, \qquad \frac{dF}{dx} = \text{const.}, \qquad \frac{dF}{d\rho} = \text{const.},$$

ce qui montre que les y sont des fonctions linéaires du temps; d'ailleurs, les équations

$$\frac{d\xi}{dt} = \eta\frac{dF}{d\rho}, \qquad \frac{d\eta}{dt} = -\xi\frac{dF}{d\rho}$$

sont des équations linéaires à coefficients constants immédiatement intégrables.

Nous sommes donc conduit à reprendre l'artifice du paragraphe **3** et à faire une série de changements de variables dirigés de façon à rendre successivement les divers termes F_{qp} indépendants de toute autre variable que les x et les combinaisons ρ.

D'après notre hypothèse, la condition est déjà remplie pour

$$F_{00}, \quad F_{01} = F_{02} = \ldots = 0.$$

Par un premier changement de variables tout à fait pareil à ceux du paragraphe **3**, nous pouvons faire disparaître les termes dépendant des y dans F_1, de façon à réduire F_1 à $[F_1]$; la condition est alors remplie pour

$$F_{10} = [F_{10}], \qquad F_{11} = [F_{11}] = 0, \qquad F_{12} = [F_{12}].$$

8. Pour montrer en quoi doivent consister les changements de variables successifs, imaginons que, par suite d'une série de changements de variables antérieurs, on soit arrivé à ce résultat que $F_{\mu\nu}$ ne dépende que des x et des ρ, toutes les fois que

$$\mu < q, \qquad \nu \leqq p$$

ou que

$$\mu = q, \qquad \nu < p$$

et proposons-nous de faire un nouveau changement qui, tout en conservant les résultats acquis, fasse que F_{qp} ne dépende non plus que des x et des ρ.

Nous désignerons encore par x', y', ξ', η' les nouvelles variables. Nous considérerons une fonction S des x, des y', des ξ et des η', et nous poserons

$$(2\,bis) \qquad y_i = \frac{dS}{dx_i}, \qquad x'_i = \frac{dS}{dy'_i}, \qquad \eta_i = \frac{dS}{d\xi_i}, \qquad \xi'_i = \frac{dS}{d\eta'_i}.$$

Nous prendrons d'ailleurs

$$S = \Sigma x y' + \Sigma \xi \eta' + \alpha^q \theta(x, y', \xi, \eta') + \alpha^{q-1} \theta_1(x, \xi, \eta').$$

Nous supposerons que θ est périodique par rapport aux y', θ_1 indépendant des y', et que θ et θ_1 sont des polynomes entiers homogènes de degré p en ξ et η'. La condition étant déjà remplie pour $F_{0\mu}$, F_{10}, F_{11}, F_{12}, nous devrons supposer ou $q > 1$, ou $q = 1$, $p > 2$.

Qu'arrive-t-il alors si nous résolvons les équations ($2\,bis$) par rapport aux variables anciennes de telle façon que ces variables se trouvent exprimées en fonction des anciennes et de α? Je dis que les différences

$$x - x', \quad y - y', \quad \xi - \xi', \quad \eta - \eta'$$

seront des fonctions périodiques de y', développables suivant les puissances de α, des ξ' et des η'.

En effet, il suffit d'observer que, quand on fait $\alpha = 0$, les équations ($2\,bis$) se réduisent à

$$x = x', \qquad y = y', \qquad \xi = \xi', \qquad \eta = \eta',$$

de sorte que le déterminant fonctionnel des premiers membres par rapport aux inconnues se réduit à 1 et ne s'annule pas, de sorte qu'on peut appliquer le théorème de Cauchy sur les fonctions implicites.

Il y a exception si $q=1$; car les équations se réduisent à

$$x=x', \qquad y=y'+\frac{d\theta_1}{dx}, \qquad \xi'=\xi+\frac{d\theta_1}{d\eta'}, \qquad \eta=\eta'+\frac{d\theta_1}{d\xi}.$$

Néanmoins le déterminant fonctionnel reste égal à 1 pour

$$\xi=\eta=\xi'=\eta'=0$$

si $p>2$, ce que nous supposerons, de sorte que le résultat subsiste.

Nous pourrons négliger α^{q+1}, ou bien encore les termes de degré supérieur à p en ξ' et η', puisque nous n'avons à considérer que les termes F_{qp} ou $F_{\mu\nu}$, où $\mu \leqq q$, $\nu \leqq p$. Dans ces conditions, nous avons

$$x=x'-\alpha^q\frac{d\theta'}{dy'}, \qquad y=y'+\alpha^q\frac{d\theta'}{dx'}+\alpha^{q-1}\frac{d\theta'_1}{dx'},$$

$$\xi=\xi'-\alpha^q\frac{d\theta'}{d\eta'}-\alpha^{q-1}\frac{d\theta'_1}{d\eta'}, \qquad \eta=\eta'+\alpha^q\frac{d\theta'}{d\xi'}+\alpha^{q-1}\frac{d\theta'_1}{d\xi'}.$$

Nous donnons, bien entendu, aux notations θ', $\frac{d\theta'}{dx'}$, F'_q, ... la même signification que dans les paragraphes précédents. L'erreur commise sur y sera alors de l'ordre $2q-2$ en α, de l'ordre $2p-2$ en ξ' et η'; l'erreur sur x sera de l'ordre $2q-1$ en α et $2p-2$ en ξ' et η'; l'erreur sur ξ et η sera d'ordre $2q-2$ en α, d'ordre $2p-3$ en ξ' et η'.

Passons au calcul de F; il viendra

$$F_0=F'_0-\Sigma n_i(x_i-x'_i),$$

en négligeant α^{q+1} et *a fortiori* α^{2q} et, par suite,

$$F_0=F'_0+\alpha^q\sum n_i\frac{d\theta'}{dy'_i},$$

l'erreur commise étant de l'ordre de α^{2q-1} et par conséquent d'ordre au moins égal à α^{q+1}, si $q>1$, et de l'ordre de ξ^{2p-2} et par conséquent d'ordre plus grand que ξ^p, si l'on a $q=1$ et, par conséquent $p>2$, cette erreur étant par conséquent dans tous les cas négligeable. Il vient ensuite

$$\begin{aligned} F_1=F'_1 &+\sum\frac{dF'_1}{dx'}(x-x') \\ &+\sum\frac{dF'_1}{dy'}(y-y')+\sum\frac{dF'_1}{d\xi'}(\xi-\xi')+\sum\frac{dF'_1}{d\eta'}(\eta-\eta'),\end{aligned}$$

en négligeant α^q, ou bien encore

$$F_1 = F'_1 + \alpha^{q-1}\left[+\sum \frac{dF'_1}{dy'}\frac{d\theta'_1}{dx'} - \sum \frac{dF'_1}{d\xi'}\frac{d\theta'_1}{d\eta'} + \sum \frac{dF'_1}{d\eta'}\frac{d\theta'_1}{d\xi'}\right].$$

L'erreur commise sera de l'ordre de α^{3q-3}, c'est-à-dire de l'ordre de α^q, si $q > 1$; si $q = 1$, elle sera de l'ordre $2p - 2$ en ξ' et η', c'est-à-dire d'ordre plus grand que p, puisqu'on a alors $p > 2$. Nous pourrons encore la négliger.

Nous observerons ensuite que nous pouvons dans le coefficient de α^{q-1} remplacer F'_1 par $F'_{10} + F'_{11} + F'_{12}$ (puisque l'erreur ainsi commise sera de l'ordre de ξ^{p+1}) ou même par F'_{12} (puisque $F'_{10} + F'_{11}$ ne dépend que des x'). Il restera donc finalement

$$\begin{aligned} F_1 &= F'_1 + \alpha^{q-1}\sum\left(\frac{dF'_{12}}{d\eta'}\frac{d\theta'_1}{d\xi'} - \frac{dF'_{12}}{d\xi'}\frac{d\theta'_1}{d\eta'}\right) \\ &= F'_1 + \alpha^{q-1}\sum \gamma\left(\eta'\frac{d\theta'_1}{d\xi'} - \xi'\frac{d\theta'_1}{d\eta'}\right). \end{aligned}$$

On trouve de même pour $h > 1$ et au même degré d'approximation

$$\alpha^h F_h = \alpha^h F'_h,$$

d'où finalement

$$\begin{aligned} F = {} & F'_0 + \alpha F'_1 + \ldots + \alpha^{q-1} F'_{q-1} \\ & + \alpha^q\left[F'_q + \sum n\frac{d\theta'}{dy'} + \sum \gamma\left(\eta'\frac{d\theta'_1}{d\xi'} - \xi'\frac{d\theta'_1}{d\eta'}\right)\right]. \end{aligned}$$

Nous devons donc nous arranger de telle façon que

$$F'_q + \sum n\frac{d\theta'}{dy'} + \sum \gamma\left(\eta'\frac{d\theta'_1}{d\xi'} - \xi'\frac{d\theta'_1}{d\eta'}\right)$$

ne dépende que des x' et des ρ'. Pour cela nous observerons d'abord :

1° Que nous pouvons laisser de côté les termes d'ordre plus grand que p en ξ' et η', c'est-à-dire F'_{qh} où $h > p$, termes que nous négligeons;

2° Que la condition est déjà supposée remplie pour F'_{qh} où $h < p$, de sorte qu'il suffit de s'occuper de l'expression

$$F'_{qp} + \sum n\frac{d\theta'}{dy'} + \sum \gamma\left(\eta'\frac{d\theta'_1}{d\xi'} - \xi'\frac{d\theta'_1}{d\eta'}\right);$$

3° Que cette expression est homogène de degré p en ξ' et η', puisque θ' et F'_{qp} sont des polynomes homogènes de degré p.

Posons

$$\xi'_i = \sqrt{2\rho'_i}\cos\omega'_i, \qquad \eta'_i = \sqrt{2\rho'_i}\sin\omega'_i;$$

cette expression devient

$$F'_{pq}+\sum n\frac{d\theta'}{dy'}-\sum \gamma\frac{d\theta'_1}{d\omega'}.$$

D'ailleurs, F'_{qp} devient une fonction périodique par rapport aux y' et aux ω', et développable en série de Fourier. Soient A_{qp} l'ensemble des termes de cette série qui dépendent des y'; B_{qp} ceux qui dépendent des ω' sans dépendre des y'; C_{qp} ceux qui sont indépendants à la fois des y' et des ω'.

Nous pourrons déterminer θ' et θ'_1 par les équations

$$\sum n\frac{d\theta'}{dy'} = -A_{qp},$$
$$\sum \gamma\frac{d\theta'_1}{d\omega'} = B_{qp},$$

qui se traitent comme (3), (5) et (6); et l'on verra que

$$F'_{qp}+\sum n\frac{d\theta'}{dy'}-\sum \gamma\frac{d\theta'_1}{d\omega'} = C_{qp}$$

ne dépend plus que des x' et des ρ'.

Nous pourrions répéter ce que nous avons dit à la fin du paragraphe **3**; représentons les variables primitives par des lettres non accentuées, les variables finales, après tous les changements de variables, par des lettres marquées d'astériques. Nous verrons que ces variables primitives x, y, ξ, η sont des fonctions de α, des constantes x^*, des arguments y^* qui varient proportionnellement au temps, et enfin des combinaisons

$$\xi_i^* = \varepsilon_i \cos w_i, \qquad \eta_i^* = \varepsilon_i \sin w_i,$$

où les ε_i sont des constantes d'intégration et les w_i des arguments variant proportionnellement au temps.

Ces fonctions sont périodiques par rapport aux y^* et développables suivant les puissances de α, des ξ^* et des η^*; on voit que nous n'aurons partout que des puissances positives de α et des ε.

Ce qui précède s'applique au problème des trois corps, ainsi que nous l'avons fait remarquer plus haut. C'est peut-être la manière la plus rapide de *démontrer* les théorèmes fondamentaux relatifs à la *forme* des développements des coordonnées, bien que cette méthode ne puisse être recommandée pour le calcul direct de ces développements.

Dans le cas que nous venons d'examiner, on n'a pas à craindre de voir s'introduire d'exposants négatifs; mais il serait aisé, en opérant comme au paragraphe 5, d'en déduire d'autres cas analogues où cette circonstance se produirait.

9. Cherchons maintenant, après ce long préambule, à appliquer à la Lune les principes précédents. Soient x_1, x_2, x_3 les coordonnées de la Lune par rapport à des axes de direction fixe ayant leur origine au centre de la Terre, y_1, y_2, y_3 les composantes de la vitesse de la Lune par rapport à ces mêmes axes. Soient u l'anomalie moyenne du Soleil, et v une variable auxiliaire que nous définirons plus loin. Soit $T = \frac{1}{2}\Sigma y^2$; soit U l'énergie potentielle due à l'attraction des trois corps; soit U_1 l'énergie potentielle qui serait due à l'attraction du Soleil sur le système Terre-Lune supposée concentrée en son centre de gravité; soient m_1 et m_7 les masses de la Lune et de la Terre, et soit

$$m'_1 = \frac{m_1 m_7}{m_1 + m_7};$$

soit enfin β le moyen mouvement du Soleil.

Les équations du mouvement de la Lune prendront alors la forme canonique

$$\frac{dx_i}{dt} = \frac{d}{dy_i}\left(T + \frac{U}{m'_1}\right), \qquad \frac{dy_i}{dt} = -\frac{d}{dx_i}\left(T + \frac{U}{m'_1}\right).$$

La fonction $T + \frac{U}{m'_1}$ dépend des coordonnées x de la Lune et des composantes y de sa vitesse; mais elle dépend également des coordonnées du Soleil par rapport au centre de gravité D du système Terre-Lune; mais celles-ci peuvent être regardées comme des fonctions connues du temps, ou si l'on aime mieux de l'anomalie moyenne u du Soleil; car le mouvement du Soleil autour du point D peut être regardé comme képlérien. La fonction

$$T + \frac{U}{m'_1}$$

est donc une fonction des x, des y et de u.

Nous observerons, d'autre part, que U_1 dépend seulement de u; ses dérivées par rapport aux x et aux y sont nulles, de sorte que l'on peut remplacer dans les équations précédentes U par $U - U_1$; d'autre part, nous pouvons introduire la variable auxiliaire v et poser

$$F = T + \frac{U - U_1}{m'_1} - \beta v,$$

d'où les équations canoniques

$$(1)\quad \begin{cases} \dfrac{dx_i}{dt} = \dfrac{d}{dy_i}\left(T + \dfrac{U - U_1}{m'_1}\right) = \dfrac{dF}{dy_i}, \\ \dfrac{dy_i}{dt} = -\dfrac{d}{dx_i}\left(T + \dfrac{U - U_1}{m'_1}\right) = -\dfrac{dF}{dx_i}, \\ \dfrac{dv}{dt} = \dfrac{dF}{du}, \qquad \dfrac{du}{dt} = \beta = -\dfrac{dF}{dv}. \end{cases}$$

L'équation en $\dfrac{dv}{dt}$ peut être considérée comme la définition de la variable auxiliaire v.

Pour transformer ces équations, nous allons introduire les variables képlériennes, c'est-à-dire les éléments osculateurs de l'orbite de la Lune. Soit L une quantité proportionnelle à la racine carrée du grand axe de cette orbite osculatrice; soit

$$\rho_1 = L(1 - \sqrt{1 - e^2}), \qquad \rho_2 = L\sqrt{1 - e^2}(1 - \cos i),$$

e et i étant l'excentricité et l'inclinaison osculatrices; soient λ l'anomalie moyenne, ω_1 et ω_2 les longitudes du périgée et du nœud (osculateurs) changées de signe; soit

$$\xi_i = \sqrt{2\rho_i}\cos\omega_i, \qquad \eta_i = \sqrt{2\rho_i}\sin\omega_i.$$

Le changement de variables sera canonique et les équations (1) deviendront

$$(2)\quad \begin{cases} \dfrac{dL}{dt} = \dfrac{dF}{d\lambda}, \quad \dfrac{d\xi_i}{dt} = \dfrac{dF}{d\eta_i}, \quad \dfrac{dv}{dt} = \dfrac{dF}{du}, \\ \dfrac{d\lambda}{dt} = -\dfrac{dF}{dL}, \quad \dfrac{d\eta_i}{dt} = -\dfrac{dF}{d\xi_i}, \quad \dfrac{du}{dt} = -\dfrac{dF}{dv}. \end{cases}$$

Nous voyons d'abord que F peut s'écrire

$$F = F_0 + \beta F_1 + \beta^2 F_2.$$

F_0 est ce que deviendrait la fonction F, si le Soleil n'existait pas; le mouvement serait alors képlérien et F_0 se réduirait à une constante divisée par L^2; F_1 est tout simplement égal à $-v$; quant à $\beta^2 F_2$, c'est la fonction perturbatrice qui est, comme on sait, proportionnelle à β^2. Quelle est sa forme?

1° Elle dépend des variables L, λ, ξ, η et de u, et en outre de deux paramètres qui sont la parallaxe α et l'excentricité e' du Soleil;

2° Elle est développable suivant les puissances de α et e';

3° Elle est périodique par rapport à λ et à u;

4° Elle est développable suivant les puissances des ξ et des η;

5° Si l'on y remplace ξ et η par $\sqrt{2\rho}\cos\omega$ et $\sqrt{2\rho}\sin\omega$, elle sera une fonction périodique de λ, de u et des ω, qui pour $e' = 0$ dépendra seulement des différences des quatre variables

$$\lambda, \quad u, \quad -\omega_1, \quad -\omega_2;$$

6° Ce sera une fonction paire par rapport à ξ_2 et η_2.

Il résulte de la cinquième condition que, si l'on développe F_2 en série de Fourier selon les lignes trigonométriques de λ et de u, et que l'on envisage le terme constant que j'appellerai $[F_2]$, ce terme constant ne dépendra que de la différence $\omega_1 - \omega_2$, et, comme il est développable suivant les puissances des ξ et des η, on voit que son développement ne pourra contenir que des termes de degré pair. En vertu de la sixième condition tous les termes devront être pairs, d'une part par rapport à ξ_1 et η_1, d'autre part par rapport à ξ_2 et η_2;

7° Mais il y a plus; dans le développement de $[F_2]$ envisageons les termes qui sont de degré zéro par rapport à α et à e' et de degré 2 par rapport aux ξ et aux η; ces termes se réduiront à

$$C[\xi_1^2 + \eta_1^2 - \xi_2^2 - \eta_2^2],$$

C ne dépendant que de L. C'est pour cette raison que, dans les développements des vitesses du périgée et du nœud, les termes en m^2 (ou en β^2) sont égaux et de signes contraires.

10. Cela posé, nous allons, comme dans les paragraphes précédents, faire une série de changements canoniques de variables, n'altérant pas la forme de la fonction F, mais simplifiant progressivement cette fonction jusqu'à ce que, finalement, les termes non négligeables de cette fonction ne dépendent plus que des nouvelles variables L', ν', ξ', η' et pas de λ' et u', et que de plus elle ne dépende des ξ' et η' que par les combinaisons

$$\xi_1'^2 + \eta_1'^2, \quad \xi_2'^2 + \eta_2'^2.$$

Nous dirons alors que ces termes satisfont aux conditions A. Le premier de ces changements de variables aura pour but de faire disparaître dans F_2 les termes dépendant de λ et de u; il suffira d'appliquer le procédé du paragraphe **4**. La fonction F deviendra

$$F = F_0' + \beta F_1' + \beta^2 F_2' + \beta^3 F_3' + \ldots,$$

où F_0', F_1' et F_2' sont formées avec les nouvelles variables comme F_0, F_1 et $[F_2]$

l'étaient avec les anciennes. Si, pour économiser les notations, nous convenons de supprimer les accents après chaque changement de variables, une fois que ce changement est accompli (ce que nous avons fait, en somme, dans les paragraphes précédents), nous aurons

$$F = F_0 + \beta F_1 + \beta^2[F_2] + \beta^3 F_3 + \ldots,$$

F_3, F_4, ... remplissant les conditions énoncées pour F_2 au paragraphe 9.

On remarquera que F_1 reste égal à $-e$, les autres termes F_0, $[F_2]$, F_3, ... ne dépendant pas de e. Cette circonstance subsistera dans toute la suite des changements de variables. Cela tient à ce que les fonctions qui joueront le rôle de la fonction θ du paragraphe 3 ne dépendront pas de e, de sorte que les différences entre chaque variable ancienne et la variable nouvelle correspondante sera indépendante de e.

Si les termes du second degré de $[F_2]$ se réduisaient à

$$\gamma_1(\xi_1^2 + \eta_1^2) + \gamma_2(\xi_2^2 + \eta_2^2)$$

sans qu'il y eût entre γ_1 *et* γ_2 *de relation linéaire à coefficients entiers*, on n'aurait qu'à combiner sans y rien changer les principes des paragraphes précédents et l'on verrait que les quantités β, α, e, e', γ par rapport auxquelles on développe ne peuvent jamais être affectées d'exposants négatifs; mais il n'en est pas ainsi, car on a $\gamma_1 + \gamma_2 = 0$, ainsi que nous l'avons dit plus haut (§ 9, 7°), et c'est ce qui nous oblige à examiner la question de plus près.

11. Nous appellerons *caractéristique* d'un terme un produit de la forme

$$\beta^{\mu_1}\alpha^{\mu_2}e^{\mu_3}\gamma^{\mu_4}e'^{\mu_5},$$

où μ_1, μ_2, μ_5 ne sont autre chose que les exposants de β, α et e' dans ce terme, tandis que μ_3 est le degré du terme en ξ_1 et η_1, et μ_4 son degré en ξ_2 et η_2.

Comme nous le verrons plus loin, il peut s'introduire des termes où l'exposant μ_1 est négatif, et c'est précisément le fait que nous nous proposons de mettre en évidence; mais cela n'arrivera que pour des termes pour lesquels les autres exposants μ sont notables; cela ne se présentera pas au début du calcul; nous supposerons donc qu'au point où nous en sommes arrivé le fait ne s'est pas encore produit, de telle façon que tous les termes de F aient une caractéristique à exposants positifs. Ce qui nous autorise à faire cette hypothèse, c'est que, dès que le fait en question se produira, nous pourrons arrêter le calcul, le but (qui était de démontrer la possibilité de ce fait) étant atteint.

Soit

$$K = \beta^{\nu_1}\alpha^{\nu_2}e^{\nu_3}\gamma^{\nu_4}e'^{\nu_5}.$$

Je suppose que, par suite des changements de variables déjà faits, tous les termes de F *dont la caractéristique est un diviseur de* K (K lui-même étant exclu) *satisfassent aux conditions* A, *c'est-à-dire ne dépendant que de* L, v, $\xi_1^2+\eta_1^2$, $\xi_2^2+\eta_2^2$. Je me propose de faire un changement canonique de variables tel qu'après ce nouveau changement les termes en question dont la caractéristique est un diviseur de K ne soient pas altérés et continuent par conséquent à satisfaire aux conditions A, et *que de plus les termes dont la caractéristique est* K *satisfassent également à ces conditions* A.

Il est clair qu'on peut conduire une suite de semblables changements de variables de façon que finalement tous les termes non négligeables satisfassent aux conditions A.

Les variables anciennes s'appelant d'après nos conventions

$$L,\quad \lambda,\quad v,\quad u,\quad \xi_i,\quad \eta_i,$$

les variables nouvelles s'appelleront

$$L',\quad \lambda',\quad v',\quad u',\quad \xi'_i,\quad \eta'_i.$$

Et nous introduirons comme au paragraphe 3 une fonction S qui définira le changement de variables par l'identité

$$dS = \lambda\, dL + u\, dv + \Sigma\eta\, d\xi + L'\, d\lambda' + v'\, du' + \Sigma\xi'\, d\eta'.$$

Cette fonction S sera d'ailleurs de la forme suivante :

$$S = L\lambda' + vu' + \Sigma\xi\eta' + \Theta.$$

Nous prendrons

$$\Theta = \theta_0 + \theta_1 + \theta_2 + \theta_3,$$

où θ_0, θ_1, θ_2, θ_3 auront respectivement pour caractéristiques K, $\frac{K}{\beta}$, $\frac{K}{\beta^2}$ et $\frac{K}{\beta^3}$; où θ_1 sera indépendant de λ', θ_2 et θ_3 indépendants de λ' et de u'; où enfin θ_3 satisfera à l'équation

$$(3)\qquad \xi_1\frac{d\theta_3}{d\eta'_1} - \eta'_1\frac{d\theta_3}{d\xi_1} - \xi_2\frac{d\theta_3}{d\eta'_2} + \eta'_2\frac{d\theta_3}{d\xi_2} = 0.$$

Nous ferons la même approximation qu'au paragraphe 3, c'est-à-dire que nous remplacerons les équations exactes

$$(4)\qquad \lambda = \lambda' + \frac{d\Theta}{dL}, \qquad L = L' - \frac{d\Theta}{d\lambda'}, \qquad \ldots$$

par les équations approchées

$$\lambda = \lambda' + \frac{d\Theta'}{dL'}, \qquad L = L' - \frac{d\Theta'}{d\lambda'}, \tag{4 bis}$$

Θ' c'est ce que devient Θ quand on y accentue les lettres L, v, ξ_i. *Nous évaluerons plus loin, au paragraphe* **14**, *l'erreur qui résulte de cette approximation.*

Dans ces conditions, après le changement de variables, F deviendra

$$F' + [F', \Theta'],$$

en négligeant le carré de Θ', en désignant par F' ce que devient F quand on y accentue toutes les lettres, et en posant

$$\begin{aligned}[F', \Theta'] = & \left(\frac{dF'}{d\lambda'}\frac{d\Theta'}{dL'} - \frac{dF'}{dL'}\frac{d\Theta'}{d\lambda'}\right) \\ & + \left(\frac{dF'}{du'}\frac{d\Theta'}{dv'} - \frac{dF'}{dv'}\frac{d\Theta'}{du'}\right) + \sum\left(\frac{dF'}{d\eta'}\frac{d\Theta'}{d\xi'} - \frac{dF'}{d\xi'}\frac{d\Theta'}{d\eta'}\right).\end{aligned} \tag{5}$$

12. Nous ne conserverons dans F que les termes qui ont pour caractéristique K ou un diviseur de K, et qui sont les seuls qui nous intéressent. Avant d'aller plus loin, considérons deux termes quelconques A' et B', et formons le crochet [A', B'] défini comme nous venons de le faire pour [F', Θ'] : ce crochet se composera de quatre termes, les deux premiers correspondant aux deux premières parenthèses du second membre de (5) et les deux derniers aux parenthèses réunies sous le signe Σ dans le dernier terme de ce second membre.

Si alors nous supposons que A' et B' aient respectivement pour caractéristiques K_1 et K_2, nous voyons que les deux premiers termes de [A', B'] ont pour caractéristique $K_1 K_2$, et les deux derniers $\frac{K_1 K_2}{e^2}$ et $\frac{K_1 K_2}{\gamma^2}$.

Observons en passant que dans le cas qui nous occupe le second terme de [A', B'] est généralement nul, car Θ ne dépend pas de v', et le seul terme de F qui dépende de v est le terme F_1 ; c'est donc seulement quand $A' = F'_1$ que le second terme en question n'est pas nul.

De ce que Θ ne dépend pas de v, il résulte également que

$$u = u'.$$

Considérons les différents termes de [F', Θ'] et d'abord

$$[F', \theta'_0] = [F'_0, \theta'_0] + \beta[F'_1, \theta'_0] + \beta^2[F'_2, \theta'_0] + \beta^3[F'_3, \theta'_0] + \ldots.$$

F'_0 et F'_1 ont pour caractéristique 1, et sont indépendants des ξ' et des η', de sorte qu'on n'a pas à envisager les deux derniers termes du second membre de (5); comme θ'_0 a pour caractéristique K, on voit que $[F'_0, \theta'_0]$ et $\beta[F'_1, \theta'_0]$ ont pour caractéristiques K et βK; le premier de ces crochets doit donc être conservé et le second rejeté. Prenons ensuite les différents termes de $\beta^n[F'_n, \theta'_0]$.

Si le terme envisagé de F'_n a pour caractéristique K_1, les deux premiers termes du second membre de (5) nous donneront des termes de caractéristique $\beta^n KK_1$, et les deux derniers des termes de caractéristique

$$\frac{\beta^n KK_1}{e^2} \quad \text{ou} \quad \frac{\beta^n KK_1}{\gamma^2}.$$

Tous ces termes doivent être rejetés, car il n'est pas possible que $\beta^n KK_1$, $\frac{\beta^n KK_1}{e^2}$ ou $\frac{\beta^n KK_1}{\gamma^2}$ soit égal à K ou à un diviseur de K.

Il n'y a pas à craindre d'ailleurs que $\frac{\beta^n KK_1}{e^2}$ par exemple soit fractionnaire; quelle est en effet l'origine des termes qui ont cette caractéristique ? On les obtiendra en considérant un terme A' de F'_n ayant pour caractéristique K_1, et en formant le troisième terme du second membre de (5) dans le crochet $\beta^n[A', \theta'_0]$; or ce troisième terme est nul si les dérivées de A' par rapport à ξ'_1 et η'_1 sont nulles, c'est-à-dire si K_1 n'est pas divisible par e, ou encore si les dérivées de θ'_0 par rapport à ξ'_1 et η'_1 sont nulles, c'est-à-dire si K n'est pas divisible par e. Il faut donc bien que KK_1 soit divisible par e^2.

En résumé, de $[F', \theta'_0]$ il convient de conserver seulement

$$[F'_0, \theta'_0] = -\frac{dF'_0}{dL'}\frac{d\theta'_0}{d\lambda'}.$$

Considérons maintenant

$$[F', \theta'_1] = [F'_0, \theta'_1] + \beta[F'_1, \theta'_1] + \beta^2[F'_n, \theta'_1] + \ldots.$$

Le premier terme $[F'_0, \theta'_1]$ est nul, parce que θ'_1 ne dépend pas de λ'; le second,

$$\beta[F'_1, \theta'_1] = \beta\frac{d\theta'_1}{du'},$$

a pour caractéristique K et doit être conservé. On verrait, comme plus haut, que les autres termes ont pour caractéristiques

$$\beta^{n-1}KK_1, \quad \frac{\beta^{n-1}KK_1}{e^2}, \quad \frac{\beta^{n-1}KK_1}{\gamma^2} \qquad (n > 1)$$

et doivent être rejetés. Passons à

$$[F', \theta'_2] = \Sigma\beta^n[F'_n, \theta'_2].$$

Nous avons

$$[F'_0, \theta'_2] = [F'_1, \theta'_2] = 0,$$

parce que θ'_2 ne dépend ni de λ' ni de u'. Les autres termes provenant de $\beta^n[F'_n, \theta'_2]$ ont pour caractéristiques

$$(6) \qquad \beta^{n-2}KK_1, \quad \frac{\beta^{n-2}KK_1}{e^2}, \quad \frac{\beta^{n-2}KK_1}{\gamma^2},$$

K_1 étant toujours la caractéristique du terme de F'_n envisagé. Tous les termes pour lesquels $n > 2$ doivent être rejetés, car, si $n > 2$, aucune des quantités (6) ne peut être égale à K ou à un diviseur de K. Reste donc à envisager les termes provenant de $B^n[F'_2, \theta'_2]$; ils ont pour caractéristiques

$$KK_1, \quad \frac{KK_1}{e^2}, \quad \frac{KK_1}{\gamma^2}.$$

Nous devons donc prendre $K_1 = 1$, $K_1 = e^2$, $K_1 = \gamma^2$, ce qui nous donnera la caractéristique K (ou bien $K_1 = e$, $K_1 = \gamma$, ce qui nous donnerait les caractéristiques $\frac{K}{e}$ ou $\frac{K}{\gamma}$, K étant supposé divisible soit par e, soit par γ).

Nous rejetterons l'hypothèse $K_1 = 1$, parce que F_2 a été réduit par le changement de variables du paragraphe **10** à la forme $[F_2]$ et a conservé cette forme dans les changements suivants, de sorte que celui de ses termes qui a pour caractéristique 1 ne dépend que de L', et, comme θ_2 ne dépend pas de λ', le crochet du terme en question et de θ'_2 est nul.

Nous rejetterons les hypothèses $K_1 = e$, $K_1 = \gamma$; et en effet $[F_2]$ ne contient que des termes d'ordre pair par rapport aux ξ et aux η.

Nous conserverons les hypothèses $K_1 = e^2$, $K_1 = \gamma^2$; nous aurons donc à conserver dans $[F_2]$ les termes qui sont du second ordre par rapport aux ξ et aux η, indépendants d'ailleurs de α et de e' et qui se réduisent (§ 9, 7°) à

$$C[\xi_1^2 + \eta_1^2 - \xi_2^2 - \eta_2^2].$$

Nous n'aurons d'ailleurs à envisager dans l'équation (5) que les deux derniers termes du second membre, de sorte qu'il nous restera finalement pour les termes conservés de notre crochet

$$[F', \theta'_2] = \beta^2 C\left(\eta'_1 \frac{d\theta'_2}{d\xi'_1} - \xi'_1 \frac{d\theta'_2}{d\eta'_1} - \eta'_2 \frac{d\theta'_2}{d\xi'_2} + \xi'_2 \frac{d\theta'_2}{d\eta'_2}\right),$$

ce que j'écrirai, pour abréger $\beta^2 D(\theta'_2)$.

Il reste à envisager

$$[F', \theta'_3] = \Sigma\beta^n[F'_n, \theta'_3].$$

On verrait, comme plus haut, que

$$[F'_0, \theta'_3] = [F'_1, \theta'_3] = 0,$$

puisque θ'_3 ne dépend ni de λ' ni de u'. De même les termes provenant de $\beta^n[F'_n, \theta'_3]$ auront pour caractéristiques

$$\beta^{n-3}KK_1, \quad \beta^{n-3}\frac{KK_1}{e^2}, \quad \beta^{n-3}\frac{KK_1}{\gamma^2}$$

et doivent tous être rejetés, sauf ceux pour lesquels $n = 3$ ou $n = 2$.

Parlons d'abord de l'hypothèse $n = 3$; on verrait, comme plus haut, qu'elle conduit à l'une des hypothèses suivantes :

$$K_1 = 1, \qquad K_1 = e^2, \qquad K_1 = \gamma^2, \qquad K_1 = e, \qquad K_1 = \gamma.$$

Considérons dans F_3 les termes qui admettent l'une de ces cinq caractéristiques; nous pouvons admettre que par des changements de variables antérieurs ils aient été amenés à satisfaire aux conditions A. Soient B'_1, B'_{e^2}, B'_{γ^2}, B'_e B'_{γ} les termes correspondants de F'_3; nous verrons que B'_1 ne dépend que de L', et que B'_e et B'_γ sont nuls. Il en résulte que $[B'_1, \theta'_3] = 0$, puisque θ'_3 ne dépend pas de λ'.

Nous ne devrons donc retenir que $[B'_{e^2} + B'_{\gamma^2}, \theta'_3[$, en nous bornant aux deux derniers termes du second membre de (5), qui sont de la forme

$$\sum C_i\left(\eta'_i\frac{d\theta'_3}{d\xi'_i} - \xi'_i\frac{d\theta'_3}{d\eta'_i}\right),$$

C_1 et C_2 ne dépendant que de L' et que je représenterai par la notation abrégée $D_1\theta'_3$.

Supposons maintenant $n = 2$, de telle sorte que nos caractéristiques deviennent

$$\frac{KK_1}{\beta}, \quad \frac{KK_1}{\beta e^2}, \quad \frac{KK_1}{\beta\gamma^2}.$$

Pour que ces caractéristiques soient égales à K ou à un diviseur de K, il faut et il suffit que K_1 soit égal au dénominateur β, βe^2, $\beta\gamma^2$, ou à l'un de ses diviseurs. Or F_2 c'est par définition le coefficient de β^2; il résulte de là que K_1 n'est pas divisible par β, car F_2 est indépendant de β. Nous devons donc supposer

$$K_1 = 1, \quad e, \quad \gamma, \quad e^2 \quad \text{ou} \quad \gamma^2.$$

Si nous appelons E'_1, E'_e, ... les termes correspondants de F'_2, nous verrions, comme plus haut, que

$$[E'_1, \theta'_3] = 0, \qquad E'_e = E'_\gamma = 0,$$

et, d'autre part,

$$[E'_{e'^2} + E'_{\gamma^2}, \theta'_3] = D\theta'_3 = 0,$$

puisque θ'_3 satisfait à l'équation (3).

En résumé, les seuls termes qu'il convienne de conserver dans $[F', \Theta']$ sont les suivants :

$$-\frac{dF'_0}{dL'}\frac{d\theta'_0}{d\lambda'} + \beta\frac{d\theta'_1}{du'} + \beta^2 D\theta'_2 + \beta^3 D_1\theta'_3.$$

13. On peut se demander si le changement de variables, en dehors des termes que nous conservons, ne va pas introduire des termes à caractéristique fractionnaire, où l'un des exposants μ serait négatif.

Je dis que cela n'arrivera pas si Θ ne contient pas lui-même de termes à caractéristique fractionnaire; et en effet, reprenons les équations

$$(4) \qquad \lambda = \lambda' + \frac{dL}{d\Theta}, \qquad L = L' - \frac{d\Theta}{d\lambda'}, \qquad \ldots,$$

d'où l'on peut tirer les variables anciennes en fonction des nouvelles, d'après le théorème de Cauchy sur le retour des suites et les fonctions implicites; les expressions ainsi obtenues seront développables suivant les puissances de β, α, e', des ξ' et des η', de sorte qu'il n'y aura pas de caractéristique fractionnaire; il ne pourra donc pas s'introduire de caractéristique fractionnaire quand dans F on remplacera ces variables anciennes par les expressions trouvées.

J'ajouterai qu'après cette substitution toutes les caractéristiques dans F' seront divisibles par β^2, à l'exception de F'_0 qui ne dépend que de L' et de $\beta F'_1$ qui se réduit à $-\beta v'$. En effet,

$$\beta^2 F_2 + \beta^3 F_3 + \ldots$$

est divisible par β^2 et restera divisible par β^2 après la substitution. D'autre part F_0 ne dépend que de L, et la différence

$$L - L' = -\frac{d\Theta}{d\lambda'}$$

est divisible par β^2. En effet, θ_1, θ_2, θ_3 ne dépendant pas de λ', il reste

$$L - L' = -\frac{d\theta_0}{d\lambda'}.$$

Or la caractéristique de θ_0 est égale à K; elle est donc divisible par β^2, puisque celle de θ_2 qui est supposée non fractionnaire est égale à $\frac{K}{\beta^2}$. Il résulte de là que $F_0 - F'_0$ est divisible par β^2. Il en sera de même de

$$\beta(F_1 - F'_1) = \beta(v' - v),$$

car

$$v' - v = \frac{d\Theta}{du'} = \frac{d\theta_0}{du'} + \frac{d\theta_1}{du'}.$$

Or les caractéristiques de θ_0 et θ_1 sont K et $\frac{K}{\beta}$ et, par conséquent, divisibles par β. La proposition énoncée se trouve donc établie.

Remarquons que θ_3 est au moins du quatrième degré par rapport aux ξ et aux η'. En effet, θ_3 satisfait à l'équation (3); si l'on remplace ξ_i et η'_i par $\sqrt{2\rho_i}\cos\omega_i$ et $\sqrt{2\rho_i}\sin\omega_i$, ce sera donc une fonction périodique de la somme $\omega_1 + \omega_2$, développable par conséquent suivant les

$$\begin{matrix}\cos\\ \sin\end{matrix} p(\omega_1 + \omega_2).$$

Nous pouvons supprimer les termes indépendants de

$$\omega_1 \quad \text{et} \quad \omega_2 \qquad (p = 0).$$

Nous n'avons pas de terme où $p = 1$, parce que nous n'avons dans nos développements que des puissances paires de ξ_2, η_2, ξ'_2, η'_2; nous avons donc au moins $p = 2$; et comme le degré par rapport aux ξ et η' est au moins égal à $2p$, ce degré est au moins égal à 4. On démontrera aussi, au paragraphe **16**, que θ_3 est divisible pas e'^4.

14. Je me propose maintenant d'évaluer l'erreur que nous avons commise au paragraphe **11** en remplaçant les équations (4) par les équations (4 *bis*) et en négligeant quelques lignes plus loin le carré de Θ'.

Cherchons la caractéristique des divers termes négligés; mais, afin d'abréger la discussion, nous ne considérerons pas séparément le degré en ξ_1 et η_1 et le degré en ξ_2 et η_2; c'est-à-dire que nous envisagerons la *caractéristique réduite*, qui sera par définition la caractéristique ordinaire où l'on a fait $\gamma = e$. Dans le présent paragraphe, il s'agira toujours des caractéristiques réduites.

Écrivons les équations (4) sous la forme

$$(7) \qquad \lambda - \lambda' = \frac{d\Theta}{dL}, \qquad L - L' = -\frac{d\Theta}{d\lambda'}, \qquad \ldots.$$

Dans les seconds membres figurent les variables L et ξ; nous les remplacerons par $L' + (L - L')$, $\xi' + (\xi - \xi')$, et nous développerons suivant les puissances de $L - L'$ et de $\xi - \xi'$.

En première approximation, nous ferons dans les seconds membres $L - L' = \xi - \xi' = 0$ et nous retomberons ainsi sur les équations (4 *bis*); on trouve dans les seconds membres les caractéristiques

$$K, \quad \frac{K}{\beta}, \quad \frac{K}{\beta^2}, \quad \frac{K}{\beta^3}$$

en ce qui concerne les variables autres que ξ et η et les caractéristiques (réduites)

$$\frac{K}{e}, \quad \frac{K}{e\beta}, \quad \frac{K}{e\beta^2}, \quad \frac{K}{e\beta^3}$$

en ce qui concerne les ξ et les η. Ces quatre types de caractéristiques correspondent respectivement à θ_0, θ_1, θ_2, θ_3; le dernier disparaît donc si $\theta_3 = 0$; les termes correspondant aux deux derniers ne dépendent ni de λ' ni de u'; ceux qui correspondent aux trois derniers ne dépendent pas de λ'.

En deuxième approximation, nous négligeons dans les seconds membres les carrés de $L - L'$, $\xi - \xi'$, et nous remplaçons $L - L'$, $\xi - \xi'$ par leurs premières valeurs approchées; cela introduit les nouveaux termes ayant pour caractéristiques

$$\frac{K^2}{e^h \beta^l} \qquad (h = 0, 1, 2, 3; \; l = 0, 1, 2, 3, 3, 4, 5, 6).$$

Pour le comprendre, il faut se rappeler qu'en différentiant par rapport à ξ ou à η, on divise la caractéristique par e; de sorte que, par exemple, le terme

$$\frac{d^2\theta'}{d\lambda' \, d\xi'}(\xi - \xi')$$

aura pour caractéristique le produit de celle de $\dfrac{d\theta}{d\lambda'}$ par celle de $\xi - \xi'$ divisée par e.

En troisième approximation, nous négligeons dans les seconds membres les cubes de $L - L'$, $\xi - \xi'$, et nous remplaçons $L - L'$, $\xi - \xi'$ par leurs secondes valeurs approchées; les nouveaux termes introduits auront pour caractéristiques.

$$\frac{K^3}{e^h \beta^l} \qquad (h \leqq 5, \; l \leqq 9).$$

Et plus généralement, en $n^{\text{ième}}$ approximation, les caractéristiques des termes nouveaux seront

$$\frac{K^n}{e^h \beta^l} \qquad (h \leqq 2n - 1, \qquad l \leqq 3n).$$

Mais quelques remarques sont nécessaires :

1° Si $\theta_3 = 0$, on a $l \leqq 2$ en première approximation, d'où $l \leqq 4$ en deuxième et $l \leqq 2n$ en $n^{\text{ième}}$ approximation ;

2° Supposons toujours $\theta_3 = 0$; en première approximation, les termes où $l = 2$ sont indépendants de λ' et de u'; il en sera donc de même en deuxième approximation des termes où $l = 4$, qui ne peuvent provenir que de la combinaison de deux termes de première approximation pour lesquels $l = 2$; il en sera de même en $n^{\text{ième}}$ approximation des termes où $l = 2n$. On démontrerait de même que les termes où $l = 2n - 1$ ne dépendent pas de λ'.

3° Dans $L - L'$ (toujours si $\theta_3 = 0$), on a $l \leqq 2n - 2$ parce que $\frac{d\Theta}{d\lambda'} = \frac{d\theta_0}{d\lambda'}$, et dans $v - v'$ on a $l \leqq 2n - 1$ parce que

$$\frac{d\Theta}{du'} = \frac{d\theta_0}{du'} + \frac{d\theta_1}{du'}.$$

Cela posé, considérons le développement de

$$F(L, \ldots) = F[L' + (L - L'), \ldots]$$

suivant les puissances de $L - L'$, ...

Le premier terme sera tout simplement F' et le terme général sera, d'après la formule de Taylor, $AD\pi$, A étant un coefficient numérique, D une dérivée partielle d'ordre p de l'un des termes de F', et π un produit de p facteurs de la forme $L - L'$, ... Si K_1 est la caractéristique du terme envisagé de F', celle de D sera

$$\frac{K_1}{e^{h_1}} \qquad (h_1 \leqq p).$$

Celle des différents facteurs de π sera de la forme

$$\frac{K^n}{e^h \beta^l}.$$

Celle de $AD\pi$ sera donc

$$\frac{K_1 K^N}{e^H \beta^M}, \tag{8}$$

avec

$$N = \Sigma n, \qquad H = h_1 + \Sigma h, \qquad M = \Sigma l.$$

Le terme ne doit être conservé que si cette expression est égale à K ou à un diviseur de K.

1° Supposons $\theta_3 = 0$. Soient q et q_1 les exposants de β dans K et dans K_1; l'exposant de β dans (8) sera

$$q_1 + Nq - M;$$

pour que (8) divise K, on doit avoir

$$M - q_1 \geqq (N-1)q.$$

Comme

$$M = \Sigma l \leqq 2\Sigma n = 2N,$$

on aura

$$2N - q_1 \geqq (N-1)q$$

ou

$$2 - q_1 \geqq (N-1)(q-2).$$

D'après le paragraphe précédent, nous aurons $q \geqq 2$, de sorte que le second membre ne peut être négatif; l'inégalité ne peut donc être satisfaite que si

$$q_1 = 2, \qquad N = 1.$$

Mais les termes pour lesquels $N = 1$ sont précisément ceux que nous n'avons pas négligés en remplaçant les équations (4) par les équations (4 *bis*) ou en négligeant le carré de Θ', ou si

$$q_1 = 2, \qquad q = 2, \quad \text{cas que nous réservons,}$$

ou si

$$q_1 = 1 \qquad \text{ou} \qquad q_1 = 0.$$

Mais, si $q_1 = 0$, le terme de F′ envisagé n'est autre que F'_0 qui ne dépend que de L′; en vertu de la remarque faite plus haut (3°), on aura non plus $l \leqq 2n$ mais $l \leqq 2n - 2$ et par conséquent

$$M \leqq 2N - 2,$$

de sorte que la condition à remplir devient

$$2N - 2 \geqq (N-1)q$$

ou

$$0 \geqq (N-1)(q-2),$$

ce qui entraîne encore

$$q = 2 \qquad \text{ou} \qquad N = 1.$$

Dans le cas de $q_1 = 1$, on aurait pour une raison analogue

$$M \leqq 2N - 1$$

et l'on arriverait au même résultat.

2° Il nous reste à examiner le cas de $q = 2$, que nous n'avons pu traiter par la considération de l'exposant de β.

Soient s et s_1 les exposants de e dans K et K_1; l'exposant de e dans $AD\pi$ sera

$$s_1 + Ns - H;$$

pour que (8) divise K, on doit avoir

$$H - s_1 \geqq (N - 1)s.$$

Mais

$$H \leqq 2N - 1,$$

d'où

$$2N - 1 \geqq (N - 1)s,$$

inégalité qui ne peut être satisfaite pour $N = 1$, c'est-à-dire pour un terme non négligé, ou pour $s = 0$, 1 ou 2.

3° Il nous reste donc le cas de $q = 2$, $s = 0$, 1 ou 2 et celui où $\theta_3 = 0$. Pour cela, soient encore t et t_1 l'exposant de α (ou celui de e') dans K et K_1; dans (8) il sera $t_1 + Nt$ et devra être au plus égal à t, ce qui ne peut arriver que pour $N = 1$ ou pour $t_1 = t = 0$. Il ne peut donc y avoir de difficulté qne si l'exposant de α et celui de e' sont nuls dans K et K_1.

4° De sorte que, si $\theta_3 = 0$, les seuls cas douteux correspondent à

(9) $$q = 2, \quad s = 0, \quad 1 \text{ ou } 2, \quad t = 0.$$

Mais, après le changement de variables du paragraphe **10**, F_2 s'est trouvé réduit à $[F_2]$. Les termes de $[F_2]$ qui satisfont aux conditions (9), c'est-à-dire ceux qui sont indépendants de α et de e' et de degré 2 au plus par rapport aux ξ et aux η, satisfont d'eux-mêmes aux conditions A. On n'aura donc jamais à faire un changement de variables avec une caractéristique K satisfaisant aux conditions (9).

5° Supposons que θ_3 ne soit pas nul; nous verrons au paragraphe **16** que θ_3 est toujours divisible par e'^4; donc K, si θ_3 n'est pas nul, est divisible par e'^4, de sorte que la condition $t = 0$ n'est pas remplie, ce qui nous ramène à un cas déjà examiné (3°).

Il résulte de cette discussion que les seuls termes dont la caractéristique soit K ou un diviseur de K sont ceux dont nous avons tenu compte dans les paragraphes **11**, **12**, **13**.

15. Donc, en nous bornant aux termes dont la caractéristique divise K, nous aurons

$$F = F' + [F', \theta']$$

ou, d'après le paragraphe **12**,

$$F = F' - \frac{dF'_0}{dL'}\frac{d\theta'_0}{d\lambda'} + \beta\frac{d\theta'_1}{du'} + \beta^2 D\theta'_2 + \beta^3 D_1\theta'_3.$$

Tous les termes du second membre, sauf F', ont pour caractéristique K; nous pourrons écrire

$$F' = G + H,$$

H contenant tous les termes de caractéristique K, et G les termes dont la caractéristique divise K sans être égale à K. Les autres termes sont négligés.

Nous décomposerons H en cinq parties :

$$H = H_0 + H_1 + H_2 + H_3 + [H].$$

Voici comment se fera la décomposition. Remplaçons ξ'_i et η'_i par $\sqrt{2\rho'_i}\cos\omega'_i$ et $\sqrt{2\rho'_i}\sin\omega'_i$; H deviendra une fonction périodique de λ', u', ω'_1, ω'_2 et pourra être exprimée en série de Fourier.

Dans cette série :

H_0 représentera les termes dépendant de λ';

H_1, les termes indépendants de λ', mais dépendant de u';

H_2, les termes indépendants de λ' et de u', mais dépendant de ω'_1 et ω'_2 de telle façon que les coefficients de ces deux variables ne soient pas égaux;

H_3, les termes qui ne dépendent que de la combinaison $\omega'_1 + \omega'_2$, mais en dépendent effectivement;

[H], les termes indépendants à la fois de λ', u' et des ω'.

Les termes G dont la caractéristique divise K ne seront pas altérés par le changement de variables. Nous déterminerons les θ par les équations

$$(10)\qquad \left\{\begin{aligned} &H_0 - \frac{dF_0}{dL'}\frac{d\theta'_0}{d\lambda'} = 0,\\ &H_1 + \beta\frac{d\theta'_1}{du'} = 0,\\ &H_3 + \beta^3 D_1\theta'_2 = 0,\\ &H_2 + \beta^2 D\theta'_3 = 0, \end{aligned}\right.$$

de sorte que les termes de caractéristique K se réduiront à [H] et satisferont ainsi aux conditions A.

Il ne peut se présenter aucune difficulté pour la résolution des trois premières équations (10), car la caractéristique K est toujours divisible par β^2, c'est-à-dire que H_0, H_1 et H_2 sont divisibles par β^2. Il n'en est pas de même en ce qui concerne la dernière équation (10), car H_3 est divisible par β^2, mais peut ne pas être divisible par β^3, *de sorte que* β *peut s'introduire au dénominateur.*

16. La fonction F présente une symétrie particulière dont j'ai parlé au paragraphe 9. Elle dépend de la longitude de la Lune λ, de l'anomalie moyenne du Soleil u, des longitudes du nœud et du périgée $-\omega_1$ et $-\omega_2$; elle dépend également de la longitude ϖ du *périgée solaire*, qui est une constante et que nous avions jusqu'ici supposée nulle par un choix convenable de l'origine des longitudes. Soit alors

$$e'^p \cos(a\lambda + bu + c_1\omega_1 + c_2\omega_2 + h\varpi)$$

un terme quelconque; comme la fonction F doit être indépendante de l'origine des longitudes, on aura

$$a + b + h = c_1 + c_2.$$

D'autre part, si nous prenons pour variables u et la longitude $u + \varpi$, nous voyons que, pour $e' = 0$, F dépendra seulement de $u + \varpi$, et que plus généralement ce sera une fonction de λ, des ω, de ϖ, de $e' \cos u$, de $e' \sin u$, *developpable suivant les puissances de* $e' \cos u$ *et* $e' \sin u$. On aura donc

$$p \geqq |b - h|.$$

De plus, c_2 sera toujours pair (*voir* paragraphe 9).

Toutes ces symétries ne sont pas altérées par les changements de variables, ainsi qu'on le vérifierait aisément.

Quels peuvent être alors les termes H_3 s'ils ne sont pas tous nuls? D'abord on doit avoir

$$a = b = 0, \qquad c_1 = c_2 \gtrless 0,$$

d'où

$$h = 2c_2, \qquad p \geqq 2|c_2|.$$

Mais c_2 est toujours pair; donc

$$p \geqq 4.$$

Ainsi H_3 est nul ou divisible par e'^4. Donc θ'_3 et θ_3 sont nuls ou divisibles par e'^4

17. Que H_3 puisse être divisible par β^2 sans l'être par β^3, il suffit pour s'en assurer de considérer les termes dont la caractéristique est $\beta^2 e'^4 e^2 \gamma^2$.

Il résulte de là qu'il y aura des termes à caractéristique fractionnaire; mais cela ne peut arriver tant que H_3 et, par conséquent θ_3 sont nuls. Cela n'arrivera donc pas si l'inclinaison est nulle, c'est-à-dire si $\xi_2 = \eta_2 = 0$. Cela n'arrivera pas si $e' = 0$; cela ne pourra pas arriver non plus pour les termes dépendant de e. Cela ne pourra arriver que quand s'introduira ce que nous avons appelé un *très petit diviseur analytique*; et en effet les termes de F que nous avons appelés H_3 correspondent précisément à ces très petits diviseurs analytiques.

Au lieu de β, nous pouvons introduire la constante m de Delaunay, qui n'en diffère que par un facteur constant. Nous n'avons pu conserver dans l'analyse précédente cette constante m, parce que ce facteur constant $\frac{m}{\beta}$ dépend de la variable L, ce qui nous aurait gêné.

Mais l'exposant de m est évidemment le même que celui de β. Il peut donc devenir négatif. Si donc on poussait assez loin les développements de Delaunay, on arriverait à des termes où m figurerait à une puissance négative. Mais on n'y arriverait que quand on rencontrerait de très petits diviseurs analytiques, ce qui, nous l'avons dit, ne peut se produire que pour des termes d'ordre très élevé. C'est pour cette raison que cette circonstance a échappé à Delaunay.

SUR

LE MOUVEMENT DU PÉRIGÉE DE LA LUNE

Bulletin astronomique, t. 17, p. 87-104 (mars 1900).

Les termes du mouvement de la Lune qui ne dépendent ni de l'inclinaison, ni de la parallaxe, ni de l'excentricité solaire, sont déterminés par les équations

$$(1)\qquad \begin{cases} x'' - 2my' + \dfrac{\varkappa x}{r^3} = 3m^2 x, \\ y'' + 2mx' + \dfrac{\varkappa y}{r^3} = 0. \end{cases}$$

Ici, on a posé

$$m = \frac{n'}{n - n'},$$

n' étant le moyen mouvement du Soleil et n celui de la Lune; et l'on a choisi l'unité de temps de telle façon que $n - n' = 1$. Quant à $\varkappa$, c'est la somme des masses de la Terre et de la Lune.

Si l'on pose

$$V_1 = \frac{\varkappa}{r} + \frac{3}{2} m^2 x^2,$$

ces équations peuvent s'écrire

$$(1\ bis)\qquad x'' - 2my' = \frac{dV_1}{dx}, \qquad y'' + 2mx' = \frac{dV_1}{dy},$$

et l'on en déduit l'intégrale de Jacobi

$$(2)\qquad \frac{x'^2 + y'^2}{2} = V_1 + \text{const.}$$

M. Hill a déterminé une solution particulière de ces équations; cette solution que je désignerai spécialement par x, y, est une solution périodique et elle représente l'ensemble des termes de degré zéro par rapport aux deux excentricités, à l'inclinaison et à la parallaxe. Elle correspond à la valeur zéro de la constante d'intégration e qui joue le rôle de l'excentricité.

Désignons par $x+\xi$, $y+\eta$, une solution infiniment voisine de la précédente, de telle sorte que nous puissions négliger les carrés des variations ξ et η. Alors ξ et η représenteront l'ensemble des termes qui seront du premier degré par rapport à e.

Il est clair que ξ et η devront satisfaire aux équations aux variations

$$\xi'' - 2m\eta' = P\xi + Q\eta, \qquad \eta'' + 2m\xi' = Q\xi + R\eta, \tag{3}$$

où j'ai posé pour abréger,

$$P = \frac{d^2V_1}{dx^2}, \qquad Q = \frac{d^2V_1}{dx\,dy}, \qquad R = \frac{d^2V_1}{dy^2}.$$

De plus, on déduit de l'intégrale de Jacobi

$$x'\xi' + y'\eta' - \frac{dV_1}{dx}\xi - \frac{dV_1}{dy}\eta = \text{const.} \tag{4}$$

Ces équations (3) et (4) permettent de calculer les termes du premier degré par rapport à e et la partie du mouvement du périgée, qui est indépendante des excentricités, de l'inclinaison et de la parallaxe et dépend seulement du rapport des moyens mouvements.

Les équations (3) sont des équations différentielles linéaires à coefficients périodiques; le système est du quatrième ordre puisqu'il se compose de deux équations du deuxième ordre. M. Hill, pour calculer le mouvement du périgée, commence par ramener le système au deuxième ordre et parvient à le remplacer par une équation unique

$$w'' + \Theta w = 0,$$

où Θ est une fonction périodique du temps.

Je voudrais indiquer une méthode par laquelle on pourrait déterminer ce mouvement du périgée sans avoir recours à cette transformation.

Pour cela cherchons à nous rendre compte de la forme de l'intégrale générale du système (3). J'ai dit que les équations (1) admettent une solution périodique; en réalité, elles en admettent une infinité (une pour chaque valeur de m) qui peuvent s'écrire

$$x = \varphi(\tau, m), \qquad y = \varphi_1(\tau, m),$$

où φ et φ_1 sont des fonctions développées, d'une part suivant les puissances de m, d'autre part suivant les cosinus et les sinus des multiples impairs de τ. Quant à τ, c'est la différence des longitudes moyennes de la Lune et du Soleil.

$$\tau = (n - n')(t + \varepsilon).$$

J'ai écrit les équations (1) en adoptant une unité de temps particulière, à savoir la période synodique divisée par 2π; je ne puis le faire si je veux faire varier m, parce que cela fera varier précisément cette période synodique. Je rétablis donc l'homogénéité et j'écris les équations (1) sous la forme

$$(1\ ter)\qquad \begin{cases} x'' - 2n'y' + \dfrac{\varkappa x}{r^3} = 3n'^2 x, \\ y'' + 2n'x' + \dfrac{\varkappa y}{r^3} = 0. \end{cases}$$

Mes solutions périodiques deviennent alors

$$x = \varphi\left[(n - n')(t + \varepsilon), \frac{n'}{n - n'}\right], \qquad y = \varphi_1\left[(n - n')(t + \varepsilon), \frac{n'}{n - n'}\right],$$

contenant deux constantes d'intégration n et ε.

On obtient évidemment deux solutions particulières des équations aux variations en différentiant par rapport à ces deux constantes. Ces deux solutions particulières sont

$$\xi_1 = \frac{dx}{d\varepsilon} = (n - n')\frac{dx}{d\tau}, \qquad \eta_1 = \frac{dy}{d\varepsilon} = (n - n')\frac{dy}{d\tau}$$

et

$$\xi_2 = \frac{dx}{dn} = (t + \varepsilon)\frac{dx}{d\tau} - \frac{n'}{(n - n')^2}\frac{dx}{dm},$$

$$\eta_2 = \frac{dy}{dn} = (t + \varepsilon)\frac{dy}{d\tau} - \frac{n'}{(n - n')^2}\frac{dy}{dm}.$$

Après la différentiation, je puis supposer de nouveau $n - n' = 1$, d'où $\tau = t + \varepsilon$, ce qui donne

$$\xi_1 = \frac{dx}{d\tau} = x', \qquad \eta_1 = \frac{dy}{d\tau} = y',$$

$$\xi_2 = \tau x' - m\frac{dx}{dm}, \qquad \eta_2 = \tau y' - m\frac{dy}{dm}.$$

Outre ces deux solutions particulières, la théorie des équations linéaires à coefficients périodiques nous enseigne qu'il en existe une troisième de la forme suivante :

$$\xi_3 = \Sigma \varepsilon_j \zeta^{2j+1+c}, \qquad \eta_3 = \sqrt{-1}\, \Sigma \varepsilon'_j \zeta^{2j+1+c}$$

Les ε_j et les ε'_j sont des coefficients constants; j est un entier, c est l'exposant caractéristique dont dépend le mouvement du périgée; enfin

$$\zeta = \cos\tau + i\sin\tau.$$

Si l'on change τ en $-\tau$, ξ en $-\xi$, η en $-\eta$, les quantités x, r et y se changeront en x, r et $-y$ et les équations ne changeront pas. Nous aurons donc une quatrième solution

$$\xi_4 = \Sigma\varepsilon_j\zeta^{-2j-1-c}, \qquad \eta_4 = -\sqrt{-1}\,\Sigma\varepsilon'_j\zeta^{-2j-1-c}.$$

Nous en déduisons une cinquième

$$\xi = \mathrm{F}(\tau) = \frac{\xi_3+\xi_4}{2} = \Sigma\varepsilon_j\cos(2j+1+c)\tau,$$

$$\eta = \mathrm{F}_1(\tau) = \frac{\eta_3+\eta_4}{2} = \Sigma\varepsilon'_j\sin(2j+1+c)\tau.$$

Quelles sont les conditions initiales correspondantes? On a d'abord

$$\mathrm{F}'(0) = \mathrm{F}_1(0) = 0.$$

Reprenons maintenant l'équation (4); je dis que pour cette solution particulière la constante qui figure dans le second membre de (4) doit être nulle. Il suffit, en effet, de prouver qu'il en est ainsi pour les deux solutions particulières ξ_3, η_3 et ξ_4, η_4. Or la solution ξ_3, η_3, jouit de cette propriété de se reproduire multipliée par $-(\cos c\pi + \sqrt{-1}\sin c\pi)$ quand on change τ en $\tau+\pi$.

Le premier membre de (4) est donc multiplié par le même facteur, si après y avoir fait $\xi=\xi_3$, $\eta=\eta_3$, on change τ en $\tau+\pi$. Comme ce facteur n'est pas égal à 1 et que le second membre est une constante, il faut que cette constante soit nulle; elle le sera encore, pour la même raison, si l'on fait $\xi=\xi_4$, $\eta=\eta_4$; et, par conséquent, on aura

$$x'\mathrm{F}'(\tau) + y'\mathrm{F}'_1(\tau) = \frac{d\mathrm{V}_1}{dx}\mathrm{F}(\tau) + \frac{d\mathrm{V}_1}{dy}\mathrm{F}_1(\tau).$$

Pour $\tau=0$, F' et F_1 s'annulent, et il reste

$$y'\mathrm{F}'_1(0) = \frac{d\mathrm{V}_1}{dx}\mathrm{F}(0) = \mathrm{F}(0)\left(3m^2x - \frac{\varkappa x}{r^3}\right)$$

Mais pour $\tau=0$, on a $x=r$; d'où

$$y'_0\mathrm{F}'_1(0) = \mathrm{F}(0)\left(3m^2x_0 - \frac{\varkappa}{x_0^2}\right)$$

en appelant x_0 et y'_0 les valeurs de x et y' pour $\tau=0$.

Comme F et F_1 ne sont définis jusqu'ici qu'à un facteur constant près, nous pourrons prendre pour les conditions initiales qui définissent complètement cette solution particulière

$$F'(0) = F_1(0) = 0,$$
$$F(0) = \Sigma\varepsilon_j = y'_0,$$
$$F'_1(0) = \Sigma\varepsilon'_j(2j+1+c) = 3m^2x_0 - \frac{\varkappa}{x_0^2}.$$

On aura alors

$$F(\pi) = \Sigma\varepsilon_j\cos(\pi + c\pi) = -y'_0\cos c\pi,$$
$$F'_1(\pi) = \Sigma\varepsilon'_j(2j+1+c)\cos(\pi + c\pi) = -\left(3m^2x_0 - \frac{\varkappa}{x_0^2}\right)\cos c\pi.$$

Ces équations vont nous fournir un moyen de calculer $\cos c\pi$; il suffit pour cela de calculer par exemple $F(\pi)$.

Observons que P, Q, R sont des fonctions périodiques de τ; la période étant π, les développements procéderont suivant les lignes trigonométriques des multiples de 2τ. De plus, par raison de symétrie, les développements de P et R ne contiendront que des cosinus et celui de Q ne contiendra que des sinus; soit

$$P = \Sigma P_j\cos 2j\tau, \qquad Q = \Sigma Q_j\sin 2j\tau, \qquad R = \Sigma R_j\cos 2j\tau.$$

Posons maintenant

$$\xi = \rho\cos\tau + \sigma\sin\tau, \qquad \eta = \rho\sin\tau - \sigma\cos\tau;$$

nos équations deviendront

$$\rho'' + 2(m+1)\sigma' - (2m+1)\rho = P'\rho + Q'\sigma,$$
$$\sigma'' - 2(m+1)\rho' - (2m+1)\sigma = Q'\rho + R'\sigma,$$

en posant

$$P' = P\cos^2\tau + 2Q\cos\tau\sin\tau - R\sin^2\tau,$$
$$Q' = Q(\sin^2\tau - \cos^2\tau) + (P - R)\cos\tau\sin\tau,$$
$$R' = P\sin^2\tau - 2Q\cos\tau\sin\tau + R\cos^2\tau,$$

c'est-à-dire

$$P' = 3m^2\cos^2\tau - \frac{x}{r^3} + 3\frac{x}{r^5}(x\cos\tau + y\sin\tau)^2.$$

$$Q' = 3m^2\cos\tau\sin\tau + 3\frac{x}{r^5}(x\cos\tau + y\sin\tau)(x\sin\tau - y\cos\tau),$$

$$R' = 3m^2\sin^2\tau - \frac{x}{r^3} + 3\frac{x}{r^5}(x\sin\tau - y\cos\tau)^2.$$

Il est aisé de voir que $(x+iy)\zeta^{-1}$, $(x-iy)\zeta$, et par conséquent r, $x\cos\tau + y\sin\tau$, $x\sin\tau - y\cos\tau$, et enfin P', Q', R' sont developpables suivant les puissances de m, $m^2\zeta^2$ et $m^2\zeta^{-2}$

Il en résulte que si l'on pose

$$P' = \Sigma P'_j \cos 2j\tau, \qquad Q' = \Sigma Q'_j \sin 2j\tau, \qquad R' = \Sigma R'_j \cos 2j\tau,$$

les coefficients P'_j, Q'_j, R'_j seront d'ordre $|2j|$, m étant regardé comme du premier ordre. J'observe de plus que Q'_0 est nul.

Ne laissons dans le second membre que les quantités du second ordre; nos équations deviendront

$$(5) \quad \begin{cases} \rho'' + 2(m+1)\sigma' - (2m+1)\rho - P'_0\rho = (P' - P'_0)\rho + Q'\sigma, \\ \sigma'' - 2(m+1)\rho' - (2m+1)\sigma - R'_0\rho = Q'\rho + (R' - R'_0)\sigma. \end{cases}$$

Il s'agit de déterminer $F(\tau)$ et pour cela il faut chercher une solution particulière des équations (5), assujettie aux conditions initiales

$$(6) \qquad \rho = y'_0, \qquad \rho' = \sigma = 0, \qquad \sigma' = 3m^2 x_0 - \frac{x}{x_0^2} \qquad (\text{pour } \tau = 0).$$

Cette solution particulière dépendra évidemment des coefficients P'_j, Q'_j, R'_j.

Un théorème général relatif aux équations linéaires nous apprend que notre solution peut se développer suivant les puissances de P'_j, Q'_j, R'_j, et que le développement ainsi obtenu converge, *quelles que soient les valeurs attribuées à ces coefficients*. En d'autres termes, notre solution est une fonction *entière* de ces coefficients.

Je veux dire que c'est une fonction entière par rapport aux coefficients

$$\begin{matrix} P'_0, & P'_1, & P'_2, & \ldots, \\ & Q'_1, & Q'_2, & \ldots, \\ R'_0, & R'_1, & R'_2, & \ldots, \end{matrix}$$

Mais je développerai seulement suivant les puissances des coefficients

$$\begin{matrix} P'_1, & P'_2, & \ldots, \\ Q'_1, & Q'_2, & \ldots, \\ R'_1, & R'_2, & \ldots, \end{matrix}$$

qui sont très petits.

Pour cela, je prendrai les équations (5) et j'attribuerai d'abord dans le second membre les valeurs 0 à ρ et à σ; et je chercherai à satisfaire aux équations (5,1) ainsi obtenues et aux conditions initiales (6); j'aurai ainsi une première approximation pour ρ et σ. Je substituerai ces valeurs approchées dans le second membre; j'aurai ainsi des équations (5,2) dont les premiers membres seront ceux des équations (5) et dont les seconds membres seront des fonctions connues; je chercherai à satisfaire à ces équations (5,2) et aux conditions initiales (6), ce qui me donnera une seconde approximation pour ρ et σ, et ainsi de suite.

La première approximation nous fera connaître exactement les termes des p premiers ordres du développement suivant les puissances des P'_j, Q'_j, R'_j.

D'ailleurs l'intégration des équations (5,1), (5,2), etc., ne présentera aucune difficulté, car ce sont des équations linéaires à second membre, et les premiers membres sont à *coefficients constants*.

On aura ainsi le développement de ρ, de σ, et, par conséquent, ceux de $F(\tau)$, $F(\pi)$ et $\cos c\pi$ suivant les puissances des P'_j, Q'_j, R'_j; ces développements convergeront très rapidement, car la convergence a lieu quelles que soient les valeurs attribuées à ces coefficients.

Il pourra néanmoins être avantageux de procéder autrement.

Soient (5 *bis*) des équations de même forme que les équations (5); mais où les coefficients P'_j, Q'_j, R'_j, au lieu d'avoir les valeurs particulières qu'elles ont dans les équations (5), ont des valeurs quelconques arbitraires.

Le système (5 *bis*) étant du quatrième ordre admettra quatre solutions linéairement indépendantes. Parmi ces quatre solutions, j'en distinguerai deux qui seront telles que ρ se change en $-\rho$ et σ en $-\sigma$ quand τ se change en $-\tau$. D'après les propriétés générales des équations linéaires à coefficients périodiques, ces deux solutions seront de la forme suivante :

$$\rho = \varphi_1(\tau) = \Sigma\alpha_j \cos(2j+q)\tau, \qquad \sigma = \psi_1(\tau) = \Sigma\beta_j \sin(2j+q)\tau.$$
$$\rho = \varphi_2(\tau) = \Sigma\alpha'_j \cos(2j+q')\tau, \qquad \sigma = \psi_2(\tau) = \Sigma\beta'_j \sin(2j+q')\tau,$$

où q et q' sont des constantes.

Quand les coefficients P'_j, ... prenant des valeurs particulières, les équations (5 *bis*) se réduisent aux équations (5), q se réduit à c et q' à zéro; et l'on a

$$\varphi_1(\tau) = F(\tau)\cos\tau + F_1(\tau)\sin\tau, \qquad \psi_1(\tau) = F(\tau)\sin\tau - F_1(\tau)\cos\tau;$$
$$\varphi_2(\tau) = x'\cos\tau + y'\sin\tau, \qquad \psi_2(\tau) = x'\sin\tau - y'\cos\tau.$$

Le procédé que nous avons développé plus haut consistait à chercher une solution des équations (5 *bis*) de la forme suivante :

$$\rho = A\varphi_1(\tau) + B\varphi_2(\tau), \qquad \sigma = A\psi_1(\tau) + B\psi_2(\tau), \tag{7}$$

à déterminer les coefficients constants A et B de façon à satisfaire aux conditions initiales (6) et à développer la solution ainsi définie suivant les puissances des P'_j, ...

Nous pouvons aussi envisager la solution

$$(7\,bis)\qquad \rho = A\varphi_1(\tau),\qquad \sigma = A\psi_1(\tau),$$

et déterminer le coefficient A de telle façon que

$$(6\,bis)\qquad A\varphi_1(0) = y'_0,$$

la condition *unique* (6 *bis*) remplaçant les conditions (6).

Les deux solutions (7) et (7 *bis*) sont identiques quand les coefficients P'_j, ..., prenant des valeurs particulières, les équations (5 *bis*) se réduisent aux équations (5); mais l'identité ne subsiste plus pour les autres valeurs des P'_j, ...

Nous pouvons alors nous proposer de développer suivant les puissances des P'_j, ..., non plus la solution (7), mais la solution (7 *bis*); ce développement représentera encore $y'_0 \cos c\pi$, quand on y fera $\tau = \pi$ et qu'on donnera aux P'_j, ..., les valeurs particulières qui correspondent aux équations (5).

Cherchons à nous rendre compte de la forme du développement; supposons qu'on ait développé les $A\alpha_j$ et q suivant les puissances des P'_j, ...; soient q_0 et q'_0 les valeurs des nombres q et q' pour

$$P'_1 = P'_2 = \ldots = Q'_1 = Q'_2 = \ldots = R'_1 = R'_2 = \ldots = 0.$$

On voit que le développement de $\cos(2j+q)\tau$ pourra s'écrire

$$\cos(2j+q)\tau = \cos(2j+q_0)\tau - \frac{(q-q_0)\tau}{1}\sin(2j+q_0)\tau$$
$$-\frac{(q-q_0)^2\tau^2}{1.2}\cos(2j+q_0)\tau,$$

de sorte que le développement de $A\varphi_1(\tau)$ devra contenir seulement des termes de l'une des deux formes

$$(8)\qquad \tau^{2k}\cos(2j+q_0)\tau,\qquad \tau^{2k+1}\sin(2j+q_0)\tau.$$

Voici alors comment nous devons opérer pour former effectivement le développement en question. Remplaçons d'abord ρ et σ par zéro dans les seconds membres des équations (5 *bis*) ou (5), nous obtiendrons les équations (5,1) dont la solution générale est

$$\rho = A\cos q_0\tau + A_1\sin q_0\tau + A_2\cos q'_0\tau + A_3\sin q'_0\tau.$$

Nous prendrons $A_1 = A_2 = A_3 = 0$ et nous choisirons A de façon à satisfaire à la condition (6 *bis*). Nous aurons ainsi une première approximation pour ρ et nous en déduirons σ. Nous substituerons ces valeurs approchées de ρ et de σ

dans les seconds membres des équations (5) et nous obtiendrons ainsi les équations (5,2), dont la solution générale est

$$\rho = \text{H} + \text{A}\cos q_0\tau + \text{A}_1 \sin q_0\tau + \text{A}_2 \cos q'_0\tau + \text{A}_3 \sin q'_0\tau,$$

où H est un ensemble de termes de la forme (8) et les A des constantes arbitraires. Nous prendrons $\text{A}_1 = \text{A}_2 = \text{A}_3 = 0$ et nous choisirons A de façon à satisfaire à (6 *bis*). Nous aurons ainsi une seconde approximation pour ρ et nous en déduirons σ; et ainsi de suite.

On voit qu'à chaque approximation, on choisit les constantes arbitraires de façon à satisfaire à la condition (6 *bis*) et à éviter l'introduction dans l'expression de ρ de termes de la forme $\sin q_0\tau$, $\cos q'_0\tau$ ou $\sin q'_0\tau$.

Le développement obtenu par ce nouveau procédé n'est pas identique à celui que nous avons d'abord envisagé; il n'y a donc pas de raison pour qu'il reste convergent *quelles que soient les valeurs attribuées aux* P'_j, ... Mais la convergence n'en est pas moins suffisamment rapide, à cause de la petitesse de ces quantités P'_j, et la forme de chaque terme est notablement plus simple.

Les procédés de calcul que nous venons d'exposer ne seront sans doute jamais employés pour le calcul numérique; sous ce rapport ils ne présentent que peu d'avantages sur la méthode de M. Hill, et ce savant a d'ailleurs poussé le calcul à un tel degré de précision qu'il n'est pas probable que personne songe jamais à le reprendre par un procédé nouveau. Mais ces procédés n'en sont pas moins utiles à connaître, car ils peuvent servir à mettre en évidence certaines propriétés du nombre c considéré comme fonction de m.

2. Reprenons les équations (1) du paragraphe 1 et observons que l'on peut les écrire

$$\frac{dx}{dt} = \frac{d\text{F}}{d\text{X}}, \qquad \frac{d\text{X}}{dt} = -\frac{d\text{F}}{dx},$$

$$\frac{dy}{dt} = \frac{d\text{F}}{d\text{Y}}, \qquad \frac{d\text{Y}}{dt} = -\frac{d\text{F}}{dy},$$

en posant

$$\text{X} = x' - my, \qquad \text{Y} = y' + mx,$$

$$\text{F} = \frac{x'^2 + y'^2}{2} - \text{V}_1.$$

Les équations (1) prennent ainsi la forme canonique des équations de la Dynamique.

Les équations (3) du paragraphe 1 sont les équations aux variations des équations (1); elles jouissent donc des propriétés des équations aux variations des équations de la Dynamique.

Rappelons ces propriétés. Soient

$$x_1, \quad x_2, \quad \ldots, \quad x_n,$$
$$y_1, \quad y_2, \quad \ldots, \quad y_n$$

les deux séries de variables conjuguées; soient

$$\frac{dx_i}{dt} = \frac{dF}{dy_i}, \qquad \frac{dy_i}{dt} = -\frac{dF}{dx_i}$$

les équations canoniques. Soit (x_i, y_i) une solution particulière de ces équations; $(x_i + \xi_i, y_i + \eta_i)$ une solution infiniment voisine. Les ξ et les η satisferont aux équations aux variations

$$\frac{d\xi_i}{dt} = \sum \frac{d^2F}{dx_k dy_i}\xi_k + \sum \frac{d^2F}{dy_i dy_k}\eta_k,$$
$$\frac{d\eta_i}{dt} = -\sum \frac{d^2F}{dx_i dx_k}\xi_k - \sum \frac{d^2F}{dx_i dy_k}\eta_k.$$

Soient ξ_i^0, η_i^0 et ξ_i^1, η_i^1 deux solutions particulières de ces équations aux variations. On aura

$$\Sigma(\xi_i^0 \eta_i^1 - \xi_i^1 \eta_i^0) = \text{const}.$$

Appliquons ce principe à nos équations (3); nous verrons que nous devons avoir

$$\xi_1(\xi_2' - m\eta_2) - \xi_2(\xi_1' - m\eta_1) + \eta_1(\eta_2' + m\xi_2) - \eta_2(\eta_1' + m\xi_1) = \text{const.},$$

ou bien

$$(9) \qquad (\xi_1\xi_2' - \xi_2\xi_1') + (\eta_1\eta_2' - \eta_2\eta_1') + 2m(\eta_1\xi_2 - \eta_2\xi_1) = \text{const}.$$

La même relation devra subsister si l'on remplace un des indices 1 ou 2 ou ces deux indices par l'indice 3 ou par l'indice 4.

Désignons, pour abréger, par $(1, 2)$ le premier membre de la relation (9) et, le plus généralement, par (i, k) une expression analogue où les indices 1 et 2 ont été remplacés par i et k.

On aura alors

$$-(1, k) = (\xi_k x'' - \xi_k' x') + (\eta_k y'' - \eta_k' y') + 2m(\eta_k x' - \xi_k y') = \text{const}.$$

Cela peut s'écrire aussi, en changeant les signes,

$$x'\xi_k' + y'\eta_k' - \frac{dV_1}{dx}\xi_k - \frac{dV_1}{dy}\eta_k = \text{const}.$$

et nous retrouverons ainsi l'équations (4) du paragraphe 1.

Si l'on fait $k = 1$, le premier membre est identiquement nul; je dis que pour $k = 3$ ou 4 la constante du second membre doit être nulle.

Il est clair en effet que $(1, 3)$ est multiplié par $-\cos c\pi - i \sin c\pi$ et $(1, 4)$ par $-\cos c\pi + i \sin c\pi$ quand on change τ en $\tau + \pi$. Et comme ce facteur n'est pas égal à 1, il faut bien que la constante soit nulle.

Au contraire, $(1, 2)$ est égal à une constante qui ne peut être nulle. Car si les quatre expressions $(1, 1)$, $(1, 2)$, $(1, 3)$ et $(1, 4)$ étaient nulles, à la fois, on aurait quatre équations d'où l'on tirerait

$$\xi_1 = \eta_1 = \xi'_1 = \eta'_1 = 0.$$

Considérons maintenant les expressions $(2, 1)$, $(2, 3)$, $(2, 4)$. Nous avons évidemment

$$-(2, k) = -\tau(1, k) + (\xi_k x' + \eta_k y') - m\left(\xi_k \frac{dx'}{dm} + \eta_k \frac{dy'}{dm}\right)$$
$$+ m\left(\xi'_k \frac{dx}{dm} + \eta'_k \frac{dy}{dm}\right) + 2m^2\left(\xi_k \frac{dy}{dm} + \eta_k \frac{dx}{dm}\right).$$

Nous n'avons pas à nous inquiéter de $(2, 2)$, qui est identiquement nul; et si nous nous rappelons que $(1, 1)$, $(1, 3)$, $(1, 4)$ sont nuls, nous pourrons écrire

$$-(2, k) = (\xi_k x' + \eta_k y') - m\left(\xi_k \frac{dx'}{dm} + \eta_k \frac{dy'}{dm}\right)$$
$$+ m\left(\xi'_k \frac{dx}{dm} + \eta'_k \frac{dy}{dm}\right) + 2m^2\left(\xi_k \frac{dy}{dm} - \eta_k \frac{dx}{dm}\right) \qquad (k = 1, 3, 4).$$

On verrait alors que $(2, 1)$, $(2, 3)$, $(2, 4)$ se reproduisent multipliés respectivement par 1, $-\cos\pi c - i \sin\pi c$, $-\cos\pi c + i \sin\pi c$ quand on change τ en $\tau + \pi$, et l'on en conclurait, comme plus haut, que $(2, 3)$ et $(2, 4)$ sont nuls.

Nous savons d'ailleurs que $(2, 1) = -(1, 2)$ n'est pas nul.

Il reste à envisager l'expression $(3, 4) = -(4, 3)$, qui doit être égale à une constante.

Je dis que cette constante n'est pas nulle. En effet, $(3, 3)$ est identiquement nulle. Nous venons de voir que $(1, 3)$ et $(2, 3)$ sont nulles. Or les quatre expressions $(1, 3)$, $(2, 3)$ $(3, 3)$ $(4, 3)$ ne peuvent être nulles à la fois, sans quoi l'on aurait quatre équations d'où l'on tirerait

$$\xi_3 = \eta_3 = \xi'_3 = \eta'_3 o.$$

Donc $(3, 4) = -(4, 3)$ n'est pas nulle. C. Q. F. D

Il résulte de là que ξ_1, η_1 et ξ_1, η_1 satisfont aux équations

$$(10) \quad \left\{ \begin{aligned} & \xi' x' + \eta' y' = \xi(x'' - 2my') + \eta(y'' + 2mx'), \\ & \xi' \frac{dx}{dm} + \eta' \frac{dy}{dm} = \xi\left(\frac{dx'}{dm} - \frac{x'}{m} - 2m\frac{dy}{dm}\right) + \eta\left(\frac{dy'}{dm} - \frac{y'}{m} + 2m\frac{dx}{dm}\right). \end{aligned} \right.$$

Ces équations forment un système du second ordre d'équations linéaires à coefficients périodiques. On pourrait s'en servir pour déterminer le mouvement du périgée; car le calcul des séries $\frac{dx}{dm}$ et $\frac{dy}{dm}$ peut se faire avec la même facilité que celui des séries x et y.

Je me propose de montrer dans un autre article comment on pourrait imaginer une méthode d'approximations successives où le le calcul des termes d'ordre supérieur, par rapport aux excentricités et à l'inclinaison, serait ramené à l'intégration d'équations linéaires à second membre, dont le premier membre serait la différence des deux membres des équations (10). On aurait ainsi affaire à un système de deux équations linéaires à second membre *du premier ordre*, qui pourrait remplacer le système (1) considéré plus bas du paragraphe **3**, lequel est un système de deux équations linéaires à second membre *du second ordre*.

3. Les relations, mises en évidence dans le paragraphe **2**, peuvent fournit d'intéressants procédés de vérification, mais elles sont susceptibles aussi d'une autre application sur laquelle je désirerais attirer l'attention.

Le calcul des termes qui sont proportioneels à la parallaxe ou à l'excentricité solaire et le calcul des termes d'ordre supérieur se ramènent à l'intégration des équations à second membre

$$(1)\qquad \begin{cases} \xi'' - 2m\eta' - P\xi - Q\eta = A, \\ \eta'' + 2m\xi' - Q\xi - R\eta = B, \end{cases}$$

où A et B sont des fonctions connues de τ, développées en séries trigonométriques.

Pour étudier l'intégration des équations (1), occupons-nous d'un problème un peu plus général. Soient

$$x_1,\quad x_2\quad \ldots,\quad x_n,$$
$$y_1,\quad y_2\quad \ldots,\quad y_n,$$

deux séries de variables conjuguées; formons les équations canoniques

$$(2)\qquad \frac{dx_i}{dt} = \frac{dF}{dy_i},\qquad \frac{dy_i}{dt} = -\frac{dF}{dx_i}.$$

Soient ξ_i et η_i les variations de x_i et y_i; formons les équations aux variations

$$(3)\qquad \begin{cases} \dfrac{d\xi_i}{dt} = \displaystyle\sum \frac{d^2F}{dy_i\,dx_k}\xi_k + \sum \frac{d^2F}{dy_i\,dy_k}\eta_k, \\ \dfrac{d\eta_i}{dt} = -\displaystyle\sum \frac{d^2F}{dx_i\,dx_k}\xi_k - \sum \frac{d^2F}{dx_i\,dy_k}\eta_k. \end{cases}$$

Considérons $2n$ solutions particulières de ces équations (3) et écrivons-les

(4) $$\xi_i = \xi_{i.p}, \qquad \eta_i = \eta_{i.p} \qquad (p = 1, 2, \ldots, 2n).$$

Posons

$$(p, q) = \Sigma_i(\xi_{i.p}\eta_{i.q} - \eta_{i.p}\xi_{i.q}),$$

nous aurons, d'après le paragraphe précédent,

$$(p, q) = \text{const.}$$

Il est clair que nous pourrons choisir les solutions particulières (4) de telle façon que

$$(2p, 2p-1) = 1$$

et que les (p, q) soient nuls si les deux nombres p et q ne sont pas l'un un nombre impair et l'autre le nombre pair qui le suit.

Cela posé, nous envisageons les équations à second membre

(5) $$\begin{cases} \dfrac{d\xi_i}{dt} - \sum \dfrac{d^2F}{dy_i dx_k}\xi_k - \sum \dfrac{d^2F}{dy_i dy_k}\eta_k = A_i, \\ \dfrac{d\eta_i}{dt} + \sum \dfrac{d^2F}{dx_i dx_k}\xi_k + \sum \dfrac{d^2F}{dx_i dy_k}\eta_k = B_i, \end{cases}$$

où les A_i et les B_i sont des fonctions connues de t.

Multiplions les équations (5) par $\eta_{i.p}$ et $-\xi_{i.p}$; multiplions, d'autre part, les équations

$$\frac{d\xi_{i.p}}{dt} - \sum \frac{d^2F}{dy_i dx_k}\xi_{k.p} - \sum \frac{d^2F}{dy_i dy_k}\eta_{k.p} = 0,$$
$$\frac{d\eta_{i.p}}{dt} + \sum \frac{d^2F}{dx_i dx_k}\xi_{k.p} + \sum \frac{d^2F}{dx_i dy_k}\eta_{k.p} = 0$$

par $-\eta_i$, ξ_i; et ajoutons toutes les équations ainsi obtenues, il viendra

$$\frac{d}{dt}\Sigma(\xi_i\eta_{i.p} - \eta_i\xi_{i.p}) = \Sigma(A_i\eta_{i.p} - B_i\xi_{i.p}).$$

Le second membre, étant une fonction connue, nous aurons immédiatement par quadrature

(6) $$\Sigma(\xi_i\eta_{i.p} - \eta_i\xi_{i.p}) = C_p,$$

les C_p étant des fonctions connues. Il reste à résoudre les $2n$ équations (6) par rapport aux $2n$ inconnues ξ_i et η_i.

Pour cela, posons

$$\xi_i = \Sigma F_q \xi_{i.q}, \qquad \eta_i = \Sigma F_q \eta_{i.q};$$

les équations (6) deviendront

$$\Sigma(q, p) F_q = C_p$$

ou, à cause des valeurs particulières des constantes (q, p),

$$F_{2p} = C_{2p-1}, \qquad F_{2p-1} = -C_{2p},$$

d'où les formules

$$(7) \qquad \begin{cases} \xi_i = \Sigma_p(\xi_{i.2p} C_{2p-1} - \xi_{i.2p-1} C_{2p}), \\ \eta_i = \Sigma_p(\eta_{i.2p} C_{2p-1} - \eta_{i.2p-1} C_{2p}), \end{cases}$$

qui donnent la solution générale des équations (5) par de simples quadratures.

Appliquons cette méthode aux équations (1) et, pour cela, observons que ces équations peuvent se mettre sous une forme analogue à celle des équations (5).

Posons, en effet,

$$X = x' - my, \qquad Y = y' + mx,$$

$$F = \frac{x'^2 + y'^2}{2} - V_1, \qquad V_1 = \frac{\varkappa}{r} + \frac{3}{2} m^2 x^2;$$

les équations (1) du paragraphe 1 pourront s'écrire

$$\frac{dx}{d\tau} = \frac{dF}{dX}, \qquad \frac{dy}{d\tau} = \frac{dF}{dY},$$

$$\frac{dX}{d\tau} = -\frac{dF}{dx}, \qquad \frac{dY}{d\tau} = -\frac{dF}{dy}.$$

Les équations (3) du paragraphe 1, qui sont les équations aux variations des équations (1) du paragraphe 1, s'écriront

$$\frac{d\xi}{d\tau} = \delta\frac{dF}{dX} = \frac{d^2F}{dX\,dx}\xi + \frac{d^2F}{dX\,dy}\eta + \frac{d^2F}{dX^2}\delta X + \frac{d^2F}{dX\,dY}dY,$$

$$\frac{d\eta}{d\tau} = \delta\frac{dF}{dY}, \qquad \frac{d\delta X}{d\tau} = -\delta\frac{dF}{dx}, \qquad \frac{d\delta Y}{d\tau} = -\delta\frac{dF}{dy},$$

en appelant

$$\xi, \quad \eta, \quad \delta X = \xi' - m\eta, \quad \delta Y = \eta' + m\xi, \quad \delta\frac{dF}{dX}, \quad \ldots,$$

les variations de

$$x, \quad y, \quad X, \quad Y, \quad \frac{dF}{dX}, \quad \ldots.$$

Les équations (1) du paragraphe 3 s'écriront alors

$$(8) \qquad \begin{cases} \dfrac{d\xi}{d\tau} - \delta\dfrac{dF}{dX} = 0, & \dfrac{d\eta}{d\tau} - \delta\dfrac{dF}{dY} = 0, \\ \dfrac{d\delta X}{d\tau} + \delta\dfrac{dF}{dx} = A, & \dfrac{d\delta Y}{d\tau} + \delta\dfrac{dF}{dy} = B \end{cases}$$

et sont ainsi ramenées à la forme (5),

Les équations (3) du paragraphe 1 admettent quatre solutions distinctes, que nous avons représentées par des notations

$$\xi = \xi_p, \qquad \eta = \eta_p \qquad (p = 1, 2, 3, 4).$$

Nous avons vu que les expressions (1, 3), (1, 4), (2, 3), (2, 4) sont nulles, tandis que (1, 2) et (3, 4) sont des constantes différentes de zéro.

Comme les solutions ξ_p, η_p ne sont déterminées qu'à un facteur constant près, nous pourrons disposer de ce facteur de telle façon que

$$(1, 2) = (3, 4) = -1.$$

Si alors nous posons

$$\delta X_p = \xi'_p - m\eta_p, \qquad \delta Y_p = \eta'_p + m\xi_p,$$

de telle sorte que

$$(p, q) = \xi_p\,\delta X_q - \xi_q\,\delta X_p + \eta_p\,\delta Y_q - \eta_q\,\delta Y_p,$$

nous serons conduits par analogie avec le cas des équations (5) à poser

$$C_p = \xi\,\delta X_p - \xi_p\,\delta X + \eta\,\delta Y_p - \eta_p\,\delta Y,$$

et alors nos équations (8) nous donneront

$$\frac{dC_p}{d\tau} = -A\xi_p - B\eta_p; \tag{9}$$

nous aurons donc les formules

$$\left\{\begin{aligned} \xi &= \xi_2 C_1 - \xi_1 C_2 + \xi_4 C_3 - \xi_3 C_4, \\ \eta &= \eta_2 C_1 - \eta_1 C_2 + \eta_4 C_3 - \eta_3 C_4 \end{aligned}\right. \tag{10}$$

analogues aux formules (7).

On observera que A et B sont des séries trigonométriques; il en est de même de ξ_1, η_1, ξ_3, η_3, ξ_4, η_4 et par conséquent, de

$$\frac{dC_1}{d\tau}, \quad \frac{dC_3}{d\tau}, \quad \frac{dC_4}{d\tau}.$$

Le calcul pourra toujours être dirigé de telle façon que $\frac{dC_1}{d\tau}$, $\frac{dC_3}{d\tau}$, $\frac{dC_4}{d\tau}$ ne contiennent pas de terme tout connu et, par conséquent, que C_1, C_3 et C_4 soient encore des séries trigonométriques.

Il reste à examiner C_2.

On a

$$\xi_1 = x', \qquad \eta_1 = y',$$

$$\xi_2 = \tau x' - m\frac{dx}{dm}, \qquad \eta_2 = \tau y' - m\frac{dy}{dm}$$

et, par conséquent,

$$\frac{dC_2}{d\tau} = \tau \frac{dC_1}{d\tau} + m\left(A\frac{dx}{dm} + B\frac{dy}{dm}\right).$$

Si donc nous posons

$$C_2 = \tau C_1 + C'_2,$$

on aura

$$\frac{dC'_2}{d\tau} = -C_1 + m\left(A\frac{dx}{dm} + B\frac{dy}{dm}\right).$$

Le second membre est une série trigonométrique; comme C_1 n'est défini que par sa dérivée $\frac{dC_1}{d\tau}$, c'est-à-dire à une constante arbitraire près, nous pouvons toujours disposer de cette constante arbitraire de telle façon que cette série trigonométrique ne contienne pas de terme tout connu.

Alors C'_2 sera aussi une série trigonométrique et nous aurons

$$(10\ bis)\qquad \left\{\begin{aligned} \xi &= -m\frac{dx}{dm}C_1 - x'C'_2 + \xi_3 C_3 - \xi_3 C_4, \\ \eta &= -m\frac{dy}{dm}C_1 - y'C'_2 + \eta_3 C_3 - \eta_3 C_4, \end{aligned}\right.$$

formules qui donnent ξ et η sans autre calcul que des multiplications de séries trigonométriques et des quadratures de séries trigonométriques.

Cette méthode est en somme celle qui a été appliquée avec succès par M. Brown, pour le calcul des termes de l'ordre le plus élevé; mais il n'était pas sans intérêt de la rattacher à des principes généraux.

SUR LE DÉTERMINANT DE HILL

Bulletin astronomique, t. 17, p. 134-143 (avril 1900).

On sait que M. Hill a ramené le calcul du mouvement du périgée de la Lune à l'intégration de l'équation suivante :

$$\frac{d^2 w}{d\tau^2} + \Theta w = 0, \tag{1}$$

où

$$\Theta = \Theta_0 + 2\Theta_1 \cos 2\tau + 2\Theta_2 \cos 4\tau + \ldots,$$

les Θ_i étant des coefficients constants. D'une équation de la même forme dépend le mouvement du nœud.

On cherche à satisfaire à cette équation en posant

$$w = \Sigma b_n e^{i\tau(2n+c)},$$

n étant un entier positif ou négatif et c un nombre qu'il s'agit de déterminer et dont dépend le mouvement du périgée.

Cela nous donne les équations linéaires en nombre infini :

$$b_n[\Theta_0 - (2n+c)^2] + \Sigma_p \Theta_{n-p} b_{+p} = 0. \tag{2}$$

Sous le signe Σ, p doit prendre les valeurs

$$\pm 1, \quad \pm 2, \quad \ldots, \quad ad\ inf.$$

et l'on suppose

$$\Theta_{-p} = \Theta_p.$$

On sait que M. Hill, pour déterminer c, envisage le déterminant d'ordre infini déduit des équations (2). Numérotons les lignes et les colonnes de ce déterminant, qui s'étend à l'infini dans les deux sens de façon que la ligne (ou la colonne) centrale soit numérotée zéro, et qu'à partir de là les autres lignes (ou colonnes) soient numérotées successivement ± 1, ± 2, etc.

L'élément du déterminant qui fera partie de la $n^{\text{ième}}$ ligne et de la $p^{\text{ième}}$ colonne sera :

1° Si $n = p$, c'est-à-dire sur la diagonale principale, $\Theta_0 - (2n + c)^2$;

2° Si $n \gtrless p$, c'est-à-dire en dehors de la diagonale principale, Θ_{n-p}.

Outre ce déterminant, on aura à en envisager deux autres anologues.

Le premier, que M. Hill appelle $\nabla(\xi)$, est celui des équations

$$(2\,bis) \qquad b_n \frac{[(2n+\xi)^2 - \Theta_0]}{4n^2 - 1} - \Sigma_p b_p \frac{\Theta_{n-p}}{4n^2 - 1} = 0.$$

Je désigne par ξ une indéterminée quelconque; on voit que pour $\xi = c$ les équations (2 *bis*) se réduisent aux équations (2) multipliées par un facteur constant.

Les éléments du déterminant $\nabla(\xi)$ sont donc :

pour $n = p$,

$$\frac{[(2n+\xi)^2 - \Theta_0]}{4n^2 - 1};$$

pour $n \gtrless p$,

$$\frac{-\Theta_{n-p}}{4n^2 - 1}.$$

Je considérerai ensuite le déterminant que j'appellerai $\square(\xi)$ et qui est celui des équations

$$(2\,ter) \qquad b_n + \Sigma_p b_p \frac{\Theta_{n-p}}{(2n+\xi)^2 - \Theta_0} = 0.$$

Ces équations (2 *ter*) ne diffèrent des équations (2 *bis*) que par un facteur constant.

Les éléments du déterminant $\square(\xi)$ sont donc : pour $n = p$, 1; pour $n \gtrless p$,

$$\frac{\Theta_{n-p}}{(2n+\xi)^2 - \Theta_0}.$$

On remarquera que, pour $\xi = 0$, ce déterminant se réduit à ce que M. Hill appelle $\square(0)$; en revanche, pour $\xi = \sqrt{\Theta_0}$, il ne se réduit pas à ce que M. Hill appelle $\square(\sqrt{\Theta_0})$.

M. Hill admet sans démonstration que ces déterminants d'ordre infini convergent et, en se contentant d'un simple aperçu, que

$$\frac{\sin^2\left(\frac{\pi}{2}c\right)}{\sin^2\left(\frac{\pi}{2}\sqrt{\Theta_0}\right)} = \square(0).$$

Dans le tome II des *Méthodes de la Mécanique céleste*, j'ai donné de ces deux propositions une démonstration rigoureuse, mais cette démonstration est assez compliquée et fait appel à un théorème de M. Hadamard qui appartient à la partie la plus délicate de la théorie des fonctions. Il y a moyen de simplifier cette démonstration.

Je commence par en rappeler rapidement la première partie, sans y rien changer d'essentiel.

Le développement d'un déterminant d'ordre infini où tous les éléments de la diagonale principale sont égaux à 1

$$\begin{vmatrix} \cdots & \cdots & \cdots & \cdots & \cdots & \cdots & \cdots \\ \cdots & a_{-1} & 1 & a_1 & a_2 & a_3 & \cdots \\ \cdots & b_{-2} & b_{-1} & 1 & b_1 & b_2 & \cdots \\ \cdots & c_{-3} & c_{-2} & c_{-1} & 1 & c_1 & \cdots \\ \cdots & \cdots & \cdots & \cdots & \cdots & \cdots & \cdots \end{vmatrix},$$

conduit à une série infinie dont les termes peuvent s'obtenir de la façon suivante : on considère le produit infini

$$\begin{aligned} \ldots(1+a_1+a_2+\ldots+a_{-1}+\ldots)(1+b_1+b_2+\ldots+\ldots+\ldots+b_{-1}+\ldots) \\ \times(1+c_1+c_2+\ldots+c_{-1}+\ldots)\ldots, \end{aligned}$$

on développe ce produit et l'on affecte chaque terme de l'un des coefficients 0, +1 ou −1.

Je désignerai pour abréger ce produit par

$$\Pi = \ldots(1+\Sigma a)(1+\Sigma b)(1+\Sigma c)\ldots.$$

Au lieu du produit Π, je puis considérer le produit

$$\Pi' = \ldots(1+\Sigma|a|)(1+\Sigma|b|)(1+\Sigma|c|)\ldots,$$

en remplaçant chacun des a, b, c, ..., par sa valeur absolue.

Il est clair :

1° Que tous les termes du produit Π' sont réels et positifs;

2° Que chaque terme de Π' est égal à la valeur absolue du terme correspondant de Π, de sorte que pour obtenir le déterminant il suffit encore :

Si les a, b, c, ..., sont réels, d'affecter chaque terme de Π' de l'un des coefficient o, + 1 ou — 1;

Ou, si les a, b, c, ..., sont imaginaires, d'affecter chaque terme de Π' d'un coefficient dont le module est o ou 1.

Ainsi la convergence du produit Π' entraîne celle du déterminant.

D'autre part, si l'on développe l'exponentielle $e^{\Sigma|a|}$, suivant les puissances croissantes des $|a|$, on obtiendra tous les termes du polynome $1 + \Sigma|a|$ et d'autres termes encore qui seront réels et positifs.

Si nous développons l'exponentielle

$$E = e^{\dots\Sigma|a|+\Sigma|b|+\Sigma|c|+\dots},$$

nous obtiendrons tous les termes de Π' et d'autres encore qui seront réels et positifs.

Pour obtenir le déterminant, il suffit donc de développer E et d'affecter chaque terme d'un coefficient ayant pour module o ou 1.

Si la série

$$S = \dots \Sigma|a| + \Sigma|b| + \Sigma|c| + \dots$$

converge, il en sera de même de la série obtenue par développement de E et, par conséquent, du déterminant.

Si les a, les b, ... dépendent d'une variable quelconque et si la convergence de la série S est uniforme, la convergence de la série E et du déterminant sera également uniforme.

Appliquons ces principes au déterminant $\square(\xi)$; la série S peut alors s'écrire

$$S = (2\Sigma|\Theta_j|)\sum\left|\frac{1}{(2n+\xi)^2 - \Theta_0}\right|.$$

Le premier facteur $2\Sigma|\Theta_j|$ est évidemment convergent. Le second facteur converge également, à moins que l'on ait

$$\xi = -2n \pm \sqrt{\Theta_0}.$$

Si dans le plan des ξ on entoure chacun de ces points singuliers $\xi = -2n \pm \sqrt{\Theta_0}$ par une petite courbe fermée et que l'on considère le domaine situé en dehors de ces petites courbes fermées, ce second facteur convergera uniformément dans ce domaine. Donc, dans ce domaine, $\square(\xi)$ convergera absolument et uniformément.

Comme chacun des termes du développement de $\square(\xi)$ est une fonction analytique de ξ, $\square(\xi)$ sera dans ce même domaine une fonction analytique.

Cette fonction sera uniforme, puisqu'elle est entièrement déterminée quand on se donne ξ, elle ne peut avoir d'autres points singuliers que les points

$$\xi = -2n \pm \sqrt{\Theta_0}.$$

Je dis que ces points singuliers sont des pôles simples.

En effet, supposons que ξ tende vers $-2j+\sqrt{\Theta_0}$, $-j$ étant entier.

Envisageons le produit Π' dont les divers facteurs sont ici tous de la forme

$$1+\frac{2\Sigma|\Theta_k|}{|(2n+\xi)^2-\Theta_0|}.$$

Quand ξ tendra vers sa limite, tous ces facteurs resteront finis, excepté le facteur

$$1+\frac{2\Sigma|\Theta_k|}{|(2j+\xi)^2-\Theta_0|}.$$

Soit Π'_1 le produit obtenu en supprimant dans Π' ce facteur et S_1 la série obtenue en supprimant dans S les terme correspondants, c'est-à-dire ceux qui contiennent ce dénominateur $(2j+\xi)^2-\Theta_0$. La série S_1 convergera même quand ξ atteindra sa limite; et, comme on a

$$\Pi_1 < e^{S_1},$$

on voit que

$$\Pi'_1 = \Pi\left|\frac{(2j+\xi)^2-\Theta_0}{|(2j+\xi)^2-\Theta_0|+2\Sigma|\Theta_k|}\right|$$

reste fini quand ξ atteint sa limite. Donc

$$\Pi(2j+\xi-\sqrt{\Theta_0})$$

reste fini et, comme $\square(\xi)$ est toujours plus petit que Π en valeur absolue, le produit

$$\square(\xi)(2j+\xi-\sqrt{\Theta_0})$$

restera fini, ce qui montre que le point singulier est un pôle simple. La fonction $\square(\xi)$ est donc méromorphe.

Comme la convergence est absolue, on peut intervertir l'ordre des lignes et des colonnes du déterminant. Or, changer ξ en $\xi+2$, ou ξ en $-\xi$, cela revient à une semblable interversion.

Donc $\square(\xi)$ ne change pas, soit quand on change ξ en $\xi+2$, soit quand on change ξ en $-\xi$.

La fonction $\square(\xi)$ s'annule pour $\xi=c$, puisque pour $\xi=c$, les équations

(2 *ter*) ne diffèrent pas des équations (2), qui doivent être satisfaites à la fois.

A cause de la périodicité de la fonction, elle s'annule également pour

$$\xi = 2n + c$$

et, comme la fonction est paire, pour

$$\xi = 2n - c.$$

En résumé, $\square(\xi)$ est une fonction méromorphe de ξ; de plus, elle est périodique avec la période 2 et ne change pas quand on change ξ en $-\xi$.

Envisageons maintenant l'expression

$$F(\xi) = \square(\xi)\frac{\cos\pi\xi - \cos\pi\sqrt{\Theta_0}}{\cos\pi\xi - \cos\pi c}.$$

C'est encore une fonction méromorphe de ξ. Le premier facteur devient infini pour $\xi = 2n \pm \sqrt{\Theta_0}$, mais alors $\cos\pi\xi - \cos\pi\sqrt{\Theta_0}$ s'annule et, comme l'inégalité (3) montre que tous nos pôles sont des pôles simples, la fonction $F(\xi)$ reste finie. Pour $\xi = 2n \pm c$, le dénominateur $\cos\pi\xi - \cos\pi c$ s'annule; mais $\square(\xi)$ s'annule également et la fonction $F(\xi)$ reste encore finie.

Donc $F(\xi)$ est une fonction entière.

Comment se comporte-t-elle quand $|\xi|$ augmente indéfiniment? Comme la fonction est périodique, il suffira de donner à ξ des valeurs dont la partie réelle restera comprise entre 0 et 2; si l'on partage le plan des ξ en bandes par des droites parallèles équidistantes, perpendiculaires à l'axe des quantités réelles, et que l'équidistance soit égale à 2, les valeurs dont il vient d'être question seront comprises dans l'une de ces bandes. Et il est clair que dans les autre bandes la fonction périodique $F(\xi)$ reprendra les mêmes valeurs.

Si la variable ξ reste dans cette bande, elle ne pourra croître indéfiniment sans que sa partie imaginaire croisse indéfiniment. Or il est clair que, quand la partie imaginaire de ξ croît indéfiniment, l'expression

$$\frac{1}{|(2n + \xi)^2 - \Theta_0|}$$

tend vers zéro. Chacun des éléments du déterminant $\square(\xi)$ tend donc vers zéro, sauf les éléments de la diagonale principale. Chacun des termes du développement de ce déterminant tend donc vers zéro, sauf un seul terme qui reste égal à 1. Comme la convergence du déterminant est uniforme, cela veut dire que le déterminant tend vers 1.

D'autre part, $\cos\pi\xi$ tend vers l'infini, de sorte que le rapport

$$\frac{\cos\pi\xi - \cos\pi\sqrt{\Theta_0}}{\cos\pi\xi - \cos\pi c}$$

tend aussi vers 1. Donc $F(\xi)$ tend vers 1. Ainsi $F(\xi)$ est une fonction entière qui tend vers 1 quand ξ croît indéfiniment. Elle est donc finie dans tout le plan. C'est donc une constante, et comme

$$\lim F(\xi) = 1 \qquad (\text{pour } \xi = \infty),$$

cette constante ne peut être que 1.

On a donc

$$F(\xi) = 1,$$

c'est-à-dire

$$\square(\xi) = \frac{\cos\pi\xi - \cos\pi c}{\cos\pi\xi - \cos\pi\sqrt{\Theta_0}}.$$

C. Q. F. D.

Nous savons que le déterminant $\nabla(\xi)$ est une fonction entière de $\Theta_0, \Theta_1, \ldots,$ il est aisé de se faire une idée de la rapidité avec laquelle converge le développement de $\nabla(\xi)$ suivant les puissances de ces différentes variables. Les principes précédents permettent en effet de reconnaître que chacun des termes de ce développement est plus petit en valeur absolue que le terme correspondant du produit infini

$$\Pi \frac{\Sigma |\Theta_k| + (2n+\xi)^2}{4n^2 - 1}.$$

Sous le signe Σ, l'indice k de Θ_k doit prendre toutes les valeurs entières positives, négatives ou nulles.

Or ce produit est aisé à calculer. Posons $\Sigma |\Theta_k| = -Q^2$; je vois que les zéros du produit sont

$$\xi = 2n \pm Q;$$

ce sont donc les mêmes que ceux de $\cos\pi - \cos\pi Q$. Le produit est donc égal à

$$A(\cos\pi\xi - \cos\pi Q),$$

A ne dépendant que de Q. Faisons $\xi = 0$; il vient

$$\Pi \frac{4n^2 - Q^2}{4n^2 - 1} = A(1 - \cos\pi Q).$$

Or le premier membre peut s'écrire

$$Q^2 \frac{\Pi^2\left(1-\frac{Q^2}{4n^2}\right)}{\Pi^2\left(1-\frac{1}{4n^2}\right)} = \left[\frac{\pi\frac{Q}{4}\Pi\left(1-\frac{Q^2}{4n^2}\right)}{\frac{\pi}{2}\Pi\left(1-\frac{1}{4n^2}\right)}\right]^2 = \frac{\sin^2\frac{\pi Q}{2}}{\sin^2\frac{Q}{2}} = \sin^2\frac{\pi Q}{2}.$$

Dans ces dernières équations, on donne à n, sous le signe Π, les valeurs positives $+1$, $+2$, ..., *ad inf.* On a donc

$$A = \frac{1}{2}.$$

Le terme général du développement de $\nabla(\xi)$ suivant les puissances de Θ_0, Θ_1, ..., est donc plus petit que le terme correspondant du développement de

$$\frac{\cos\pi\xi - \cos\pi Q}{2} = \frac{\cos\pi\xi}{2} - \frac{e^{\pi\sqrt{\Sigma|\Theta_k|}}}{4} - \frac{e^{-\pi\sqrt{\Sigma|\Theta_k|}}}{4}.$$

Cela permet de se rendre compte de la rapidité de la convergence du déterminant de Hill; on l'appréciera mieux encore si l'on se rappelle que de nombreux termes manquent dans le déterminant, tandis que les termes correspondants figurent dans le produit infini auquel nous le comparons.

On remarquera que le déterminant que j'appelle $\nabla(\xi)$ n'est pas tout à fait le même que celui que M. Hill désigne ainsi; pour passer de l'un à l'autre, il faudrait multiplier tous les éléments par 4. Ce facteur 4 n'a été introduit que par inadvertance, puisqu'alors le déterminant deviendrait infini; je crois avoir, en supprimant ce facteur, rétabli la véritable pensée de M. Hill.

Il est aisé de voir que

$$\nabla(\xi) = \square(\xi)\,\Pi\frac{(2n+\xi)^2-\Theta_0}{4n^2-1},$$

ou par un calcul de tout point semblable à celui qui précède

$$\nabla(\xi) = \square(\xi)\frac{\cos\pi\xi - \cos\pi\sqrt{\Theta_0}}{2} = \frac{\cos\pi\xi - \cos\pi c}{2}.$$

Dans le chapitre cité (XVII) des *Nouvelles méthodes de la Mécanique céleste* (t. II), j'ai désigné par $\nabla(\xi)$ un autre déterminant, à savoir celui qu'on déduit de $\square(\xi)$ en multipliant la ligne numérotée zéro par $\xi^2-\Theta_0$, et la ligne numérotée $n(n \gtrless 0)$ par $\frac{(\xi+2n)^2-\Theta_0}{4n^2}$, d'où

$$\nabla(\xi) = \square(\xi)(\xi^2-\Theta_0)\,\Pi\frac{(\xi+2n)^2-\Theta_0}{4n^2}.$$

Or

$$(\xi^2-\Theta_0)\Pi\frac{(\xi+2n)^2-\Theta_0}{4n^2}=A\left(\cos\pi\xi-\cos\pi\sqrt{\Theta_0}\right),$$

A étant indépendant de ξ et de Θ_0; d'où pour ξ et Θ_0 infiniment petits

$$\xi^2-\Theta_0=2A\sin\frac{\pi}{2}(\xi+\sqrt{\Theta_0})\sin\frac{\pi}{2}(\sqrt{\Theta_0}-\xi)$$

ou

$$\xi^2-\Theta_0=\frac{\pi^2}{2}A(\Theta_0-\xi^2),$$

d'où

$$A=\frac{-2}{\pi^2},$$

et enfin

$$\nabla(\xi)=\frac{2}{\pi^2}\left(\cos\pi\sqrt{\Theta_0}-\cos\pi\xi\right).$$

SUR LA DÉTERMINATION DES ORBITES

PAR

LA MÉTHODE DE LAPLACE

Bulletin astronomique, t. 23, p. 161-187 (mai 1906).

Introduction : choix de l'époque.

Bien que la méthode de Laplace soit tombée dans un injuste discrédit, elle me paraît présenter certains avantages, dont le principal est la facilité de se servir de plus de trois observations; c'est ce qui me détermine à publier quelques réflexions qu'elle m'inspire.

J'emploierai les notations suivantes :

J'appellerai X, Y, Z les coordonnées héliocentriques de la Terre; x, y, z celles de la planète; ρ la distance Terre-Planète; ξ, η, ζ les cosinus directeurs du rayon vecteur Terre-Planète, de telle façon que les coordonnées géocentriques de la planète seront $\rho\xi$, $\rho\eta$, $\rho\zeta$ et que l'on aura

$$x = X + \rho\xi, \qquad y = Y + \rho\eta, \qquad z = Z + \rho\zeta.$$

J'appellerai r la distance Soleil-Planète et R la distance Soleil-Terre.

Le mouvement de la Terre étant connu, X, Y, Z, R peuvent être regardés comme connus ainsi que leurs dérivées des différents ordres. On observe ξ, η, ζ à trois époques, et l'on trouve

$$\begin{array}{llll} \text{A l'époque } t_1: & \xi = \xi_1, & \eta = \eta_1, & \zeta = \zeta_1, \\ \quad \text{»} \quad t_2: & \xi = \xi_2, & \eta = \eta_2, & \zeta = \zeta_2, \\ \quad \text{»} \quad t_3: & \xi = \xi_3, & \eta = \eta_3, & \zeta = \zeta_3 \end{array}$$ [1].

Des trois valeurs de ξ, on déduit par interpolation la valeur de ξ et celles de ses deux premières dérivées ξ' et ξ'' à une certaine époque t; et l'on fait de même pour η et pour ζ.

Les formules d'interpolation nous donnent

$$(1) \qquad \xi = \xi_1 \frac{(t-t_2)(t-t_3)}{(t_1-t_2)(t_1-t_3)} + \xi_2 \frac{(t-t_1)(t-t_3)}{(t_2-t_1)(t_2-t_3)} + \xi_3 \frac{(t-t_1)(t-t_2)}{(t_3-t_1)(t_3-t_2)}.$$

On voit que ξ se présente sous la forme d'un polynome du second degré en t, de sorte que ξ' se réduira à un polynome du premier degré et ξ'' à une constante.

Quelle est l'erreur commise par l'emploi des formules (1)? La partie la plus importante est évidemment celle qui provient des termes du troisième ordre en t qui sont les premiers termes négligés.

La formule (1) nous donne l'unique polynome du second degré qui prend les valeurs ξ_1, ξ_2, ξ_3 pour $t = t_1$, $t = t_2$, $t = t_3$. Si nous voulions satisfaire à ces mêmes conditions par un polynome du troisième degré, il faudrait ajouter à la formule (1) un polynome du troisième degré, s'annulant pour $t = t_1$, $t = t_2$, $t = t_3$; ce polynome serait évidemment de la forme $\frac{\xi'''}{6}\Pi$, en désignant par ξ''' la dérivée troisième de ξ et en posant

$$\Pi = (t-t_1)(t-t_2)(t-t_3).$$

Ainsi l'erreur commise sur ξ sera sensiblement $\frac{\xi'''}{6}\Pi$, l'erreur commise sur ξ' sera sensiblement $\frac{\xi'''}{6}\Pi'$ et l'erreur commise sur ξ'' sera sensiblement $\frac{\xi'''}{6}\Pi''$.

Les époques des observations sont très voisines et l'époque t doit ère choisie voisine des observations; donc t, t_1, t_2, t_3 sont très petites. Or Π est homogène du troisième ordre, Π' et Π'' homogènes du deuxième et du premier ordre par rapport à ces quatre quantités.

Donc l'erreur sur ξ est du troisième ordre, l'erreur sur ξ' du deuxième ordre, l'erreur sur ξ'' du premier ordre.

---

[1] Plus généralement nous affecterons de l'indice 1, 2 ou 3 les valeurs des diverses quantités aux époques t_1, t_2 ou t_3; ainsi X_1 ou ρ_1 représentera la valeur de X ou de ρ pour $t = t_1$.

Quel est le meilleur choix à faire pour l'époque t ? On prend ordinairement l'époque de l'observation moyenne, de sorte que l'erreur commise sur ξ est nulle.

Mais il vaudrait mieux choisir t de telle façon que $\Pi'' = 0$, c'est-à-dire prendre la moyenne arithmétique des époques des trois observations

$$t = \frac{1}{3}(t_1 + t_2 + t_3).$$

Il vaut mieux sacrifier l'erreur sur ξ qui est du troisième ordre à l'erreur sur ξ'' qui est du premier ordre. Les deux avantages sont réunis quand les observations sont équidistantes, mais on n'observe pas quand on veut, on observe quand on peut.

Nous supposerons donc toujours que t a été choisi pour que Π'' soit nul. Dans ces conditions, l'erreur sur ξ'' s'abaisse au deuxième ordre; si nous voulons l'évaluer, il faut tenir compte des termes du quatrième degré en t; si nous voulons satisfaire aux observations par un polynome du quatrième degré, il faut ajouter à la formule (1) un polynome $\left(\frac{\xi^{\text{IV}}}{24} t + \alpha\right) \Pi$, où ξ^{IV} est la dérivée quatrième de ξ, et α une constante. L'erreur commise sur ξ'' est la dérivée seconde de cette expression, c'est-à-dire (puisque Π'' est nul) $\frac{\xi^{\text{IV}}}{12}\Pi'$.

Ainsi donc, si nous appelons $\delta\xi$, $\delta\xi'$, $\delta\xi''$ les corrections à apporter à ξ, ξ', ξ'', nous aurons (*en négligeant les termes du troisième ordre*)

$$(2) \qquad \delta\xi = 0, \qquad \delta\xi' = \frac{\xi'''}{6}\Pi', \qquad \delta\xi'' = \frac{\xi^{\text{IV}}}{12}\Pi'.$$

I. — Première approximation.

En égalant les deux valeurs de l'accélération, on obtient les équations

$$(3) \qquad \left\{ \begin{aligned} \rho''\xi + 2\rho'\xi' + \rho\xi'' &= \frac{X}{R^3} - \frac{x}{r^3}, \\ \rho''\eta + 2\rho'\eta' + \rho\eta'' &= \frac{Y}{R^3} - \frac{y}{r^3}, \\ \rho''\zeta + 2\rho'\zeta' + \rho\zeta'' &= \frac{Z}{R^3} - \frac{z}{r^3}. \end{aligned} \right.$$

Comme il ne s'agit encore ici que d'un développement analytique et que nous ne nous proposons pas pour le moment de mettre les formule sous une forme immédiatement accessible au calcul, nous avons supposé que les unités aient été choisies de façon que la constante de Gauss soit égale à 1

Ajoutons les équations (3) après les avoir multipliées par les mineurs de la matrice

$$\begin{vmatrix} \xi & \xi' \\ \eta & \eta' \\ \zeta & \zeta' \end{vmatrix},$$

il viendra

$$(4) \qquad \rho\,|\xi\,\xi'\,\xi''| = |\xi\,\xi'\,X|\left(\frac{1}{R^3} - \frac{1}{r^3}\right).$$

Je n'écris que la première ligne de chaque déterminant; j'écris par exemple,

$$|\xi\,\xi'\,\xi''|$$

au lieu de

$$\begin{vmatrix} \xi & \xi' & \xi'' \\ \eta & \eta' & \eta'' \\ \zeta & \zeta' & \zeta'' \end{vmatrix}$$

L'équation (4) peut être jointe à l'équation

$$(5) \qquad r^2 = \rho^2 - 2R\rho\cos T + R^2,$$

où T est l'angle sous lequel on voit de la Terre la distance du Soleil à la Planète, de sorte que

$$R\cos T = X\xi + Y\eta + Z\zeta.$$

Je n'ai pas à rappeler ici comment les deux équations (4) et (5) permettent de déterminer ρ et r; comment on peut les ramener soit à la forme d'une équation unique du septième degré en ρ, soit à la forme

$$M\sin^4 z = \sin(z + \omega).$$

Il est aisé de voir quelle est l'interprétation géométrique de l'équation (4); il suffit de choisir des axes particuliers, de prendre pour axe des x le rayon vecteur Terre-Planète et faire passer le plan des xy par la vitesse relative de la Planète par rapport à la Terre.

Dans ces conditions, on a

$$\begin{array}{lll} \xi = 1, & \eta = 0, & \zeta = 0, \\ \xi' = 0, & \eta' = v, & \zeta' = 0, \\ \xi'' = -v^2, & \eta'' = \dfrac{dv}{dt}, & \zeta'' = v^2\operatorname{tg}\alpha, \end{array}$$

où v désigne la vitesse du point ξ, η, ζ sur la sphère céleste; tandis que α représente l'angle du rayon vecteur avec le plan osculateur à la trajectoire de ce point ξ, η, ζ, de telle façon que le rayon de courbure de cette trajectoire est égal à $\cos\alpha$.

Si nous appelons de plus φ l'angle du plan PTS avec le plan des xy, l'équation (4) pourra s'écrire

$$\rho v^2 \operatorname{tg}\alpha = R \sin T \cos\varphi \left(\frac{1}{r^3} - \frac{1}{R^3}\right).$$

Reprenons maintenant les équations (3) et ajoutons-les après les avoir multipliées par les mineurs de la matrice

$$\begin{vmatrix} X & \xi \\ Y & \eta \\ Z & \zeta \end{vmatrix},$$

il viendra

$$(6) \qquad 2\rho' |\xi\xi' X| + \rho |\xi\xi'' X| = 0.$$

Avec les axes particuliers que nous supposions tout à l'heure, elle s'écrirait

$$2\rho' v + \rho\left(\frac{dv}{dt} - v^2 \operatorname{tg}\alpha \operatorname{tg}\varphi\right) = 0.$$

Ajoutons enfin les équations (3) après les avoir multipliées par ξ, η, ζ, il viendra

$$\rho'' + \rho\,\Sigma\,\xi\xi'' = \frac{\rho}{r^3} + \Sigma\,\xi X\left(\frac{1}{r^3} - \frac{1}{R^3}\right).$$

Rappelons en effet que, ξ, η, ζ étant des cosinus directeurs, le point ξ, η, ζ décrit une courbe sphérique, de sorte que l'on a

$$(7) \qquad \Sigma\,\xi^2 = 1, \qquad \Sigma\,\xi\xi' = 0, \qquad \Sigma\,\xi'^2 + \Sigma\,\xi\xi'' = 0.$$

Calcul des éléments. — Ayant ainsi calculé, en première approximation, ρ, ρ' et ρ'', il est aisé d'en déduire les valeurs des éléments; nous avons d'abord

$$x = X + \rho\,\xi,$$

ce qui montre que les coordonnées héliocentriques sont des polynomes du premier degré en ρ.

Quant aux vitesses, on a

$$x' = X' + \rho\,\xi' + \rho'\,\xi,$$

X', ξ' et ξ sont connus. Donc x' est un polynome du premier degré en ρ et ρ', et, comme le rapport de ρ' à ρ est connu par l'équation (6), c'est un polynome du premier degré en ρ.

Le carré de la vitesse $x'^2+y'^2+z'^2$ est évidemment égal à

$$\Sigma X'^2 + 2\rho\,\Sigma X'\xi' + 2\rho'\,\Sigma X'\xi + \rho^2\,\Sigma \xi'^2 + \rho'^2;$$

c'est donc un polynome du deuxième degré en ρ.

Les équations (4) et (5) nous donnent $\frac{1}{r^3}$ et r^2 sous la forme de deux polynomes du premier et du deuxième degré en ρ; donc $\frac{1}{r}$ est un polynome du troisième degré.

L'équation des forces vives

$$(8)\qquad \frac{1}{2a} = \frac{1}{r} - \frac{1}{2}\Sigma x'^2$$

montre alors que $\frac{1}{a}$ (a étant le grand axe) est un polynome du troisième degré en ρ.

Les constantes des aires qui déterminent le plan de l'orbite et le paramètre

$$(9)\qquad c = yz' - zy', \qquad c' = zx' - xz', \qquad c'' = xy' - yx'$$

apparaissent comme des polynomes du deuxième degré en ρ.

Pour avoir la longitude du périhélie, on partira des trois constantes

$$(10)\qquad \begin{cases} f = -\frac{x}{r} + y'c'' - z'c', \\ f' = -\frac{y}{r} + z'c - x'c'', \\ f'' = -\frac{z}{r} + x'c' - y'c, \end{cases}$$

qui se présentent sous la forme de polynomes du quatrième degré en ρ. Le vecteur dont les composantes sont f, f', f'' a même direction que le grand axe de l'orbite et est proportionnel à l'excentricité.

En résumé, toutes nos constantes sont des polynomes entiers en ρ dont les coefficients sont des fonctions rationnelles de ξ, ξ', ξ'', η, η', η'', ζ, ζ', ζ''.

Calcul de r', x'', x''', ... — Comme r^2 est un polynome du deuxième degré en ρ,

$$r^2 = \rho^2 + 2\rho\,\Sigma X\xi + \Sigma X^2,$$

il vient

$$rr' = \rho\rho' + \rho(\Sigma X'\xi + \Sigma X\xi') + \rho'\,\Sigma X\xi + \Sigma XX',$$

ce qui montre que rr' est un polynome du deuxième degré en ρ, et, par conséquent, que $r' = \frac{1}{r}(rr')$ est un polynome du cinquième degré et que $\frac{r'}{r^2} = \frac{1}{r^3}(rr')$ est un polynome du troisième degré.

D'autre part,

$$x'' = \frac{-x}{r^3}, \qquad y'' = \frac{-y}{r^3}, \qquad z'' = \frac{-z}{r^3}$$

sont des polynomes du deuxième degré et

$$x''' = \frac{-x'}{r^3} + \frac{3xr'}{r^4} \tag{11}$$

sera aussi un polynome entier en ρ dont le degré s'élèverait à 9, mais pourrait être abaissé à 6 en se servant de l'équation du septième degré, à laquelle satisfait ρ. Mais il est plus simple d'écrire simplement

$$x''' = \frac{-x'}{r^3} + 3xrr'\frac{1}{r^5} \tag{11 bis}$$

et de remarquer que $\frac{x'}{r^3}$ et xrr' sont des polynomes du deuxième et du troisième ordre.

On a ensuite

$$x^{\text{IV}} = -\frac{x''}{r^3} + \frac{6x'r'}{r^4} + \frac{3x}{r^5}\frac{d(rr')}{dt} - 15\frac{xr'^2}{r^5}. \tag{12}$$

Nous voyons que x^{IV} se présente également sous la forme d'un polynome entier en ρ; en effet, il en est ainsi de

$$\frac{x''}{r^3} = -\frac{x}{r^6}, \quad x', \quad \frac{r'}{r^4}, \quad \frac{x}{r^5}, \quad x, \quad \frac{r'}{r^2}, \quad \left(\frac{r'}{r^2}\right)^2$$

et il reste à montrer qu'il en est de même de $\frac{d(rr')}{dt}$; or, on trouve

$$\frac{drr'}{dt} = \frac{d}{dt}\Sigma xx' = \Sigma xx'' + \Sigma x'^2 = -\frac{\Sigma x^2}{r^3} + \Sigma x'^2 = -\frac{1}{r} + \Sigma x'^2 = -\frac{1}{2a} + \frac{\Sigma x'^2}{2},$$

on voit que $\frac{drr'}{dt}$ est un polynome du troisième degré en ρ.

Calcul de ξ''' *et* ξ^{IV}. — En différentiant les équations (7) et (3), on trouve

$$\Sigma\xi\xi''' = -3\Sigma\xi'\xi'' \tag{13}$$

et

$$\left\{\begin{aligned} \rho'''\xi + 3\rho''\xi' + 3\rho'\xi'' + \rho\xi''' &= x''' - X''', \\ \rho'''\eta + 3\rho''\eta' + 3\rho'\eta'' + \rho\eta''' &= y''' - Y''', \\ \rho'''\zeta + 3\rho''\zeta' + 3\rho'\zeta'' + \rho\zeta''' &= z''' - Z''' \end{aligned}\right. \tag{14}$$

Les seconds membres sont connus, grâce à l'équation (11); ce sont des polynomes entiers en ρ. Si nous multiplions les équations (14) par ξ, η, ζ et que nous ajoutions, il vient, en tenant compte de (13),

$$(15)\qquad \rho''' = -3\rho'\Sigma\xi''\xi + 3\rho\Sigma\xi'\xi'' + \Sigma\xi x''' - \Sigma\xi X'''.$$

Remarquons qu'en vertu des équations (11), l'expression $\Sigma\xi x'''$ qui figure dans le deuxième membre de (15) peut s'écrire

$$\Sigma\xi x''' = -\frac{1}{r^3}\Sigma\xi x' + \frac{3r'}{r^4}\Sigma\xi x = -\frac{1}{r^3}\Sigma\xi X' + \frac{3r'}{r^4}\Sigma\xi X - \frac{\rho'}{r^3} + \frac{3r'\rho}{r^4},$$

de sorte que $r^2\Sigma\xi x'''$ et, par conséquent, $r^2\rho'''$ se présente sous la forme d'un polynome du quatrième degré en ρ.

Une fois ρ''' déterminé, les équations (14) donneront ξ''', η''', ζ''' sous la forme de polynomes entiers en ρ.

Différentions une fois encore les équations (13) et (14), il viendra

$$(16)\qquad \Sigma\xi\xi^{\text{IV}} = -4\Sigma\xi'\xi''' - 3\Sigma\xi''^2$$

et

$$(17)\qquad \begin{cases} \rho^{\text{IV}}\xi + 4\rho'''\xi' + 6\rho''\xi'' + 4\rho'\xi''' + \rho\xi^{\text{IV}} = x^{\text{IV}} - X^{\text{IV}}, \\ \rho^{\text{IV}}\eta + 4\rho'''\eta' + 6\rho''\eta'' + 4\rho'\eta''' + \rho\eta^{\text{IV}} = y^{\text{IV}} - Y^{\text{IV}}, \\ \rho^{\text{IV}}\zeta + 4\rho'''\zeta' + 6\rho''\zeta'' + 4\rho'\zeta''' + \rho\zeta^{\text{IV}} = z^{\text{IV}} - Z^{\text{IV}}. \end{cases}$$

Les seconds membres sont connus en vertu de l'équation (12); on conçoit donc que l'on puisse tirer ρ^{IV}, ξ^{IV}, η^{IV}, ζ^{IV} des équations (16) et (17) en les traitant comme les équations (13) et (14); les inconnues se présenteront sous la forme de fonctions rationnelles de

$$\rho;\quad \xi,\ \eta,\ \zeta;\quad \xi',\ \eta'\ \zeta';\quad \xi'',\ \eta'',\ \zeta''$$

et ces fonctions rationnelles pourront toujours se ramener à des polynomes du sixième degré au plus en ρ dont les coefficients seront rationnels en

$$\xi,\ \eta,\ \zeta;\quad \xi',\ \eta',\ \zeta';\quad \xi'',\ \eta'',\ \zeta''.$$

II. — Deuxième approximation.

Les valeurs de ξ, ξ', ξ'', ... ne sont qu'approximatives et les équations (2) nous font connaître les erreurs commises sur ces trois quantités; toutes les formules précédentes nous donnent

$$\rho,\quad \rho',\quad \rho'',\quad r,\quad \dots$$

et les éléments de l'orbite en fonctions de ξ, ξ', ξ'', ... Ces formules sont rigoureuses; mais, comme les valeurs de ξ, ξ', ξ'', ... qu'on y substitue, ne sont qu'approchées, les valeurs que l'on trouvera pour ρ, ρ', ... ne seront plus qu'approchées; il s'agit maintenant d'en calculer de meilleures valeurs.

Dans ce qui va suivre, nous continuerons à désigner par les notations

$$\xi,\quad \xi',\quad \xi'',\quad \eta,\quad \ldots,$$
$$\rho,\quad \rho',\quad \rho'',\quad r,\quad x,\quad \ldots,$$
$$\frac{1}{a},\quad c,\quad c',\quad c'',\quad \ldots,$$

non pas les valeurs exactes de ces diverses quantités, mais les valeurs approchées telles que nous venons de les calculer. Les valeurs exactes seront désignées par

$$\xi+\delta\xi,\quad \xi'+\delta\xi',\quad \ldots,$$
$$\rho+\delta\rho,\quad \rho'+\delta\rho',\quad \ldots,$$
$$\frac{1}{a}+\delta\frac{1}{a},\quad c+\delta c,\quad \ldots.$$

Observons que les équations (7) ne seront plus exactement satisfaites; on aura rigoureusement par exemple

$$\Sigma(\xi+\delta\xi)^2=1$$

et $\Sigma\xi^2$ ne sera qu'approximativement égal à 1. Mais cette circonstance ne peut nous gêner.

En effet les formules (4), (5), (6), (8), (9), (10) sont rigoureuses, en ce sens qu'elles expriment aussi bien la relation entre les valeurs exactes de ρ, ξ, ... qu'entre les valeurs approchées de ces mêmes quantités. Si donc nous avons, par exemple,

$$\rho=\varphi(\xi,\xi',\ldots),$$

nous en déduirons

$$\delta\rho=\frac{d\varphi}{d\xi}\delta\xi+\frac{d\varphi}{d\xi'}\delta\xi'+\ldots.$$

Les valeurs $\delta\xi$, $\delta\xi'$, $\delta\xi''$ nous sont données par les formules (2); pour calculer $\delta\rho$, δr, $\delta\rho'$ il faut calculer les corrections des trois déterminants

$$|\xi\xi'\xi''|,\qquad |\xi\xi'X|,\qquad |\xi\xi''X|$$

qui figurent dans les équations (4) et (6); on trouve sans peine

$$\delta\,|\xi\,\xi'\,\xi''| = \frac{\Pi'}{6}|\xi\,\xi'''\,\xi''| + \frac{\Pi'}{12}|\xi\,\xi'\,\xi^{\text{IV}}|,$$

$$\delta\,|\xi\,\xi'\,\mathrm{X}| = \frac{\Pi'}{6}|\xi\,\xi'''\,\mathrm{X}|, \qquad \delta\,|\xi\,\xi''\,\mathrm{X}| = \frac{\Pi'}{12}|\xi\,\xi^{\text{IV}}\,\mathrm{X}|.$$

Nous sommes donc conduits à calculer les quatre déterminants

$$|\xi\,\xi'''\,\xi''|, \quad |\xi\,\xi'\,\xi^{\text{IV}}|, \quad |\xi\,\xi'''\,\mathrm{X}|, \quad |\xi\,\xi^{\text{IV}}\,\mathrm{X}|.$$

Nous nous servirons pour cela des équations (14) et (17).

Ajoutons les équations (14), après les avoir multipliées par les mineurs de la matrice

$$\begin{vmatrix} \xi & \xi'' \\ \eta & \eta'' \\ \zeta & \zeta'' \end{vmatrix},$$

il viendra

$$(18) \qquad 3\rho''\,|\xi\,\xi'\,\xi''| + \rho\,|\xi\,\xi'''\,\xi''| = |\xi\,x'''\,\xi''| - |\xi\,\mathrm{X}'''\,\xi''|.$$

Il faut donc calculer les deux déterminants

$$|\xi\,\xi''\,x'''| \quad \text{et} \quad |\xi\,\xi''\,\mathrm{X}'''|$$

qui figurent dans le deuxième membre de (18). Or l'équation (11) nous donne

$$\frac{1}{r^3}|\xi\,\xi''\,x'| - \frac{3r'}{r^4}|\xi\,\xi''\,x| = -|\xi\,\xi''\,x'''|$$

et l'on a

$$|\xi\,\xi''\,x| = |\xi\,\xi''\,\mathrm{X}|,$$
$$|\xi\,\xi''\,x'| = |\xi\,\xi''\,(\mathrm{X}' + \rho'\xi + \rho\,\xi')| = |\xi\,\xi''\,\mathrm{X}'| + \rho\,|\xi\,\xi''\,\xi'|$$

et de même

$$|\xi\,\xi''\,\mathrm{X}'''| = -\frac{1}{\mathrm{R}^3}|\xi\,\xi''\,\mathrm{X}'| + \frac{3\mathrm{R}'}{\mathrm{R}^4}|\xi\,\xi''\,\mathrm{X}|.$$

On trouve donc finalement

$$(19) \quad \rho\,|\xi\,\xi'''\,\xi''| = |\xi\,\xi''\,\mathrm{X}'|\left(\frac{1}{r^3} - \frac{1}{\mathrm{R}^3}\right) + 3\,|\xi\,\xi''\,\mathrm{X}|\left(\frac{\mathrm{R}'}{\mathrm{R}^4} - \frac{r'}{r^4}\right) - |\xi\,\xi'\,\xi''|\left(\frac{\rho}{r^3} + 3\rho''\right).$$

Calculons maintenant $|\xi\,\xi'\,\xi^{\text{IV}}|$ et pour cela ajoutons les équations (17) après les avoir multipliées par les mineurs de la matrice

$$\begin{vmatrix} \xi & \xi' \\ \eta & \eta' \\ \zeta & \zeta' \end{vmatrix},$$

il viendra

(20) $$6\rho''\,|\xi\xi'\xi''| + 4\rho'\,|\xi\xi'\xi'''| + \rho\,|\xi\xi'\xi^{\text{IV}}| = |\xi\xi' x^{\text{IV}}| - |\xi\xi' X^{\text{IV}}|.$$

Nous avons à calculer

$$|\xi\xi'\xi'''|,\quad |\xi\xi' x^{\text{IV}}|,\quad |\xi\xi' X^{\text{IV}}|.$$

nous trouvons, en vertu de (12),

$$|\xi\xi' x^{\text{IV}}| = \left(\frac{1}{r^6} + \frac{3}{r^5}\frac{drr'}{dt} - \frac{15 r'^2}{r^5}\right)|\xi\xi' x| + \frac{6r'}{r^4}|\xi\xi' x'|.$$

Pour avoir $|\xi\xi' X^{\text{IV}}|$ il suffit de remplacer dans cette formule r par R et x par X ; si nous nous rappelons d'ailleurs que

$$|\xi\xi' x\;| = |\xi\xi' X\;|,$$
$$|\xi\xi' x'| = |\xi\xi' X'|,$$

nous voyons que le second membre de (20) se réduit à

$$\left[\frac{1}{r^6} + \frac{3}{r^5}\frac{drr'}{dt} - \frac{15 r'^2}{r^5} - \frac{1}{R^6} - \frac{3}{R^5}\frac{dRR'}{dt} + \frac{15 R'^2}{R^5}\right]|\xi\xi' X| + 6\left(\frac{r'}{r^4} - \frac{R'}{R^4}\right)|\xi\xi' X'|,$$

ce que j'écrirai pour abréger

$$M\,|\xi\xi' X| + N\,|\xi\xi' X'|,$$

Pour avoir $|\xi\xi'\xi'''|$ il faut revenir aux équations (14) et les ajouter après les avoir multipliées par les mineurs de la matrice

$$\begin{vmatrix} \xi & \xi' \\ \eta & \eta' \\ \zeta & \zeta' \end{vmatrix};$$

on trouve ainsi

$$3\rho'\,|\xi\xi'\xi''| + \rho\,|\xi\xi'\xi'''| = |\xi\xi' x'''| - |\xi\xi' X'''|,$$

et en raisonnant comme plus haut

$$|\xi\xi' x'''| - |\xi\xi' X'''| = |\xi\xi' X'|\left(\frac{1}{R^3} - \frac{1}{r^3}\right) + 3\,|\xi\xi' X|\left(\frac{r'}{r^4} - \frac{R'}{R^4}\right).$$

Tous les termes de l'équation (20) sont ainsi connus.

Passons au calcul de

$$|\xi\xi''' X|;$$

pour cela il faut ajouter les équations (14) après les avoir multipliées par les mineurs de la matrice $|\xi X|$, ce qui donne évidemment

(21) $$3\rho''\,|\xi\xi' X| + 3\rho'\,|\xi\xi'' X| + \rho\,|\xi\xi''' X| = |\xi x''' X| - |\xi X''' X|,$$

et l'on trouve d'ailleurs aisément

$$-|\xi x''' X| = \frac{\rho}{r^3}|\xi \xi' X| + \frac{1}{r^3}|\xi X' X|,$$

$$-|\xi X''' x| = \frac{1}{R^3}|\xi X' X|.$$

Ainsi tous les termes de (21) se trouvent connus.

Il reste à calculer

$$|\xi \xi^{iv} X|,$$

en ajoutant les équations (17) après les avoir multipliées par les mineurs de la matrice $|\xi X|$. On trouve ainsi

$$(22)\qquad 4\rho'''|\xi\xi' X| + 6\rho''|\xi\xi'' X| + 4\rho'|\xi\xi''' X| + \rho|\xi\xi^{iv} X| = |\xi x^{iv} X| - |\xi X^{iv} X|.$$

En raisonnant comme plus haut, on voit que le second membre se réduit à

$$6\left(\frac{r'}{r^4} - \frac{R'}{R^4}\right)|\xi X' X| + \frac{6r'\rho}{r^4}|\xi\xi' X|.$$

D'autre part, ρ''' est donné par l'équation (15).

Le calcul de

$$\delta|\xi\xi'\xi''|,\quad \delta|\xi\xi' X|,\quad \delta|\xi\xi'' X|$$

est donc terminé et l'on voit que dans ce calcul ne s'introduisent que les déterminants contenus dans la matrice

$$(23)\qquad |\xi\xi'\xi'' X' X|.$$

Calcul de $\delta\rho$, δr, $\delta\rho'$. — La différentiation des équations (4) et (5) nous fournira $\delta\rho$ et δr, la première donnera

$$(24)\qquad \delta\rho|\xi\xi'\xi''| - 3\frac{\delta r}{r^4}|\xi\xi' X| = -\rho\delta|\xi\xi'\xi''| + \left(\frac{1}{R^3} - \frac{1}{r^3}\right)\delta|\xi\xi' X|,$$

et la seconde

$$r\delta r = \delta\rho(\rho - R\cos T),$$

de sorte que le premier membre de (24) peut être remplacé par

$$\delta\rho\left(|\xi\xi'\xi''| - \frac{3\cos P}{r^4}|\xi\xi' X|\right),$$

où P est l'angle sous lequel on voit de la Planète la distance Terre-Soleil; on a eu l'occasion de calculer cet angle en résolvant l'équation fondamentale.

On obtient $\delta\rho'$ en différentiant l'équation (6), ce qui donne

$$2\delta\rho'|\xi\xi' X| + \delta\rho|\xi\xi'' X| = -2\rho'\delta|\xi\xi' X| - \rho\delta|\xi\xi'' X|.$$

Ainsi $\delta\rho$, $\delta\eta$ et $\delta\rho'$ s'expriment rationnellement en fonction de

$$\rho, \quad \xi, \quad \eta, \quad \zeta, \quad \xi', \quad \eta', \quad \zeta', \quad \xi'', \quad \eta'', \quad \zeta'',$$

et dans les coefficients des diverses puissances de ρ figurent principalement les déterminants de la matrice (23).

Correction des éléments. — Comme les éléments dépendent de x, y, z, x', y', z', il faut, pour avoir les corrections des éléments, calculer d'abord les corrections

$$\delta x, \quad \delta y, \quad \delta z, \quad \delta x', \quad \delta y', \quad \delta z'.$$

Or on trouve

$$x = \mathrm{X} + \rho\xi; \qquad x' = \mathrm{X}' + \rho\xi' + \rho'\xi$$

d'où

$$\delta x = \xi\,\delta\rho; \qquad \delta x' = \xi'\,\delta\rho + \xi\,\delta\rho' + \rho\,\delta\xi'.$$

On a d'ailleurs

$$\rho\,\delta\xi' = \frac{\mathrm{H}'}{6}\rho\xi''',$$

et $\rho\xi'''$ nous est donné par l'équation (14).

Ayant les corrections δx, $\delta x'$, ..., il est aisé de calculer les corrections des éléments. On voit que ces corrections

$$\delta\frac{1}{a}, \quad \delta e, \quad \delta f, \quad \ldots$$

se présentent sous la forme de fonctions rationnelles de

$$\rho, \quad \xi, \quad \eta, \quad \zeta, \quad \xi', \quad \eta', \quad \zeta', \quad \xi'', \quad \eta'', \quad \zeta''.$$

Correction de l'aberration. — Je n'ai pas à parler ici des corrections dues à la parallaxe que l'on peut faire porter au début du calcul sur les coordonnées X, Y, Z; mais il convient de dire quelques mots des corrections dues à l'aberration.

En vertu de ce phénomène, ce n'est pas, comme nous l'avons supposé jusqu'ici, aux époques

$$t_1, \quad t_2, \quad t_3$$

que x a réellement pris les valeurs x_1, x_2, x_3, mais aux époques

$$t_1 - \alpha\rho_1, \quad t_2 - \alpha\rho_2, \quad t_3 - \alpha\rho_3,$$

α étant une constante très petite et connue.

Reprenons notre équation fondamentale

$$x = X + \rho\xi,$$

et voyons quelle en est la véritable signification; X, Y, Z sont les coordonnées de la Terre à l'instant t; x, y, z sont les coordonnées héliocentriques de la Planète à l'instant $t-\alpha\rho$; ρ est la distance des deux points X, Y, Z et x, y, z; enfin ξ, η, ζ sont les cosinus directeurs observés à l'instant t et corrigés de l'aberration des fixes.

Nous aurons donc

$$x = f(t-\alpha\rho),$$

en représentant par $f(t)$ l'abscisse de la Planète au temps t; nous déduirons de là

$$x' = (1-\alpha\rho')\, f'(t-\alpha\rho)$$
$$x'' = (1-\alpha\rho')^2 f''(t-\alpha\rho) - \alpha\rho'' f'(t-\alpha\rho),$$

ou en négligeant le carré de l'aberration

$$x'' = f''(t-\alpha\rho) - 2\alpha\rho' f''(t-\alpha\rho) - \alpha\rho''(X' + \rho\xi' + \rho'\xi),$$

et si j'observe que

$$X'' = -\frac{X}{R^3}, \qquad f''(t-\alpha\rho) = -\frac{f(t-\alpha\rho)}{r^3} = -\frac{x}{r^3},$$

les équations (3) doivent être remplacées par

$$(3\ bis) \qquad \rho''\xi + 2\rho'\xi' + \rho\xi'' = \frac{X}{R^3} - \frac{x}{r^3} + 2\alpha\rho'\frac{x}{r^3} - \alpha\rho''(X' + \rho\xi' + \rho'\xi),$$

avec deux autres équations qu'on en déduit par symétrie.

Si nous ajoutons ces équations après les avoir multipliées par les mineurs de

$$\begin{vmatrix} \xi & \xi' \\ \eta & \eta' \\ \zeta & \zeta' \end{vmatrix},$$

il viendra

$$(4\ bis) \qquad \rho\,|\xi\xi'\xi''| = |\xi\xi'X| \left(\frac{1}{R^3} - \frac{1}{r^3} + \frac{2\alpha\rho'}{r^3}\right) - \alpha\rho''\,|\xi\xi'X'|.$$

Si l'on multiplie les équations (3 *bis*) par les mineurs de

$$\begin{vmatrix} X, & \xi \\ Y, & \eta \\ Z, & \zeta \end{vmatrix},$$

il vient

$$(6\ bis)\qquad 2\rho'\,|\xi\xi'X| + \rho\,|\xi\xi''X| = \alpha\rho''\,|X\xi X'| - \alpha\rho\rho''\,|X\xi\xi'|,$$

de sorte que, si $\partial\rho$ et $\partial\rho'$ représentent les corrections à apporter à ρ et à ρ' par suite de l'aberration, on aura

$$(4\ ter)\qquad \partial\rho\,|\xi\xi'\xi''| = \frac{2\alpha\rho'}{r^3}\,|\xi\xi'X| + \alpha\rho''\,|\xi\xi'X'|.$$

$$(6\ ter)\qquad 2\,\partial\rho'\,|\xi\xi'X| + \partial\rho\,|\xi\xi''X| = \alpha\rho''\,|\xi XX'| - \alpha\rho\rho''\,|\xi\xi'X|.$$

Inutile d'ajouter que, dans les seconds membres de (4 *ter*) et (6 *ter*), on peut remplacer r, ρ, ρ', ρ'' par leurs premières valeurs approchées.

Dans le calcul des éléments, il faut prendre pour x et x' les valeurs $f(t-\alpha\rho)$ et $f'(t-\alpha\rho)$; on obtiendra de la sorte les éléments d'une planète fictive, en retard sur la planète réelle d'une quantité constante $\alpha\rho$. Tous les éléments seront les mêmes pour les deux planètes, sauf l'époque du passage au périhélie pour laquelle la différence sera $\alpha\rho$.

On aura donc

$$x = X + \rho\xi, \qquad x' = X' + \rho\xi' + \rho'\xi,$$

où ρ et ρ' doivent être remplacés par leurs valeurs corrigées, ce qui donne

$$x = X + (\rho + \partial\rho)\xi,$$
$$x' = X' + (\rho + \partial\rho)\xi' + (\rho' + \partial\rho')\xi;$$

en négligeant le carré de l'aberration, on trouve

$$f'(t - \alpha\rho) = x' + \alpha\rho' x',$$

d'où

$$f(t - \alpha\rho) = X + \rho\xi + \xi\,\partial\rho,$$
$$f'(t - \alpha\rho) = X' + \rho\xi' + \rho'\xi + \xi'\,\partial\rho + \xi\,\partial\rho' + \alpha\rho' x'$$

Si l'on avait négligé l'aberration, on aurait eu simplement dans les seconds membres $X + \rho\xi$, $X' + \rho\xi' + \rho'\xi$; si donc on désigne par ∂x et $\partial x'$ les corrections qu'il convient d'apporter à x et à x' pour tenir compte de l'aberration, on trouve

$$\partial x = \xi\,\partial\rho,$$
$$\partial x' = \xi'\,\partial\rho + \xi\,\partial\rho' + \alpha\rho' x'.$$

On remplacera $\partial\rho$ et $\partial\rho'$ par leurs valeurs tirées de (4 *ter*) et (6 *ter*), et ρ' et x' par leurs premières valeurs approchées.

Ayant les corrections de δx et de $\delta x'$ on en déduira aisément les variations des éléments; ainsi, pour le grand axe, on aura par exemple

$$\delta \frac{1}{2a} = \frac{-\delta r}{r^2} - \Sigma x' \delta x'$$

avec

$$r\,\delta r = (\rho - \mathrm{R}\cos\mathrm{T})\,\delta\rho$$

et

$$\Sigma x' \delta x' = \frac{1}{2}\rho\,\delta\rho\,\Sigma \xi'^2 + \frac{1}{2}\rho'\,\delta\rho' + \delta\rho\,\Sigma \mathrm{X}'\xi + \alpha\rho'\,\Sigma x'^2$$

On voit le rôle que jouent encore ici les déterminants de la matrice

$$|\,\xi\,\xi'\,\xi''\,\mathrm{X}\,\mathrm{X}'\,|.$$

En ce qui concerne la correction de parallaxe, appelons X, Y, Z les coordonnées du centre de la Terre, $\mathrm{X} + \delta\mathrm{X}$, $\mathrm{Y} + \delta\mathrm{Y}$, $\mathrm{Z} + \delta\mathrm{Z}$ celles du lieu d'observation; la première chose à faire est de calculer, pour l'époque choisie, les valeurs de $\delta\mathrm{X}$, $\delta\mathrm{X}'$, $\delta\mathrm{X}''$; on a facilement $\delta\mathrm{X}_1$, $\delta\mathrm{X}_2$, $\delta\mathrm{X}_3$, c'est-à-dire les projections sur l'axe des x du rayon vecteur qui va du centre de la Terre au lieu d'observation aux époques des trois observations.

On en déduit *par interpolation* $\delta\mathrm{X}$, $\delta\mathrm{X}'$ et $\delta\mathrm{X}''$ de la même façon qu'on a déduit ξ, ξ' et ξ'' de ξ_1, ξ_2 et ξ_3. Il faut bien se garder de calculer ces quantités en partant des lois de la rotation de la Terre; d'abord cela n'a aucun sens quand les observations ont été faites dans des observatoires différents, et, quand même elles auraient eu lieu dans un même observatoire, l'orientation du rayon de la Terre qui va à cet observatoire a varié beaucoup dans l'intervalle de deux observations consécutives, et les positions successives qu'il a pu occuper dans cet intervalle ne nous importent évidemment en aucune façon. En opérant autrement que par interpolation, on pourrait être conduits à de graves erreurs.

Quoi qu'il en soit les équations (3) deviennent

$$\rho''\xi + 2\rho'\xi' + \rho\xi'' = \frac{\mathrm{X}}{\mathrm{R}^3} - \frac{x}{r^3} - \delta\mathrm{X}''$$

avec

$$x = \mathrm{X} + \delta\mathrm{X} + \rho\xi, \qquad r^2 = \rho^2 - 2(\mathrm{R} + \delta\mathrm{R})\cos\mathrm{T} + (\mathrm{R} + \delta\mathrm{R})^2$$
$$\mathrm{R}\,\delta\mathrm{R} = \mathrm{X}\,\delta\mathrm{X} + \mathrm{Y}\,\delta\mathrm{Y} + \mathrm{Z}\,\delta\mathrm{Z}$$

et les équations (4) et (6) deviennent

(4 *bis*) $$\rho\,|\,\xi\,\xi'\,\xi''\,| = |\,\xi\,\xi'\,\mathrm{X}\,|\left(\frac{1}{\mathrm{R}^3} - \frac{1}{r^3}\right) - |\,\xi\,\xi'\,\delta\mathrm{X}\,|\,\frac{1}{r^3} - |\,\xi\,\xi'\,\delta\mathrm{X}''\,|,$$

(6 *bis*) $$2\rho'\,|\,\xi\,\xi'\,\mathrm{X}\,| + \rho\,|\,\xi\,\xi''\,\mathrm{X}\,| = -\frac{1}{r^3}\,|\,\xi\,\delta\mathrm{X}\,\mathrm{X}\,| - |\,\xi\,\delta\mathrm{X}''\,\mathrm{X}\,|;$$

Dans les premiers membres de (4 *bis*) et (6 *bis*), ρ et ρ' représentent les valeurs *corrigées*, il conviendrait donc d'y remplacer ρ et ρ' par $\rho + \delta\rho$, $\rho' + \delta\rho'$. Si, des équations (4 *bis*) et (6 *bis*) ainsi modifiées, nous retranchons les équations (4) et (6), il viendra

$$\delta\rho \,|\, \xi\,\xi'\,\xi'' \,| = -\,|\, \xi\,\xi'\,\delta X \,|\, \frac{1}{r^3} - |\, \xi\,\xi'\,\delta X'' \,|,$$

$$2\,\delta\rho' \,|\, \xi\,\xi'\,X \,| + \delta\rho \,|\, \xi\,\xi''\,X \,| = -\,\frac{1}{r^3}\,|\, \xi\,\delta X\,X \,| - |\, \xi\,\delta X''\,X \,|,$$

qui nous feront connaître les corrections de ρ et ρ' dues à la parallaxe.

Comparaison des méthodes. — Si nous comparons la méthode de Laplace à celle de Gauss au point de vue de l'exactitude, nous devons distinguer ce qui concerne la première approximation et ce qui concerne les approximations suivantes.

En première approximation, nous savons que la méthode de Gauss nous donne pour les distances ρ_1, ρ_2, ρ_3 des erreurs du premier ordre si les observations ne sont pas équidistantes, et du second ordre si elles sont équidistantes; et, pour les différences $\rho_2 - \rho_1$, $\rho_3 - \rho_2$, des erreurs du second ordre si les observations ne sont pas équidistantes et du troisième ordre si elles sont équidistantes.

Au contraire, d'après ce qui précède, la méthode de Laplace nous donne pour ρ, ρ', ρ'' des erreurs du second ordre, et cela est vrai *que les observations soient ou non équidistantes, pourvu qu'on choisisse pour époque*

$$t = \frac{t_1 + t_2 + t_3}{3}.$$

Supposons que nous prenions pour origine du temps cette époque $\dfrac{t_1 + t_2 + t_3}{3}$, nous pourrons écrire pour la formule de Taylor

$$\rho_1 = \rho + \rho' t_1 + \frac{\rho''}{2} t_1^2 + \frac{\rho'''}{6} t_1^3 + \ldots.$$

Comme t_1 est du premier ordre, que l'erreur sur ρ, ρ', ρ'' est du second ordre, et que nous négligeons entièrement ρ''', nous voyons que l'erreur commise sur les 1er, 2e, 3e, 4e termes de la série de Taylor sera respectivement d'ordre 2, 3, 4, 3.

L'erreur commise sur ρ_1 (et de même sur ρ_2 et ρ_3) sera donc du deuxième ordre.

L'erreur commise sur $\rho_1 - \rho$ (et de même sur $\rho_2 - \rho$, $\rho_3 - \rho$, $\rho_2 - \rho_1$, $\rho_3 - \rho_2$) sera du troisième ordre.

En résumé, en ce qui concerne la première approximation, la méthode de Laplace est équivalente à celle de Gauss quand les observations sont équidistantes; elle lui est supérieure quand elles ne sont pas équidistantes.

Je ne parlerai pas ici de la rapidité des calculs, qui sont presque identiques dans les deux cas. Je veux faire seulement une remarque. On a imaginé il y a quelque temps un certain nombre de méthodes, fondées sur le principe de Gibbs et destinées à perfectionner la méthode de Gauss (*cf. Astr. Nachr.*, n° 3061 Fabritius; n° 3075 Vogel; n° 3159 Lorenzoni, *voir Bull. astron.*, t. 9, p. 42 et 134, t. 10, p. 386). Toutes ces méthodes ont pour objet de tenir compte dès la première approximation des termes du quatrième ordre.

Si les observations sont équidistantes, elles nous donnent en première approximation une erreur du troisième ordre sur ρ; elles l'emportent donc sur celles de Gauss et de Laplace, mais les calculs sont plus compliqués.

Si, au contraire, les observations ne sont pas équidistantes, les méthodes en question gardent leurs avantages sur celle de Gauss; elles ont en effet pour résultat de permettre d'atteindre une approximation aussi grande que si les observations étaient équidistantes. Or, ce que je voulais faire observer, c'est que ce résultat est précisément celui que la méthode de Laplace nous procure à beaucoup moins de frais.

Une autre observation n'est pas sans importance. Rien n'empêcherait de commencer les approximations avec la méthode de Laplace et de les continuer avec celle de Gauss. En effet, nous venons de voir que la méthode de Laplace nous faisait connaître non seulement ρ, ρ', ρ'', mais encore ρ_1, ρ_2, ρ_3 et cela avec une approximation toujours égale et quelquefois supérieure à celle de Gauss. Or, quand, dans la méthode de Gauss, on veut procéder à une nouvelle approximation, on prend pour point de départ les valeurs de ρ_1, ρ_2, ρ_3 trouvées dans l'approximation précédente. On pourra donc tout aussi bien prendre pour point de départ dans la deuxième approximation de la méthode de Gauss, les valeurs de ρ_1, ρ_2, ρ_3 trouvées en première approximation par celle de Laplace.

Nous devons remarquer toutefois que, si nous calculons les trois lieux héliocentriques à l'aide des valeurs observées de ξ_1, ξ_2, ξ_3, η_1, ..., et des valeurs ainsi calculées de ρ_1, ρ_2, ρ_3, ces trois lieux ne seront pas rigoureusement dans un même plan passant par le Soleil. Cela n'aurait d'ailleurs pas très grand inconvénient; mais il serait aisé de s'en affranchir. Par le Soleil et deux de ces lieux, P_1 et P_2 par exemple, on pourrait faire passer un plan et prendre pour le troisième lieu P_3 l'intersection de ce plan avec la droite P_3T_3; l'erreur commise sur ρ_3 et sur $\rho_3 - \rho_2$, serait encore du même ordre. Ou bien encore on pourrait prendre, pour les trois lieux P_1, P_2, P_3, les intersections des trois droites P_1T_1, P_2T_2, P_3T_3 avec le plan de l'orbite provisoire déduite des valeurs de ρ et ρ' calculées.

En ce qui concerne les approximations suivantes, nous devons encore distinguer le cas où les observations ne sont pas, et celui où elles sont équidistantes.

Dans le premier cas, l'erreur sur ρ_1 après les 1re, 2e, 3e, ..., approximations sera d'ordre 1, 2, 3, ..., avec la méthode de Gauss, et d'ordre 2, 3, 4, ..., avec celle de Laplace; l'avantage reste donc à la méthode de Laplace, d'autant plus qu'à chaque approximation, ou tout au moins à la seconde, les calculs sont plus simples.

Au contraire, si les observations sont équidistantes, l'erreur sur ρ_1 après les 1re, 2e, 3e, ..., approximations, sera d'ordre 2, 4, 6, ..., avec la méthode de Gauss, et d'ordre 2, 3, 4, ..., avec celle de Laplace. L'avantage appartient donc à celle de Gauss.

Mais, pour les approximations d'ordre élevé, on peut faire beaucoup mieux encore; dans la méthode de Newton pour la résolution numérique des équations, l'ordre de petitesse de l'erreur commise, comme on le sait, croît non pas en progression arithmétique, mais en progression géométrique; il double à chaque approximation. Or il suffit de modifier très légèrement la méthode de Gauss pour lui conférer les mêmes avantages.

Soient ρ_1, ρ_2, ρ_3 les valeurs des distances P_1T_1, P_2T_2, P_3T_3 calculées dans l'approximation précédente; soient $\rho_1 + \delta\rho_1$, $\rho_2 + \delta\rho_2$, $\rho_3 + \delta\rho_3$ les véritables valeurs de ces distances. On sait que le rapport $\frac{n_1}{\sqrt{p}}$ du triangle SP_2P_3 à la racine carrée du paramètre dépend seulement de la corde P_2P_3, de la somme des rayons vecteurs $SP_2 + SP_3$, et du temps $t_3 - t_2$. Ce temps est connu, et les longueurs P_2P_3, $SP_2 + SP_3$ le serait également si l'on connaissait ρ_2 et ρ_3; ainsi $\frac{n_1}{\sqrt{p}}$ est une fonction de ρ_2 et de ρ_3

$$\frac{n_1}{\sqrt{p}} = f(\rho_2, \rho_3).$$

Soit λ_1 la valeur de cette fonction f quand on remplace ρ_2 et ρ_3 par leurs valeurs approchées, antérieurement calculées; soient α_1, β_1 et γ_1 les valeurs de ces trois dérivées, par rapport à ρ_1, ρ_2, ρ_3; la première est nulle, puisque la fonction en question ne dépend pas de ρ_1 et je ne l'écris que par symétrie. On aura alors sensiblement

$$\frac{n_1}{\sqrt{p}} = \lambda_1 + \alpha_1\,\delta\rho_1 + \beta_1\,\delta\rho_2 + \gamma_1\,\delta\rho_3.$$

On opérera de même pour $\frac{n_2}{\sqrt{p}}$, $\frac{n_3}{\sqrt{p}}$; l'équation de Gauss

$$\Sigma\, n_i(\rho_i\xi_i + X_i) = 0$$

peut alors s'écrire, en négligeant les carrés des $\delta\rho_i$,

$$\Sigma\lambda_i(\rho_i\xi_i + X_i + \xi_i\delta\rho_i) + \Sigma(\alpha_i\delta\rho_1 + \beta_i\delta\rho_2 + \gamma_i\delta\rho_3)(\rho_i\xi_i + X_i) = 0.$$

On a ainsi trois équations linéaires en $\delta\rho_1$, $\delta\rho_2$, $\delta\rho_3$, qui nous fournissent de nouvelles valeurs approchées des distances P_1T_1, P_2T_2, P_3T_3, et l'approximation croît en progression géométrique. Rien ne serait donc plus facile que d'assurer à la méthode de Gauss les mêmes avantages qu'à celle de Newton.

C'est d'ailleurs ce qu'a fait Gauss lui-même et les dix méthodes qu'il a développées dans les articles 120 à 129 du *Theoria Motus* sont conçues dans cet esprit.

Il n'y aurait pas à hésiter à opérer de la sorte, si l'on disposait de trois observations parfaitement exactes et si l'on n'avait rien autre chose. Mais il est parfaitement inutile de chercher à pousser l'approximation plus loin que ne le comporte la précision des observations; et, quand on aura plus de trois observations, il conviendra toujours de les faire concourir toutes au résultat, et cela sera même d'autant plus important que l'on aura poussé plus loin l'approximation.

Les avantages de la méthode de Gauss seront donc ainsi souvent illusoires. Par exemple, si l'on dispose d'un certain nombre d'observations, il n'y a pas lieu d'en déduire trois lieux normaux par interpolation et de leur appliquer la méthode de Gauss. L'emploi de la méthode de Laplace est alors tout indiqué.

Il arrive aussi quelquefois qu'après avoir appliqué la méthode de Gauss sans pousser plus loin que la première approximation, on calcule le grand axe par exemple en partant des deux lieux extrêmes. Il ne faudrait pas s'imaginer qu'on obtient ainsi un résultat plus précis qu'en appliquant la méthode de Laplace et calculant le grand axe tout simplement par l'équation des forces vives. Le résultat final ne peut pas en effet être plus approché que les lieux extrêmes d'où l'on est parti.

Ces raisons me font penser que le discrédit dans lequel paraît être tombée la méthode de Laplace n'est nullement justifié. Dans ces derniers temps, deux savants, partant sans doute des mêmes considérations, ont cherché à la réhabiliter.

Ce sont MM. Harzer et Leuschner. Il semble, d'après les exemples qu'ils ont donnés, qu'ils ont obtenu des résultats très encourageants. J'aurais toutefois à faire quelques remarques. M. Harzer prend cinq observations; ayant déterminé ρ, ρ' et ρ'' en première approximation par la méthode ordinaire, il en déduits les cinq distances ρ_1, ρ_2, ρ_3, ρ_4, ρ_5 et il s'en sert pour effectuer les corrections d'aberration et de parallaxe; il détermine de nouveau ρ, ρ', et ρ'' à l'aide des observations ainsi corrigées. Pour les dernières corrections, il prend pour inconnues les corrections ∇x, ∇y, ∇z, $\nabla x'$, $\nabla y'$, $\nabla z'$ à apporter aux trois coordonnées de la Planète à l'époque et aux trois composantes de la vitesse. Les corrections des cinq ascensions droites et des cinq déclinaisons observées sont des fonctions linéaires de ces six inconnues. Nous avons donc dix équations et six inconnues et l'on peut les résoudre par la méthode des moindres carrés.

M. Leuschner prend trois observations seulement; dans la correction finale, il prend quatre inconnues $\nabla \rho$, $\nabla x'$, $\nabla y'$, $\nabla z'$; l'époque choisie est celle de l'observation moyenne, de sorte que les corrections d'ascension droite et déclinaison sont nulles pour cette observation. Il reste seulement quatre équations à quatre inconnues.

Il semble qu'on perd beaucoup de temps au calcul de ρ_1, ρ_2, ρ_3, ρ_4, ρ_5, à la correction des cinq observations et à une nouvelle application de la méthode de Laplace aux observations corrigées. L'emploi des corrections que j'indique pour l'aberration et la parallaxe serait, je crois, beaucoup plus rapide et ne serait pas moins exact. Dans un de ses exemples, M. Leuschner est obligé de faire trois approximations successives pour l'aberration et la parallaxe; cela peut sembler surprenant au premier abord; mais, si l'on regarde de près, on voit qu'il aurait pu facilement éviter ces tâtonnements. En effet on reconnaît que l'influence prépondérante était celle de la parallaxe; et que l'aberration seule n'aurait pas nécessité de nouvelle approximation; or, en faisant porter la correction de parallaxe, *au début du calcul*, sur les coordonnées de la Terre, on évite, comme nous l'avons vu, toute espèce de tâtonnements. Quant à l'aberration, on aurait pu faire disparaître presque entièrement la difficulté, en prenant pour époque la Planète $t - \alpha\rho$ au lieu de t, ainsi que nous l'avons fait plus haut. Quoi qu'il en soit de ces points de détail, MM. Harzer et Leuschner paraissent avoir réalisé un progrès notable sur les méthodes usuelles.

Observations multiples. — La méthode de Laplace est surtout intéressante quand on dispose de plus de trois observations; disons quelques mots sur la manière de diriger l'interpolation en pareil cas.

On emploiera le procédé habituel d'interpolation. Soient donc t_1, t_2, ..., t_p les instants des observations; on posera

$$\Pi = (t - t_1)(t - t_2) \ldots (t - t_p).$$

On développera $\frac{\Pi'}{\Pi}$ en fraction continue sous la forme

$$\frac{\Pi'}{\Pi} = X_1 + \frac{1}{X_1} + \frac{1}{X_2} + \ldots$$

Soit $\frac{P_n}{Q_n}$ la $n^{\text{ième}}$ réduite, de telle sorte que

$$P_{n+1} = P_n X_{n+1} + P_{n-1}, \qquad P_0 = 1, \qquad P_1 = X_1.$$

On aura

$$\Sigma P_m(t_i) P_n(t_i) = 0, \qquad m \gtrless n,$$

et l'on posera

$$\Sigma [P_n(t_i)]^2 = B_n.$$

Si l'on veut représenter la fonction ξ par un polynome de degré $n < p$, on posera

$$\xi = \gamma_0 P_0 + \gamma_1 P_1 + \ldots + \gamma_n P_n = F(t),$$

et l'on choisira les coefficients γ_n de façon que l'expression

$$\Sigma [\xi_i - F(t_i)]^2,$$

où les ξ_i sont les valeurs observées, soit minima. Pour cela il faut prendre

$$\gamma_k B_k = \Sigma \xi_i P_k(t_i).$$

Il reste à voir où il faut arrêter le développement, c'est-à-dire quelle valeur il faut donner à n. Il est aisé de vérifier que, si les t_i sont regardés comme quantités très petites du premier ordre, le polynome $\gamma_k P_k$ sera d'ordre k. Or, si l'on prend pour $F(t)$ un polynome d'ordre n, le premier terme négligé est $\gamma_{n+1} P_{n+1}$.

L'erreur commise sur ξ est donc d'ordre $n + 1$; elle est d'ordre n pour ξ' et d'ordre $n - 1$ pour ξ''. L'erreur sur ξ'' s'abaisse à l'ordre n, si

$$P''_{n+1}(t) = 0.$$

C'est donc à l'aide de cette équation $P''_{n+1}(t) = 0$ que l'on devra déterminer l'*époque*; elle remplace l'équation $\Pi''(t) = 0$, qui dans le cas de trois observations nous avait donné $t = \frac{t_1 + t_2 + t_3}{3}$. Si l'on suppose $n = 2$ elle s'écrit

$$P''_3(t) = 0,$$

et est alors du premier degré; si l'on pose

$$X_k = \alpha_k t + \beta_k,$$

elle nous donne

$$3t = -\frac{\beta_1}{\alpha_1} - \frac{\beta_2}{\alpha_2} - \frac{\beta_3}{\alpha_3}.$$

Si nous nous reportons alors à ce que nous avons dit plus haut au sujet des corrections à faire en deuxième approximation, on verra le rôle que joue l'expression Π'; ce rôle tient à ce que nous avons

$$\delta\xi' = \frac{\xi'''}{6}\Pi', \qquad \delta\xi'' = \frac{\xi^{IV}}{12}\Pi'.$$

Quelles sont les quantités qui vont ici jouer le même rôle ? il est aisé de s'en rendre compte.

Nous aurons, en effet, en nous bornant aux termes les plus importants et en supposant $P''_3 = 0$,

$$\delta\xi' = \gamma_3 P'_3, \qquad \delta\xi'' = \gamma_4 P''_4; \qquad \xi''' = \gamma_3 P'''_3, \qquad \xi^{IV} = \gamma_4 P^{IV}_4,$$

d'où

$$\delta\xi' = \xi''' \frac{P'_3}{P'''_3}, \qquad \delta\xi'' = \xi^{IV} \frac{P''_4}{P^{IV}_4},$$

P'''_3 et P^{IV}_4 se réduisent à des constantes indépendantes de t et l'on a d'ailleurs

$$\frac{P''_4}{P^{IV}_4} = \frac{1}{2}\frac{P'_3}{P'''_3} + \frac{P''_2}{P^{IV}_4}.$$

Ces quantités se calculent aisément en fonctions de t_i de sorte que les méthodes précédentes restent applicables sans changement important.

Nous avons supposé jusqu'ici qu'on prenait $n = 2$; plus généralement, nous avons vu que l'erreur sur ξ'' est du $n^{\text{ième}}$ ordre, et peut être représentée par $h\tau^n$, h étant une constante et τ une quantité comparable à l'intervalle des observations. On aurait donc intérêt à augmenter n si les observations étaient parfaitement précises; mais l'erreur sur ξ'' due à l'incertitude des observations peut être représentée par $\frac{h_1}{\tau^2}$, h_1 étant une constante; on devra choisir n de façon que $h\tau^n$ soit comparable à $\frac{h_1}{\tau^2}$. Si donc $\frac{h_1}{h}$ est petit, on prendra n grand, surtout si τ est sensible; si, au contraire, $\frac{h_1}{h}$ est grand, ou τ très petit, on prendra n petit.

Si l'on était conduit à prendre $n > 2$, les méthodes demanderaient quelques modifications, je n'y insisterai pas.

Conclusions. — Les méthodes que j'ai exposées plus haut succinctement ne sont pas mises au point pour le calcul pratique, mais je suis persuadé qu'il suffirait pour cela de peu d'efforts, après quoi elles présenteraient un avantage notable sur les méthodes usuelles.

J'ai fait porter l'interpolation sur les cosinus directeurs ξ, η, ζ et non sur les ascensions droites et déclinaisons; on aurait évidemment pu faire le contraire, les résultats n'auraient pas été sensiblement modifiés, il semble toutefois peu rationnel de faire l'interpolation, sur trois quantités, quand il suffirait de le faire sur deux. Mais il ne semble pas nécessaire de calculer effectivement ξ'', η'', ζ''.

Dans le calcul de ρ, ρ', r et des corrections que l'on doit apporter à ces quantités pour tenir compte de l'aberration, de la parallaxe, ou des termes dépendant de Π', nous avons vu intervenir uniquement les déterminants de la matrice

$$|\xi\xi'\xi''XX'|. \tag{23}$$

Or, ces déterminants peuvent s'exprimer linéairement à l'aide de la matrice

$$|\xi_1\xi_2\xi_3XX'|, \tag{23 bis}$$

les coefficients étant des fonctions de t_1, t_2, t_3 faciles à déterminer. On pourra donc calculer ces déterminants (23) sans calculer effectivement ξ, ξ', ξ''.

Il reste à faciliter le calcul de ces déterminants en les mettant sous une forme calculable trigonométriquement par logarithmes, et où figureront non pas les cosinus directeurs ξ_1, ξ_2, ξ_3, mais les ascensions droites et déclinaisons observées, ou bien les longitudes et les latitudes.

Je n'insisterai pas sur ce point, me bornant à faire remarquer que ces déterminants sont les mêmes qu'on rencontre dans la méthode de Gauss et que, pour les rendre calculables par logarithmes, on n'a qu'à faire ce que fait Gauss lui-même.

LES SOLUTIONS PÉRIODIQUES

ET

LES PLANÈTES DU TYPE D'HÉCUBE

Bulletin astronomique, t. 19, p. 177-198 (mai 1902).

L'étude des solutions périodiques de la première et de la seconde sorte présente un intérêt particulier quand on suppose que les moyens mouvements sont à peu près commensurables. Ces solutions périodiques donnent, en effet, une première approximation pour les orbites des petites planètes dont le moyen mouvement est sensiblement le double de celui de Jupiter. C'est ainsi qu'à procédé M, Simonin; c'est ainsi également, tout compte fait, qu'a procédé M. Brendel dans sa *Theorie der kleinen Planeten*, où il a appliqué la méthode de Gyldén; il commence, en effet, par déterminer les *termes de degré zéro*, et ces termes correspondent précisément à une solution périodique de la première sorte.

Équations du problème.

Nous négligerons les inclinaisons et l'excentricité de Jupiter. Nous supposons donc que l'orbite de Jupiter est circulaire et que la planète troublée se meut dans le plan de cette orbite. Comme d'ailleurs la masse de la planète troublée est nulle, nous sommes dans les conditions de ce qu'on appelle le *problème restreint*.

On sait qu'on doit rapporter la première planète au Soleil, et la seconde au centre de gravité du système formé de la première planète et du Soleil. Si la première planète est la petite planète dont la masse est nulle, ce centre de gravité coïncide avec le Soleil, de sorte que les deux planètes peuvent être rapportées au Soleil.

Soit alors R une fonction égale à la masse du Soleil divisée par la distance de la petite planète au Soleil, plus la masse de Jupiter divisée par la distance de cette planète à Jupiter, moins le demi-carré de la vitesse de la petite planète.

Nous pourrons choisir les unités et l'origine du temps de telle façon que la longitude de Jupiter soit égale à t, puisque le mouvement de cet astre est supposé uniforme.

Quant aux éléments osculateurs de la planète troublée, nous désignerons par L^2 le grand axe, par $G = L\sqrt{1-e^2}$ la constante des aires, par l l'anomalie moyenne, par g la longitude du périhélie.

Nous avons alors

$$(1)\qquad \frac{dL}{dt} = \frac{dR}{dl}, \quad \frac{dl}{dt} = -\frac{dR}{dL}, \quad \frac{dG}{dt} = \frac{dR}{dg}, \quad \frac{dg}{dt} = -\frac{dR}{dG}$$

Comme R dépend seulement de L, G, l et $g - t$, ce qui s'écrit

$$\frac{dR}{dt} + \frac{dR}{dg} = 0,$$

nous sommes conduits à poser

$$F = R + G,$$

et nos équations deviennent

$$(2)\qquad \begin{cases} \dfrac{dL}{dt} = \dfrac{dF}{dl}, & \dfrac{dl}{dt} = -\dfrac{dF}{dL}, \\[2mm] \dfrac{dG}{dt} = \dfrac{dF}{d(g-t)}, & \dfrac{d(g-t)}{dt} = -\dfrac{dF}{dG}. \end{cases}$$

Posons maintenant

$$\lambda = l + g - t, \qquad \xi = \sqrt{2(L-G)}\cos(t-g)$$
$$\eta = \sqrt{2(L-G)}\sin(t-g);$$

j'observe que la différence

$$L\,dl + G\,d(g-t) - L\,d\lambda - \xi\,d\eta$$

est une différentielle exacte, de sorte que nos équations conserveront la forme canonique et s'écriront

$$(3)\qquad \frac{dL}{dt} = \frac{dF}{d\lambda}, \quad \frac{d\lambda}{dt} = -\frac{dF}{dL}, \quad \frac{d\xi}{dt} = \frac{dF}{d\eta}, \quad \frac{d\eta}{dt} = -\frac{dF}{d\xi}$$

Je remarque que λ représente la différence des longitudes moyennes et que ξ et η sont de l'ordre de l'excentricité.

Quelle est la forme de la fonction F ? Nous pourrons écrire

$$F = F_0 + mF_1,$$

m étant la masse de Jupiter; on aura d'ailleurs

$$F_0 = \frac{1}{2L^2} + G = \frac{1}{2L^2} + L - \frac{\xi^2 + \eta^2}{2}.$$

Quant à F_1, ce sera une fonction de L, λ, ξ et η développable suivant les puissances entières de ξ et de η et suivant les sinus et cosinus des multiples de λ.

Par raison de symétrie, F_1 ne changera pas quand on changera λ et η en $-\lambda$ et $-\eta$.

Solutions de la première sorte.

Recherchons d'abord les solutions périodiques de la première sorte. A cet effet, écrivons nos équations en faisant passer dans le second membre les termes affectés du coefficient m; il viendra

$$(4)\quad \begin{cases} \dfrac{dL}{dt} = m\dfrac{dF_1}{d\lambda}, & \dfrac{d\lambda}{dt} + 1 - \dfrac{1}{L^3} = -m\dfrac{dF_1}{dL}, \\ \dfrac{d\xi}{dt} + \eta = m\dfrac{dF_1}{d\eta}, & \dfrac{d\eta}{dt} - \xi = -m\dfrac{dF_1}{d\xi}. \end{cases}$$

En première approximation, nous aurons donc

$$L = L_0 = \text{const.},\qquad \frac{d\lambda}{dt} = h_0 = \frac{1}{L_0^3} - 1 = \text{const.}$$
$$\xi = \eta = 0,\qquad \lambda = h_0 t.$$

Si dans les seconds membres des équations (4) nous substituons les valeurs approchées ainsi trouvées, ces seconds membres deviennent des fonctions connues de t, qui se présenteront sous la forme de séries procédant suivant les sinus ou les cosinus des multiples de $h_0 t$, avec cette circonstance que les seconds membres des équations en $\frac{dL}{dt}$ et en $\frac{d\xi}{dt}$ ne contiendront que des sinus, tandis que ceux des équations en $\frac{d\lambda}{dt}$ et en $\frac{d\eta}{dt}$ ne contiendront que des cosinus.

Ces équations (4), où les seconds membres sont regardés comme des fonctions connues de t, vont nous donner de nouvelles valeurs approchées de nos inconnues.

La première nous donne

$$\frac{dL}{dt} = \sum A_k \sin k h_0 t, \tag{5}$$

ce qui détermine L par quadrature à une constante près; nous voyons que L sera une fonction paire de t.

Il vient ensuite

$$\frac{d\lambda}{dt} = \left(\frac{1}{L^3} - 1\right) - m\frac{dF_1}{dL}. \tag{6}$$

Le second membre se compose de deux termes; dans le second de ces termes qui contient m en facteur, je remplace ξ, η, L et λ par les valeurs trouvées en première approximation et j'ai ainsi pour ce second terme une fonction *connue*, périodique et paire de t, développable en série procédant suivant les cosinus des multiples de $h_0 t$. Quand au premier terme, qui dépend seulement de L, j'y remplace L par la valeur à laquelle vient de me conduire l'intégration de l'équation (5); j'ai encore une fonction périodique et paire de t, mais cette fonction n'est pas entièrement connue; elle le serait si L l'était, mais nous venons de voir que l'équation (4) ne peut déterminer L qu'à une constante près.

Le second membre de (6) est donc une série procédant suivant les cosinus des multiples de $h_0 t$; mais cette série n'est pas entièrement connue, car les coefficients dépendent d'un paramètre indéterminé (qui est la constante dont je viens de parler). *Nous disposerons de ce paramètre de telle sorte que le terme tout connu de la série trigonométrique qui figure dans le second membre de* (6) *soit égal à* h_0. Le second membre de (6) est alors entièrement connu et nous aurons λ par une simple quadrature.

Nous voyons que $\lambda - h_0 t$ sera une fonction périodique de t, et il en sera par conséquent de même de

$$\cos\lambda = \cos h_0 t \cos(\lambda - h_0 t) \sin h_0 t \sin(\lambda - h_0 t)$$

et de $\sin\lambda$. D'ailleurs, on voit que λ est une fonction impaire de t.

Nous avons enfin les équations

$$\frac{d\xi}{dt} + \eta = m\frac{dF_1}{d\eta}, \qquad \frac{d\eta}{dt} - \xi = -m\frac{dF_1}{d\xi}.$$

Dans les seconds membres nous remplacerons L, λ, ξ et η par les valeurs obtenues en première approximation et nous trouverons des équations de la forme suivante :

$$\frac{d\xi}{dt} + \eta = \Sigma B_k \sin kh_0 t, \qquad \frac{d\eta}{dt} - \xi = \Sigma C_k \cos kh_0 t, \tag{7}$$

d'où nous tirons immédiatement

$$\xi = \sum \frac{C_k - B_k k h_0}{(kh_0)^2 - 1} \cos kh_0 t, \qquad \eta = \frac{C_k(kh_0) - B_k}{(kh_0)^2 - 1} \sin kh_0 t.$$

Il y aurait exception si le dénominateur s'annulait, c'est-à-dire si, pour une valeur entière n de k, on avait

$$h_0 = \pm \frac{1}{n}.$$

Si h_0, sans être rigoureusement égal à $\frac{1}{n}$, était voisin de $\frac{1}{n}$, le dénominateur, sans s'annuler, deviendrait très petit, et il pourrait y avoir des doutes sur la convergence.

Les approximations suivantes se poursuivraient de la même manière sans qu'il y ait absolument rien à changer à ce qui précède.

On ne rencontrerait de difficulté que si h_0 était voisin de $\pm \frac{1}{n}$; comme h_0 est toujours positif (mouvement direct), il ne sera jamais voisin de $-\frac{1}{n}$; mais il pourra être voisin de $+\frac{1}{n}$ pour les planètes dites *caractéristiques*, c'est-à-dire de 1 pour les planètes du type d'Hécube, de $\frac{1}{2}$ pour les planètes du type de Hilda et de $\frac{1}{3}$ pour les planètes du type de Thulé.

Solutions de la seconde sorte.

Pour l'étude des solutions de la seconde sorte, nous choisirons une variable nouvelle ω, en posant $t = h\omega$, et nous proposerons de choisir ce coefficient constant h, qui est d'abord indéterminé, de telle façon que L, $\cos\lambda$, $\sin\lambda$, ξ et η soient des fonctions périodiques de ω de période de 2π, développables en séries procédant suivant les sinus et les cosinus des multiples de ω.

Nous aurons alors les équations

$$\left\{\begin{aligned} &\frac{dL}{d\omega} = mh\frac{dF_1}{d\lambda}, \qquad \frac{d\lambda}{d\omega} + h\left(1 - \frac{1}{L^3}\right) = -mh\frac{dF_1}{dL}, \\ &\frac{d\xi}{d\omega} + h\eta = mh\frac{dF_1}{d\eta}, \qquad \frac{d\eta}{d\omega} - h\xi = -mh\frac{dF_1}{d\xi} \end{aligned}\right. \tag{8}$$

En première approximation, nous remplacerons les seconds membres par zéro et nous trouverons

$$L = L_0 = \text{const.}, \qquad \frac{d\lambda}{d\omega} = p\left(\frac{1}{L_0^3} - 1\right) = q, \qquad h = p,$$
$$\xi = \beta \cos p\omega, \qquad \eta = \beta \sin p\omega,$$

p et q étant deux entiers et β une constante arbitraire quelconque.

Pour la seconde approximation, nous poserons

$$L = L_0 + \delta L, \qquad \lambda = q\omega + \delta\lambda, \qquad h = p + \delta h,$$
$$\xi = \beta \cos p\omega + \delta\xi, \qquad \eta = \beta \sin p\omega + \delta\eta$$

et dans les seconds membres des équations (8) nous remplacerons lès variables L, λ, h, ξ, η par leurs valeurs approchées L_0, $q\omega$, p, $\beta\cos p\omega$, $\beta\sin p\omega$. Ces seconds membres deviennent ainsi des fonctions connues de ω périodiques, dont deux sont paires et développables en séries de cosinus et deux impaires développables en séries de sinus. Nous avons ainsi d'abord

$$\text{(9)} \qquad \frac{d\,\delta L}{d\omega} = \Sigma A_n \sin n\omega,$$

d'où l'on déduit par quadrature δL, à une constante près.

Quant aux deux dernières équations (8), elles s'écrivent

$$\frac{d\xi}{d\omega} + h\eta = \frac{d(\beta\cos p\omega + \delta\xi)}{d\omega} + (p + \delta h)(\beta \sin p\omega + \delta\eta) = \Sigma C_n \sin n\omega,$$
$$\frac{d\eta}{d\omega} - h\xi = \frac{d(\beta\sin p\omega + \delta\eta)}{d\omega} - (p + \delta h)(\beta \cos p\omega + \delta\xi) = \Sigma D_n \cos n\omega.$$

Les corrections δh, $\delta\xi$, $\delta\eta$ sont de l'ordre de m; si donc nous négligeons m^2, nous pourrons négliger les produits $\delta h\,\delta\eta$, $\delta h\,\delta\xi$ et nos équations s'écriront

$$\text{(10)} \qquad \begin{cases} \dfrac{d\,\delta\xi}{d\omega} + p\,\delta\eta + \beta\sin p\omega\,\delta h = \Sigma C_n \sin n\omega, \\[2ex] \dfrac{d\,\delta\eta}{d\omega} - p\,\delta\xi - \beta\cos p\omega\,\delta h = \Sigma D_n \cos n\omega. \end{cases}$$

L'intégration de ces équations est immédiate et nous donne

$$\delta h = \frac{C_p - D_p}{2p}, \qquad \delta\xi = \sum \frac{nC_n - pD_n}{p^2 - n^2}\cos n\omega + \gamma\cos p\omega,$$
$$\delta\eta = \frac{C_p + D_p}{2p}\sin p\omega + \sum \frac{pC_n - nD_n}{p^2 - n^2}\sin n\omega + \gamma\sin p\omega.$$

Sous le signe Σ, on doit donner à n toutes les valeurs entières, sauf la valeur p. Quant à γ, c'est une constante d'intégration que l'on peut supposer nulle, car elle fait double emploi avec la constante β.

Nous avons ensuite

$$\frac{d\,\delta\lambda}{d\omega} = (p + \delta h)\left[\frac{1}{(L_0+\delta L)^3} - 1\right] - p\left(\frac{1}{L^3} - 1\right) - m\frac{dF_1}{d\lambda}.$$

Je rappelle que, dans la dérivée de F_1, les variables sont remplacées par leurs valeurs approchées.

D'autre part, en négligeant m^2, et par conséquent $\delta h\,\delta L$ et δL^2, je puis écrire

$$(p+\delta h)\left[\frac{1}{(L_0+\delta L)^3} - 1\right] - p\left(\frac{1}{L^3} - 1\right) = \delta h\left(\frac{1}{L_0^3} - 1\right) \frac{3p\,\delta L}{L_0^4},$$

d'où

$$\text{(11)} \qquad \frac{d\,\delta\lambda}{d\omega} = \delta h\left(\frac{1}{L_0^3} - 1\right) - \frac{3p\,\delta L}{L_0^4} - m\frac{dF_1}{d\lambda} = \Sigma E_n \cos n\omega.$$

Les coefficients E_n seraient entièrement connus si δL était entièrement connu, mais δL n'a été déterminé qu'à une distance près; les coefficients E_n dépendent donc de cette constante *que l'on choisira de façon que* E_0 *soit nul*. Ce choix étant ainsi fait, les E_n sont connus et l'on trouve $\delta\lambda$ par quadrature.

En troisième approximation, on tiendra compte de m^2, mais on négligera m^3; soient L, λ, h, ξ, η les valeurs obtenues en seconde approximation; et soient $L+\delta L$, $\lambda+\delta\lambda$, $h+\delta h$, $\xi+\delta\xi$, $\eta+\delta\eta$ les valeurs exactes aux quantités près de l'ordre de m^3 que nous cherchons à déterminer.

Dans les premiers membres des équations (8) nous remplacerons donc L, λ, h, ξ, η par $L+\delta L$, $\lambda+\delta\lambda$, $h+\delta h$, $\xi+\delta\xi$, $\eta+\delta\eta$. Dans les seconds membres, au contraire, nous pourrons négliger δL, $\delta\lambda$, δh, $\delta\xi$, $\delta\eta$, de sorte que ces seconds membres seront des fonctions connues de ω.

Nous avons d'abord pour déterminer δL une équation analogue à (9) qui se traitera de la même manière; puis nous avons

$$\frac{d(\xi+\delta\xi)}{d\omega} + (h+\delta h)(\eta+\delta\eta) = mh\frac{dF_1}{d\eta}$$

ou, en négligeant $\delta h\,\delta\eta$, qui est de l'ordre de m^4,

$$\frac{d\,\delta\xi}{d\omega} + \eta\,\delta h + h\,\delta\eta = mh\frac{dF_1}{d\eta} - h\eta.$$

Le second membre est de la forme $\Sigma C_n \sin n\omega$.

D'autre part, je puis négliger $(\eta - \beta\sin p\omega)\,\delta h$ et $(h-p)\,\delta\eta$, puisque $\eta - \beta\sin p\omega$ et $h-p$ sont de l'ordre de m, et que δh et $\delta\eta$ sont de l'ordre de m^2. Notre équation devient donc

$$\frac{d\,\delta\xi}{d\omega} + p\,\delta\eta + \beta\sin p\omega\,\delta h = \Sigma C_n \sin n\omega,$$

et nous avons de même

$$\frac{d\,\delta\eta}{d\omega} - p\,\delta\xi - \beta\cos p\omega\,\delta h = \Sigma\,D_n \sin n\omega.$$

Ces équations étant de même forme que les équations (10) se traiteront de la même manière. Nous déterminerions enfin $\delta\lambda$ par une équation qui serait de la forme (11).

Il y a cependant un cas où il pourrait y avoir une difficulté.

Nous avons trouvé plus haut

$$\delta h = \frac{C_p - D_p}{\beta} \tag{12}$$

Cette formule deviendrait illusoire si β était nul, et même si β était très petit la convergence des développements pourrait être compromise. On retrouve d'ailleurs à chaque approximation des équations de la forme (10), de sorte qu'il faut chaque fois calculer une nouvelle correction δh par une formule de la forme (12), de sorte que la même difficulté se représentera chaque fois.

On pourrait donc craindre que la méthode ne fût pas applicable au cas où β (et par conséquent l'excentricité) est une petite quantité. Mais nous observons que, si l'on fait $\beta = 0$, on retombe précisément sur les solutions de la première sorte que nous venons d'étudier; or nous venons de voir que ces solutions existent toujours, sauf peut-être pour les planètes caractéristiques.

Le cas des planètes caractéristiques est celui où le rapport $\frac{p}{q}$ est entier. Si donc $\frac{p}{q}$ est commensurable sans être entier, nous sommes certains que la difficulté se dissipera d'elle-même, c'est-à-dire que $C_p - D_p$ s'annulant en même temps que β, la correction δh restera finie. C'est ce qu'il est aisé d'ailleurs de constater pour les premières approximations. Si au contraire $\frac{p}{q}$ est entier (p entier, $q = 1$), la méthode peut se trouver en défaut, et nous allons voir ce que deviennent dans ce cas nos solutions périodiques.

Raccordement des deux sortes de solutions.

On peut représenter schématiquement les résultats obtenus par une figure.

Supposons que nous représentions chaque solution périodique par un point défini de la façon suivante. Nous pouvons toujours choisir pour origine des temps l'instant où les deux planètes sont en conjonction symétrique. A ce moment on a :

$$\lambda = \eta = 0.$$

Prenons alors pour abscisse la valeur de L à cet instant et pour ordonnée la valeur de ξ; nous aurons un point qui pourra être regardé comme représentant la solution périodique.

Les solutions de la première sorte seront représentées par les arcs de courbe AB, GHKL et RS. La courbe est interrompue entre B et G et entre L et S; nous avons vu en effet que la méthode est en défaut quand h_0 est voisin de $\frac{1}{n}$. Nous ne savons alors ce que deviennent les solutions de la première sorte;

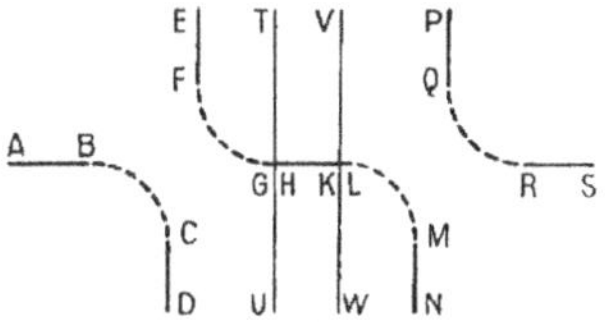

Fig. 1.

j'ai donc représenté deux interruptions correspondant, par exemple, l'une aux planètes du type d'Hécube, l'autre aux planètes du type de Hilda.

Représentons maintenant les solutions de la seconde sorte; à chaque système de nombres entiers p et q correspondra une courbe représentant une série de solutions de la seconde sorte. J'ai tracé quatre courbes, à savoir EFCD correspondant à $\frac{p}{q} = 1$ (type d'Hécube). THU correspondant à $\frac{p}{q} = \frac{3}{2}$, VKW correspondant à $\frac{p}{q} = \frac{5}{3}$, et enfin PQMN correspondant à $\frac{p}{q} = 2$ (type de Hilda). Comme nous avons vu que les solutions de la seconde sorte correspondant aux valeurs entières de $\frac{p}{q}$ n'existent plus pour les petites valeurs de β, j'ai interrompu la première courbe entre F et C, et la dernière entre Q et M. Au contraire, les deux autres courbes THU et VKW, qui ne correspondent pas à des planètes caractérisques, ne sont pas interrompues et viennent croiser la courbe GHKL en H et en K.

Comment se raccordent les courbes EF, GH, AB, CD, PQ, RS, KL, MN ?

Il est probable que c'est par de petits arcs de courbe BC, FG, QR, LM, tels que ceux que j'ai représentés en trait pointillé. Cette prévision est confirmée par l'application de la méthode Delaunay, dont l'approximation est évidemment suffisante pour résoudre une question qualitative de ce genre.

Supposons que dans la fonction F nous conservions seulement les termes à longue période. Pour les planètes caractéristiques, telles que le rapport des moyens mouvements soit voisin de $\frac{n+1}{n}$, ces termes à longue période seront de la forme $(\xi \cos n\lambda + \eta \sin n\lambda)^p$, de sorte qu'après la suppression des termes à courte période F ne dépende plus que de

$$L, \qquad S = \frac{\xi^2 + \eta^2}{2}, \qquad T = \xi \cos n\lambda + \eta \sin n\lambda.$$

D'ailleurs F est développable suivant les puissances entières de S et de T

L'intégration complète des équations est alors possible et les solutions périodiques auront pour équations

$$(13) \qquad \left\{ \begin{array}{llll} L = \text{const.}, & \dfrac{d\lambda}{dt} = \text{const.}, & S = \text{const.}, & T = \text{const.}, \\ & \xi = T \cos n\lambda, & \eta = T \sin n\lambda, & \end{array} \right.$$

les valeurs constantes de L, S et T étant données par les équations

$$(14) \qquad F = \text{const.}, \qquad nT \frac{dF}{dL} = T \frac{dF}{dS} + \frac{dF}{dT}, \qquad S = \frac{T^2}{2}.$$

On trouve, en effet, que les équations (3) deviennent

$$(15) \qquad \left\{ \begin{array}{ll} \dfrac{dL}{dt} = n \dfrac{dF}{dT}(-\xi \sin n\lambda + n \cos n\lambda), & \dfrac{d\lambda}{dt} = -\dfrac{dF}{dL}, \\ \dfrac{d\xi}{dt} = \dfrac{dF}{dS}\eta + \dfrac{dF}{dT}\sin n\lambda, & \dfrac{d\eta}{dt} = -\dfrac{dF}{dS}\xi - \dfrac{dF}{dT}\cos n\lambda \end{array} \right.$$

et sont satisfaites par les valeurs (13) et (14).

Que deviennent alors nos courbes? Au moment de la conjonction symétrique, on a

$$\lambda = 0, \qquad \eta = 0, \qquad \xi = T$$

Il faut donc construire la courbe

$$nT \frac{dF}{dL} = T \frac{dF}{dS} + \frac{dF}{dT}$$

en prenant L et T pour coordonnées et en remplaçant S par $\frac{T^2}{2}$.

Si nous arrêtons le développement de F_1 aux termes du premier degré par rapport aux excentricités, nous aurons

$$F = \frac{1}{2L^2} + L - S + m(A + BT),$$

A et B étant des fonctions de L, et par conséquent

$$\frac{dF}{dL} = 1 - \frac{1}{L^3} + m(A' + B'T), \qquad \frac{dF}{dS} = -1, \qquad \frac{dF}{dT} = mB,$$

A′ et B′ étant les dérivées des fonctions A et B.

Notre équation s'écrira alors

$$T\left[n\left(1 - \frac{1}{L^3}\right) + 1\right] + m[nB'T^2 + nA'T - B] = 0.$$

Pour $m = 0$, cette courbe se décompose en deux droites :

$$T = 0 \qquad \text{(solutions de la première sorte).}$$

$$\frac{1}{L^3} = \frac{n+1}{n} \qquad \text{(solutions de la seconde sorte).}$$

Ce seraient encore deux droites si nous prenions pour coordonnées non plus T et L, mais T et $\frac{1}{L^3}$.

Si m n'est pas nul, mais très petit, nous aurons des courbes s'écartant peu de ces droites, et pour nous rendre compte de la forme de ces courbes, le mieux est de prendre pour coordonnées T et $\frac{1}{L^3}$ et de négliger mT^2. La courbe se réduit alors à une hyperbole équilatère. D'où nous devons conclure que la forme générale des courbes est bien celle qui a été représentée sur la figure. On voit que ce sont les solutions de la seconde sorte qui sont la continuation analytique de celles de la première sorte, et inversement.

Cas des planètes caractéristiques.

Je voudrais maintenant montrer comment on peut, avec une approximation indéfinie, déterminer les solutions périodiques correspondant aux parties pointillées de nos courbes, c'est-à-dire aux planètes caractéristiques.

Nous allons développer, non plus suivant les puissances de m, mais suivant celles de $\sqrt{m}$, de sorte que nous dirons qu'un terme est *d'ordre p* quand il contiendra en facteur $m^{\frac{p}{2}}$. Nous devrons, d'autre part, distinguer le *rang* et l'*ordre*, car certains termes, étant à longue période, seront plus importants que les autres termes du même ordre et aussi importants que les termes d'ordre moindre.

Pour les termes qui figurent dans le développement des deux inconnues L, λ, et pour ceux qui figurent dans les développements des seconds membres des deux équations (8), qui donnent $\frac{dL}{dt}$ et $\frac{d\lambda}{dt}$, *le rang sera égal à l'ordre.*

Passons maintenant aux développements de ξ, de η ou des seconds membres des deux équations (8) qui donnent $\frac{d\xi}{dt}$ et $\frac{d\eta}{dt}$.

Ici je dois distinguer; je suppose que le rapport des moyens mouvements soit voisin de $\frac{n+1}{n}$, je poserai $t = h\omega$, h étant une constante voisine de n que je déterminerai plus complètement dans la suite, et je prendrai ω comme variable.

Mes seconds membres, contiendront alors des termes en $\cos p\omega$ ou $\sin p\omega$, p étant un entier. Pour ceux des termes où p n'est pas égal à n, *le rang sera encore égal à l'ordre.*

Considérons maintenant les termes en $\cos n\omega$ et $\sin n\omega$, et soient

$$(16) \qquad C \sin n\omega, \quad D \cos n\omega$$

deux termes de même ordre figurant respectivement dans les seconds membres de la troisième et de la quatrième équation (8). Nous décomposerons ces termes et nous les regarderons comme formés chacun de la somme de deux autres, à savoir

$$(17) \qquad \frac{C+D}{2} \sin n\omega, \quad \frac{C+D}{2} \cos n\omega$$

et

$$(18) \qquad \frac{C-D}{2} \sin n\omega, \quad \frac{D-C}{2} \cos n\omega.$$

Pour les termes (17), *le rang sera encore égal à l'ordre, mais pour les termes* (18) *le rang sera égal à l'ordre diminué d'une unité.*

Ces définitions posées, nous allons procéder à l'intégration. En première approximation, nous remplaçons les seconds membres des équations (8) par zéro et nous trouvons

$$L = L_0 = \text{const.}, \qquad \frac{d\lambda}{d\omega} = h\left(\frac{1}{L_0^3} - 1\right) = 1, \qquad h = p, \qquad \xi = \eta = 0.$$

Pour la seconde approximation, je remplace dans les seconds membres toutes les variables par leurs valeurs approchées; ces seconds membres deviennent

$$m\Sigma A_p \sin p\omega, \quad m\Sigma B_p \cos p\omega, \quad m\Sigma C_p \sin p\omega, \quad m\Sigma D_p \cos p\omega,$$

les A, B, C, D étant des coefficients connus. Tous ces termes sont du second ordre, puisque nous avons $m = (\sqrt{m})^2$ en facteur.

Mais nous conserverons seulement les termes de rang 1, de sorte que ces seconds membres se réduiront respectivement à

$$0, \quad 0, \quad m \sin n\omega \frac{C_n - D_n}{2}, \quad m \cos n\omega \frac{D_n - C_n}{2}.$$

Nos équations (8) deviendront ainsi

$$(19) \quad \begin{cases} \dfrac{dL}{d\omega} = 0, & \dfrac{d\lambda}{d\omega} + h\left(1 - \dfrac{1}{L^3}\right) = 0, \\ \dfrac{d\xi}{d\omega} + h\eta = m \sin n\omega \dfrac{C_n - D_n}{2}, & \dfrac{d\eta}{d\omega} - h\xi = m \cos n\omega \dfrac{D_n - C_n}{2}, \end{cases}$$

Intégrons d'abord les deux dernières équations (19); nous trouverons

$$\xi = \beta\sqrt{m} \cos n\omega, \qquad \eta = \beta\sqrt{m} \sin n\omega, \qquad h = n + \sqrt{m}\frac{C_n - D_n}{2\beta}$$

Quant aux deux premières, elles me donnent

$$(20) \quad \begin{cases} L = L_1 = \text{const.} \\ \dfrac{d\lambda}{d\omega} = h\left(\dfrac{1}{L^3} - 1\right) = \left(n + \sqrt{m}\dfrac{C_n - D_n}{2\beta}\right)\left(\dfrac{1}{L_1^3} - 1\right) = 1. \end{cases}$$

On voit que β est une constante arbitraire d'intégration et que L_1 est une nouvelle constante peu différente de L_0 et déterminée par la dernière équation (20).

Passons maintenant à la troisième approximation.

Je désigne par L, λ, ξ, η, h les valeurs de nos inconnues obtenues en deuxième approximation, et par $L + \delta L$, $\lambda + \delta\lambda$, $\xi + \delta\xi$, $\eta + \delta\eta$, $h + \delta h$ les valeurs en troisième approximation. Nos équations (8) deviennent alors (en laissant de côté la seconde équation)

$$(21) \quad \begin{cases} \dfrac{d\,\delta L}{d\omega} = mh\dfrac{dF_1}{d\lambda}, \quad \dfrac{d\,\delta\xi}{d\omega} + h\,\delta\eta + \eta\,\delta h = mh\dfrac{dF_1}{d\eta} - \dfrac{d\xi}{d\omega} - h\eta, \\ \dfrac{d\,\delta\eta}{d\omega} - h\,\delta\xi - \xi\,\delta h = -mh\dfrac{dF_1}{d\xi} - \dfrac{d\eta}{d\omega} + h\xi. \end{cases}$$

J'ai négligé, bien entendu, les produits $\delta\xi\,\delta h$, $\delta\eta\,\delta h$. Les seconds membres des équations (21) sont des fonctions connues de ω de la forme

$$m\Sigma A_p \sin p\omega + m\sqrt{m}\Sigma A'_p \sin p\omega,$$
$$m\Sigma C_p \sin p\omega + m\sqrt{m}\Sigma C'_p \sin p\omega,$$
$$m\Sigma D_p \cos p\omega + m\sqrt{m}\Sigma D'_p \cos p\omega.$$

Ces termes sont d'ordre 2 et 3, les termes d'ordre 4 étant laissés de côté.

Les coefficients C_p et D_p ne sont naturellement pas les mêmes que tout à l'heure.

Nous avions satisfait en deuxième approximation à nos équations (8) aux termes près de rang 2, en tenant compte des termes de rang 1. Cela veut dire que, si l'on fait $\delta L = \delta\xi = \delta\eta = 0$, les équations (21) seront satisfaites aux termes près de rang 2; c'est-à-dire encore que les seconds membres de ces équations ne contiendront plus de termes de rang 1.

On aura donc

$$C_n = D_n,$$

sans quoi nous aurions des termes de rang 1

$$m\frac{C_n - D_n}{2}\sin n\omega, \quad m\frac{D_n - C_n}{2}\cos n\omega,$$

Nous conserverons seulement les termes de rang 2, de sorte que nos seconds membres se réduiront à

$$m\Sigma A_p \sin p\omega, \quad m\Sigma C_p \sin p\omega + m\sqrt{m}\frac{C'_n - D'_n}{2}\sin n\omega,$$
$$m\Sigma D_p \cos p\omega + m\sqrt{m}\frac{D'_n - C'_n}{2}\cos n\omega.$$

D'autre part, dans les premiers membres des équations (21) nous pouvons négliger

$$(h-n)\delta\xi, \quad (h-n)\delta\eta,$$

qui sont de rang 3, de sorte que nos équations s'écrivent

$$(22)\quad \begin{cases} \dfrac{d\,\delta\xi}{d\omega} + n\,\delta\eta + \beta\sqrt{m}\sin n\omega\,\delta h = m\Sigma C_p \sin p\omega + m\sqrt{m}\dfrac{C'_n - D'_n}{2}\sin n\omega, \\ \dfrac{d\,\delta\eta}{d\omega} - n\,\delta\xi - \beta\sqrt{m}\cos n\omega\,\delta h = m\Sigma D_p \cos p\omega + m\sqrt{m}\dfrac{D'_n - C'_n}{2}\cos n\omega, \end{cases}$$

et que nous trouverons (en nous rappelant que $C_n = D_n$),

$$\delta h = \frac{m}{\beta}\frac{C'_n - D'_n}{2}, \qquad \delta\xi = m\sum\frac{pC_p - nD_p}{n^2 - p^2}\cos p\omega + \gamma m \cos n\omega,$$
$$\delta\eta = m\sum\frac{nC_p - pD_p}{n^2 - p^2}\sin p\omega + \frac{m}{n}C_n \sin n\omega + \gamma m \sin n\omega,$$

où sous le signe Σ, on donne à p toutes les valeurs entières sauf n, et où λ est une constante arbitraire d'intégration qui, faisant double emploi avec β, pourra être supposée nulle.

La première équation (21) nous donnera ensuite δL à une constante près, et la seconde équation (8) nous donnera

$$\frac{d\,\delta\lambda}{d\omega} = \Sigma B_p \cos p\omega,$$

où les coefficients B_p ne seront pas entièrement connus, mais dépendront encore de la constante additive arbitraire dont dépend δL. On déterminera cette constante de façon que B_0 soit nul et, les coefficients B étant désormais entièrement connus, on aura δL par quadrature.

Il est à peine nécessaire de parler de la quatrième rpproximation, pour laquelle on procéderait comme pour la troisième. Soient L, λ, ξ, η, h les valeurs des inconnues en troisième approximation; soient $L + \delta L$, ... leurs valeurs en quatrième approximation. On remplacera les variables par leurs valeurs approchées L, λ, ..., dans les seconds membres des équations (8) et par les valeurs $L + \delta L$, ... dans les premiers membres. On obtiendra ainsi des équations de la forme (21). Les seconds membres seront des fonctions connues de ω dont tous les termes seront au plus de rang 3; on y retiendra seulement, d'ailleurs, les termes de rang 3.

Dans les premiers membres nous pourrons négliger $(h - n)\,\delta\xi$, $(h - n)\,\delta\eta$ et aussi $(\eta - \beta\sqrt{m}\sin n\omega)\,\delta h$, $(\xi - \beta\sqrt{m}\cos n\omega)\,\delta h$, qui sont de rang 4.

Nous retomberons ainsi sur des équations de la forme (22) avec cette différence que, dans les seconds membres, les coefficients $m\sqrt{m}$ devront être remplacés par $m\sqrt{m}$ et m^2. D'ailleurs on aura encore $C_n = D_n$, puisque nos seconds membres ne doivent pas contenir de termes de rang 2.

L'intégration se ferait donc comme celle des équations (22), et l'on déterminerait ensuite δL et $\delta\lambda$ comme dans la troisième approximation.

On voit que, dans les solutions que nous venons d'étudier, ξ, η et la différence $\frac{1}{L^3} - \frac{n+1}{n}$ sont de l'ordre de $\sqrt{m}$. Si ξ et η étaient très petits par rapport à $\sqrt{m}$ la différence $\frac{1}{L^3} - \frac{n+1}{n}$ serait grande par rapport à $\sqrt{m}$ et l'on pourrait appliquer les méthodes relatives aux solutions de la première sorte. Si au contraire, $\frac{1}{L^3} - \frac{n+1}{n}$ était petit par rapport à $\sqrt{m}$, ξ et η seraient grands par rapport à $\sqrt{m}$ et l'on pourrait appliquer les méthodes relatives aux solutions de la seconde sorte. On ne sera donc jamais pris au dépourvu.

Comparaison avec les résultats de M. Brendel.

M. Brendel, dans sa *Theorie der Kleinen Planeten*, a étudié également ces solutions périodiques. Il est arrivé, page 126, à des équations qu'il appelle (273)

$$\beta_1^2 + p\beta_1 + q = 0, \qquad p = -\frac{2\delta + p'_1}{6\mu}, \qquad q = -\frac{p_1}{6\mu}$$

dont je vais expliquer la signification.

On désigne par μ le rapport des moyens mouvements *osculateurs* dans les orbites absolues, et par μ_1 le rapport des moyens mouvements *moyens*. Pour les planètes du type d'Hécube, μ et μ_1 sont très voisins de $\frac{1}{2}$, de sorte que l'on peut poser

$$\mu = \frac{1-\delta}{2}, \qquad \mu_1 = \frac{1-\delta_1}{2},$$

δ et δ_1 étant très petits.

Quant à β_1, c'est un coefficient qui correspond à peu près à celui que nous avons appelé β dans l'étude des solutions de la seconde sorte, et $\beta\sqrt{m}$ dans l'étude des planètes caractéristiques; il est à peu près égal à la valeur initiale de ξ au moment de la conjonction symétrique.

Pour p'_1 et p_1 ce sont des coefficients qui dépendent de μ et de diverses variables, mais qui, variant peu dans le voisinage de la valeur critique $\mu = \frac{1}{2}$, pourront, dans la discussion qui va suivre, être regardés comme constants.

M. Brendel arrive aux équations qu'il appelle (267) et (269) et où je néglige δ_1^2; elles s'écrivent

$$(2\delta_1 + p'_1)\beta_1 = -p_1, \qquad \delta_1 = \delta - 3\mu\beta_1^2,$$

d'où (273) se déduit immédiatement.

Nous pourrons dans le voisinage de la valeur critique faire $\mu = \frac{1}{2}$ de telle façon que l'équation (273) s'écrive

$$\beta_1^2 - \frac{2}{3}\delta\beta_1 - \frac{p'_1\beta}{3} - \frac{p_1}{3} = 0.$$

Si nous regardons β_1 et δ comme des coordonnées planes d'un point, si d'autre part nous continuons à considérer p_1 et p'_1 comme des constantes, c'est là l'équation d'une courbe du troisième degré.

Au lieu de tracer graphiquement cette courbe, M. Brendel a préféré construire un petit tableau numérique qui se trouve page 128.

J'ai représenté sur la figure cette courbe du troisième degré en ABC, DEF. Le tableau de M. Brendel ne comprend que les arcs BC et ED marqués en trait plein. Il saute brusquement du point B au point E. Ces deux points B et E sont sur une même droite perpendiculaire à l'axe des δ et tangente à la courbe en E.

On voit facilement ce saut brusque sur le tableau, où à la valeur 8,1670 de $\log \delta$ on voit correspondre les deux valeurs 593,3 et 603,8 de n_1; $9{,}09_n$ et 8,79 de $\log \beta_1$.

Les droites perpendiculaires à l'axe des δ coupent la courbe en un point si elles sont à droite de BE, et en trois points si elles sont à gauche. Les droites perpendiculaires à l'axe des β_1 la coupent en un point.

Si, passant à la limite, on fait $m = 0$, p_1 et p'_1 s'annulent et la courbe se

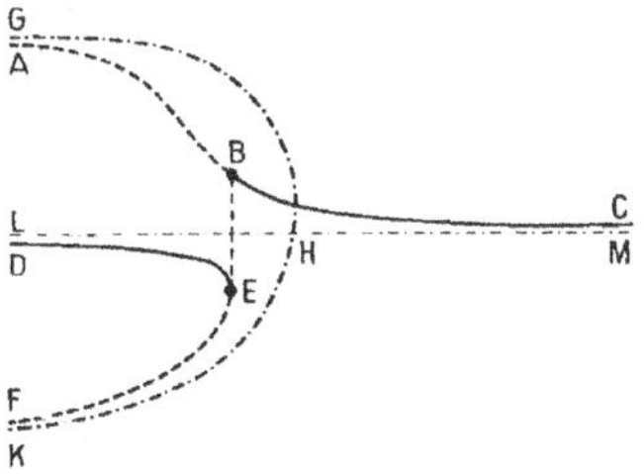

Fig. 1.

décompose en une droite $\beta_1 = 0$ et une parabole $\beta_1^2 = 4\delta$. Cette droite et cette parabole sont représentées en trait mixte sur la figure en LHM et GHK.

Ce résultat peut paraître étrange au premier abord; il est clair, en effet, que la droite LHM corrrespond aux solutions de la première sorte, qui pour $m = 0$ se réduisent à des orbites circulaires, et que la parabole GHK correspond aux solutions de la seconde sorte, qui pour $m = 0$ se réduisent à des orbites elliptiques ayant toutes même grand axe et même moyen mouvement — 2.

Mais si μ et δ dépendent seulement du moyen mouvement osculateur, on pourrait croire que, ce moyen mouvement étant le même pour toutes ces orbites, la valeur de δ doit être aussi la même pour toutes ces orbites, de sorte que la courbe GHK devrait se réduire à une droite.

Il importe d'expliquer la raison de cette anomalie.

Soient r et v les coordonnées polaires de la planète. Soient a et η le grand axe et l'excentricité de cette planète dans son *orbite absolue*, c'est-à-dire ce grand axe et cette exentricité réduits à leurs *termes élémentaires*, c'est-à-dire aux termes constants ou périodiques de leurs développements dont le coefficient ne contient pas m en facteur. Dans ces conditions a est une constante. On pose ensuite

$$r = \frac{a(1-\eta^2)}{1+\rho}.$$

C'est avec cette constante a que l'on calcule le moyen mouvement n à l'aide de la troisième loi de Képler $n^2a^3 = 1$, et μ est égal à $\frac{1}{n}$, le moyen mouvement de Jupiter étant pris pour unité.

Dans l'étude de ce qu'il appelle les *termes de degré zéro*, c'est-à-dire des solutions périodiques, M. Brendel suppose $\eta = 0$. Il semblerait donc que l'excentricité ne doit contenir que des termes non élémentaires, c'est-à-dire dont le coefficient contient m en facteur. Ces termes devraient donc s'annuler pour $m = 0$, de sorte qu'en faisant $m = 0$ nous devrions trouver seulement des orbites circulaires. Nous devrions donc trouver seulement la droite LHM, mais rien n'expliquerait la parabole GHK.

Mais les choses ne se passent pas d'une manière aussi simple : l'expression de ρ contient un terme dit *caractéristique*

$$\beta_1 \cos 2(1-\mu_1)v,$$

et β_1 est de la forme

$$\beta_1 = \frac{m\alpha}{\delta_1},$$

α étant fini

Qu'est-ce maintenant que η^2? C'est la partie élémentaire de l'expression

$$\rho^2 + \left(\frac{d\rho}{dv}\right)^2,$$

c'est-à-dire ce que devient cette expression quand on y supprime tous les termes qui contiennent m en facteur. Si l'on borne ρ au terme caractéristique, il vient

$$(23)\quad \rho^2 + \left(\frac{d\rho}{dv}\right)^2 = \frac{m^2\alpha^2}{\delta_1^2}\left[\frac{1}{2} + 2(1-\mu_1)^2\right] + \frac{m^2\alpha^2}{\delta_1^2}\left[\frac{1}{2} - 2(1-\mu_1)^2\right]\cos 4(1-\mu_1)v.$$

Si nous regardons δ_1 comme une constante différente de zéro, aucun de ces termes n'est élémentaire ; c'est le point de vue auquel s'est placé M. Brendel. Quand, δ_1 restant constant, on fait tendre m vers zéro, l'expression (23) tend aussi vers zéro. C'est à ce point de vue que l'on peut dire que η est nul.

Mais, si maintenant je fais tendre simultanément δ_1 et m vers zéro, si je pose par exemple $\delta_1 = \gamma m$, γ étant fini, alors à la limite on aura $\delta_1 = 0$, $\mu_1 = \frac{1}{2}$ et

$$(\rho)^2 + \left(\frac{d\rho}{dv}\right)^2 = \frac{\alpha^2}{\gamma^2}.$$

Comme nous avons supposé, avec M. Brendel, $\eta = 0$, nous avions, en réduisant ρ à son terme caractéristique

$$r = \frac{a}{1+\rho} = \frac{a}{1+\beta_1 \cos 2(1-\mu_1)v} = \frac{a}{1+\frac{\alpha}{\gamma}\cos 2(1-\mu_1)v}$$

ou à la limite, pour $m = 0$,

$$r = \frac{a}{1+\frac{\alpha}{\gamma}\cos v}.$$

C'est l'équation d'une ellipse qui a pour excentricité $\frac{\alpha}{\gamma}$ et pour grand axe non pas a, mais $\frac{a}{1-\frac{\alpha^2}{\gamma^2}}$. Dans ces conditions l'orbite réelle tend vers une ellipse, tandis que l'orbite absolue, toujours circulaire, tend vers un cercle qui non seulement n'est pas identique à cette ellipse, mais n'a pas même grand axe que cette ellipse.

Toutes ces ellipses limites correspondent aux divers points de la parabole GHK. Elles ont toutes même grand axe, mais les orbites absolues correspondantes n'ont pas toutes même grand axe; la valeur de μ ou de δ n'est donc pas la même pour toutes ces ellipses, et c'est pour cela que la courbe GHK ne se réduit pas à une droite.

Ainsi donc, quand m tend vers zéro, ce n'est pas la quantité μ qui tend vers le rapport des moyens mouvements des deux orbites képlériennes, c'est la quantité μ_1. Si donc, au lieu de prendre pour coordonnées β_1 et δ, nous avions pris β_1 et δ_1, notre courbe GHK serait devenue une droite et la courbe du troisième degré serait devenue une hyperbole équilatère.

Donc l'anomalie provient simplement de ce qu'il y a d'un peu vague et flou dans la définition de l'orbite absolue et, par conséquent, dans celle des quantités a, μ et δ.

Si l'on fait attention à ces points, on verra que les résultats de M. Brendel sont en parfait accord avec les miens. Je dois cependant faire une réserve. M. Brendel croit avoir expliqué de cette manière l'existence de *lacunes* dans la série des petites planètes. *Cette opinion n'est pas fondée.* Son tableau montre en effet une lacune dans les valeurs de δ_1 et sur la figure ce saut brusque se produit quand on saute du point B au point E; δ_1 saute alors de la valeur δ_1^0 à la valeur δ_1^1. Cela veut-il dire qu'il ne saurait y avoir de petites planètes pour lesquelles δ_1 prendrait une valeur comprise entre δ_1^0 et δ_1^1? Nullement; il pourrait en exister qui correspondraient aux parties pointillées de la courbe. Mais M. Brendel, pour dresser son tableau, a supprimé ces parties pointillées. *C'est cette amputation arbitraire qui a créé la lacune.* Pourquoi a-t-elle été faite aux points B et E plutôt qu'ailleurs? C'est parce que le point E est le point de contact d'une tangente parallèle à l'un des axes de coordonnées. C'est donc le choix des coordonnées qui a déterminé le choix du point E. Or ce choix dépend lui-même de la définition de δ et de α, et nous venons de voir justement combien cette définition est vague et artificielle.

SUR LES PLANÈTES DU TYPE D'HÉCUBE

Bulletin astronomique, t. 19, p. 289-310 (août 1902).

M. Simonin a, il y a quelques années, soutenu une thèse remarquable sur le mouvement de la planète Hécube; plus récemment, il est revenu sur cette même question et le *Bulletin* vient de publier un article de lui sur ce sujet. Ayant pris cette année pour sujet de mon Cours la théorie des petites planètes, j'ai eu l'occasion de résumer nos connaissances sur les orbites planétaires du type d'Hécube et des autres types caractéristiques. J'ai donc mis les résultats de M. Simonin sous une forme nouvelle qu'il ne sera peut-être pas inutile de faire connaître ici.

Je prends le plan de l'orbite de Jupiter pour plan des xy.

Je choisirai les unités de telle façon que la longitude moyenne de Jupiter soit égale à t; et j'appellerai R une fonction égale à la masse du Soleil divisée par la distance du Soleil à Hécube plus la masse de Jupiter divisée par la distance de Jupiter à Hécube, moins le demi-carré de la vitesse d'Hécube.

Je désigne par L la racine carrée du grand axe de l'orbite d'Hécube, et je pose

$$G = L\sqrt{1-e^2}, \qquad \theta = G\cos i,$$

e et i étant l'excentricité et l'inclinaison de cette orbite.

Je désigne par l, g et θ l'anomalie moyenne, la distance du périhélie au nœud et la longitude du nœud. Dans ces conditions, les équations sont canoniques et s'écrivent

$$(1) \qquad \begin{cases} \dfrac{dL}{dt} = \dfrac{dR}{dl}, & \dfrac{dG}{dt} = \dfrac{dR}{dg}, & \dfrac{d\theta}{dt} = \dfrac{dR}{d\theta}, \\[2mm] \dfrac{dl}{dt} = -\dfrac{dR}{dL}, & \dfrac{dg}{dt} = -\dfrac{dR}{dG}, & \dfrac{d\theta}{dt} = -\dfrac{dR}{d\theta}. \end{cases}$$

La fonction R dépend des six variables, L, G, Θ, l, g, θ et de t. Ces équations prennent une autre forme si l'on pose

$$F = R + \Theta$$

et si l'on prend pour variable $\theta - t$ au lieu de θ, elles deviennent alors

$$(2)\quad \begin{cases} \dfrac{dL}{dt} = \dfrac{dF}{dl}, & \dfrac{dG}{dt} = \dfrac{dF}{dg}, & \dfrac{d\Theta}{dt} = \dfrac{dF}{d(\theta - t)}, \\ \dfrac{dl}{dt} = -\dfrac{dF}{dL}, & \dfrac{dg}{dt} = -\dfrac{dF}{dG}, & \dfrac{d(\theta - t)}{dt} = -\dfrac{dF}{d\Theta}. \end{cases}$$

Dans ces conditions, F est regardé comme fonction des six variables L, G, Θ, l, g, $\theta - t$, et de t. Mais nous devons observer que si l'excentricité de Jupiter était nulle, F ne dépendrait plus de t, mais seulement des six premières variables.

Nous allons maintenant changer de variables. Supposons que le rapport des moyens mouvements soit très voisin de $\dfrac{n+1}{n}$, n étant un entier qui pour Hécube sera égal à 1. Nous poserons

$$\lambda = l + g + \theta - t, \qquad s = -nl - (n+1)g - (n+1)(\theta - t),$$
$$\tau = -nl - ng - (n+1)(\theta - t),$$
$$U = L + nS + nT, \qquad S = L - G, \qquad T = G - \Theta.$$

On constate aisément que l'on a identiquement

$$Ll + Gg + \Theta(\theta - t) = U\lambda + Ss + T\tau$$

et, par conséquent,

$$L\,dl + G\,dg + \Theta\,d(\theta - t) = U\,d\lambda + S\,ds + T\,d\tau,$$

ce qui prouve qu'avec les nouvelles variables les équations resteront canoniques et s'écriront

$$(3)\quad \begin{cases} \dfrac{dU}{dt} = \dfrac{dF}{d\lambda}, & \dfrac{dS}{dt} = \dfrac{dF}{ds}, & \dfrac{dT}{dt} = \dfrac{dF}{d\tau}, \\ \dfrac{d\lambda}{dt} = -\dfrac{dF}{dU}, & \dfrac{ds}{dt} = -\dfrac{dF}{dS}, & \dfrac{d\tau}{dt} = -\dfrac{dF}{dT}. \end{cases}$$

Voyons quelle est la signification de ces nouvelles variables. D'abord λ représente la différence des longitudes moyennes. D'autre part,

$$\frac{ds}{dt} = -n\frac{dl}{dt} - (n+1)\left(\frac{dg}{dt} + \frac{d\theta}{dt} - 1\right), \qquad \frac{d\tau}{dt} = \frac{ds}{dt} + \frac{dg}{dt}.$$

Comme $\dfrac{dg}{dt}$ et $\dfrac{d\theta}{dt}$ sont très petits et $\dfrac{dl}{dt}$ très voisin de $\dfrac{n+1}{n}$, on voit que $\dfrac{ds}{dt}$ et $\dfrac{d\tau}{dt}$ sont très petits.

S est de l'ordre du carré de l'excentricité et T de l'ordre du carré de l'inclinaison.

Comme S et T sont petits, U différera peu de la racine carrée du grand axe. Je désignerai par e' et ϖ' l'exentricité et le périhélie de Jupiter, et je poserai

$$v = n\lambda - t + \varpi'.$$

Comme $\frac{d\varpi'}{dt}$ est nul, ou du moins très petit, on aura

$$\frac{dv}{dt} = n\frac{d\lambda}{dt} - 1 = n\frac{dl}{dt} - n - 1$$

ce qui montre que $\frac{dv}{dt}$ est aussi très petit.

Posons maintenant

$$x = \sqrt{2S}\cos s, \qquad y = \sqrt{2S}\sin s; \qquad \xi = \sqrt{2T}\cos\tau, \qquad \eta = \sqrt{2T}\sin\tau.$$

Comme

$$x\,dy - S\,ds, \qquad \xi\,d\eta - T\,d\tau$$

sont des différentielles exactes, les équations resteront canoniques et s'écriront

$$(4)\qquad \begin{cases} \dfrac{dU}{dt} = \dfrac{dF}{d\lambda}, & \dfrac{dx}{dt} = \dfrac{dF}{dy}, & \dfrac{d\xi}{dt} = \dfrac{dF}{d\eta}, \\ \dfrac{d\lambda}{dt} = -\dfrac{dF}{dU}, & \dfrac{dy}{dt} = -\dfrac{dF}{dx}, & \dfrac{d\eta}{dt} = -\dfrac{dF}{d\xi}. \end{cases}$$

Forme de la fonction perturbatrice.

La fonction F est, comme on sait, développable suivant les puissances de $e\cos l$, $e\sin l$, $i\cos(l+g)$, $i\sin(l+g)$, $e'\cos(t-\varpi')$, $e'\sin(t-\varpi')$ et suivant les cosinus et les sinus des multiples de la différence des longitudes moyennes λ, les coefficients du développement dépendant encore des grands axes, c'est-à-dire de L. Mais on voit aisément que $e\cos l = e\cos[s + (n+1)\lambda]$, $e\sin l$, $i\cos(l+g) = i\cos[\tau + (n+1)\lambda]$, $i\sin(l+g)$ sont développables suivant les puissances de x, y, ξ, η et les cosinus et sinus des multiples de λ; que d'autre part,

$$e'\cos(t-\varpi') = (e'\cos v)\cos n\lambda + (e'\sin v)\sin n\lambda,$$
$$e'\sin(t-\varpi') = (e'\cos v)\sin n\lambda - (e'\sin v)\cos n\lambda.$$

On conclura que F est développable suivant les puissances de x, y, ξ, η, $e'\cos v$, $e'\sin v$ et suivant les cosinus et les sinus des multiples de λ. Les coefficients du développement dépendent encore de $L = U - nS - nT$; ces fonctions de L peuvent être développées par la formule de Taylor suivant les puissances croissantes de $n(S+T)$; c'est-à-dire de

$$\frac{n}{2}(x^2+y^2+\xi^2+\eta^2);$$

de sorte que finalement F procédera suivant les puissances de $x, y, \xi, \eta, e'\cos v$, $e'\sin v$, $\cos p\lambda$, $\sin p\lambda$, les coefficients du développement ne dépendant plus que de U.

J'observe maintenant que, par raison de symétrie, F ne doit pas changer :

1° Quand on change ξ et η en $-\xi$ et $-\eta$;

2° Quand on change y, η et v en $-y$, $-\eta$ et $-v$.

Cela montre qu'un grand nombre de termes ne doivent pas figurer dans le développement.

Voyons maintenant quels sont, parmi ces termes, ceux qui sont à courte période. Ce sont les termes qui contiennent λ en dehors des combinaisons s, τ ou v. Car nous avons vu que $\frac{ds}{dt}$, $\frac{d\tau}{dt}$, $\frac{dv}{dt}$, sont très petits, tandis que $\frac{d\lambda}{dt}$ est fini.

Si, conformément à l'esprit de la méthode de Delaunay, nous supprimons ces termes à courte période, nous pourrons dire que F est développable suivant les puissances de x, y, ξ, η, $e'\cos v$, $e'\sin v$, les coefficients dépendant seulement de U.

Si nous négligeons, comme M. Simonin, les termes qui contiennent en facteur : e^3, i^4, $i^2 e$, $e^2 e'$, e'^2, et si nous supprimons les termes qui doivent être nuls en vertu de la symétrie, nous trouverons :

$$\begin{aligned}(5)\qquad F = {} & A + Bx + Cx^2 + Dy^2 + E\xi^2 + H\eta^2 \\ & + Ke'\cos v + Lxe'\cos v + Mye'\sin v.\end{aligned}$$

A, B, C, D, E, H, K, L, M sont des fonctions de U.

Je remarque d'abord que F dépend encore de λ *indirectement*. Car F est supposé exprimé en fonction de U, λ, x, y, ξ, η et de t; ici F dépend de U, x, y, ξ, η et $v = n\lambda - t + \varpi'$. C'est par l'intermédiaire de v qu'il dépend encore de λ et de t.

Si l'on suppose que l'on néglige la masse de Jupiter, on aura simplement

$$F = \frac{1}{2L^2} + \Theta = \frac{1}{2(U - nS - nT)^2} + U - (n+1)(S+T)$$

ou, en négligeant les carrés de S et de T,

$$F = \frac{1}{2U^2} + U + \left(\frac{n}{U^3} - n - 1\right)(S + T)$$
$$= \frac{1}{2U^2} + U + \left(\frac{n}{U^3} - n - 1\right)\frac{x^2 + y^2 + \xi^2 + \eta^2}{2};$$

de sorte que si l'on pose

$$A = A_0 + m A_1 \qquad B = B_0 + m B_1, \qquad \ldots,$$

m étant la masse de Jupiter et A_0, A_1, ... étant des fonctions de U indépendantes de cette masse, on aura

$$(6)\qquad \left\{\begin{array}{l} A_0 = \frac{1}{2U^2} + U, \qquad C_0 = D_0 = E_0 = H_0 = \frac{1}{2}\left(\frac{n}{U^3} - n - 1\right), \\ B_0 = K_0 = L_0 = M_0 = 0. \end{array}\right.$$

Méthode de Delaunay.

Comme première approximation, nous allons supposer

$$e' = \xi = \eta = 0.$$

Dans ces conditions, F ne dépend plus que de x, de y, et de U. On peut alors pousser l'intégration jusqu'au bout par la méthode de Delaunay. Nous n'avons d'ailleurs aucune raison de négliger les termes de degré supérieur en x et en y.

On trouve immédiatement deux intégrales

$$U = \text{const.}, \qquad F = \text{const.},$$

car F ne dépend ni de λ, ni de t.

Considérons donc x et y comme les coordonnées d'un point dans un plan, U comme une constante donnée et construisons les courbes $F = C$, en faisant varier la constante C.

Si l'on supposait $m = 0$, il viendrait

$$F = \frac{1}{2\left[U - \frac{n}{2}(x^2 + y^2)\right]^2} + U - \frac{n+1}{2}(x^2 + y^2)$$

et nos courbes se réduiraient à des cercles concentriques ayant pour centre l'origine.

On doit faire une attention toute spéciale aux points pour lesquels on a

$$\frac{dF}{dx} = \frac{dF}{dy} = 0$$

et, par conséquent,

$$x = \text{const.}, \qquad y = \text{const.}$$

Ces points correspondent aux solutions périodiques.

Dans le cas de $m = 0$, ces points sont les suivants : l'origine $x = y = 0$ qui correspond à une orbite circulaire, et tous les points du cercle

$$\frac{dF}{dS} = \frac{n}{(U - nS)^3} - n - 1$$

qui correspondent au cas où le rapport des moyens mouvements est rigoureusement égal à $\frac{n+1}{n}$.

L'équation $\frac{dF}{dS} = 0$ peut, suivant la valeur de U, ne pas avoir de racine positive, ou en avoir une ; nous nous supposerons placés dans ce dernier cas.

Nous remarquerons alors trois points, à savoir l'origine O et les deux points d'intersection A et B de l'axe des x avec le cercle

$$\frac{dF}{dS} = 0.$$

Passons au cas où m n'est pas nul, mais très petit. Les deux équations

$$\frac{dF}{dx} = \frac{dF}{dy} = 0$$

peuvent être remplacées par les suivantes :

$$y = 0, \qquad \frac{dF}{dx} = 0,$$

auxquelles correspondront divers points sur l'axe des x. Comme m est très petit, ces points seront très voisins des positions O, A, B qu'ils occupaient pour $m = 0$.

Nous aurons donc trois points, C voisin de O, A′ voisin de A, B′ voisin de B, qui correspondront à trois solutions périodiques, la première de la première sorte, les deux autres de la seconde sorte.

Les courbes $F = C$ présenteront alors la forme représentée sur la figure. Les courbes sont numérotées 1, 2, 3, 4, 5, 6. On remarquera que 1 et 2 sont des courbes fermées entourant le point C ; que 3 et 5 forment par leur réunion une sorte de limaçon de Pascal ayant le point A′ pour point double ; que 4 est une courbe fermée entourant le point B′ ; enfin que 6 est une courbe fermée entourant les trois points A′, B′, C.

Le point représentatif x, y décrit une de ces courbes et sa vitesse a pour composantes $\frac{dF}{dy}$, $-\frac{dF}{dx}$; elle est donc proportionnelle à la distance normale de deux courbes infiniment voisines. Le sens de cette vitesse dépend du sens de la normale suivant lequel les F vont en croissant.

Les courbes 1, 2, et 3 seront donc décrites dans le sens des aiguilles d'une montre, par exemple; les courbes 4, 5 et 6 dans le sens inverse. D'ailleurs, tandis que le point x, y fera une infinité de fois le tour des courbes 1, 2, 4 et 6, il ne parcourra qu'une seule fois les courbes 3 et 5 en allant du point A' au

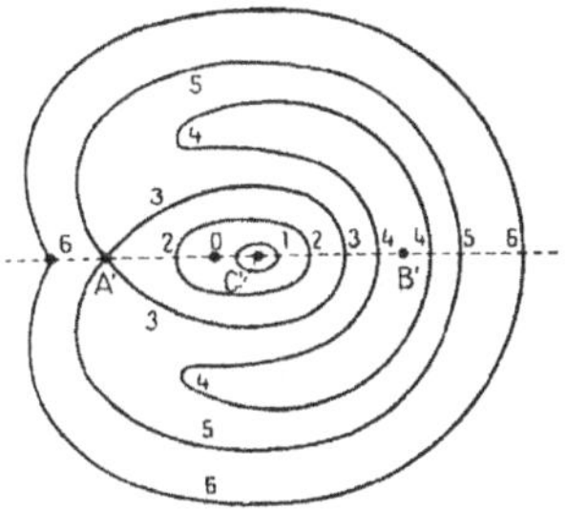

point A' dont il sera infiniment voisin tant pour $t = -\infty$ que pour $t = +\infty$. La courbe 4 correspond au cas de la *libration*.

Nos courbes fermées différeront peu de circonférences.

Rappelons que les coordonnées polaires du point x, y sont $\sqrt{2S}$ et s. Or on voit aisément que, quand on parcourt une de nos courbes, S atteint son maximum et son minimum sur l'axe des x et que la différence entre ce maximum et ce minimum est en général de l'ordre de m, sauf pour les courbes 3, 4, 5 ou pour les courbes peu différentes de 3 ou de 5, pour lesquelles cette différence est de l'ordre de $\sqrt{m}$.

Parlons maintenant des variations de l'angle polaire s. Nous voyons qu'en général, quand le point x, y décrit une de nos courbes, s varie de 0 à 2π ou de 2π à 0. Il y a exception pour la courbe 1 et pour la courbe 4 qui laissent l'origine O en dehors.

Pour ces courbes, l'angle s oscille autour de zéro.

Mais les deux cas sont bien différents; dans les deux cas, on a *rigoureusement* la relation suivante : le moyen mouvement d'Hécube est égal à deux fois le moyen mouvement de Jupiter moins deux fois le moyen mouvement du périhélie d'Hécube (je suppose que $n = 1$, comme cela a lieu dans le cas d'Hécube). Cette relation signifie en effet que la valeur moyenne de $\frac{ds}{dt}$ est nulle.

Mais on sait que le mouvement du périhélie est de l'ordre des masses, à moins que l'excentricité ne soit elle-même de l'ordre des masses; car si l'excentricité est très petite, il suffit d'une très faible perturbation pour déplacer beaucoup le périhélie. Or, dans le cas de 4, l'excentricité est finie, le mouvement du périhélie est de l'ordre des masses, de sorte que le rapport des moyens mouvements est égal à $2 = \frac{n+1}{n}$ à des quantités près de l'ordre des masses. On a une véritable libration. Dans le cas de 1, au contraire, l'excentricité étant petite, le mouvement du périhélie est fini, de sorte que le rapport des moyens mouvements n'est pas voisin de $2 = \frac{n+1}{n}$; il n'y a pas de libration.

Influence de l'inclinaison.

Les équations qui donnent les variations de l'inclinaison prennent la forme très simple

$$\frac{d\xi}{dt} = +H\eta, \qquad \frac{d\eta}{dt} = -E\xi; \tag{7}$$

E et H doivent être regardés comme des constantes, puisque $U = \text{const}$. L'intégration est donc immédiate.

J'ai dit que l'on avait $U = \text{const.}$; et, en effet, si je tiens compte de l'inclinaison, mais que je continue à négliger l'excentricité de Jupiter et les termes à courte période, F dépend seulement de U, x, y, ξ, η, mais ne dépend ni de λ, ni de t; on a donc

$$\frac{dF}{d\lambda} = 0, \qquad U = \text{const.}, \qquad F = \text{const.}$$

Calcul de λ.

La différence des longitudes moyennes de λ se calculera par une simple quadrature.

On trouve en effet

$$\frac{d\lambda}{dt} = -\frac{dF}{dU} = -A' - B'x - C'x^2 + D'y^2 - E'\xi^2 - H'\eta^2, \tag{8}$$

A', B', ... désignant les dérivées de A, B, ... par rapport à U. Comme U est une constante, les coefficients A', B', ... sont aussi des constantes; quant à x, y, ξ, η, ce sont des fonctions connues et périodiques du temps. Cela résulte, pour x et y, de ce fait que les courbes F = C sont fermées, et pour ξ et η de la forme des équations (7).

Le dernier membre de (8) est donc une série trigonométrique dont la quadrature est immédiate. Le terme tout connu de cette série représentera alors le moyen mouvement de λ.

Influence de l'excentricité de Jupiter.

Tenons compte maintenant de l'excentricité e' (je ne veux parler que des termes de premier ordre en e'), mais continuons à négliger les termes à courte période.

Maintenant F dépend de t et de λ par l'intermédiaire de v, de sorte qu'on n'a plus les deux intégrales

$$U = \text{const.}, \qquad F = \text{const.}$$

Mais on trouve encore

$$\left\{\begin{aligned} \frac{dF}{dt} &= \frac{\partial F}{\partial t} = -\frac{\partial F}{\partial v}, \\ \frac{dU}{dt} &= +\frac{\partial F}{\partial \lambda} = +n\frac{\partial F}{\partial v}. \end{aligned}\right. \tag{9}$$

Dans ces équations (9), les premiers membres $\frac{dF}{dt}$, $\frac{dU}{dt}$ représentent les dérivées *totales* prises par rapport au temps; les seconds membres $\frac{\partial F}{\partial t}$, $\frac{\partial F}{\partial \lambda}$ représentent les dérivées *partielles* de F considérée comme fonction de U, x, y, ξ, η, λ, t; enfin, dans les troisièmes membres $\frac{\partial F}{\partial v}$ est la dérivée partielle de F considérée comme fonction de U, x, y, ξ, η, v. Ces équations (9) mettent en évidence l'existence de l'intégrale

$$U + nF = \text{const.} \tag{10}$$

Pour aller plus loin, j'adopterai la notation suivante : je continuerai à désigner par U, x, y, λ les valeurs de ces inconnues que nous avons obtenues dans l'hypothèse $e' = 0$; ce sera l'ensemble des termes indépendants de e' dans le développement de ces inconnues; je désignerai par δU, δx, δy, $\delta\lambda$ l'ensemble des termes du premier degré en e', de sorte que l'expression complète, en négligeant e'^2, serait $U+\delta U$, $x+\delta x$, $y+\delta y$, $\lambda+\delta\lambda$. *On voit par là que* U *est une constante, mais que* δU *n'est pas une constante.*

Si nous nous arrêtons aux termes du second degré en x et y, nos équations prendront la forme suivante : Posons

$$F = \Phi + e'\psi;$$
$$\Phi = A + Bx + Cx^2 + Dy^2 + E\xi^2 + H\eta^2;$$
$$\psi = K\cos v + Lx\cos v + My\sin v;$$

nous avons d'abord

$$(11)\quad \begin{cases} \dfrac{dU}{dt} = \dfrac{d\Phi}{d\lambda} = 0; \qquad \dfrac{dx}{dt} = \dfrac{d\Phi}{dy} = 2Dy; \\ \dfrac{dy}{dt} = -\dfrac{d\Phi}{dx} = -B - 2Cx, \end{cases}$$

et ensuite

$$\begin{aligned} \frac{d\delta U}{dt} &= e'\frac{d\psi}{d\lambda} = ne'\frac{d\psi}{dv} = -ne'(K\sin v + Lx\sin v - My\cos v), \\ \frac{d\delta x}{dt} &= \delta\frac{d\Phi}{dy} + e'\frac{d\psi}{dy} = 2D\delta y + 2y\delta D + Me'\sin v, \\ \frac{d\delta y}{dt} &= -\delta\frac{d\Phi}{dx} - e'\frac{d\psi}{dx} = -\delta B - 2C\delta x - 2x\delta C - Le'\cos v. \end{aligned}$$

Il va sans dire que l'on a

$$\delta B = B'\delta U, \quad \ldots.$$

Nos équations peuvent s'écrire

$$(12)\quad \begin{cases} \dfrac{d\delta U}{dt} = -ne'(K\sin v + Lx\sin v - My\cos v), \\ \dfrac{d\delta x}{dt} - 2D\delta y = 2y\delta D + Me'\sin v, \\ \dfrac{d\delta y}{dt} + 2C\delta x = -\delta B - 2x\delta C - Le'\cos v. \end{cases}$$

Le second membre de la première équation (12) est une fonction connue du temps, de sorte que δU s'obtient par une simple quadrature. Une fois δU déterminé, δB, δC, δD sont connus et les seconds membres des deux dernières équations (12) seront des fonctions connues du temps. D'autre part, D et C sont des constantes, de sorte que les deux dernières équations (12) sont des équations linéaires à second membre et à coefficients constants.

Le second membre pouvant d'ailleurs se mettre sous la forme de séries trigonométriques, l'intégration est immédiate.

Nous avons trouvé plus haut la valeur de λ et nous pouvons l'écrire

$$\lambda = \lambda_0 t + h + \lambda_1,$$

λ_0 et h étant des constantes et λ_1 une série de cosinus et de sinus. Dans les seconds membres des équations (12), il est clair que nous pouvons négliger λ_1 et faire

$$v = n(\lambda_0 t + h) - t + \varpi',$$

mais si nous voulions tenir compte de λ_1, il n'y aurait aucune difficulté.

Il vient enfin

$$\begin{aligned} \frac{d\delta\lambda}{dt} = &- \delta U(A'' + B''x + C''x^2 + D''y^2 + E''\xi^2 + H''\eta^2) \\ &- e'(K'\cos v + L'x\sin v + M'y\sin v) \\ &- [B'\delta x + C'\delta(x^2) + D'\delta(y^2) + E'\delta(z^2) + H'\delta(\eta^2)]. \end{aligned}$$

Le second membre est connu; A″, B″, ... sont les dérivées secondes de A, ..., par rapport à U; on pourra d'ailleurs remplacer v par

$$n(\lambda_0 t + h) - t + \varpi'.$$

On aura donc $\delta\lambda$ par quadrature.

Nouvelles approximations.

On peut se proposer de pousser l'approximation plus loin, soit en tenant compte des termes à courte période où λ figure explicitement, soit en tenant compte des puissances supérieures de x, y, ξ, η, ou e'. Ces approximations nouvelles se poursuivent d'après les mêmes principes.

Supposons qu'on ait trouvé des valeurs approchées des inconnues; soient U, x, y, ξ, η, λ ces valeurs approchées. Nous aurons

$$\frac{dU}{dt} = \frac{d\Phi}{d\lambda}, \qquad \frac{dx}{dt} = \frac{d\Phi}{dy}, \qquad \ldots,$$

Φ étant l'ensemble des termes de F dont nous avons tenu compte et différant par conséquent très peu de F. Supposons maintenant qu'on veuille tenir compte de nouveaux termes de F et soit ψ l'ensemble de ces nouveaux termes; nous ferons donc

$$F = \Phi + \psi.$$

Nous voulons, en tenant compte de ces nouveaux termes, obtenir de nouvelles valeurs plus approchées $U + \delta U$, $x + \delta x$, ..., de nos inconnues

Nous trouvons alors

$$(13) \qquad \frac{d\delta U}{dt} = \delta\frac{d\Phi}{d\lambda} + \frac{d\psi}{d\lambda}, \qquad \frac{d\delta x}{dt} = \delta\frac{d\Phi}{dy} + \frac{d\psi}{dy}, \qquad \ldots,$$

avec

$$\delta \frac{d\Phi}{d\lambda} = \frac{d^2\Phi}{d\lambda^2}\delta\lambda + \frac{d^2\Phi}{d\lambda\, dx}\delta x + \ldots,$$

. . . .

Dans les dérivées de ψ et dans les dérivées secondes de Φ on peut d'ailleurs remplacer les inconues par leurs valeurs approchées, U. x, ...

Nous poserons

$$\Phi_1 = A + Bx + Cx^2 + Dy^2 + E\xi^2 + H\eta^2,$$

et nous décomposerons la fonction Φ en deux parties en écrivant $\Phi = \Phi_1 + \Phi_2$; on aura par exemple

$$\delta \frac{d\Phi}{d\lambda} = \delta\left(\frac{d\Phi_1}{d\lambda} + \frac{d\Phi_2}{d\lambda}\right) = \left(\frac{d^2\Phi_1}{d\lambda^2}\delta\lambda + \frac{d^2\Phi_1}{d\lambda\, dx}\delta x + \ldots\right) + \left(\frac{d^2\Phi_2}{d\lambda^2}\delta\lambda + \frac{d^2\Phi_2}{d\lambda\, dx}\delta x + \ldots\right).$$

Les dérivées secondes de Φ_2 seront alors très petites; soit parce que tous leurs termes contiennent en facteurs des puissances supérieures des excentricités ou des inclinaisons, ou la masse multipliée par un terme à courte période. de façon que la petitesse de la masse ne puisse être compensée par l'introduction de petits diviseurs.

Alors les termes

$$\frac{d^2\Phi_2}{d\lambda^2}\delta\lambda, \quad \frac{d^2\Phi_2}{d\lambda\, dx}\delta x, \quad \ldots$$

seront très petits par rapport à $\delta\lambda$, δx, ..., c'est-à-dire par rapport aux corrections qu'il s'agit de calculer; ils pourront être négligés, ce qui revient à dire que dans les équations (13) on peut remplacer Φ par Φ_1. Ces équations deviennent alors

$$(14)\quad \left\{\begin{aligned} &\frac{d\delta U}{dt} = \frac{d\psi}{d\lambda}, \qquad \frac{d\delta x}{dt} - 2D\delta y = 2y\delta D + \frac{d\psi}{dy}, \\ &\frac{d\delta y}{dt} + 2C\delta x = -\delta B - 2x\delta C - \frac{d\psi}{dx}, \\ &\frac{d\delta\xi}{dt} - 2H\delta\eta = 2\eta\delta H + \frac{d\psi}{d\eta}, \qquad \frac{d\delta\eta}{dt} + 2E\delta\xi = -2\xi\delta E - \frac{d\psi}{d\xi}, \\ &\frac{d\delta\lambda}{dt} = -\delta U(A'' + B''x + C''x^2 + D''y^2 + E''\xi^2 + H''\eta^2) - \frac{d\psi}{dU}. \end{aligned}\right.$$

Comme $\frac{d\psi}{d\lambda}$ est connu, la première équation (14) nous donne δU par quadrature; comme δB, δC, δD sont désormais connus, les seconds membres des autres équations (14) sont connus; les quatre suivantes deviennent des équations linéaires à seconds membres et à coefficients constants qui donnent facilement δx, δy, $\delta\xi$, $\delta\eta$ et la dernière donne $\delta\lambda$ par quadrature.

Mais il importe d'étudier de plus près la forme des solutions ainsi obtenues. Dans les premières approximations, les variables U, x, y, ξ, η, $\cos\lambda$, $\sin\lambda$ se présentaient sous la forme de séries trigonométriques procédant suivant les sinus et cosinus des multiples de quatre arguments proportionnels au temps et que nous pourrons appeler

$$\sigma, \quad \varepsilon, \quad \mu = \lambda_0 t + h, \quad \nu = n(\lambda_0 t + h) - t + \varpi'.$$

Voici comment s'introduisaient ces quatre arguments; d'abord pour σ, nous avions les deux équations

$$\frac{dx}{dt} = \frac{dF}{dy} = 2Dy, \qquad \frac{dy}{dt} = -\frac{dF}{dx} = -B - 2Cx.$$

Ces équations, qui sont linéaires et à coeficients constants, s'intègrent immédiatement et nous trouvons

$$x = -\frac{B}{2C} + x_0 \cos\sigma, \qquad y = y_0 \sin\sigma,$$

x_0 et y_0 étant des constantes et σ une fonction linéaire du temps telle que

(15) $$\frac{d\sigma}{dt} = 2\sqrt{CD}.$$

De même pour ε, nous avons les deux équations

$$\frac{d\xi}{dt} = 2H\eta, \qquad \frac{d\eta}{dt} = -2E\xi,$$

d'où

$$\xi = \xi_0 \cos\varepsilon, \qquad \eta = \eta_0 \sin\varepsilon;$$

ξ_0 et η_0 étant des constantes et ε une fonction linéaire du temps telle que

(15 *bis*) $$\frac{d\varepsilon}{dt} = 2\sqrt{HE}.$$

Dans l'expression de $\frac{d\lambda}{dt}$, nous aurons ensuite un terme constant λ_0 qui introduira par quadrature l'argument

$$\mu = \lambda_0 t + h.$$

Enfin, quand on substituera à λ sa valeur dans $v = n\lambda - t + \varpi'$, on introduira le quatrième argument

$$\nu = n\mu - t + \varpi'.$$

La même forme trigonométrique se retrouvera-t-elle aux approximations suivantes?

D'abord la première équation (14) ne soulèvera pas de difficulté. Si le second membre de cette équation contenait un terme constant, il en résulterait dans δU un terme séculaire; mais cela n'arrivera pas parce que, par raison de symétrie, ce second membre ne peut contenir que des sinus.

Passons à la deuxième et à la troisième équation (14). Il est clair que ces équations donneront, pour δx et δy, des termes séculaires si nous avons dans les seconds membres des termes en $\sin\sigma$, $\cos\sigma$. A cause de la relation (15), les équations

$$\frac{d\delta x}{dt} - 2D\delta y = P\sin\sigma,$$

$$\frac{d\delta y}{dt} + 2C\delta x = Q\cos\sigma$$

donneront en effet des termes séculaires, à moins que l'on ait

$$Q\sqrt{D} + P\sqrt{C} = 0.$$

Les autres équations (14) donneraient lieu à des observations analogues. Ainsi s'introduiraient des termes séculaires que nous pouvons et que nous devons éviter.

Pour éviter ces termes, cherchons à représenter nos inconnues par des séries procédant suivant les sinus et les cosinus des multiples de quatre arguments σ, ε, μ, ν, en supposant toujours que ces quatre arguments sont des fonctions linéaires du temps, mais sans supposer que les coefficients du temps dans ces quatre fonctions linéaires aient rigoureusement les valeurs trouvées en première approximation, c'est-à-dire les valeurs (15), (15 *bis*), λ_0, $n\lambda_0 - 1$.

On a alors

$$\frac{dx}{dt} = \frac{dx}{d\sigma}\frac{d\sigma}{dt} + \frac{dx}{d\varepsilon}\frac{d\varepsilon}{dt} + \frac{dx}{d\mu}\frac{d\mu}{dt} + \frac{dx}{d\nu}\frac{d\nu}{dt}$$

et, par conséquent,

$$(16)\qquad \delta\frac{dx}{dt} = \frac{d\delta x}{dt} + \frac{dx}{d\sigma}\,\delta\frac{d\sigma}{dt} + \frac{dx}{d\varepsilon}\,\delta\frac{d\varepsilon}{dt} + \frac{dx}{d\mu}\,\delta\frac{d\mu}{dt} + \frac{dx}{d\nu}\,\delta\frac{d\nu}{dt}.$$

Nous voulons, à l'aide des équations (14), déterminer non seulement nos inconnues δx, δy, δU, $\delta\lambda$, mais les constantes $\delta\frac{d\sigma}{dt}$, $\delta\frac{d\varepsilon}{dt}$, $\delta\frac{d\mu}{dt}$, $\delta\frac{d\nu}{dt}$.

Je remarque d'abord que dans le second membre de (16) figurent les dérivées de x. Nous pouvons, dans ces dérivées, remplacer x par sa valeur approchée

$$-\frac{B}{2C}+x_0\cos\sigma.$$

Car si nous commettons une petite erreur sur x, l'erreur commise sur $\frac{dx}{d\sigma}\delta\frac{d\sigma}{dt}$ sera très petite, non seulement d'une manière absolue, mais par rapport à $\delta\frac{d\sigma}{dt}$, c'est-à-dire par rapport aux quantités à calculer.

Or si nous remplaçons x par sa valeur approchée, il vient

$$\frac{dx}{d\sigma}=-x_0\sin\sigma,\qquad \frac{dx}{d\xi}=\frac{dx}{d\mu}=\frac{dx}{d\nu}=0,\qquad \delta\frac{dx}{dt}=\frac{d\delta x}{dt}-x_0\sin\sigma.\delta\frac{d\sigma}{dt}.$$

La seconde équation (14), qui devrait s'écrire

$$\delta\frac{dx}{dt}-2D\delta y=2y\delta D+\frac{d\psi}{dy},$$

devient ainsi

$$(17)\qquad \frac{d\delta x}{dt}-x_0\sin\sigma.\delta\frac{d\sigma}{dt}-2D\delta y=2y\delta D+\frac{d\psi}{dy}=P\sin\sigma+R.$$

La seconde équation (14) donne de même

$$(17\ bis)\qquad \frac{d\delta y}{dt}+y_0\cos\sigma.\delta\frac{d\sigma}{dt}+2C\delta x=-2x\delta C-\delta B-\frac{d\psi}{dx}=Q\cos\sigma+R'.$$

P et Q sont des constantes, R et R' des ensembles de termes trigonométriques dont aucun n'a pour argument σ.

Or les équations (17) et (17 *bis*) n'introduiront pas de termes séculaires, pourvu que $\delta\frac{d\sigma}{dt}$ soit déterminé de telle façon que

$$(Q\sqrt{D}+P\sqrt{C})=\delta\frac{d\sigma}{dt}(y_0\sqrt{D}-x_0\sqrt{C}).$$

Il est utile de remarquer que l'on a

$$y_0\sqrt{D}+x_0\sqrt{C}=0,$$

de sorte que le coefficient de $\delta\frac{d\sigma}{dt}$ ne s'annule pas.

Les quatrième et cinquième équations (14) se traiteront de la même manière et détermineront $\delta\xi$, $\delta\eta$, $\delta\frac{d\varepsilon}{dt}$. La sixième équation (14) donnera $\delta\lambda$ par quadrature, et il est clair que $\delta\frac{d\mu}{dt}$ ne sera autre chose que le terme constant du second membre de cette équation. On aura enfin

$$\delta\frac{d\nu}{dt}=n\frac{d\mu}{dt}.$$

On peut donc éviter les termes séculaires, et la difficulté peut toujours être surmontée. Elle ne se rencontrerait d'ailleurs que dans le calcul des termes du troisième ordre par rapport aux excentricités et aux inclinaisons.

M. Simonin n'a pas poussé l'approximation aussi loin; on voit, il est vrai, dans ses formules figurer des termes séculaires, mais l'origine en est différente. Les moyens mouvements

$$\frac{d\sigma}{dt},\quad \frac{d\varepsilon}{dt},\quad \frac{d\mu}{dt},\quad \frac{d\nu}{dt}$$

dépendent des constantes d'intégration et en particulier de U. M. Simonin a voulu donner à la constante U un petit accroissement δU; il en résulterait pour x, par exemple, un petit accroissement

$$\frac{dx}{dU}\delta U = -\frac{d}{dU}\left(\frac{B}{2C}\right)\delta U - x_0 t \sin\sigma \frac{d}{dU}\left(\frac{d\sigma}{dt}\right)\delta U$$

qui contient un terme séculaire $t \sin\sigma$.

C'est cette *différentiation* pour ainsi dire qui est l'origine des termes séculaires rencontrés par M. Simonin.

Nouvel examen des termes en e'.

Reprenons les équations (12), et cherchons quels sont les termes les plus importants. Dans les seconds membres, nous ne pourrons conserver que les termes qui contiennent en facteur e' seulement, en rejetant ceux qui contiennent $e'x$ ou $e'y$; nous trouverons ainsi

$$\frac{d\delta U}{dt} = -ne'K \sin v,$$

d'où

$$\delta U = K_1 e' \cos v,$$

K_1 étant une constante contenant comme K la masse en facteur. Alors

$$\delta B = B'\delta U,\qquad \delta C = C'\delta U,\qquad \delta D = D'\delta U$$

contiendront e' en facteur et, négligeant toujours $e'x$, $e'y$, nous pourrons écrire

$$(18)\qquad \begin{cases} \dfrac{d\delta x}{dt} - 2D\delta y = Me' \sin v, \\ \dfrac{d\delta y}{dt} + 2C\delta x = -(K_1 B' + L)e' \cos v, \end{cases}$$

Le terme $K_1 B'$ peut être négligé parce que K_1 et B' sont l'un et l'autre de l'ordre des masses.

Dans les seconds membres, nous ferons

$$v = n(\lambda_0 t + h) - t + \varpi' = n\mu - t + \varpi'$$

et l'intégration sera immédiate.

Si nous négligeons d'abord les perturbations de Saturne et des autres grosses planètes sur Jupiter, nous pouvons regarder e' et ϖ' comme des constantes. Alors δx se réduit à un terme en $\cos v$, et δy à un terme en $\sin v$. Ces termes seront grands parce que le moyen mouvement de v diffère très peu de celui de σ; la différence est de l'ordre des masses. Mais, si l'on veut tenir compte des perturbations séculaires subies par Jupiter, on devra écrire

$$e'\cos\varpi' = \Sigma \varkappa \cos(\alpha t + \beta),$$
$$e'\sin\varpi' = \Sigma \varkappa \sin(\alpha t + \beta),$$

où chacun des seconds membres sera la somme d'un certain nombre de termes périodiques à très longue période; les $\varkappa$, les α et les β sont des constantes.

Les équations (18) deviendront alors

$$\frac{d\delta x}{dt} - 2D\delta y = \quad M\Sigma\varkappa\sin(n\mu - t + \alpha t + \beta),$$
$$\frac{d\delta y}{dt} + 2C\delta x = -L\Sigma\varkappa\cos(n\mu - t + \alpha t + \beta).$$

L'intégration est encore immédiate et nous fait connaître les variations séculaires de l'excentricité.

Termes élémentaires de la longitude.

Il existe dans l'expression de $\delta\lambda$ des termes élémentaires à très longue période et dont il est nécessaire de faire une étude approfondie. Nous supposerons

$$\xi = \eta = T = 0,$$

c'est-à-dire que nous négligerons l'inclinaison.

Nous avons

$$(19) \qquad \frac{d\delta\lambda}{dt} = -\delta\frac{d\Phi_0}{dU} - m\delta\frac{d\Phi_1}{dU} - e'\frac{d\psi}{dU},$$

en posant

$$\Phi = \Phi_0 + m\Phi_1,$$

Φ_0 désignant l'ensemble des termes indépendants de la masse de Jupiter et $m\Phi_1$ l'ensemble des termes qui contiennent cette masse en facteur.

Or on a

$$\Phi_0 = \frac{1}{2(U - nS)^2} + U - (n+1)S,$$

d'où

$$-\delta\frac{d\Phi_0}{dU} = \delta\left[\frac{1}{(U-nS)^3} - 1\right] = -\frac{3}{(U-nS)^4}(\delta U - n\delta S)$$

ou en négligeant S

$$-\delta\frac{d\Phi_0}{dU} = \frac{3}{U^4}(\delta U - n\delta S).$$

Nous sommes ainsi conduits à calculer $\delta U - n\delta S$; et pour cela nous avons les équations (3)

$$\frac{dU}{dt} = \frac{dF}{d\lambda}, \qquad \frac{dS}{dt} = \frac{dF}{ds}, \qquad \frac{ds}{dt} = -\frac{dF}{dS}$$

qui nous donnent

$$\frac{d\delta U}{dt} = \delta\frac{d\Phi}{d\lambda} + e'\frac{d\psi}{d\lambda} = ne'\frac{d\psi}{dv}$$

(puisque Φ ne dépend pas de λ et que ψ n'en dépend que par l'intermédiaire de v) et

$$\frac{d\delta S}{dt} = \delta\frac{d\Phi}{ds} + e'\frac{d\psi}{ds},$$

d'où

$$\frac{d}{dt}(\delta U - n\delta S) = -n\delta\frac{d\Phi}{ds} + ne'\left(\frac{d\psi}{dv} - \frac{d\psi}{ds}\right).$$

Nous ne voulons conserver dans le second membre que les termes séculaires. Or, nous avons

$$\begin{aligned} v &= n\lambda - t + \varpi', \\ s &= -n\lambda + t - g - \theta; \end{aligned}$$

ce qui montre que le moyen mouvement de $v + s$ est très petit. Les termes séculaires sont donc les termes en $v + s$; si nous les conservons seuls, ψ deviendra une fonction de $v + s$ et l'on aura

$$\frac{d\psi}{dv} - \frac{d\psi}{ds} = 0,$$

$$\frac{d}{dt}(\delta U - n\delta S) = -n\delta\frac{d\Phi}{ds} = -nm\delta\frac{d\Phi_1}{ds}.$$

J'écris $m\frac{d\Phi_1}{ds}$ à la place de $\frac{d\Phi}{ds}$, parce que je sais que $\frac{d\Phi_0}{ds}$ est nul, Φ_0 dépendant seulement de U et de S.

Comme tous les termes de $\delta\frac{d\Phi_1}{ds}$ contiennent en facteur δx, δy ou δU, et par conséquent m, je vois que la dérivée de $\delta U - n\delta S$ (réduite aux termes à très longue période) est divisible par le carré de la masse.

Ce résultat n'est autre chose que le théorème de Lagrange sur l'invariabilité des grands axes; car $U - nS$ est une fonction du grand axe.

Nous trouverons ensuite

$$\begin{aligned}
\Phi &= \quad A + B\sqrt{2S}\cos s + 2S(C\cos^2 s + D\sin^2 s),\\
\frac{d\Phi}{ds} &= -B\sqrt{2S}\sin s + 4S(D - C)\cos s\sin s = -By + (D - C)xy
\end{aligned}$$

d'où enfin

$$-n\delta\frac{d\Phi}{ds} = n\delta(By) + n\delta[(C - D)xy]. \tag{20}$$

Seulement, ainsi que nous l'avons fait observer (et en vertu du théorème de Lagrange), le second membre de (20) contient en facteur le carré de la masse perturbatrice. En première approximation, il devrait être regardé comme nul. Si l'on veut pousser plus loin l'approximation et tenir compte de m^2, nous n'avons plus le droit de négliger les termes en $\frac{d\psi}{dv} - \frac{d\psi}{ds}$. En effet, si nous avons admis que les seuls termes séculaires étaient les termes en $v + s$, c'est parce que nous avions remplacé x et y par leurs valeurs approchées

$$\sqrt{2S_0}\cos\sigma, \quad \sqrt{2S_0}\sin\sigma$$

(et que nous avons dans v remplacé λ par μ en supprimant la partie périodique de λ).

Nous trouvons alors

$$\frac{d\psi}{dv} - \frac{d\psi}{ds} = -K\sin v + (L + M)(y\cos v - x\sin v).$$

Il vient donc

$$\left\{\begin{aligned}
\frac{d}{dt}(\delta U - n\delta S) &= n\delta(By) + n\delta[(C - D)xy]\\
&\quad + ne'[-K\sin v + (L + M)(y\cos v - x\sin v)].
\end{aligned}\right. \tag{21}$$

Mais, à côté du théorème de Lagrange sur l'invariabilité des grands axes, nous avons celui de Poisson, d'après lequel les termes séculaires des grands axes qui contiennent m^2 en facteur doivent également disparaître. Ainsi, dans le second membre de (21), les termes à longue période de l'ordre de m^2 devront se détruire.

Ce résultat doit être rapproché de ceux qu'ont obtenus, par la méthode de Gyldén, M. Ludendorf pour la planète Hécube, M. Brendel pour la planète Hestia. Ces deux savants ont cherché à former les termes à longue période qui pourraient exister dans le développement de la quantité qu'ils appellent S et en se bornant aux termes du second degré par rapport aux excentricités. Ils ont reconnu que les plus importants de ces termes se détruisent.

Ce résultat, qui a coûté aux deux auteurs d'assez longs calculs, n'est donc autre chose que la traduction dans le langage de Gyldén du célèbre théorème de Poisson.

Quoi qu'il en soit, il faudrait en revenir à l'équation (19) et rechercher quels sont les termes du second membre qui peuvent avoir une valeur sensible. Cette étude présenterait un grand intérêt, car elle permettrait de contrôler les résultats obtenus par M. Harzer, au sujet de termes à longue période dont les coefficients seraient extrêmement élevés et dont l'existence a été contestée par M. Bäcklund (*voir Bull. astron.*, t. **14**, p. 321). Bien que l'analyse de M. Bäcklund soit sujette à une sérieuse objection, un contrôle direct pourrait être fort utile

NOTE

SUR LA STABILITÉ DE L'ANNEAU DE SATURNE

Bulletin astronomique, t. 2, p. 507-508 (novembre 1885).

Laplace a démontré que l'anneau de Saturne ne pouvait être stable qu'à la condition d'être subdivisé en plusieurs anneaux concentriques animés de vitesses de rotation différentes; de sorte que, si l'observation ne nous avait pas permis de constater directement cette subdivision, la théorie de la pesanteur aurait pu suffire pour la faire prévoir. Depuis, M. Tisserand (¹) a, par une analyse approfondie, confirmé le résultat de Laplace; il a reconnu qu'un anneau unique ne pourrait subsister que si la densité de l'anneau était notablement supérieure à celle de la planète, et il a calculé la largeur maxima de chaque anneau élémentaire en fonction de sa densité et de son rayon moyen.

On voit ainsi que chaque anneau élémentaire doit être d'autant moins large que sa densité est plus faible. Mais on peut aller plus loin encore dans cette voie : je vais montrer que, si la densité devient inférieure à une certaine limite, tout anneau fluide est instable, quelle que soit d'ailleurs sa largeur. Sous l'influence de la moindre perturbation, l'anneau ne se décomposerait plus alors en plusieurs anneaux concentriques, mais il se résoudrait en un grand nombre de petits satellites.

Dans ma Note sur l'équilibre d'une masse fluide amimée d'un mouvement de rotation (*Bull. astron.*, t. **2**, p. 109), j'ai montré qu'une pareille masse ne peut être en équilibre stable que si la vitesse de rotation ω est plus petite

(¹) *Annales de l'Observatoire de Toulouse*, t. I.

que $\sqrt{2\pi\rho f}$, ρ étant la densité moyenne de cette masse et f l'attraction de deux unités de masse à l'unité de distance.

Si l'anneau était fluide et tournait d'une seule pièce, on devrait donc avoir

$$\omega^2 < 2\pi\rho f.$$

D'autre part, on a pour la vitesse de rotation

$$\omega^2 r = \frac{fM}{r^2},$$

r étant le rayon de l'anneau élémentaire considéré et M la masse de Saturne.

Si nous appelons r' le rayon de la planète et ρ' sa densité, il viendra

$$M = \frac{4}{3}\pi\rho' r'^3.$$

On déduit de là

$$2\pi\rho r^3 > \frac{4}{3}\pi\rho' r'^3$$

ou

$$\frac{\rho}{\rho'} > \frac{2}{3}\left(\frac{r'}{r}\right)^3.$$

De l'anneau intérieur à l'anneau extérieur, le rapport $\frac{r}{r'}$ varie à peu près entre les limites 1,5 et 2,2 : le second membre varie donc entre $\frac{1}{5}$ et $\frac{1}{16}$.

Si donc les anneaux étaient fluides et tournaient d'une seule pièce, la densité de l'anneau intérieur devrait être au moins égale au cinquième et celle de l'anneau extérieur au seizième de celle de la planète.

On verra peut-être là une raison de ne plus considérer les anneaux comme formés d'une multitude de satellites extêmement petits; Maxwell estimait en effet qu'un anneau fluide ne pourrait être stable que si sa densité était *au plus* égale au $\frac{1}{300}$ de celle de Saturne.

SUR LES SATELLITES DE MARS

Comptes rendus de l'Académie des Sciences, t. 107, p. 890-892 (3 décembre 1888).

Dans une Note récente (20 août 1888), M. Dubois émet l'hypothèse que Phobos et Deimos sont de petites planètes qui ont passé, il y a quelques années, dans le voisinage de Mars et ont été retenues par l'attraction de cet astre. C'est ainsi qu'il explique que ces deux satellites de Mars n'aient été observés qu'en 1877.

Cette hypothèse est inadmissible. On peut s'en rendre compte d'abord en négligeant l'excentricité de Mars. Si l'on suppose en effet que le mouvement de Mars est circulaire et uniforme, le problème des trois corps admet une intégrale connue sous le nom d'*intégrale de Jacobi*, et qui s'écrit

$$\frac{n^2 r^2}{2} - \frac{M}{R} - \frac{\mu}{\rho} + \frac{v^2}{2} = \text{const.} \tag{1}$$

Dans cette relation, M désigne la masse du Soleil, μ celle de Mars, n le moyen mouvement de Mars, R est la distance de la petite planète au Soleil, ρ sa distance à Mars, r sa distance au centre de gravité G de Mars et du Soleil; enfin v est sa vitesse relative par rapport à des axes mobiles ayant leur origine en G; l'axe des z étant normal au plan de l'orbite de Mars et l'axe des x étant la droite qui joint Mars au Soleil.

Si Phobos avait été autrefois une petite planète, il aurait dû, à une époque antérieure, couper l'orbite de Mars en un point assez éloigné de cet astre pour que le terme $\frac{\mu}{\rho}$ soit négligeable. La formule (1) permet alors de calculer quelle était à ce moment la valeur de v; le calcul donne une valeur imaginaire.

Si l'on ne croyait pas pouvoir négliger l'excentricité de Mars, d'autres considérations permettraient encore de rejeter l'hypothèse de M. Dubois. Cette hypothèse revient en effet à admettre que les éléments des deux satellites étaient il y a peu d'années, très différents de ce qu'ils sont aujourd'hui; et par conséquent, que la force perturbatrice du Soleil les fait varier très rapidement. Or cette force perturbatrice est du même ordre de grandeur que la quantité que l'on appelle m^2, c'est-à-dire que le carré du rapport des moyens mouvements. On voit que cette force ne produit sur les éléments de la Lune que des variations extrêmement lentes. D'ailleurs il est aisé de calculer que m^2 est pour Deimos 1600 fois plus petit et pour Phobos 25000 fois plus petit que pour la Lune. Aussi, quoique l'excentricité de Mars soit environ 6 fois plus grande que celle de la Terre, je crois pouvoir affirmer sans calcul que les éléments des des satellites de Mars ne peuvent pas avoir varié sensiblement depuis un siècle.

Bien que l'hypothèse de M. Dubois doive être abandonnée en ce qui concerne Phobos et Deimos, il y a peut-être quelque intérêt à se rendre compte de ce qui arriverait si une petite planète s'approchait beaucoup de Mars.

On voit sans peine qu'à sa sortie de la sphère d'attraction de Mars, sa vitesse relative par rapport à cet astre serait sensiblement la même en grandeur qu'à son entrée dans cette sphère, mais pourrait être très différente en direction.

Elle ne pourrait donc devenir momentanément satellite de Mars que si cette vitesse relative était sensiblement nulle. Cela est très improbable sans être absolument impossible; en tout cas elle quitterait de nouveau la planète après un petit nombre de révolutions, et son grand axe demeurerait près de 100 fois plus grand que celui de Deimos.

SUR LES QUADRATURES MÉCANIQUES

Bulletin astronomique, t. 16, p. 382-387 (octobre 1899).

1. Quand l'excentricité du corps troublé est trop grande pour que l'on puisse développer suivant les puissances de cette quantité, on a ordinairement recours aux quadratures mécaniques. Le plus souvent, le corps troublé reste sur une partie de son orbite très éloigné de la planète troublante, de sorte que dans cette partie les perturbations sont très petites et souvent presque négligeables. Dans l'autre partie de l'orbite, au contraire, il se rapproche beaucoup de la planète troublante et les perturbations sont relativement considérables.

On est donc obligé, au moins dans cette seconde partie de l'orbite, de multiplier beaucoup les intervalles, non seulement parce que la quantité à intégrer est très grande, mais surtout parce qu'elle varie très rapidement. Je me suis demandé s'il n'y avait pas moyen d'abréger un peu le travail de ces quadratures mécaniques en s'affranchissant de cette circonstance.

2. Je supposerai d'abord que l'orbite du corps troublé soit très excentrique et celle de la planète troublante circulaire. Je prendrai pour variable l'anomalie excentrique du corps troublé que j'appellerai u. Les coordonnées du corps troublé, le temps et, par conséquent, les coordonnées du corps troublant seront des fonctions entières de u. Si donc j'appelle $F(u)$ le carré de la distance des deux corps, la fonction $F(u)$ sera aussi une fonction entière de u, c'est-à-dire développable suivant les puissances de u, quelque grande que soit cette variable.

Les intégrales qu'il s'agit de calculer sont de la forme

$$\int G(u)[F(u)]^{-\frac{s}{2}} du,$$

s étant un entier positif impair et $G(u)$ une autre fonction entière.

Je suppose que le moment où les deux corps sont le plus rapprochés l'un de l'autre correspond à la valeur $u = u_0$.

La difficulté provient de ce que, pour u voisin de u_0, $F(u)$ devient très petit et que, par conséquent, $[F(u)]^{-\frac{s}{2}}$ est grand et varie rapidement.

Considérons les racines de l'équation

$$F(u) = 0.$$

Soient u_1, u'_1; u_2, u'_2 les quatre racines, imaginaires conjuguées deux à deux, les plus rapprochées de u_0.

Soit

(1) $$P(u) = (u - u_1)(u - u'_1)(u - u_2)(u - u'_2),$$

(2) $$F(u) = P(u)Q(u).$$

$Q(u)$ sera encore une fonction entière; mais elle ne deviendra plus très petite pour u voisin de u_0.

Si alors nous considérons la fonction

$$G(u)[Q(u)]^{-\frac{s}{2}},$$

cette fonction, dans le voisinage de $u = u_0$, ne deviendra plus très grande e ne variera plus très rapidement; j'ajouterai que dans le voisinage de $u = u_0$ elle pourra être développée en série ordonnée suivant les puissances de $u - u_0$ et que la convergence de cette série sera rapide. Nous pourrons donc poser

(3) $$G(u)[Q(u)]^{-\frac{s}{2}} = H(u) + R(u)[P(u)]^p,$$

p étant un entier plus grand que $\frac{s}{2}$, $H(u)$ un polynome et $R(u)$ une fonction qui reste très petite. Il vient alors

$$\int G(u)[F(u)]^{-\frac{s}{2}} du = \int H(u)[P(u)]^{-\frac{s}{2}} du + \int R(u)[P(u)]^{p-\frac{s}{2}} du.$$

La première intégrale est une intégrale elliptique; la seconde peut se calculer d'une façon relativement rapide, puisque la fonction sous le signe $\int$ est petite et ne varie pas rapidement.

J'ajouterai que l'intégrale elliptique en question est à peu de chose près égale à une intégrale elliptique *complète*, c'est-à-dire à une période de l'intégrale indéfinie. Comparons, en effet, l'intégrale complète

$$\int_{-\infty}^{+\infty} \mathrm{H}(u)[\mathrm{P}(u)]^{-\frac{s}{2}} du$$

et l'intégrale a calculer

$$\int_{u_2}^{u_1} \mathrm{H}(u)[\mathrm{P}(u)]^{-\frac{s}{2}} du.$$

La valeur u_0 sera comprise entre les deux limites d'intégration u_1 et u_2; or, c'est seulement dans le voisinage de u_0 que la fonction sous le signe $\int$ acquiert une valeur notable; la différence des deux intégrales

$$\int_{-\infty}^{u_1} + \int_{u_2}^{+\infty}$$

est donc petite et le calcul n'en présente pas de difficulté.

3. Supposons maintenant que l'orbite du corps troublant ne soit plus circulaire, mais elliptique, quoique très peu excentrique.

Les coordonnées du corps troublant seront encore des fonctions entières de l'anomalie excentrique du corps troublant; mais celle-ci, qui ne sera plus proportionnelle au temps, ne sera plus une fonction entière de u, c'est-à-dire de l'anomalie excentrique du corps troublé.

Soit donc v l'anomalie excentrique du corps troublant; v n'est plus fonction entière de u; mais v peut se développer suivant les puissances de l'excentricité et la convergence de ce développement est très rapide puisque cette excentricité est très petite.

Soit donc

$$v = v_0 + ev_1 + \ldots + e^m v_m + \ldots$$

ce développement et soit v' la somme des m premiers termes. La différence $v - v'$ sera très petite et v' sera une fonction entière de u.

Ce que je viens de dire de v s'applique à une fonction entière quelconque de v et de u et, en particulier, aux coordonnées du corps troublant et au carré de la distance des deux corps.

Les deux fonctions que j'ai appelées $\mathrm{F}(u)$ et $\mathrm{G}(u)$ ne sont donc plus des fonctions entières de u; mais elles diffèrent très peu de deux fonctions entières $F'(u)$ et $G'(u)$.

On peut ainsi remplacer l'intégrale

$$\int G(u)[F(u)]^{-\frac{s}{2}}du$$

par la suivante :

$$\int G'(u)[F'(u)]^{-\frac{s}{2}}du$$

(où F' et G' sont des fonctions entières), en commettant une erreur qui est de l'ordre de la $m^{\text{ième}}$ puissance de l'excentricité de la planète troublante (et cela en prenant m aussi grand que l'on veut).

Cette seconde intégrale se traiterait comme celle du paragraphe précédent.

4. On pourrait objecter que le calcul des racines u_1, u'_1, u_2, u'_2 pourra présenter autant de difficulté que le calcul direct lui-même; mais il faut observer qu'il n'est pas nécessaire de calculer ces racines exactement.

Si u_1, u'_1, u_2, u'_2 désignent non plus les racines de $F = 0$, mais des valeurs approchées de ces racines, et si l'on conserve les formules (1), (2) et (3) qui définissent P, Q, H et R, la fonction R restera encore petite, si l'approximation des racines est suffisante, et les mêmes procédés resteront applicables.

Je crois qu'il suffira le plus souvent de prendre pour $P(u)$ les cinq premiers termes du développement de $F(u)$ suivant les puissances de $u - u_0$.

5. On pourra aussi quelquefois, au lieu de quatre racines u_1, u'_1, u_2, u'_2 en considérer deux seulement u_1 et u'_1 et poser

$$P(u) = (u - u_1)(u - u'_1).$$

Les intégrales elliptiques seront alors remplacées par des intégrales circulaires.

On pourra surtout introduire cette simplification, si la masse troublante est très petite et si les perturbations ne deviennent sensibles que parce qu'à un moment donné les deux corps se rapprochent beaucoup.

Soit, par exemple,

$$F(u) = (u - u_1)(u - u'_1)Q(u);$$

nous pourrons poser

$$(u - u_1)(u - u'_1) = (u - u_0)^2 + \alpha^2,$$

puis

$$u = u_0 + \frac{\alpha}{2}(e^{\xi} - e^{-\xi}),$$

d'où

$$du = \frac{\alpha\, d\xi}{2}(e^{\xi} + e^{-\xi}),$$

$$(u - u_0)^2 + \alpha^2 = \frac{\alpha^2}{4}(e^{\xi} + e^{-\xi})^2$$

et

$$\int G(u)[F(u)]^{-\frac{s}{2}} du = \int G(u)[Q(u)]^{-\frac{s}{2}} d\xi \left[\frac{\alpha}{2}(e^{\xi} + e^{-\xi})\right]^{1-s}$$

Or la fonction

$$G(u)[Q(u)]^{-\frac{s}{2}}$$

peut se développer suivant les puissances de $u - u_0$; soit

$$(\beta) \qquad \beta_0 + \beta_1(u - u_0) + \beta_2(u - u_0)^2 + .$$

ce développement.

Si $s = 1$, il reste à calculer l'intégrale

$$\int d\xi \left[\beta_0 + \frac{\alpha\beta_1}{2}(e^{\xi} - e^{-\xi}) + \frac{\alpha^2\beta_2}{4}(e^{\xi} - e^{-\xi})^2 + \ldots\right]$$

et l'on trouve pour l'intégrale indéfinie une série dont le terme le plus important est

$$\xi\left(\beta_0 - \frac{\alpha^2\beta_2}{4} 2 + \frac{\alpha^4\beta_4}{16} 6 - \ldots\right)$$

et dont les autres termes sont de la forme

$$A_n(e^{n\xi} + e^{-n\xi}).$$

Il n'y a plus qu'à substituer dans cette série les limites d'intégration; mais il nous reste à nous rendre compte de la rapidité de la convergence de cette série.

J'observe d'abord que les coefficients β_n sont du même ordre de grandeur que $\frac{1}{(u_2 - u_0)^n}$. D'autre part,

$$\int (e^{\xi} - e^{-\xi})^n d\xi = C\xi + \Sigma\lambda_n e^{n\xi},$$

où $C = 0$ si n est impair et où $C = \pm \frac{n!}{\left(\frac{n}{2}!\right)^2}$ si n est pair et où

$$\Sigma\lambda_n e^{n\xi} < (e^{\xi} + e^{-\xi})^n,$$

Pour n très grand et pair, C est du même ordre de grandeur que 2^{2n}, de sorte que le coefficient du terme en ξ, dans notre série, convergera avec la même rapidité qu'une progression géométrique dont la raison est

$$\frac{\alpha^2}{(u_2-u_0)^2}=\frac{(u_1-u_0)(u'_1-u_0)}{(u_2-u_0)^2}.$$

Quant à l'ensemble des termes exponentiels, il convergera avec la même rapidité qu'une progression géométrique dont la raison est

$$\frac{e^{\xi}+e^{-\xi}}{u_2-u_0}=\frac{\sqrt{(\mathrm{U}-u_1)(\mathrm{U}-u'_1)}}{u_2-u_0}=\left|\frac{\mathrm{U}-u_1}{u_2-u_0}\right|,$$

U représentant l'une des valeurs de u qui correspondent à l'une des limites d'intégration, c'est-à-dire à l'une des limites de l'intervalle auquel la méthode doit s'appliquer.

Ceci nous fait voir quelle est la condition pour que cette méthode puisse s'appliquer avec avantage. Il faut, d'une part, que u_1-u_0 soit petit par rapport à u_2-u_0; d'autre part, que $\mathrm{U}-u_1$ et, par conséquent, $\mathrm{U}-u_0$ soient petits par rapport à u_2-u_0.

Rappelons que u_0, U, u_1, u_2 représentent les valeurs de u qui correspondent respectivement à la distance minima des deux corps, à l'une des limites de l'intervalle d'intégration, à la racine de $\mathrm{F}=0$ la plus voisine de u_0, et enfin à la racine de cette même équation la plus voisine de u_0 après u_1 et sa conjuguée. Il faut donc que deux racines conjuguées soient beaucoup plus voisines de u_0 que les autres; sans quoi, il vaudrait mieux avoir recours aux fonctions elliptiques.

Le cas de $s>1$ se ramène facilement à celui de $s=1$, car les intégrales de la forme

$$\int\frac{(u-u_0)^n\,du}{[(u-u_0)^2+\alpha^2]^{\frac{s}{2}}}$$

se ramènent facilement par des procédés connus au cas de $s=1$.

OBSERVATIONS

AU SUJET DE L'ARTICLE PRÉCÉDENT

Bulletin astronomique, t. 18, p. 406-420 (novembre 1901).

1. On ne saurait prendre à la lettre l'affirmation de M. Seares que l'exactitude du résultat dépend bien plus de la fréquence des changements de signe des différences successives que de la valeur absolue de ces différences.

Soient $F(x)$ la fonction à interpoler, $a_1, a_2, \ldots, a_n$ les valeurs pour lesquelles on calcule la fonction $F(a_1), F(a_2), \ldots, F(a_n)$; nous remplaçons la fonction $F(x)$ par un polynome de $n-1^{\text{ième}}$ degré $P(x)$, en choisissant les coefficients de ce polynome de telle façon que

$$P(a_i) = F(a_i).$$

Soit alors

$$\Phi(x) = (x-a_1)(x-a_2)\ldots(x-a_n),$$

et soit k le maximum de la valeur absolue de la dérivée $n^{\text{ième}}$ de $F(x)$ dans l'intervalle considéré; l'erreur commise est plus petite que la valeur absolue de

$$\frac{k}{n!}\Phi(x).$$

L'erreur commise sur l'intégrale est donc plus petite que

$$\frac{k}{n!}\int |\Phi(x)|\, dx.$$

Mais ce résultat donnerait une idée très inexacte de la grandeur de l'erreur, qui peut être beaucoup plus petite. Il est clair que cette erreur peut être représentée par une intégrale de la forme

$$\int F^{(n)}(x)\,\Theta(x)\,dx,$$

où $F^{(n)}(x)$ représente la dérivée $n^{\text{ième}}$ de $F(x)$ et où $\Theta(x)$ est une fonction qui ne dépend que des limites d'intégration et des valeurs $a_1, a_2, \ldots, a_n$.

Pour déterminer cette fonction $\Theta(x)$, supposons que la fonction $F(x)$ soit définie de la façon suivante : 1° Elle devra s'annuler pour $x = a_i$; 2° elle sera continue ainsi que ses $n-2$ premières dérivées; 3° la dérivée $n-1^{\text{ième}}$ sera continue également, sauf pour une valeur z de x comprise entre a_p et a_{p+1}; en franchissant cette valeur, cette dérivée subira un saut brusque égal à 1, de telle façon que

$$F^{(n-1)}(z+\varepsilon) = F^{(n-1)}(z-\varepsilon) + 1;$$

4° la dérivée $n^{\text{ième}}$ sera nulle partout, sauf pour la valeur z, pour laquelle elle n'existe pas.

Dans ces conditions, l'intégrale $\int F(x)\,dx$ [dont la valeur approchée déduite par interpolation des valeurs $F(a_1)$, $F(a_2)$, ..., $F(a_n)$ serait évidemment nulle] ne sera autre chose que ce que nous appelons l'*erreur commise* et sera égale à $\Theta(z)$.

Déterminons donc la fonction $F(x)$ qui satisfait aux conditions précédentes. D'abord elle sera égale à un polynome du $n-1^{\text{ième}}$ degré pour $x < z$ et à un autre polynome du $n-1^{\text{ième}}$ degré pour $x > z$. Soient $Q_1(x)$ et $Q_2(x)$ ces deux polynomes. Soient

$$\Phi_1(x) = (x-a_1)(x-a_2)\ldots(x-a_p),$$
$$\Phi_2(x) = (x-a_{p+1})(x-a_{p+2})\ldots(x-a_n),$$

d'où

$$\Phi(x) = \Phi_1(x)\Phi_2(x),$$

Q_1 devra être divisible par Φ_1 et Q_2 par Φ_2; soient

$$Q_1 = \Phi_1 P_1, \qquad Q_2 = \Phi_2 P_2.$$

La différence $Q_2 - Q_1$ doit, pour $x = z$, s'annuler ainsi que ses $n-2$ premières dérivées, tandis que la $n-1^{\text{ième}}$ doit être égale à 1; on a donc

$$Q_2 - Q_1 = \frac{(x-z)^{n-1}}{(n-1)!}.$$

Cela suffit pour déterminer les deux polynomes; car

$$\frac{P_2}{\Phi_1} - \frac{P_1}{\Phi_2} = \frac{(x-z)^{n-1}}{(n-1)!\,\Phi}.$$

Décomposons le second membre en éléments simples

$$\frac{(x-z)^{n-1}}{(n-1)!\,\Phi} = \sum \frac{A_i}{x-a_i},$$

où

$$A_i = \frac{(a_i - z)^{n-1}}{(n-1)!\,\Phi'(a_i)},$$

de sorte que

$$Q_2 = \Phi \sum_{i=1}^{i=p} \frac{A_i}{x - a_i}, \qquad Q_1 = -\Phi \sum_{i=p+1}^{i=n} \frac{A_i}{x - a_i}.$$

Soient x_0 et x_1 les deux limites d'intégration, de telle sorte que

$$x_0 < a_1, \qquad x_1 > a_n;$$

il viendra

$$\Theta(z) = \int_{x_0}^{z} Q_1\,dx + \int_{z}^{x_1} Q_2\,dx = -\sum_{i=p+1}^{n} \int_{x_0}^{z} \frac{\Phi\,dx}{(n-1)!}\,\frac{(a_i - z)^{n-1}}{\Phi'(a_i)(x - a_i)}$$
$$+ \sum_{i=1}^{p} \int_{z}^{x_1} \frac{\Phi\,dx}{(n-1)!}\,\frac{(a_i - z)^{n-1}}{\Phi'(a_i)(x - a_i)}$$

ou

$$(1) \quad \Theta(z) = \sum_{i=1}^{p} \int_{x_0}^{x_1} \frac{\Phi\,dx}{(n-1)!}\,\frac{(a_i - z)^{n-1}}{\Phi'(a_i)(x - a_i)} - \sum_{i=1}^{i=n} \int_{x_0}^{z} \frac{\Phi\,dx}{(n-1)!}\,\frac{(a_i - z)^{n-1}}{\Phi'(a_i)(x - a_i)}.$$

On voit que dans le premier terme la sommation doit être étendue à toutes les valeurs de a_i plus petites que z et, dans le second, à toutes les valeurs de a_i sans exception.

Rappelons que, pour une fonction $F(x)$ quelconque, la formule d'interpolation nous donne

$$\frac{F(x)}{\Phi(x)} = \sum \frac{F(a_i)}{(x - a_i)\,\Phi'(a_i)},$$

de sorte que la valeur approchée de l'intégrale s'écrira

$$\int_{x_0}^{x_1} F\,dx = \int_{x_0}^{x_1} \sum \frac{F(a_i)\,\Phi\,dx}{(x - a_i)\,\Phi'(a_i)},$$

ce qui, en posant

$$\int_{x_0}^{x_1} \frac{\Phi\,dx}{(x - a_i)\,\Phi'(a_i)} = B_i,$$

s'écrit tout simplement

$$(2) \qquad \int_{x_0}^{x_1} F(x)\,dx = \Sigma B_i\,F(a_i).$$

C'est la formule ordinaire des quadratures mécaniques.

Le premier terme de la formule (1) s'écrit alors

$$\sum_{i=1}^{p} B_i \frac{(a_i - z)^{n-1}}{(n-1)!}.$$

Quant au second, il peut s'écrire

$$-\int_{x_0}^{z} \frac{\Phi\, dx}{(n-1)!} \frac{(x-z)^{n-1}}{\Phi} = \frac{(x_0 - z)^n}{n!}.$$

On a donc finalement

$$(3) \qquad \begin{aligned} \Theta(z) = {} & \frac{B_1}{(n-1)!}(a_1 - z)^{n-1} + \frac{B_2}{(n-1)!}(a_2 - z)^{n-1} + \ldots \\ & + \frac{B_p}{(n-1)!}(a_p - z)^{n-1} + \frac{(x_0 - z)^n}{n!} \end{aligned}$$

pour les valeurs de z comprises entre a_p et a_{p+1}.

Nous voyons que, dans chaque intervalle, $\Theta(z)$ est un polynome d'ordre n en z, mais que ce n'est pas le même polynome dans les différents intervalles.

Quand z franchit la valeur a_{p+1}, il faut ajouter au second membre de (3) un terme complémentaire

$$\frac{B_{p+1}}{(n-1)!}(a_{p+1} - z)^{n-1}.$$

Comme ce terme complémentaire s'annule ainsi que ses $n-2$ premières dérivées, nous devons conclure que $\Theta(z)$ est continue ainsi que ses $n-2$ premières dérivées. Au contraire, la dérivée $n-1$ est discontinue et subit un saut brusque $(-1)^{n-1} B_i$ quand z franchit la valeur a_i.

Dans l'intervalle $x_0 a_i$, $\Theta(z)$ se réduit à $\frac{(x_0 - z)^n}{n!}$ et dans l'intervalle $a_n x_1$ à

$$\sum_{i=1}^{i=n} B_i \frac{(a_i - z)^{n-1}}{(n-1)!} + \frac{(x_0 - z)^n}{n!} = \int_{x_0}^{x_1} \frac{(x-z)^{n-1}}{(n-1)!} + \frac{(x_0 - z)^n}{n!} = \frac{(x_1 - z)^n}{n!}.$$

La dérivée $(n-1)^{\text{ième}}$ de $\Theta(z)$ s'annule donc aux deux limites pour $z = x_0$ et pour $z = x_1$. On se l'expliquera si l'on observe que la dérivée $n^{\text{ième}}$ est, dans cet intervalle, constante et égale à $(-1)^n$; l'accroissement total de la dérivée $(n-1)^{\text{ième}}$ serait donc

$$(-1)^n (x_1 - x_0)$$

si cette dérivée était continue. Mais à cause des sauts brusques qu'elle subit, cet accroissement sera

$$(-1)^n (x_1 - x_0) + (-1)^{n-1} \Sigma B_i,$$

c'est-à-dire zéro, puisque

$$\Sigma B_i = x_1 - x_0.$$

La fonction $\Theta(z)$ s'annule aux deux limites ainsi que ses $n-1$ premières dérivées; si elle s'annule, en outre, h fois dans l'intervalle, sa dérivée $p^{\text{ième}}$ $(p < n)$ s'annulera $p+h$ fois et, en particulier, la dérivée $n-1^{\text{ième}}$ s'annulera $n+h-1$ fois; or, on voit sans peine que cette dérivée s'annule au plus $2n-1$ fois; à savoir une fois au plus dans chaque intervalle $a_i a_{i+1}$, une fois au plus en chacun des points a_i. Donc $\Theta(z)$ s'annule au plus n fois.

Il suit de là que si $F^{(n)}(x)$ est plus petit en valeur absolue que M_n, l'erreur commise sera plus petite que

$$M_n \int_{x_0}^{x_1} |\Theta(x)|\, dx.$$

Dans cette formule intervient uniquement la limite supérieure de $|F^{(n)}(x)|$ et nullement la fréquence des changements de signe de cette dérivée.

L'assertion de M. Seares n'aurait donc aucun sens si l'on devait se borner à la limite donnée par cette formule. Mais il y a des cas où l'on peut la remplacer par une limite à peu près moitié moindre.

Supposons, en effet, que $F^{(n)}(x)$ demeure toujours positive; l'erreur serait plus petite que

$$M_n \int H(x)\, dx,$$

$H(x)$ étant une fonction qui serait égale à $\Theta(x)$ quand $\Theta(x)$ est positif et à zéro quand $\Theta(x)$ est négatif.

Remarquons que, si $F^{(n)}(x)$ est une constante, la valeur de l'erreur est

$$M_n \int \Theta(x)\, dx$$

et que si $\Theta(x)$ change fréquemment de signe, cette intégrale $\int \Theta(x)\, dx$ peut être beaucoup plus petite que $\int |\Theta(x)|\, dx$.

Si $\Theta(x)$ était constamment positif, l'erreur

$$\int F^{(n)}(x)\Theta(x)\, dx$$

serait plus grande si $F^{(n)}(x)$ était constamment positif que si $F^{(n)}(x)$, conservant d'ailleurs la même valeur absolue, était tantôt positif, tantôt négatif; cela serait directement contraire à l'assertion de M. Seares

Si, au contraire, $\Theta(x)$ change de signe, l'erreur sera plus grande si $F^{(n)}(x)$ change de signe en même temps que $\Theta(x)$ ou à peu près en même temps que $\Theta(x)$, que si $F^{(n)}(x)$, tout en conservant la même valeur absolue, reste constamment positif, ou change de signe indépendamment de $\Theta(x)$. Voilà dans quelle mesure l'assertion de M. Seares est exacte.

Soit d'abord

$$F^{(n)}(x) = a(x),$$

et soit A l'erreur correspondante; supposons que $a(x)$ change fréquemment de signe.

Soit maintenant B l'erreur qui correspond à l'hypothèse

$$F^{(n)}(x) = b(x),$$

et C l'erreur qui correspond à l'hypothèse

$$F^{(n)}(x) = c(x).$$

Nous pouvons supposer que $c(x)$ est une constante égale à la plus petite valeur de $a(x)$ et que

$$b(x) = a(x) - c(x).$$

Alors la plus grande valeur absolue de $b(x)$ sera au plus le double de la plus grande valeur absolue de $a(x)$, et $b(x)$ sera constamment positif. On aura d'ailleurs

$$B = A - C;$$

il est donc impossible que $|B|$ et $|C|$ soient tous deux beaucoup plus petits que $|A|$; et c'est pourtant ce qui devrait être si l'assertion de M. Seares devait être prise à la lettre, puisque les valeurs absolues de $a(x)$, $b(x)$ et $c(x)$ sont du même ordre de grandeur et que $a(x)$ change fréquemment de signe, tandis que $b(x)$ et $c(x)$ n'en changent pas.

Ce que M. Seares aurait dû dire et ce qu'il a évidemment voulu dire, c'est que, pour une même valeur du maximum M_n, l'erreur sera plus grande si $F^{(n)}(x)$ subit de fortes variations que si $F^{(n)}(x)$ est sensiblement constant. Elle ne dépendra donc pas seulement de M_n, mais de M_{n+1}, M_{n+2}, ...

C'est ce dont on se rendra compte d'une façon plus précise de la manière suivante :

Soient

$$\Theta_1(x) = \int_{x_0}^{x} \Theta(x)\,dx, \qquad \Theta_2(x) = \int_{x_0}^{x} \Theta_1(x)\,dx,$$
$$\Theta_3(x) = \int_{x_0}^{x} \Theta_2(x)\,dx, \qquad \ldots.$$

Si les intervalles sont petits et si $\Theta(x)$ change fréquemment de signe, $\Theta_1(x_1)$ sera plus petit que $\int |\Theta|\,dx$, $\Theta_1(x)$ sera notablement plus petit que $\Theta(x)$, Θ_2 plus petit que Θ_1, ...

Et l'intégration par parties nous donne aisément pour l'erreur cherchée

$$\int_{x_0}^{x_1} F^{(n)}(x)\Theta(x)\,dx = F^{(n)}(x_1)\Theta_1(x_1) - F^{(n+1)}(x_1)\Theta_2(x_1) + \ldots$$
$$\pm F^{(n+p)}(x_1)\Theta_{p+1}(x_1) \mp \int F^{(n+p+1)}(x)\Theta_{p+1}(x)\,dx,$$

de sorte que la limite supérieure de cette erreur sera

$$M_n|\Theta_1(x_1)| + M_{n+1}|\Theta_2(x_1)| + \ldots + M_{n+p}|\Theta_{p+1}(x_1)| + M_{n+p+1}\int |\Theta_{p+1}|\,dx$$

dépendant à la fois de M_n, M_{n+1}, ..., M_{n+p+1}.

2. De tout cela résulte que la limite de l'erreur dépend de la valeur absolue de la dérivée $n^{\text{ième}}$ et des dérivées d'ordre supérieur.

Supposons donc que nous ayons une valeur approchée F_0 de F et soit

$$F(x) = F_0(x) + R(x),$$

$R(x)$ étant très petit. Alors

$$\int F\,dx = \int F_0\,dx + \int R\,dx.$$

Supposons que l'on puisse calculer exactement $\int F_0\,dx$, mais qu'il faille calculer $\int R\,dx$ par quadratures mécaniques. Dans quels cas aura-t-on avantage à se servir de ce détour au lieu de calculer directement $\int F\,dx$ par quadratures mécaniques?

Soient M_n la plus grande valeur absolue de la dérivée $F^{(n)}(x)$ et N_n la plus grande valeur absolue de la dérivée $R^{(n)}(x)$.

Si le nombre des intervalles employé dans les quadratures mécaniques est $n-1$, on pourrait croire qu'il suffit (pour que le détour soit avantageux) que N_n soit beaucoup plus petit que M_n et qu'il n'est pas nécessaire que N_{n+1} soit aussi beaucoup plus petit que M_{n+1}, N_{n+2} plus petit que M_{n+2}, etc.

C'est ce qui serait vrai si l'on n'avait à envisager, comme limite supérieure de l'erreur, que

$$M_n \int |\theta| \, dx.$$

Cela ne sera plus vrai s'il y a lieu d'envisager une autre des limites que nous avons trouvées à la fin du paragraphe précédent.

Soit donc

$$Q_{p+1} = M_n |\theta_1(x_1)| + M_{n+1} |\theta_2(x_1)| + \ldots + M_{n+p} |\theta_{p+1}(x_1)| + M_{n+p+1} \int |\theta_{p+1}| \, dx$$

de telle sorte que

$$Q_0 = M_n \int |\theta| \, dx.$$

Alors l'erreur commise dans le calcul direct de $\int F \, dx$, par quadratures mécaniques sera plus petite à la fois que Q_0, que Q_1, que Q_2, etc.

Désignons par Q'_{p+1} une expression analogue à Q_{p+1}, mais où les M_q sont remplacés par les N_q. Alors l'erreur commise dans le calcul de $\int R \, dx$ (et, par conséquent, dans le calcul indirect de $\int F \, dx$) sera plus petite à la fois que Q'_0, que Q'_1, que Q'_2, etc.

Soit alors Q_p la plus petite des quantités Q_0, Q_1, Q_2, ... Si Q'_p est beaucoup plus petit que Q_p, il y aura avantage à employer le calcul indirect.

Or, c'est ce qui arrivera certainement si N_n est très petit devant M_n, N_{n+1} devant M_{n+1}, ... et enfin N_{n+p} devant M_{n+p}.

Mais cela pourrait ne plus être vrai, bien que N_n fût négligeable devant M_n, si N_{n+p} était comparable à M_{n+p}.

Ainsi, pour que le calcul indirect soit avantageux, il ne suffit pas toujours que la dérivée $n^{\text{ième}}$ de R soit négligeable devant la dérivée de même ordre de F; il faut encore quelquefois qu'il en soit de même pour quelques-unes des dérivées d'ordre supérieur.

L'article de M. Seares est de nature à attirer notre attention sur ce fait, et c'est ce qui en fait la véritable portée.

Supposons que, dans les divers cercles de rayon ρ et ayant pour centres les différents points du chemin d'intégration, la fonction $F(x)$ soit holomorphe et plus petite que μ en valeur absolue.

Alors on aura comme on sait

$$M_n < \frac{\mu n!}{\rho^n}$$

La fonction F_0 diffère par hypothèse très peu de F, mais deux cas sont à distinguer. Ou bien F_0 présente les mêmes singularités que F, de telle façon que la différence $F - F_0 = R$ ne possède plus les points singuliers de F, ou du moins ceux de ces points qui sont le plus rapprochés du chemin d'intégration.

Dans ces conditions les cercles de convergence ayant leurs centres sur le chemin d'intégration auront un rayon plus grand pour la fonction R que pour la fonction F. Nous pourrons admettre qu'à l'intérieur des cercles de rayon ρ', la fonction R est plus petite que μ (ρ' étant notablement plus grand que ρ). On aura alors

$$N_n < \frac{\mu n!}{\rho'^n}.$$

On voit qu'alors N_n est beaucoup plus petit que M_n, et cela quel que soit n, et même le rapport de N_n à M_n sera d'autant plus petit que n sera plus grand.

On n'a pas alors de mécompte à craindre dans l'application de la méthode indirecte.

Supposons maintenant que F_0 n'ait pas les mêmes singularités que F, mais ait seulement *à peu près* les mêmes singularités; qu'en particulier, les points singuliers ne soient pas exactement les mêmes pour les deux fonctions, mais seulement à peu près les mêmes. Alors la différence $F - F_0 = R$ admettra à la fois tous les points singuliers de F et tous ceux de F_0.

Les dérivées d'ordre très élevé de R seront alors à peu près égales aux dérivées d'ordre très élevé de F (où à celles de F_0, qui seront plus grandes encore) en vertu des théorèmes de M. Darboux sur les fonctions de très grands nombres.

Si F_0 a été choisi très voisin de F, et de telle façon que les points singuliers diffèrent très peu, il pourra se faire que la dérivée $n^{\text{ième}}$ de R soit beaucoup plus petite que celle de F et qu'il en soit encore de même pour la dérivée $n+1^{\text{ième}}$ et pour quelques-unes des dérivées suivantes. Mais à partir d'un certain ordre, cela ne sera plus vrai, de sorte que si, en vertu des considérations que je viens d'exposer, l'erreur commise dans l'intégration dépendait moins des valeurs des dérivées $n^{\text{ième}}$ que de celles des dérivées $n+p^{\text{ième}}$, il pourrait se faire que l'avantage offert par la méthode indirecte devînt illusoire.

Dans ce cas donc une discussion plus approfondie est nécessaire pour reconnaître si F_0 est suffisamment approché de F.

3. C'est évidemment à une circonstance de ce genre qu'est dû l'insuccès de M. Seares. Peut-être vaudrait-il mieux modifier la méthode comme il suit :

Il s'agit, on s'en souvient, d'évaluer des intégrales de la forme

$$\int \frac{G(u)\,du}{\sqrt{F(u)}};$$

les $G(u)$ sont des fonctions entières; $F(u)$ est le carré de la distance de la planète et de la comète; u est l'anomalie excentrique de la comète; u_0 est la valeur de cette anomalie qui correspond au minimum de $F(u)$.

La méthode ordinaire consiste à remplacer la fonction sous le signe $\int$

$$\frac{G(u)}{\sqrt{F(u)}},$$

par un polynome entier $\Pi(u)$ du $n-1^{\text{ième}}$ degré qui en diffère très peu.

La méthode proposée consiste à poser

$$\frac{G(u)}{\sqrt{F(u)}} = \frac{Q(u)}{\sqrt{P(u)}} + R(u),$$

$P(u)$ étant un polynome du quatrième degré différant peu de F et Q un polynome différant peu de G, et à intégrer ensuite R par quadratures mécaniques, c'est-à-dire à remplacer R par un polynome Π' du $n-1^{\text{ième}}$ degré qui en diffère extrêmement peu.

Il est évident que le résidu R, laissé par M. Seares, n'était pas assez petit pour que la méthode fût avantageuse; il l'aurait été assez sans doute si les zéros de $P(u)$ avaient été exactement ceux de $F(u)$; mais cette coïncidence exacte était impossible à réaliser, de sorte que toutes les observations que je viens de faire dans le paragraphe précédent trouvaient leur application.

Je propose donc de modifier la méthode comme il suit : On ne laissera aucun résidu R à intégrer après coup et l'on s'efforcera de représenter la fonction sous le signe $\int$ par une expression de la forme

$$\frac{Q(u)}{\sqrt{P(u)}}, \tag{1}$$

qui en diffère très peu, P étant un polynome du quatrième degré et Q un polynome du $n-1^{\text{ième}}$ degré.

Que la fonction

$$\frac{Q(u)}{\sqrt{F(u)}}$$

puisse être beaucoup mieux représentée par une expression de la forme (1) que par un polynome Π du $n-1^{\text{ième}}$ degré, c'est ce qui n'est pas douteux.

L'intégration de l'expression (1) ne présente pas non plus de difficulté. On peut la ramener par un calcul simple à la recherche des deux intégrales elliptiques de première et de seconde espèce.

On pourrait d'ailleurs construire des Tables qui faciliteraient ce calcul.

4. Mais la difficulté commence quand il s'agit de déterminer les polynomes P et Q, et d'abord pour P.

Considérons l'équation

$$F(u) = 0.$$

Elle n'aura que des racines imaginaires. Soient

$$u_0 + \lambda_1, \quad u_0 + \lambda'_1; \quad u_0 + \lambda_2, \quad u_0 + \lambda'_2; \quad u_0 + \lambda_3, \quad u_0 + \lambda'_3; \quad \dots.$$

Elles sont rangées par paires de racines imaginaires conjuguées; et dans l'ordre des modules croissants des quantités $\lambda_1, \lambda_2, \lambda_3, \dots$. Nous prendrons alors

$$P(u) = (u - u_0 - \lambda_1)(u - u_0 - \lambda'_1)(u - u_0 - \lambda_2)(u - u_0 - \lambda'_2).$$

La dérivée $n^{\text{ième}}$ de $\frac{G(u)}{\sqrt{F(u)}}$ sera alors du même ordre de grandeur que $\frac{n!}{|\lambda_1^n|}$, celle de

$$\psi(u) = \frac{G(u)\sqrt{P(u)}}{\sqrt{F(u)}}$$

sera du même ordre de grandeur que $\frac{n!}{|\lambda_3|^n}$. Leur rapport sera donc très petit et du même ordre que $\left|\frac{\lambda_1}{\lambda_3}\right|^n$ et cela quel que soit n.

Si donc on connaissait exactement les racines de $F(u) = 0$, l'approximation par la méthode indirecte serait, pour un même nombre d'intervalles, à peu près $\left|\frac{\lambda_3}{\lambda_1}\right|^n$ fois plus grande que par la méthode directe.

Bien qu'on ne connaisse pas ces racines exactement, il n'en est pas moins certain que l'on peut choisir $P(u)$ de façon que l'approximation pour un même nombre d'intervalles soit beaucoup plus grande que par la méthode directe.

On pourrait, par exemple, déterminer les coefficients de $P(u)$ de telle façon que les dérivées d'ordre n, $n+1$, $n+2$, $n+3$ de

$$\psi(u) = \frac{G(u)\sqrt{P(u)}}{\sqrt{F(u)}}$$

s'annulent pour $u = u_0$. On serait assuré alors que ces dérivées, qui sont celles dont dépend surtout l'approximation, ne deviennent jamais très grandes et que, par conséquent, l'erreur commise reste petite.

Mais il serait plus simple, et cela reviendrait à peu près au même, d'annuler pour $u = u_0$, les dérivées d'ordre n, $n+1$, $n+2$, $n+3$ de $\frac{P(u)}{F(u)}$.

Le polynome $P(u)$ une fois déterminé, on calculera $Q(u)$ à l'aide de n valeurs particulières de la fonction

$$\psi(u) = \frac{G(u)\sqrt{P(u)}}{\sqrt{F(u)}},$$

pour n valeurs

$$u = a_1, \quad u = a_2, \quad \ldots, \quad u = a_n,$$

réparties d'une manière quelconque sur le chemin d'intégration.

5. Tout cela n'est qu'un aperçu qui pourra sans doute être utile à celui qui entreprendra une discussion méthodique. Cette discussion devrait nous permettre de reconnaître comment variera l'approximation finale sur laquelle on pourra compter en fonction du nombre $n-1$ des intervalles et de l'approximation avec laquelle on aura calculé les coefficients de $P(u)$; on déterminerait ainsi quelles sont les conditions pour que l'emploi de la méthode indirecte soit avantageux.

Il faudrait également voir comment devrait être dirigée la construction des Tables auxiliaires destinées à rendre le procédé pratique. Je me bornerai à dire que cette construction serait grandement facilitée, si l'on se bornait à introduire des intégrales circulaires au lieu d'intégrales elliptiques et des polynomes du deuxième degré au lieu du quatrième.

Mais M. Seares a encore rencontré une autre difficulté. Nous n'avons envisagé jusqu'ici que les perturbations du premier ordre qui sont données par des intégrales simples de la forme

$$\int \frac{G\,du}{\sqrt{F}}. \tag{1}$$

Mais justement dans les cas où l'emploi de la méthode indirecte serait indiqué, c'est à dire quand la comète passe très près de la planète troublante, les perturbations du deuxième ordre deviennent sensibles.

Pour en tenir compte, M. Seares fait ce que l'on fait d'ordinaire, c'est-à-dire qu'à la fin de chaque intervalle, il corrige les éléments de la comète des perturbations du premier ordre. On conçoit que, dans ces conditions, les avantages de la méthode indirecte s'évanouissent.

Il faudrait calculer d'abord, pour tout le champ d'intégration, les intégrales simples (1) sans se soucier des perturbations du deuxième ordre, et y ajouter ensuite des termes correctifs destinés à tenir compte de ces perturbations.

L'expression analytique des perturbations du deuxième ordre ne se réduit plus à une intégrale simple telle que (1), mais à des intégrales doubles de la forme

$$\int \frac{G}{\sqrt{F}}\left(\int \frac{G'\,du}{\sqrt{F}}\right)du. \tag{2}$$

Si l'on considère P(u) comme donné, les intégrales (1) seront des polynomes du premier degré par rapport aux n valeurs particulières de $\psi(u)$,

$$[\psi(a_1),\quad \psi(a_2),\quad \ldots,\quad \psi(a_n)], \tag{3}$$

et ce sont précisément les coefficients de ces polynomes qui devraient être donnés par des Tables. De même, les intégrales (2) seront des polynomes du deuxième degré par rapport à ces mêmes quantités, et les coefficients de ces polynomes pourraient également être donnés par des Tables.

Je me borne à ces considérations sommaires, quitte à revenir plus tard sur ce sujet à une autre occasion.

SUR
LA PRÉCESSION DES CORPS DÉFORMABLES

Bulletin astronomique, t. 27, p. 321-356 (septembre 1910).

I. — Croûte solide et noyau liquide.

1. Lord Kelvin s'est, l'un des premiers, prononcé en faveur de la solidité du globe terrestre, et il a cherché de tous côtés des arguments en faveur de son opinion; quelques-uns sont fondés sur les observations de précession et de nutation. Je renverrai en particulier à ses *Popular Lectures*, vol. III, page 244 et à ses *Mathematical Papers*, vol. III, page 320. Dans ses investigations, il envisage l'hypothèse d'une croûte solide *invariable*, à l'intérieur de laquelle se trouve un liquide homogène; il suppose que la surface extérieure de cette croûte solide est un ellipsoïde et que la cavité interne est également ellipsoïdale.

Il avait d'abord annoncé que la constante de la précession aurait dû, dans cette hypothèse, différer considérablement de celle qui conviendrait à une terre solide et qui est celle que donne l'observation. Il en serait manifestement ainsi si la cavité interne était sphérique; la sphère liquide interne aurait alors eu un axe de rotation différent de celui de la croûte solide; le premier de ces axes aurait été fixe, tandis que le second aurait seul subi l'effet de la précession; la constante de la précession aurait donc été la même que si la croûte solide avait seule existé.

Il crut d'abord que l'aplatissement étant très faible ne pouvait sensiblement altérer ce résultat, mais en réfléchissant à la question, ainsi qu'il nous le raconte, il se convainquit de son erreur. Par l'effet de ce qu'il appelle *la rigidité gyrostatique*, le corps complexe qu'il envisage tend à se comporter comme un corps solide. Cette rigidité a son plein effet si la période de l'inégalité envisagée, exprimée en jours, est très grande par rapport à l'inverse de l'aplatissement; elle est donc parfaite en ce qui concerne la précession qui doit suivre les lois théoriques, mais il n'en est plus de même pour la nutation de Bradley dont la période n'est plus que 23 fois l'inverse de l'aplatissement, ni, *a fortiori*, pour les nutations semi-mensuelle et semi-annuelle dont les périodes sont plus courtes que cette inverse. Les divergences seraient énormes et auraient été certainement décelées par l'observation.

2. Il ne sera pas inutile, avant d'aller plus loin, de montrer comment la théorie de Kelvin peut être présentée sous une forme nouvelle et assez simple. Je commence par introduire la notion du *mouvement simple*. Je dirai que le mouvement d'un liquide est simple, si les composantes de la vitesse d'une molécule sont des fonctions linéaires des coordonnées. Il est aisé d'établir, en s'appuyant sur la théorie des tourbillons de Helmholtz, que si le mouvement est simple à l'origine des temps, il restera toujours simple, pourvu que le liquide remplisse entièrement un vase ellipsoïdal invariable, ou même si ce vase se déplace ou se déforme, mais en restant toujours ellipsoïdal. Cela nous autorise à n'envisager que des mouvements simples. Soit

$$ax^2 + by^2 + cz^2 = 1$$

l'équation de l'ellipsoïde rapporté à ses axes et que nous supposerons d'abord fixe.

A la molécule liquide x, y, z, dont la vitesse est u, v, w, correspondra une molécule fictive dont les coordonnées seront

$$x' = x\sqrt{a}, \qquad y' = y\sqrt{b}, \qquad z' = z\sqrt{c}$$

et la vitesse

$$u' = u\sqrt{a}, \qquad v' = v\sqrt{b}, \qquad w' = w\sqrt{c}.$$

L'ensemble de ces molécules fictives remplira une sphère S qui aura pour équation $x'^2 + y'^2 + z'^2 = 1$. Il est aisé de voir que, si le mouvement du liquide est simple, ces molécules fictives se déplaceront comme le feraient les molécules d'un corps solide, de sorte que tout se réduira à une rotation de la sphère S. Soient p_1, q_1, r_1 les composantes de cette rotation suivant les trois axes; on aura

$$u = r_1\sqrt{\frac{a}{b}}\,y - q_1\sqrt{\frac{c}{a}}\,z,$$
$$v = p_1\sqrt{\frac{c}{b}}\,z - r_1\sqrt{\frac{a}{b}}\,x,$$
$$w = q_1\sqrt{\frac{a}{c}}\,x - p_1\sqrt{\frac{b}{c}}\,y.$$

Nous avons supposé jusqu'ici que l'ellipsoïde est fixe. Supposons maintenant que cet ellipsoïde soit indéformable, mais mobile; les mêmes formules subsisteront encore pourvu que l'on considère le mouvement *relatif* du liquide par rapport à la croûte solide. Pour avoir le mouvement absolu, il faut y ajouter le mouvement d'entraînement qui se réduit à une rotation de la croûte solide et des axes mobiles. Soient p, q, r les projections de cette rotation *sur les axes mobiles;* on aura pour les vitesses absolues

$$(1)\quad \begin{cases} u = r_1\sqrt{\frac{b}{a}}\,y - q_1\sqrt{\frac{c}{a}}\,z + ry - qz, \\ v = p_1\sqrt{\frac{c}{b}}\,z - r_1\sqrt{\frac{a}{b}}\,x + pz - rx, \\ w = q_1\sqrt{\frac{a}{c}}\,x - p_1\sqrt{\frac{b}{c}}\,y + qx - py, \end{cases}$$

les axes, étant ceux de l'ellipsoïde, sont mobiles.

3. Il est aisé de calculer la force vive dans le mouvement relatif, on trouve

$$\frac{1}{2}(A_1 p_1^2 + B_1 q_1^2 + C_1 r_1^2),$$

avec

$$A_1 = \frac{4\pi d}{15}\,\frac{1}{\sqrt{abc}}\left(\frac{1}{b} + \frac{1}{c}\right)$$

et des expressions analogues pour B_1 et C_1; d est la densité du liquide.

De même, les trois composantes du moment de rotation dans le mouvement relatif sont

$$A'_1 p_1,\quad B'_1 q_1,\quad C'_1 r_1,$$

où

$$A'_1 = \frac{8\pi d}{15}\,\frac{1}{\sqrt{abc}}\,\frac{1}{\sqrt{bc}}.$$

On voit que si l'aplatissement est très petit, on a $A_1 = A'_1$ à des termes près de l'ordre du carré de l'aplatissement.

Quant à la force vive dans le mouvement d'entraînement, ce sera

$$\frac{1}{2}(Ap^2 + Bq^2 + Cr^2),$$

A, B, C étant les trois moments d'inertie du corps *complet* (croûte solide plus contenu liquide).

La force vive dans le mouvement absolu est alors

$$T = \frac{1}{2}\sum Ap^2 + \sum A'_1 pp_1 + \frac{1}{2}\sum A_1 p_1^2. \tag{2}$$

4. Les équations du mouvement peuvent se mettre sous une forme particulièrement simple. On peut les écrire

$$\frac{d}{dt}\frac{dT}{dp} + r\frac{dT}{dq} - q\frac{dT}{dr} = -L, \tag{3}$$

$$\frac{d}{dt}\frac{dT}{dp_1} - r_1\frac{dT}{dq_1} + q_1\frac{dT}{dr_1} = 0, \tag{4}$$

avec celles qu'on en déduit par symétrie; L, M, N sont les moments de la force extérieure. On remarquera que ces équations présentent une divergence au premier abord déconcertante.

Dans l'équation (3), le second terme est affecté du signe + et le troisième du signe —; c'est le contraire dans l'équation (4). Cela s'explique très aisément. La rotation p, q, r, c'est la rotation absolue de l'ellipsoïde; nous la projetons sur les trois axes de l'ellipsoïde qui sont des *axes mobiles*. Au contraire, la rotation p_1, q_1, r_1 est la rotation *relative* de la sphère S par rapport à l'ellipsoïde; nous la projetons encore sur les trois axes de l'ellipsoïde qui, en ce qui concerne cette rotation relative, sont des axes fixes.

Ces équations peuvent s'établir de bien des manières; j'en citerai deux: je m'appuierai d'abord sur un théorème que j'ai démontré dans les *Comptes rendus de l'Académie des Sciences*, t. **132**, p. 369. Voici ce théorème :

Soit un système mécanique défini par r variables x_i. Envisageons un groupe simplement transitif de transformations de Lie. Soit $X_1, X_2, \ldots, X_r$ *les r transformations infinitésimales de ce groupe, de telle sorte que* X_k *par exemple change x_i en une fonction des x différant très peu de x_i. Nous écrirons les* équations de structure *du groupe sous la forme*

$$X_i X_k - X_k X_i = \Sigma c_{iks} X_s,$$

les c sont des constantes, et le sens de ces notations est bien connu des personnes familières avec les travaux de Lie; si, par exemple, on a

$$X_i X_k - X_k X_i = 0,$$

cela veut dire que les deux transformations X_i *et* X_k *sont permutables.*

Cela posé, au bout du temps dt, les variables x_i se changent en $x_i + \frac{dx_i}{dt} dt$; ce qui revient à dire qu'elles subissent la transformation infinitésimale

$$dt(\eta_1 X_1 + \eta_2 X_2 + \ldots + \eta_r X_r).$$

Soient T l'énergie cinétique du système et U son énergie potentielle; T sera une fonction des x et des η et U une fonction des x. Donnons maintenant aux x_i des accroissements virtuels δx_i; cela revient à leur faire subir la transformation infinitésimale

$$\omega_1 X_1 + \omega_2 X_2 + \ldots + \omega_r X_r.$$

Supposons alors que les Ω_i soient définis par l'identité

$$\sum \left(\frac{dT}{dx} - \frac{dU}{dx} \right) \delta x = \Sigma \Omega_i \omega_i.$$

Ces notations étant définies, le théorème en question nous apprend que les équations du mouvement peuvent être mises sous la forme suivante (qui contient, comme cas particulier, les équations de Lagrange, ainsi que les équations d'Euler pour la rotation des corps solides) :

$$\frac{d}{dt} \frac{dT}{d\eta_s} = \sum c_{ski} \frac{dT}{d\eta_i} \eta_k + \Omega_s. \tag{5}$$

Cette formule s'applique immédiatement au cas qui nous occupe; nous avons six degrés de liberté; les six transformations infinitésimales possibles sont : 1° une rotation du corps complet autour de l'un des axes de l'ellipsoïde; 2° le mouvement simple du liquide correspondant à une rotation de la sphère S autour de l'un des axes de l'ellipsoïde, la croûte solide demeurant fixe. Soient X, Y, Z, X_1, Y_1, Z_1, ces six transformations. Les règles de la composition des rotations nous fournissent les équations de structure du groupe

$$\begin{aligned} XY - YX &= Z, & X_1 Y_1 - Y_1 X_1 &= -Z_1, \\ YZ - ZY &= X, & Y_1 Z_1 - Z_1 Y_1 &= -X_1, \\ ZX - XZ &= Y, & Z_1 X_1 - X_1 Z_1 &= -Y_1. \end{aligned}$$

D'autre part, une quelconque des transformations X, Y, Z est permutable avec une quelconque des transformations X_1, Y_1, Z_1; on voit donc que toutes les constantes c sont égales à 0, $+1$ ou -1.

Au bout du temps dt, la croûte solide a subi une rotation infiniment petite dont les composantes sont $p\,dt$, $q\,dt$, $r\,dt$; et la sphère S a subi, par rapport à la croûte solide, une rotation dont les composantes sont $p_1\,dt$, $q_1\,dt$, $r_1\,dt$, de sorte que nos variables ont subi la transformation infinitésimale

$$dt(pX + qY + rZ + p_1X_1 + q_1Y_1 + r_1Z_1),$$

ce qui montre que les η ne sont autre chose que p, q, r, p_1, q_1, r_1.

On voit que T ne dépend que des η, de sorte qu'on a

$$-\sum \frac{dU}{dx}\delta x = \sum \Omega\omega,$$

ce qui veut dire que $\Sigma\Omega\omega$ représentent le travail virtuel des forces extérieures pour un déplacement très petit du système; les trois premiers Ω sont donc les moments des forces extérieures; quant aux trois derniers ils sont nuls, puisque les transformations X_1, Y_1, Z_1 ne produisent aucun travail. L'application de la formule (5) nous conduit ainsi aux équations (3) et (4).

5. On peut arriver aux mêmes équations par une autre voie. L'équation (3) n'est autre chose que l'intégrale des aires; en effet, le moment de rotation a pour composantes (sur les trois axes mobiles)

$$\frac{dT}{dp}, \quad \frac{dT}{dq}, \quad \frac{dT}{dr},$$

et l'équation (3) exprime que la vitesse *absolue* de l'extrémité de ce vecteur est représentée en grandeur et direction par le moment des forces extérieures.

Quant à l'équation (4), c'est l'expression du théorème de Helmholtz sur les ourbillons. L'intégrale de Helmholtz

$$\int (u\,dx + v\,dy + w\,dz),$$

étendue à une section plane diamétrale quelconque de l'ellipsoïde, est à un facteur constant près

$$\frac{dT}{dp_1}\cos\alpha + \frac{dT}{dq_1}\cos\beta + \frac{dT}{dr_1}\cos\gamma,$$

α, β, γ représentant les cosinus directeurs du plan du grand cercle de la sphère S qui correspond à la section diamétrale considérée. Il suffit pour s'en assurer de se reporter aux équations (1) et (2). Le théorème de Helmholtz nous apprend donc que le vecteur $\frac{dT}{dp_1}$, $\frac{dT}{dq_1}$, $\frac{dT}{dr_1}$ est invariablement lié à la sphère S, ce qui s'exprime précisément par l'équation (4).

6. Si nous nous rappelons l'expression de T, nous pouvons écrire les équations (3) et (4) sous la forme

$$(6) \qquad A p' + A'_1 p'_1 + r(B q + B'_1 q_1) - q(C r + C'_1 r_1) = -L,$$
$$(7) \qquad A'_1 p' + A_1 p'_1 - r_1(B'_1 q + B_1 q_1) + q_1(C'_1 r + C_1 r_1) = 0,$$

avec celles qu'on en déduit par symétrie; p' et p'_1 sont les dérivées de p et p_1 par rapport au temps.

Une première conséquence de ces équations, c'est que si la croûte solide est maintenue fixe, le mouvement interne du liquide suivra les lois du mouvement à la Poinsot.

Si l'on suppose qu'il n'y a pas de forces extérieures

$$L = M = N = 0,$$

on trouve aisément les intégrales suivantes :

$$(8) \qquad T = \text{const.}, \qquad \sum\left(\frac{dT}{dp}\right)^2 = \text{const.}, \qquad \sum\left(\frac{dT}{dp_1}\right)^2 = \text{const.}$$

Si la capacité interne est supposée sphérique, on a

$$A_1 = A'_1 = B_1 = B'_1 = C_1 = C'_1;$$

on trouve alors, en retranchant les équations (6) et (7),

$$(A - A_1)p' + rq(B - C) = -L,$$

ce qui montre que le mouvement de la croûte solide est le même que si ses moments d'inertie étaient $A - A_1$, $B - A_1$, $C - A_1$, c'est-à-dire *si elle existait seule*.

7. Supposons maintenant que le corps soit de révolution; on aura

$$(9) \qquad A = B, \qquad A_1 = B_1, \qquad A'_1 = B'_1, \qquad C_1 = C'_1, \qquad N = 0$$

et nous aurons les équations

$$C r' + C_1 r'_1 + B'_1(q p_1 - p q_1) = 0,$$
$$C_1 r' + C_1 r'_1 + B'_1(q p_1 - p q_1) = 0$$

qu'on déduit de (6) et (7) par symétrie et, en tenant compte des relations (9), on en déduit aisément

$$r' = 0, \qquad r = \text{const.}$$

et

$$(10) \qquad C_1 r'_1 + B'_1(q p_1 - p q_1) = 0.$$

Si l'on suppose de plus $L = M = 0$, on pourra achever l'intégration par quadratures.

Les équations (8) nous donneront

$$p^2 + q^2, \quad p_1^2 + q_1^2, \quad pp_1 + qq_1, \quad (qp_1 - pq_1)^2$$

sous la forme de polynomes du deuxième et du quatrième degré en r_1, en nous rappelant que r est une constante. L'équation (10) nous donne alors r_1 en fonction elliptique du temps. On montrerait enfin que, par exemple, la dérivée par rapport au temps de

$$\operatorname{arc\,tg} \frac{A p + A'_1 p_1}{A q + A'_1 q_1}$$

est une fonction connue du temps.

8. Le cas qui nous intéresse est celui où p, q, p_1, q_1 sont très petits du premier ordre. La relation (10) nous apprend alors que r_1 est très petit du deuxième ordre et peut être négligé. Nous poserons

$$-L = K \cos kt, \qquad -M = -K \sin kt, \qquad N = 0.$$

Voici ce qui nous y autorise : L et M sont des fonctions périodiques du temps développables en séries de Fourier; nous considérerons seulement l'un des termes; si maintenant nous attribuons au sinus et au cosinus le même coefficient, c'est qu'on peut toujous écrire

$$C \cos kt = A \cos kt \quad + A' \cos(-kt);$$
$$D \sin kt = A \sin(kt) + A' \sin(-kt)$$

en posant

$$C = A + A', \qquad D = A - A'.$$

Nos équations, en négligeant r_1 et tenant compte de (9), deviennent

$$\begin{aligned}
&A p' + A'_1 p'_1 + r(A q + A'_1 q_1) - q C r = K \cos kt,\\
&A q' + A'_1 q'_1 - r(A p + A'_1 p_1) + p C r = -K \sin kt,\\
&A'_1 p' + A_1 p'_1 + q_1 C_1 r = 0,\\
&A'_1 q' + A_1 q'_1 - p_1 C_1 r = 0.
\end{aligned}$$

Nous y satisferons en posant

$$p = \alpha \sin kt, \qquad q = \alpha \cos kt, \qquad p_1 = \alpha_1 \sin kt, \qquad q_1 = \alpha_1 \cos kt,$$

ce qui donnera

$$(11) \qquad \left\{ \begin{aligned} &(A\alpha + A'_1 \alpha_1)(k + r) - \alpha C r = K,\\ &\quad (A'_1 \alpha + A_1 \alpha_1) k + C_1 \alpha_1 r = 0. \end{aligned} \right.$$

9. Pour discuter les équations (11) nous supposerons l'aplatissement très petit, ce qui nous permettra, comme nous l'avons expliqué plus haut, de supposer $A_1 = A'_1$. De plus, nous supposerons que les deux ellipsoïdes externe et interne sont sensiblement semblables, ce que nous exprimerons en écrivant

$$\frac{A}{C} = \frac{A_1}{C_1}$$

ou

$$\frac{C - A}{A} = \frac{C_1 - A_1}{A_1} = \varepsilon,$$

ε étant de l'ordre de l'aplatissement. Nous poserons alors

$$A = 1, \qquad A_1 = \lambda, \qquad C = 1 + \varepsilon, \qquad C_1 = \lambda(1 + \varepsilon), \qquad \lambda\alpha_1 = \beta,$$

ce qui est permis en choisissant les unités. Alors pour un corps solide on aurait $\lambda = 0$ et, pour un liquide recouvert d'une croûte très mince, $\lambda = 1$; les équations (11) deviennent alors

$$(12) \qquad \begin{cases} \alpha(k - \varepsilon r) + \beta(k + r) = K, \\ \alpha\lambda k + \beta(k + r + \varepsilon r) = 0; \end{cases}$$

d'où

$$\alpha\Delta = K(k + r + \varepsilon r),$$

$\Delta = (k - \varepsilon r)(k + r + \varepsilon r) - \lambda k(k + r)$ étant le déterminant des équations (12). Il s'agit de savoir comment l'amplitude α de la nutation varie en fonction de λ (c'est-à-dire comment elle dépend de l'épaisseur de la croûte solide).

Comme $k + r + \varepsilon r$ ne dépend pas de λ, on voit que α est en raison inverse de Δ.

Soit N le nombre de jours de la période de la nutation considérée, on aura

$$\frac{k + r}{1} = \frac{r}{-N} = \frac{k}{N + 1}.$$

Donc Δ est proportionnel à $(N + 1 + \varepsilon N)(1 - \varepsilon N) - \lambda(N + 1)$, ou, puisque εN est négligeable devant $N + 1$, à $(N + 1)(1 - \varepsilon N - \lambda)$ ou à $1 - \varepsilon N - \lambda$. Si donc nous désignons par α_0 l'amplitude de la nutation pour un corps solide, c'est-à-dire pour $\lambda = 0$, nous aurons

$$\frac{\alpha}{\alpha_0} = \frac{\varepsilon N - 1}{\varepsilon N - 1 + \lambda}.$$

On voit que si εN est très grand, c'est-à-dire si le nombre de jours de la nutation est très grand par rapport à l'inverse de l'aplatissement, le rapport $\frac{\alpha}{\alpha_0}$

est sensiblement égal à 1, de sorte que la nutation diffère peu de sa valeur théorique, mais qu'il n'en est pas ainsi pour les nutations courtes, comme les nutations semi-annuelle et semi-mensuelle, à tel point qu'elles peuvent changer de signe et deviennent infinies pour une certaine valeur de l'épaisseur, celle pour laquelle on a

$$\varepsilon N = 1 - \lambda.$$

Les conclusions générales de lord Kelvin se trouvent donc vérifiées; cependant les valeurs numériques obtenues ne sont pas les mêmes; je lui ai autrefois écrit à ce sujet et il m'a répondu que cette rectification lui avait déjà été signalée par un savant irlandais; j'ignore si ce savant a publié quelque chose à ce sujet.

On peut également se demander quelle est la période de la nutation propre du système; elle correspond au cas où Δ s'annule, ce qui donne

$$N = \frac{1-\lambda}{\varepsilon}.$$

Ce serait une période plus courte que celle d'Euler; on sait que la période de Chandler, donnée par l'observation, est au contraire plus longue.

II. — Liquide homogène.

10. Après avoir exposé les résultats qui précèdent, lord Kelvin se demande quelle serait la précession d'une masse liquide libre et il annonce qu'elle doit se comporter comme un corps solide :

« Although, dit-il, the full problem has not yet been coherently worked out: I think I see far enough towards a complete solution to say that precession and nutation will be practically the same as in a solid globe. »

Nous allons voir que ces prévisions sont parfaitement justifiées.

Nous supposerons d'abord que le liquide est *homogène :*

Soient x_0, y_0, z_0 les coordonnées initiales d'une de ses molécules; x, y, z ses coordonnées actuelles; si le mouvement est simple, ce que, comme nous le verrons, il nous est permis de supposer, x, y, z sont des fonctions linéaires de x_0, y_0, z_0 et nous pouvons écrire :

$$(1)\qquad \begin{cases} x = \alpha_1 x_0 + \beta_1 y_0 + \gamma_1 z_0, \\ y = \alpha_2 x_0 + \beta_2 y_0 + \gamma_2 z_0, \\ z = \alpha_3 x_0 + \beta_3 y_0 + \gamma_3 z_0, \end{cases}$$

les α, β, γ étant des fonctions du temps. Le liquide étant incompressible, le déterminant Δ de ces neuf coefficients est égal à 1.

Nous supposerons que la surface libre initiale du liquide a la forme d'un ellipsoïde; le mouvement étant simple, cette surface libre conservera toujours la forme d'un ellipsoïde. Rien ne nous force à considérer comme situation *initiale* une situation qui ait été à un moment quelconque effectivement réalisée; nous pouvons choisir une situation initiale idéale d'où l'on puisse passer à la situation actuelle par un mouvement simple, mais d'ailleurs quelconque. Nous pourrons donc supposer que la surface libre initiale a pour équation

$$x_0^2 + y_0^2 + z_0^2 = 1.$$

Mais comme les molécules qui sont initialement à la surface restent à la surface, l'équation de la surface libre sera toujours

$$\Sigma x_0^2 = 1.$$

Les équations de l'Hydrodynamique nous donnent

$$\sum x'' \, dx = \frac{dp}{\rho} - dV,$$

où $x'' = \alpha_1'' x_0 + \beta_1'' y_0 + \gamma_1'' z_0$ est la dérivée seconde de x par rapport au temps; où p est la pression, ρ la densité du liquide et V le potentiel. Le liquide étant homogène, nous pouvons prendre $\rho = 1$; quand au potentiel, il se compose de deux parties : le potentiel intérieur V_i dû à l'attraction du liquide sur lui-même; le potentiel extérieur V_e dû à l'action des astres troublants. Nous pourrons donc finalement écrire l'équation sous la forme

$$\Sigma x'' \, dx = dp - dV_i - dV_e. \tag{2}$$

11. Pour justifier nos hypothèses nous devons montrer que les deux membres peuvent être égalés à la différentielle d'un polynome du second degré.

Le premier membre doit être une différentielle exacte, et ce ne peut être que celle d'un polynome du deuxième degré si, le mouvement étant simple, x'' et x sont des polynomes du premier degré; passons au deuxième membre :

1° V_i sera un polynome du deuxième degré, si la surface libre est un ellipsoïde, puisque le potentiel dû à l'attraction d'un ellipsoïde est un polynome du deuxième degré *à l'intérieur de cet ellipsoïde;*

2° V_e sera un polynome du deuxième degré; en effet, V_e peut être développé suivant les puissances de x, y, z; les termes de degré 0 et 1 doivent être laissés de côté dans l'étude du mouvement d'un corps autour de son centre de gravité; les termes de degré supérieur à 2 doivent être négligés comme très petits; il restera donc les termes de degré 2;

3° Quant à la pression P, elle n'est assujettie qu'à une condition, celle d'être constante à la surface libre. Cette surface libre étant un ellipsoïde $\psi = 1$, il suffira de prendre y proportionnel à ψ pour satisfaire à cette condition et pour qu'en même temps, comme il convient, p soit un polynome du deuxième degré. Nos hypothèses se trouvent ainsi justifiées.

12. Soit $\psi = 1$ l'équation de la surface libre, que nous supposerons peu différente d'une sphère.

En prenant pour un instant pour axes ceux de l'ellipsoïde, je puis écrire

$$\psi = (1 + a)x^2 + (1 + b)y^2 + (1 + c)z^2,$$

a, b et c étant très petits et assujettis à la condition d'incompressibilité

$$a + b + c = 0.$$

D'après la théorie de l'attraction des ellipsoïdes, nous pouvons écrire

$$V_i = (1 + k'a)x^2 + (1 + k'b)y^2 + (1 + k'c)z^2,$$

où $k' = \frac{3}{5}$; nous supposons les unités choisies de telle sorte que pour la sphère on ait $V_i = \Sigma x^2$.

Comme, d'autre part, $\psi = \Sigma x_0^2$, nous aurons

$$V_i = k'\Sigma x_0^2 + (1 - k')\Sigma x^2 \tag{3}$$

et cette formule sera indépendante du choix des axes. Nous supposerons, d'autre part

$$p = \lambda'\Sigma x_0^2 + \text{const.}$$

et nous substituerons ces valeurs de p et de V_i dans l'équation (2), où nous supposerons d'abord $V_e = 0$. En identifiant les coefficients de $x_0\,dx_0$, $y_0\,dx_0$, $x_0\,dy_0$, on trouve

$$\Sigma\alpha\alpha'' = k\Sigma\alpha^2 + \lambda, \tag{4}$$

$$\Sigma\alpha''\beta = \Sigma\alpha\beta'' = k\Sigma\alpha\beta \tag{5}$$

en posant pour abréger

$$\lambda = 2\lambda' - 2k', \qquad k = 2(k' - 1) = -\frac{4}{5}.$$

Si l'on tenait compte de V_e, on aurait

$$\Sigma\alpha\alpha'' = k\,\Sigma\alpha^2 + \lambda - \frac{d^2 V_e}{dx_0^2}, \tag{6}$$

$$\Sigma\alpha''\beta = \Sigma\alpha\beta'' = k\,\Sigma\alpha\beta - \frac{d^2 V_e}{dx_0\, dy_0}. \tag{7}$$

A ces équations il faudrait, bien entendu, adjoindre celles qu'on peut déduire par symétrie. On y voit figurer des sommes telles que $\Sigma\alpha''\beta$ qui signifient, bien entendu,

$$\Sigma\alpha''\beta = \alpha''_1\beta_1 + \alpha''_2\beta_2 + \alpha''_3\beta_3;$$

mais nous aurons bientôt à envisager d'autres sommes analogues où la sommation se fait d'une manière différente; telle sera, par exemple,

$$\alpha''_1\alpha_2 + \beta''_1\beta_2 + \gamma''_1\gamma_2$$

que j'écrirai $\Sigma\alpha''_1\alpha_2$, où je mettrai les indices en évidence, de sorte que toute confusion deviendra impossible.

13. Ces équations admettent des intégrales particulières; si nous supposons $V_e = 0$, nous aurons l'intégrale des forces vives et celle des aires. Cette dernière peut s'écrire

$$\Sigma\, m(x'y - xy') = \text{const.},$$

m étant la masse d'une molécule; en y remplaçant x, y, z par leurs valeurs (1), cela peut s'écrire

$$(\alpha'_1\alpha_2 - \alpha'_2\alpha_1)\Sigma\, m x_0^2 + (\alpha'_1\beta_2 - \beta'_2\alpha_1 + \alpha_2\beta'_1 - \alpha'_2\beta_1)\Sigma\, m x_0 y_0 + \ldots = \text{const.}$$

Mais la figure initiale est une sphère $\Sigma x_0^2 = 1$; on aura donc

$$\Sigma\, m x_0^2 = \Sigma\, m y_0^2 = \Sigma\, m z_0^2, \qquad \Sigma\, m x_0 y_0 = \Sigma\, m x_0 z_0 = \Sigma\, m y_0 z_0 = 0.$$

L'équation des aires se réduit donc à

$$\Sigma(\alpha'_1\alpha_2 - \alpha'_2\alpha_1) = \text{const.}, \tag{8}$$

la sommation ayant le sens qui a été expliqué à la fin du numéro précédent. Supposons maintenant qu'on tienne compte de V_e. Le premier membre de (8) représente à un facteur numérique près la constante des aires; la dérivée de ce premier membre sera donc égale à ce facteur numérique près au moment de la force extérieure.

Le théorème de Helmholtz nous apprend ensuite que l'intégrale

$$\int x'\, dx + y'\, dy + z'\, dz$$

prise le long d'un contour fermé est constante; or cette intégrale est égale à

$$\Sigma\alpha'\alpha \int x_0\, dx_0 + \Sigma\alpha'\beta \int x_0\, dy_0 + \Sigma\alpha\beta' \int y_0\, dx_0 + \ldots$$

Si l'on observe que la courbe étant fermée on a

$$\int x_0\, dx_0 = \int (x_0\, dy_0 + y_0\, dx_0) = 0,$$

on voit que le théorème de Helmholtz entraîne l'équation

$$(9) \qquad \Sigma(\alpha'\beta - \alpha\beta') = \text{const.}$$

et celles qu'on en déduit par symétrie.

L'équation (9) est vraie que V_e soit nul ou non.

Il faudrait des calculs compliqués pour déduire (8) de (4) et (5); il n'en est pas de même de (9) qui résulte immédiatement de l'intégration de

$$\Sigma\alpha\beta'' = \Sigma\alpha''\beta.$$

14. Les équations (4) et (5) admettent une solution particulière simple; il suffit de poser

$$(10) \qquad \left\{ \begin{array}{lll} \alpha_1 = \rho\cos\omega t, & \alpha_2 = -\rho\sin\omega t, & \alpha_3 = 0, \\ \beta_1 = \rho\sin\omega t, & \beta_2 = \rho\cos\omega t, & \beta_3 = 0, \\ \gamma_1 = 0, & \gamma_2 = 0, & \gamma_3 = 0, \end{array} \right.$$

d'où

$$\rho^2(\omega^2 + k) + \lambda = kc^2 + \lambda = 0; \qquad k = \frac{\omega^2\rho^2}{c^2 - \rho^2}.$$

On aura, d'autre part, la relation d'incompressibilité $\Delta = 1$ qui s'écrira

$$\rho^2 c = 1.$$

Cette solution s'applique au cas où la masse liquide prend une vitesse de rotation uniforme et subit un aplatissement; les deux axes de l'ellipsoïde sont ρ et c.

15. Les solutions que nous aurons à envisager sont celles qui s'éloignent peu de la solution (10), soit que nous fassions $V_e = 0$, soit que nous envisagions les équations (6) et (7), lesquelles admettront des solutions très peu différentes de (10) parce que nous supposons V_e très petit; nous allons appliquer la méthode des *équations aux variations*, c'est-à-dire que nous allons remplacer α_1, α_2, α_3, ... par

$$\alpha_1 + \delta\alpha_1 = \rho\cos\omega t + \delta\alpha_1, \qquad \alpha_2 + \delta\alpha_2 = -\rho\sin\omega t + \delta\alpha_2,$$
$$\alpha_3 + \delta\alpha_3 = \delta\alpha_3, \qquad \ldots,$$

et négliger les carrés des variations $\delta\alpha_1$, ... ; nous obtiendrons ainsi des équations différentielles linéaires pour ces variations $\delta\alpha_i$; ces équations seront dépourvues de deuxième membre, si nous faisons $V_e = 0$, elles en posséderont un si nous partons des équations (6) et (7).

Le point remarquable, c'est que ces équations linéaires se répartiront en deux groupes distincts.

Les équations déduites de $\Delta = 1$ et des équations (4) et (5) en $\alpha\alpha''$, $\alpha''\beta$, $\alpha\beta''$, $\beta\beta''$ et $\gamma\gamma''$ ne contiendront d'autres inconnues que

$$\delta\alpha_1, \quad \delta\alpha_2, \quad \delta\beta_1, \quad \delta\beta_2, \quad \delta\gamma_3, \quad \delta\lambda.$$

Au contraire, les équations déduites des équations (4) et (5) en $\alpha\gamma''$, $\alpha''\gamma$, $\beta\gamma''$, $\beta''\gamma$ ne contiendront d'autres inconnues que

$$\delta\alpha_3, \quad \delta\beta_3, \quad \delta\gamma_1, \quad \delta\gamma_2.$$

Celles du premier groupe correspondent, dans le cas de $V_e = 0$, à la solution qui correspond à une vitesse de rotation uniforme peu différente de ω, et aux oscillations propres du liquide dans lesquelles le plan des xy reste un plan de symétrie. Dans le cas où V_e n'est pas nul, elles nous font connaître les marées du liquide sous l'influence du corps troublant.

Ce sont celles du deuxième groupe qui nous font connaître les phénomènes de nutation et qu'il convient d'envisager.

16. Cherchons donc à former les équations du deuxième groupe; nous trouverons

$$\delta\Sigma\alpha\gamma = \Sigma\alpha\delta\gamma + \Sigma\gamma\delta\alpha,$$

et, par exemple,

$$\Sigma\alpha\delta\gamma = \alpha_1\,\delta\gamma_1 + \alpha_2\,\delta\gamma_2 + \alpha_3\,\delta\gamma_3 = \rho\cos\omega t\,\delta\gamma_1 - \rho\sin\omega t\,\delta\gamma_2,$$

et, en continuant le calcul de la même façon, on aurait

$$\delta\Sigma\alpha\gamma + i\,\delta\Sigma\beta\gamma = \rho\, e^{i\omega t}\xi + c\eta,$$

en posant

$$\delta\gamma_1 + i\,\delta\gamma_2 = \xi, \qquad \delta\alpha_3 + i\,\delta\beta_3 = \eta,$$

(de façon à n'avoir plus que deux inconnues ξ et η dont les parties réelles et imaginaires sont nos anciennes inconnues $\delta\gamma$ et $\delta\alpha$), on trouverait de même

$$\delta\Sigma\alpha''\gamma + i\,\delta\Sigma\beta''\gamma = -\,\omega^2\rho\, e^{i\omega t}\xi + c\eta'',$$
$$\delta\Sigma\alpha\gamma'' + i\,\delta\Sigma\beta\gamma'' = \rho\, e^{i\omega t}\xi''.$$

Or des équations (4) et (5) on peut déduire comme équations aux variations

$$\delta\Sigma\alpha\gamma'' + i\,\delta\Sigma\beta\gamma'' = \delta\Sigma\alpha''\gamma + i\,\delta\Sigma\beta''\gamma = k(\delta\Sigma\alpha\gamma + i\delta\Sigma\beta\gamma)$$

ou

(11) $$\rho\, e^{i\omega t}\xi'' = -\,\omega^2\rho\, e^{i\omega t}\xi + c\eta'' = k(\rho\, e^{i\omega t}\xi + c\eta).$$

On trouve aussi l'équation de Helmholtz qu'on peut déduire par variation de (9) et des équations qu'on en tire par symétrie, ce qui donne

(12) $$\rho\, e^{i\omega t}\xi' - i\omega\rho\, e^{i\omega t}\xi - c\eta' = \text{const.}$$

et l'équation des aires qu'on peut déduire par variation de (9) (et des équations qu'on en tire par symétrie) et qui s'écrit

(13) $$\rho\, e^{-i\omega t}(\eta' + i\omega\eta) - c\xi' = \text{const.}$$

La différentiation de (13) donnerait

(14) $$\rho\, e^{-i\omega t}(\eta'' + \omega^2\eta) - c\xi'' = 0.$$

Si dans (14) nous remplaçons ξ'' et η'' par leurs valeurs tirées de (11), cette équation devient une identité en tenant compte de $k(c^2 - \rho^2) = \omega^2\rho^2$.

Si l'on tient compte maintenant de V_e, il faut ajouter au dernier membre de (11)

$$-\left(\frac{d^2 V_e}{dx_0\, dz_0} + i\frac{d^2 V_e}{dy_0\, dz_0}\right).$$

Mais V_e étant très petit, nous pouvons dans ces termes correctifs faire

$$\rho = c = 1, \qquad \delta\alpha = \delta\beta = \delta\gamma = 0;$$

d'où

$$x = x_0 \cos\omega t + y_0 \sin\omega t, \qquad y = -\,x_0 \sin\omega t + y_0 \cos\omega t, \qquad z = z_0$$

d'où enfin

$$\frac{dF}{dx_0} + i\frac{dF}{dy_0} = \left(\frac{dF}{dx} + i\frac{dF}{dy}\right)e^{i\omega t},$$

de sorte que le terme à ajouter au dernier membre de (11) est

(15) $$-\left(\frac{d^2 V_e}{dx\, dz} + i\frac{d^2 V_e}{dy\, dz}\right)e^{i\omega t}.$$

Si le liquide se déplace comme un corps solide, Σx^2 devra être indépendant du temps, égal par conséquent à sa valeur dans la solution (10), c'est-à-dire qu'on aura $\Sigma x^2 = \rho^2(x_0^2 + y_0^2) + c^2 z_0^2$; on déduit de là

$$\Sigma\alpha\gamma = \Sigma\beta\gamma = 0,$$

ou

$$\delta\Sigma\alpha\gamma + i\,\delta\Sigma\beta\gamma = 0,$$

ou

(16) $$\rho\, e^{i\omega t}\xi + c\eta = 0.$$

17. Le potentiel V_e est une fonction connue des coordonnées du point attiré x, y, z et du temps, puisque les coordonnées de l'astre troublant sont connues en fonctions du temps. L'expression (15) est donc une fonction connue du temps; elle peut être développée en série de Fourier, les périodes des différents termes de

(17) $$\frac{d^2V_e}{dx\,dz} + i\frac{d^2V_e}{dy\,dz}$$

sont relativement longues puisque ce sont celles des diverses nutations. Si donc je désigne par $A\,e^{i\varepsilon t}$ un des termes du développement de (17) et, par conséquent par $-A\,e^{i(\omega+\varepsilon)t}$ le terme correspondant du développement de (15), ε sera petit par rapport à ω.

Je puis isoler ce terme, et les équations (11) deviennent alors

(18) $$\begin{cases} k(\rho\, e^{i\omega t}\xi + c\eta) - \rho\, e^{i\omega t}\xi'' = A\, e^{i(\omega+\varepsilon)t}, \\ \omega^2\rho\, e^{i\omega t}\xi - c\eta'' + \rho\, e^{i\omega t}\xi'' = 0. \end{cases}$$

Nous y satisferons en posant

$$\rho\xi = a\, e^{i\varepsilon t}, \qquad c\eta = b\, e^{i(\omega+\varepsilon)t},$$

ce qui donnera

(19) $$\begin{cases} a(k+\varepsilon^2) + bk = A \\ a(\omega^2 - \varepsilon^2) + b(\omega+\varepsilon)^2 = 0. \end{cases}$$

Le déterminant des équations (19) est

$$\Delta = (2k + \varepsilon\omega + \varepsilon^2)\varepsilon(\omega+\varepsilon).$$

Pour obtenir les oscillations *propres* du système, il faut faire $A = 0$ et résoudre par rapport à ε, a et b. On aura donc $\Delta = 0$, ce qui conduit aux solutions suivantes :

1° $\varepsilon = 0$, ce qui correspond à une rotation uniforme de vitesse angulaire ω autour d'un axe très peu différent de l'axe des z;

2° $\omega + \varepsilon = 0$, ce qui correspond à l'hypothèse suivante : supposons qu'avant d'imprimer au liquide une rotation uniforme autour de l'axe des z, nous déplaçions les molécules de très petites quantités à l'intérieur du liquide, *sans altérer sa forme extérieure;* nous aurons une solution très peu différente de la solution (10), correspondant à la même rotation tant en grandeur qu'en direction, au même aplatissement, à la même orientation des axes de l'ellipsoïde, et qui ne se distingue en un mot de la solution (10) que parce que certaines molécules se sont échangées avec d'autres;

3° $2k + \varepsilon\omega + \varepsilon^2 = 0$, ce qui correspond à des oscillations propres de période très courte, un peu plus d'une heure.

Si nous voulons maintenant tenir compte de l'action de l'astre troublant, nous ne ferons plus $A = 0$, et il viendra

$$a = \frac{A(\omega + \varepsilon)^2}{\Delta} = \frac{A(\omega + \varepsilon)}{\varepsilon(2k + \varepsilon\omega + \varepsilon^2)},$$

$$b = -\frac{A(\omega^2 - \varepsilon^2)}{\Delta} = -\frac{A(\omega - \varepsilon)}{\varepsilon(2k + \varepsilon\omega + \varepsilon^2)}.$$

D'après nos hypothèses, ε est très petit par rapport à ω, et $\frac{\omega^2}{k}$ est de l'ordre de l'aplatissement; nous pouvons donc négliger ε devant ω et $\varepsilon\omega + \varepsilon^2$ devant $2k$, ce qui donne

$$a = \frac{A\omega}{2k\varepsilon}, \qquad b = -\frac{A\omega}{2k\varepsilon};$$

d'où

$$a + b = 0.$$

Mais cette relation $a + b = 0$ est équivalente à la relation (16); elle signifie donc que le liquide se comporte comme un corps solide.

18. Ce résultat peut être présenté sous une autre forme. Écrivons l'équation des aires, qui n'est autre chose que l'équation (13) quand $V_e = 0$. Si V_e n'est pas nul, nous devrons écrire que la dérivée de la constante des aires est égale au moment de la force extérieure. Or le premier membre de (13) a la signification suivante : c'est à un facteur numérique près la constante des aires relative au plan des xz, plus $\sqrt{-1}$ multiplié par la constante des aires relative au plan des yz. Donc la dérivée de ce premier membre, c'est-à-dire le premier membre de (14), doit être égale à $M + iL$, L et M étant, à un facteur numérique près, les moments de la force extérieure par rapport aux axes des x et des y. On aura donc

$$\rho e^{-i\omega t}(\eta'' + \omega^2 \eta) - c\xi'' = M + iN. \tag{14 bis}$$

Le deuxième membre peut être développé en série de Fourier; soit $B e^{i\varepsilon t}$ un de ses termes; nous isolerons ce terme et nous écrirons

$$\rho e^{-i\omega t}(\eta'' + \omega^2 \eta) - c\xi'' = B e^{i\varepsilon t}. \tag{14 ter}$$

Cette équation est vraie tant pour un corps solide que pour un liquide. Dans le cas d'un liquide, cette équation doit être complétée par l'équation de Helmholtz, c'est-à-dire par la deuxième équation (18) et dans le cas d'un solide par l'équation (16). On trouve ainsi

$$\frac{\rho b}{c}[\omega^2 - (\omega + \varepsilon)^2] + \frac{ca}{\rho}\varepsilon^2 = B \quad \text{(solide ou liquide)},$$
$$a(\omega - \varepsilon) + b(\omega + \varepsilon) = 0 \quad \text{(liquide)},$$
$$a + b = 0 \quad \text{(solide)}.$$

On voit que pour ε très petit par rapport à ω les deux dernières équations concordent, de sorte que les deux corps, solide ou liquide, se comporteront sensiblement de la même manière. Cette analyse des mouvements d'un liquide homogène doit être rapprochée de celle que j'ai faite dans le tome VII des *Acta mathematica* pages 347 et suivantes; là on voit déjà à l'endroit cité que les oscillations d'un ellipsoïde peuvent être réparties en groupes susceptibles d'être étudiés séparément; dans chacun de ces groupes n'interviennent que des fonctions de Lamé d'un ordre déterminé. Les mouvements que nous avons considérés ici correspondent aux fonctions de Lamé du premier ordre.

III. — Rigidité gyrostatique.

1. Examinons maintenant ce qui se passe dans le cas d'un liquide hétérogène. Les équations de l'Hydrodynamique nous donnent encore comme au paragraphe II,

$$\Sigma x'' dx = \frac{dp}{D} - dV_i - dV_e. \tag{1}$$

Je désigne par D la densité du liquide que je n'ai plus le droit de prendre pour unité puisque le liquide est hétérogène. Une solution particulière est celle où le liquide soustrait à toute action extérieure est animé d'une vitesse de rotation uniforme ω autour de l'axe des z. Dans ce cas on a $V_e = 0$; nous affecterons de l'indice 1 les lettres relatives à cette solution et nous écrirons

$$(2) \qquad \Sigma x_1'' \, dx_1 = \frac{dp_1}{D} - dV_{1,i}.$$

D seul n'ayant pas changé. Comparons maintenant à un liquide homogène soumis aux mêmes actions extérieures, et affectons de l'indice 2 les lettres correspondantes; nous aurons

$$(3) \qquad \Sigma x_2'' \, dx_2 = dp_2 - dV_{2i} - dV_e.$$

D est devenu égal à 1 et V_e par hypothèse est le même que dans le premier cas. Considérons enfin le cas d'un liquide homogène soustrait à toute action extérieure et animé d'une rotation uniforme; nous aurons, en affectant les lettres de l'indice 3,

$$(4) \qquad \Sigma x_3'' \, dx_3 = dp_3 - dV_{3i}.$$

Nous avons vu au paragraphe II que, si *la nutation est de période longue*, le liquide homogène se comportera sensiblement comme un solide; il en résulte que le potentiel V_i sera le même dans les deux cas (pour une même molécule x_0, y_0, z_0); en effet ce potentiel est dû à l'attraction de l'ellipsoïde, et cet ellipsoïde s'est déplacé sans se déformer et en entraînant dans son mouvement le point attiré x_0, y_0, z_0; on aura donc

$$V_{2i} = V_{3i};$$

on a également

$$p_2 = p_3$$

(la valeur des constantes λ et λ′ du paragraphe II étant les memes dans les deux cas). Il reste donc, en retranchant (3) de (4),

$$(5) \qquad dV_e = \Sigma x_3'' \, dx_3 - \Sigma x_2'' \, dx_2.$$

Observons encore que le mouvement du liquide hétérogène dans le cas de l'équation (2) est le même que celui du liquide homogène dans le cas de l'équation (4), de sorte qu'on a

$$x_1 = x_3, \qquad x_1'' = x_3'', \qquad \Sigma x_1'' \, dx_1 = \Sigma x_3'' \, dx_3.$$

Je dis maintenant qu'on pourra satisfaire à l'équation (1), en supposant que le liquide hétérogène se déplace d'après les mêmes lois que le liquide homogène dans le cas de l'équation (3), c'est-à-dire de telle façon que $x = x_2$, ce qui entraîne

$$x'' = x_2'', \qquad \Sigma x'' \, dx = \Sigma x_2'' \, dx_2.$$

La condition nécessaire et suffisante pour que cette solution soit acceptable, c'est qu'elle conduise pour dp à une expression qui soit la différentielle exacte d'une fonction qui s'annule sur la surface libre.

Si l'on a $x = x_2$, le liquide se comporte sensiblement comme un corps solide et l'on peut, en répétant le raisonnement qui nous a fait voir que $V_{2,i} = V_{3,i}$, montrer que

$$V_i = V_{1,i}.$$

Dans ces conditions, les équations (1) et (2) deviennent

$$\Sigma x''_2\, dx_2 = \frac{dp}{D} - dV_i - dV_e, \tag{1 bis}$$

$$\Sigma x''_3\, dx_3 = \frac{dp_1}{D} - dV_i, \tag{2 bis}$$

en les retranchant et en tenant compte de (5), on trouve

$$dp = dp_1,$$

ce qui montre que dp est la différentielle exacte de la fonction p_1 qui s'annule à la surface libre. C. Q. F. D.

Ainsi, *aussi bien pour un liquide hétérogène* libre *que pour un liquide homogène* libre, *la précession et les nutations seront les mêmes que pour un corps solide.*

2. Ce qui précède rentre évidemment dans un fait très général connu sous le nom de *rigidité gyrostatique*, et l'on peut alors se demander pourquoi le même raisonnement n'est pas applicable au cas traité dans le paragraphe I, cas dans lequel nous avons obtenu des résultats absolument différents. En réalité, il reste applicable, mais il y a une différence importante. Rappelons la formule du dernier numéro du paragraphe I :

$$\frac{\alpha}{\alpha_0} = \frac{\varepsilon N - 1}{\varepsilon N - 1 + \lambda}.$$

Lorsque N tend vers l'infini, le rapport $\frac{\alpha}{\alpha_0}$ tend vers 1, c'est-à-dire que le corps envisagé tend à se comporter comme un corps solide : seulement, ce qui figure dans la formule, ce n'est pas N, c'est εN, et N peut être très grand sans que εN le soit; si εN est très grand, c'est-à-dire si la période de la nutation exprimée en jours est très grande, non seulement d'une manière absolue, mais par rapport à l'inverse de l'aplatissement, la rigidité gyrostatique aura son plein effet, et la nutation sera la même que pour un corps solide. Mais il n'en sera plus ainsi si εN est fini. C'est ce qu'avait déjà expliqué lord Kelvin, mais il est nécessaire d'entrer dans plus de détails.

3. Quelle est l'origine de la rigidité gyrostatique; cette rigidité n'est autre chose qu'un cas particulier d'un phénomène beaucoup plus général, la résonance.

Envisageons un système quelconque en équilibre absolu ou relatif et étudions ses petits mouvements dans le voisinage de sa position d'équilibre. Ces petits mouvements pourront être définis par des équations linéaires; et si $x, y, z, \ldots$ représentent les coordonnées du système (qui s'annulent dans la position d'équilibre), on aura des équations de la forme

$$D(x, y, z, \ldots) = \Sigma A\, e^{i\varepsilon t},$$

D est une expression linéaire à coefficients constants par rapport à $x, y, z, \ldots$ et à leurs dérivées; $\Sigma A\, e^{i\varepsilon t}$ représente l'ensemble des termes dus aux forces perturbatrices extérieures et qui seront développables en série de Fourier. Nous envisagerons en particulier les équations sans second membre

$$D(x, y, z, \ldots) = 0, \tag{6}$$

qui définissent les oscillations propres du système et les équations

$$D(x, y, z, \ldots) = A\, e^{i\varepsilon t}, \tag{7}$$

qui représentent l'effet de l'une des composantes des forces perturbatrices.

On satisfera à l'équation (7) en posant

$$x = a\, e^{i\varepsilon t}, \quad y = b\, e^{i\varepsilon t}, \quad z = c\, e^{i\varepsilon t}, \quad \ldots, \tag{8}$$

On verra que $a, b, c, \ldots$ sont donnés par des équations du premier degré dont les coefficients dépendent de ε, et l'on aura

$$a = \frac{P_1(\varepsilon)}{\Delta}, \qquad b = \frac{P_2(\varepsilon)}{\Delta}, \qquad \ldots,$$

Δ est un polynome entier en ε, indépendant des coefficients A : c'est le déterminant des équations du premier degré; P_1, P_2 sont des polynomes entiers en ε, linéaires par rapport aux A. Les zéros du polynome Δ, que j'appelle $\varepsilon_1, \varepsilon_2, \ldots$, correspondent aux périodes des oscillations propres du système définies par l'équation (6). Les fractions rationnelles $\frac{P_1}{\Delta}$, $\frac{P_2}{\Delta}$, ... peuvent être décomposées en éléments simples; on trouve ainsi

$$a = \frac{a_1}{\varepsilon - \varepsilon_1} + \frac{a_2}{\varepsilon - \varepsilon_2} + \ldots,$$
$$b = \frac{b_1}{\varepsilon - \varepsilon_1} + \frac{b_2}{\varepsilon - \varepsilon_2} + \ldots.$$
$$\ldots\ldots\ldots\ldots\ldots\ldots\ldots\ldots$$

On voit aisément qu'on satisfait à l'équation (6) en posant

(9) $$x = a_1 e^{i\varepsilon_1 t}, \qquad y = b_1 e^{i\varepsilon_1 t}, \qquad z = c_1 e^{i\varepsilon_1 t}, \qquad \ldots.$$

Si ε est très voisin de ε_1, a, b, c, ... deviennent très grands; c'est le phénomène de la résonance. Dans ce cas, le terme qui a pour dénominateur $\varepsilon - \varepsilon_1$ devient tout à fait prépondérant; et l'on a sensiblement

$$\frac{a}{a_1} = \frac{b}{b_1} = \frac{c}{c_1} = \ldots,$$

c'est-à-dire que le système se comporte sensiblement comme dans l'oscillation propre (9) avec laquelle il y a résonance.

Donc, *si la période de la force perturbatrice devient très voisine de la période de l'une des oscillations propres du système, le système se comporte sensiblement comme dans cette oscillation propre.*

Ce résultat cesse d'être vrai si les deux coefficients ε_1 et ε_2 diffèrent très peu et si ε est voisin à la fois de ε_1 et de ε_2 de telle sorte que $\varepsilon - \varepsilon_1$ et $\varepsilon - \varepsilon_2$ soient du même ordre. Il n'y a plus alors de terme prépondérant. C'est le phénomène de la *double résonanec.*

4. Appliquons ces principes au cas de la rigidité gyrostatique. Considérons un système mécanique quelconque en équilibre relatif par rapport à des axes mobiles tournant autour de l'axe des z avec une vitesse uniforme ω. Ce système pourra osciller autour de cette position d'équilibre relatif, et nous distinguerons ses oscillations propres, c'est-à-dire celles qu'il prend lorsqu'il est soustrait à toute force perturbatrice extérieure, et ses oscillations contraintes dont la période sera la même que celle de la force pertubatrice.

Si les forces perturbatrices paraissent varier très lentement à un observateur fixe, pour un observateur lié aux axes mobiles elles paraîtront tourner autour de l'axe des z avec une vitesse angulaire $-\omega$, c'est-à-dire que leur période sera à peu près $\frac{2\pi}{\omega}$.

Or parmi les oscillations propres du système nous devons distinguer la suivante : le système par hypothèse peut tourner avec une vitesse angulaire ω autour de l'axe des z, c'est alors qu'il est en équilibre relatif par rapport aux axes tournants; mais s'il est soustrait à toute action extérieure, il pourra également tourner avec une vitesse uniforme ω autour d'un axe très peu différent de l'axe des z. Dans ces conditions, il s'écartera très peu de l'équilibre relatif et ce sera là une oscillation propre dont la période sera précisément $\frac{2\pi}{\omega}$. Dans cette oscillation propre, le système se comportera comme un corps solide.

Il y aura donc résonance et, dans l'oscillation contrainte, le système se comportera à peu près comme un corps solide; il y aura rigidité gyrostatique; *il n'y aura d'exception que s'il y a double résonance*, c'est-à-dire si le système est susceptible d'une autre oscillation propre, où il ne se comporte pas comme un corps solide et dont la période est voisine de $\frac{2\pi}{\omega}$.

5. C'est précisément ce qui arrive dans le cas du paragraphe I. Il existe une oscillation propre dont la période est donnée par la formule

$$N = \frac{1-\lambda}{\varepsilon},$$

(en reprenant pour un instant les notations du paragraphe I). Cette période est très longue, c'est-à-dire qu'elle est à peu près la même que celle des forces perturbatrices.

Pour mieux nous en rendre compte, il convient de reprendre le problème du paragraphe I avec les notations et les méthodes du paragraphe II; on facilitera ainsi la comparaison des résultats de ces deux paragraphes et l'étude des cas intermédiaires.

La relation entre les coordonnées actuelles x, y, z et les coordonnées initiales x_0, y_0, z_0 seront, aussi bien pour la croûte solide que pour le noyau liquide, exprimées par les formules (1) du paragraphe II, seulement les fonctions α, β, γ ne seront pas les mêmes dans les deux cas. Nous supposerons que, pour la surface commune qui limite intérieurement la croûte solide et extérieurement le noyau liquide, on a

$$x_0^2 + y_0^2 + z_0^2 = 1.$$

Cela oblige à supposer que la croûte solide était encore liquide dans la position initiale idéale, et qu'elle s'est solidifiée dans une phase ultérieure après avoir acquis sa forme définitive. Cette hypothèse peut être faite sans inconvénient puisqu'il s'agit d'une position initiale idéale.

Nous envisagerons une solution particulière où tout le système est animé d'une rotation ω; où par conséquent on a les relations (10) du paragraphe II aussi bien pour la croûte que pour le noyau, ainsi que les solutions très peu différentes. Nous continuerons à poser

$$\xi = \delta\gamma_1 + i\,\delta\gamma_2 = \gamma_1 + i\gamma_2, \qquad \eta = \delta\alpha_3 + i\,\delta\beta_3 = \alpha_3 + i\beta_3,$$

en ce qui concerne le liquide, et nous appellerons ξ_1 et η_1 les quantités correspondantes pour la croûte solide.

Cette croûte étant solide devra satisfaire à la condition (16) du n° **16** du paragraphe II; c'est-à-dire qu'on aura

$$(10) \qquad \rho\, e^{i\omega t}\xi_1 + c\eta_1 = 0.$$

Exprimons maintenant que la surface externe du liquide coïncide avec la surface interne du solide. Quelle serait d'abord la condition pour que la surface libre du liquide ne se déformât pas. On devrait avoir

$$\Sigma x_0^2 = \frac{x^2+y^2}{\rho^2} + \frac{z^2}{c^2},$$

d'où

$$\frac{\alpha_1\gamma_1 + \alpha_2\gamma_2}{\rho^2} + \frac{\alpha_3\gamma_3}{c^2} = \frac{\beta_1\gamma_1 + \beta_2\gamma_2}{\rho^2} + \frac{\beta_3\gamma_3}{c^2} = 0.$$

En remplaçant dans ces formules α_1, α_2, β_1, β_2, γ_3 par $\rho\cos\omega t$, $-\rho\sin\omega t$, $\rho\sin\omega t$, $\rho\cos\omega t$, c, $\gamma_1 + i\gamma_2$ et $\alpha_3 + i\beta_3$ par ξ et η; on trouvera, par un calcul pareil à celui du n° **16** du paragraphe II

$$\frac{e^{i\omega t}\xi}{\rho} + \frac{\eta}{c} = 0$$

ou

$$c\, e^{i\omega t}\xi + \rho\eta = 0.$$

Si nous écrivons que la surface interne du solide et la surface externe du liquide éprouvent la même déformation, nous aurons

$$(11) \qquad c\, e^{i\omega t}(\xi - \xi_1) + \rho(\eta - \eta_1) = 0.$$

6. Nous avons trouvé au n° **13** du paragraphe II la constante des aires pour le liquide; faisons le même calcul pour la croûte solide. Nous aurons encore

$$\Sigma m(x'y - xy') = (\alpha'_1\alpha_2 - \alpha'_2\alpha_1)\Sigma m x_0^2 + \Sigma m x_0 y_0(\ldots) + \ldots.$$

Mais nous ne pourrons plus écrire

$$\Sigma m x_0^2 = \Sigma m y_0^2 = \Sigma m z_0^2.$$

Toutefois, comme le corps doit être regardé comme de révolution, nous pourrons écrire

$$\Sigma m x_0 y_0 = \Sigma m y_0 z_0 = \Sigma m x_0 z_0 = 0,$$
$$\Sigma m x_0^2 = \Sigma m y_0^2 = \mathrm{A}, \qquad \Sigma m z_0^2 = \mathrm{C},$$

les constantes A et C n'ayant pas la même signification qu'au paragraphe II, il vient ainsi

$$\Sigma m(x'y - xy') = \mathrm{A}[(\alpha'_1\alpha_2 - \alpha'_2\alpha_1) + (\beta'_1\beta_2 - \beta'_2\beta_1)] + \mathrm{C}(\gamma'_1\gamma_2 - \gamma'_2\gamma_1).$$

On trouve de même

$$\mathfrak{M} = \Sigma m(x'z - xz') = \mathrm{A}[(\alpha'_1\alpha_3 - \alpha'_3\alpha_1) + (\beta'_1\beta_3 - \beta'_3\beta_1)] + \mathrm{C}(\gamma'_1\gamma_3 - \gamma'_3\gamma_1),$$
$$\mathfrak{L} = \Sigma m(y'z - yz') = \mathrm{A}[(\alpha'_2\alpha_3 - \alpha'_3\alpha_2) + (\beta'_2\beta_3 - \beta'_3\beta_2)] + \mathrm{C}(\gamma'_2\gamma_3 - \gamma'_3\gamma_2),$$

Formons l'expression

$$-\mathfrak{M} - i\mathfrak{L},$$

en y remplaçant

$$\alpha_1 + i\alpha_2, \quad \beta_1 + i\beta_2, \quad \gamma_3, \quad \alpha_3 + i\beta_3, \quad \gamma_1 + i\gamma_2$$

par leurs valeurs

$$\rho e^{-i\omega t}, \quad i\rho e^{-i\omega t}, \quad c, \quad \eta_1, \quad \xi_1$$

(je dis η_1, ξ_1 parce qu'il s'agit de la croûte solide); on trouve

$$-\mathfrak{M} - i\mathfrak{L} = \mathrm{A}\rho e^{-i\omega t}(\eta'_1 + i\omega\eta_1) - \mathrm{C}c\xi'_1.$$

C'est le calcul même par lequel nous avons obtenu l'équation (13) du n° **16** du paragraphe II. Pour avoir l'expression analogue à $-\mathfrak{M} - i\mathfrak{L}$ relative au corps tout entier, il faut ajouter le premier membre de cette équation (13), ce qui donne

$$\mathrm{A}\rho e^{-i\omega t}(\eta'_1 + i\omega\eta_1) - \mathrm{C}c\xi'_1 + \rho e^{-i\omega t}(\eta' + i\omega\eta) - c\xi'.$$

Cette expression, en vertu de la loi des aires, doit être une constante s'il n'y a pas de force extérieure et, s'il y en a, sa dérivée

$$\mathrm{A}\rho e^{-i\omega t}(\eta''_1 + \omega^2\eta_1) - \mathrm{C}c\xi''_1 + \rho e^{-i\omega t}(\eta'' + \omega^2\eta) - c\xi''$$

doit être égale à une combinaison simple des moments des forces extérieures, c'est-à-dire à une fonction connue du temps, développable en série de Fourier; j'écris

$$(12) \qquad \mathrm{A}\rho e^{-i\omega t}(\eta''_1 + \omega^2\eta_1) - \mathrm{C}\xi''_1 + \rho e^{-i\omega t}(\eta'' + \omega^2\eta) - c\xi'' = \Sigma \mathrm{B} e^{i\varepsilon t}.$$

7. Nous avons, en outre, la deuxième équation (18) du paragraphe II, qui subsiste puisqu'elle n'est autre chose que la dérivée de l'équation (12) de Helmholtz du paragraphe II. Elle complète avec (10), (11) et (12) le système complet de nos équations qui s'écrit, en isolant l'un des termes du deuxième membre de (12),

$$A\rho e^{-i\omega t}(\eta_1'' + \omega^2\eta_1) - Cc\xi_1'' + \rho e^{-i\omega t}(\eta'' + \omega^2\eta) - c\xi'' = B e^{i\varepsilon t};$$

$$(13)\qquad \left\{\begin{aligned} \rho e^{i\omega t}\xi_1 + c\eta_1 &= 0,\\ c e^{i\omega t}(\xi - \xi_1) + \rho(\eta - \eta_1) &= 0,\\ \omega^2\rho e^{i\omega t}\xi - c\eta'' + \rho e^{i\omega t}\xi'' &= 0.\end{aligned}\right.$$

On les intégrera en posant

$$\rho\xi = a e^{i\varepsilon t},\quad c\eta = b e^{i(\omega+\varepsilon)t},\qquad \rho\xi_1 = a_1 e^{i\varepsilon t},\qquad c\eta_1 = b_1 e^{i(\omega+\varepsilon)t},$$

ce qui donne

$$\frac{Ca_1 + a}{\rho^2}\varepsilon^2 - \frac{Ab_1 + b}{c^2}(2\omega\varepsilon + \varepsilon^2) = \frac{B}{\rho c};$$

$$(14)\qquad \left\{\begin{aligned} a_1 + b_1 &= 0,\\ \frac{a - a_1}{\rho^2} + \frac{b - b_1}{c^2} &= 0,\\ a(\omega^2 - \varepsilon^2) + b(\omega + \varepsilon)^2 &= 0.\end{aligned}\right.$$

Le déterminant de ces équations s'écrit

$$\Delta = \begin{vmatrix} \dfrac{\varepsilon^2}{\rho^2} & \dfrac{C\varepsilon^2}{\rho^2} & -\dfrac{2\omega\varepsilon + \varepsilon^2}{c^2} & -A\dfrac{2\omega\varepsilon + \varepsilon^2}{c^2} \\ 0 & 1 & 0 & 1 \\ \dfrac{1}{\rho^2} & -\dfrac{1}{\rho^2} & \dfrac{1}{c^2} & -\dfrac{1}{c^2} \\ \omega^2 - \varepsilon^2 & 0 & (\omega + \varepsilon)^2 & 0 \end{vmatrix}.$$

La première ligne du déterminant est divisible par ε, donc Δ est divisible par ε.

Le coefficient de ε est

$$\begin{vmatrix} 0 & 0 & -\dfrac{2\omega}{c^2} & -\dfrac{2A\omega}{c^2} \\ 0 & 1 & 0 & 1 \\ \dfrac{1}{\rho^2} & -\dfrac{1}{\rho^2} & \dfrac{1}{c^2} & -\dfrac{1}{c^2} \\ \omega^2 & 0 & \omega^2 & 0 \end{vmatrix} = \left(\frac{1}{\rho^2} - \frac{1}{c^2}\right)\frac{2\omega^3}{c^2}(1 + A).$$

Donc Δ n'est pas divisible par ε^2 à moins que $\frac{1}{p^2} = \frac{1}{c^2}$, c'est-à-dire que la cavité interne ne soit sphérique. Dans ce dernier cas, il vient

$$\Delta = 2\varepsilon^2(\omega + \varepsilon)(2A\omega + A\varepsilon + C\varepsilon)\frac{1}{c^4}.$$

Donc l'équation $\Delta = 0$ admettra, si $\frac{1}{p^2} - \frac{1}{c^2}$ est très petit, quatre racines, dont une nulle, une très petite, une égale à $-\omega$, et la quatrième voisine de $-\frac{2A\omega}{A+C}$. Nous avons vu quelle est la signification de la première (rotation du corps en bloc autour d'un axe très peu différent de l'axe des z) et de la troisième (déplacement préalable des molécules liquides à l'intérieur du noyau liquide, de sorte que ces molécules se sont simplement substituées les unes aux autres).

C'est à la présence de la deuxième racine, qui est très petite, que nous devons les particularités du phénomène; la période de la force perturbatrice correspond à un ε très petit, d'où résulte une résonance avec la racine nulle; si cette résonance existait seule, le corps se comporterait à peu près comme dans l'oscillation propre qui correspond à cette racine nulle, c'est-à-dire comme un corps solide; il y aurait *rigidité gyrostatique*. C'est ce qui arriverait si l'aplatissement de la cavité elliptique interne n'était pas très petit. Mais s'il est très petit, l'équation $\Delta = 0$ admettra une racine très petite. Il y aura *double résonance*, et l'amplitude de la nutation sera très différente de ce qu'elle est avec un corps solide.

IV. — Influence de l'élasticité.

Il conviendrait maintenant d'examiner ce qui arrive si l'on suppose que la partie solide de la Terre n'est pas un solide invariable, mais un solide élastique. Supposons donc d'abord que la Terre est un sphéroïde solide plein élastique, et ensuite qu'elle est un sphéroïde solide creux élastique rempli de liquide.

Considérons d'abord la première hypothèse; l'amplitude des diverses nutations sera-t-elle altérée ? D'après le paragraphe précédent, cette question se ramène à la suivante : y a-t-il simple résonance ou double résonance ? En d'autres termes, l'équation en ε analogue à l'équation $\Delta = 0$ du paragraphe précédent a-t-elle une racine nulle, et toutes les autres finies, ou bien une racine nulle et une autre très petite ? La question se résout immédiatement; dans le cas limite du solide invariable, c'est-à-dire quand on suppose la rigidité infinie, il y a simple résonance; il y a une racine nulle et les autres finies;

il faut donc que ces racines soient finies pour une rigidité quelconque ; car si l'une d'elles était très petite pour une rigidité quelconque, elle resterait telle pour une rigidité infinie. Il y a donc simple résonance, la rigidité gyrostatique a son plein effet, et l'amplitude des diverses nutations est très sensiblement la même que pour un solide invariable.

Passons à la deuxième hypothèse. Il s'agit d'étudier les oscillations propres du système. La croûte solide va obéir aux lois de l'élasticité. Soient x, y, z les coordonnées d'un point; $x+u$, $y+v$, $z+w$ ce que deviennent, par suite de la déformation, les coordonnées de la molécule dont les coordonnées initiales étaient x, y, z; soit

$$\theta = \frac{du}{dx} + \frac{dv}{dy} + \frac{dw}{dy},$$

soient μ et ν deux coefficients, on aura

$$(\nu+\mu)\frac{d\theta}{dx} + \mu\Delta u = \frac{d^2 u}{dt^2}.$$

Nous avons, en outre, les conditions aux limites; soient P_{xx}, P_{xy}, ... les diverses composantes de la pression, de telle sorte que

$$P_{xx} = \nu\theta + 2\mu\frac{du}{dx}, \qquad P_{xy} = \mu\left(\frac{du}{dy} + \frac{dv}{dx}\right), \qquad \ldots.$$

Soient α, β, γ les cosinus directeurs de la normale à la surface libre, et soit

$$X = \alpha P_{xx} + \beta P_{xy} + \gamma P_{xz}, \qquad Y = \alpha P_{xy} + \beta P_{yy} + \gamma P_{yz},$$
$$Z = \alpha P_{xz} + \beta P_{yz} + \gamma P_{zz};$$

le vecteur X, Y, Z représentera la pression qui s'exerce sur un élément de la surface libre. Sur la surface libre extérieure, ce vecteur devra être nul; sur la surface libre intérieure, il doit être normal à la surface et égal à la pression hydrostatique du liquide.

Supposons que les surfaces libres externe et interne soient des sphères (ou des figures très peu différentes) et que la pression p soit égale à un polynome sphérique P du second ordre par exemple; nous pourrons alors satisfaire aux équations en prenant

$$u = xPR + S\frac{dP}{dx}, \qquad v = yPR + S\frac{dP}{dy}, \qquad w = zPR + S\frac{dP}{dz},$$

R et S étant deux fonctions de $r = \sqrt{x^2+y^2+z^2}$; on voit que R et S satisfont à deux équations différentielles du deuxième ordre, et les quatre constantes d'intégration peuvent être déterminées par les conditions aux limites. Les fonctions inconnues R et S sont donc entièrement définies et elles restent les mêmes quel que soit le polynome sphérique P, pourvu qu'il soit toujours de même ordre.

Nous ne possédons pas ainsi la solution générale du problème; voici comment on pourrait l'obtenir : soient

$$u = u_1, \qquad v = v_1, \qquad w = w_1$$

la solution particulière que nous venons de trouver; la solution générale sera

$$u = u_1 + u_2, \qquad v = v_1 + v_2, \qquad w = w_1 + w_2,$$

u_2, v_2, w_2 représentant un déplacement d'ailleurs arbitraire où le corps considéré se comporterait comme un solide invariable; ce déplacement est donc une simple rotation; nous la supposerons autour d'un axe situé dans le plan des xy, de sorte qu'elle dépendra de deux constantes arbitraires.

Il faut d'abord calculer p; nous allons appliquer les résultats du paragraphe II. Nous pourrons, en effet, admettre que le mouvement du liquide reste *simple*; il suffit pour cela, d'après ce que nous avons vu, que la surface extérieure reste ellipsoïdale, c'est-à-dire que la surface interne de la croûte solide, primitivement sphérique, devient un ellipsoïde par la déformation. Or il est aisé de voir que cette hypothèse est d'accord avec celle que nous avons faite que $p = \mathrm{P}$ est un polynome sphérique d'ordre 2.

Nous retrouverons donc les équations

$$(1) \qquad \begin{cases} \Sigma x'' \, dx = dp - d\mathrm{V}, \\ \mathrm{V} = k' \Sigma x_0^2 + (1 - k') \Sigma x^2. \end{cases}$$

Les termes de p qui nous intéressent sont les termes

$$h x_0 z_0 + h_1 y_0 z_0$$

dont nous nous proposons de calculer les coefficients. Les équations (1) nous donneront alors, par le procédé employé au paragraphe II

$$\Sigma \alpha'' \gamma = \Sigma \alpha \gamma'' = k \Sigma \alpha \gamma + h,$$
$$\Sigma \beta'' \gamma = \Sigma \beta \gamma'' = k \Sigma \beta \gamma + h_1.$$

Si nous posons $h + i h_1 = \varpi$ et que nous nous rappelions la signification de ξ et de η, ces équations nous donneront

$$(2) \qquad -\omega^2 \rho \, e^{i\omega t} \xi + c \eta'' = \rho \, e^{i\omega t} \xi'' = k(\rho \, e^{i\omega t} \xi + c\eta) + \varpi.$$

Nous aurons donc pour les termes qui nous intéressent

$$p = \mathcal{R} \varpi z_0 (x_0 - i y_0),$$

la notation $\mathcal{R}$ signifiant *partie réelle*

Nous pouvons, en négligeant le carré de ξ, η, ϖ, écrire

$$p = \mathrm{P} = \mathcal{R}\frac{\omega}{c\rho}z(x - iy)e^{-i\omega t} = \mathcal{R}\varpi z_0(x_0 - iy_0).$$

Dans ces conditions, la solution dépend de quatre constantes arbitraires qui sont les parties réelle et imaginaire de ϖ et les deux constantes qui définissent la rotation u_2, v_2, w_2.

Je voudrais maintenant former des équations analogues aux équations (13) et (14) du paragraphe III, en cherchant à définir les quantités qui joueront le rôle de ξ_1 et de η_1. La première équation sera celle des aires; la seconde devra être remplacée par celle de l'équilibre élastique; celle-ci nous apprend qu'on a

$$\Sigma xu = (r^2\mathrm{R} + 2\mathrm{S})\mathrm{P}.$$

car il est aisé de vérifier que telle est l'expression Σxu_1, et que $\Sigma xu_2 = 0$. Elle nous donne donc, en nous reportant à l'équation (2), une relation entre Σxu et les parties réelles et imaginaires de ξ et de η. Nous pouvons mettre cette équation sous une forme analogue à celle des équations (13) du paragraphe III de la façon suivante : revenons au cas d'un liquide et reprenons les équations (1) du paragraphe II; soient x, y, z les valeurs des coordonnées qui correspondent à la solution (10) de ces équations; $x + u$, $y + v$, $z + w$ celles qui correspondent à la solution très voisine envisagée au n° **16** de ce paragraphe. Il viendra

$$x + iy = \rho(x_0 + iy_0)e^{-i\omega t}, \qquad z = cz_0, \qquad u + iv = \xi z_0,$$
$$w = \mathcal{R}\eta(x_0 - iy_0).$$

On en déduit

$$\Sigma xu = \mathcal{R}(\rho\xi e^{i\omega t} + c\eta)(x_0 - iy_0)z_0.$$

Par analogie, nous poserons ici encore

$$\Sigma xu = \mathcal{R}(\rho\xi_1 e^{i\omega t} + c\eta_1)(x_0 - iy_0)z_0. \tag{3}$$

Remarquons que cette équation représente en réalité deux relations entre les parties réelles et imaginaires de ξ_1 et η_1; car les coefficients de $x_0 z_0$ et $y_0 z_0$ doivent être identiques dans les deux membres, et notre équation deviendra

$$\mathcal{R}(\rho\xi_1 e^{i\omega t} + c\eta_1)(x_0 - iy_0)z_0 = (r^2\mathrm{R} + 2\mathrm{S})\mathcal{R}\varpi z_0(x_0 - iy_0),$$

d'où

$$\rho\xi_1 e^{i\omega t} + c\eta_1 = \lambda\varpi, \tag{4}$$

où

$$\lambda = r^2\mathrm{R} + 2\mathrm{S}$$

doit être regardée comme une constante donnée. En effet, les équations de l'élasticité nous ont permis de déterminer les fonctions R et S, et nous devons dans ces fonctions donner à r la valeur qui correspond à la surface libre interne très peu différente d'une sphère.

Passons à la troisième équation (13) du paragraphe III; elle exprime que la surface libre interne de la croûte coïncide avec la surface libre externe du noyau liquide. La même condition nous donnerait ici

$$\Sigma xu = \mathcal{R}(c\,e^{i\omega t}\xi + \rho\eta)(x_0 - iy_0)z_0.$$

où, puisque nous négligeons l'aplatissement et que, par conséquent, nous pouvons prendre $\rho = c$,

$$(5) \qquad \mathcal{R}(e^{i\omega t}\xi_1 + c\eta_1) = \mathcal{R}(\rho\,e^{i\omega t}\xi + c\eta).$$

Nous achèverons de définir ξ_1 et η_1 en écrivant que, pour $x_0 = y_0 = 0$, $z_0 = 1$, on a

$$u + iv = \xi_1 z_0.$$

Il n'y a rien à changer à la quatrième qui est l'équation de Helmholtz. Ainsi que nous l'avons vu les déformations de la croûte solide dépendent uniquement de quatre arbitraires. On peut prendre pour ces quatre arbitraires les parties réelles et imaginaires de ξ_1 et de η_1.

Nous aurions pu rapporter le système à des axes différents, en conservant l'axe des z, et de telle façon que le nouvel axe des x fasse avec l'ancien un angle φ. Cela serait revenu à changer $x_0 - iy_0$ en $(x_0 - iy_0)e^{-i\varphi}$, $u + iv$ en $(u + iv)e^{i\varphi}$ et, par conséquent, ξ, η, ξ_1, η_1 en $\xi e^{i\varphi}$, $\eta e^{i\varphi}$, $\xi_1 e^{i\varphi}$, $\eta_1 e^{i\varphi}$.

Les équations des aires sont des relations linéaires entre ξ, η, ξ_1, η_1, leurs imaginaires conjuguées ξ^0, η^0, ξ_1^0, η_1^0 et leurs dérivées. Mais ces équations doivent subsister avec le nouveau système d'axes et, par conséquent, quand on change ξ, η, ξ_1, η_1, ξ^0, η^0, ξ_1^0, η_1^0, en $\xi e^{i\varphi}$, $\eta e^{i\varphi}$, $\xi_1 e^{i\varphi}$, $\eta_1 e^{i\varphi}$, $\xi^0 e^{-i\varphi}$, $\eta^0 e^{-i\varphi}$, $\xi_1^0 e^{-i\varphi}$, $\eta_1^0 e^{-i\varphi}$. Le premier membre se divise ainsi en deux parties, l'une qui est multipliée par $e^{i\varphi}$, l'autre qui est multipliée par $e^{-i\varphi}$ et, comme la relation doit avoir lieu quel que soit φ, chacune de ces deux parties devra être nulle séparément. Nous égalerons donc à zéro la première, qui ne dépendra que de ξ, η, ξ_1, η_1 et nous aurons l'équation des aires

$$F(\xi, \eta, \xi_1, \eta_1) = 0,$$

dont le premier membre est linéaire par rapport à ξ, η, ξ_1, η_1 et leurs dérivées; puis l'équation d'élasticité déduite de (2) et (4)

$$\rho e^{i\omega t}\xi_1 + c\eta_1 + \lambda k(\rho e^{i\omega t}\xi + c\eta) + \lambda\rho e^{i\omega t}\xi'' = 0,$$

puis la dernière équation (13) du paragraphe III qui subsiste sans changement

$$\omega^2\rho e^{i\omega t}\xi - c\eta_1'' + \rho e^{i\omega t}\xi'' = 0,$$

et l'équation

$$\rho e^{i\omega t}(\xi - \xi_1) + c(\eta - \eta_1) = 0$$

déduite de l'équation (5).

Si nous posons, comme au paragraphe III,

$$(6) \qquad \rho\xi = a e^{i\varepsilon t}, \qquad c\eta = b e^{i(\omega+\varepsilon)t}, \qquad \rho\xi_1 = a_1 e^{i\varepsilon t}, \qquad c\eta_1 = b_1 e^{i(\omega+\varepsilon)t},$$

il vient

$$(14\ bis) \qquad \begin{cases} Aa + A_1 a_1 + Bb + B_1 b_1 = 0 \\ \lambda(k + \varepsilon^2)a + a_1 + \lambda kb + b_1 = 0, \\ a - a_1 + b - b_1 = 0, \\ a(\omega^2 - \varepsilon^2) + b(\omega + \varepsilon)^2 = 0. \end{cases}$$

A, A_1, B, B_1 sont des fonctions de ε. Pour étudier ces fonctions, remarquons que $F(\xi, \eta, \xi_1, \eta_1)$ ne représente pas la constante des aires, mais la dérivée de cette constante; si $\Phi(\xi, \eta, \xi_1, \eta_1)$ représente cette constante elle-même, en y substituant aux ξ et η leurs valeurs (1) il viendra

$$\Phi(\xi, \eta, \xi_1, \eta_1) = (A'a + A'_1 a_1 + B'b + B'_1 b_1)e^{i\varepsilon t},$$

A', ... étant des polynomes entiers en ε. En différentiant il vient alors

$$F(\xi, \eta, \xi_1, \eta_1) = i\varepsilon(A'a + A'_1 a_1 + B'b + B'_1 b_1)e^{i\varepsilon t},$$

on a donc

$$A = i\varepsilon A', \qquad A_1 = i\varepsilon A'_1, \qquad B = i\varepsilon B', \qquad B_1 = i\varepsilon B'_1,$$

ce qui montre que A, A_1, B, B_1 sont divisibles par ε. Le déterminant des équations (14 *bis*) s'annule donc pour $\varepsilon = 0$; il y a donc résonance. C'est ce que nous savions déjà, mais il reste à savoir si cette résonance est simple ou double. Pour cela, je divise la première ligne du déterminant par $i\varepsilon$ et je fais $\varepsilon = 0$, ce déterminant devient

$$\begin{vmatrix} A' & A'_1 & B' & B'_1 \\ \lambda k & 1 & \lambda k & 1 \\ 1 & -1 & 1 & -1 \\ \omega^2 & 0 & \omega^2 & 0 \end{vmatrix}.$$

Je dis que ce déterminant s'annule pour $\rho^2 = c^2$, il est par conséquent très petit pour ρ^2 voisin de c^2. En effet, considérons le tableau formé des trois dernières lignes du déterminant. Si l'on fait $c^2 = \rho^2$, les colonnes 1 et 3 de ce tableau sont identiques, de même que les colonnes 2 et 4. Donc le déterminant est nul. C. Q. F. D.

Il y a donc double résonance; donc l'amplitude des nutations différera notablement de ce qu'elle serait pour un corps solide

REMARQUE SUR L'HYPOTHÈSE DE LAPLACE

Bulletin astronomique, t. 28, p. 251-266 (juillet 1911).

1. On sait que, dans l'hypothèse cosmogonique de Laplace, on suppose que la nébuleuse primitive en se contractant abandonne une série d'anneaux d'où dérivent ensuite les différentes planètes. On peut se demander quelles sont les conditions de stabilité de ces anneaux et quelle est la cause de leur destruction. Roche a déterminé les conditions de leur formation par l'analyse suivante. On est obligé de supposer que la nébuleuse est très fortement condensée au centre et se compose d'un noyau sensiblement sphérique et d'une atmosphère très raréfiée; la comparaison des moments de rotation nous impose absolument ces suppositions. Soient donc M la masse du noyau, ω la vitesse de rotation supposée uniforme; r la distance du point x, y, z à l'origine; l'axe de rotation étant pris pour axe des x. L'équation de la surface libre de l'atmosphère sera

$$\frac{\omega^2}{2}(z^2+y^2)+\frac{M}{\sqrt{x^2+y^2+z^2}}=C,$$

surface de révolution dont la section méridienne est

$$\frac{\omega^2 y^2}{2}+\frac{M}{\sqrt{x^2+y^2}}=C. \tag{1}$$

Pour certaines valeurs de la constante C, cette courbe présente deux points doubles, et c'est quand ces valeurs sont atteintes que les anneaux se forment aux dépens de l'atmosphère.

Si l'on donne à C ces valeurs, la courbe présente des branches infinies, de sorte que si l'équation (1) restait valable, les parties détachées de la masse centrale ne pourraient former des anneaux et seraient repoussées à l'infini. Mais il est clair que ces parties ne sauraient conserver la vitesse angulaire ω

que nous avons jusqu'ici supposée constante; une fois détachées, elles ne participeront plus à la rotation générale, et leur vitesse angulaire ira en décroissant conformément à la loi des aires à mesure qu'elles s'éloigneront de l'axe.

Ainsi, au moins au delà des points doubles, nous ne pouvons regarder ω comme constant, et il est peu probable que cette uniformité de rotation ait pu se maintenir dans l'atmosphère de la nébuleuse qui est très raréfiée; nous supposerons donc désormais ω variable suivant une loi quelconque; d'autre part, nous avons pour établir l'équation (1) négligé l'attraction de cette atmosphère à cause de sa faible densité; nous ne pouvons plus le faire; il est évident en effet, et l'on s'en rendra compte d'ailleurs dans la suite, qu'à supposer cette attraction nulle on serait conduit à conclure que les anneaux sont toujours instables.

Les équations de l'Hydrostatique nous donnent

$$\frac{dP}{dx}+\frac{1}{\rho}\frac{dp}{dx}=0, \qquad \frac{dP}{dy}+\frac{1}{\rho}\frac{dp}{dy}=\omega^2 y, \qquad \frac{dP}{dz}+\frac{1}{\rho}\frac{dp}{dz}=\omega^2 z;$$

p est la pression, ρ la densité du fluide, P le potentiel dû à l'attraction

Ces équations peuvent s'écrire

$$(2) \qquad dP+\frac{dp}{\rho}=\omega^2 R\, dR$$

en posant $R^2=y^2+z^2$. Supposons que p soit fonction de ρ, ce qui arrivera dans un grand nombre de cas et en particulier si la nébuleuse est, soit en équilibre isothermique, soit en équilibre adiabatique; alors $\frac{dp}{\rho}$ est une différentielle exacte, et il doit en être de même de $\omega^2 R\, dR$, c'est-à-dire que ω ne dépend que de R. Posons donc

$$\frac{dp}{\rho}=d\pi, \qquad \omega^2 R\, dR=d\varphi(R),$$

l'équation (2) nous donnera

$$P+\pi=\varphi(R)+\text{const.}$$

A la surface libre π doit être nulle, de sorte que l'équation de cette surface libre sera

$$(3) \qquad \varphi-P=C.$$

Si l'on suppose ω constant et l'attraction de l'atmosphère négligeable, il vient

$$\varphi=\frac{\omega^2}{2}R^2, \qquad P=-\frac{M}{r}$$

et nous retombons sur l'équation de Roche,

$$\frac{\omega^2}{2} R + \frac{M}{r} = C.$$

Nous poserons dans le cas général,

$$P = -\frac{M}{r} + \delta P.$$

δP étant le terme très petit dû à l'attraction de l'atmosphère. Discutons la forme de la surface (3); nous voyons d'abord que c'est une surface de révolution; par raison de symétrie, elle admettra en général un plan de symétrie équatorial, qui sera le plan $x = 0$. Supposons qu'on veuille étudier l'intersection de la surface par une droite parallèle à l'axe des x; nous voyons que le long de cette droite φ est constant, tandis que $\frac{M}{r}$ va en croissant quand $|x|$ se rapproche de zéro. Si donc nous négligions δP, nous serions amenés à conclure que le premier membre de (3), quand x varie seul, présente un maximum unique pour $x = 0$ et, par conséquent, que toute droite parallèle à l'axe des x coupe la surface en deux points au plus. Cette conclusion ne sera pas altérée quand nous passerons aux approximations suivantes. Car l'expression $-\delta P$, due à l'attraction de l'atmosphère, aura également un maximum pour $x = 0$, puisqu'un mobile, assujetti à se mouvoir sur une droite parallèle à l'axe des x et soumis à l'attraction de l'atmosphère, tendra à se rapprocher du plan $x = 0$; cela est évident si cette atmosphère est limitée par une surface que chaque droite parallèle à l'axe des x coupe au plus en deux points symétriques par rapport au plan $x = 0$. Or nous pouvons déterminer la forme de cette atmosphère par approximations successives. Nous négligerons d'abord δP; en seconde approximation, nous prendrons pour δP le potentiel dû à l'attraction d'une atmosphère limitée par la surface calculée en première approximation et ainsi de suite. La surface limite satisfait à la condition en première approximation, et nous venons de voir que si elle satisfait en $n^{\text{ième}}$ approximation, elle y satisfera encore en $(n+1)^{\text{ième}}$ approximation; elle y satisfera donc quelque loin que ces approximations soient poussées.

On pourrait objecter que la connaissance de la surface libre ne suffit pas pour déterminer δP; et que la densité de l'atmosphère étant variable, il faut connaître toutes les surfaces d'égale densité, c'est-à-dire toutes les surfaces $\pi = \text{const.}$ Mais toutes ces surfaces satisferont à la condition énoncée en première approximation et l'on verrait également que, si elles y satisfont en $n^{\text{ième}}$ approximation, elles y satisfont en $(n+1)^{\text{ième}}$ approximation.

La conclusion c'est que la surface (3) est coupée par une droite parallèle à l'axe des x au plus en deux points symétriques par rapport au plan équatorial $x = 0$.

Pour étudier cette surface, ou plutôt sa section méridienne, il suffit donc d'étudier les variations de l'expression

$$\varphi(y) - P(y), \tag{4}$$

c'est-à-dire du premier membre de (3) où l'on fait $x = z = 0$. Si

$$\varphi(y_0) - P(y_0) > C,$$

la surface (3) coupe en deux points la droite $y = y_0$, $z = 0$; elle ne la coupe pas si

$$\varphi(y_0) - P(y_0) < C.$$

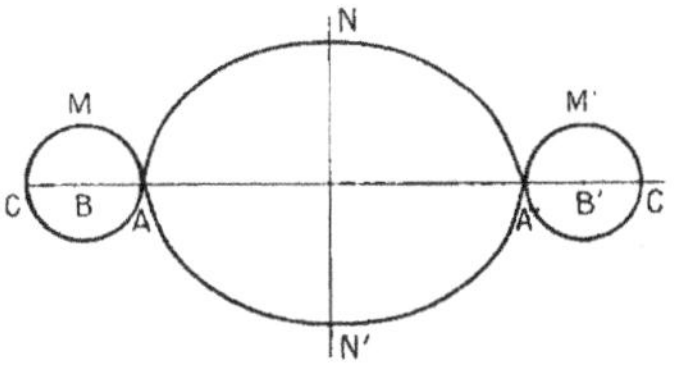

Si notre atmosphère ne s'étend pas à l'infini, l'expression (4) pour y très grand doit être plus petite que C; elle est infinie pour $y = 0$, parce que $\frac{M}{r} = \frac{M}{y} = +\infty$. Nous devons envisager les maxima et les minima successifs de l'expression (4); l'un des cas les plus simples est celui où, quand y décroît de $+\infty$ à 0, l'expression (4) croît d'abord, atteint un maximum pour $y = y_0$, décroît, atteint un minimum pour $y = y_1$, et croît ensuite jusqu'à l'infini.

Nous désignerons alors ce maximum par C_0, et ce minimum par C_1. Si nous prenons $C = C_1$ la courbe méridienne, symétrique par rapport aux deux axes, présente deux points doubles comme l'indique la figure, les points doubles A et A' ont pour coordonnées

$$x = z = 0, \quad y = \pm y_1;$$

les points B et B' ont pour coordonnées

$$x = z = 0, \quad y = \pm y_0,$$

et correspondent au maximum de (4)

Si l'on fait tourner cette courbe méridienne autour de l'axe des x, elle engendrera une surface de révolution avec une courbe double, et l'on voit que l'anneau engendré par AMC et A'M'C' tend à se séparer de la masse centrale engendrée par ANA'N'.

Si nous négligions d'abord δP, nous aurions

$$-P(y) = \frac{M}{y}.$$

Pour que l'expression (4) admit un minimum, il faudrait d'abord que

$$\frac{d}{dy}(\varphi - P) = \omega^2 y - \frac{M}{y^2} = 0,$$

c'est-à-dire que $\omega^2 y^3 = M$. ω étant alors la vitesse angulaire sur une orbite circulaire de rayon y, donnée par la troisième loi de Képler; il faudrait ensuite

$$\frac{d^2}{dy^2}(\varphi - P) > 0$$

ou

$$\omega^2 + 2\omega\omega' y + \frac{2M}{y^3} = 3\omega^2 + 2\omega\omega' y < 0,$$

ce qui veut dire que $\omega^2 y^3$ doit croître avec y. Toutes les lois de variation de ω avec y ne sont donc pas compatibles avec la formation des anneaux. Si l'on suppose une nébuleuse où n'existent que de très faibles courants de convection, le frottement mutuel des diverses parties maintiendra l'uniformité de la rotation, ω sera une constante, $\omega^2 y^3$ une fonction croissante et la formation des anneaux sera possible. Si nous passons à l'extrême opposé et que nous supposions de très puissants courants de convection; en vertu du principe des aires, le produit ωy^2 tendra à se maintenir constant pour une masse gazeuse entraînée par ces courants; ces courants brassant toute la masse, la fonction ωy^2 deviendra constante, c'est ce qu'on pourrait appeler *l'équilibre adiabatique*, par analogie avec ce qui se passe pour l'équilibre thermique de notre atmosphère. Si ωy^2 est constant, la fonction $\omega^2 y^3$ est décroissante et la formation des anneaux impossible; il faut donc admettre que, dans la nébuleuse de Laplace, les courants de convection étaient trop faibles pour contre-balancer l'influence du frottement et il en résulte évidemment que le processus a dû être excessivement lent.

2. Examinons maintenant la stabilité des anneaux une fois formés. Pour qu'un anneau se forme et qu'il reste stable, il faut d'abord que la surface libre prenne la forme indiquée sur la figure et, par conséquent, que le maximum correspondant au point B existe. Au point B, on aura

$$\frac{d(\varphi - P)}{dy} = 0, \qquad \frac{d^2(\varphi - P)}{dy^2} < 0.$$

La première condition nous donne à fort peu près $\omega^2 y^3 = M$. Cherchons alors quelles sont, au point B, les dérivées secondes des trois parties de $\varphi - P$; nous trouverons :

Dérivée de...........	φ.	$\frac{M}{r}$.	$-\delta P$.
$\frac{d^2}{dx^2}$.............	0	$-\frac{M}{y^3} = -\omega^2 - \varepsilon'$	$-\varepsilon$
$\frac{d^2}{dy^2}$.............	$\omega^2 + 2\omega\omega' y$	$2\omega^2 + 2\varepsilon'$	$-4\pi\rho + \varepsilon + \varepsilon'$
$\frac{d^2}{dz^2}$.............	ω^2	$-\omega^2 - \varepsilon'$	$-\varepsilon'$

En effet, φ ne dépend pas de x, ses dérivées secondes par rapport à y et à z se déduisent immédiatement de sa définition. D'autre part, on a

$$\frac{d^2}{dy^2}\frac{M}{r} = \frac{2M}{y^3}, \qquad \frac{d^2}{dx^2}\frac{M}{r} = \frac{d^2}{dz^2}\frac{M}{r} = -\frac{M}{y^3}$$

et nous avons à très peu près

$$\frac{M}{y^3} = \omega^2.$$

Nous devrions, pour être rigoureux, écrire

$$\frac{M}{y^3} = \omega^2 + \frac{1}{y}\frac{d\,\delta P}{dy}.$$

En ce qui concerne $\frac{d^2(-\delta P)}{dx^2}$, il résulte de la remarque faite plus haut que $-\delta P$, sur une droite parallèle à l'axe des x, a un maximum unique pour $x = 0$ et que, par conséquent, cette dérivée est négative.

D'autre part, en posant

$$\delta P = f(R), \qquad \frac{d\,\delta P}{dR} = f'(R), \qquad \ldots,$$

on trouve (puisque d'ailleurs, au point B, $z = 0$)

$$\frac{1}{y}\frac{d\,\delta P}{dy} = +\frac{f'}{R}, \qquad \frac{d^2\,\delta P}{dz^2} = \frac{f'}{R};$$

d'où

$$\frac{1}{y}\frac{d\,\delta P}{dy} = \varepsilon', \qquad -\frac{d^2\,\delta P}{dz^2} = -\varepsilon';$$

on a d'ailleurs par l'équation de Poisson $\Delta\delta P = +4\pi\rho$, ρ étant la densité du fluide ; d'où

$$-\frac{d^2\,\delta P}{dy^2} = -4\pi\rho + \varepsilon + \varepsilon'.$$

Nous devons donc regarder ε comme positif ; mais nous ne connaissons pas le signe de ε', bien que cette dérivée soit plus probablement positive.

Il vient alors

$$\frac{d^2(\varphi - \rho)}{dy^2} = 3\omega^2 + 2\omega\omega' y - 4\pi\rho + \varepsilon + 3\varepsilon' < 0.$$

Si ρ est très petit, il doit en être de même de ε et de $3\varepsilon'$, ce qui entraîne

$$3\omega^2 + 2\omega\omega' y < 0.$$

ce qui signifie que $\omega^2 y^3$ décroît quand y croît. Si donc dans le voisinage du point B la fonction $\omega^2 y^3$ est décroissante, la stabilité peut subsister quelque petite que soit la densité ρ ; mais si la fonction $\omega^2 y^3$ est croissante, l'anneau ne peut être stable que si cette densité reste supérieure à une certaine limite.

Pour préciser, supposons que la masse de l'anneau soit très petite, non seulement par rapport à celle du noyau central, mais par rapport à celle de l'atmosphère qui reste autour de ce noyau.

Posons alors

$$\varepsilon = \varepsilon_1 + \varepsilon_2, \qquad \varepsilon' = \varepsilon'_1 + \varepsilon'_2,$$

ε_1 et ε'_1 se rapportant à l'attraction de l'atmosphère restée autour du noyau, ε_2 et ε'_2 à celle de l'anneau. Dans ces conditions ε'_1 est positif si nous supposons que la surface libre de l'atmosphère du noyau est une surface convexe ; d'autre part, ε'_2 est très petit par rapport à ε'_1 ; le rapport de ces deux quantités est du même ordre de grandeur que le rapport des dimensions *linéaires* de la section méridienne de l'anneau et de la section méridienne de l'atmosphère du noyau. On aura donc finalement $\varepsilon' > 0$ et, par conséquent,

$$4\pi\rho > 3\omega^2 + 2\omega\omega' y. \tag{5}$$

Si la rotation était uniforme, cela donnerait

$$4\pi\rho > 3\omega^2.$$

Nous remarquons que, pour que l'anneau se forme, la fonction $\omega^2 y^3$ doit être croissante au point A ; pour qu'il soit stable, si la densité est très faible, cette fonction doit être décroissante au point B. Ces deux points étant voisins l'un de l'autre, nous conclurons que dans l'anneau, au moment de sa formation, la fonction $\omega^2 y^3$ est sensiblement constante.

Nous venons de trouver une limite inférieure de la densité; ce résultat doit être rapproché de celui que j'ai donné autrefois pour l'anneau de Saturne, mais la limite est plus précise. Reprenons cependant dans le cas actuel le calcul que j'avais fait pour l'anneau de Saturne. On doit avoir en tous les points de la surface de l'anneau,

$$\frac{d}{dn}(\varphi - P) < 0,$$

la notation $\frac{d}{dn}$ représentant la dérivée estimée suivant la normale dirigée vers l'extérieur. On aura donc, en vertu du théorème de Green,

$$\int \frac{d}{dn}(\varphi - P)\,d\sigma = \int \Delta(\varphi - P)\,d\tau < 0,$$

$d\sigma$ étant un élément de la surface de l'anneau et $d\tau$ un élément de son volume. Or

$$\Delta\varphi = 2\omega^2 + 2\omega\omega' y,$$
$$\Delta P = 4\pi\rho;$$

d'où

$$4\pi\rho > 2\omega^2 + 2\omega\omega' y.$$

3. La densité a également une limite supérieure. Pour l'établir, il suffit de se reporter au calcul de Maxwell sur l'anneau de Saturne dont je vais rappeler succinctement le principe. Soit un anneau formé de satellites répartis uniformément sur une circonférence de rayon a, et circulant sur cette circonférence d'un mouvement uniforme; soit alors a et $v_0 + \omega t$ les coordonnées polaires d'un de ces satellites; supposons qu'il soit troublé et que ces coordonnées deviennent

$$a(1+\varepsilon), \quad v_0 + \omega t + \sigma.$$

ε et σ étant très petits. Soit V le potentiel dû à l'attraction mutuelle de ces satellites.

Les équations aux variations qui déterminent ε et σ sont les suivantes : σ', ... représentent les dérivées de σ, ..., par rapport au temps,

$$(6) \qquad 3\omega^2\varepsilon + 2\omega\sigma' - \varepsilon'' = -\frac{1}{a^2}\frac{dV}{d\varepsilon}; \qquad \sigma'' + 2\omega\varepsilon' = \frac{1}{a^2}\frac{dV}{d\sigma}.$$

Nous chercherons à satisfaire à ces équations (6) en faisant

$$\varepsilon = A\cos(mv_0 + nt), \qquad \sigma = B\sin(mv_0 + nt).$$

Je m'explique; nous avons autant de couples d'équations (6) que de satellites; ε et σ ne sont pas les mêmes pour tous les satellites, ce sont donc des fonctions non seulement de t, mais de v_0 longitude initiale du satellite, qui est la quantité qui distingue les satellites les uns des autres. Le coefficient m doit être un entier, en effet quand v_0 augmente de 2π, nous retombons sur le même satellite, il faut donc que ε et σ reviennent à la même valeur. Quant à n c'est notre inconnue. Dans ces conditions, nous aurons

$$\frac{dV}{d\varepsilon} = a^2 A \alpha \cos(mv_0 + nt), \qquad \frac{dV}{d\sigma} = a^2 B \beta \sin(mv_0 + nt);$$

α et β étant des coefficients constants que nous chercherons à déterminer un peu plus loin. Il vient alors en substituant dans les équations (6),

$$(3\omega^2 + n^2 + \alpha) A + 2\omega n B = 0, \qquad 2\omega n A + (n^2 + \beta) B = 0,$$

ou en éliminant A et B,

$$(3\omega^2 + n^2 + \alpha)(n^2 + \beta) - 4\omega^2 n^2 = 0. \tag{7}$$

Pour la stabilité, cette équation doit avoir ses racines réelles. Si nous supposions la masse de l'anneau nulle, on aurait

$$\alpha = \beta = 0, \qquad n^2(n^2 - \omega^2) = 0,$$

et la stabilité serait assurée; si l'on supposait $\omega = 0$, on trouverait

$$(n^2 + \alpha)(n^2 + \beta) = 0$$

et comme α et β sont généralement positifs, il y aurait instabilité. Cela nous indique déjà que pour la stabilité, il faut que la masse de l'anneau soit suffisante, et d'autant plus grande que ω est plus grand.

Pour étendre ces résultats à un anneau continu, il faut d'abord un peu de bonne volonté, puisque dans un anneau continu, ω n'est pas généralement constant, et qu'en tous cas a est variable. Mais si la section méridienne de l'anneau est petite par rapport à son rayon, il n'est pas déraisonnable de supposer que l'équation (7) reste encore valable à fort peu près. Il reste à déterminer α et β.

Soit V_0 le potentiel dû à l'anneau non troublé, $V_0 + P$ le potentiel dû à l'anneau troublé, soit ρ la densité de l'anneau non troublé, $\rho + \delta$ celle de l'anneau troublé, de sorte que $\frac{P}{V}$ et $\frac{\delta}{\rho}$ sont très petits.

Le nombre m ne figure pas explicitement dans l'équation (7); mais α et β dépendent de m. Nous devons choisir ce nombre m de la manière la plus défavorable à la stabilité, puisqu'il suffit que l'une quelconque des équations (7) ait des racines imaginaires pour que l'anneau soit instable. Or ce sont les grandes valeurs de m qui sont les plus défavorables. Nous supposerons donc m très grand de sorte que si l'on se déplace le long d'une circonférence, les fonctions V, ε, σ varieront beaucoup plus rapidement que si l'on se déplace suivant un rayon vecteur. Donc $\frac{dV}{d\varepsilon}$, $\frac{d^2V}{d\varepsilon^2}$ seront très petits par rapport à $\frac{dV}{d\sigma}$, $\frac{d^2V}{d\sigma^2}$; α très petit par rapport à β.

Prenons des axes rectangulaires, ayant pour origine le point considéré; l'axe des y est dirigé suivant le rayon vecteur allant au centre de la nébuleuse, l'axe des z est parallèle à l'axe de rotation, l'axe des x est tangent à la circonférence décrite par le point mobile.

Dans ces conditions, on aura

$$\Delta P = -4\pi\delta.$$

Mais les dérivées prises par rapport à y et à z sont, d'après l'hypothèse faite plus haut (m très grand), très petites par rapport aux dérivées prises par rapport à x. Dans ces conditions, ΔP peut se réduire sensiblement à $\frac{d^2P}{dx^2}$ et l'on peut écrire

$$\frac{d^2P}{dx^2} = -4\pi\delta.$$

D'autre part, on a (par la relation entre les coordonnées rectangulaires et les coordonnées polaires σ et ε)

$$d\sigma = a\,dx \tag{8}$$

et, par conséquent,

$$\frac{dV}{d\sigma} = \frac{dP}{d\sigma} = a\frac{dP}{dx}.$$

L'équation de continuité nous donne

$$-\frac{\delta}{\rho} = \frac{\partial\,\delta x}{\partial x} + \frac{\partial\,\delta y}{\partial y} + \frac{\partial\,\delta z}{\partial z},$$

δx, δy, δz représentant les projections sur les trois axes du vecteur qui joint la position du satellite troublé à celle du satellite non troublé. Les dérivées par rapport à y et à z étant négligeables, nous pourrons écrire

$$\frac{\partial\,\delta y}{\partial y} = \frac{\partial\,\delta z}{\partial z} = 0, \qquad \frac{\partial\,\delta x}{\partial x} = a\frac{\partial\sigma}{\partial x},$$

où la dérivée partielle

$$\frac{\partial\sigma}{\partial x} = \frac{1}{a}\frac{\partial\sigma}{\partial v_0} = \frac{mB}{a}\cos(mv_0 + nt)$$

n'a bien entendu rien de commun avec le rapport $\frac{d\sigma}{dx}$ des différentielles qui figurent dans l'équation (8). L'équation de continuité devient donc

$$a\frac{\partial\sigma}{\partial x} = -\frac{\delta}{\rho},$$

d'où

$$\frac{d^2P}{dx^2} = 4\pi a\rho\frac{\partial\sigma}{\partial x}.$$

En intégrant, nous trouvons

$$\frac{dP}{dx} = 4\pi a\rho\sigma,$$

d'où

$$\frac{1}{a^2}\frac{dV}{d\sigma} = 4\pi\rho\sigma, \qquad \beta = 4\pi\rho.$$

Faisons donc, dans l'équation (7),

$$\alpha = 0, \qquad \beta = 4\pi\rho,$$

il viendra

(9) $$(3\omega^2 + n^2)(n^2 + 4\pi\rho) - 4\omega^2 n^2 = 0$$

ou

$$n^4 + n^2(4\pi\rho - \omega^2) + 12\pi\rho\omega^2 = 0.$$

Pour que les racines soient réelles, il faut

$$(4\pi\rho - \omega^2)^2 > 12\omega^2 4\pi\rho, \qquad (4\pi\rho)^2 - 14\omega^2(4\pi\rho) + \omega^4 > 0$$

Les valeurs de $\frac{4\pi\rho}{\omega^2}$ qui annulent le premier membre sont voisines, l'une de $\frac{1}{14}$, l'autre de 14; c'est la première qui nous convient et nous en déduirons

(10) $$4\pi\rho < \frac{\omega^2}{14}.$$

4. La densité ρ se trouve ainsi comprise entre deux limites données par les inégalités (5) et (10). La limite inférieure donnée par (5) dépend de ω', elle ne dépend donc pas seulement de la vitesse angulaire moyenne, mais de la loi de distribution des vitesses angulaires; il n'en est pas ainsi pour la limite supérieure.

Au moment de la formation de l'anneau, la densité ρ est très petite, de sorte que l'inégalité (10) est satisfaite; d'autre part, la rotation n'est pas uniforme, et rien n'empêche de supposer que $\omega^2 y^3$ est décroissant dans le voisinage du point B et, par conséquent, que l'anneau est stable.

Mais cette stabilité est promptement détruite par un triple mécanisme :

1° Le frottement tend à égaliser les rotations, si donc $\omega' = 0$, l'inégalité (5) devient

$$4\pi\rho > 3\omega^2$$

et est incompatible avec l'inégalité (10).

2° Par suite de la condensation, l'anneau se concentre de telle façon que sa section méridienne tend à se réduire à son centre de gravité; quel est l'effet de cette condensation? Soient y le rayon de la circonférence décrite par une particule et ω sa vitesse angulaire; soient y_0 et ω_0 les valeurs de y et ω au moment de la formation de l'anneau. Nous pouvons supposer qu'à ce moment on a

$$\omega_0^2 y_0^3 = M.$$

D'autre part, en vertu de la loi des aires,

$$\omega_0 y_0^2 = \omega y^2.$$

Soit a le rayon de la circonférence moyenne

$$y_0 = a(1+\varepsilon_0), \qquad y = a(1+\varepsilon).$$

Nous pouvons supposer que la contraction se fait d'une façon uniforme, de sorte que

$$\varepsilon = \lambda\varepsilon_0.$$

Il vient alors

$$\omega = \frac{\sqrt{y_0 M}}{y^2},$$

ou si ε et ε_0 sont petits

$$\omega = \sqrt{M}\, a^{-\frac{3}{2}}\left(1 + \frac{\varepsilon_0}{2} - 2\varepsilon\right) = \sqrt{M}\, a^{-\frac{3}{2}}\left[1 + \frac{\varepsilon_0}{2}(1-4\lambda)\right].$$

On voit que, pour $\lambda = \frac{1}{4}$, la rotation devient uniforme. On trouve d'ailleurs

$$\omega = \sqrt{M}\, a^{-\frac{3}{2}}\left(\frac{y}{a}\right)^{\mu},$$

où

$$\mu = \frac{1 - 4\lambda}{2\lambda}.$$

Cela entraîne

$$\omega' y = \mu \omega$$

et l'inégalité (5) devient

$$4\pi\rho > (3 + 2\mu)\omega^2.$$

Pour qu'elle soit compatible avec l'inégalité (10), il faut

$$\frac{1}{14} > 3 + 2\mu = \frac{1 - \lambda}{\lambda},$$

d'où

$$\lambda = \frac{14}{15}.$$

La stabilité cessera donc dès que les dimensions linéaires de la section méridienne auront diminué de $\frac{1}{15}$.

3° Enfin, par suite de la condensation, ρ ira en croissant, de sorte que l'inégalité (10) cessera d'être satisfaite.

Pour toutes ces raisons l'anneau ne tardera pas à se subdiviser en parties indépendantes qui circuleront chacune de leur côté conformément à la loi de Képler. Ces parties décrivant des orbites peu différentes finiront pas se choquer et se réunir en une seule.

5. Passons maintenant à la question du sens de la rotation des planètes. On a cherché à en rendre compte par les conditions de rotation de l'anneau; cette rotation étant rendue uniforme par le frottement, les vitesses linéaires des parties extérieures devaient être plus grandes que celles des parties intérieures. Cette vue doit être abandonnée. En effet, si les vitesses linéaires croissaient avec y, c'est-à-dire si ωy était croissant, on aurait

$$\omega' y + \omega > 0$$

et, par conséquent,

$$4\pi\rho > 3\omega^2 + 2\omega\omega' y > \omega^2,$$

ce qui est incompatible avec l'inégalité (10). L'anneau se rompra donc bien avant que sa rotation ne soit devenue uniforme.

Le sens *primitif* de la rotation de la planète sera donc déterminé par les conditions du choc des diverses parties de l'anneau quand, après s'être séparées l'une de l'autre, elles entreront en collision et se fusionneront en un sphéroïde unique. A ce moment, ces parties obéiront séparément aux lois de Képler; les plus externes auront donc une vitesse linéaire moindre que les plus internes, de sorte que le sens primitif de la rotation sera toujours rétrograde.

Les rotations ne pourront devenir directes que par l'action des marées et par le mécanisme imaginé par Roche

LE PROBLÈME DES TROIS CORPS

Revue générale des Sciences, t. 2, p. 1-5 (15 janvier 1891).

La loi de Newton est la plus simple de toutes les lois physiques; mais elle a pour expression mathématique une équation différentielle, et pour obtenir les coordonnées des astres, il faut intégrer cette équation. Ce problème est un des plus difficiles de l'Analyse, et malgré les recherches persévérantes des géomètres, il est encore bien loin d'être résolu.

I. — Quel sera le mouvement de n points matériels, s'attirant mutuellement en raison directe de leurs masses et en raison inverse du carré des distances? Si $n=2$, c'est-à-dire si l'on a affaire à une planète isolée et au Soleil, en négligeant les perturbations dues aux autres planètes, l'intégration est facile; les deux corps décrivent des ellipses, en se conformant aux lois de Képler. La difficulté commence si le nombre n des corps est égal à trois; le *problème des trois corps* a défié jusqu'ici tous les efforts des analystes.

L'intégration complète et rigoureuse étant manifestement impossible, les astronomes ont dû procéder par approximations successives; l'emploi de cette méthode était facilité par la petitesse des masses des planètes, comparées à celle du Soleil. On a donc été conduit à développer les coordonnées des astres suivant les puissances croissantes des masses.

Ce mode de développement n'est pas sans inconvénient; je n'en citerai qu'un : supposons qu'il entre dans l'expression d'une de ces coordonnées un terme périodique dont la période soit très longue, et d'autant plus longue que les masses troublantes sont plus petites, et développons ce terme suivant les puissances croissantes des masses; quelque loin que nous poussions l'approximation, la valeur approchée de ce terme ira en croissant indéfiniment, tandis que la vraie valeur reste toujours finie. C'est ainsi qu'en développant $\sin mt$ suivant les puissances croissantes de m et négligeant les termes en m^5, on trouve $mt - \frac{1}{6}m^3t^3$, polynome susceptible de croître indéfiniment, tandis que $\sin mt$ est toujours plus petit que 1. La véritable nature de la fonction est donc complètement dissimulée.

Cette méthode a été cependant jusqu'ici très suffisante pour les besoins de la pratique; les masses sont, en effet, tellement petites qu'on peut, le plus souvent, négliger leurs carrés et se borner ainsi à la première approximation.

Mais on ne peut espérer qu'il en soit toujours ainsi; il ne s'agit pas seulement, en effet, de calculer les éphémérides des astres quelques années d'avance pour les besoins de la navigation ou pour que les astronomes puissent retrouver les petites planètes déjà connues. Le but final de la Mécanique céleste est plus élevé; il s'agit de résoudre cette importante question : la loi de Newton peut-elle expliquer à elle seule tous les phénomènes astronomiques? Le seul moyen d'y parvenir est de faire des observations aussi précises que possible, de les prolonger pendant de longues années ou même de longs siècles et de les comparer ensuite aux résultats du calcul. Il est donc inutile de demander au calcul plus de précision qu'aux observations, mais on ne doit pas non plus lui en demander moins. Aussi l'approximation dont nous pouvons nous contenter aujourd'hui deviendra-t-elle un jour insuffisante. Et, en effet, en admettant même, ce qui est très improbable, que les instruments de mesure ne se perfectionnent plus, l'accumulation seule des observations pendant plusieurs siècles nous fera connaître avec plus de précision les coefficients des diverses inégalités.

On peut donc prévoir le moment où les méthodes anciennes, malgré la perfection que leur a donnée Le Verrier, devront être abandonnées définitivement. Nous ne serons pas pris au dépourvu. Delaunay, Hill, Gyldén, Lindstedt ont imaginé de nouveaux procédés d'approximation successive plus rapides et plus satisfaisants à tous égards que les anciens; en particulier, ils se sont affranchis de l'inconvénient que je signalais plus haut.

Les développements auxquels ils parviennent pourraient même être regardés comme une solution complète du problème des trois corps, si la convergence en était établie. Il n'en est malheureusement pas ainsi.

Faute de cette convergence, ils ne peuvent pas donner une approximation indéfinie; ils donneront plus de décimales exactes que les anciens procédés, mais ils n'en donneront pas autant qu'on voudra. Si on l'oubliait, on serait conduit à des conséquences erronées. On en serait vite averti, d'ailleurs, car ces conséquences ne seraient pas les mêmes, selon qu'on appliquerait les méthodes de Delaunay ou celles de Lindstedt, et ces contradictions suffiraient pour montrer qu'un au moins des deux développements n'est pas convergent.

II. — Ne peut-on cependant établir aucun résultat relatif au mouvement des trois corps avec cette absolue rigueur à laquelle les géomètres sont habitués? S'il est possible d'en découvrir, ne pourrait-on y trouver un terrain solide sur lequel on s'appuierait pour marcher à de nouvelles conquêtes? N'aurait-on pas ouvert une brèche qui permettrait d'entrer enfin dans la forteresse? On ne peut s'empêcher de le penser, et c'est ce qui donne quelque prix aux rares théorèmes susceptibles d'une démonstration rigoureuse, quand même ils ne semblent pas immédiatement applicables à l'astronomie.

Telles sont les propriétés des solutions particulières remarquables du problème des trois corps.

Le mouvement des trois astres dépend en effet de leurs positions et de leurs vitesses initiales. Si l'on se donne ces conditions initiales du mouvement, on aura défini une solution particulière du problème. Il peut se faire que quelques-unes de ces solutions particulières soient plus simples, plus abordables au calcul, que la solution générale; il peut se faire que pour certaines positions initiales des trois corps, les lois de leur mouvement présentent des propriétés remarquables.

Parmi ces solutions particulières, les unes ne sont intéressantes que par leur bizarrerie; les autres sont, comme nous le verrons, susceptibles d'applications astronomiques, Lagrange et Laplace ont déjà abordé le problème par ce côté, et ils ont découvert ainsi un théorème important. Il peut arriver que les orbites des trois corps se réduisent à des ellipses. La position et la vitesse initiales de notre satellite auraient pu être telles, que la Lune fût constamment pleine; elles auraient pu être telles que la Lune fût constamment nouvelle; elles auraient pu aussi être telles que cet astre fût constamment à 60° du Soleil dans une phase intermédiaire entre la nouvelle lune et le premier quartier.

Ce sont là des solutions particulières très simples, il y en a de plus compliquées qui sont cependant remarquables. Si les conditions du mouvement avaient été différentes de ce qu'elles sont, les phases auraient pu suivre des lois bien étranges; dans une des solutions possibles, la Lune, d'abord nouvelle, commence par croître; mais, avant d'atteindre le premier quartier, elle se met à décroître pour redevenir nouvelle et ainsi de suite; elle a donc constamment la forme d'un croissant. Dans une autre solution, plus étrange encore, elle passe trois fois par le premier quartier entre la nouvelle lune et la pleine lune; dans cet intervalle, elle croît d'abord, décroît ensuite, pour se mettre de nouveau à croître.

Ces solutions sont trop différentes des véritables trajectoires des astres, pour pouvoir jamais être réellement utiles à l'Astronomie. Elles n'ont qu'un intérêt de curiosité. Il n'en est pas de même de celles dont je vais maintenant parler.

Il y a d'abord les *solutions périodiques*. Ce sont celles où les distances des trois corps sont des fonctions périodiques du temps; à des intervalles périodiques, les trois corps se retrouvent donc dans les mêmes positions relatives. Les solutions périodiques sont de plusieurs sortes. Dans celles que j'ai appelées de la première sorte, les inclinaisons sont nulles et les trois corps se meuvent dans un même plan; les excentricités sont très petites et les orbites sont presques circulaires; les moyens mouvements ne sont pas commensurables; les deux planètes passent en même temps au périhélie, qui, loin d'être fixe, tourne avec une rapidité comparable à celle des planètes elles-mêmes, de telle façon que ces deux astres sont au périhélie à chaque conjonction. C'est à cette catégorie qu'appartient la première solution périodique qui ait été découverte et que son inventeur, M. Hill, à prise pour point de départ de sa théorie de la Lune.

Dans les solutions de la seconde sorte, les inclinaisons sont encore nulles, mais les excentricités sont finies; le mouvement du périhélie est très lent; les moyens mouvements sont près d'être commensurables; les périodes anomalistiques (on appelle ainsi le temps qui s'écoule entre deux passages consécutifs de l'astre au périhélie), le sont exactement. A certaines époques, deux planètes passent en même temps au périhélie. Dans les solutions de la troisième sorte les inclinaisons sont finies, les orbites sont presque circulaires; le mouvement des périhélies est très lent et égal à celui des nœuds; les périodes anomalistiques sont commensurables; à certaines époques les planètes passent en même temps aux périhélies. Je laisse de côté de nombreuses catégories de solutions périodiques plus compliquées et qu'il serait trop long d'énumérer.

Il y a ensuite les *solutions asymptotiques*. Pour bien faire comprendre ce qu'on doit entendre par là, qu'on me permette d'employer un exemple simple. Imaginons d'abord une Terre et un Soleil isolés dans l'espace, se mouvant par conséquent d'après les lois de Képler. Supposons encore pour simplifier, que leur mouvement soit circulaire. Donnons maintenant à cette Terre deux satellites L_1 et L_2 dont la masse sera infiniment petite, de telle sorte qu'ils ne troubleront pas le mouvement circulaire de la Terre et du Soleil, et qu'ils ne se troubleront pas non plus mutuellement, chacun d'eux se mouvant comme s'il était seul. Choisissons la position initiale de L_1 de façon que cette Lune décrive une orbite périodique; nous pourrons alors choisir celle de L_2 de façon que ce second satellite décrive ce que nous appellerons une orbite asymptotique. D'abord assez éloigné de L_1, il s'en rapprochera indéfiniment, de sorte qu'après un temps infiniment long, son orbite différera infiniment peu de celle de L_1. Supposons un observateur placé sur la Terre et tournant lentement sur lui-même de façon à regarder constamment le Soleil. Le Soleil lui paraîtra immobile et la Lune L_1 dont le mouvement est périodique lui semblera décrire une courbe fermée C. La Lune L_2 décrira alors pour lui une sorte de spirale dont les spires de plus en plus serrées se rapprocheront indéfiniment de la courbe C. Il y a une infinité de pareilles orbites asymptotiques. L'ensemble de ces orbites forme une surface continue S qui passe par la courbe C et sur laquelle sont tracées les spires dont je viens de parler ([1]).

Mais il y a une autre catégorie de solutions asymptotiques. Il peut arriver, si l'on choisit convenablement la position initiale de L_2, que cette Lune aille en s'éloignant de L_1, de telle façon qu'à une époque très reculée dans le passé, son orbite diffère très peu de celle de L_1. Pour notre observateur, ce satellite décrira encore une courbe en spirales dont les spires se rapprocheront indéfiniment de la courbe C; mais il la décrira en sens contraire en s'éloignant constamment de C. L'ensemble de ces nouvelles orbites asymptotiques formera une seconde surface continue S′ passant également par la courbe D.

Enfin il y a une infinité de solutions *doublement asymptotiques*; c'est là un point que j'ai eu beaucoup de peine à établir rigoureusement. Il peut arriver que le satellite L_2, d'abord très rapproché de l'orbite de L_1, s'en éloigne d'abord beaucoup et s'en rapproche ensuite de nouveau indéfiniment. A une époque très reculée dans le passé, cette Lune se trouvait sur la surface S′, et y décrivait des spires en s'éloignant de C; elle s'est ensuite beaucoup éloignée de C; mais dans un temps très long elle se retrouvera

([1]) Il peut arriver, si l'inclinaison des orbites est nulle, que S se réduise à une surface infiniment aplatie, formée de plusieurs feuillets plans superposés, et analogues aux surfaces de Riemann.

sur la surface S et décrira de nouveau des spires en se rapprochant de C.

Soient L_2, L_3, ..., L_n, $n-1$ lunes décrivant des orbites doublement asymptotiques; à une époque reculée, ces $n-1$ lunes se meuvent en suivant des spirales sur S'; en parcourant cette surface, on rencontre ces $n-1$ orbites dans un certain ordre. Au bout d'un temps très long, nos satellites se retrouveront sur S et décriront de nouveau des spirales; mais, en parcourant cette surface S, on rencontrera les orbites des $n-1$ lunes *dans un ordre tout différent*. Ce fait, pour peu qu'on prenne la peine d'y réfléchir, semblera une preuve éclatante de la complexité du problème des trois corps et de l'impossibilité de le résoudre avec les instruments actuels de l'Analyse.

III. — L'Astronomie ne nous offre aucun exemple d'un système de trois ou de plusieurs corps dont les conditions initiales du mouvement soient telles qu'ils décrivent exactement des orbites périodiques ou asymptotiques. D'ailleurs *a priori* la probabilité pour que cette circonstance se présentât était manifestement nulle. On ne peut pas en conclure que les considérations précédentes ne sont intéressantes que pour le géomètre et inutiles à l'astronome. Il peut arriver, en effet, et il arrive quelquefois que les conditions initiales du mouvement diffèrent peu de celles qui correspondent à une solution périodique. L'étude de cette solution présente alors un double intérêt.

D'abord, le plus souvent, le mouvement de l'astre présentera une inégalité dont le coefficient sera très grand, mais très peu différent de ce qu'il serait si l'orbite était rigoureusement périodique. Le calcul de cette solution périodique fournira alors ce coefficient plus rapidement et plus exactement que les méthodes anciennes. C'est ce qui est arrivé dans la théorie de la Lune de M. Hill pour le calcul de cette grande inégalité appelée variation.

En second lieu, l'orbite périodique peut être prise comme première approximation, comme « orbite intermédiaire » pour employer le langage de M. Gyldén. La seconde approximation conduit alors à un calcul relativement facile, parce que les équations sont linéaires et à coefficients périodiques. C'est ainsi que M. Hill a calculé le mouvement du périgée et qu'il aurait pu calculer également le mouvement du nœud et la grande inégalité connue sous le nom d'évection.

Je pourrais citer beaucoup d'autres exemples. Un des satellites de Saturne a un mouvement très troublé : son périsaturne tourne très rapidement; M. Tisserand a rattaché sa théorie à l'étude d'une solution périodique de la première sorte. La même méthode est applicable à une certaine petite planète dont le moyen mouvement est sensiblement double de celui de Jupiter et que M. Harzer a étudiée.

Gauss a cru pouvoir affirmer que les mouvements moyens de Jupiter et de Pallas étaient entre eux exactement dans le rapport de 7 à 18. Si ses vues venaient à se confirmer, ce qui est encore douteux, la théorie de Pallas se ramènerait à celle d'une solution périodique de la seconde sorte.

Mais l'exemple le plus frappant nous est fourni par l'étude des satellites de Jupiter. Les relations qui ont lieu entre leurs moyens mouvements, et dont la découverte est le plus beau titre de gloire de Laplace, montrent que leur orbite diffère fort peu d'une orbite périodique; en y regardant de près, on voit que la méthode spéciale créée par le génie de ce grand géomètre ne diffère pas de celle que nous préconisons ici.

IV. — Les équations différentielles du problème des trois corps admettent un certain nombre d'intégrales qui sont connues depuis longtemps; ce sont celles du mouvement du centre de gravité, celles des aires, celles des forces vives. Il était extrêmement probable qu'elles ne pouvaient avoir d'autres intégrales algébriques; ce n'est cependant que dans ces dernières années que M. Bruns a pu le démontrer rigoureusement. Mais on ne peut aller plus loin; en dehors des intégrales connues, le problème des trois corps n'admet aucune intégrale analytique et uniforme; les propriétés des solutions périodiques et asymptotiques, étudiées avec attention, suffisent pour l'établir. On peut en conclure que les divers développements proposés jusqu'ici sont divergents; car leur convergence entraînerait l'existence d'une intégrale uniforme.

Dirai-je pour cela que le problème est insoluble? ce mot n'a pas de sens; nous savons depuis 1882 que la quadrature du cercle est impossible avec la règle et le compas, et pourtant nous connaissons π avec beaucoup plus de décimales que n'en pourrait donner aucune construction graphique. Tout ce que nous pouvons dire, c'est que le problème des trois corps ne peut être résolu avec les instruments dont nous disposons actuellement; ceux qu'il faudra imaginer et employer pour obtenir la solution devront certainement être très différents et d'une nature beaucoup plus compliquée.

V. — Une des questions qui ont le plus préoccupé les chercheurs est celle de la stabilité du système solaire. C'est à vrai dire une question mathématique plutôt que physique. Si l'on découvrait une démonstration générale et rigoureuse, on n'en devrait pas conclure que le système solaire est éternel. Il peut en effet être soumis à d'autres forces que celle de Newton, et les astres ne se réduisent pas à des points matériels. Bien des causes peuvent dissiper peu à peu l'énergie du système; on n'est pas absolument certain qu'il n'existe pas de milieu résistant; d'autre part, les marées absorbent de l'énergie qui est incessamment convertie en chaleur par la viscosité des mers, et cette énergie ne peut être empruntée qu'à la force vive des corps célestes. De plus, si tous les astres sont des aimants comme la Terre, leurs mouvements doivent produire, par une induction mutuelle, des courants dans leur masse et, par conséquent, de la chaleur qui est encore empruntée à leur force vive. Mais toutes ces causes de destruction agiraient beaucoup plus lentement que les perturbations, et si ces dernières n'étaient pas capables d'en altérer la stabilité, le système solaire serait assuré d'une existence beaucoup plus longue. La question de la stabilité conserve donc toujours un très grand intérêt.

Lagrange, par une démonstration d'une admirable simplicité, a montré que, si l'on néglige les carrés des masses, les grands axes des orbites demeurent invariables, ou plutôt que leurs variations se réduisent à des oscillations périodiques d'amplitude finie autour de leur valeur moyenne. Poisson a étendu la démonstration au cas ou l'on tient compte des carrés des masses en négligeant leurs cubes; mais, malgré la virtuosité analytique dont il a fait preuve, son analyse montre déjà les défauts des anciennes méthodes. Il montre, en effet, que les grands axes éprouvent autour de leur valeur moyenne des oscillations périodiques; mais, d'après ses formules, l'amplitude de ces oscillations pourrait croître au delà de toute limite; ce n'est là qu'une apparence due au mode de développement, et si l'on ne négligeait pas certains termes, on pourrait prouver que cette amplitude reste finie. Après Poisson on a cherché à trouver une démonstration générale ou au moins à établir l'invariabilité des grands axes en tenant compte du cube des masses. Mathieu avait cru un instant y réussir; mais M. Spiru-Aretu a montré ensuite qu'il s'était trompé. Il avait ainsi plutôt condamné les anciennes méthodes que démontré l'instabilité du système. La question restait entière.

Toutes ces recherches ont exigé de grands efforts qui nous semblent aujourd'hui bien inutiles; les méthodes de M. Gyldén et celles de M. Lindstedt ne donnent en effet, si loin que l'on pousse l'approximation, que des termes périodiques, de sorte que tous les éléments des orbites ne peuvent éprouver que des oscillations autour de leur valeur moyenne. La question serait donc résolue, si ces développements étaient convergents. Nous savons malheureusement qu'il n'en est rien.

Incapables pour le moment de résoudre le problème général, nous pouvons nous borner à un cas particulier. Imaginons trois masses se mouvant dans un même plan, la première très grande, la seconde assez petite, la troisième infiniment petite et, par conséquent, hors d'état de troubler les deux autres. Supposons de plus que les deux grandes masses aient un mouvement circulaire et uniforme. Tel serait le cas du Soleil, de Jupiter et d'une petite planète, si l'on négligeait l'inclinaison des orbites et l'excentricité de Jupiter. Dans ce cas, MM. Hill et Bohlin ont démontré que le rayon vecteur de la petite planète reste toujours inférieur à une limite finie.

Cela ne suffit pas toutefois pour la stabilité; il faut encore que la petite masse repasse une infinité de fois aussi près que l'on veut de sa position initiale.

Il est évident qu'il n'en est pas ainsi pour toutes les solutions particulières, c'est-à-dire quelles que soient les conditions initiales du mouvement; l'existence des solutions asymptotiques en est une preuve suffisante. Mais, d'autre part, on peut rigoureusement démontrer que l'on peut choisir ces conditions initiales de façon que l'astre repasse une infinité de fois dans le voisinage de sa position primitive. Il y a donc une infinité de solutions particulières qui sont instables, au sens que nous venons de donner à ce mot et une infinité d'autres qui sont stables. J'ajouterai que les premières sont exceptionnelles (ce qui permet de dire qu'il y a stabilité en général). Voici ce que j'entends par là, car ce mot par lui-même n'a aucun sens. Je veux dire qu'il y a une probabilité nulle pour que les conditions initiales du mouvement soient celles qui correspondent à une solution instable. On objectera qu'il y a une infinité de manières de définir cette probabilité; mais cela reste vrai quelle que soit la définition que l'on adopte, à une condition toutefois : soient x et y les coordonnées de la troisième masse, x' et y' les composantes de sa vitesse. J'appelle $P\,dx\,dy\,dx'\,dy'$ la probabilité pour que x soit compris entre x_0 et x_0+dx, y entre y_0 et y_0+dy, x' entre x'_0 et x'_0+dx', y' entre y'_0 et y'_0+dy'. Nous pouvons définir la probabilité comme nous le voulons et, par conséquent, nous donner arbitrairement P en fonction de x_0, y_0, x'_0 et y'_0. Eh bien, le résultat que j'ai énoncé plus haut reste vrai, quelle que soit cette fonction P, *pourvu qu'elle soit continue.*

SUR LA STABILITÉ DU SYSTÈME SOLAIRE

Revue scientifique, t. 9, p. 609-613 (14 mai 1898).

Les personnes qui s'intéressent aux progrès de la Mécanique céleste, mais qui ne peuvent les suivre que de loin, doivent éprouver quelque étonnement en voyant combien de fois on a démontré la stabilité du système solaire.

Lagrange l'a établie d'abord, Poisson l'a démontrée de nouveau, d'autres démonstrations sont venues depuis, d'autres viendront encore. Les démonstrations anciennes étaient-elles insuffisantes, ou sont-ce les nouvelles qui sont superflues ?

L'étonnement de ces personnes redoublerait sans doute, si on leur disait qu'un jour peut-être un mathématicien fera voir, par un raisonnement rigoureux, que le système planétaire est instable.

Cela pourra arriver cependant; il n'y aura là rien de contradictoire, et cependant les démonstrations anciennes conserveront leur valeur.

C'est qu'en effet elles ne sont que des approximations successives; elles n'ont donc pas la prétention d'enfermer rigoureusement les éléments des orbites entre des limites étroites que jamais elles ne pourront franchir, mais elles nous apprennent du moins que certaines causes, qui semblaient d'abord devoir faire varier ces éléments assez rapidement, ne produisent en réalité que des variations beaucoup plus lentes.

L'attraction de Jupiter, à distance égale, est mille fois plus petite que celle du Soleil; la force perturbatrice est donc petite, et cependant, si elle agissait toujours dans le même sens, elle ne tarderait pas à produire des effets très appréciables.

Il n'en est pas ainsi, et c'est là le point qu'a établi Lagrange. Au bout d'un petit nombre d'années, deux planètes qui agissent l'une sur l'autre ont occupé sur leurs orbites toutes les positions possibles; dans ces diverses positions leur action mutuelle était dirigée, tantôt dans un sens, tantôt dans le sens opposé, et cela de telle façon qu'au bout de peu de temps il y ait compensation presque exacte. Les grands axes des orbites ne sont pas absolument invariables, mais leurs variations se réduisent à des oscillations de faible amplitude de part et d'autre d'une valeur moyenne.

Cette valeur moyenne, il est vrai, n'est pas rigoureusement fixe, mais les changements qu'elle éprouve sont extrêmement lents, comme si la force qui les produisait était non plus mille fois, mais un million de fois plus petite que l'attraction solaire. On peut donc *négliger* ces changements qui sont, comme on dit, de l'ordre du carré des masses.

Quant aux autres éléments des orbites, tels que les excentricités et les inclinaisons, ils peuvent éprouver, autour de leurs valeurs moyennes, des oscillations plus amples et plus lentes, mais auxquelles on peut facilement assigner des limites.

Voilà ce qu'ont montré Lagrange et Laplace; mais Poisson est allé plus loin. Il a voulu étudier les lents changements éprouvés par les valeurs moyennes, changements dont j'ai parlé plus haut et que ses devanciers avaient d'abord négligés.

Il montra que ces changements se réduisaient encore à des oscillations périodiques autour d'une valeur moyenne qui n'éprouvait que des variations mille fois plus lentes encore.

C'était un pas de plus, mais ce n'était encore qu'une approximation; depuis on a fait d'autres pas en avant, mais sans arriver à une démonstration complète, définitive et rigoureuse.

Il y a un cas qui paraissait échapper à l'analyse de Lagrange et de Poisson. Si les deux moyens mouvements sont commensurables entre eux, au bout d'un certain nombre de révolutions, les deux planètes et le Soleil se retrouveront dans la même situation relative et la force perturbatrice agira dans le même sens qu'au début. La compensation dont j'ai parlé plus haut ne se produit plus alors, et l'on peut craindre que les effets des perturbations ne finissent par s'accumuler et devenir considérables. Des travaux plus récents, entre autres ceux de Delaunay, de Tisserand, de Gyldèn, ont fait voir que cette accumulation ne se produit pas. L'amplitude des oscillations est un peu augmentée, mais reste pourtant très petite. Ce cas particulier n'échappe donc pas à la règle générale.

Non seulement on s'est débarrassé de ces exceptions apparentes, mais on s'est mieux rendu compte des raisons profondes de ces compensations qu'avaient remarquées les fondateurs de la Mécanique céleste. On a poussé plus loin que Poisson l'approximation, mais on n'en est encore qu'à une approximation.

On peut démontrer, dans certains cas particuliers, que les éléments de l'orbite d'une planète redeviendront une infinité de fois très voisins des éléments initiaux, et cela est probablement vrai aussi dans le cas général, mais cela ne suffit pas; il faudrait faire voir que non seulement ces éléments finiront par reprendre leurs valeurs primitives, mais qu'ils ne s'en écarteront jamais beaucoup.

Cette dernière démonstration, on ne l'a jamais donnée d'une manière rigoureuse, et il est même probable que la proposition n'est pas rigoureusement vraie. Ce qui est vrai seulement, c'est que les éléments ne pourront s'écarter sensiblement de leur valeur primitive qu'avec une extrême lenteur et au bout d'un temps tout à fait énorme.

Aller plus loin, affirmer que ces éléments resteront non pas *très longtemps*, mais *toujours*, compris entre des limites étroites, c'est ce que nous ne pouvons faire.

Mais ce n'est pas ainsi que le problème se pose.

Le mathématicien ne considère que des astres fictifs, réduits à de simples points matériels, et soumis à l'action *exclusive* de leurs attractions mutuelles qui suit *rigoureusement* la loi de Newton.

Comment se comporterait un pareil système; serait-il stable? C'est là un problème aussi difficile qu'intéressant pour l'analyste. Mais ce n'est pas celui qui correspond au cas de la nature.

Les astres réels ne sont pas des points matériels, et ils sont soumis à d'autres forces que l'attraction newtonienne.

Ces forces complémentaires devraient avoir pour effet de modifier peu à peu les orbites, alors même que les astres fictifs envisagés par le mathématicien jouiraient de la stabilité absolue.

Ce que nous devons nous demander alors, c'est si cette stabilité sera plus vite détruite par le simple jeu de l'attraction newtonienne, ou par ces forces complémentaires.

Quand l'approximation sera poussée assez loin pour que nous soyons certains que les variations très lentes, que l'attraction newtonienne fait subir aux orbites des astres fictifs, ne peuvent être que très petites pendant le temps qui suffit aux forces complémentaires pour achever la destruction du système; quand, dis-je, l'approximation sera poussée jusque-là, il sera inutile d'aller plus loin, du moins au point de vue des applications, et nous devrons nous considérer comme satisfaits.

Or il semble bien que ce point soit atteint; sans vouloir citer de chiffres, je crois que les effets de ces forces complémentaires sont beaucoup plus grands que ceux des termes négligés par les analystes dans les démonstrations les plus récentes de la stabilité.

Voyons en effet quelles sont les plus importantes de ces forces complémentaires.

La première idée qui vient à l'esprit, c'est que la loi de Newton n'est sans doute pas absolument exacte; que l'attraction n'est pas rigoureusement proportionnelle à l'inverse du carré des distances, mais à quelque autre fonction des distances. C'est ainsi que M. Newcomb a dernièrement cherché à expliquer le mouvement du périhélie de Mercure.

Mais on voit bien vite que cela ne saurait influer sur la stabilité. Il est vrai que, d'après un théorème de Jacobi, il y aurait instabilité si l'attraction était en raison inverse du cube de la distance.

Il est aisé, par un raisonnement grossier, de se rendre compte pourquoi : avec une pareille loi, l'attraction serait considérable aux petites distances et extrêmement faible aux grandes distances. Si donc, pour une raison quelconque, la distance d'une des planètes au corps central venait à augmenter, l'attraction diminuerait rapidement et ne serait plus capable de la retenir.

Mais cela n'a lieu que pour des lois très différentes de celle du carré des distances. Toutes les lois, assez voisines de celle de Newton pour être acceptables, sont équivalentes au point de vue de la stabilité.

Mais il y a une autre raison qui s'oppose à ce que les astres se meuvent sans s'écarter jamais beaucoup de leur orbite primitive.

D'après la seconde loi thermodynamique, connue sous le nom de *principe de Carnot*, il y a une dissipation continuelle de l'énergie, qui tend à perdre la forme du travail mécanique pour prendre la forme de la chaleur; il existe une certaine fonction, nommée *entropie*, dont il est inutile de rappeler ici la définition; l'entropie, d'après cette seconde loi, peut rester constante ou diminuer, mais ne peut jamais augmenter. Dès qu'elle s'est écartée de sa valeur primitive, ce qu'elle ne peut faire qu'en diminuant, elle ne peut plus jamais y revenir, puisque pour cela il faudrait augmenter.

Le monde, par conséquent, ne pourra jamais revenir à son état primitif ou dans un état peu différent, dès que son entropie a changé. C'est le contraire de la stabilité.

Or l'entropie diminue toutes les fois que se produit un phénomène irréversible, tel que le frottement de deux solides, le mouvement d'un liquide visqueux, l'échange de chaleur entre deux corps de température différente, l'échauffement d'un conducteur par le passage d'un courant.

Si nous observons alors qu'il n'y a pas en réalité de phénomène réversible, que la réversibilité n'est qu'un cas limite, un cas idéal dont la nature peut approcher plus ou moins, mais qu'elle ne peut jamais atteindre, nous serons amenés à conclure que l'instabilité est la loi de tous les phénomènes naturels.

Les mouvements des corps célestes seraient-ils seuls à y échapper? On pourrait le croire en voyant qu'ils se passent dans le vide et sont ainsi soustraits au frottement.

Mais le vide interplanétaire est-il absolu, ou bien les astres se meuvent-ils dans un milieu extrêmement ténu, dont la résistance est excessivement faible, mais qui est cependant résistant?

Les astronomes n'ont pu expliquer le mouvement de la comète d'Encke qu'en supposant l'existence d'un pareil milieu. Mais le milieu résistant qui rendrait compte des anomalies de cette comète, s'il existe, se trouve confiné dans le voisinage immédiat du Soleil. Cette comète y pénétrerait, mais aux distances où sont les planètes, l'action de ce milieu cesserait de se faire sentir ou deviendrait beaucoup plus faible.

Il aurait pour effet indirect d'accélérer le mouvement des planètes; perdant de l'énergie, elles tendraient à tomber sur le Soleil; et, en vertu de la troisième loi de Képler, la durée de la révolution diminuerait en même temps que la distance au corps central. Mais il est impossible de se faire une idée de la rapidité avec laquelle cet effet se produirait, puisque nous n'avons aucune notion sur la densité de ce milieu hypothétique.

Une autre cause, dont je vais parler maintenant, doit avoir, semble-t-il, une action plus prompte. Soupçonnée depuis longtemps, elle a été surtout mise en lumière par Delaunay et, après lui, par G. Darwin.

Les marées, conséquences directes des mouvements célestes, ne s'arrêteraient que si ces mouvements cessaient eux-mêmes; cependant les oscillations des mers sont accompagnées de frottements et, par conséquent, produisent de la chaleur. Cette chaleur ne peut être empruntée qu'à l'énergie qui produit les marées, c'est-à-dire à la force vive des corps célestes.

Nous pouvons donc prévoir que cette force vive se dissipe peu à peu par cette cause, et un peu de réflexion nous fera comprendre par quel mécanisme.

La surface des mers, soulevée par les marées, présente une sorte de bourrelet. Si la pleine mer avait lieu au moment du passage de la Lune au méridien, cette surface serait celle d'un ellipsoïde dont l'axe irait passer par la Lune. Tout serait symétrique par rapport à cet axe, et l'attraction de la Lune sur ce bourrelet ne pourrait ni ralentir, ni accélérer la rotation terrestre.

C'est ce qui arriverait s'il n'y avait pas de frottement; mais, par suite des frottements, la pleine mer est en retard sur le passage de la Lune; la symétrie cesse; l'attraction de la Lune sur le bourrelet ne passe plus par le centre de la Terre et tend à ralentir la rotation de notre globe.

Delaunay estimait que, pour cette cause, la durée du jour sidéral augmente d'une seconde en cent mille ans. C'est ainsi qu'il voulait expliquer l'accélération séculaire du mouvement de la Lune. La lunaison nous semblerait devenir de plus en plus courte, parce que l'unité de temps à laquelle nous la rapportons, le jour, deviendrait de plus en plus longue.

Quoi qu'on doive penser du chiffre donné par Delaunay et de l'explication qu'il propose pour les anomalies du mouvement lunaire, il est difficile de contester l'effet produit par les marées.

C'est même ce qui peut nous aider à comprendre un fait bien connu, mais bien surprenant. On sait que la durée de la rotation de la Lune est précisément égale à celle de sa révolution; de telle sorte que, s'il y avait des mers sur cet astre, ces mers n'auraient pas de marées, du moins de marées dues à l'attraction de la Terre; car pour un observateur situé en un point de la surface de la Lune, la Terre serait toujours à la même hauteur au-dessus de l'horizon.

On sait également que Laplace a cherché l'explication de cette étrange coïncidence.

Comment les deux vitesses peuvent-elles être *exactement* les mêmes? La probabilité d'une égalité *rigoureuse* due au simple hasard est évidemment nulle.

Laplace suppose que la Lune a la forme d'un ellipsoïde allongé; cet ellipsoïde se comporte comme un pendule qui serait en équilibre quand le grand axe est dirigé suivant la droite qui joint les centres des deux astres.

Si la vitesse *initiale* de rotation diffère peu de la vitesse de révolution, l'ellipsoïde oscillera de part et d'autre de sa position d'équilibre sans jamais s'en écarter beaucoup. C'est ainsi que se comporte un pendule qui a reçu une faible impulsion.

La vitesse *moyenne* de rotation est alors exactement la même que celle de la position d'équilibre autour de laquelle le grand axe oscille; elle est donc la même que celle de la droite qui joint les centres des deux astres. Elle est donc rigoureusement égale à la vitesse de révolution.

Si, au contraire, la vitesse initiale diffère notablement de la vitesse de révolution, le grand axe n'oscillera plus autour de sa position d'équilibre, comme un pendule qui, sous une forte impulsion, décrit un cercle complet.

Il suffit donc que la vitesse de révolution soit *à peu près* égale à la vitesse *initiale* de rotation, pour qu'elle soit *exactement* égale à la vitesse *moyenne* de rotation. Une égalité rigoureuse n'étant plus nécessaire, le paradoxe se trouve écarté.

L'explication est incomplète cependant. Quelle est la raison de cette égalité approchée, dont la probabilité n'est plus nulle, il est vrai, mais reste assez faible? Et surtout, pourquoi la Lune n'éprouve-t-elle d'oscillations sensibles de part et d'autre de sa position d'équilibre (si nous éliminons, bien entendu, ses diverses librations dues à d'autres causes qui sont bien connues)? Ces oscillations devaient exister à l'origine; il faut qu'elles se soient éteintes par une sorte de frottement; et tout porte à croire que le mécanisme de ce frottement est celui que je viens d'analyser à propos des marées de nos océans.

Quand la Lune n'était pas encore solidifiée et formait un sphéroïde fluide, ce sphéroïde a dû subir des marées énormes, à cause de la proximité de la Terre et de sa masse. Ces marées n'ont dû cesser que quand les oscillations ont été presque complètement éteintes.

Il semble que les satellites de Jupiter et les deux planètes les plus voisines du Soleil, Mercure et Vénus, ont aussi une rotation dont la durée est la même que celle de leur révolution : c'est sans doute pour la même raison.

On pourrait croire que cette action des marées n'a aucun rapport avec notre sujet; je n'ai encore parlé que des rotations et, dans les études relatives à la stabilité du système solaire, on ne s'occupe que des mouvements de translation. Mais un peu d'attention montre que la même action se fait sentir également sur les translations.

Nous venons de voir que l'attraction de la Lune sur la Terre ne passe pas exactement par le centre de la Terre. L'attraction de la Terre sur la Lune, qui est égale et directement opposée, ne passera pas non plus par ce centre, c'est-à-dire par le foyer de l'orbite lunaire.

Il en résulte une force perturbatrice, minime à la vérité, mais qui fait gagner de l'énergie à la Lune. La force vive de translation ainsi gagnée par la Lune est évidemment plus petite que la force vive de rotation perdue par la Terre; puisqu'une partie de l'énergie doit se transformer en chaleur, à cause des frottements engendrés par les marées.

Un calcul très simple montre que, la révolution de la Lune durant vingt-huit jours sidéraux environ, la Lune gagne vingt-huit fois moins de force vive que la Terre n'en perd.

J'ai expliqué plus haut l'action d'un milieu résistant; j'ai montré comment, en faisant perdre de l'énergie aux planètes, elle accélère leur mouvement; au contraire, l'action des marées, en faisant gagner de l'énergie à la Lune, ralentit son mouvement; le mois s'allonge donc en même temps que le jour.

Quel est l'état final vers lequel tendrait le système si cette cause agissait seule? Évidemment cette action ne s'arrêterait que quand les marées auraient cessé, c'est-à-dire quand la rotation de la Terre aurait même durée que la révolution lunaire.

Ce n'est pas tout, dans l'état final, l'orbite de la Lune devrait être devenue circulaire. S'il en était autrement, les variations de la distance de la Lune à la Terre suffiraient pour produire des marées.

Comme le mouvement de rotation n'aurait pas changé, il serait aisé de calculer quelle serait la vitesse angulaire commune de la Terre et de la Lune. On trouve que, dans cet état limite, le mois comme le jour durerait environ 65 de nos jours actuels.

Tel serait l'état final s'il n'y avait pas de milieu résistant et si la Terre et la Lune existaient seules.

Mais le Soleil produit aussi des marées, l'attraction des planètes en produit également sur le Soleil.

Le système solaire tendrait donc vers un état limite où le Soleil, toutes les planètes et leurs satellites tourneraient, avec une même vitesse, autour d'un même axe, comme s'ils étaient des parties d'un même corps solide invariable. La vitesse angulaire finale différerait, d'ailleurs, peu de la vitesse de révolution de Jupiter.

Ce serait là l'état final du système solaire, s'il n'y avait pas de milieu résistant, mais l'action de ce milieu, s'il existe, ne permettrait pas à cet état de subsister et finirait par précipiter toutes les planètes dans le Soleil.

Il ne faudrait pas croire qu'un globe solide, qui ne serait pas recouvert par des mers, se trouverait, grâce à l'absence des marées, soustrait à des actions analogues à celles dont nous venons de parler. Et cela, en admettant même que la solidification ait atteint le centre de ce globe.

Cet astre, que nous supposons solide, ne serait pas pour cela un corps solide invariable; de pareils corps n'existent que dans les traités de Mécanique rationnelle.

Il serait élastique et subirait, sous l'attraction des corps célestes voisins, des déformations analogues aux marées et du même ordre de grandeur.

Si l'élasticité était parfaite, ces déformations se passeraient sans perte de travail et sans production de chaleur. Mais il n'y a pas de corps parfaitement élastique. Il y aura donc encore là développement de chaleur, qui aura lieu aux dépens de l'énergie de rotation et de translation des astres et qui produira absolument les mêmes effets que la chaleur engendrée par le frottement des marées.

Ce n'est pas tout; la Terre est magnétique, et il en est probablement de même des autres planètes et du Soleil. On connaît l'expérience du disque de Foucault; un disque en cuivre, tournant en présence d'un électro-aimant, éprouve une grande résistance et s'échauffe dès que l'électro-aimant entre en action. Un conducteur en mouvement dans un champ magnétique est parcouru par des courants d'induction qui l'échauffent; la chaleur engendrée ne peut être empruntée qu'à la force vive du conducteur. On peut donc prévoir que les actions électrodynamiques de l'électro-aimant sur les courants d'induction doivent s'opposer au mouvement du conducteur. Ainsi s'explique l'expérience de Foucault.

Les astres doivent éprouver une résistance analogue, car ils sont magnétiques et conducteurs.

Le même phénomène se produira donc, bien qu'extrêmement atténué par la distance; mais les effets, se produisant toujours dans le même sens, finiront par s'accumuler; ils s'ajoutent, d'ailleurs, à ceux des marées, et tendent à amener le système au même état final.

Ainsi les corps célestes n'échappent pas à cette loi de Carnot, d'après laquelle le monde tend vers un état de repos final. Ils n'y échapperaient même pas s'ils étaient séparés par le vide absolu.

Leur énergie se dissipe, et, bien que cette dissipation n'ait lieu qu'avec une extrême lenteur, elle est assez rapide pour que l'on n'ait pas à se préoccuper des termes négligés dans les démonstrations actuelles de la stabilité du système solaire.

NOTE SUR LA XVIe CONFÉRENCE

DE

L'ASSOCIATION GÉODÉSIQUE INTERNATIONALE

Annuaire du Bureau des Longitudes, p. A.1-A.29 (1911).

Jusqu'ici c'était M. Bouquet de la Grye qui rendait compte aux lecteurs de l'*Annuaire* des réunions périodiques de l'Association géodésique internationale. Il était pour cette tâche mieux désigné que personne; président de la Commission géodésique française, il assistait à toutes les Conférences de l'Association internationale et prenait à toutes les discussions une part active; les longs déplacements ne l'effrayaient pas, et malgré son grand âge, il avait affronté avec entrain les fatigues du voyage de Budapest ! L'année dernière seulement, il fut obligé de renoncer à assister au Congrès de Londres; il croyait que l'heure du repos avait sonné pour lui; mais les hommes comme lui ne se reposent pas longtemps; quelques mois après nous le perdions. Nous ne voulons pas rompre toutefois la tradition qu'il avait entretenue et je vais essayer de rendre compte ici, moins bien qu'il ne l'aurait fait, des travaux de la XVIe Conférence.

On sait que l'Association internationale se réunit tous les trois ans. En 1906 on s'était donné rendez-vous à Budapest; l'année dernière, c'est l'Angleterre qui nous offrait l'hospitalité. Il avait d'abord été question de tenir toutes les séances à Cambridge, mais on voulut profiter des ressources scientifiques considérables qui se trouvent à Londres et à Greenwich, et l'on se partagea entre la grande métropole moderne et la vieille cité universitaire; les premières réunions eurent lieu à Londres; les dernières seulement se tinrent à Cambridge.

La plupart des états adhérents étaient représentés; comme toujours les relations entre les délégués des différents pays ont été d'une parfaite cordialité; tous logeaient dans le même hôtel, de sorte qu'en dehors des séances ils se retrouvaient et pouvaient causer entre eux d'une façon plus intime. Une excursion en bateau à vapeur sur la Tamise, organisée par M. Léonard Darwin, nous permit d'étudier et d'admirer en détail les richesses de l'Observatoire de Greenwich.

On se rendit ensuite à Cambridge; c'est l'Université où professe si brillamment le vice-président de l'Association, sir George Darwin, qui a beaucoup fait pour organiser le Congrès et pour rendre le séjour de l'Angleterre profitable et agréable pour tous les délégués.

Là, conformément aux vieilles traditions de l'hospitalité britannique, la plupart d'entre nous furent gracieusement accueillis par des particuliers, ou logés dans les bâtiments des collèges, devenus disponibles pendant les vacances. Là, dans ces édifices, admirés par les architectes et les archéologues, ils auraient pu se croire au moyen âge, si la lumière électrique ne leur avait ôté leurs illusions. Ils prenaient leurs repas dans ces grands halls gothiques et solennels, qui font l'étonnement de tous ceux qui sont admis à les visiter.

C'est aussi dans l'une de ces belles salles, celle de Saint John's, que le Congrès fut convié à une brillante soirée donnée par le maître de ce collège. Enfin le dernier jour, nous nous trouvions tous réunis dans un banquet plein de cordialité et où les auteurs de toasts déployèrent plus d'humour que de gravité.

Entre les séances, les membres du Congrès visitèrent l'Observatoire de Cambridge et une très intéressante fabrique d'instruments de précision.

Je voudrais maintenant parler des travaux du Congrès, mais quelques-uns de ces travaux et non les moins importants ne se prêtent guère à une analyse. Les rapports des diverses Commissions nationales nous faisaient connaître l'état d'avancement des mésures géodésiques de précision dans les différents pays. C'est là l'objet principal de la Géodésie, c'est par la longue patience des observateurs, par la lente accumulation de leurs résultats, que nos connaissances se font et surtout se feront, mais une semblable énumération serait fastidieuse pour ceux qui n'ont pas suivi pas à pas cette activité féconde des géodésiens dans les différentes parties du monde.

Je puis encore moins songer à entretenir le lecteur des délibérations relatives à notre budget et à notre situation financière; mais à ce propos je tiens à rendre hommage au dévouement de M. Forster, ancien directeur de l'Observatoire de Berlin; si nos finances sont solidement établies, si nos comptes sont clairs, nous le devons à son infatigable activité, qui nous fait oublier son âge.

Au lieu donc de traiter par ordre et en détail toutes les questions qui ont été agitées dans nos séances, je crois plus profitable d'insister sur quelques points qui ont particulièrement attiré l'attention des délégués et qui présentent quelque caractère de nouveauté.

Variation des latitudes.

Je parlerai d'abord de la question de la variation des latitudes. On sait que pour l'observation systématique de ces variations, l'Association avait installé six stations à peu près également réparties sur un même parallèle, en Amérique, au Japon, en Asie centrale et en Sicile; le Congrès a résolu de continuer ces observations qui deviendront de plus en plus utiles par leur accumulation même. Malheureusement l'une des stations, celle de l'Asie centrale, a dû être déplacée de quelques kilomètres. Dans cette région les fleuves sont sujets à d'incessantes variations, et l'un d'eux se rapprochait de l'Observatoire avec tant de rapidité qu'un déménagement était urgent; malgré toutes les précautions qu'on a prises, il en résultera peut-être quelque gêne pour le rattachement des observations anciennes aux observations passées. Ces observations se font par des méthodes visuelles. Il peut être intéressant, sans abandonner ces méthodes d'en comparer les résultats avec ceux des méthodes photographiques. On va donc installer près de l'une des stations américaines un appareil enregistreur photographique dont les indications seront comparées chaque jour avec celles des lunettes zénithales visuelles.

L'Association, lors des Congrès précédents, s'était préoccupée d'étendre à l'hémisphère sud des observations jusqu'ici concentrées dans l'hémisphère nord; si les mesures faites au sud de l'Équateur confirmaient celles qui avaient été poursuivies dans notre hémisphère, on pouvait en effet considérer comme éliminées de nombreuses causes d'ereurs systématiques. Nos ressources ne nous permettaient que d'installer deux stations, en les plaçant sur un même parallèle. Les résultats n'ont pas été aussi complets qu'on l'avait espéré; un des points choisis sur la côte australienne orientale s'est révélé insalubre et inhabitable et a dû être abandonné; il faut maintenant se préoccuper de trouver un autre emplacement, probablement sur la côte orientale du même continent.

Il ne suffit pas d'accumuler les résultats, il faut encore les discuter; sans cela on n'aurait fait que tracer la courbe décrite par le pôle sur la surface de la Terre et dont les allures paraîtraient de plus en plus capricieuses à mesure qu'on la prolongerait. On n'en pourrait tirer aucune conclusion générale. C'est de cette seconde partie de la tâche que s'est chargé un savant astronome japonais, M. Kimura; il nous a présenté le résultat de son travail.

On sait qu'on distingue dans les variations des latitudes trois mouvements principaux : 1° le pôle décrit sur la surface de la Terre une courbe fermée dans une période de 14 mois environ, c'est le terme de Chandler; 2° le pôle a, en outre, un mouvement annuel; 3° enfin il y a un autre terme, d'origine mystérieuse, et connu sous le nom *de terme de Kimura*; si ce terme était seul, tout se passerait comme si le pôle restant fixe, toutes les stations se rapprochaient et s'éloignaient *simultanément* de ce pôle; comme si le rayon de chaque parallèle terrestre subissait de petites variations périodiques. La période est d'ailleurs annuelle.

Cela rappelé, voici comment on peut résumer les résultats apportés par M. Kimura. La période du terme de Chandler n'est pas constante; elle était de 436 jours en 1893, elle s'est élevée à 442 jours en 1897 et s'est abaissée ensuite à 427 jours en 1907. L'amplitude varie également; de 0″,49 en 1890, elle est tombée à 0″,25 en 1898 pour se relever à 0″,40 en 1907. Ces variations ne sont pas sans causer quelque surprise.

On explique ordinairement la période chandlérienne par l'élasticité du globe terrestre. Si la Terre était un solide invariable, cette période serait de 305 jours; si elle était liquide, ou en grande partie liquide, le phénomène ne se produirait pas; il faut donc qu'elle soit solide, mais sans avoir une rigidité infinie; le chiffre de la période chandlérienne nous montre que la rigidité du noyau interne, sans être infinie, est comparable à celle de l'acier. On ne doit pas s'étonner des variations d'amplitude. La Terre oscille autour de sa position d'équilibre; mais par suite des frottements, ces oscillations tendent à s'éteindre et leur amplitude va en décroissant, jusqu'à ce que des causes météorologiques, ou plus probablement des mouvements sismiques, dérangent de nouveau l'équilibre et donnent lieu à une nouvelle série d'oscillations plus étendues. Au contraire, on sera surpris des variations de la période, l'élasticité n'ayant pas changé. Peut-être avons-nous affaire à deux oscillations de période très peu différente qu'on cherche à représenter par un terme unique et que des observations ultérieures permettront de séparer, ou bien les mouvements sismiques, dont nous venons de parler, dérangent non seulement l'amplitude, mais la phase des oscillations, de sorte que le jeu de la méthode des moindres carrés donne l'illusion d'une variation de la période.

L'ellipse annuelle décrite par le pôle a paru sensiblement constante en grandeur, en phase, et en orientation, et c'est là encore un sujet de surprise. On est tenté d'expliquer ce terme par des influences météorologiques, soit qu'il corresponde à un déplacement réel du pôle et qu'il soit dû, par exemple, à des chutes de neige, soit qu'il ne soit qu'apparent et explicable par des erreurs instrumentales dues à la réfraction ou à l'inégal échauffement des piliers. Dans tous les cas on ne verra pas sans étonnement ces amplitudes varier si peu, alors que deux années consécutives se ressemblent si peu au point de vue météorologique. Cette amplitude n'est d'ailleurs que de 0″,07. Le terme de Kimura doit être également d'origine météorologique; mais il subit d'assez importantes variations en amplitude et en phase; en 12 ans son amplitude a passé de 0″,026 à 0″,052, tandis que sa phase passait de 126° à 68°. Ce qui est interessant, c'est que les valeurs de ce terme déduites des observations faites dans les deux hémisphères sont concordantes, autant du moins qu'on peut en juger, étant donné le petit nombre des mesures faites au sud de l'Équateur. Cette circonstance serait de nature à faire regarder ce terme comme ayant une existence réelle. Tels sont les problèmes qui se rattachent à la variation des latitudes et dont l'importance justifie les sacrifices que l'Association a faits et va faire encore pour les résoudre.

Marées de l'écorce terrestre.

Nous rapprocherons des études précédentes les travaux de M. Hecker sur les marées de l'écorce terrestre; M. Lallemad a eu l'occasion d'en parler dans une Notice parue dans l'*Annuaire* de 1909; et cela me dispensera d'insister trop longuement. On sait que M. Hecker a installé deux pendules horizontaux à une profondeur de 25^m dans un puits près de Potsdam. L'observation de ces deux pendules, orientés l'un NS, l'autre EW, devait faire connaître les variations périodiques de la verticale dues aux attractions du Soleil et de la Lune. Si la Terre était absolument rigide, les variations observées seraient celles de la verticale réelle et pourraient être déterminées *a priori* par le calcul. Mais la Terre étant élastique et déformable, ce qu'on observe n'est que la différence entre les déplacements de la verticale et ceux de la normale à la surface du sol, et l'on peut en tirer des conséquences au sujet de la déformation du Globe.

Les résultats relevés pendant plusieurs années ont été en somme assez concordants pour qu'on puisse espérer que les influences perturbatrices dues principalement aux variations de température, se soient suffisamment atténuées à la profondeur où l'on a opéré. M. Hecker les a résumés devant le Congrès. L'onde solaire et l'onde lunaire peuvent être discernées; en ce qui concerne la première, on pourrait craindre un trouble dû à des causes thermiques ou météorologiques; il y a donc lieu d'attacher plus d'importance à l'onde lunaire. Pour les deux pendules les déviations calculées étaient 0",00922 et 0",00900, et les déviations observées 0",00622 et 0",00543. Les chiffres correspondants pour l'onde solaire étaient 0",00399 et 0"00389 contre 0",00244 et 0",00585; mais il n'y a lieu de les citer que pour mémoire, pour les raisons exposées plus haut. L'auteur se demande, en outre, si les marées océaniques ne pourraient pas troubler les mesures relatives à l'onde lunaire, à cause du voisinage de la mer du Nord; mais le calcul lui montre que cet effet ne saurait dépasser 0",0006.

Des mesures précédentes, on est donc en droit de déduire des conséquences sur le coefficient d'élasticité de la Terre; on remarquera que les deux pendules ne donnent pas le même chiffre, comme si cette élasticité n'était pas la même dans le sens d'un méridien et dans le sens d'un parallèle. Mais cela peut tenir à des conditions géologiques particulières aux environs de Potsdam; d'où la nécessité de multiplier les observations; l'Association n'a pas hésité à y consacrer une partie de ses ressources; de nouvelles expériences vont être poursuivies dans des régions d'une structure géologique très différente et à une profondeur beaucoup plus grande dans les mines de Przibram où il y a des puits de plus de 1000^{m}.

Il me reste à expliquer pourquoi j'ai rapproché ces études de celles qui se rapportent à la variation des latitudes; c'est qu'elles se corroborent et se complètent mutuellement en nous fournissant des données sur l'état intérieur de notre planète; elles nous montrent que la Terre est intérieurement solide, et que sa rigidité est voisine de celle des métaux usuels. M. Schweydar avait montré qu'on pouvait les concilier en admettant que le module d'élasticité, de même que la densité, croît de la superficie au centre. Les chiffres qu'il propose, déduits de l'hypothèse de Wiechert, valent ce que vaut cette hypothèse; ils ne sont guère admissibles, puisque tandis que le noyau interne serait environ deux fois plus rigide que l'acier, la partie externe serait, au contraire, moins rigide que les roches connues de l'écorce terrestre, ce qui avait conduit à l'idée d'une couche fluide intermédiaire, sorte de lubrifiant entre la croûte externe et le noyau central; cette dernière hypothèse, est-il besoin de le dire, n'a pu supporter l'examen, de sorte qu'il faudra admettre pour la variation des densités une loi beaucoup plus compliquée que celle de Wiechert.

De son côté, M. Lallemand a cherché à montrer que les données fournies par les deux modes d'observation sont parfaitement compatibles avec la supposition d'une élasticité sensiblement constante. C'est là l'objet de sa récente Notice, bien connue des lecteurs de l'*Annuaire*. Ces questions ont occasionné une intéressante discussion à laquelle ont pris part MM. Hecker, Lallemand et sir G. Darwin. Cette discussion n'aura pas été inutile, bien qu'on ne soit pas arrivé à un accord définitif, ce qui n'était pas possible dans l'état actuel des observations. Les mesures nouvelles actuellement entreprises nous y amèneront sans doute; dans quelques années on possèdera des données assez précises pour pouvoir arriver à une conclusion. Mais il est un point qui a été un peu oublié, et dont il conviendra alors de tenir compte. Newcomb avait montré que les Océans jouaient un rôle dans la variation des latitudes, et il avait cherché à l'évaluer grossièrement; ses successeurs ont, dans leurs calculs, laissé cette circonstance de côté en la considérant à tort comme négligeable. Cela ne sera plus permis quand les observations seront devenues plus précises.

Mesure de la pesanteur en mer.

Le même M. Hecker a communiqué au Congrès les résultats de son voyage dans l'Océan Indien et l'Océan Pacifique. L'intensité de la pesanteur peut être mesurée à terre à l'aide du pendule; mais cette méthode n'est plus applicable sur mer. M. Hecker s'est servi d'un procédé entièrement différent et qui repose sur la comparaison de la hauteur barométrique qui donne la mesure de la pression évaluée en kilogrammes par centimètre carré; et de la température d'ébullition de l'eau, d'où l'on peut déduire la pression atmosphérique évaluée cette fois en dynes par centimètre carré; on a ainsi le rapport du gramme à la dyne, c'est-à-dire g. Dans un premier voyage dont il a rendu compte dans un Congrès antérieur, M. Hecker a fait la traversée de l'Atlantique jusqu'au Brésil; il avait pu déjà à Budapest nous parler sommairement de son second voyage et nous faire voir ses nouveaux appareils qui avaient reçu d'importants perfectionnements. A Londres il nous a exposé en détail ses résultats.

Il est allé d'abord de Bremerhaven en Australie par la Méditerranée et la mer Rouge, puis de Sidney à San Francisco par les îles Hawaï, puis de San Francisco au Japon, et revint par les côtes de Chine et l'océan Indien. Il va sans dire que dans de semblable opérations les causes d'erreur sont nombreuses; les plus importantes sont celles qui sont dues à *l'inertie* du baromètre, dont la colonne porte un étranglement afin d'atténuer ses oscillations; comme cet étranglement produit un frottement, les indications du baromètre se trouvent en retard sur la pression effective. D'autre part, il faut tenir compte du roulis et du tangage, les oscillations devant dépendre de l'amplitude et de la période de ces mouvements, De là une série de termes correctifs dont il faut déterminer les coefficients; cette détermination se fait par la méthode des moindres carrés.

On ne saurait en l'espèce avoir dans cette méthode une entière confiance; aussi a-t-on fait de nombreuses comparaisons avec les observations de pendules faites à terre, à Melbourne, Sydney, San Franscico, Tokyo, Zi-Ka-Weï, Hong-Kong, Bangkok, Rangoon et au fond du golfe du Bengale. Les valeurs obtenues par d'autres observateurs à Messine, Port-Saïd, Aden, etc., ont également été utilisées. La concordance a été en général très satisfaisante.

Je ne retiendrai que la conclusion générale que je traduis littéralement.

La pesanteur aussi bien sur l'océan Indien que sur le Grand Océan est à peu près normale et obéit à la formule de Helmert de 1901. Par conséquent, pour ces deux océans, comme antérieurement pour l'Atlantique, l'hypothèse de Pratt sur la disposition *isostatique* des masses terrestres s'est trouvée confirmée, si bien qu'à part quelques anomalies locales on peut la regarder comme une loi générale. On peut regarder comme démontré que la faible densité des eaux marines est compensée par la densité supérieure des couches sous-jacentes. Inversement, les masses continentales qui s'élèvent au-dessus du niveau de la mer, ne représentent pas un excès véritable de masse. Mais les masses continentales apparentes sont compensées par un défaut de masse au-dessous des continents.

Des anomalies positives ont été observées dans le voisinage de Ceylan, de l'Australie occidentale, du plateau des îles Tonga, des îles Sandwich. En général, la gravité est au-dessous de la normale au large et un peu au-dessus sur les côtes.

Un autre fait curieux a encore été signalé par M. Hecker; la valeur de la gravité observée dépend de la route du navire; elle ne sera pas la même en un même point si le navire marche de l'W à l'E ou inversement; c'est là un effet de la force centrifuge composée de Coriolis. La théorie permettait de le prévoir, et cela a été observé effectivement sur la mer Noire, par un navire que le gouvernement russe avait mis à la disposition de l'astronome allemand.

Balance de torsion.

M. Eötvös a communiqué de nouvelles observations faites avec sa balance de torsion. On sait que cet instrument est fondé sur les mêmes principes que la balance de Cavendish avec cette différence qu'au lieu d'être construite comme un appareil de laboratoire qui ne peut être employé qu'avec mille précautions et qui est sensible aux moindres courants d'air, elle est établie comme un appareil de campagne, applicable aux opérations géodésiques. Elle nous fournit, non pas la valeur de g, mais celle de ses dérivées par rapport aux coordonnées. Si donc on a mesuré g par le pendule en deux stations, et la dérivée de g par la balance Eötvös en des stations intermédiaires suffisamment rapprochées, on a deux valeurs d'origine différente pour la différence de la valeur de la gravité aux deux stations extrêmes, et il peut être intéressant de les comparer. Les différences sont de quelques unités de la dernière décimale donnée par le pendule et souvent plus petites; les distances varient de 1 à 50^{km}, avec environ une station intermédiaire par kilomètre. La concordance n'est pas moins satisfaisante si l'on fait la comparaison entre les mesures de M. Eötvös et les déterminations géodésiques de la déviation de la verticale.

L'accord des diverses méthodes montre la valeur du nouvel appareil; mais il y a des cas où il peut nous fournir des indications que les anciens ne nous donneraient pas. Les anomalies dans la distribution des masses peuvent nous être révélées par le pendule, par les déviations de la verticale, par la balance de torsion; suivant la distance qui sépare la station de la masse perturbatrice, et suivant la profondeur, chacune des trois méthodes peut avoir l'avantage, et leur comparaison permet dans tous les cas de mieux se rendre compte de la position des masses perturbatrices. La balance est surtout utile lorsque les masses sont placées à de faibles profondeurs; les géologues pourront sans aucun doute en tirer parti; et il a déjà été question de l'employer pour l'étude des phénomènes volcaniques et même pour la recherche des gisements de cuivre.

Une intéressante comparaison peut être faite entre les perturbations de la gravité et celles du magnétisme. M. Eötvös a reconnu ainsi trois types différents; tantôt les deux perturbations sont de même signe, tantôt de signe contraire, tantôt enfin leurs sens varie d'une façon indépendante; ces trois types correspondent à trois modes de distribution de masses magnétiques, et de masses de forte densité dépourvues de magnétisme. On peut ainsi diagnostiquer la présence de masses de fer.

Le savant hongrois a cherché avec son appareil à résoudre une question des plus importantes pour la philosophie naturelle; la constante de la gravitation est-elle la même pour tous les corps ? Si elle ne l'était pas, la direction de la verticale ne serait pas non plus la même pour tous les corps, puisque la pesanteur observée est la résultante de deux forces, l'attraction qui, pour deux corps différents, aurait même direction, mais intensité différente, et la force centrifuge qui aurait même direction et même intensité pour tous les corps. Cette déviation de la verticale pourrait être mise en évidence par la balance de torsion.

Les déterminations antérieures, faites à l'aide du pendule, avaient montré que les différences si elle existent sont plus petites que 1/60 000e; la méthode nouvelle montre qu'elles sont plus petites que 1/200 000 000e. Je dois ajouter toutefois que Laplace a traité la même question par des moyens astronomiques. Il a comparé l'attraction du Soleil sur la Terre et sur la Lune; il a trouvé que la différence est plus petite que 1/1 000 000e environ; le calcul refait avec les données les plus récentes donnerait 1/50 000 000e.

M. Hecker a montré aux délégués des photographies obtenues à l'aide de la balance Eötvös; en éloignant et en rapprochant certaines masses, on déplace une image reflétée par un miroir que porte la balance; et l'on peut photographier le déplacement de cette image. En répétant plusieurs fois l'expérience à plusieurs jours d'intervalle, on obtient des courbes qui se superposent l'une à l'autre d'une façon surprenante.

L'isostasie.

Une tentative fort importante a été faite pour étudier la distribution des masses à l'intérieur du globe; elle est due au géodésien américain M. Hayford, dont la Communication a vivement intéressé le Congrès.

Dans un Mémoire antérieur, exposé devant le Congrès de Budapest, l'auteur avait discuté toutes les observations de la déviation de la verticale faite sur le territoire des États-Unis; cette fois, il cherchait à discuter de nombreuses observations de pendule dont 56 faites aux États-Unis, et une dizaine en des stations particulièrement remarquables réparties sur toute la surface du Globe.

Chacune de ces observations donnait lieu à des calculs de réduction très considérables, puisqu'il fallait tenir compte de l'attraction de toutes les masses continentales à quelque distance qu'elles fussent de la station, c'est-à-dire qu'il fallait étendre l'intégration au Globe tout entier. M. Hayford, quelles que soient son habileté et sa patience, n'aurait donc pu accomplir sa tâche, s'il n'avait imaginé une méthode de calcul abrégé. Il se sert d'une sorte de canevas formé de compartiments limités par des circonférences concentriques et par des lignes radiales. Ces divers compartiments n'ont pas même aire; les plus rapprochés de la station sont les plus petits, les plus éloignés sont les plus grands, et leurs aires sont calculées pour que leur influence sur le pendule soit sensiblement la même, les plus grandes dimensions des aires les plus éloignées étant compensées par l'effet de la distance. Traçons ce canevas en transparent et plaçons-le sur une carte géographique où l'hypsométrie est indiquée, et cela de façon que la station en occupe le centre. Nous évaluerons à vue l'altitude moyenne dans chacun des compartiments, et nous chercherons dans des tables auxiliaires préparées à l'avance, la valeur de l'attraction qui correspond à cette altitude. Une fois les tables construites, on n'aura donc plus qu'à effectuer des multiplications et des additions. M. Hayford avait appliqué une méthode analogue à la discussion des déviations de la verticale.

Ces quelques mots suffisent pour faire comprendre l'esprit de la méthode, et je vais maintenant résumer les résultats. Tout se passe comme si les masses terrestres étaient distribuées *isostatiquement*; voici ce que l'auteur entend par là. Imaginons une sphère S concentrique à la sphère terrestre et dont la surface est à une profondeur constante P au-dessous de la surface des mers prolongée. A l'intérieur de cette sphère la densité peut être regardée comme uniforme; il n'en est pas de même à l'extérieur. Partageons la surface de la sphère S en un très grand nombre d'aires très petites *ds*, que je supposerai toutes égales entre elles. Considérons un cône ayant pour sommet le centre de la Terre et pour base le contour d'une de ces aires *ds*; prolongeons ce cône jusqu'à la surface topographique. Le solide compris entre la surface de la sphère S et la surface topographique, c'est-à-dire la croûte extérieure du Globe, se trouvera ainsi décomposé en un grand nombre de petits troncs de cône ayant pour petites bases les aires *ds* et pour grandes bases les éléments correspondants de la surface topographique. Les petites bases de tous ces troncs de cônes sont égales par hypothèse, mais il n'en est pas de même de leur volume; leur hauteur dépend en effet de la distance de la sphère S à la surface topographique; elle est donc plus grande sous les montagnes que sous les plaines et sous les continents que sous les mers. Eh bien, d'après l'hypothèse isostatique, ces troncs de cône qui ont des volumes différents auraient tous même masse; la densité serait plus faible sous les continents que sous les mers; elle serait en raison inverse de la distance de la surface topographique à la sphère S, c'est-à-dire de $P + h$, h désignant l'altitude au-dessus du niveau de la mer, et P la profondeur constante de la sphère S au-dessous de ce niveau.

Il reste à savoir quelle est la valeur de P. Les déviations de la verticale avaient donné 113^{km}. En faisant le calcul pour le pendule avec cette valeur de P, on trouve une concordance remarquable, puisque l'anomalie moyenne de la gravité qui avec les anciennes formules était de 0,106 tombe à 0,012.

Une semblable compensation ne saurait être due au hasard, et l'on doit se demander comment l'isostatie a pu s'établir. Une hypothèse intéressante avait été mise en avant; on se représentait la croûte terrestre comme composée d'une série de radeaux flottants sur un liquide interne plus dense; en vertu du principe d'Archimède, chacun de ces radeaux s'enfoncera d'autant plus que son poids sera plus grand, et le rapport entre la partie émergée et la partie immergée sera sensiblement constant; c'est ainsi que sur les mers polaires les icebergs laissent sortir de l'eau le septième de leur hauteur totale. Les continents correspondraient aux radeaux les plus épais, puisque ce seraient ceux qui émergeraient le plus; ce seraient aussi ceux qui seraient le plus profondément immergés, de sorte que sur une profondeur plus grande, le liquide dense serait déplacé par un solide de moindre densité; et il résulterait de ce mécanisme une compensation automatique et parfaite.

Cela ne correspond pas tout à fait aux observations de M. Hayford; les compartiments qui émergeraient le plus seraient non pas les plus épais, mais les moins denses; et ils seraient tous également immergés à une profondeur constante de 113^{km}, de telle sorte que leurs surfaces inférieures se trouveraient au même niveau.

Cela est moins séduisant que l'hypothèse primitivement proposée, mais cela est paraît-il plus conforme aux faits.

Il sera donc nécessaire de modifier l'hypothèse dont je viens de parler; il y a une autre raison de le faire. Elle implique la fluidité interne du Globe et nous venons de voir plus haut les preuves de la grande rigidité de notre planète. Si l'on assimilait cette rigidité à celle des solides invariables des théoriciens, l'isostasie deviendrait tout à fait inexplicable; mais il convient sans doute de se représenter la Terre comme pourvue d'une certaine viscosité, de telle sorte que tout en se comportant comme un solide sous l'influence de forces dont les variations seraient relativement rapides; elle aurait cédé à la façon d'un corps pâteux à des actions séculaires dont les effets se seraient accumulés lentement pendant la durée des âges géologiques.

Nouvelle valeur de l'aplatissement.

Quelque intéressantes que soient ces recherches, les géodésiens ne pouvaient oublier l'objet principal de leurs études, la détermination des dimensions du Globe terrestre. Les déterminations se sont accumulées, mais il fallait les calculer et les discuter; c'est ce qu'a fait M. Helmert; l'ellipsoïde de Clarke que beaucoup de géodésiens avaient conservé comme ellipsoïde de référence n'est plus admissible.

On sait que ses dimensions étaient :

Demi grand axe ou rayon équatorial	6378,253
Demi petit axe ou rayon polaire	6356,521
Inverse de l'aplatissement	293,5

Celles du nouvel ellipsoïde calculé par M. Helmert sont :

Demi grand axe	6378,388
Inverse de l'aplatissement	297

On remarquera que la nouvelle valeur de l'aplatissement est compatible avec celle de la précession, ce qui n'avait pas lieu pour l'ancienne valeur, ainsi que l'avait démontré M. Radau.

Mission de l'Équateur.

Le Congrès s'est occupé également des récentes mesures d'arc de méridien, nous voulons parler de l'arc de l'Équateur, de celui du Spitzberg et de l'arc africain.

On sait combien la mission de l'Équateur, menée à bien au milieu de difficultés considérables, a fait d'honneur à la Géodésie française et au Service géographique de l'Armée qui en a été chargé. Les opérations sur le terrain ont été terminées en 1906. Il restait à calculer les observations et à publier les résultats. Les calculs, déjà très avancés, se poursuivent dans les bureaux du service géographique, et le Parlement a voté un crédit spécial qui permettra l'impression des volumes qui doivent faire connaître au monde savant les résultats obtenus. La moitié de l'Ouvrage seulement sera consacrée à la Géodésie; l'autre moitié contiendra la description des intéressantes collections d'histoire naturelle rapportées par M. le Docteur Rivet, et qu'on a pu admirer au Muséum il y a trois ans.

Nous nous bornerons à résumer brièvement quelques-uns des chiffres déduits des calculs définitifs et communiqués au Congrès par M. le Colonel Bourgeois. Voici d'abord ce qui peut donner une idée de la précision obtenue dans les mesures des bases avec les règles soit bimétalliques, soit monométalliques en métal invar.

	Base.	
	Riobamba.	Viviate.
Section	Est	Ouest
Règle	Bimétallique	Monométallique
1re mesure	3359,993898	3687,28370
2e mesure	3359,993275	3687,28532
Différence	6^{mm},62	1^{mm},61
Erreur relative	1/509000	1/229000

Les mesures d'angles ont été contrariées par deux causes, les circonstances météorologiques défavorables qui ont obligé, par exemple, les observateurs à rester dans la station d'El Pelado à l'altitude de 4149^{m} pendant 142 jours et à celle de Naupan, à l'altitude de 4515^{m} pendant 83 jours; et les destructions de signaux par les indigènes, qui se sont reproduites jusqu'à 17 fois et ont obligé chaque fois à recommencer les opérations.

L'exactitude des résultats n'en a pas souffert, puisque le calcul de compensation a montré que l'erreur moyenne d'une direction finale est seulement de 1'',129 (il s'agit de secondes centésimales, environ 3 fois plus petites que les secondes ordinaires). L'erreur moyenne d'un angle déduite de la compensation de la chaîne est de 2'',465.

La comparaison des longueurs calculées et mesurées dans deux bases de contrôle peut également nous donner une idée de l'exactitude sur laquelle on peut compter.

Base.	Longueur.	Différence. Base mesurée — Base calculée.	Erreur relative.
Nord	6605	+ 67^{mm},55	1/98000
Sud	8200	— 0^{mm},57	1/14400000

La concordance est très satisfaisante en ce qui concerne la base du Nord; pour la base du Sud, elle est presque absolue, ce qui ne peut évidemment être attribué qu'au hasard.

Je n'insisterai pas sur les autres opérations, en me bornant à constater les excellents résultats qu'a donnés pour la mesure des latitudes l'astrolabe à prisme de MM. Claude et Driencourt.

Arc du Spitzberg.

Les délégués suédois ont rendu compte également des opérations faites au Spitzberg et où ont collaboré les géodésiens russes et suédois. La mesure des bases a présenté de grandes difficultés à cause de la nature du terrain, elle a été faite au fil Jädderin; deux mesures successives ont donné $10024^m,532$ et $10024^m,504$; la concordance est très satisfaisante, surtout si l'on tient compte des conditions défavorables dans lesquelles on a opéré; l'exactitude des résultats a été contrôlée également par les jonctions du réseau russe avec le réseau suédois.

Arc africain.

Grâce à l'initiative de sir David Gill, l'Angleterre a entrepris la mesure d'un grand arc du méridien qui traversera tout le continent africain du Caire au Cap. Les mesures sont déjà très avancées dans les territoires britanniques du sud de l'Afrique d'une part, et en Egypte d'autre part; d'autres opérations ont été menées avec succès dans la région des grands lacs équatoriaux; la traversée du massif montagneux du Rouvenzori a présenté certaines difficultés qui ont été heureusement surmontées.

Télégraphie sans fil.

Les délégués japonais ont communiqué des observations de différences de longitude faites par le moyen de la télégraphie sans fil. Les résultats obtenus sont encourageants. A cette occasion, M. Poincaré a entretenu le Congrès d'un projet de mesures de la différence de longitude Paris-Athènes, dont M. Eginitis, directeur de l'Observatoire d'Athènes, a pris l'initiative. On songe, malgré la grande distance, à utiliser dans cette opération la télégraphie sans fil.

D'autre part, on s'est préoccupé en France de donner l'heure aux marins en mer par des ondes hertziennes. On a étudié l'installation d'un poste à la Tour Eiffel qui tous les jours à minuit donnerait un signal perceptible dans une partie de l'Atlantique et de la Méditerranée. Nous pouvons ajouter aujourd'hui que cette installation a été retardée par les inondations de la Seine qui ont complètement détruit le poste radiotélégraphique de la Tour Eiffel et que le nouveau service ne fonctionne que depuis le 23 mai.

M. Forster a fait savoir à ses collègues que l'Allemagne allait installer un service anologue à Nauen, et il a insisté sur la nécessité d'une entente internationale afin d'éviter les confusions de signaux.

J'arrête là cet exposé que je ne saurais prolonger sans entrer dans des détails trop techniques; j'espère avoir montré quelle est la variété des questions qui ont attiré l'attention des délégués et quel est l'intérêt des problèmes qui se rattachent à la Géodésie; cette science est la seule qui nous permette de pénétrer les mystères de la constitution interne du Globe, et elle deviendra ainsi pour le géologue une auxiliaire indispensable.

LE DÉMON D'ARRHÉNIUS

Hommage à Louis Olivier, p. 281-287, Paris (26 septembre 1911).

Parmi les idées nouvelles que nous voyons germer en foule dans le fécond cerveau de M. Arrhénius, il y en a une qui mérite d'attirer particulièrement l'attention, parce qu'elle intéresse l'avenir de notre Univers; elle nous ouvre (ou du moins elle s'y efforce) des perspectives plus consolantes que la théorie classique de Clausius; le Monde si l'on en croit le savant suédois, ne serait pas fatalement voué à la *mort thermique*, il ne serait pas destiné à périr dans une morne uniformité finale.

∴

On sait que les machines thermiques ne peuvent fonctionner qu'entre deux sources, l'une chaude et l'autre froide. La chaleur empruntée à la première ne peut être que partiellement transformée en travail, il est nécessaire qu'une partie soit cédée à la source froide; il en résulte que la source chaude va se refroidir et la source froide s'échauffer; leurs températures finiront pas s'égaliser, elles seront alors épuisées.

Si l'on regarde l'Univers entier comme une immense machine thermique, la source chaude sera représentée par les Soleils, la source froide par les Nébuleuses, toutes les source dont nous disposons devant être regardées seulement comme des échelons intermédiaires de l'échelle immense qui s'étend entre ces deux extrêmes. Qu'est-ce donc qui peut entretenir la source chaude; ce ne peut être que l'énergie qui existe dans le monde sous la forme mécanique; ce n'est pour nos Soleils qu'une bouchée, à peine de quoi assouvir leur appétit pendant une centaine de millions d'années. Et alors les Étoiles vont se refroidir et les Nébuleuses s'échauffer, jusqu'à ce qu'il n'y ait plus entre elles de différence de température : l'Univers aura subi la *mort thermique*.

C'est là ce qu'exige le second principe de la Thermodynamique. Mais quelle est la raison d'être de ce principe; d'après beaucoup de physiciens, il ne serait qu'une conséquence de la loi des grands nombres. Les molécules étant très nombreuses, leurs mouvements tendraient de plus en plus à se distribuer conformément aux lois du hasard. Tout tendrait à se mêler, parce que, s'il est facile de cacher un grain d'orge dans un tas de blé. il est très difficile de l'y retrouver et de l'en faire sortir. Les molécules sont innombrables et très petites; c'est pourquoi il est pratiquement impossible de les démêler, une fois qu'elles sont mêlées.

Pour remonter le courant, pour faire passer de la chaleur d'un corps froid sur un corps chaud, il faudrait, disait Maxwell, un être assez petit et assez intelligent pour faire le triage de ces objets minuscules. Cet être, aux sens déliés, qui verrait ce qui échappe à nos yeux grossiers, pourrait séparer les molécules « chaudes », c'est-à-dire les molécules rapides, des molécules « froides », c'est-à-dire des molécules lentes. C'est cet être fictif que l'on appelle le *démon de Maxwell.*

Pour conserver au monde la vie, pour maintenir les Nébuleuses froides et les Soleils chauds, il faudrait donc une sorte de démon de Maxwell automatique C'est ce qu'Arrhénius croit avoir trouvé. Comment, en effet, opérerait le démon de Mavwell pour réchauffer la moitié d'une masse gazeuse en refroidissant l'autre ? Il séparerait le vase en deux parties par une cloison, percée de petites portes qu'il pourrait ouvrir ou fermer à volonté. Si une molécule rapide, venant de gauche, s'approchait d'une de ces portes, il se hâterait de la fermer, et la molécule rebondirait vers la gauche; il l'ouvrirait, au contraire, pour une molécule lente venant de gauche ou pour une molécule rapide venant de droite. Finalement, il n'y aurait plus à gauche que des molécules rapides et à droite que des molécules lentes, le gaz de gauche serait chaud et celui de droite serait froid.

Or, qu'arrive-t-il dans les Nébuleuses; la matière y étant très raréfiée, les molécules gazeuses n'y sont que faiblement retenues par la gravitation; il doi·

donc arriver fréquemment qu'une molécule s'échappe et va se perdre dans le vide infini. Mais quelles sont les molécules qui sont le plus exposées à cet accident; ce sont évidemment les plus rapides; un projectile lancé de la Terre aura, en effet, d'autant plus de chances de sortir de la sphère d'attraction terrestre que sa vitesse initiale sera plus grande. Par conséquent, les molécules qui resteront dans la Nébuleuse seront les molécules lentes, c'est-à-dire froides; celles qui s'en iront seront les molécules rapides, c'est-à-dire chaudes. Et c'est ainsi que les Nébuleuses peuvent rester froides, malgré la chaleur qu'elles reçoivent des Soleils. Il y a un triage, comme celui que ferait le démon de Maxwell, mais ce triage est automatique.

Les molécules échappées des Nébuleuses finissent par entrer dans la sphère d'attraction des Soleils et par tomber à leur surface en acquérant une grande vitesse par l'effet de la gravitation. En même temps qu'elles augmentent la masse, elles en entretiennent la chaleur par leurs chocs.

La solution n'est pas encore satisfaisante; et d'abord nous savons bien que la masse de notre Soleil n'augmente pas. D'autre part, les Nébuleuses finiraient par se vider et perdre leur substance qui irait se concentrer dans les Étoiles. Le monde atteindrait l'uniformité et la mort thermique, mais par une autre voie. Arrhénius est donc obligé de compléter son hypothèse; pour cela, il a recours à la pression de radiation de Maxwell-Bartholi; on sait que les corps très légers sont repoussés par la lumière, et c'est ainsi que se forment les queues des comètes, dont la matière très ténue est repoussée par la lumière solaire. Arrhénius suppose que des particules très fines, issues du Soleil, peuvent subir une action analogue; elles forment d'abord la couronne solaire; mais elles ne s'arrêtent pas là : la pression de Maxwell les pousse beaucoup plus loin, en dehors même du système solaire et jusqu'aux lointaines Nébuleuses. Les Nébuleuses, qui envoient de la matière aux Soleils, en recevraient en échange, de sorte qu'il y aurait balance parfaite entre les gains et les pertes de substance.

∴

Que devons-nous penser de cette théorie si séduisante ? Toutes les difficultés sont-elles écartées ? Pas encore. La matière se trouve soumise à deux forces antagonistes la gravitation newtonienne qui l'attire vers le Soleil, la pression de Maxwell qui tend à l'en éloigner. La première de ces forces l'emporte sur la seconde si le corps est gros et lourd, parce qu'elle est proportionnelle à la masse, tandis que la pression de radiation varie comme la surface. La répulsion l'emporte, au contraire, pour les gouttelettes qui n'ont que quelques millièmes de millimètre; enfin, l'attraction l'emporte de nouveau pour les corps qui sont très petits par rapport aux longueurs d'onde et ne peuvent, par conséquent, réfléchir la lumière, comme par exemple pour les molécules isolées. On peut alors concevoir une sorte de va-et-vient : des gouttelettes sont repoussées par le Soleil; parvenues à une certaine distance, pour une raison ou pour une autre, elles s'agglomèrent en corps trop gros, ou se dissocient en particules trop petites. L'attraction l'emporte de nouveau et la matière retombe sur le Soleil où elle reprend la forme de gouttelettes, et ainsi de suite indéfiniment.

Ce n'est pas là le mouvement perpétuel; le travail nécessaire pour entretenir ce va-et-vient indéfini est emprunté à la chaleur solaire; nous avons affaire à une machine thermique. Quel est le rendement de cette machine? Il est aisé de voir qu'il ne peut dépasser un demi. En effet, une de ces particules peut être regardée comme un écran qui arrête le rayonnement solaire; quand elle est repoussée, l'espace dans lequel ce rayonnement peut se répandre se trouve accru, d'où emprunt de chaleur au Soleil; et la loi de Maxwell montre que cet emprunt est précisément égal au travail de la pression de radiation; la moitié de l'énergie émanée du Soleil sera donc employée en travail mécanique sur la particule et l'autre moitié en échauffement de l'espace. La chaleur ainsi perdue atteindra finalement la Nébuleuse; le démon d'Arrhénius serait-il de force à nous la restituer ? Les molécules qui sont chassées de la Nébuleuse en sortent avec une certaine vitesse; quand elles retombent ensuite sur le Soleil, cette vitesse s'accroît, de sorte qu'en choquant la surface solaire, elles lui apportent l'énergie qu'elles possédaient au départ, plus celle qu'elles ont acquise dans leur chute. C'est cette dernière qui figurait dans les calculs que nous venons de faire au sujet du mouvement de va-et-vient; et nous avons vu qu'elle est au plus la moitié de l'énergie rayonnée par le Soleil.

Si nous voulons que la restitution soit complète, il faut donc que la seconde moitié soit représentée par l'énergie initiale que ces molécules possédaient en quittant la Nébuleuse, c'est-à-dire que leur vitesse initiale soit comparable à celle qu'acquiert un corps qui tombe de l'infini sur le Soleil, et qui est de plusieurs centaines de kilomètres par seconde. Or, cela est bien invraisemblable; les Nébuleuses sont très froides, c'est-à-dire que la vitesse moyenne de leurs molécules est très faible; il est vrai que ce sont les plus rapides qui s'en vont, mais celles qui auront des vitesses de cet ordre ne pourront jamais être que des exceptions, même parmi celles qui ne sont pas retenues dans la Nébuleuse par l'attraction

*
* *

On a peine à renoncer définitivement à une idée si séduisante et on est porté à se demander si elle n'est pas incomplète plutôt que fausse. Le démon d'Arrhénius ne peut suffire à sa tâche, mais peut-être y en a-t-il d'autres qui l'y aideront. Ne pourrait-on, par exemple, après avoir mis un démon dans la source froide, en mettre un autre dans la source chaude ? Quelque hypothétiques, quelque mal fondées que soient mes vues sur ce point, me permettra-t-on d'en dire queques mots ?

Les molécules qui quittent les Soleils ne peuvent-elles être l'objet d'une sélection comme celles qui quittent les Nébuleuses ? Cette fois, ce ne sont pas les plus chaudes qui doivent partir, ce sont les plus froides. Examinons donc par quel mécanisme se produisent les gouttelettes qui subissent la pression de radiation : 1° Certaines molécules gazeuses sont ionisées; 2° Chaque ion devient un centre de condensation pour certaines vapeurs sursaturées. La sélection se ferait donc tout naturellement : 1° Si les molécules froides, c'est-à-dire lentes, étaient plus facilement ionisées que les molécules rapides; 2° Si la condensation se faisait plus aisément autour des ions lents qu'autour des ions rapides; 3° Si les molécules de vapeur les plus lentes se liquéfiaient plus aisément que les plus rapides.

Je ne vois aucune raison à alléguer en faveur de la première hypothèse. La seconde est plus plausible; on conçoit qu'un ion en repos pourra jouer son rôle de centre de condensation plus facilement qu'un ion en mouvement; pierre qui roule n'amasse pas de mousse. Mais c'est surtout à la troisième qu'il convient de s'attacher. Qu'on se représente une gouttelette en voie de formation et des molécules de vapeur circulant dans son voisinage; on peut les comparer à des bolides qui circuleraient près d'une planète et frôleraient son atmosphère. Ceux qui auront des vitesses hyperboliques passeront sans être arrêtés; ce sont les plus lents qui seront retenus et tomberont à sa surface. Sans doute aussi, quand un liquide est au contact de sa vapeur, il y a échange continuel entre leurs molécules. Retenues quelque temps par l'attraction du liquide, les unes finissent s'échapper et redeviennent gazeuses. D'autres, au contraire, sont captées par le liquide

Ce sont évidemment les plus lentes qui seront retenues, les plus rapides qui s'échapperont, tout se passant comme pour la Nébuleuse dont nous parlions plus haut. Il en résulterait, remarquons-le qu'il devrait y avoir une différence de température entre un liquide et sa vapeur; je ne sais si elle serait constatable. Quoi qu'il en soit, on pourrait imaginer un mécanisme analogue jouant dans la source chaude le rôle de démon automatique. Ce démon, en tout cas, travaillerait dans le bon sens, mais je ne puis examiner la question de savoir s'il suffirait pour remplir sa tâche.

RAPPORT
SUR LE PROJET DE REVISION
DE
L'ARC MÉRIDIEN DE QUITO

Comptes rendus de l'Académie des Sciences, t. 131, p. 215-236 (16 juillet 1900).

Par une Lettre en date du 21 juin 1900, M. le Ministre de l'Instruction publique a invité l'Académie à lui donner son avis sur le projet de revision de l'arc méridien de Quito et lui a demandé d'examiner le programme scientifique proposé, de le discuter et de lui transmettre ses observations. L'Académie a renvoyé la question à une Commission composée des sections de Géométrie, d'Astronomie et de Géographie et Navigation. Cette Commission a étudié le projet en détail, et c'est le résultat de cette étude que je dois résumer dans le présent Rapport.

Il est nécessaire d'abord de rappeler en quelques mots l'historique de la question. Au commencement du siècle dernier, la théorie de Newton qui concluait à l'aplatissement du globe terrestre, fut soumise à de vives controverses, auxquelles l'observation directe pouvait seule mettre fin. Il fallait mesurer deux arcs de méridien à des latitudes différentes. C'est à la France, et en particulier à l'ancienne Académie des Sciences, que revient l'honneur d'avoir mené à bien cette difficile opération. En 1735 et dans les années suivantes, un arc fut mesuré au Pérou par Godin, Lacondamine et Bouguer, et un autre en Laponie par Maupertuis et Clairaut

La méridienne de France, revisée une première fois en 1739 par Cassini de Thury et Lacaille, le fut de nouveau en 1790 par Delambre et Méchain au moment de l'établissement du système métrique. Cette opération, entreprise dans des conditions de précision inconnues jusque-là, fut prolongée jusque sur le territoire espagnol.

C'est la comparaison de ces trois arcs, mesurés l'un près de l'Équateur, l'autre près du cercle polaire, le troisième sous des latitudes moyennes, qui a fourni la première valeur suffisamment approchée de l'aplatissement.

Jusque-là la Géodésie était restée pour ainsi dire une science exclusivement française; mais dans la première moitié du XIXe siècle au contraire, ce fut surtout à l'étranger qu'elle se développa. Non seulement de nombreuses mesures furent entreprises, mais les méthodes furent perfectionnées par les travaux de Gauss, Bessel, Airy et Clarke.

C'est notre regretté Confrère le Général Perrier qui a rendu à la France le rang qu'elle avait paru perdre un instant. On sait au prix de quels efforts il est parvenu à joindre l'Espagne et l'Algérie; par les méthodes ingénieuses et précises qu'il avait créées, il a procédé à une nouvelle revision de la méridienne de France qui, se raccordant d'un côté aux travaux anglais, de l'autre aux travaux espagnols et par eux aux mesures faites en Algérie, nous donne maintenant un réseau qui s'étend sans interruption du nord de l'Écosse au Sahara.

Les travaux étrangers et ceux du Général Perrier ont conduit les géodésiens à modifier la valeur adoptée pour l'aplatissement. Ils disposent pour cela d'un grand nombre de données nouvelles dont les principales sont :

L'arc anglo-français, qui a 28°, de Laghouat (32° N) aux Shetland (60° N);
L'arc russe, qui a 25°, du Danube (45° N) à l'océan Glacial (70° N);
L'arc indien, qui a 24°, entre les latitudes 8° et 32° N;
L'arc américain de l'Atlantique, entre les latitudes 32° et 45° environ;
L'arc américain du Pacifique, entre les latitudes 30° et 40° environ;
Plusieurs arcs de parallèles dont les plus importants sont :
L'arc européen de Valentia à Omsk par 52° de latitude;
L'arc américain, entre les deux Océans par 38° de latitude ;
L'arc qui traverse l'Hindoustan à la latitude 24°;

On remarquera que presque tous ces arcs se trouvent placés sous des latitudes moyennes. Non seulement nous n'avons dans l'hémisphère sud qu'un arc de 7° dans la colonie du Cap, mais sous les latitudes équatoriales et polaires, on n'a presque rien ajouté aux travaux du siècle dernier.

Il y a là une lacune infiniment regrettable, car les déterminations anciennes, quelque remarquables qu'elles aient été dans leur temps, ne peuvent évidemment être comparées aux travaux plus récents.

Cette situation a frappé depuis longtemps l'Association géodésique; la nécessité de mesures nouvelles, destinées à vérifier et à corriger celles de Lacondamine et de Maupertuis, paraissait évidente à tout le monde.

Une expédition russo-suédoise est partie pour le Spitzberg et a commencé la détermination d'un arc de 4 ou 5 degrés destiné à remplacer celui de Maupertuis.

Il restait à s'occuper de la revision de l'arc du Pérou. A la réunion de l'Association internationale géodésique en 1889, M. Davidson, délégué des États-Unis, appela sur cette question l'attention de ses collègues. Reconnaissant les droits que donnent à la France les glorieux souvenirs du XVIIIe siècle, il ajoutait que, si notre Gouvernement ne voulait pas les revendiquer, le Geodetic Survey des États-Unis pourrait se charger de l'opération.

Le Gouvernement français d'alors ne crut pas devoir décliner cette invitation. Il reçut d'ailleurs un concours empressé de la part de l'Académie des Sciences et du Gouvernement équatorien. En effet, par suite du démembrement de l'ancienne colonie espagnole du Pérou, c'est sur le territoire de la République de l'Équateur que se trouve situé l'arc dit *du Pérou*. Des négociations furent donc entamées par l'intermédiaire de M. Antonio Flores, Ministre de l'Équateur à Paris. Elles étaient sur le point d'aboutir et le Gouvernement allait déposer une demande de crédits, quand de graves événements politiques se produisirent à l'Équateur. La situation ne paraissant plus favorable à une opération scientifique de cette nature, le projet fut provisoirement ajourné.

En 1898, les circonstances politiques s'étaient de nouveau modifiées à Quito. Le Général Alfaro avait été appelé à la Présidence et l'on était assuré de trouver auprès du nouveau Président un appui sans réserve. Ce fut encore un délégué américain, M. Preston, qui, à la Conférence de Stuttgart, porta de nouveau la question devant l'Association géodésique. Il reconnut d'ailleurs encore une fois les droits de la France.

Le Gouvernement français comprit qu'une prompte solution était désirable; en effet, il était à craindre que, si la France hésitait à faire valoir ses droits, la mesure ne fût entreprise par le Geodetic Survey américain, ou par l'Association internationale, de sorte que l'honneur en serait ravi à notre pays. D'autre part, l'opération devait prendre un certain temps, et il était à désirer qu'elle fût terminée avant l'expiration des pouvoirs du Président Alfaro, afin de profiter des excellentes dispositions du Gouvernement actuel.

Sur l'avis de la Commission géodésique française, M. le Ministre de l'Instruction publique entra en pourparlers avec le Ministère de la Guerre en vue d'étudier les moyens d'exécution. Il sembla que la mission principale ne pouvait s'embarquer avec son matériel encombrant, pour un pays aussi mal connu, avant qu'une première reconnaissance eût montré la possibilité de l'entreprise et déterminé les moyens de la mener à bonne fin.

Cette reconnaissance ne pouvait être effectuée que dans le pays même ; M. le Ministre de l'Instruction publique y affecta une somme de 20 000 francs prise sur le crédit des Missions, et il confia cette mission à MM. les Capitaines Maurain et Lacombe du Service géographique de l'armée, mis à sa disposition par le Ministère de la Guerre.

Partis de Bordeaux le 26 mai, ces deux officiers arrivèrent à Quito le 13 juillet. Ils furent extrêmement bien accueillis par M. le Président de la République et par tous les membres du Gouvernement qui s'efforcèrent de faciliter leur tâche par tous les moyens en leur pouvoir. En trente jours, MM. Maurain et Lacombe poussèrent jusqu'au Cerro de Pasto, sur le territoire colombien, et déterminèrent l'emplacement de dix nouvelles stations géodésiques, d'une station astronomique et d'une base. Ils explorèrent ensuite la contrée au sud de Quito, reconnurent deux bases nouvelles dont la dernière est située sur le territoire péruvien, et déterminèrent quinze nouvelles stations géodésiques.

L'ancienne méridienne va se trouver ainsi prolongée vers le Nord de 1° et vers le Sud de 2° environ.

La Mission s'embarquait de nouveau à Gayaquil le 25 novembre pour retourner en France.

Les dépenses se sont élevées au chiffre total de 35 000^{fr}, dont 15 000^{fr} environ ont été supportés par le Gouvernement de l'Équateur.

On sera frappé de la rapidité avec laquelle cette reconnaissance a été accomplie. Si l'on songe que ces deux officiers ont eu à parcourir environ 3500^{km} dans un pays des plus difficiles, et à faire une trentaine d'ascensions dans une des chaînes les plus élevées du Globe, on se rendra compte du zèle et de l'endu-

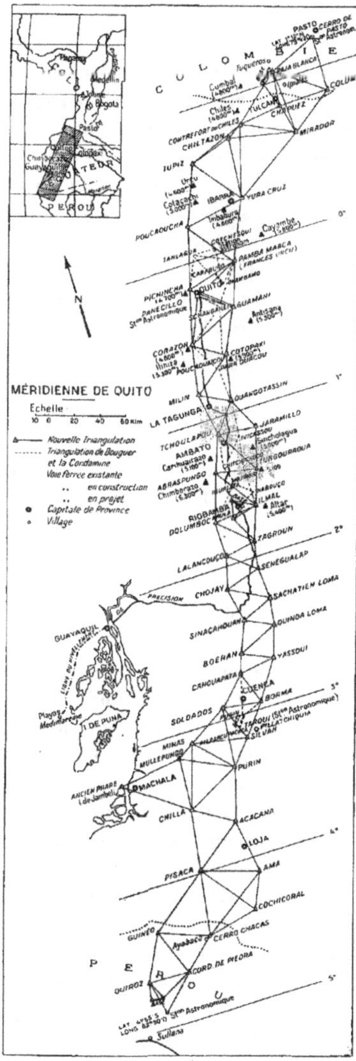

Reproduit d'après une figure du *Bulletin de la Société de Géographie* (Paris. Masson et Cie).

rance dont ils ont dû faire preuve pour mener leur tâche à bonne fin en quatre mois. Cette infatigable activité leur a valu l'admiration de M. le Général Alfaro. Il n'est que juste de reconnaître que de si prompts résultats n'ont pu être atteints que grâce à la bonne volonté constante des agents équatoriens.

Les croquis rapportés par MM. Maurain et Lacombe témoignent du soin avec lequel cette reconnaissance a été menée. Les environs de chaque station géodésique et de chaque base ont été l'objet de levers topographiques sommaires accompagnés de tours d'horizon, et ces levers fourniront à la Mission définitive tous les renseignements dont elle peut avoir besoin.

Ce travail fait le plus grand honneur à MM. Maurain et Lacombe, et montre ce qu'on peut attendre des officiers de notre Service géographique.

C'est à la suite du Rapport qui lui fut adressé par les membres de cette reconnaissance que M. le Ministre de l'Instruction publique, persuadé désormais de la possibilité de l'opération, a écrit à l'Académie des Sciences pour lui demander son avis.

Sur le fond même de la question, cet avis ne pouvait être douteux. L'intérêt scientifique de cette détermination est manifeste. Tous les corps savants, l'Académie elle-même, le Bureau des Longitudes, la Commission géodésique française, l'Association internationale, se sont déjà à plusieurs reprises prononcés sur ce point, et j'ai déjà exposé plus haut les raisons de leur opinion ; ces raisons sont trop évidentes pour qu'il y ait lieu d'insister davantage.

Mais, outre cet intérêt scientifique, cette entreprise présente pour nous un véritable intérêt national. Si notre pays se doit à lui-même de prendre sa part des conquêtes nouvelles de la Science moderne, à plus forte raison il ne peut pas abandonner une position sur laquelle les efforts de nos pères ont fait flotter pour ainsi dire le drapeau intellectuel de la France. Nos droits ont été publiquement reconnus. Répondrons-nous à ces courtoises invitations par une déclaration d'impuissance? La France est aussi vivante et plus riche qu'il y a cinquante ans. Pourquoi laisserait-elle à des nations réputées plus jeunes le soin d'achever ce que la France d'autrefois avait commencé?

Si ces raisons doivent frapper tous les Français, elles sont plus particulièrement sensibles aux membres de notre Compagnie. C'est l'ancienne Académie des Sciences, dont nous sommes les héritiers, qui a accompli l'œuvre de 1735, et ces souvenirs, glorieux, pour tous, le sont particulièrement pour nous.

M. le Ministre n'a eu garde de méconnaître les droits de l'Académie.

Je ne saurais oublier, dit-il dans sa Lettre, que l'œuvre qu'il s'agit de réaliser est la continuation de celle qu'accomplirent au siècle dernier les membres de l'ancienne Académie. Je ne saurais oublier davantage l'initiative prise en 1889 par l'Académie des Sciences. La présente Communication n'a donc pas simplement pour objet de vous transmettre des renseignements au sujet d'une entreprise qui ne peut pas manquer de vous intéresser. Je voudrais, en plaçant la nouvelle opération sous le haut patronage scientifique de votre Compagnie, lui demander le concours de ses lumières. »

De quelle manière devra s'exercer le haut patronage dont parle la Lettre ministérielle? Il va sans dire qu'il ne doit pas être purement nominal et qu'il implique un contrôle effectif des opérations.

Convient-il d'aller plus loin? Quelques personnes l'avaient proposé en 1889. D'après elles, l'Académie devrait accepter tout entier l'héritage de Bouguer et Lacondamine, et envoyer un de ses membres à l'Équateur pour diriger lui-même les opérations, comme l'avaient fait les Académiciens du siècle dernier. Votre Commission a pensé qu'on ne devait pas donner suite à cette proposition.

Les circonstances ont, en effet, complètement changé depuis le temps de Lacondamine; alors tout était à créer; aujourd'hui, tout est organisé, et l'on ne comprendrait pas qu'on hésitât à se servir de l'admirable organisation qui existe.

Dans les opérations de cette nature, la haute compétence scientifique, l'habileté technique elle-même et les habitudes de scrupuleuse régularité sont des qualités qui restent indispensables, mais qui ne sauraient suffire. Il faut être en état de supporter de grandes fatigues, dans des pays sans ressources et sous tous les climats; il faut savoir conduire les hommes, obtenir l'obéissance de ses collaborateurs et l'imposer aux serviteurs à demi civilisés que l'on est bien forcé d'employer. Toutes ces qualités intellectuelles, morales et physiques se trouvent réunies chez les officiers de notre Service géographique. Qu'on puisse les trouver également dans d'autres corps constitués ou même chez de simples hommes de Science n'appartenant à aucun corps, nous n'avons garde d'y contredire. Les Académiciens du XVIIIe siècle l'ont bien prouvé, dans un temps où les difficultés étaient bien plus grandes qu'aujourd'hui.

Mais enfin il y a un corps qui est fait pour ce travail; nous ne sommes pas sûrs de trouver aussi bien, nous sommes sûrs de ne pas trouver mieux. Et ce que nous n'aurions pas ailleurs, c'est la cohésion, l'habitude de travailler ensemble et d'appliquer les mêmes méthodes, la discipline, enfin, qui permettra de faire vite et sans tâtonnement.

Nous n'insisterons pas sur l'économie considérable que l'on réalisera en se servant d'un personnel militaire, mais il convient de faire remarquer que l'opération à entreprendre n'est pas isolée, qu'elle n'est qu'un détail dans un grand ensemble; que cet ensemble doit rester homogène pour que les éléments en soient comparables et qu'il importe, par conséquent, que le nouveau travail soit exécuté par le même corps, par les mêmes méthodes et avec les mêmes instruments que la grande méridienne de France.

D'ailleurs, en laissant cette tâche au Service géographique, l'Académie n'abdiquera pas. Les méthodes dont ce corps conserve les traditions sont sorties de l'œuvre de nos prédécesseurs ; comme gardien de cet héritage, il n'est pas pour nous un étranger ; l'Académie l'a toujours compris et elle a toujours cherché à faire entrer dans son sein le chef de ce service. Le directeur actuel, M. le Général Bassot, est un de nos Confrères.

Si, l'Académie, pendant une phase quelconque des opérations, le jugeait nécessaire, le Général Bassot serait prêt à se rendre à Quito et nous apprécierons certainement beaucoup les services qu'il pourrait nous rendre ainsi; mais, si même il ne faisait pas ce voyage, ce serait toujours notre Confrère qui dirigerait de loin les officiers placés sous ses ordres.

L'Académie devrait, en outre, avoir un rôle de contrôle scientifique; les carnets d'observations et de calculs devraient lui être soumis et il y aurait lieu, sans doute, de nommer une Commission chargée de les examiner.

Arrivons à l'examen des détails de l'avant-projet.

Mesure des bases.

Trois bases seront mesurées; chacune d'elles aura environ 8500^m. La base principale sera située vers le milieu de l'arc, près de Riobamba, à une latitude d'à peu près $1°,5$ Sud et à une altitude d'environ 2500^m.

En outre, deux bases de vérification seront établies près des deux extrémités de l'arc, l'une au Nord, près de Cumbal, sur le territoire colombien; l'autre au Sud, entre Quiroz et Sullana, sur le territoire péruvien.

Il importe que les mesures soient faites avec le même instrument qui a servi pour la méridienne de France. Non seulement cet appareil a fait ses preuves, mais les résultats doivent être comparables, et ils ne sauraient l'être si l'on n'opère avec l'instrument qui a été employé dans les mesures précédentes (quitte à se munir d'appareils de réserve pour le cas d'accident).

Depuis quelque temps, on a commencé à étudier les alliages de fer et de nickel dont la dilatation est extrêmement faible. Il est possible que ces alliages, que nous devons à M. Guillaume, rendent dans l'avenir les plus grands services pour la mesure des bases. Jusqu'ici, toutefois, leurs propriétés sont assez mal connues. Elles ne peuvent l'être qu'à la suite d'expériences longues et difficiles.

On a proposé, non de substituer les règles en métal Guillaume aux règles bimétalliques, mais d'emporter à l'Équateur les appareils des deux systèmes afin de pouvoir faire pour chaque base des mesures comparatives. La Commission n'a pas cru devoir adopter cette proposition; cela serait en réalité greffer sur la mesure de l'arc de Quito les expériences sur la valeur de la nouvelle règle. Ces expériences sont nécessaires et elles se feront; mais il vaut mieux qu'elles se fassent indépendamment. Faites en France, elles coûteront moins cher et l'on pourra plus facilement y consacrer le temps nécessaire.

Mesure des angles.

Le territoire de la République de l'Équateur sur lequel on doit opérer se divise en une série de zones d'altitudes très différentes qui sont, en partant de l'océan Pacifique : 1° une plaine basse; 2° la chaîne des Cordillères occidentales; 3° le plateau de Quito; 4° la chaîne des Cordillères orientales; 5° la plaine des hauts affluents de l'Amazone.

Les deux chaînes ont une altitude générale d'environ 4000^m ou 4500^m, mais au-dessus de laquelle s'élèvent un certain nombre de pics généralement volcaniques qui atteignent ou même dépassent 6000^m. L'altitude moyenne du plateau est de 2500^m.

Toutefois, les deux chaînes et le plateau s'abaissent notablement dans la partie Sud.

La plaine du Pacifique reste à une basse altitude (300^m à 400^m) jusqu'aux premières pentes des Cordillères; de même la plaine de l'Amazone commence assez brusquement au pied des Cordillères orientales, avec des altitudes moyennes d'environ 500^m.

La largeur de ces différentes zones est naturellement assez variable.

A la latitude de la base principale, la plaine du Pacifique a une largeur d'à peu près 180^{km}, le versant occidental (des premiers escarpements au faîte) 45^{km} ; le plateau (entre les deux faîtes) 50^{km}, le versant oriental (du faîte à la plaine) 25^{km}.

Plus au Sud, les deux chaînes se rapprochent de l'Océan; d'autre part, la côte présente une échancrure profonde qui est le golfe de Gayaquil.

Pour ces deux raisons la largeur de la plaine occidentale est considérablement diminuée. C'est cette circonstance qui permettra, comme nous le verrons plus loin, de pousser la triangulation jusqu'à la mer.

Cette configuration du terrain imposait pour ainsi dire le plan général de la triangulation.

On construira deux séries de stations, les unes sur la chaîne occidentale, soit sur les sommets, soit sur les flancs des montagnes, les autres sur la chaîne orientale.

Ces stations seront au nombre de cinquante-deux, dont vingt-huit seront empruntées à l'ancienne chaîne de Bouguer et Lacondamine.

Leur altitude sera souvent de 4000^{m}. Les côtés des triangles auront de 30^{km} à 40^{km}.

La chaîne des triangles suivra donc la direction générale des Cordillères, et comme cette direction n'est pas exactement Nord-Sud, cette chaîne devra elle-même être légèrement inclinée sur le méridien de telle sorte que la différence de longitude des deux extrémités sera un peu moins de 3°.

Dans la partie Sud du golfe de Gayaquil, les hauteurs se rapprochent assez de la côte pour qu'on puisse joindre à la triangulation générale un point situé sur le bord de la mer et où se trouve un ancien phare.

Les opérations seront dirigées de la façon suivante : les officiers composant la Mission se partageront en deux brigades dont l'une se portera de station en station sur la chaîne occidentale, pendant que l'autre fera de même sur la chaîne orientale. Bien entendu, la marche des deux brigades devra se poursuivre parallèlement de telle façon que les stations où elles opéreront en même temps soient toujours en vue l'une de l'autre.

D'un autre côté, l'expérience prouve qu'il est impossible dans ce pays de construire des signaux; ils seraient détruits par les indigènes; il sera donc nécessaire d'employer des héliostats. Chaque brigade devra, en conséquence, être accompagnée de deux postes comprenant des sous-officiers ou soldats français exercés à la télégraphie optique. Pendant que les observateurs s'installeront dans une station, l'un de ces postes occupera la station précédente de la même chaîne, et l'autre la station suivante, de façon à pouvoir envoyer des signaux aux officiers

Astronomie fondamentale.

Les trois éléments astronomiques fondamentaux, latitude, longitude et azimut, seront déterminés avec le plus grand soin dans trois stations, la première à Quito, vers le milieu de l'arc, et à 1°,5 environ au nord de la base principale; les deux autres à petite distance des deux bases extrêmes.

Quito possède un Observatoire muni de bons instruments. Le Gouvernement français a mis à la disposition du Gouvernement équatorien pour une période de cinq ans un de nos plus habiles astronomes, M. Gonessiat, de l'Observatoire de Lyon. Ce savant va prendre la direction de l'Observatoire de Quito.

Cette combinaison, si heureuse au point de vue de l'influence extérieure de la France, a été rendue possible par la munificence de deux donateurs anonymes, et je suis heureux d'avoir l'occasion de rendre ici hommage à leur généreuse pensée.

En tout cas, cette circonstance facilitera singulièrement les opérations de la Mission. Pendant que les officiers opéreront dans les stations extrêmes, M. Gonnessiat fera des observations simultanées à Quito. Cette simultanéité, indispensable pour les observations de longitudes, sera aussi précieuse pour la mesure de la latitude et nous fera connaître les différences de latitude avec une très grande précision.

Longitudes.

Le télégraphe rejoint maintenant Quito à Gayaquil et à un point très voisin de la station astronomique Nord. Entre Quito et Gayaquil, il y a un relai; il y en a un également entre Quito et la station Nord. Mais il sera facile de supprimer ces relais en employant un nombre suffisant de piles.

Vers le Sud, le télégraphe est poussé moins loin et il s'arrête à une assez grande distance de la station astronomique; mais on travaille actuellement à le prolonger et il est certain qu'au moment du besoin il pourra être facilement relié à la station Sud.

Les différences de longitude entre Quito et les deux stations astronomiques principales, et entre Quito et Gayaquil pourront ainsi être déterminées sans relai télégraphique, c'est-à-dire avec une grande précision.

Gayaquil est relié par des câbles sous-marins au réseau télégraphique général; on pourra donc connaître sa différence de longitude avec l'Amérique du Nord. Mais ici l'emploi de relais sera inévitable et la précision sera moindre. Elle sera d'ailleurs beaucoup moins nécessaire.

Astronomie secondaire.

Outre les trois stations astronomiques principales, il sera établi six stations astronomiques secondaires où l'on mesurera des latitudes différentielles et des azimuts secondaires. Ces stations seront sensiblement espacées de degré en degré.

L'une d'elles, Chuyuj, est voisine de la base principale.

Nivellements.

Les bases devant être réduites au niveau de la mer, il importe de connaître leur altitude avec une assez grande exactitude.

L'altitude de la base centrale nous sera donnée par une opération de nivellement géométrique de précision, avec les méthodes créées par M. Lallemand et employées dans le nivellement général de la France. Ces méthodes sont familières aux officiers du Service géographique, qui en ont fait usage en Algérie.

Ce nivellement se fera le long du tracé du futur chemin de fer de Gayaquil à Quito.

Le niveau de la mer sera déterminé par un médimarémètre. On n'a pas cru devoir établir cet instrument à Gayaquil. Ce port se trouve, en effet, au fond d'une baie longue et étroite qui débouche elle-même sur le golfe de Gayaquil. On pourrait donc craindre qu'il y eût de légères différences entre le niveau moyen du port et celui de la pleine mer. C'est pourquoi le médimarémètre sera placé à Playas, sur la côte du Pacifique proprement dit, un peu avant l'entrée du golfe et à 70^{km} de Gayaquil.

La ligne de nivellement du médimarémètre à la base présentera un développement total d'environ 280^{km}. Du médimarémètre à Gayaquil, puis de Gayaquil à Puente de Cimbo, c'est-à-dire sur 170^{km}, l'altitude s'élève lentement jusqu'à 345^{m}; de ce point jusqu'à Sibambe, où la ligne de nivellement rejoint la chaîne trigonométrique, on monte rapidement de 345^{m} à 2470^{m} sur 35^{km}; sur le reste du tracé, de Sibambe à la base, l'altitude reste élevée, mais sensiblement constante.

On ne peut songer à relier les deux bases extrêmes à la mer par des lignes de nivellement analogues. On devra se contenter des données du nivellement géodésique. A cet effet on mesurera dans chaque station les distances zénithales. Toutes les fois que cela sera possible, on procédera par mesures réciproques et simultanées, ce qui permettra d'éliminer la réfraction géodésique et d'en étudier les lois.

On doit pourtant observer que l'une des brigades suivant toujours la chaîne occidentale et l'autre la chaîne orientale, le nivellement géodésique ne pourrait être prolongé d'une base à l'autre *par mesures réciproques et simultanées* que le long d'une ligne en zigzag passant alternativement d'une chaîne à l'autre.

Il n'est pas même certain que le long de ces lignes ces mesures simultanées puissent se faire sans difficulté et sans pertes de temps. En tout cas, les mesures de distances zénithales seront, sinon simultanées, du moins toujours réciproques et la précision restera suffisante.

En effet, d'après les comparaisons des mesures faites en France et en Algérie, l'incertitude ne serait que de quelques mètres, ce qui amènerait pour la base réduite au niveau de la mer une erreur de 1/1 000 000e à peu près. Or la concordance des bases calculées et des bases mesurées ne se vérifie généralement qu'avec une précision beaucoup moindre, et si l'on a été parfois jusqu'au 1/500 000e peut-être par suite de compensations fortuites entre les erreurs, c'est sur le 1/100 000e seulement qu'il convient de compter.

Observations du pendule.

Les mesures de gravité sont partout le complément indispensable des opérations géodésiques; mais il y a une raison, sur laquelle d'ailleurs nous reviendrons plus loin, et qui les rend encore plus importantes dans le cas qui nous occupe.

La région où l'on doit opérer est une des plus élevées du Globe, et le relief considérable des Andes porterait à penser qu'il peut s'y produire des attractions supplémentaires capables de produire des anomalies de la gravité et un relèvement local du géoïde. Ce relèvement ainsi que les déviations de la verticale aux extrémités de l'arc seraient de nature à affecter gravement le résultat.

Ce serait là même une objection sérieuse contre le choix de cette méridienne si les observations pendulaires ne nous fournissaient pas précisément un moyen de reconnaître l'existence de ces anomalies, d'évaluer les erreurs qui en résultent et au besoin de les corriger.

Le projet prévoit sept ou huit mesures de pesanteur disposées suivant une coupe partant de la côte vers Gayaquil, passant au pied du Chimborazo, à Quito, et aboutissant au versant oriental du massif Cotopaxi-Antisana.

Il en résultera évidemment les indications les plus précieuses, puisqu'on verra ainsi comment varie la pesanteur depuis la côte jusqu'au pied des Cordillères, puis jusqu'au faîte de la chaîne occidentale et jusqu'au plateau; on se rendra compte de plus des anomalies qui résultent de la présence des deux massifs les plus élevés, cenx du Chimborazo et du Cotopaxi.

Ce n'est pas assez, toutefois, et nous pensons qu'il serait désirable de multiplier encore les stations, ce qui n'entraînera pas de dépenses supplémentaires importantes, si l'on prend soin de combiner le plan d'opérations de façon à éviter des déplacements inutiles.

Il faudrait faire des observations tout le long de la chaîne pour se rendre compte de la façon dont les anomalies de la pesanteur varient depuis la base Nord jusqu'à la base Sud. On pourrait, par exemple, faire des mesures dans chacune des stations astronomiques principales et secondaires et dans le voisinage des bases.

D'un autre côté, on aurait intérêt à posséder des données sur les valeurs de la gravité dans la plaine située à l'est des Andes; et, en effet, le relèvement général du géoïde ne dépend pas seulement de l'intensité de la pesanteur au point où l'on veut évaluer ce relèvement et dans son voisinage immédiat, mais il dépend aussi de la valeur de g dans les régions un peu plus éloignées.

Toutefois, nous devons remarquer que cette plaine est peu habitée et presque inexplorée, qu'on n'y saurait pénétrer sans escorte. C'est donc sur place qu'on pourra s'assurer de la possibilité de cette expédition. C'est d'ailleurs seulement quand les opérations seront plus avancées qu'on verra si les ressources dont dispose encore la Mission lui permettent de l'entreprendre.

Au contraire, il est une autre station où l'observation du pendule serait fort intéressante et pourrait se faire sans aucune difficulté. Je veux parler de celle où sera placé le médimarémètre. Il est possible, en effet, que l'influence des Andes se fasse déjà sentir à Gayaquil, et qu'on trouve une différence entre les deux stations.

Toutes ces mesures se feront avec le pendule *relatif* de M. le Colonel Defforges. Les déterminations relatives suffisent en effet pour notre objet, et le transport du pendule *absolu* présenterait de grandes difficultés.

Observations magnétiques.

Les observations magnétiques se rattachent moins directement aux travaux géodésiques. Mais on profitera du voyage de la Mission pour déterminer les trois éléments magnétiques absolus : déclinaison, inclinaison et composante horizontale, au moins pour toutes les stations astronomiques, qui sont au nombre de neuf.

Les officiers s'exerceront avant leur départ au maniement des instruments magnétiques, à l'Observatoire magnétique du parc Saint-Maur, sous la direction de M. Moureux, dont la compétence est bien connue de l'Académie.

Observations géologiques et topographiques.

Il est nécessaire de corriger les latitudes observées des déviations locales de la verticale, et pour cela de calculer l'attraction locale due aux massifs apparents les plus voisins des stations d'observation. Une correction analogue devra souvent être appliquée aux mesures pendulaires.

A cet effet, il faudra faire un levé topographique de ces massifs à une échelle suffisante, afin d'évaluer leur volume, et une étude géologique sommaire des roches qui les constituent, afin de connaître leur densité.

Un membre de la Commission a proposé de choisir pour médecin de la Mission un homme habitué aux recherches pétrographiques et géologiques. Mais la majorité n'a pas jugé que cette solution fût la meilleure.

Si l'on peut espérer de trouver chez le médecin militaire attaché à la Mission des connaissances zoologiques et botaniques, si cela est même désirable à tous égards, il n'y a aucune raison de supposer qu'on ait plus de chances de rencontrer parmi les médecins un géologue compétent. Ce sont plutôt les officiers eux-mêmes qui sont préparés par leurs études et leurs travaux antérieurs à l'étude pétrographique des terrains.

On a donc pensé que le mieux était de prier M. Fouqué ou M. Lacroix de donner à quelques officiers leurs conseils éclairés et de les exercer au Muséum aux déterminations pétrographiques et au choix judicieux des échantillons.

Examen du devis.

Nous nous étendrons peu sur le devis estimatif, qui échappe à notre compétence, et nous nous bornerons à faire ressortir l'impression générale qui se dégage d'un premier examen.

C'est que ce devis a été établi avec grand soin et avec un souci constant d'éviter les doubles emplois et les dépenses inutiles. Il ne semble pas qu'il puisse être réduit.

En effet, on doit tenir compte de ce fait que, malgré la bonne volonté du Gouvernement de l'Équateur, son concours sera forcément limité.

Il pourra fournir à la Mission une escorte et des hommes pour les transports. Mais cette escorte et ces auxiliaires devront probablement être payés.

Sans doute, on peut espérer que le crédit demandé ne sera pas entièrement dépensé; les évaluations ont été faites largement et en tenant compte d'éventualités qui ne se présenteront peut-être pas. Cela était nécessaire, afin d'être assuré que le devis ne serait pas dépassé; mais en escomptant les circonstances heureuses et en réduisant d'avance le crédit, on s'exposerait à des surprises.

Il ne semble pas qu'aucun des articles du devis puisse donner lieu à une contestation.

Il était nécessaire, par exemple, de prévoir le cas où quelques-uns des officiers auraient besoin d'un congé pendant une campagde si longue et si fatigante.

Il était nécessaire d'emmener un mécanicien pour faire sur place les réparations des instruments; car le renvoi des instruments en France, à cause du prix des transports et des délais qui résulteraient d'un aussi long voyage, entraînerait des dépenses considérables.

Enfin, tandis que la Mission principale partira au mois de février ou de mars prochain en vue d'une campagne de quatre ans, deux officiers partiront six mois plus tôt, en septembre 1900, afin de préparer les voies et d'acheter les animaux destinés aux transports. Il est évident que cette disposition produira en définitive une économie notable.

Étendue de l'arc.

Il nous reste à traiter deux importantes questions. La première a été soulevée par la Lettre ministérielle elle-même.

« Toutefois, dit M. le Ministre, il y a lieu de considérer que la dépense pourrait être réduite dans une assez forte proportion s'il était possible, sans inconvénient scientifique, de réduire l'arc actuellement prévu de 6° à 4°,5, de la base de Colombie à la base de Targui ; on supprimerait ainsi la partie la plus difficile des travaux.... Je prierais l'Académie de me faire connaître son sentiment sur la question de l'amplitude de l'arc à mesurer et de me dire si la mesure d'un arc de 4°,5 lui paraîtrait répondre suffisamment aux besoins de la Science. »

L'arc mesuré au XVIIIe siècle s'étendait de la station de Mira, par 0°35′ N, jusqu'à la base de Targui, par 3° 10′ S. Il s'étendait ainsi sur environ 3°,5. Il est question de le prolonger vers le Nord jusqu'à Cerro de Pasto, par 1° 12′ N, soit de trois quarts de degré environ, et vers le Sud jusque sur le territoire péruvien, par 4° 55′ S, soit d'à peu près 1°,5.

La proposition visée dans le paragraphe que je viens de citer consisterait à supprimer le prolongement vers le Sud, ce qui réduirait l'arc à 4°,5.

Nous devons d'abord remarquer que l'arc à mesurer doit être combiné avec des arcs de grande amplitude pris dans les latitudes moyennes et qui ont une vingtaine de degrés ; j'ai cité plus haut les plus importants de ces arcs ; il serait à désirer que la nouvelle détermination eût un poids comparable.

Or, il est évident que ce poids sera d'autant plus grand que l'arc sera plus étendu. La principale cause d'erreur est, en effet, l'incertitude sur les latitudes extrêmes, en raison des attractions locales qui peuvent faire dévier la verticale. Cette déviation et par conséquent cette incertitude, toutes choses égales d'ailleurs, seront indépendantes de l'amplitude de l'arc, de sorte que l'erreur relative qui en résultera variera en raison inverse de cette amplitude.

A ce compte, en réduisant l'arc de 6° à 4°,5, on réduirait d'un quart sa valeur scientifique ; mais, en réalité, ces sortes d'appréciations ne peuvent se traduire par des chiffres. Quand une détermination devient deux fois plus précise, est-il vrai que sa valeur scientifique devient seulement deux fois plus grande ? Tous les savants répondront que la progression est beaucoup plus rapide, que pour avoir deux fois autant de précision ils devront dépenser beaucoup plus de deux fois autant de peine, et qu'ils ne la regretteront pas.

D'un autre côté, plusieurs membres de la Commission ont émis l'avis que, les frais généraux restant les mêmes, la dépense ne serait réduite que d'un sixième.

Mais un examen plus approfondi du devis montre que cette évaluation est encore très exagérée.

Il n'y aurait aucune économie ni sur la mesure des bases, ni sur les indemnités d'entrée en campagne, ni sur le transport du personnel et du matériel de France en Amérique, ni sur le nivellement de précision, ni sur l'achat des mules.

En ce qui concerne la mesure des angles, l'économie n'est pas la même, si l'on veut rattacher la triangulation à la mer, au point dit « l'ancien Phare », dont j'ai parlé plus haut, ou si l'on renonce à ce rattachement.

Si l'on veut rejoindre la mer, jonction dont l'intérêt est manifeste, on ne pourra supprimer que neuf stations, à savoir les cinq stations péruviennes et celles d'Acacana, Pisaca et Ama. Je ne parle pas des deux stations situées aux extrémités de la base, qui se trouveraient supprimées également, mais qui devraient être remplacées par deux stations analogues aux extrémités de la base de Targui.

Si l'on renonce à joindre la mer, on pourra supprimer en plus Chilla, Mullepungo, Minas et l'ancien Phare, de sorte qu'on économiserait en tout treize stations.

La durée de l'opération serait ainsi diminuée de deux mois.

Pour les mesures astronomiques, la station principale du Sud serait supprimée, ainsi que la station secondaire du Cerro Chacas, mais la station secondaire de Purin devrait devenir principale.

En somme, on aurait quatre stations secondaires au lieu de six; d'où une nouvelle économie de deux mois.

L'entretien du personnel français pendant un mois montant à 4175^{fr}, l'économie en argent serait de 16700^{fr}. Cette évaluation est très exagérée, car le séjour de chaque membre de la Mission ne serait pas réduit de quatre mois, et, en particulier, l'officier supérieur chef de la Mission devrait néanmoins rester un an à l'Équateur. Quant à une réduction du personnel, elle ne saurait se faire sans nuire à la rapidité et à la bonne exécution du travail.

Les frais occasionnés par la mesure des angles, soit 38000^{fr}, seraient réduits d'un quart environ (toujours en renonçant à la jonction à la mer), soit 9500^{fr}.

Les dépenses des stations secondaires seraient réduites d'un tiers, soit 3900^{fr}.

Cela fait en tout environ 30000^{fr}, mettons 35000^{fr} pour tenir compte de divers frais de transport et des économies réalisables sur les mesures de gravité

Cette évaluation, qui est plutôt exagérée, suffit pour expliquer comment votre Commission a été unanime à penser que l'arc devait être prolongé sur 6°.

Relèvement du géoïde.

La seconde question se rapporte au relèvement du géoïde que pourrait produire l'attraction du massif des Andes. M. Hatt, dans les séances de la Commission, a insisté à plusieurs reprises sur les difficultés qui peuvent en résulter.

Nous devons d'abord nous demander quelle est l'importance probable ou possible de ce relèvement. Quelques auteurs avaient parlé de 150^m. Si l'on calcule l'effet de l'attraction d'un massif cylindrique de 3000^m de hauteur et de 150^{km} de diamètre, en supposant la densité moitié de celle de la Terre, on trouve un relèvement maximum de 50^m. Le résultat pourrait être augmenté, et peut-être doublé, pour la chaîne des Andes, qui ne se réduit pas à un massif circulaire, mais s'étend tout le long de la côte du Pacifique.

Mais il faut tenir compte aussi de l'influence probable des masses intérieures. On sait que les observations du pendule dans les régions montagneuses ont mis en évidence un fait des plus curieux. Les valeurs observées de la gravité sont toujours en déficit sur les valeurs calculées par la formule de Bouguer. Elles s'accordent, au contraire, assez bien avec une autre formule, due à M. Faye, et où l'on néglige complètement l'attraction des massifs montagneux.

Ce fait inattendu, sur lequel M. Faye a appelé à plusieurs reprises l'attention du monde savant, montre que l'attraction des massifs montagneux apparents est compensée, du moins en grande partie, par la distribution intérieure des masses, de telle sorte que, si la formule de M. Faye était rigoureusement exacte, le relèvement du géoïde serait nul.

Il en est à peu près ainsi dans les Alpes et l'Himalaya. En sera-t-il de même dans les Andes? Les différences de structure stratigraphique et de constitution lithologique ne nous permettent pas de l'affirmer. L'observation peut seule décider.

Nous devons voir maintenant quelles peuvent être les conséquences de ce relèvement sur les résultats de nos mesures.

Pour bien le faire comprendre, nous devons distinguer trois surfaces :

1° L'ellipsoïde de révolution, qui diffère le moins de la forme de la Terre;

2° Le géoïde vrai, c'est-à-dire la surface d'équilibre des eaux tranquilles sous l'influence de la force centrifuge et de l'attraction de toutes les masses, tant apparentes qu'intérieures;

3° Le géoïde corrigé, c'est-à-dire la figure d'équilibre que prendraient ces mêmes eaux tranquilles si l'on supprimait quelques-uns des massifs les plus apparents.

Il est clair que le géoïde corrigé, dont la définition reste d'ailleurs arbitraire dans une large mesure, différera très peu du géoïde vrai, mais présentera moins de petites irrégularités locales.

Le théorème de Legendre et Gauss prouve d'abord que nos mesures nous donneront exactement la véritable longueur d'un arc méridien du géoïde vrai (ou du géoïde corrigé, si l'on a calculé convenablement les attractions locales), à la seule condition que la base ait été correctement réduite au niveau de la mer, je veux dire du géoïde.

Jusqu'à quel point cette condition sera-t-elle réalisée? A cause de la grande altitude de la base, elle ne le sera qu'au prix de certaines précautions. Soit α l'angle de la normale au géoïde et de la normale à l'ellipsoïde. Si la variation de cet angle entre les deux extrémités de la base est de $1''$, il est aisé de calculer que l'erreur sur la réduction de la base sera d'un peu plus de 1^{cm}.

Mais si nous obtenons ainsi exactement la courbure d'un certain arc du géoïde, il n'est pas certain que cette courbure ne s'écarte pas notablement de celle de l'ellipsoïde; il peut se faire qu'on ait pris les mesures sur une bosse toute locale du géoïde, et que la courbure y soit très différente de ce qu'on aurait trouvé dans une autre partie peu éloignée de ce même géoïde, sur le bord du Pacifique par exemple.

Il importe de se mettre en garde contre une semblable erreur, et l'on ne peut le faire qu'en cherchant à évaluer le relèvement du géoïde. Quels sont les moyens que l'observation nous fournit pour cela?

Il y en a deux : le premier est l'observation pendulaire. C'est le moins coûteux et c'est le plus sûr, parce qu'on peut multiplier les mesures. Mais il ne donnera le relèvement cherché que si les cotes sont assez nombreuses pour qu'on ait une idée approximative des variations de la gravité dans toute la région considérée.

Toutefois, ce premier moyen ne devrait pas nous faire négliger le second, si sur place on le reconnaissait praticable et suffisamment économique. Ce second moyen est la mesure de la différence de longitude astronomique entre un point de la côte et Quito et sa comparaison avec la différence de longitude géodésique.

Il est clair qu'on pourra en déduire, sinon le relèvement absolu du géoïde, du moins la différence entre les valeurs de ce relèvement à Quito et sur le bord du Pacifique.

Mais, pour que cette opération puisse se faire, il faut trouver sur le littoral un point dont on puisse avoir à la fois la longitude astronomique et la longitude géodésique. Gayaquil, au nord du golfe du même nom, et relié à Quito par le télégraphe; on en mesurera donc la longitude astronomique. D'un autre côté, l'ancien Phare, au sud du même golfe, sera rattaché au réseau trigonométrique, ce qui permettra d'en calculer la longitude géodésique.

En revanche, on ne peut avoir ni la longitude astronomique de l'ancien Phare, puisque le télégraphe n'y va pas, ni la longitude géodésique de Gayaquil, parce que la plaine entre cette ville et les Cordillères est plate, boisée et sans vues.

Mais il y a au milieu du golfe de Gayaquil une île appelée Puna ; dans cette île se trouvent quelques collines que l'on pourrait peut-être raccorder à la triangulation au moyen d'un ou deux triangles. On peut espérer, d'autre part, que le télégraphe sera d'ici à quelques mois prolongé de Gayaquil à Puna.

La mesure des deux sortes de longitude deviendrait alors possible.

Conclusions.

En résumé, votre Commission vous propose :

1° D'émettre un avis favorable au projet de revision de la méridienne de Quito;

2° D'insister auprès de M. le Ministre pour que l'arc mesuré soit de 6° et non de 4°,5 ;

3° D'émettre le vœu que l'opération soit confiée au Service géographique de l'Armée, sous le haut patronage et sous le contrôle scientifique de l'Académie des Sciences;

4° De nommer une Commission permanente chargée de suivre et de contrôler les opérations de la Mission;

5° D'approuver dans ses traits généraux l'avant-projet qui nous est soumis, sous la réserve des observations contenues dans ce Rapport et, en particulier, de celles qui se rapportent à la nécessité de multiplier les mesures pendulaires.

Après discussion en Comité secret, l'Académie adopte les conclusions du Rapport.

RAPPORT PRÉSENTÉ AU NOM DE LA COMMISSION CHARGÉE DU CONTRÔLE SCIENTIFIQUE DES OPÉRATIONS GÉODÉSIQUES DE L'ÉQUATEUR (1)

Comptes rendus de l'Académie des Sciences, t. 134, p. 965-972 (28 avril 1902).

La Commission chargée par l'Académie du contrôle scientifique des opérations géodésiques de l'Équateur s'est réunie le 10 mars dernier pour entendre M. le Commandant Bourgeois, chef de la Mission, qui vient de rentrer en France après avoir organisé le travail. Ce savant officier lui a rendu compte des mesures effectuées pendant l'année 1901, et votre Commission a l'honneur de vous soumettre un Rapport sommaire sur ces opérations.

L'avant-garde de la mission, comprenant MM. les Capitaines Maurain et Lallemand, a consacré les premiers mois de 1901 à l'achat des mules nécessaires aux convois et à la reconnaissance de la région de Riobamba, où devait se trouver la base fondamentale.

Le gros de la mission, commandé par M. Bourgeois et comprenant M. le Capitaine Lacombe, M. le Lieutenant Perrier, M. le Médecin aide-major Rivet, plusieurs sous-officiers, caporaux et soldats, débarqua à Gayaquil le 1er juin avec le matériel. Des convois furent organisés avec 120 mules

(1) Commissaires : MM. les Membres du Bureau, MM. Faye, Hatt, Bassot, Lœwy; H. Poincaré, rapporteur.

de louage et 40 Indiens porteurs. La règle bimétallique, qui ne pouvait être transporté qu'à dos d'hommes, arriva à Riobamba le 13 juillet. Le reste du matériel était arrivé le 22 juin. Six officiers équatoriens adjoints à la mission aidèrent à l'organisation des convois, et leur entremise facilita les rapports avec les autorités locales et avec les indigènes.

M. le Commandant Bourgeois se rendit d'abord à Quito et visita l'Observatoire, où M. Gonnessiat a déjà en peu de temps obtenu d'excellents résultats.

Le chef de la Mission se porta ensuite dans le voisinage de Riobamba, où il examina les emplacements reconnus par l'avant-garde.

La première chose à faire était de choisir la base à mesurer. M. Maurain avait proposé deux emplacements de base, l'un de 10^{km} environ à travers champs, l'autre de $6^{km},500$ sur route. M. Bourgeois rejeta, avec raison selon nous, le second alignement parce qu'une de ses extrémités étant tout près du Chimborazo, l'influence des attractions locales était trop à redouter. Le premier alignement, malgré les inconvénients d'une mesure à travers champs, se recommandait d'ailleurs par son rattachement facile.

La base fut mesurée une première fois à la règle bimétallique du 30 juillet au 4 septembre; entre les deux termes extrêmes, un terme intermédiaire fut établi à la porté 840, c'est-à-dire au tiers environ de la base. Ce segment partiel, d'un peu plus de 3^{km}, fut mesuré une seconde fois à la règle bimétallique du 7 au 18 septembre. Toute réduction faite, la différence entre les deux mesures n'est que 7^{mm}, soit environ $1/450\,000^e$.

L'opération, malgré les difficultés du terrain, a été menée rapidement, puisqu'on à fait en moyenne 80 portées par jour.

Il importe d'insister sur les difficultés rencontrées et qui peuvent influer sur la précision du résultat. La nature du terraiu rendait des glissements possibles et la stabilité des supports incertaine. D'un autre côté, les inclinaisons étaient souvent très fortes. En résumé, l'appareil bimétallique de Brenner se prête mal à une mesure faite en pleins champs.

D'autres difficultés provenaient du climat; l'humidité des nuits et des matinées oblige à remplacer constamment les fils des micromètres qui se détendent; et même quand on parvient à les préserver la nuit avec du chlorure de calcium, ils se détendent à vue d'œil dès qu'on ouvre la boîte si l'on opère entre 6^h et 9^h du matin; d'un autre côté, entre 11^h et 1^h s'élève un vent du Nord-Est qui soulève des flots de poussière. Ces poussièrès s'introduisant dans les instruments s'opposent au libre glissement des règles et détérioreraient rapidement les appareils. Enfin les variations de température sont très brusques et l'on peut se demander si l'équilibre thermique des deux règles est bien assuré.

Toutes ces raisons rendaient d'autant plus nécessaire le contrôle par la mesure au fil Jädderin. La Mission était munie de deux fils, un en cuivre, l'autre en métal invar ou acier-nickel Guillaume. Les opérations devaient comprendre : un premier étalonnage des fils, deux mesures complètes de la base et un second étalonnage des fils.

En vue de l'étalonnage, on fit établir dans un jardin appartenant à don Pedro Lizarzaburo, petit-neveu de don Pedro Maldonado, le compagnon de voyage de La Condamine, deux petits piliers à 24^m l'un de l'autre. La distance exacte des deux piliers fut mesurée trois fois à la règle bimétallique; trente mesures de cette même distance avec l'appareil Jädderin ont permis ensuite de déterminer la longueur des deux fils et leur coefficient de dilatation. Don Pedro a pris des dispositions pour que les piliers restent installés à demeure dans son jardin, de façon à permettre de nouveaux étalonnages à une époque quelconque. Il y a lieu de remercier cet ami de la Science qui a tenu à rester fidèle aux traditions de sa famille.

La mesure de la base fondamentale faite en double par le système Jädderin a été terminée le 9 octobre et suivie d'un nouvel étalonnage des fils.

Les opérations astronomiques autour de Riobamba ont occupé la Mission du 9 octobre à la fin de novembre. On avait d'abord pensé placer à Quito même une des stations astronomiques principales. Un observatoire temporaire avait été installé près de Quito de façon à pouvoir être facilement relié d'une part à l'Observatoire permanent de cette ville et d'autre part au réseau trigonométrique. Cet observatoire était placé sur la colline du Panecillo, qui est pour ainsi dire collée aux premières pentes de l'énorme masse du Pitchincha. La latitude fondamentale qu'on aurait pu y observer aurait donc été fortement affectée par les attractions locales.

A ce point de vue, le voisinage immédiat de Riobamba présentait des conditions beaucoup plus favorables. M. Elysée Reclus a comparé la région interandine à une immense échelle dont les montants sont représentés par les deux Cordillères et les barreaux par les chaînes transversales qui les relient de distance en distance; ces barreaux partagent le plateau interandin en une série de cirques successifs. Il est clair que la verticale doit être moins déviée au centre d'un de ces cirques que dans le voisinage de l'un des barreaux. C'est pour cette raison que la situation de Riobamba étaient avantageuse.

Le Commandant Bourgeois résolut donc d'installer à la Loma, près de Riobamba, une station principale, et de déterminer la latitude à la fois au Panecillo et à la Loma, puis la différence de longitude des deux stations, et enfin un azimut au Panecillo et un autre à la Loma, par la méthode des observations méridiennes.

Les latitudes furent déterminées par la méthode de Villarceau en huit soirées dans quatre positions du cercle observées chacune nadir face Nord et nadir face Sud.

La différence des longitudes put se faire sans grande difficulté, car les deux postes étaient reliés télégraphiquement et l'administration des télégraphes avait eu la complaisance de mettre le fil à la disposition exclusive des observateurs de 8^h à 11^h du soir.

Malheureusement l'échange des observateurs ne put être pratiqué; les officiers n'auraient pu abandonner leur poste sans s'exposer à voir disparaître les mires, parce que le personnel français était trop peu nombreux et qu'il aurait fallu laisser la garde à des Indiens en qui l'on ne pouvait avoir confiance. On s'est donc contenté de déterminer avec le plus grand soin les différences d'équations personnelles. Cela paraît devoir suffire pour le but à atteindre, c'est-à-dire pour le calcul des attractions locales dans le sens Est-Ouest, qui sous les latitudes équatoriales ne peuvent être déduites des observations d'azimut.

En même temps que l'observation de la longitude, et pour profiter de l'étude de la marche de l'horloge, M. Bourgeois fit à Riobamba une station de pendule dans une casemate construite pour l'installation de l'horloge. Cette station, une fois calculée, nous permettra déjà de voir si les Andes se comportent de la même façon que les Alpes et l'Himalaya en ce qui concerne la correction d'altitude. On se souvient que divers géologues avaient émis des doutes à cet égard.

Les éléments magnétiques furent également déterminés,

Pendant ce temps, on s'occupait également du rattachement. En moins de 35 jours M. Maurain reconnut les stations du rattachement et y construisit les signaux, ainsi qu'aux sommets de trois des triangles du grand réseau. M. le Capitaine Lacombe acheva de rattacher la base de Riobamba au réseau dans les derniers mois de 1901.

Le programme comportait, en outre, la détermination de la latitude à la seconde ronde en chacune de ces stations. On comptait se servir du théodolite à microscopes qu'on y avait hissé pour les opérations géodésiques. On avait modifié cet appareil dans l'espoir de le rendre propre aux observations astronomiques; malheureusement il n'était rentré de chez le constructeur que quelques jours avant le départ, de sorte qu'il n'avait pu être essayé à Paris. A l'usage, les observateurs rencontrèrent des difficultés, surtout pour l'éclairage; on dut donc ajourner l'opération projetée. Nous discuterons plus loin les moyens de reprendre cette importante opération qui ne saurait en aucun cas être abandonnée.

M. le Commandant Bourgeois quitta Riobamba le 23 novembre après avoir tout terminé. M. Maurain partit de Quito les 26 pour les stations du Sud, en laissant à M. le Lieutenant Perrier le soin d'achever les opérations au Panecillo. M. Perrier rejoignit à son tour M. Bourgeois, le 11 décembre dans le nord de l'Équateur.

En décembre, le chef de la Mission, accompagné du Capitaine Lallemand du Lieutenant Perrier et du Médecin aide-major Rivet, se rendit dans la région du Nord pour les déterminations astronomiques et la mesure de la base de vérification. Dans les projets primitifs, l'arc devait être prolongé sur le territoire colombien, mais les événements politiques dont cette région vient d'être le théâtre ont rendu cette prolongation impossible. L'arc ne se trouvera ainsi diminué que de 15′. La station astronomique Nord et la base de vérification se trouvaient ainsi reportées près de la ville de Tulcan.

Malheureusement, dans cette région les deux Cordillères se rapprochent l'une de l'autre et il n'y a plus de plateau interandin. Il est donc difficile de choisir un emplacement de base. On doit même renoncer complètement à en trouver un comportant l'emploi de la règle bimétallique. L'état des chemins ne permettait d'ailleurs pas de songer au transport de cette règle, transport qui aurait entraîné de trop fortes dépenses. Il fallut donc se contenter du fil Jädderin; la pente montait par endroits jusqu'à 10%. On devait faire trois mesures de la base, mais il fallut recommencer cette triple mesure à plusieurs reprises par suite de divers accidents. Le plus facheux de ces accidents est une déformation du fil qui a été réparée, mais d'où il résulte néanmoins que les étalonnages faits avant la mesure ont perdu toute valeur, de sorte que tout se passera comme si les fils n'avaient été étalonnés qu'une fois.

La station astronomique de Tulcan a été construite et sa latitude déterminée.

La latitude de la station astronomique Sud à Payta était observée en même temps par M. le Capitaine Maurain. Les valeurs provisoires sont $+0^\circ 47' 15''$ pour Tulcan et $-5^\circ 5' 18''$ pour Payta, ce qui donne à l'arc une amplitude totale de $5^\circ 52' 33''$.

Cependant M. Lallemand reconnaissait le rattachement au réseau général de la base mesurée et de la station astronomique de Tulcan.

Si j'ajoute que M. le Médecin aide-major Rivet, qui a d'ailleurs coopéré aux travaux géodésiques, a fait d'importants envois au Muséum et a entrepris l'étude anthropologique des races indiennes, j'aurai fait voir que les membres de la Mission ont bien employé l'année 1901.

L'arc à mesurer se trouve partagé en deux tronçons, l'un entre la station astronomique principale de Riobamba et celle de Tulcan au Nord, l'autre entre Riobamba et la station astronomique du Sud à Payta. Chacun de ces tronçons sera subdivisé en deux sections, le premier par la station astronomique de Quito, où les opérations sont terminées, le second par une station astronomique secondaire à choisir dans la région de Cuença.

On remarquera que le réseau télégraphique actuel permet déjà la mesure de la différence de longitude entre les extrémités des trois sections du Nord. Il y a lieu d'espérer qu'avant la fin de la Mission, c'est-à-dire avant la fin de 1904, la jonction avec les lignes péruviennes sera achevée, ce qui permettrait de relier les deux dernières stations, Payta et Cuença. Dans le cas contraire, on devrait se contenter de déterminer à Payta l'attraction dans le sens Est-Ouest par la différence entre les azimuts géodésique et astronomique, qui donnerait déjà une indication utile puisque la latitude de Payta est déjà de 5°.

D'après les instructions laissées par le chef de la Mission, le programme comprendrait :

En 1902, les opérations géodésiques du tronçon Nord et la reconnaissance de la 1re section du tronçon Sud.

En 1903, les opérations astronomiques du tronçon Sud, les opérations géodésiques de la 1re section du tronçon Sud et la reconnaissance de la 2e section.

En 1904 : 1° la fin des opérations géodésiques de la chaîne et la mesure de la base de Payta;

2° Le nivellement de précision depuis la mer jusqu'à la base fondamentale de Riobamba. Dans les projets primitifs, cette opération devait se faire au début de la Mission; mais l'état actuel des chemins des Cordillères l'aurait rendue très difficile, tandis qu'en 1904 le chemin de fer sera terminé et l'on pourra l'utiliser pour les transports, tout en faisant le nivellement le long de la plate-forme même de la ligne ferrée;

3° Le rattachement géodésique du réseau à une station du bord de la mer et les observations astronomiques dans cette station. Ces opérations ont pour but de comparer les différences de longitude, tant géodésique qu'astronomique, entre la chaîne et le littoral. Cette détermination aurait une grande importance; malheureusement la nature boisée du terrain en rend encore la réalisation incertaine. On pourra en tout cas observer la différence de longitude astronomique Gayaquil-Quito.

Toutes les fois que les circonstances le permettront, on fera en outre dans diverses stations géodésiques des observations pendulaires et magnétiques et des mesures de latitude.

Il y a lieu d'insister sur l'importance de ces déterminations de la latitude et du pendule. Puisque le théodolite à microscopes ne semble pas pouvoir être utilisé, la latitude ne pourra être mesurée que dans les stations où le cercle méridien pourra être monté. Mais, toutes les fois que ce transport sera possible, sans trop de peine et de dépenses, il ne faudra pas négliger ce genre d'observations, principalement dans le voisinage des cinq stations astronomiques et des bases. C'est la seule garantie que nous ayons que les latitudes fondamentales déterminées dans ces stations ne sont pas faussées par les attractions locales.

Bien convaincu comme nous de cette nécessité, le chef de la Mission a étudié les points où le cercle méridien pourra être transporté. Dans le voisinage de Riobamba, la latitude pourra être mesurée à Chujuj, ainsi qu'en un point de la Cordillère de l'Est et aussi, malgré l'altitude, à la station de Chimborazo. La station de la Loma se trouvera ainsi bien encadrée.

A la hauteur de Quito, on a déjà la latitude fondamentale du Panecillo. On fera une station de pendule au sommet du Pitchincha; cette opération est absolument cécessaire : c'est là en effet qu'au XVIIIe siècle a opéré Bouguer, et c'est après cette mesure qu'il a adopté la correction qui porte son nom.

On sera donc obligé de laisser le cercle méridien au sommet de cette montagne et l'on en profitera pour faire une détermination de la latitude. Ce point est très voisin du Panecillo, mais dans des conditions très différentes au point de vue des attractions. D'autre part, M. Gonnessiat s'offre à faire des mesures de latitude à l'Est de Quito avec un instrument de l'Observatoire.

Près de la base du Nord et de la station de Tulcan, on pourra observer la latitude en trois points, un au Sud-Ouest, un au Sud et un au Sud-Est de Tulcan, d'autant plus facilement que l'un des instruments méridiens est resté dans la région.

On est donc certain de pouvoir encadrer les trois stations du tronçon Nord. Quant au tronçon du Sud, il n'est pas encore complètement reconnu, mais il y a lieu d'espérer qu'on n'y rencontrera pas de plus grandes difficultés.

En ce qui concerne les mesures pendulaires, on n'a encore fait qu'une station, celle de Riobamba; il y a lieu de procéder à une série d'observations le long d'une coupe perpendiculaire à la chaîne méridienne et allant de la mer au versant amazonien à la latitude de Riobamba. Toutefois, il serait impossible de multiplier les stations avec l'appareil Defforges; il serait donc nécessaire de faire l'acquisition d'un pendule Sterneck ou d'un appareil analogue pour les stations secondaires. On ferait alors sur cette coupe, outre la station de Riobamba, deux autres stations du second ordre par la méthode Defforges (dont une à Gayaquil) et un grand nombre de stations du troisième ordre au Sterneck.

Nous posséderons, en outre, en dehors de cette coupe, une autre station du second ordre au sommet du Pitchincha, où, comme nous l'avons dit, on tient à renouveler l'opération faite par Bouguer au XVIIIe siècle.

Il y a lieu, d'ailleurs, d'appeler une fois de plus l'attention du chef de la Mission sur la nécessité de multiplier les stations au Sterneck, aussitôt qu'on disposera d'un appareil léger.

On a dû abandonner le mode d'observation par héliostats, et cela pour deux raisons : le personnel français est trop peu nombreux et les jours de soleil sont trop peu fréquents. On est donc obligé de revenir au système des mires. Dans ces conditions, il n'est plus nécessaire d'avoir deux brigades opérant simultanément, l'une sur la chaîne de l'Est, l'autre sur celle de l'Ouest. Tout en regrettant qu'on renonce ainsi à la possibilité d'obtenir des distances zénithales réciproques et simultanées, nous ne pouvons que nous incliner devant une nécessité qui paraît démontrée. Mais il y a lieu de remarquer que, ne pouvant opérer par distances zénithales simultanées, une bonne étude de la réfraction devient encore plus utile.

En 1902, une brigade s'occupera de la reconnaissance d'une partie du tronçon Sud, pendant que deux brigades d'opérations partant l'une de Riobamba, l'autre de Tulcan, marcheront à la rencontre l'une de l'autre.

La Commission ne peut que féliciter M. Bourgeois de l'habileté avec laquelle il a préparé et conduit l'expédition. Le chef de la Mission et les officiers placés sous ses ordres ont su triompher des difficultés causées par le climat, par la nature du terrain et par les dispositions de la partie la plus ignorante de la population; pour cela ils ont dû faire preuve à la fois d'endurance physique, de tact psychologique, d'un grand talent scientifique et surtout d'un zèle infatigable. Ils ont rencontré un concours empressé chez les officiers équatoriens, qui leur ont été précieux par leur connaissance des indigènes et des ressources locales. J'ajoute que, dans les succès obtenus, une part importante revient à l'habile direction de notre confrère, M. le Général Bassot. Les résultats déjà atteints sont d'un heureux augure pour l'avenir de l'entreprise.

RAPPORT
SUR LES OPÉRATIONS GÉODÉSIQUES
DE L'ÉQUATEUR

Association géodésique internationale, t. 14, p. 113-127.

L'Association connaît, depuis le dernier Congrès les détails du projet de révision de l'arc méridien de Quito; je voudrais lui rendre compte de l'état actuel de cette entreprise et des premiers résultats obtenus. L'avant-garde de la Mission, comprenant MM. les Capitaines Maurain et Lallemand, s'est rendue à l'Équateur au commencement de l'année 1901 et a consacré les premiers mois de cette année aux préparatifs indispensables. Le gros de la Mission, commandé par M. Bourgeois et comprenant M. le Capitaine Lacombe, M. le Lieutenant Perrier, M. le Medecin aide-major Rivet, plusieurs sous-officiers, caporaux et soldats, débarqua à Guayaquil le 1er juin avec le matériel. Six officiers équatoriens furent adjoints à la Mission pour aider à l'organisation des convois et leur entremise facilita beaucoup les rapports avec les autorités locales et avec les indigènes.

Grâce au zèle de tout le personnel, tout le matériel, y compris la règle bimétallique, put être transporté à Riobamba, le 13 juillet.

Les opérations commencèrent par la mesure de la base principale à Riobamba. Cette mesure, ainsi que les opérations astronomiques principales et les observations pendulaires autour de Riobamba, occupèrent la Mission jusqu'à la fin de novembre.

Pendant ce temps, M. Maurain reconnaissait les stations du rattachement et y construisait les signaux ainsi qu'aux sommets de trois des triangles du grand réseau. M. le Capitaine Lacombe acheva de rattacher la base de Riobamba au réseau dans les derniers mois de 1901.

En décembre, le chef de la Mission, accompagné du Capitaine Lallemand, du Lieutenant Perrier et de M. Rivet, se rendit dans la région du Nord pour les déterminations astronomiques et la mesure de la base de vérification. Dans les projets primitifs, cette base devait se trouver sur le territoire colombien, mais les événements politiques dont cette région fut le théâtre à cette époque rendit impossible la prolongation de l'arc en dehors de la République de l'Équateur. C'est donc sur le territoire équatorien près de Tulcan que furent choisis les emplacements de la station astronomique principale et de la base du Nord. La mesure de la base et la latitude de Tulcan furent terminés à la fin de février. On a déterminé ensuite la différence de longitude Quito-Tulcan, ce qui a demandé plus de temps à cause de l'état du ciel.

Pendant ce temps, M. le Capitaine Maurain s'était rendu à Payta à l'extrémité Sud de l'arc et avait déterminé la latitude de cette station astronomique principale.

En même temps, M. Lallemand reconnaissait le rattachement au réseau général de la base du Nord et de la station astronomique de Tulcan.

Les premières opérations avaient en somme été terminées dans les délais prévus; la triangulation proprement dite, au contraire, par suite de difficultés dont nous allons parler, avança beaucoup plus lentement qu'on ne l'avait espéré.

M. Bourgeois quitta l'Équateur pour rentrer en France au commencement de l'année 1902, laissant le commandement à M. le Capitaine Maurain; en partant, il espérait qu'on pourrait terminer dans l'année 1902 les opérations géodésiques du tronçon Nord entre les deux stations astronomiques principales de Riobamba et de Tulcan et la reconnaissance de la 1ère section du tronçon sud jusqu'à la station astronomique secondaire de Cuença.

Deux brigades avaient donc été constituées, l'une devant descendre de Tulcan vers le Sud et l'autre remonter de Riobamba vers le Nord, et l'on espérait qu'elles se rencontreraient avant la fin de l'année, de telle façon que les opérations géodésiques du tronçon Nord se trouveraient terminées. M. Lallemand devait commander une troisième brigade chargée des reconnaissances et de la construction des signaux.

Ce programme est loin d'avoir été exécuté, bien que M. Maurain ait constitué, afin de hâter les travaux, une brigade auxiliaire dont il prit lui-même le commandement.

Ce retard est dû à deux causes principales et d'abord à des circonstances météorologiques exceptionnellement défavorables. Les sommets étaient constamment masqués par des nuages ou des brouillards qui rendaient les visées impossibles. C'est ainsi que M. le Lieutenant Perrier a dû rester trois mois au poste du Mirador à l'altitude de 4000^m et presque constamment dans le brouillard. Pendant tout son séjour, pluies incessantes, horizon limité au camp même, un vent furieux qui faisaient tout trembler dans la baraque. Au bout de 15 jours, il n'avait pu mesurer qu'un seul angle sur 21 et il n'avait pas aperçu une seule fois le signal de Yura-Cruz; dans les vallées qui séparent les deux signaux s'écoulaient sans interruption, comme dans un canal, des bandes de nuages venant de l'Est. Jusqu'au dernier jour, M. Perrier eut à lutter contre les mêmes difficultés. Enfin sa persévérance fut récompensée et il put achever complètement en cette station la tâche qu'il avait à accomplir; on doit féliciter cet officier d'avoir mené à bien son travail dans de pareilles conditions et sans se laisser aller au découragement.

Les autres brigades rencontraient les mêmes obstacles que celle du Nord et leurs chefs faisaient preuve des mêmes qualités. A la Tucunga, M. Maurain ne pouvait observer qu'à de rares intervalles en profitant des éclaircies; un violent vent d'Est, accompagné de rafales de neige, rendait le travail très pénible, arrachait les attaches du toit de la baraque d'observations et enlevait les tentes à plusieurs reprises. M. Lacombe à la sation de Cahuito, restait plusieurs jours dans le brouillard et la neige sans pouvoir faire aucune observation. Dans toutes les stations d'ailleurs, les éclaircies permettant d'observer étaient très rares. M. Lallemand, qui dirigeait la brigade de reconnaissance, avait à opérer dans des terrains très difficiles. Il tomba dans une crevasse au Cotopaxi et resta alité trois semaines. Ces circonstances défavorables paraissent avoir un caractère exceptionnel, les reconnaissances ne les faisaient pas prévoir. D'ordinaire la saison des pluies est plus courte et, même dans les mois les plus mauvais, les observations restent quelquefois possibles pendant plusieurs heures de la journée. Faut-il rattacher ces mauvais temps persistants à la recrudescence d'activité volcanique qui s'est manifestée dans toutes l'Amérique du Sud après la catastrophe de la Martinique? Les volcans de la Cordillère orientale qui n'émettent en temps ordinaire qu'un peu de vapeur d'eau, rejetèrent à plusieurs reprises d'épaisses colonnes de fumée; il y eut des coulées de lave dans la chaîne occidentale; de fortes secousses sismiques se produisirent également. Ces manifestations volcaniques ne gênèrent pas directement les travaux de la Mission, mais peut-être ne sont-elles pas étrangères aux phénomènes météorologiques qui lui ont été si préjudiciables.

La seconde cause du retard est la destruction continuelle des mires par les Indiens et même par les blancs. Ces populations ignorantes s'imaginent que ces signaux sont placés là pour marquer l'emplacement d'un trésor; elles ne se bornent pas à abattre les piliers, mais elles fouillent profondément le sol tout autour, détruisant ainsi les repères que l'on s'efforce d'établir pour retrouver au besoin le centre du signal. Les avis du Gouvernement, dont on ne saurait trop louer le zèle éclairé, les mandements des évêques, les prédications des curés, n'ont pu jusqu'ici empêcher ces destructions. On peut espérer que, grâce aux efforts des autorités équatoriennes et surtout à la haute intervention de M. le Président de la République équatorienne qui porte tant d'intérêt à cette entreprise scientifique, elles deviendront de plus en plus rares.

La nécessité de reconstruire les signaux, situés souvent à une forte altitude et dans des pays où les communications sont si difficiles, entraînait toujours de longs retards; mais ce n'est pas tout. Il arriva plusieurs fois que le centre du signal détruit n'ayant pu être exactement déterminé, on dû recommencer toutes les stations d'où ce signal avait été visé. C'est ainsi que la démolition de la mire de Chujuj, située au centre d'un polygone, a obligé de refaire entièrement quatre stations.

Certains signaux ont été détruits jusqu'à trois fois et presque chaque rapport du Capitaine Maurain mentionne une nouvelle destruction. L'un des plus fâcheux de ces incidents a été la démolition simultanée de la mire astronomique du Panecillo, où se trouvait l'une des stations astronomiques principales et du signal géodésique de Pambamarca. La station géodésique n'ayant pas encore été exécutée; il a fallu déterminer entièrement à nouveau l'azimut astronomique du côté Panecillo-Pambamarca sur l'horizon de Panecillo, opération primordiale qui avait été terminée en octobre 1901. On n'est pas sans inquiétude sur les signaux du côté Zagroun-Laulanguzo qui est le côté le plus méridional aujourd'hui mesuré; si ces signaux n'étaient pas respectés pendant le temps que vont encore durer les opérations du Nord, on ne pourrait plus partir de ce côté pour continuer la chaîne vers le Sud, et il faudrait certainement faire à nouveau plusieurs stations. Plusieurs officiers équatoriens attachés à la Mission ont été envoyés de ce côté pour surveiller ces points et attirer, sur la conservation des signaux, l'attention des autorités politiques locales.

Dans la première moitie de l'année 1903, les circonstances météorologiques, toujours défavorables, ont été un peu moins mauvaises et on a pu avancer un peu plus rapidement.

Il est difficile de prévoir l'importance du retard, d'autant plus que le Capitaine Maurain ne peut plus envoyer des rapports détaillés aussi fréquemment qu'autrefois, par suite de la peste bubonique qui règne à Guayaquil et qui empêche la plupart des bâtiments d'y relâcher.

Toutefois le dernier de ces rapports, daté du 24 mai, faisait prévoir que la Mission pourrait se trouver réunie à Cuença pour la fin de l'année, ne laissant derrière elle que les mesures de gravité. Elle aurait ainsi terminé les opérations géodésiques proprement dites sur trois des quatre sections de l'arc, ce qui constituerait un retard d'environ six mois sur les prévisions. Mais il faut pour cela que le temps ne soit pas trop défavorable.

Malgré toutes ces difficultés, nous avons la satisfaction de constater que les opérations ont été conduites dans des conditions qui nous donnent toute garantie d'exactitude. Nous n'aurons à regretter qu'un retard de quelques mois d'où résultera sans doute un surcroît de dépenses, mais la valeur scientifique de l'œuvre ne laissera rien à désirer, c'est ce que va nous montrer l'examen détaillé des résultats.

Mesures des bases.

La base fondamentale de Riobamba fut mesurée d'abord à la règle bimétallique de Brunner; comme vérification, un tronçon de 3^{km} environ fut mesuré une seconde fois à la règle bimétallique. Comme contrôle, la base totale fut mesurée en double par le système Jäderin. Après une première reconnaissance, M. Maurain avait proposé deux emplacements de base, l'un de 10^{km} environ à travers champs, l'autre de $6^{km},5$ sur route. Malgré les avantages d'une mesure faite sur route, M. Bourgeois rejeta, avec raison selon nous, le second alignement, parce qu'une de ses extrémités étant tout près du Chimborazo, l'influence des attractions locales était trop à redouter. Le premier alignement se recommandait d'ailleurs par son rattachement facile.

La double opération à la règle bimétallique fut menée rapidement à raison de 80 portées par jour malgré les difficultés des terrains. Il importe d'insister sur la nature de ces difficultés qui peuvent influer sur la précision du résultat. La nature du terrain rendait des glissements possibles et la stabilité des supports incertaine. D'un autre côté, les inclinaisons étaient souvent très fortes. En résumé, l'appareil de Brunner se prête mal à une mesure faite en pleins champs.

D'autres difficultés provenaient du climat; l'humidité des nuits et des matinées oblige à remplacer constamment les fils des micromètres qui se détendent; et même quand on parvient à les préserver la nuit avec du chlorure de calcium, ils se détendent à vue d'œil dès qu'on ouvre la boîte si l'on opère entre 6^{h} et 9^{h} du matin; d'un autre côté, entre 11^{h} et 1^{h} s'élève un vent du NE qui soulève des flots de poussière. Ces poussières s'introduisant dans les instruments s'opposent au libre glissement des règles et détérioreraient rapidement les appareils. Enfin les variations de température sont très brusques, de sorte qu'on pourrait se demander si l'équilibre thermique des deux règles est bien assuré.

La base a été partagée en deux segments, et comme nous l'avons dit, le segment Sud a été mesuré deux fois à la règle bimétallique. La comparaison des deux résultats obtenus nous permet de nous rendre compte de la précision réalisée; or nous trouvons :

Première mesure	$3359^{m},965162^{\mu},4$
Deuxième mesure	$3359^{m},958520^{\mu},9$
Différence	$6641^{\mu},5$

soit 1/506000 de la longueur du segment, ce qui est bien la précision obtenue dans les bonnes mesures de base. La valeur adoptée pour la base totale est : $9380^{m},758868^{\mu}$.

Ce chiffre, calculé à l'aide de l'étalonnage fait à Breteuil en 1901, pourra être très légèrement modifié à la suite du nouvel étalonnage qui vient d'être fait après le retour de la règle à Paris. Cet étalonnage a donné lieu aux observations suivantes. La règle avait été mesurée à plusieurs reprises pendant les années qui ont précédé le départ et une dernière fois en 1901. On avait constaté une variation très légère, mais systématique. L'étalonnage du retour n'a pas montré une nouvelle variation dans le même sens; au contraire, la règle était revenue à sa longueur primitive.

Il y aura lieu de discuter ces différents étalonnages, mais quel que doive être le résultat de cette discussion, le chiffre final n'en sera pas sensiblement affecté, car la différence entre les valeurs extrêmes correspond seulement à une incertitude de 2^{mm} sur la longueur totale de la base.

Quelque satisfaisante que soit la précision obtenue, les difficultés que j'ai signalées plus haut auraient pu laisser quelque doute et rendaient désirable le contrôle au fil Jäderin, ce contrôle était d'ailleurs nécessaire à un autre point de vue, car il permettait de se rendre compte de la précision que l'on pouvait attendre de la nouvelle méthode qui pouvait seule être appliquée à la base du Nord.

Les opérations devaient comprendre : un premier étalonnage des fils; deux mesures complètes de la base et un second étalonnage des fils.

En vue de l'étalonnage, on fit établir dans un jardin appartenant à don Pedro Lizarzaburo, petit-neveu de don Pedro Maldonado, le compagnon de voyage de La Condamine, deux petits piliers à 24^m l'un de l'autre. La distance exacte des deux piliers fut mesurée trois fois à la règle bimétallique; 30 mesures de cette même distance avec l'appareil Jäderin ont permis ensuite de déterminer la longueur des deux fils et leur coefficient de dilatation. Don Pedro a pris des dispositions pour que les piliers restent installés à demeure dans son jardin, de façon à permettre de nouveaux étalonnages à une époque quelconque. Il y a lieu de remercier cet ami de la Science qui a tenu à rester fidèle aux traditions de sa famille.

La Mission disposait de deux fils, l'un dit A_2 en métal invar ou acier au nickel Guillaume, l'autre dit B_1 en laiton; chaque portée était mesurée d'abord avec le fil A_2, puis avec le fil B_1 et pendant ce temps on prenait la température au thermomètre fronde aux deux extrémités et au milieu de la portée. Les mesures obtenues avec l'invar et avec le laiton étaient séparément corrigées de la température.

On calculait en outre, à titre de contrôle, la longueur de chaque portée, en la déduisant de la comparaison des longueurs mesurées avec l'invar et avec le laiton et en faisant le calcul comme avec un appareil bimétallique.

Cette dernière méthode est évidemment beaucoup moins précise à cause de la faible dilatation de l'acier au nickel; aussi n'a-t-on pas retenu les nombres auxquelles elle conduisait; ces nombres ne pouvaient servir que pour éviter les erreurs grossières comme serait par exemple, l'oubli d'une portée.

La première méthode a donné

Par le fil A_2	9380,75532
Par le fil B_1	9380,74142

Les différences avec la mesure à la règle bimétallique ont été :

Pour le fil A_2	$-3^{mm},5$	ou	1/3200000
Pour le fil B_1	$-17^{mm},4$	ou	1/500000

Il est évident que la concordance si complète des résultats ne peut être attribuée qu'à un heureux hasard; car si l'on compare les deux mesures faites dans le sens aller et dans le sens retour, tant avec le fil invar qu'avec le fil de laiton, on constate un écart notablement plus grand; c'est seulement la moyenne des deux mesures A_2, ou la moyenne des deux mesures B_1 qui se rapprochent d'une façon aussi extraordinaire de la longueur obtenue par la règle de Brunner.

Cependant si nous comparons les longueurs du segments Sud obtenues par les deux méthodes, nous constatons la même concordance. La moyenne des deux mesures A_2 ne diffère que de 1/300000 de la moyenne des deux mesures à la règle et il semble que ce soit bien là la précision que permet d'atteindre la méthode Jäderin avec le fil invar. Avec le laiton, l'accord est moins bon, quoique encore très satisfaisant.

En résumé, avec la méthode Jäderin, on peut compter sur le 1/100000 ou le 1/200000; mais on a beaucoup plus de garanties avec l'acier Guillaume qu'avec le laiton. Tous ces chiffres ont été calculés en se servant exclusivement du premier étalonnage fait dans le jardin de don Pedro avant les opérations sur le terrain.

On a trouvé en effet entre les deux étalonnages une différence de 1/50000 environ, et diverses raisons portent à penser que l'une des bornes a dû recevoir un choc dans l'intervalle des deux mesures. Cet incident ne doit pas nous préoccuper en ce qui concerne la base de Riobamba puisque le chiffre définitif adopté sera naturellement celui qu'a donné la règle bimétallique.

Mais il n'en est pas de même en ce qui concerne la base du Nord, mesurée à El Vinculo, près de Tulcan. Dans cette région, en effet, les deux Cordillères se rapprochent et il n'y a plus de plateau interandin. Il est donc difficile de choisir un emplacement de base. On a dû renoncer complètement à en trouver un comportant l'emploi de la règle bimétallique. L'état des chemins ne permettait d'ailleurs pas de songer au transport de cette règle, transport qui aurait entraîné de trop fortes dépenses. Il fallut donc se contenter du fil Jäderin. La pente montait par endroits jusqu'à 10%.

On devait faire trois mesures de la base, mais il fallut recommencer cette triple mesure à plusieurs reprises par suite de divers accidents, tels que destructions de repères par les Indiens. Le plus facheux de ces accidents est un nœud qui s'est produit dans l'un des fils; cette déformation a été réparée et toutes les mesures reprises après la réparation; mais il en résulte néanmoins que les étalonnages faits avant la mesure ont perdu toute valeur, de sorte que tout se passera comme si les fils n'avait été étalonnés qu'une fois.

La base d'El Vinculo devra être calculée uniquement à l'aide du second étalonnage fait après les mesures; cela est d'autant plus regrettable que cet étalonnage est lui-même suspect, puisque nous avons dit qu'on avait des raisons de supposer que l'une des borne placées dans le jardin de don Pedro avait été déplacée par un choc. Il est donc fort important de s'assurer de la réalité de ce déplacement de la borne, bien que la base d'El Vinculo n'étant qu'une base de vérification et ne devant pas intervenir dans les compensations, il semble qu'on puisse se contenter de la précision de 1/50000 qui correspond à la différence constatée entre les deux étalonnages. Les fils Jäderin qui ont servi à l'Équateur, ont d'ailleurs été ramenés au pavillon de Breteuil où ils seront examinés de nouveau.

Une troisième base doit être mesurée à Payta, dans la partie Sud de l'arc, vers la fin des opérations. Comme l'emplacement choisi est sur une plage de sable au bord de la mer, l'emploi de la règle bimétallique redevient possible. Il serait donc à désirer que la règle de Brunner qui a servi à Riobamba et qui a été ramenée à Paris en vue d'un nouvel étalonnage pût être renvoyée à l'Équateur dès que seront terminés ce réétalonnage et sa comparaison avec la règle égyptienne qui se font actuellement à Breteuil. Cette solution n'est pas la seule, on pourrait aussi employer la nouvelle règle en acier au nickel récemment construite, si les essais faits avec cet appareil donnent toute satisfaction. Les frais de transport seraient en tout cas tout à fait minimes.

L'opération serait complétée par une mesure Jäderin, en emportant non plus deux fils de métaux différents, mais deux ou plusieurs fils en acier invar, puisque l'expérience en a démontré la supériorité. Mais dans l'intervalle, la méthode Jäderin a reçu de nouveaux perfectionnements; on a proposé de remplacer les réglettes de laiton par des réglettes en invar; et les dynamomètres par des poids. Les deux perfectionnements semblent accroître très notablement la rapidité des opérations et la précision des résultats. Il faudrait bien entendu en munir les appareils qu'on enverrait à l'Équateur. Nous saurions ainsi définitivement à quoi nous en tenir sur l'exactitude de la nouvelle méthode depuis les plus récents progrès qu'on a réalisés.

Triangulation.

Dans les projets primitifs, les officiers devaient se partager en deux brigades qui se seraient déplacées parallèlement, l'une sur la chaîne occidentale, l'autre sur la chaîne orientale. On devait aussi se servir d'héliostats; les Académiciens du XVIIIe siècle avaient eu en effet à souffrir de la destruction des signaux par les indigènes; on craignait de rencontrer la même dificulté et l'expérience a depuis prouvé que cette crainte n'était que trop fondée, on voulait donc éviter d'avoir à construire des signaux fixes.

Malheureusement les circonstances n'ont pas permis de suivre ce plan. En premier lieu les jours de soleil sont trop peu fréquents pour que l'emploi de héliostats puisse être avantageux. Ensuite le personnel français était trop peu nombreux pour qu'on puisse constituer, outre les deux brigades principales, une chaîne, quatre sous-brigades (deux par chaîne, une pour la station d'amont, l'autre pour la station d'aval) pour la manœuvre des héliostats.

On se trouva donc obligé de revenir au système des mires, exposées, comme nous l'avons vu, à de fréquentes destructions, et pour éviter des transports onéreux, on fut conduit d'autre part, à constituer, non pas deux brigades se déplaçant parallèlement, mais deux brigades venant à la rencontre l'une de l'autre et marchant l'une vers le Sud, l'autre vers le Nord. C'était renoncer à la mesure des distances zénithales réciproques et simultanées puisque les deux opérateurs ne devaient jamais se trouver en vue l'un de l'autre.

Nous avons dit quelles ont été les difficultés rencontrées dans la triangulation. Ces difficultés, qui ont amené tant de retards ne paraissent pas avoir eu d'influence sur la précision des résultats. Les angles azimutaux mesurés donnent une compensation très satisfaisante. Le 24 mai il ne restait plus pour achever la géodésie des stations du tronçon Nord, qu'à terminer les quatre stations de Culangal et de Pusacocha, Tupisa et Yura-Cruz.

Les observations sont sans doute commencées sur la première moitié du tronçon Sud entre Riobamba et Cuença; là on fera opérer deux brigades marchant parallèlement du Nord au Sud; bien entendu, il faudra continuer à construire des signaux, l'emploi des héliostats demeurant impossible; mais les chances de destruction se trouveront diminuées, puisque chaque mire ne sera utile que pendant moins de temps.

Je dois signaler que, par suite de circonstances diverses, on a été obligé d'adopter pour une partie du réseau une solution toute particulière. Il a fallu construire à Sincholagua deux mires à peu de distance l'une de l'autre, parce que chacune de ces mires était invisible de certains points. On a donc mesuré de quatre stations : Corazon, Pichincha, Panecillo et Pambamarca l'angle sous lequel se voyait la distance de ces deux mires. Grâce à cette précaution, et aux conditions favorables dans lesquelles ces observations ont pu être faites, on peut être assuré que la compensation de cette partie du réseau sera aussi solide que celle du reste de la chaîne. Les erreurs de fermeture n'y dépassent pas $1'' 7$.

Dans la moitié Sud du tronçon Nord (section Riobamba-Quito) les fermetures de 36 triangles dont les résultats nous sont connus donnent pour valeur du coefficient de comparaison, $m = \sqrt{\frac{\Sigma E^2}{3n}}, 2'',1 = 0'',7$ (cette valeur tomba à $0'',6$ si l'on met à part les triangles **29** et **30** dont les erreurs de fermeture tiennent vraisemblablement à ce que la mire de Ouangotasin n'a pas été exactement recentrée après les destructions). Il n'y a d'un peu considérable que la fermeture du triangle **29**, $9''$, de sorte que la triangulation est dans son ensemble très satisfaisante.

Astronomie fondamentale.

Les projets primitifs comportaient trois stations astronomiques principales, une à Quito, une dans le voisinage de la base du Nord, une près de la base du Sud.

La ville de Quito possède un observatoire permanent actuellement dirigé par un astronome très expérimenté, M. Gonnessiat. Le concours de cet observateur éminent était pour la Mission une précieuse bonne fortune. Un Observatoire temporaire avait donc été installé près de Quito de façon à pouvoir être facilement relié, d'une part à l'Observatoire permanent de cette ville et, d'autre part, au réseau trigonométrique. Cet Observatoire était placé sur la colline du Panecillo, qui est pour ainsi dire collée aux premières pentes de l'énorme masse du Pitchincha. La latitude fondamentale qu'on aurait pu y observer aurait donc été fortement affectée par les attractions locales.

A ce point de vue, le voisinage immédiat de Riobamba présentait des conditions beaucoup plus favorables. M. Élysée Reclus a comparé la région interandine à une immense échelle dont les montants sont représentés par les deux Cordillères et les barreaux par les chaînes transversales qui les relient de distance en distance; ces barreaux partagent le plateau interandin en une série de cirques successifs. Il est clair que la verticale doit être moins déviée au centre d'un de ces cirques que dans le voisinage de l'un des barreaux. C'est pour cette raison que la situation de Riobamba était avantageuse.

Le Commandant Bourgeois résolut donc d'installer à la Loma, près de Riobamba, une station principale, et de déterminer la latitude à la fois au Panecillo et à la Loma, puis la différence de longitude des deux stations et enfin un azimut au Panecillo et un autre à la Loma par la méthode des observations méridiennes.

Les latitudes furent déterminées par la méthode de Villarceau en huit soirées dans quatre positions du cercle observées chacune, nadir face Nord et nadir face Sud.

La différence des longitudes put se faire sans grande difficulté, car les deux postes étaient reliés télégraphiquement et l'administration des télégraphes avait eu la complaisance de mettre le fil à la disposition exclusive des observateurs de 8^h à 11^h du soir.

Malheureusement, l'échange des observateurs ne peut être pratiqué; les officiers n'auraient pu abandonner leur poste sans s'exposer à voir disparaître les mires, parce que le personnel français était trop peu nombreux et qu'il aurait fallu laisser la garde à des Indiens en qui on ne pouvait avoir confiance. On s'est donc contenté de déterminer avec le plus grand soin les différences d'équations personnelles.

La latitude de Tulcan (station astronomique du Nord) et celle de Payta (station du Sud) ont été déterminées simultanément.

On a déterminé également un azimut à Tulcan et la différence de longitude Quito-Tulcan. Pour cette dernière différence les soirées d'échanges de signaux télégraphiques comprennent deux soirées complètes à quatre positions communes aux deux stations, deux demi-soirées communes, plus cinq soirées comportant deux positions à une station et une seule à la station conjuguée.

L'échange des observateurs n'étant pas possible, MM. Maurain et Perrier avaient déterminé leurs équations personnelles à Quito et les détermineront encore quand ils s'y rencontreront de nouveau.

Il reste, pour achever les opérations astronomiques fondamentales, à mesurer une longitude et un azimut à Payta. Depuis quelques mois la jonction entre les lignes télégraphiques péruviennes et équatoriennes est achevée, ce qui permettra de relier Payta aux stations du Nord. La mesure de la longitude astronomique ne présentera donc pas de difficulté.

Les résultats des mesures de latitudes principales sont les suivants, tous calculs faits :

	°	′	″
Payta	—5	5	8,6
Riobamba	—1	40	0,9
Panecillo	—0	13	51,1
Tulcan	+0	48	25,6
Amplitude totale de l'arc	5	53	34,2
Amplitude du tronçon Nord	2	28	26,5

L'amplitude totale de l'arc reste donc voisine de 6°, bien que les événements politiques aient empêché de le prolonger en Colombie; il n'est diminué de ce fait que de 15′ environ, Les observations de longitude ne sont pas encore réduites.

Astronomie secondaire.

Le tronçon Nord comportait deux stations astronomiques secondaires au Pinllar près d'Ibarra entre Tulcan et Quito, et à la Tacunga entre Quito et Riobamba. M. le Capitaine Maurain décida de déterminer d'abord la différence de longitude de la station principale de Panecillo à l'Observatoire de Quito, ce qui avait l'avantage de permettre de profiter de l'installation de cet Observatoire et de la présence continuelle de M. Gonnessiat pour la détermination de la longitude des stations secondaires. A cet effet, M. Maurain détermina, avant le départ, sa différence de l'équation personnelle avec M. Gonnessiat et observa ensuite la différence de longitude entre Quito et la Tacunga, en trois soirées et en se servant d'un seul chronographe installé à Quito et sur lequel s'enregistraient les observations des deux opérateurs. Les communications télégraphiques pouvaient se faire sans relais.

La latitude de la Tacunga fut déterminée en quatre soirées au cercle méridien; la moyenne générale provisoire est 0° 56′ 0″,97.

Lors du départ du dernier courrier, M. le Lieutenant Perrier se trouvait au Pinllar, près d'Ibarra où se trouve la seconde station secondaire. Il avait achevé la détermination de la latitude, et d'un azimut et commencé celle de la longitude, Quito-Pinllar. Après avoir terminé cette opération, ainsi que les deux stations géodésiques qu'il lui reste à faire, cet officiers doit se rendre à Quito où il observera en double avec M. Gonnessiat en vue de la détermination de leur équation relative.

Une troisième station secondaire sera observée à Cuença entre Payta et Riobamba. M. Maurain doit s'y rendre en personne aussitôt les opérations du Nord terminées. M. Maurain ferait ensuite avec M. Perrier la longitude Alansi-Cuença ou Alansi-Riobamba. Alansi est une station située sur le plateau interandin au point ou le chemin de fer de Guayaquil à Riobamba tourne pour remonter vers le Nord. Cette station vient d'être réunie à Guayaquil par une ligne télégraphique en cuivre.

Latitudes du troisième ordre.

Pendant le congrès de 1900, M. Helmert avait insisté sur l'intérêt qu'il y aurait, dans un pays aussi accidenté, à mesurer la latitude à la seconde ronde, autant que possible dans toutes les stations géodésiques.

On comptait d'abord se servir du théodolite à microscopes qu'on doit hisser dans chacune de ces stations pour les opérations géodésiques. On avait modifié cet appareil dans l'espoir de le rendre propre aux observations astronomiques; malheureusement, il n'était rentré de chez le constructeur que quelques jours avant le départ, de sorte qu'il n'avait pu être essayé à Paris. A l'usage, les observateurs rencontrèrent des difficultés, surtout pour l'éclairage.

Ils durent renoncer à s'en servir et l'on crut quelque temps que la latitude ne pourrait être mesurée que dans les stations où le cercle méridien pourrait être monté.

Ce n'est qu'au bout de plusieurs mois que la Mission reçut enfin des accessoires permettant l'emploi du théodolite à microscopes pour les mesures de latitude.

Le Capitaine Maurain, aussitôt après avoir observé au cercle méridien la latitude secondaire de la Tacunga, s'occupa de déterminer au théodolite une latitude de comparaison, afin de savoir quelle précision on peut attendre de cet instrument; les résultats lui ont paru suffisants pour qu'on puisse l'employer aux opérations en Cordillère; on peut compter sur la seconde ronde. C'est d'ailleurs ce que confirme la discussion des observations ultérieures; il y a toujours une différence systématique entre les étoiles Nord et les étoiles Sud, mais les écarts entre plusieurs soirées consécutives sont toujours très faibles.

Il fut donc possible de faire des mesures de latitude dans presque toutes les stations de la moitié Nord du tronçon Nord; mais il reste sept stations dans la moitié Sud dont la latitude n'a pas été déterminée. Ce sont celles de Sagoatoa, Huicotango, Mulmul, Cahuito, Chimborazo, Zagroun, Yana-Ashpa.

M. Lallemand va s'y rendre spécialement, pendant que les autres officiers opéreront dans le tronçon Sud. Il consacrera vraisemblablement plus de trois mois à ces observations de latitude.

Je dois ajouter que la Mission va recevoir deux appareils Claude-Driencourt; cet appareil, que M. Bouquet de la Grye a présenté au Congrès, comporte une plus grande précision et est très portatif; il pourra être utilisé dans les stations géodésiques qui restent à faire ou encore dans les localités où l'on devra se rendre pour les mesures du pendule.

Nivellement géodésique.

Nous avons vu pour quelles raisons on avait été obligé de renoncer à la mesure des distances zénithales réciproques et simultanées; mais on a obtenu partout des distances réciproques. Un premier examen de ces distances montre qu'elles sont bien concordantes; les réfractions semblent convenablement constantes, ce que la tranquillité des images permettait déjà de préjuger. De plus cela a été confirmé par des mesures rigoureusement simultanées faites par M. Maurain à Pambamarca et par M. Gonnessiat au Panecillo. Dans ces conditions, il est permis de compter sur un bon nivellement géodésique.

Nivellement de précision.

On avait d'abord pensé faire cette opération dès la première année. Mais l'état des chemins des Cordillères l'aurait alors rendue très difficile; on a préféré attendre l'achèvement du chemin de fer de façon à l'utiliser dans les transports tout en faisant le nivellement le long de la plate-forme même de la ligne ferrée.

M. Maurain s'est mis d'accord avec la Compagnie du Chemin de fer et toutes facilités seront accordées au personnel qui en sera chargé. Les opérations de nivellement pourront commencer aussitôt après la conclusion de l'astronomie principale du segment Riobamba-Cuença. Les 320^{km} à faire exigeront une campagne de 5 à 6 mois par suite des fortes pentes qui réduiront de moitié les nivellées normales sur le versant occidental de la Cordillère. M. le Capitaine Lacombe a reconnu sur la côte du Pacifique un emplacement convenable pour le médimarémètre.

Observations pendulaires.

C'est la partie du travail qui se trouve le plus en retard; une seule station a été faite par M. Bourgeois à Riobamba, en même temps que l'observation de la longitude et pour profiter de l'étude de la marche de l'horloge. Cette station a été réduite, il ne manque plus que la détermination définitive de la marche de l'horloge sidérale.

Aucune mesure nouvelle n'a été faite, on hésite encore au sujet de l'instrument à adopter dans les stations secondaires. Le pendule Sterneck ne paraît pas présenter d'aussi grands avantages qu'on l'avait cru d'abord. Toutefois le chef de la Mission ne perd pas de vue cette importante question et nous pouvons être assurés qu'elle ne sera pas négligée.

Les officiers qui sont actuellement à l'Équateur ne sont pas habitués aux mesures pendulaires; elles ne pourront être reprises qu'après le retour de M. le Commandant Bourgeois. Il est donc à désirer que ce retour ne se fasse pas longtemps attendre. L'importance de cette question est trop évidente et trop connue de l'Association pour qu'il soit nécessaire d'insister.

Travaux géologiques et topographiques.

Les officiers de la Mission, grâce aux trop fréquents loisirs que leur laissent les brumes ont levé au phototachéomètre, non seulement des tours d'horizon autour de chaque station, mais une carte au 1/500000e de la région interandine. Une minute des environs de Tulcan, levée au 1/100000e par le lieutenant Perrier et le Docteur Rivet, a été tirée au Service Géographique comme specimen et envoyé à M. le Président de la République de l'Équateur.

Ces travaux topographiques, et l'étude des échantillons minéralogiques recueillis dans le voisinage de chaque station faciliteront l'étude des attractions locales.

Observations magnétiques.

Des observations magnétiques ont été faites dans la plupart des stations; elles n'ont pas encore été réduites.

Sciences naturelles.

M. le Médecin aide-major Rivet s'est occupé d'études relatives aux sciences naturelles. Il a fait de nombreux envois au Museum et il a entrepris une étude anthropologique sur les races indiennes de la région interandine. Je profite de l'occasion pour ajouter que M. le Docteur Rivet a pris une part active aux opérations géodésiques proprement dites et qu'il a été d'un grand secours à M. Perrier dans les stations difficiles où cet officier a observé.

Relèvement du géoïde.

Dans le Congrès de 1900, plusieurs membres on fait observer que l'attraction des masses montagneuses des Andes pourrait produire d'importantes déviation de la verticale et un rélèvement notable du géoïde et qu'il importait de se mettre en garde contre les erreurs qui pouvaient en résulter.

En ce qui concerne les déviations dans le sens N-S les mesures de latitude du 3e ordre dont nous avons parlé plus haut doivent suffire pour nous renseigner.

Les différences entre les latitudes géodésiques et astronomiques dans les stations dont nous connaissons les résultats atteignent 15″ et 18″ sexagésimales et souvent pour des points relativement rapprochés.

Il semble qu'il serait d'autant plus désirable de connaître exactement les déviations dans le sens E-O, qui, on doit s'y attendre, doivent être plus considérables. On a montré dans le dernier Congrès quelles sont les difficultés qu'on doit rencontrer dans cette détermination.

Le premier moyen proposé consistait, on se le rappelle, à mesurer la longitude géodésique et la longitude astronomique, Guayaquil-Quito en utilisant une île du Golfe de Guayaquil, l'île de Puna, qui se prêterait à l'installation des signaux

ARC MÉRIDIEN DE QUITO

Partie Nord de la Triangulation

Signes conventionnels

Coté de la Triangulation ——
Base géodésique
Différence de Longitude - - - -
Azimut -·-·-
Sommet géodésique △
Station astronomique □
Observatoire de Quito ●
Localités importantes ∘
Sommets de montagnes ⊙

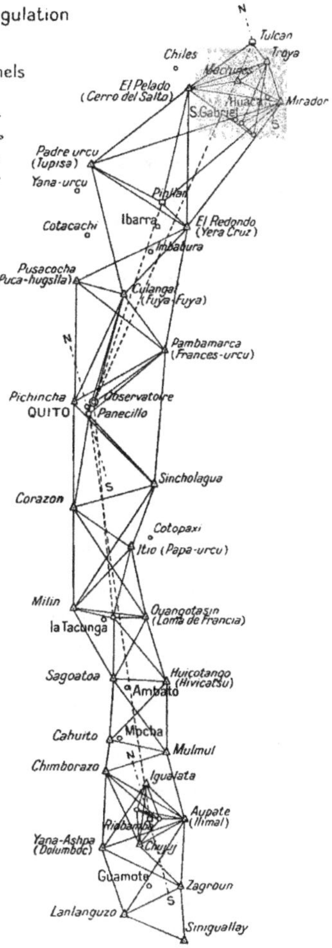

Les derniers rapports du Capitaine Maurain font prévoir que cette opération pourrait se faire sans trop de difficultés en partant des côtés Cahuapata-Soldados-Minas et qu'il suffirait de deux stations intermédiaires placées sur la Cordillère de Molleturo et sur les hauteurs de Puna.

M. Maurain propose, en outre, de faire des observations de longitude en trois points, en liaison télégraphique avec Quito et situés l'un à l'ouest de la Cordillère occidentale du côté de Santo Domingo de los Colorados, un autre un peu à l'est de Quito sur la crête de Poingasi, un troisième au pied de la Cordillère orientale, près de Cayambe; au point de vue géodésique les deux derniers points peuvent être recoupés facilement des stations du réseau; de Santo Domingo, on peut viser plusieurs sommets dont la position a été déterminée par recoupement lors des opérations géodésiques.

Les trois points en question se trouvant tout indiqués comme stations de pendule, ces opérations se feraient en même temps que la campagne de gravité. Il y a lieu de retenir cet intéressant projet et d'inviter le chef de la Mission à l'étudier de près.

En dehors de ces mesures de longitude, on possède un autre moyen de se rendre compte de l'influence des massifs des Andes. Ce sont les observations pendulaires; nous avons parlé plus haut de cette question et nous avons insisté sur son importance.

Conclusion.

En résumé, la Mission de l'Équateur a rencontré de trés grandes difficultés. Grâce à l'appui éclairé du Gouvernement équatorien, au zèle des officiers français et à l'aide que leur ont constamment prêtée les officiers équatoriens, ces difficultés ont été ou seront vaincues. Elles n'auront d'autre conséquence qu'un retard, malheureusement considérable, et un surcroît imprévu de dépenses. Mais nous avons la satisfaction de constater, que en dépit de conditions si difficiles, ces officiers n'ont rien sacrifié de la précision scientifique la plus rigoureuse et qu'ils ont accompli une œuvre de très haute valeur.

Les longues journées d'attente dans la neige et le brouillard n'ont pas amené un instant de découragement; la constance et le dévouement des officiers et de tout le personnel ne se sont jamais démentis. Il y a lieu de féliciter ces vaillants pionniers de la Science de leur courage et des résultats obtenus.

RAPPORTS
SUR LES OPÉRATIONS GÉODÉSIQUES DE L'ÉQUATEUR
EN 1903, 1904 ET 1905,
PRÉSENTÉS A L'ACADÉMIE DES SCIENCES
AU NOM DE LA COMMISSION
CHARGÉE DU CONTRÔLE SCIENTIFIQUE
DES
OPÉRATIONS GÉODÉSIQUES DE L'ÉQUATEUR

Association géodésique internationale, t. 15, p. 289-30

1903.

La Commission chargée par l'Académie du contrôle scientifique des opérations géodésiques de l'Équateur s'est réunie, le 8 mars 1904, pour entendre le Rapport de M. le Commandant Bourgeois sur les travaux effectués pendant l'année 1903.

Il résulte de ce Rapport que les circonstances météorologiques qui avaient été si préjudiciables aux travaux de la Mission pendant l'année précédente, ne se sont malheureusement pas améliorées, et que les opérations ne se sont pas poursuivies avec la rapidité sur laquelle on avait compté.

Dans notre Rapport précédent, nous avons fait connaître le programme proposé par M. Bourgeois, chef de la Mission, programme auquel vous aviez donné votre approbation.

L'année 1903 devait être consacrée :

1° à l'achèvement des opérations du tronçon Nord;

2° aux observations géodésiques de la section Riobamba-Cuenca;

3° aux observations astronomiques à Cuenca;

4° aux observations magnétiques;

5° au commencement du nivellement de précision.

Ce programme n'a pu être entièrement rempli; les opérations du tronçon Nord n'ont été terminées qu'au 15 février 1904. On n'a pu faire, dans le Sud, que quelques stations en 1903, et les travaux astronomiques de Cuenca vont seulement commencer.

Nous allons expliquer maintenant quelles ont été les causes de ces retards et montrer que la valeur scientifique des résultats n'en est nullement atteinte.

Des changements ont eu lieu dans le personnel. M. le Capitaine Lacombe s'est embarqué pour la France le 16 avril 1903, et a été remplacé par M. le Capitaine Peyronnel qui est arrivé à Guayaquil le 20 janvier dernier. M. le Médecin aide-major Rivet est venu en congé en France, mais il doit retourner à l'Équateur le 26 avril prochain.

Opérations du Nord. — Au 1er janvier 1903, trois brigades opéraient simultanément dans le Nord; celle de M. Maurain au Corazon, à la hauteur de Quito; celle de M. Lacombe entre Quito et Riobamba, celle de M. Perrier dans le voisinage de la baie de Tulcan.

Quand M. Lacombe partit pour la France, après avoir terminé la partie du tronçon qui lui était attribuée, on constitua, avec son personnel, une nouvelle brigade, placée sous les ordres de M. le Capitaine Lallemand et destinée à opérer entre les deux autres brigades, afin de marcher au devant de M. Perrier et de rattraper une partie du temps perdu.

M. le Capitaine Maurain, après l'achèvement de sa section, se rendit le 9 août à Alausi, pour préparer les opérations du tronçon Sud. Au mois de septembre, M. le Capitaine Lallemand, ayant à son tour terminé sa tâche, partait pour Riobamba, pour reprendre, dans les stations qui entourent cette baie, les observations de latitude à la seconde ronde, conformément au vœu de l'Académie.

M. le Lieutenant Perrier avait, de son côté, presque mené à bonne fin les opérations dans la région si difficile où il travaillait, quand diverses circonstances l'obligèrent à reprendre plusieurs stations où il devait rencontrer des conditions aussi défavorables que pendant son premier séjour. Il y retrouva ces brouillards qui, rendant les signaux invisibles, le forcèrent de nouveau à de longues semaines d'attente à de grandes altitudes. Ce n'est, comme nous l'avons dit, que le 13 février 1904, qu'il put enfin quitter ces régions inhospitalières.

Les causes de ces retards sont celles qui ont été signalées dans les précédents Rapports, et, en particulier, les circonstances météorologiques. Les stations sont toutes à de fortes altitudes; elles sont souvent battues par des tempêtes de neige ou enveloppées de nuages. Nous avons expliqué, l'année dernière, les souffrances que notre personnel avait à supporter dans ces conditions. Cette situation n'a pas changé.

Le tableau suivant fera d'ailleurs mieux ressortir la nature des difficultés rencontrées :

Nombre de stations distinctes	43
Nombre de stations redoublées	12
Nombre total de stations	55
Altitude moyenne	3 700 m
Nombre total de couples mesurés	2 391
Durée totale du séjour dans les stations (déplacements non-compris)	1 137 jour

Dans trois stations on a dû séjourner plus de 80 jours, dans onze plus de 30 jours, toujours par suite des circonstances météorologiques.

La seconde cause de retard a été la destruction des signaux; deux signaux ont été détruits deux fois et un trois fois; 18 incidents de cette nature ont obligé les opérateurs à revenir à 12 stations et à reprendre la mesure de 360 couples. Sans le zèle éclairé du Gouvernement équatorien, sans l'appui constant et bienveillant de M. le Président de la République, ces destructions auraient été beaucoup plus fréquentes. On ne saurait trop louer les efforts persévérants des autorités équatoriennes pour assurer la conservation de nos signaux.

Les opérations du Nord étant aujourd'hui terminées, on peut dès maintenant se faire une idée de leur précision. M. Maurain a calculé provisoirement l'enchaînement entre les deux bases de Riobamba et de Tulcan. Au sujet de ce calcul nous devons observer :

1° Qu'il a été fait avant les dernières mesures du Chiles qui viennent seulement d'être achevées et que, par conséquent, M. Maurain a dû conclure un angle en Chiles;

2° Qu'il a admis, pour ce calcul provisoire, que les deux bases sont au même niveau.

Dans ces conditions, M. Maurain est arrivé au résultat suivant :

Base du Nord mesurée	6 604^{m},77
Base du Nord calculée	6 604,83

La concordance est bien supérieure à ce qu'on pouvait attendre, étant données les conditions dans lesquelles on a opéré, et il ne faudrait pas s'étonner que les calculs définitifs ne l'améliorent pas; il n'en est pas moins certain, dès à présent, que celle qu'ils feront ressortir sera tout à fait satisfaisante. Nous sommes donc assurés de la très grande précision de cette partie de la triangulation.

Opérations du Sud. — Nous avons dit que M. Maurain, après avoir terminé ses travaux du tronçon Nord, s'est rendu à Alausi, le 9 août 1903; il a procédé aussitôt à la reconnaissance du tronçon Sud jusqu'au massif de l'Aguay, à la construction des signaux jusqu'à Cuenca, et il a achevé dans le courant de 1903 les stations de Pagroun, Lalanguzo, Sinigallay et Danas.

La reconnaissance entreprise avait en partie pour but la recherche de l'emplacement d'une station astronomique secondaire entre Riobamba et Cuenca dans le voisinage d'Alausi. L'examen du terrain a prouvé qu'il était impossible de trouver un emplacement convenable, susceptible d'être rattaché à la triangulation, même avec une station géodésique supplémentaire. Dans ces conditions, il a paru préférable de renoncer à ce projet, que la résolution de mesurer les latitudes à la seconde ronde en chaque station rendait d'ailleurs beaucoup moins intéressant.

M. Maurain est en ce moment à Cuenca où, après avoir aménagé la station astronomique, il a commencé les observations de latitude; il s'occupera ensuite de la détermination de la différence de longitude Cuenca-Quito.

Le réseau primitivement prévu sera reporté plus à l'Ouest en s'écartant de la direction du Nord-Sud; quand on l'avait établi en 1899, il n'était pas encore question de pousser l'arc jusqu'à Payta, mais seulement jusqu'à la région Ayabaca, le complément à 6° étant donné par le prolongement sur le territoire colombien. Ce prolongement étant devenu impossible par suite des événements politiques, on résolut de continuer l'enchaînement vers le Sud sur le territoire péruvien jusqu'à Payta sur la côte du Pacifique de façon à lui conserver une étendue totale de 6°. Cet emplacement de Payta était d'ailleurs particulièrement favorable pour les mesures de bases. Mais comme cette localité est notablement à l'Ouest du prolongement de l'arc d'abord projeté, il y a lieu de déplacer toute la chaîne. Les observations en seront d'ailleurs grandement facilitées.

L'expérience a prouvé en effet que les difficultés climatériques qui ont causé tant de retards augmentent rapidement avec l'altitude. Or la Cordillère orientale est élevée, humide, malsaine et presque toujours couverte de nuages. A l'Ouest, au contraire, on rencontrera des massifs montagneux d'altitude moindre, où les vues sont généralement libres, par suite du voisinage du désert sablonneux de Tumbez. On aboutira enfin à la plaine au bord de la mer dont le climat est très sec. En arrivant aux premières stations de cette plaine, les altitudes varieront très rapidement; il conviendra donc d'apporter un grand soin à l'observation des distances zénithales et autant que possible d'obtenir des mesures réciproques et simultanées.

Tous les officiers vont se trouver réunis dans le Sud, MM. Lallemand et Perrier ayant achevé leurs travaux dans le Nord et M. Peyronnel étant arrivé à l'Équateur. On pourra donc constituer deux brigades qui opéreront parallèlement; on peut espérer qu'avec cette façon d'opérer, les destructions de signaux seront moins à craindre et en tout cas auront moins d'inconvénients.

M. Maurain estime que dans ces conditions on peut compter sur une vitesse d'avancement d'une station par brigade et par mois, de sorte que les travaux essentiels de triangulation pourraient être achevés jusqu'à Payta vers la fin de 1904.

Latitudes de troisième ordre. — Dès le début des opérations, on avait reconnu la nécessité de procéder aussi souvent que possible à des déterminations de latitude. Mais ne pouvant utiliser pour ces mesures les théodolites à microscopes dont ils étaient pourvus, les officiers de la Mission durent y renoncer dans les premières stations qu'ils firent autour de Riobamba. Depuis ils ont reçu des accessoires qui permettent l'emploi du théodolite pour les observations de latitude, et à partir de ce moment ils ont déterminé la latitude à la seconde ronde dans toutes les stations, conformément au vœu exprimé par l'Académie et l'Association internationale géodésique.

Mais les premières stations étaient restées en souffrance; M. le Capitaine Lallemand a donc dû s'y rendre de nouveau. Les déterminations y sont terminées et les résultats de ces observations ont été envoyés à Paris afin d'y être réduits.

Les latitudes ont donc été mesurées dans toutes les stations du tronçon Nord. En ce qui concerne le tronçon Sud, la Mission va disposer d'un instrument nouveau. M. le Capitaine Peyronnel a apporté en effet une astrolabe à prisme du système Claude-Driencourt. M. Maurain a reconnu un emplacement près d'Alausi où les officiers pourront apprendre à la manier.

Nivellement. — Les travaux du nivellement de précision sont confiés à une brigade spéciale commandée par M. l'Adjudant Lallemand; elle a commencé ses opérations en décembre 1903 et a atteint vers le milieu de février la station d'Alausi; on se rappelle que la ligne à niveler s'étend le long du tracé du chemin de fer, qu'elle court Nord-Sud depuis Riobamba jusqu'à Alausi, puis Est-Ouest depuis Alausi jusqu'à Guayaquil et doit être ensuite prolongée de ce dernier point jusqu'au médimarémètre.

C'est donc la première section Nord-Sud qui est aujourd'hui terminée; les résultats d'après le rapport de M. Maurain, sont excellents, et l'on n'a eu à reprendre que très peu de nivelées.

On rencontrera une difficulté au passage du Guayas, un peu avant Guayaquil. Cette rivière est trop large pour qu'on puisse employer les procédés ordinaires de nivellement. Il faudra opérer géodésiquement par distances zénithales réciproques et simultanées. Une bonne vérification consisterait à se rattacher par un nivellement de précision à des points situés sur les deux rives du Guayas. En choisissant le moment où les courants de marée s'annulent, on pourra admettre en effet que le niveau de l'eau est sensiblement le même sur les deux rives.

A la suite d'une reconnaissance faite avant son départ par M. le Capitaine Lacombe un emplacement a été choisi pour le médimarémètre à Salinas, sur la côte du Pacifique, en un point situé en dehors des courants. M. Peyronnel a apporté deux médimarémètres, dont l'un sera sans doute installé à Salinas et l'autre à Payta.

Pendule. — Cette partie du programme est toujours restée en souffrance. L'Académie ne saurait trop insister sur son importance; et comme il semble que cette situation doive se prolonger jusqu'au retour de M. le Commandant Bourgeois en Équateur, nous devons émettre le vœu que ce retour soit aussi prompt que possible.

Il y a cependant un résultat intéressant à signaler : la station de Riobamba a été réduite, et l'on a pu constater que les résultats concordent avec la formule de Bouguer, tandis que les mesures faites dans les massifs des Alpes et de l'Himalaya ne s'accordent pas avec cette formule et se rapprochent plutôt de celle de Faye. Ainsi se trouvent confirmées les prévisions de M. de Lapparent, fondées sur la différence des conditions tectoniques des Andes et de l'Himalaya. Il y a lieu d'ailleurs de rappeler que c'est à la suite d'une observation faite au Pichincha que Bouguer avait adopté cette formule.

Rattachement de Guayaquil. — Ce résultat fait prévoir un relèvement assez considérable du géoïde; il devient donc de plus en plus intéressant d'apprécier l'importance de ce relèvement en mesurant la différence des longitudes géodésique et astronomique de Guayaquil. Il faut pour cela rattacher géodésiquement cette station à la triangulation; à cet effet, on a proposé de se servir de l'île de Puna, située dans le golfe de Guayaquil. Le chef intérimaire de la Mission n'a pas perdu de vue cette importante question, et il a étudié une autre solution qui consisterait à prendre comme base la ligne géodésique calculée Sinaçalman-Minas; en visant des deux extrémités de cette ligne le sommet du Cerro de Santa Anna, tout proche de Guayaquil. On économiserait ainsi deux stations ce qui serait fort important étant donné le retard des opérations, et l'on ne perdrait pas beaucoup en précision. Il reste à savoir si cela est possible; les côtés du triangle auraient de 100 à 120^{km}; M. Maurain estime que cette distance pourrait être franchie; c'est ce qu'une reconnaissance ultérieure nous pourra seule apprendre.

Divers. — Les observations magnétiques ont été poursuivies.

M. le Docteur Rivet est rentré en France en rapportant pour le Museum de nombreuses caisses de collections; ces collections intéressent toutes les parties de l'Histoire naturelle, mais principalement l'Anthropologie.

Programme et résumé. — Nous avons dit plus haut qu'on pouvait prévoir l'achèvement des opérations du tronçon Sud pour la fin de 1904. La latitude de Cuenca est actuellement mesurée. Il est probable que l'on aura terminé à la même époque :

1° les différences de longitude Cuenca-Quito et Payta-Quito;

2° le nivellement de précision.

Il resterait donc pour 1905 :

1° la base de Payta;

2° le rattachement de Guayaquil et la différence de longitude Guayaquil-Quito;

3° les observations pendulaires.

Il y a lieu une fois de plus de féliciter nos officiers des résultats qu'ils ont obtenus et dont la valeur scientifique est très grande, de rendre hommage à leur zèle et à leur constance dans les circonstances difficiles où ils ont opéré depuis trois ans.

Nous devons remercier égalemrent les officier équatoriens dont le concours nous a été très utile, et surtout le Gouvernement équatorien qui n'a cessé de nous venir en aide, non seulement par ses subsides, mais par son intervention constante auprès des populations.

1904.

La Commission chargée du contrôle de l'expédition de l'Équateur s'est, comme les années précédentes, réunie pour entendre le Rapport de M. le Commandant Bourgeois sur les opérations de l'année 1904. Elle a eu le regret de constater que les conditions climatériques ne se sont pas améliorées et que le retard qui s'était produit dans les années précédentes s'est encore accentué. Il y a deux ans, nous pouvions espérer qu'on pousserait jusqu'à Cuenca avant la fin de 1903; il y a un an, nous comptions encore qu'on atteindrait ce point vers le milieu de 1904. En réalité, c'est seulement en novembre que les stations qui entourent cette ville ont pu être terminées. Depuis, on n'a pas pu marcher plus rapidement, de sorte qu'au mois de janvier on était encore à Tinajillas et Narihuima, à 50^{km} et 80^{km} au sud de Cuenca.

Ces retards sont extrêmement fâcheux et nous devons d'abord en rechercher la cause. Les renseignements fournis par les indigènes avaient fait croire que la contrée au sud de Riobamba était moins brumeuse que celle du Nord. Ces renseignements étaient inexacts; les indigènes, en effet, ne s'aventurent pas volontiers dans les hautes régions et n'en connaissent pas bien le climat; en outre, ils n'apprécient pas les conditions météorologiques au même point de vue que les géodésiens et s'inquiètent peu des visibilités à grandes distances. On a donc été obligé de séjourner aussi longtemps dans les nouvelles stations que dans les anciennes, les brumes s'opposant aux observations. Ces séjours prolongés à de grandes altitudes étaient d'ailleurs très pénibles pour le personnel. A Soldados, la foudre est tombée deux fois sur le campement. On était presque constamment entouré de nuages, et les officiers équatoriens, qui accompagnaient la Mission et n'avaient jamais pénétré dans cette partie du pays, étaient étonnés d'y trouver un temps si constamment mauvais.

En revanche d'autres incidents, qui avaient contribué à retarder les travaux dans les années précédentes, ne se sont heureusement pas reproduits. Il n'y a plus eu de destructions de signaux. Les efforts faits par le Gouvernement équatorien et le clergé local paraissent enfin avoir produit leurs fruits.

Malheureusement la santé du personnel a laissé à désirer ce qui a occasionné aussi quelques retards. M. le Capitaine Peyronnel, chef de la Mission par intérim, a été atteint de fièvre et obligé d'interrompre son travail pendant plusieurs jours; les autres officiers, et en particulier M. le Capitaine Lallemand et M. le Docteur Rivet, ont été aussi fortement éprouvés. M. l'Adjudant Lallemand, frappé par la fièvre jaune, a dû être rapatrié. Le personnel secondaire n'a pas été non plus épargné et plusieurs hommes ont été malades.

Enfin, les travaux ont subi, à la fin de l'année 1904, des retards imprévus par suite de la présence au Pérou de la peste bubonique qui a empêché la marche rapide des opérations de reconnaissance.

M. le Capitaine Maurain, malade a quitté l'Équateur au mois de juin; il a été remplacé, comme chef par intérim de la Mission par M. le Capitaine Peyronnel qui était arrivé depuis la fin janvier 1904. M. le Docteur Rivet, qui avait passé en congé les premiers mois de l'année 1904, a repris son poste à la fin de mai; on sait qu'il fournit à la Mission un concours actif, non seulement comme médecin et comme naturaliste, mais encore comme observateur. M. Maurain ne devant pas retourner en Amérique, M. le Capitaine Massenet qui doit le remplacer est arrivé le 22 février 1905; il a pris le commandement par intérim auquel son ancienneté lui donnait droit. D'autre part M. le Capitaine Perrier est parti en congé au commencement de décembre et il doit retourner en Équateur au mois de mai; il sera accompagné de M. le Capitaine Noirel, chargé spécialement des observations de pendule.

Triangulation. — On en était resté, à la fin de l'année précédente, au côté

Danas-Sinigallay, à la hauteur du chemin de fer de Guayaquil; on en était, à la fin de 1904, au côté Tinajillas-Narihuima, à un degré environ plus au Sud; on avait donc fait seulement 11 stations, sans parler des opérations astronomiques de Cuenca. Il est probable que les stations de Chilla-Cocha et Fierro-Urcu sont aujourd'hui terminées et que nos observateurs sont actuellement à Guacha-Urcu et Colambo (latitude 4°20′ environ, latitude de Payta 5°5′). M. le Capitaine Perrier a fait la reconnaissance et la construction des signaux jusqu'à la frontière péruvienne. Les brigades se suivent maintenant parallèlement, de sorte que les opérations sur les deux chaînes Est et Ouest sont simultanées à la même hauteur. Deux points sont à signaler. Dans les quatre dernières stations, on a employé l'héliostat concurremment d'ailleurs avec les mires, les signaux ayant été préalablement construits par les reconnaissances. On a observé en effet que, dans cette région, malgré la fréquence des brumes, le soleil brille dès que les nuages sont dissipés, en sorte que, à part les jours où la visibilité est nulle l'emploi de l'héliostat est possible.

D'ailleurs, comme l'héliostat est doublé par la mire, comme nous venons de l'expliquer, on n'est pas exposé à perdre une journée favorable.

En second lieu, afin de rattraper autant que possible le temps perdu, le Capitaine Peyronnel, chef par intérim en 1904, a cru devoir remplacer les triangles de 50^{km} de côté qui avaient d'abord été prévus, par des triangles beaucoup plus grands de 100^{km} environ : le nombre des stations se trouvera donc considérablement diminué, mais en revanche on peut se demander si le nombre des jours de visibilité suffisante ne va pas diminuer dans la même proportion. Toutefois, les officiers ont observé qu'en dehors des jours, malheureusement trop fréquents, où les nuages couvrent les sommets plus rapprochés et où aucune opération n'est possible, la vue s'étend à de grandes distances. Nous ne pouvons que nous en rapporter à leur expérience du pays.

Nous devons observer que les dimensions de ces triangles devront être progressivement réduites à mesure qu'on s'approchera de la nouvelle base à mesurer, afin de faciliter le rattachement de cette base. D'un autre côté il va y avoir une assez brusque inflexion de la chaîne vers l'Ouest afin de rejoindre la côte à Payta et un brusque changement d'altitude au moment où l'on franchira la frontière péruvienne.

Astronomie. — Une station astronomique avait été installée à Cuenca. Les opérations furent terminées au mois d'avril. La longitude fut déterminée par M. Maurain à Cuenca et par M. Perrier à Quito; la latitude et l'azimut l'avaient été antérieurement. Le nombre des déterminations à Cuenca est surabondant; à Quito le temps à été moins favorable, mais les déterminations sont amplement suffisantes; la marche de la pendule étant bien connue par les observations de M. Gonnessiat.

Une station astronomique avait également été prévue vers le quatrième parallèle.

L'emplacement n'en est pas encore choisi; nous discuterons plus loin l'opportunité de la création de cette station.

La station astronomique principale de Payta doit surtout attirer notre attention; on y a déjà mesuré la latitude, il reste à y faire l'azimut et la longitude. Payta est relié à Cuenca par Machala, Chacras et les lignes péruviennes. On pourra donc mesurer, soit la différence Payta-Cuenca, soit la différence Payta-Quito.

Latitudes du troisième ordre. — On a continué à mesurer les latitudes en chacun des sommets de la triangulation. L'astrolabe Claude-Driencourt qui sert à ces opérations continue à donner toute satisfaction. Les officiers sont maintenant complètement familiarisés avec l'emploi de cet instrument. Il est intéressant de signaler que les latitudes de Souzahim et Yansaï ont été observées au théodolite et à l'astrolabe; les résultats calculées pour Yansaï accusent une différence insignifiante, $0'',12$ environ. Cette concordance justifie l'emploi exclusif de l'astrolabe dans la plupart des stations.

Nivellement de précision. — Le nivellement de précision est aujourd'hui terminé, sauf la traversée du Guayas. D'abord dirigé par M. l'Adjudant Lallemand, il fut, après la maladie et le départ de ce sous-officier, confié au Sergent Lecomte qui s'est acquitté de sa tâche d'une façon très satisfaisante.

Pendule. — Notre opinion sur l'importance des observations pendulaires n'a pas changé, et il importe d'autant plus de s'en occuper qu'elles ont été presque complètement laissées de côté jusqu'ici. Il aurait été à désirer, tant à ce point de vue que pour d'autres raisons, que M. le Commandant Bourgeois pût retourner en Équateur. Mais malheureusement les nécessités du service en France ne le permettent pas. M. le Capitaine Noirel doit partir le 26 avril en emportant un appareil Defforges. Cet officier est accoutumé aux mesures de gravité.

Rattachement de Machala. — Dès le début de la Mission, on s'était rendu compte de la nécessité de mesurer la déviation de la verticale dans le sens Est-Ouest. Pour cela il fallait déterminer la différence de longitude géodésique et la différence de longitude astronomique d'un point de la côte et d'un point de la méridienne de Quito. Il fallait donc trouver sur la côte un point qu'il fût possible de relier à la chaîne, tant télégraphiquement que géodésiquement. On avait d'abord songé à Guayaquil qui est en communication télégraphique avec Quito, et qu'on pouvait joindre géodésiquement à la chaîne par l'intermédiaire de l'île de Puna. Toutefois le passage par l'île de Puna, outre qu'il aurait entraîné un certain nombre de stations supplémentaires, n'était pas sans présenter quelques difficultés.

La situation s'est heureusement modifiée par la construction d'une nouvelle ligne télégraphique. La station de Machala, petit port de mer, vers 4° de latitude Sud, est maintenant reliée au réseau télégraphique; d'autre part, elle est visible de deux stations de la chaîne, celle de Narihuina et celle de Chilla Cocha; ces deux stations sont aujourd'hui terminées, la première certainement, la seconde probablement, et les visées ont pu être faites, grâce à la présence du Sergent Lecomte qui, après avoir terminé le nivellement s'est rendu à Machala. Ce sous-officier est d'ailleurs en état de faire lui-même la mesure de l'angle Narihuina-Machala-Chilla Cocha, de sorte qu'il ne resterait à faire en cette station que les opérations astronomiques.

Conclusions. — Les lignes précédentes ont montré quelles difficultés ont rencontrées nos officiers, quels efforts ils ont faits pour les surmonter et que la situation actuelle ne peut en aucune façon leur être imputée. Mais il n'en est pas moins vrai que cette situation est fâcheuse et il convient d'examiner les moyens d'y faire face.

Il n'y a, évidemment, que deux partis à prendre, ou bien arrêter le travail au moment où les ressources déjà votées seront épuisées, ou bien le poursuivre jusqu'au bout en se résignant aux sacrifices nécessaires. Ce n'est pas à nous, évidemment, qu'il appartient de décider, puisqu'une question de dépense est soulevée, mais nous pouvons du moins émettre un avis.

Jusqu'où les ressources actuelles nous permettraient-elles d'aller? Un examen minutieux de l'état des crédits a permis au Service géographique de répondre à cette question. Il faudrait :

1° Raccourcir l'arc d'un degré environ, soit du sixième de sa longueur en s'arrêtant au voisinage du côté Guacha-Urcu-Colambo.

2° Renoncer à mesurer la base du Sud avec un appareil de haute précision en se contentant d'un appareil plus léger.

En effet, l'arc n'étant pas poussé jusqu'au bord de la mer, il faudrait prendre l'emplacement de base dans les montagnes où l'emploi de la règle est impossible, d'autant que le transport de la règle dans ces régions entraînerait d'importantes dépenses.

3° Supprimer les observations pendulaires.

4° Renoncer au rattachement de Machala.

Il suffit d'énoncer ces conditions pour montrer qu'une pareille solution est inadmissible. Ce serait une véritable faillite; la France n'aurait fait qu'une œuvre incomplète, qui ne répondrait nullement aux promesses faites à l'Association internationale géodésique, et elle se verrait exposée à voir son travail inachevé repris par d'autres puissances. Nous verrons d'ailleurs que ce programme restreint entraînerait lui-même de grandes difficultés,

1. Il est clair que le raccourcissement de l'arc diminue sa valeur scientifique. Il avait été question d'abord de le prolonger vers le Nord jusque sur le territoire colombien; ce premier projet ne put être exécuté par suites des évènements politiques; on résolut alors de compenser la réduction nécessaire de la partie septentrionale par une prolongation correspondante de la partie méridionale, ce qui offrait en même temps l'avantage de pousser jusqu'à la mer, à Payta, où l'on devait trouver un emplacement très favorable pour la mesure des bases. Il s'agirait aujourd'hui de renoncer à cette prolongation.

2. N'allant plus jusqu'à la mer, on n'aurait plus d'emplacement assez uni pour l'emploi des règles et la base du Sud y perdrait en précision, ce qui serait d'autant plus fâcheux que la base de vérification du Nord n'a pu non plus être mesurée qu'avec les fils. Mais ce n'est pas tout, et l'on peut se demander s'il sera possible de trouver un emplacement se prêtant à la mesure d'une base par les fils. La région est, en effet, très accidentée et il n'y a rien de comparable à ce qu'on appelle plus au Nord la plaine interandine. De plus, les stations construites forment de grands triangles et, pour passer à une base de longueur raisonnable, il faudrait un assez grand nombre de stations intermédiaires si l'on veut que le rattachement se fasse avec quelque précision.

3. L'abandon des observations pendulaires serait plus déplorable encore. Nous n'avons pas à revenir sur les raisons qui ont été exposées dans les précédents rapports et qui démontrent l'importance des mesures de gravité. Rappelons seulement que jusqu'ici une seule station a été faite celle de Riobamba.

4. Pour que la mesure de l'arc de méridien conserve toute sa valeur, il faut qu'on soit assuré que cet arc n'est pas altéré par un relèvement anormal du géoïde, dû à l'attraction des Andes. Or ce relèvement ne peut être évalué que de deux manières, ou bien par la comparaison des observations pendulaires, ou bien par la mesure des différences de longitude tant géodésiques qu'astronomiques entre un point de la côte et un point des Andes.

Si l'on renonce aux observations pendulaires, le premier moyen nous échappe, car la mesure unique effectuée jusqu'ici ne permet aucune comparaison. Si, d'autre part, on renonce au rattachement de Machala, le second moyen nous fait également défaut; dans le projet primitif la triangulation touchait la côte en deux points seulement, à Payta et à Machala et ces deux points seraient abandonnés.

Telles sont les raisons qui ne nous permettent pas de nous arrêter à la première solution. Il faut maintenant se rendre compte des dépenses supplémentaires qu'entraînerait l'adoption de la seconde. Les évaluations du service géographique les portent à 150 000^{fr}. Fort heureusement, l'intervention d'un généreux donateur facilite beaucoup la solution et nous permet d'entrevoir un résultat digne de la France. Le Prince Roland Bonaparte met à la disposition du Gouvernement de la République, à titre de fond de concours, une somme de 100 000^{fr}, à la condition que l'œuvre soit poussée jusqu'au bout. Les crédits nouveaux à demander au Parlement se réduiraient ainsi à 50 000^{fr}.

Il semble que, dans ces conditions, l'hésitation ne soit pas permise et qu'il y ait lieu de maintenir le plan primitif, et de rejeter définitivement le programme restreint dont nous avons montré plus haut les inconvénients : mais on pourrait encore se demander si une solution intermédiaire ne serait pas possible. Nous observerons d'abord qu'on épargnerait ainsi du temps, mais que les charges du budget ne seraient pas diminuées et se trouveraient même accrues, puisque le concours du Prince Roland Bonaparte ne nous est offert qu'en vue de l'achèvement de l'arc jusqu'à Payta. D'autre part, si le rattachement de Machala et les observations de pendule sont absolument indispensables pour estimer le relèvement du géoïde, le prolongement de l'arc jusqu'à la mer nous est également imposé par la difficulté de trouver un emplacement de base convenable dans la région montagneuse. D'ailleurs, des observations astronomiques ont déjà été faites en ce point par le Capitaine Maurain. Ces considérations ne semblent pas permettre de s'arrêter à une solution intermédiaire.

Si l'on maintient les projets primitifs, il y a lieu de se demander à quel moment on peut espérer que l'exécution en sera achevée. A cet égard, nous devons nous en rapporter aux évaluations de M. le Capitaine Perrier qui a fait la reconnaissance des régions où l'on doit opérer, et qui par un long séjour en Équateur a acquis une grande expérience de ces contrées. Cet officier, estime qu'à la date du 1er avril 1905, toutes les stations actuellement construites seront terminées, sauf les deux dernières où l'on ne peut opérer tant que les signaux des stations suivantes ne seront pas établis. Pendant les mois d'avril, mai, juin, juillet deux des officiers opéreraient la reconnaissance du dernier tronçon de l'arc et y construiraient les signaux. Pendant ce temps, les autres officiers feraient la station de Machala, y détermineraient la latitude, y feraient les observations de pendule, et mesureraient la différence de longitude Cuenca-Machala.

Les stations à construire seraient vraisemblablement au nombre de dix, y compris les termes de la base. M. Perrier estime à sept mois la durée des opérations géodésiques dans ces stations (avec deux brigades), de telle sorte que ces opérations seraient terminées en février 1906.

Pendant ce temps, deux autres officiers se rendraient à Guacha-Urcu et Colambo les deux dernières stations actuellement contruites; ils y feraient la géodésie et deux latitudes au cercle méridien, ce qui les mènerait à la fin d'octobre. Ils feraient ensuite la différence de longitude Colambo-Cuenca qui serait terminée à la fin de l'année 1905.

On aurait pu se demander si l'on n'aurait pas pu supprimer cette station astronomique de Colambo; mais on doit observer, d'une part que ce point est à une altitude très différente de celles de Machala et Payta, et qu'il importe d'avoir une détermination astronomique d'un point situé à la fois dans la partie Sud de l'arc et dans la région montagneuse, et d'autre part que les opérations ne s'en trouveront pas retardées, puisque, d'après l'exposé qui précède, les officiers qui procéderont à cette détermination ne pourraient pas facilement être utilisés ailleurs à ce moment.

De fin décembre à fin mars, on installera la station de Payta et l'on fera la différence de longitude Payta-Machala.

Enfin, de fin mars au milieu de mai, on mesure la base de Payta, d'une part avec trois fils Jäderin en métal invar avec réglettes en invar et poids tenseurs, d'autre part avec la règle bimétallique Brunner ou mieux avec la nouvelle règle en métal invar.

Pendant ce temps, M. le Capitaine Noirel, opérant indépendamment, ferait les déterminations pendulaires.

Si ce plan pouvait être exécuté, tout serait terminé au mois de mai 1906. M. le Capitaine Perrier, instruit par l'expérience, a fait les évaluations de temps d'une façon aussi large que possible. Néanmoins nous avons déjà été si souvent déçus que l'on pourrait conserver quelques craintes de voir ce délai dépassé. Ce qui toutefois doit nous rassurer, c'est que l'on va décidément sortir de la Cordillère pour entrer dans la région péruvienne où les conditions climatériques sont très différentes. Le retard, s'il s'en produit un, ne serait que de quelques semaines. Le calcul des crédits a d'ailleurs été fait dans l'hypothèse où les opérations dureraient jusqu'à la fin du premier semestre 1906, et les officiers croient pouvoir nous garantir que cette date ne sera pas dépassée.

Quoi qu'il en soit, il nous semble qu'il y a lieu d'approuver le plan qui nous est proposé. En terminant, adressons nos remercîments aux vaillants Français dont le courage et la persévérance ne se sont jamais démentis, et aussi au Prince Roland Bonaparte dont la généreuse intervention nous aidera à atteindre le résultat désiré.

1905.

Le dernier rapport sur la mission de l'équateur a été présenté à l'Académie le 10 avril 1905; il faisait connaître l'état des travaux au 1er janvier 1905 et il faisait prévoir l'achèvement des travaux au mois de mai 1906. Ces prévisions se sont heureusement réalisées et l'on a pu mener a bonne fin l'œuvre entreprise sans dépasser les crédits alloués.

Le 1er janvier 1905, il restait à faire la partie Sud de la chaîne depuis les stations de Fierro-Urcu et Chilla-Cocha (soit 16 stations en y comprenant les termes de la base et les sommets du rattachement), à mesurer les différences de longitude Machala-Cuenca, et Payta-Machala, à mesurer la base de Payta à la règle et aux fils, et enfin à faire les observations pendulaires.

M. le Capitaine Massenet, qui devait prendre le commandement de la Mission, débarqua le 22 février 1905; malheureusement, cet officier si distingué et si plein de zèle nous fut enlevé le 2 octobre par les suites d'une fièvre typhoïde. Ce fut une perte cruelle pour la Mission. Le Gouvernement équatorien saisit cette occasion pour nous témoigner des sympathies dont nous devons lui être très reconnaissants. La mort de ce géodésien, qui nous avait déjà en peu de temps rendu de si grands services, et qui a péri victime de son dévouement à la Science, a excité dans l'armée et dans le monde savant des regrets unanimes auxquels l'Académie a déjà tenu à s'associer en lui décernant un de ses prix.

Peu de temps après, le Capitaine Lallemand, qui était attaché à la Mission depuis le début des travaux, sentant sa santé s'altérer, fut obligé de demander son rappel. On envoya pour les remplacer M. le Commandant de Fonlongue, qui prit le commandement, et M. le Capitaine Durand. D'un autre côté, M. le Capitaine Noirel, chargé des observations pendulaires, débarqua à Guayaquil, le 29 mai 1905.

Opérations géodésiques. — Les dernières stations ont été faites d'abord par MM. Peyronel et Lallemand; ce dernier officier, obligé de demander son rappel, dut être remplacé par M. Perrier, puis par M. Durand.

Les obstacles qui avaient tant retardé les opérations dans le Nord ne se sont plus représentés dans la même mesure. Il n'y a plus eu de destruction de signaux. Les brouillards ont été encore gênants tant qu'on a été dans les montagnes; mais, en arrivant dans la plaine, on a trouvé un climat tout différent; on en a profité pour augmenter les dimensions des triangles, ce qui a accéléré la marche des travaux. En revanche le vent soulevait des tourbillons de sable qui rendaient les observations impossibles pendant une grande partie de la journée. Comme l'atmosphère était, au contraire, remarquablement limpide pendant la nuit, on a fait venir des appareils de télégraphie optique, et les opérations purent alors être poursuivies sans difficulté spéciale.

Signalons la variation brusque d'altitude subie par la chaîne au moment du passage du territoire péruvien. Un des triangles a un sommet à 3 100^{m}, un à 2 400^{m} et un à 400^{m}; le triangle suivant, qui a ces deux derniers sommets communs avec le précédent, a son troisième sommet à 450^{m}. Il y aura lieu de tenir compte de cette circonstance lors du calcul définitif. Ajoutons que la latitude a été prise en chacune de ces stations, ce qui permettra de se rendre compte de la déviation de la verticale.

Base de Payta. — Le Commandant de Fonlongue, après s'être rendu à Lima pour présenter ses devoirs aux membres du Gouvernement péruvien, a débarqué à Payta et a exécuté les opérations géodésiques dans les diverses stations du rattachement de la base du Sud. Il a ensuite dirigé la mesure de cette base. Cette mesure a été grandement facilitée par le nombre considérable d'auxiliaires, tant civils que militaires, mis gracieusement à la disposition de nos missionnaires par le Gouvernement péruvien.

La base a été partagé en deux segments; le segment Est a été mesuré deux fois et le segment Ouest une fois à la règle monométallique invar. On a procédé également à des mesures avec trois fils Jäderin en métal invar. Chacun des segments a été mesuré deux fois avec chacun des trois fils. Ces diverses mesures ont présenté de faibles discordances dont la discussion n'est pas encore terminée. Cette discussion, sur laquelle nous reviendrons dans un rapport ultérieur, nous renseignera sans aucun doute sur les précautions que l'on doit prendre dans l'emploi des fils Jäderin si l'on veut arriver à une haute précision. Elles ne doivent pas en tout cas nous inquiéter en ce qui concerne le résultat final, puisque d'une part, elles sont de l'ordre de grandeur de l'erreur à laquelle on doit s'attendre dans la comparaison d'une base mesurée à une base calculée et que, d'autre part, les deux segments ont été mesurés à la règle qui présente toutes les garanties désirables.

La base Sud se trouvant à proximité de la mer, on a exécuté un nivellement de précision (aller et retour), entre le terme Ouest de la base et l'appontement de Payta où était installé un médimarémètre et entre ce dernier point et l'Observatoire de la station astronomique.

Signalons la différence entre les trois bases, celles du Nord et du Centre étant à 2 800^{m} au-dessus de la mer, et celle du Sud presque au niveau de la mer.

Longitudes. — Il restait à effectuer deux différences de longitude pour rattacher Payta et Machala à Cuenca; l'état des lignes télégraphiques n'a pas permis de fermer le triangle.

Observations de pendule. — Les observations pendulaires ont été dirigées par M. le Capitaine Noirel, qui dut momentanément les interrompre quand il lui fallut remplacer le Commandant Massenet, malade à la station astronomique de Cuenca; les troubles politiques qui agitèrent un moment la République équatorienne gênèrent également ses travaux; il put néanmoins faire cinq stations judicieusement choisies et suffisantes par conséquent pour nous donner une idée de la façon dont varie la gravité dans les différentes zones de la Cordillère.

Résumé. — L'ensemble des travaux comprend :

74 stations géodésiques.

3 bases.

8 différences de longitude, reliant entre elles les stations de Tulcan, Piullar Quito, Latacunga, Riobamba, Cuenca, Machala et Payta; les cinq premières stations sont régulièrement espacées sur le tronçon Nord; la sixième au milieu du tronçon Sud; la septième à la même hauteur et sur le bord de la mer; la dernière à l'extrémité du tronçon Sud et au bord de la mer.

La comparaison des différences de longitude géodésique et astronomique entre les stations de Machala et Payta, d'une part, et celle de Cuenca, d'autre part, nous renseignera sur le relèvement du géoïde dans le sens EW, puisque les deux premières stations sont au bord du Pacifique et la troisième dans la la région interandine.

6 azimuts, à Tulcan, Pullar, Quito, Riobamba, Cuenca, Payta.

64 déterminations de latitude, dont 10 au cercle méridien par distances zénithales méridiennes, 44 au théodolite à microscopes par distances zénithales circumméridiennes, 10 à l'astrolabe à prisme.

Les seules stations géodésiques où la latitude n'ait pas été déterminée sont dans la partie moyenne de l'arc entre Quito et Riobamba.

48 stations magnétiques réparties sur toute la longueur de la chaîne.

6 stations de pendule. Après la détermination faite par M. Bourgeois à Riobamba, cette partie des travaux avait été laissée de côté; elle a pu être reprise dans la dernière année des opérations, grâce à l'arrivée de M. Noirel. Les stations ne sont pas nombreuses; elles sont situées dans la partie moyenne de la chaîne entre les latitudes 0 et — 3; mais elles sont d'ailleurs très heureusement choisies, en ce sens qu'elles sont réparties de façon à nous donner une coupe transversale complète de la Cordillère.

L'une, celle de Machala, est au bord de la mer, en un point où il y a eu une détermination de longitude; vient ensuite Bucay, au pied de la Cordillère W, puis Chimborazo, à l'altitude de 4 150^{m} dans la Cordillère W (pour cette dernière la correction topographique devra être faite avec soin).

On a deux stations dans la région interandine à Riobamba et à Quito, et enfin, on a une sixième station Baños à l'altitude de 1 800^{m} dans la plaine de l'Amazone, de l'autre côté de la Cordillère E.

2 lignes de nivellement de précision, allant l'une de la base de Riobamba à Guayaquil et de là au médimarémètre de Salinas sur la côte du Pacifique, et

l'autre de la base du Sud au médimarémètre de Payta. L'ensemble de ces deux lignes comprend plus de 410^{km}.

Enfin, M. le Docteur Rivet qui, tout en dirigeant le service de santé de la Mission et en prenant personnellement part aux opérations géodésiques proprement dites, s'était occupé d'étudier le pays au point de vue de l'Histoire naturelle, a rapporté d'importantes collections que nous avons pu admirer au Museum où elles ont été récemment exposées. Ces collections présentent le plus grand intérêt, non seulement pour la Botanique et la Zoologie, mais surtout pour l'Anthropologie et l'Ethnographie.

Calcul provisoire. — Le calcul provisoire est, dès aujourd'hui, assez avancé pour qu'on soit assuré de la valeur des observations. La fermeture des triangles et la concordance des bases calculées et mesurées semblent devoir être comparables à ce qu'elles sont dans la revision de la méridienne de France. Nous reviendrons, dans un Rapport ultérieur, sur le résultat de ce calcul provisoire lorsqu'il sera terminé.

Publication. — Le service géographique de l'Armée est en mesure d'assurer le calcul provisoire et définitif des observations. Mais la publication des résultats nécessitera certaines dépenses, et il n'est pas douteux que les Pouvoirs publics ne nous fournissent les moyen de les couvrir. Cette publication sera divisée en deux parties, qui entraîneront des frais à peu près égaux : la première partie comprendra les résultats des observations géodésiques astronomiques et magnétiques, et la seconde partie ceux des recherches biologiques. Les personnes qui ont visité les belles collections exposées au Muséum ne s'étonneront pas du développement attribué à cette seconde partie. Les espèces nouvelles, surtout pour les insectes, sont nombreuses et devront être reproduites par des planches, souvent coloriées. L'ensemble des résultats et d'un haut intérêt et fait le plus grand honneur à la Science française et au Corps de santé de l'Armée.

En constatant ici l'heureuse issue de l'expédition, nous croyons devoir rendre hommage au dévouement, au courage et à l'endurance des officiers, sous-officiers et soldats français qui l'ont menée à bien sous un climat pénible et dans les circonstances difficiles exposées dans nos précédents Rapports, ainsi qu'à l'habilité et à la science des opérateurs qui ont accompli une œuvre scientifique de premier ordre. Nous devons remercier les Gouvernements équatorien et péruvien de l'appui pécuniaire et moral qu'ils nous ont prêté et de la bonne volonté qu'ils n'ont cessé de nous témoigner. Signalons également le zèle des officiers équatoriens et péruviens qui ont été pour nous des collaborateurs très utiles. Qu'il nous soit permis en terminant de rappeler le rôle de notre Confrère, le Prince Roland Bonaparte, et de dire combien sa généreuse initiative a facilité le succès final de l'entreprise. Mais notre reconnaissance va surtout au Parlement français, qui a compris l'importance de cette œuvre au double point de vue scientifique et patriotique, et qui ne nous a jamais marchandé les crédits nécessaires, bien que, par suite de difficultés inattendues, les prévisions primitives aient été notablement dépassées.

RAPPORT

SUR LA PROPOSITION D'UNIFICATION

DES

JOURS ASTRONOMIQUE ET CIVIL

Annuaire du Bureau des Longitudes, p. E.1-E.10 (1895).

Par une lettre en date du 19 octobre 1894, M. le Ministre de l'Instruction publique invite le Bureau des Longitudes à donner son avis sur une proposition faite par l'Institut canadien et la Société astronomique de Toronto. Il s'agit d'un changement de l'origine du jour astronomique, qui commencerait à minuit comme le jour civil.

Ce n'est pas la première fois que le Bureau des Longitudes a eu à s'occuper de cette question.

Le 24 février 1804, Laplace proposa d'unifier l'heure civile et l'heure astronomique en comptant cette dernière à partir de minuit. Après une assez longue discussion, cette proposition fut adoptée par 7 voix contre 5.

Elle ne fut toutefois pas exécutée; la *Connaissance des Temps* resta fidèle à l'ancienne manière de compter le temps astronomique.

Mais Laplace, dans la *Mécanique céleste* et dans le calcul de ses Tables, adopta le temps civil et il fut imité par les autres constructeurs de Tables jusqu'à Le Verrier, qui revint à la date astronomique.

La question fut agitée de nouveau, en 1884, par la Conférence internationale réunie à Washington, qui adopta le vœu suivant :

« La Conférence exprime l'espoir qu'aussitôt qu'il sera possible de le faire, les jours astromomiques et les jours marins seront partout réglés de façon à commencer à minuit. »

En 1885, un autre Congrès astronomique se tint à Genève et la résolution de la Conférence de Washington y fut l'objet d'une longue discussion; elle fut critiquée par la grande majorité des astronomes présents, et en particulier par MM. Newcomb, Auwers, Gyldèn et Tietjen, représentant de la direction du *Berliner Jahrbuch*. Elle fut défendue par M. Struve.

Le Bureau des Longitudes n'était pas resté étranger à ce mouvement. A plusieurs reprises, M. Faye attira son attention sur le vote du Congrès de Washington et rappela que, sous l'influence de Laplace, le Bureau calculait autrefois les Tables des planètes et de la Lune pour minuit moyen de Paris. Cependant, en présence de la discussion du Congrès de Genève et de l'opposition probable des astronomes allemands, le Bureau ne prit aucune décision.

A Greenwich, on adopta une demi-mesure; depuis 1885, le temps civil de Greenwich, compté à partir de minuit, de 0^h à 24^h, a été adopté pour les observations spectroscopiques, photographiques, magnétiques et météorologiques; le temps astronomique restant en usage pour les observations purement astronomiques et pour le *Nautical Almanac*.

Les choses en étaient là quand l'Institut canadien et la Société astronomique de Toronto nommèrent une Commission mixte chargée d'examiner de nouveau la question.

La Commission, nettement favorable à la réforme, résolut d'envoyer une circulaire à tous les Astronomes pour les prier de donner leur avis sur la question suivante :

« Est-il désirable, en considérant tous les intérêts, qu'à partir du 1er janvier 1901, le jour astronomique commence partout à minuit moyen? »

Les réponses à cette sorte de plébiscite furent peu nombreuses; 108 de ces réponses étaient pour la réforme, 63 y étaient opposées.

Les Allemands étaient en majorité hostiles; mais les Russes, les Autrichiens, les Anglais, les Américains, les Italiens, les Français étaient favorables. Il convient d'ajouter que les astronomes français n'avaient envoyé que quatre réponses.

Les Lords de l'Amirauté estimaient que le changement proposé pouvait être utile, mais à la condition expresse qu'à la suite d'une entente préalable il soit adopté simultanément par toutes les grandes éphémérides.

C'est sur la question ainsi posée que M. le Ministre de l'Instruction publique, saisi par M. le Ministre des Affaires étrangères, demande l'avis du Bureau.

Ce n'est certainement pas sans raison que l'usage actuel a été adopté et maintenu jusqu'à ce jour par les astronomes, malgré le vote du Bureau en 1804.

Les observations astronomiques se font surtout la nuit, et c'est au moment où la vie civile se ralentit que la vie astronomique atteint sa plus grande intensité; pour ne pas l'interrompre par un changement de date, il convient donc de s'écarter des usages civils.

Il est évidemment incommode pour l'astronome de changer la date sur son carnet au milieu d'une nuit d'observations; il est permis de craindre qu'il n'oublie souvent de le faire et que les erreurs qui en résulteront ne soient difficiles ensuite à découvrir et à corriger.

Mais cet inconvénient se présente déjà avec le système actuel pour les observations du Soleil et, comme ce sont les plus usitées à bord, les marins se trouvent à chaque instant en présence de cette même incommodité qui effraye les astronomes.

On peut même remarquer que le marin, préoccupé de mille soucis divers, obligé d'utiliser son observation sur l'heure pour décider sa route, est plus exposé à l'erreur que l'astronome, que rien ne vient déranger de ses observations; et d'autre part les conséquences d'une erreur à bord peuvent être graves, tandis que, dans un observatoire, on aura tout le temps de la rechercher et de la corriger à tête reposée.

Sans doute, le mouvement du Soleil étant plus rapide que celui de beaucoup de planètes et de comètes, une erreur d'un jour amènerait des divergences qui attireraient promptement l'attention; il est toujours à craindre, cependant, que ce ne soit trop tard.

Si les astronomes prenaient l'habitude d'inscrire, au début de la nuit, sur leur carnet, « nuit du 11 au 12 », par exemple, ils n'auraient plus qu'à marquer l'heure sidérale à côté de chaque observation; il leur serait facile ensuite, quand ils mettraient leur travail au net et qu'ils convertiraient le temps sidéral en temps moyen, de mettre la date du 11 jusqu'à minuit moyen, et celle du 12 à partir de cette heure.

Ce n'est là qu'un changement d'habitudes qui peut, comme il arrive toujours, provoquer quelques résistances, mais qui ne semble pas inacceptable.

Un autre argument a été invoqué contre la réforme. Il va y avoir une discontinuité dans l'évaluation du temps, analogue à celle qui s'est produite au moment de la réforme grégorienne ou quand on a commencé à compter l'année à partir du 1er janvier. Ce n'est pas là un inconvénient passager; les calculateurs auront toujours à utiliser les nombreuses observations des deux derniers siècles; il faudra donc, si la réforme est adoptée, qu'ils les affectent d'une correction, pour les ramener à leur manière de supputer le temps.

Ce sera là une complication et une source d'erreurs.

Cet inconvénient est grave sans doute, mais plus la réforme sera retardée, plus il s'aggravera, car les observations rapportées à la date dite *astronomique*, iront en s'accumulant sans cesse. Or, il est à prévoir que le changement finira par se faire, car les tendances à l'unification deviennent de plus en plus impérieuses. Le désavantage en question sera donc d'autant moins gênant qu'on s'y résignera plus vite.

Toutes ces objections, quelle que soit leur valeur, ne semblent donc pas décisives. Il peut en conséquence y avoir intérêt à faire disparaître les nombreuses singularités qu'entraînent les usages actuels.

La date à laquelle les marins doivent rapporter leurs observations n'est pas celle qui figure au journal de bord.

Nous avons vu plus haut qu'à Greenwich on emploie concurremment le temps civil et le temps astronomique, suivant la nature des observations.

Dans les publications du Bureau des Longitudes lui-même, on pourrait relever des anomalies analogues.

La *Connaissance des Temps* rapporte tout à la date astronomique, sauf les heures des levers et couchers du Soleil et de la Lune, celles des phases de la Lune, celles des éclipses, et le temps moyen à midi vrai qui sont exprimés en temps civil.

Dans l'*Annuaire*, pour se conformer aux habitudes du public, le temps civil est ordinairement employé, sauf pourtant pour les étoiles variables.

Mais il en résulte alors certaines divergences entre la *Connaissance des Temps* et l'*Annuaire*, par exemple pour le passage au méridien de la Lune et des planètes, que ces deux Ouvrages rapportent à des dates différentes.

Tous ces inconvénients ne pourront disparaître que quand la réforme sera adoptée.

Toutefois, si le changement proposé paraît avantageux en principe, il convient de se demander si la France ne doit pas, avant de le mettre en pratique, se préoccuper de ce qui se passera dans d'autres pays.

Si les divers observatoires, si les diverses publications astronomiques ne se ralliaient pas à la réforme et ne l'opéraient pas en même temps, il s'ensuivrait une confusion inextricable, beaucoup plus fâcheuse que la situation actuelle.

Les calculateurs qui se servent concurremment des éphémérides françaises, anglaises, allemandes et américaines, devraient faire une correction pour passer des unes aux autres.

Il faut au moins que la *Connaissance des Temps*, le *Nautical Almanac* de Greenwich, celui de Washington, et le *Berliner Jahrbuch* s'entendent pour adopter simultanément le projet d'unification. Si ces quatre grands journaux se mettent d'accord, les autres publications seront amenées à les suivre.

Il faut donc d'abord qu'une entente s'établisse entre les gouvernements sous les auspices desquels se publient ces quatre grandes éphémérides. S'ils ne pouvaient s'accorder, il vaudrait mieux, conformément à l'avis des Lords de l'Amirauté, renoncer provisoirement à la réforme.

Agir autrement serait s'exposer à un immense désordre, qui ne serait pas seulement un inconvénient passager, puisque nos descendants en souffriraient encore quand ils voudraient utiliser les observations de la période de transition.

Plusieurs membres du Bureau étaient d'avis d'en courir les risques; mais la majorité a pensé que ce serait là acheter trop cher des avantages peut-être un peu légers.

Une autre question a appelé l'attention du Bureau.

Pour que l'unification soit complète, il ne suffit pas que le jour civil et le jour astronomique commencent en même temps; il faut encore que l'heure civile et l'heure astronomique se comptent de la même manière.

Le jour civil se divise actuellement en deux périodes de douze heures, et l'heure se compte de 0 à 12; la réforme n'aura vraiment son efficacité que quand l'heure civile se comptera, comme l'heure astronomique, de 0 à 24.

C'est ce qui se passe en Italie et en Angleterre depuis l'année dernière.

Le public résistera sans doute et sera quelque temps avant de consentir à changer ses habitudes.

Mais on pourrait recommander cette réforme aux Compagnies de chemins de fer, qui y trouveraient de grands avantages.

La *Connaissance des Temps* et l'*Annuaire* du Bureau devraient, d'autre part, compter partout les heures de 0 à 24^h dès que l'unification serait faite. Il n'y a pas lieu, bien entendu, de devancer cette unification, puisque ces mentions « matin et soir » sont actuellement le meilleur moyen de distinguer, à première vue, le temps civil du temps astronomique.

Le Bureau des Longitudes a, en conséquence, adopté la résolution suivante :

« Le Bureau des Longitudes est favorable, en principe, à la réforme proposée par l'Institut canadien pour le changement d'origine du jour astronomique.

Le Bureau estime que cette réforme, comme l'ont fait observer les Lords de l'Amirauté, ne peut avoir d'efficacité que si une entente a lieu entre les gouvernements publiant les principales éphémérides.

« Enfin, considérant que l'unification ne sera vraiment complète que lorsque l'heure civile, à l'exemple de ce qui se fait en Italie, sera comptée de o à 24^h, le Bureau émet le vœu que cette dernière réforme soit réalisée le plus tôt possible. »

RAPPORT

SUR LES RÉSOLUTIONS DE LA COMMISSION CHARGÉE DE L'ÉTUDE DES PROJETS DE DÉCIMALISATION DU TEMPS

ET

DE LA CIRCONFÉRENCE

Archives du Bureau des Longitudes, p. 1-12

On a souvent parlé d'introduire le système décimal dans les divisions du temps et de la circonférence; mais c'est surtout depuis quelques années que s'est produit dans certains milieux un mouvement d'opinion favorable à cette réforme.

Plusieurs projets, d'ailleurs incompatibles, ont été proposés, et chacun d'eux a recueilli d'assez nombreuses adhésions.

A la suite de cette agitation et des pétitions adressées par plusieurs sociétés de Géographie, M. le Ministre de l'Instruction publique a chargé une Commission spéciale d'étudier les avantages et les inconvénients des différents systèmes mis ainsi en avant.

Cette Commission, où toutes les spécialités étaient représentées, comprenait :

1° Les membres du Bureau des Longitudes;

2° Deux membres de l'administration centrale de l'Instruction publique;

3° Deux représentants des Postes et Télégraphes;

4° Deux représentants des Chemins de fer;

5° Deux représentants des sociétés de Géographie.

Les études de cette Commission l'ont conduite à des conclusions que je vais chercher à exposer brièvement.

Inconvénients du système sexagésimal.

Tous les peuples ont depuis longtemps adopté un même système d'unités pour la mesure des temps et des angles.

La circonférence est divisée en 360 degrés, chaque degré est divisé en 60 minutes d'arc, chaque minute en 60 secondes d'arc.

Le jour est divisé en 24 heures, chaque heure est subdivisée en 60 minutes de temps, chaque minute en 60 secondes de temps.

Ainsi, notre manière de compter les temps et les angles repose sur le système de numération sexagésimal, tandis que nous employons le système décimal pour tous les autres usages.

Ce système sexagésimal, legs des anciens Chaldéens, présente des inconvénients qui sont trop évidents pour qu'il soit nécessaire d'y insister.

Les problèmes les plus simples ne peuvent plus se résoudre sans quelque effort; il faut une certaine attention, par exemple, pour calculer la vitesse d'un train, connaissant l'heure du départ, celle de l'arrivée, et le nombre de kilomètres parcourus.

Il n'est pas jusqu'à l'addition et à la soustraction de deux angles qui ne deviennent des opérations compliquées, et qui n'exposent même souvent qu'à quelques chances d'erreur. Il en sera de même, *a fortiori*, quand on voudra multiplier ou diviser un angle par un nombre entier, même simple.

Mais la difficulté est plus grande encore dans l'interpolation, qui est une des opérations les plus fréquentes que doivent employer les astronomes et les marins.

On donne un angle quelconque (par exemple l'ascension droite d'un astre) à midi moyen; on donne également la variation de cet angle pour une heure, et il s'agit de calculer la valeur de ce même angle à $11^h 45^m 36^s$.

On n'a alors d'autre ressource que de « décimaliser » cette donnée par un calcul préalable qui montre que $11^h 45^m 36^s = 11^h,760$.

Ces difficultés sont sans doute petites; mais elles se rencontrent à chaque pas, d'autant plus importunes qu'on les sait purement artificielles.

D'ailleurs, M. d'Abbadie a montré, par des expériences comparatives soigneusement faites, que l'usage du système décimal abrégerait des deux cinquièmes environ la durée de beaucoup de calculs astronomiques.

Ce n'est pas tout, l'emploi de deux unités différentes pour les temps et pour les arcs est une nouvelle source de complications. Dans la *Connaissance des Temps*, on exprime en heures, non seulement le temps solaire et sidéral, mais les ascensions droites; tandis qu'on exprime en degrés les déclinaisons, les longitudes et latitudes astronomiques, et les latitudes géographiques. Les longitudes géographiques sont données à la fois en heures et en degrés.

Mais les ascensions droites et les angles horaires qui nous sont donnés en heures jouent dans les calculs le même rôle que les autres angles; on doit chercher leurs lignes trigonométriques dans des tables où la division en degrés est le plus souvent seule employée.

On ne peut donc s'en servir qu'après les avoir convertis en degrés. Cette nécessité entraîne de fréquents calculs de conversion, des temps en arcs et des arcs en temps.

Cette conversion ne serait pas extrêmement compliquée si les subdivisions étaient décimales, car le facteur de conversion est simple; c'est le nombre 15. Mais avec le système sexagésimal, la multiplication ou la division par 15 est une opération relativement pénible et peut entraîner des erreurs.

Ajouterai-je enfin que, si l'usage des machines à calculer vient à se répandre, on devra avoir deux machines, l'une pour les opérations sur les angles et les temps, l'autre pour les opérations sur toutes les autres grandeurs. Si les angles et les temps étaient divisés décimalement, une seule machine suffirait pour assurer le service.

Ces inconvénients intéressent tout le monde, depuis l'astronome jusqu'à l'employé de chemins de fer. Mais ils sont surtout pénibles pour les marins qui ont besoin de calculer souvent, rapidement, et quelquefois dans des circonstances difficiles.

M. Guyou, capitaine de frégate, membre de l'Institut, qui faisait partie de la Commission, a souvent insisté sur ce point; selon lui, bien des patrons, qui naviguent actuellement plusieurs semaines sans jamais connaître leur position, pourraient apprendre à faire le point si on les débarrassait de ces difficultés artificielles.

Première tentative de réforme.

A l'époque de la Révolution, les créateurs du système métrique considéraient la division décimale du jour et de la circonférence comme la conséquence logique de la réforme des poids et mesures.

Une Commission où dominait l'influence de Laplace, fit diviser le jour en 10 heures et la circonférence en 400 grades.

La nouvelle unité de temps, beaucoup trop longue, trop contraire aux habitudes du public, ne fut acceptée de personne; on n'en retrouvait des traces qu'au musée Carnavalet qui possède quelques horloges décimales construites à cette époque.

La nouvelle unité d'angle eut une meilleure fortune. Non seulement Laplace en a fait un fréquent usage dans son Traité de Mécanique céleste, mais elle a conservé jusqu'à nos jours un rôle dans la pratique.

La première application en fut faite par Delambre et Méchain, pour la mesure de l'arc de méridien.

Plus tard, en 1818, quand on s'occupa de la confection d'une carte détaillée de la France, l'influence de Laplace, celle des souvenirs laissés par Delambre et Méchain, fit adopter le grade comme unité d'angle par le Service géographique de l'Armée.

Depuis lors, ce service n'a pas cessé d'en faire usage et il y a trouvé avantage, bien que les astronomes aient conservé le système sexagésimal.

Les géodésiens sont ainsi forcés d'avoir deux sortes d'instruments; les uns divisés en grades pour les triangulations géodésiques, les autres gradués en degrés pour les mesures de latitude. Mais à leurs yeux, cette gêne est largement compensée par la facilité du calcul.

On a calculé et imprimé des tables trigonométriques dans le système centésimal. Le Dépôt de la Guerre en a publié trois, d'étendue différente.

La première est à huit décimales et donne les lignes trigonométriques de milligrade en milligrade.

La seconde est à cinq et la troisième à quatre décimales; l'une donne les lignes de centigrade en centigrade, l'autre de décigrade en décigrade.

Le Service géographique de l'Armée n'est pas resté isolé; il a été imité par le Service du Génie et par les services géodésiques de divers pays étrangers, tels que la Belgique

Néanmoins, l'emploi du grade ne s'est pas généralisé; les astronomes français ne pouvaient renoncer à l'unité adoptée par tous les astronomes étrangers, et, il y a un siècle, l'état de l'Europe n'aurait pas permis une entente internationale.

Les marins, le service hydrographique étaient obligés de suivre les astronomes. Ils ont donc conservé le degré avec ses divisions sexagésimales.

En résumé, la réforme avait échoué.

Conditions du problème.

Peut-on aujourd'hui renouveler cette tentative avec de meilleures chances de succès? Il est permis de l'espérer; mais le problème est complexe; la multiplicité même des solutions proposées le prouve suffisamment, et d'ailleurs un rapide examen des conditions à remplir va mieux nous le faire comprendre.

Sans doute, quelles que soient l'unité de temps et l'unité d'arc adoptées, il suffira que ces unités nouvelles soient subdivisées d'après les règles du système décimal pour qu'un progrès immense soit réalisé et que les inconvénients les plus graves s'évanouissent.

Mais l'embarras commence dès qu'il s'agit de choisir ces unités.

1° Il est dangereux de froisser inutilement les habitudes du public qui ne renoncera pas facilement à la division du jour en 24 heures. Nous nous exposerions à nous heurter, comme nos devanciers, à une invincible résistance.

2° Les savants eux-mêmes ont une tradition qu'ils ne pourraient abandonner impunément; les astronomes ont accumulé depuis plusieurs siècles un riche trésor de documents qui, loin de perdre leur prix en vieillissant, deviennent chaque jour plus précieux; les phénomènes astronomiques se déroulent avec lenteur, et une comparaison constante du présent et du passé peut seule nous en révéler le secret.

Il est donc désirable que les angles et les temps exprimés en mesures sexagésimales puissent être aisément convertis dans le nouveau système d'unités.

3° Enfin, il faut compter avec les répugnances des physiciens et des mécaniciens pour qui la seconde, base du système C. G. S. est l'unité fondamentale de temps.

4° On peut avoir à additionner plusieurs angles dont la somme est plus grande que la circonférence; ou bien à soustraire un angle d'un autre plus petit en valeur absolue.

On peut, particulièrement dans l'étude des marées, être forcé de calculer les lignes trigonométriques d'un angle qui croît proportionnellement au temps et dont les variations, pendant le cours d'une année, pourront atteindre plusieurs circonférences.

Il faut donc se préoccuper du calcul des angles plus grands que 2π.

Il est à souhaiter que l'on puisse facilement extraire d'un pareil angle le multiple de 2π qui y est contenu et, par conséquent, que le rapport de la circonférence à l'unité d'angle soit un nombre simple.

5° Il convient que l'unité de temps soit la même que l'unité d'arc, ou au moins que le rapport des deux unités soit un nombre simple.

6° Enfin, pour simplifier les calculs trigonométriques, il faut que l'on puisse immédiatement écrire le supplément ou le complément d'un angle.

La simple énumération de ces conditions montre qu'elles sont incompatibles; il est donc nécessaire d'en sacrifier quelques-unes ou tout au moins de n'y satisfaire qu'imparfaitement.

Examinons maintenant les avantages et les inconvénients des diverses solutions proposées.

Examen des divers systèmes.

Plusieurs unités de temps ont été préconisées; on a proposé de diviser le jour en 24 heures, en 20 heures, en 10 heures et en 40 heures. Les deux premières solutions peuvent seules être discutées, car les deux dernières donneraient : l'une une heure beaucoup trop longue, l'autre une heure beaucoup trop courte.

La division en 20 heures est évidemment plus rationnelle, plus conforme à l'esprit du système décimal.

D'un autre côté, la division en 24 heures, subdivisées décimalement, respecterait les habitudes du public, pour qui l'heure est l'unité fondamentale du temps et qui tient beaucoup moins à la minute et à la seconde.

Elle faciliterait la division du jour en 3, 4, 6 ou 8 parties égales.

En ce qui concerne l'unité d'angle, on a proposé de diviser la circonférence :

1° En 100 degrés; 2° en 200 degrés; 3° en 400 degrés; 4° en 240 degrés; 5° en 360 degrés.

Dans tous les cas, le degré serait subdivisé décimalement.

Examinons successivement chacun de ces systèmes que j'appellerai, pour abréger, le système 100, le système 200, etc.

Avantages du système 100. — 1° Il est le plus satisfaisant pour l'esprit.

2° C'est celui qui s'adapte le mieux au calcul des angles plus grands que 2π.

On peut en effet, sans aucun calcul, extraire d'un angle plus grand que la circonférence le plus grand multiple de la circonférence qui y est contenu.

Inconvénients du système 100. — 1° Il est incompatible avec la division du jour en 24 heures.

Si le jour était divisé en 24 heures et la circonférence en 100 degrés, la conversion des arcs en temps exigerait une division par 24 qui est un facteur compliqué.

2° Pour transformer dans le système 100 un angle donné par les anciens documents et exprimé en degrés, minutes et secondes, il faut d'abord décimaliser cet angle, c'est-à-dire l'exprimer en fractions décimales de degrés et diviser ensuite par 36 qui est un facteur compliqué.

Avantages du système 400. — 1° Il existe; il est employé depuis un siècle par les géodésiens français et étrangers.

2° Les tables trigonométriques correspondantes ont été calculées et imprimées; la réimpression en serait facile.

3° C'est celui qui s'adapte le mieux aux calculs trigonométriques; car on passe immédiatement de l'expression d'un angle à celle de son complément et de son supplément, ou à celle des angles qui ont mêmes lignes trigonométriques.

4° Il est conforme au principe du système métrique qui a partagé le méridien terrestre en 40 millions de mètres.

Comme conséquence, le nouveau mille marin serait égal au kilomètre. On sait que les marins sont obligés d'adopter pour unité de longueur la minute d'arc de la circonférence terrestre; leur mille actuel est de 1852^{m}. Dans les systèmes 100, 200. 240, 360, le nouveau mille serait respectivement de 4 kilomètres, 2^{km}, 1667^{m}, 1111^{m}.

Inconvénients du système 400. — Le système 400 ne remplit qu'imparfaitement les autres conditions, sans qu'aucune pourtant le soit assez mal pour rendre la solution inacceptable.

1° Il est moins propre que le système 100 au calcul des angles plus grands que 2π. Pour extraire d'un pareil angle le plus grand multiple de la circonférence qui y est contenu, il faut procéder à une division par 4. Sous ce rapport, en revanche, le système 400 est très supérieur aux systèmes 240 et 360.

Si l'on divise le jour en 24 heures et la circonférence en 400 grades, il faudra, pour convertir le temps en arc ou inversement, faire une multiplication ou une division par 6. A ce point de vue, le système 400 est préférable au système 100, mais inférieur au système 360 et surtout au système 240.

2° Pour transformer en grades un angle donné par les documents anciens et exprimé en degrés, minutes et secondes, il faut d'abord le convertir en fractions décimales du degré et le diviser ensuite par 9.

La multiplication par 9 serait une opération très simple : la division est plus compliquée, mais n'est cependant pas inacceptable.

Avantages et inconvénients du système **200**. — Le système 200, intermédiaire entre les sytèmes 100 et 400, participe évidemment des avantages et des inconvénients de l'un et de l'autre.

Avantages du système **240**. — 1° La conversion du temps en arc se fait sans aucun calcul.

2° L'angle du triangle équilatéral contient un nombre entier de degrés.

3° Il en est de même du *fuseau horaire* (on sait que, dans le système adopté par toutes les nations civilisées, sauf la France, l'Espagne et le Portugal, la surface du Globe est partagée en 24 fuseaux horaires et que l'heure légale est pour chacun de ces fuseaux celle du méridien central du fuseau).

4° Pour transformer un angle donné par les documents anciens, il suffira de le convertir en fractions décimales du degré, puis de procéder à une division par 15, ce qui se fait en prenant le tiers et en retranchant.

5° Il serait facile d'adapter au système 240 les tables du Dépôt de la Guerre calculées pour le système 400. Ces tables donnent les lignes trigonométriques des arcs de 10 en 10 secondes. Mais 5 secondes du système 400 équivalent à 3 secondes du système 240. On aurait donc immédiatement les lignes trigonométriques de 6 secondes en 6 secondes et l'interpolation serait facile.

Avantages du système 360. — Les avantages du système 360 sont analogues à ceux du précédent :

1° La conversion du temps en arc et la conversion inverse exigent seulement une multiplication ou une division par 15.

2° L'angle du triangle équilatéral et celui du fuseau horaire contiennent un nombre entier de degrés.

3° Pour transformer un angle donné par les documents anciens, il suffit de le convertir en fractions décimales du degré, opération qui est nécessaire dans tous les systèmes.

Le système 360 est donc supérieur au système 240, en ce qui concerne la conversion des documents anciens, mais inférieur en ce qui concerne la conversion du temps en arc, opération qui semble devoir être plus fréquente. Le système 240 est d'ailleurs plus satisfaisant pour l'esprit.

Inconvénients des systèmes 240 *et* 360. — Ces deux systèmes ont un inconvénient commun.

Ils ne se prêtent pas convenablement au calcul des angles plus grands que 2π; on serait conduit en effet à une division par 24 ou par 36.

Comparaison des divers systèmes.

Pour faciliter la comparaison des divers systèmes et pour faire apprécier dans quelle mesure ils satisfont aux différentes conditions, je donne pour chacun d'eux le tableau des trois coefficients de transformation.

Le premier coefficient est celui qui intervient dans le calcul des angles plus grands que 2π.

Le second est celui qui sert à la conversion des temps en arcs.

Le troisième est celui qu'on doit employer dans la conversion des documents anciens; c'est le rapport du degré ancien au degré nouveau.

Ces coefficients sont, bien entendu, débarrassés des puissances de 10.

Systèmes.	1er coefficient.	2e coefficient.	3e coefficient.
100	1	24	36
200	2	12	18
400	4	6	9
240	24	1	15
360	36	15	1

Décisions de la Commission.

Quelles que soient les nouvelles unités adoptées, elles devront être subdivisées décimalement.

L'accord était facile sur cette première résolution, qui suffisait d'ailleurs pour assurer les résultats les plus essentiels.

La Commission l'a adoptée à l'unanimité.

D'autre part, peu de membres ont pensé qu'il fût possible de faire renoncer le public à la division du jour en 24 heures. On était donc forcé de conserver l'heure actuelle comme unité de temps (au moins en ce qui concerne le temps solaire moyen civil ou astronomique). Mais les subdivisions nouvelles de l'heure devaient être décimales.

Cette seconde résolution a été adoptée à une grande majorité.

L'hésitation a été plus grande en ce qui concerne le choix de l'unité d'angle. On le comprendra sans peine en se reportant à l'examen qui précède et où j'ai cherché à exposer les avantages et les inconvénients des divers systèmes.

Tous sont acceptables, tous réalisent un progrès considérable sur la subdivision sexagésimale, mais tous ont leurs défauts.

Néanmoins, il fallait prendre une décision, et, après une discussion approfondie, la majorité s'est prononcée pour le système 400.

Voici quelques-unes des raisons qui ont motivé ce vote :

1° En se reportant au tableau précédent, on voit que le système 400 est le seul pour lequel aucun des trois coefficients de transformation n'est un nombre compliqué;

2° On aurait pu craindre d'augmenter la confusion en imaginant un troisième système à côté de celui du grade déjà employé par les géodésiens et de celui des degrés, minutes et secondes, dont l'usage est resté jusqu'ici universel;

3° Tout en se résignant à conserver provisoirement la division du jour en 24 heures, plusieurs membres de la Commission n'avaient pas renoncé à l'espoir qu'un progrès nouveau pourrait, dans un avenir incertain et éloigné, conduire à un mode de division plus rationnel et plus conforme au système décimal. L'adoption du système 240 aurait certainement barré la route à ce progrès; au contraire, celle du système 400 contribuera peut-être à y préparer tout doucement les esprits.

L'unité de temps ne sera donc, pas plus qu'aujourd'hui, la même que l'unité d'arc. C'est un inconvénient sérieux, sans doute, mais la majorité n'a pas estimé qu'il pût compenser les avantages de la solution adoptée.

Manière de compter les heures.

La Commission a pris une autre décision fort importante qui se rapportait indirectement à l'objet de ses travaux.

On sait que les astronomes ne comptent pas le temps moyen comme on le fait dans les usages civils. Le jour moyen astronomique commence à midi et se divise en 24 heures comptées de 0 à 24. Le jour moyen civil commence à minuit et se divise en deux périodes de 12 heures comptées de 0 à 12.

Le Bureau des Longitudes s'est occupé il y a quelques années d'un projet destiné à faire disparaître cette anomalie; il avait émis un avis favorable; le rapport adressé au Ministre à ce sujet a été publié dans l'*Annuaire du Bureau des Longitudes* pour l'année 1895.

Nous n'avons pas à parler ici de cette réforme que l'impossibilité d'une entente internationale a obligé d'ajourner.

Mais le Bureau des Longitudes avait, à cette occasion, émis un autre vœu par des motifs qui se trouvent exposés dans le rapport que je viens de citer.

En Italie, l'heure civile se compte de 0 à 24 comme l'heure astronomique; d'autres pays se sont ralliés au même système en ce qui concerne le service des Chemins de fer.

Le Bureau des Longitudes avait donc proposé d'adopter en France la même mesure.

Sur l'initiative de M. Noblemaire, directeur de la Compagnie de Paris-Lyon-Méditerranée, la Commission a décidé, à l'unanimité des votants, qu'il y avait lieu de renouveler ce vœu.

L'auteur de cette proposition était mieux à même que personne d'apprécier les simplifications que cette réforme permettrait d'apporter dans le service des Chemins de fer.

Les avantages pour le public ne seront pas moins grands; il faudrait n'avoir jamais consulté un indicateur pour ne pas s'en rendre compte.

En Italie, le changement s'est fait sans aucune difficulté.

Examen de diverses difficultés.

Il faut maintenant examiner certaines difficultés qu'il nous reste à vaincre.

Le système adopté obligera à de nombreuses conversions du temps en arc. Il est vrai que cette opération, assez pénible avec le système sexagésimal, se trouve considérablement simplifiée par le seul fait de la décimalisation.

Peut-être pourrait-on atténuer l'inconvénient en exprimant en arc les ascensions droites, les angles horaires et le temps sidéral.

La question, qui est d'ailleurs complexe, n'a pas été examinée par la Commission.

La question des unités électriques, celle de l'observation à l'œil et à l'oreille, celle de l'adaptation des chronomètres et des instruments, retiendront plus longtemps notre attention.

Système C.G.S.

Pour les mécaniciens, les physiciens, les électriciens, l'unité de temps est la seconde; ils se servent rarement de l'heure et de la minute, de sorte qu'un changement d'unité serait pour eux une gêne presque sans compensation.

Mais ce n'est pas tout; des trois unités fondamentales : longueur, masse et temps, dérivent toutes les unités secondaires; on ne pourrait toucher à la seconde sans modifier en même temps l'unité de force, et les unités électriques, ohm, ampère, volt, etc.

A la suite de longues discussions, les physiciens sont arrivés à un système d'unités parfaitement cohérent et tout à fait satisfaisant pour l'esprit. Son avènement a paru un progrès comparable à l'invention du système métrique. Il est clair que les physiciens ne pourraient l'abandonner sans répugnance.

Sans doute un changement ne rencontrerait pas des obstacles matériels insurmontables; mais l'uniformité des mesures électriques est une conquête trop récente et trop précieuse. On craindrait de la compromettre en remettant tout en discussion.

Cependant les physiciens peuvent conserver la seconde, quand même, les astronomes, les marins, ou même le public adopteraient l'heure décimalisée.

Cette dualité aura-t-elle quelque inconvénient? Je ne le crois pas.

Les industriels ne s'en apercevront même pas.

Pour les physiciens de laboratoire ce ne sera qu'une gêne insignifiante.

L'industriel qui emploie l'ohm pour mesurer une résistance se rappelle-t-il bien que l'ohm est une vitesse? En tout cas, ce souvenir ne peut ni le gêner, ni le servir. Peu lui importe, par conséquent, que l'unité de temps qui a servi à l'origine pour la définition de l'ohm soit ou ne soit pas celle dont les astronomes font usage dans des recherches toutes différentes.

Cette circonstance ne pourrait devenir une gêne que dans les cas où l'on a à mesurer un temps.

Or, dans les mesures *relatives*, les seules que les industriels aient à effectuer, le temps n'intervient pas. Ni dans la comparaison de deux résistances, ni dans celle de deux intensités, ni dans celle de deux forces électromotrices, on n'a à mesurer un temps. Toutes ces opérations peuvent se faire sans qu'à aucun moment on ait même besoin de se rappeler quelle est l'unité de temps employée; pas plus que le boutiquier qui mesure de la toile avec un mètre n'a besoin de se rappeler que ce mètre est la quarante-millionième partie du méridien terrestre.

Le changement d'unité n'intéresse donc que les physiciens qui ont à faire des déterminations *absolues*, à déterminer par exemple l'ohm, l'ampère et le volt. Eh bien, dans ces recherches, on pourra continuer à se servir d'un chronomètre à secondes. Sans doute ce chronomètre sexagésimal ne pourra plus que difficilement être comparé aux horloges des observatoires devenues décimales. Mais qu'importe? Ce chronomètre ne doit nous indiquer qu'un *intervalle* de temps, d'ailleurs très court; nous n'avons pas besoin de le remettre à l'heure.

Mais poussons les choses à l'extrême; faisons une hypothèse qui ne se réalisera sans doute que dans un avenir fort éloigné : les astronomes ont adopté l'heure décimale; cet usage s'est répandu dans le public et il est devenu tellement général que l'on ne peut plus se procurer chez les horlogers de chronomètres à secondes.

Quelle gêne en résultera-t-il pour les rares physiciens qui auront à déterminer la valeur absolue de l'ohm? Ils auront à effectuer une multiplication par 36.

Et pour leur éviter cette opération, on imposerait quotidiennement des calculs fastidieux à des milliers de marins, à des millions d'élèves ou d'anciens élèves des écoles primaires.

A-t-on plus souvent à déterminer la valeur absolue de l'ohm, ou bien à faire le point à la mer, à additionner deux angles ou deux temps?

Que reste-t-il donc ? Une anomalie purement théorique. Il y aura deux unités, l'heure pour les astronomes, la seconde pour les physiciens.

Cela est certainement peu satisfaisant pour l'esprit. Mais, en somme, ces deux unités existent déjà : les électriciens eux-mêmes emploient concurremment l'ampère-heure et le coulomb. Le rapport de la seconde à l'heure deviendra-t-il plus compliqué quand les astronomes ne compteront plus en secondes ?

L'anomalie existe donc déjà ; seulement elle paraîtra plus choquante, parce qu'elle aura disparu ailleurs.

En résumé, on ne voit pas pourquoi les physiciens interdiraient un progrès aux astronomes et au public, uniquement parce qu'ils ne peuvent pas eux-mêmes en profiter.

Observations à l'œil et à l'oreille.

On a fait aux projets de réforme une autre objection.

Dans les observations méridiennes à l'œil et à l'oreille, il est facile d'apprécier le dixième de la seconde actuelle ; la seconde nouvelle qui est égale à $0^{s}36$ est beaucoup plus courte ; l'appréciation du dixième deviendra impossible.

La réponse est facile ; en premier lieu, dans la plupart des observatoires, l'observation au chronographe enregistreur tend à se substituer aux anciens procédés à l'œil et à l'oreille.

En second lieu, on pourra se servir d'un balancier battant deux secondes nouvelles ($0''72$). Le battement sera assez lent pour qu'on puisse observer à l'œil et à l'oreille. D'ailleurs le nombre 2 étant un diviseur de 10, il n'y aurait pas là de dérogation au principe du système décimal.

Si l'on se décidait à compter le temps sidéral en arc, on se servirait d'un balancier battant cinq, dix milligrades, ce qui ferait alors $1''08$. Le nombre 5 est aussi un diviseur de 10, et peut être introduit sans inconvénient.

Adaptation des instruments.

On a fait une objection au nouveau système de division du temps ; les cadrans des horloges et des montres sont actuellement divisés en 12 parties, et chacune d'elles est elle-même subdivisée en 5 parties plus petites : les deux aiguilles indiquant ainsi facilement les heures et les minutes.

Dans le nouveau système, il faudra tracer sur le cadran deux cercles concentriques portant deux divisions indépendantes : l'une en 12 ou 24 parties, l'autre en 100 parties.

L'inconvénient est minime; il sera même facile d'ajouter cette nouvelle graduation sur les montres actuelles, ce qui permettra de les utiliser encore, toutes les fois qu'on n'aura besoin que d'une approximation grossière.

Il n'en sera plus de même en ce qui concerne les horloges astronomiques et les chronomètres employés dans les mesures de précision.

Il faudra : ou bien renouveler tous ces instruments, ce qui entraînerait de grandes dépenses; ou bien se résigner, jusqu'à ce qu'ils soient tous remplacés, à un calcul de réduction.

La difficulté est la même en ce qui concerne les cercles divisés. Sans doute, la division en grades se fera sans aucune peine; on l'emploie couramment dans la construction des cercles du service géographique; mais il faudra graduer à nouveau tous les cercles existants, ou faire un calcul de réduction après chaque observation.

C'est là évidemment la pierre d'achoppement de la réforme. Se résignera-t-on à cette gêne pendant une période assez longue, mais transitoire, afin d'épargner aux générations futures les inconvénients du système sexagésimal? Peut-être n'est-il pas interdit de l'espérer.

En revanche, les difficultés provenant des cartes géographiques, des tables trigonométriques et même des tables astronomiques paraissent beaucoup moins sérieuses.

Il sera aisé de tracer une double graduation sur les cadres des cartes géographiques, de telle façon que les anciens cuivres pourront être utilisés.

Quant aux tables trigonométriques, elles existent : il suffit de les réimprimer à un plus grand nombre d'exemplaires.

Choix des dénominations.

La Commission ne s'est pas préoccupée de rechercher des noms pour les unités nouvelles et leurs subdivisions. La question paraissait secondaire et accessoire. Mais on s'est généralement accordé à penser que ces unités nouvelles devront avoir des noms nouveaux.

Les noms de minute et de seconde devront être réservés aux anciennes mesures; sans quoi on serait exposé à de continuelles confusions. Les noms de déciheure, centiheure, etc., décigrade, centigrade, etc., semblent devoir convenir.

C'est déjà bien assez de celles qu'engendre actuellement l'emploi simultané de la seconde d'arc et de la seconde de temps.

Nécessité d'une entente internationale.

Le système actuel a bien des inconvénients, mais il a un grand avantage : il est universel; toutes les nations l'ont adopté.

A cet avantage, on ne peut renoncer de gaîté de cœur. Les savants français ne peuvent marcher en avant sans se préoccuper de savoir s'ils seront suivis par ceux des autres pays. Les avantages que leur procurerait la réforme seraient loin de compenser les inconvénients de l'isolement.

Le système nouveau ne pourra donc entrer en vigueur avant qu'une entente internationale se soit produite.

Quelque grandes que soient les difficultés de cette entente, on ne peut rien faire sans elle; et si longtemps qu'il faille l'attendre, il vaudrait mieux patienter, la réforme dût-elle être indéfiniment ajournée.

A l'époque de la Révolution, la France a marché seule et elle a créé le système métrique; mais il n'y avait pas alors de mesures universellement adoptées. On ne pouvait craindre d'augmenter la confusion qui était à son comble.

Il n'en est pas de même aujourd'hui.

Dans ces conditions, la Commission ne pouvait songer à arrêter des solutions définitives. C'est en futur Congrès international qu'il appartiendra de les prendre, s'il se réunit.

Les votes de la Commission ne peuvent être regardés que comme des indications; pour faciliter une entente, on ferait volontiers tous les sacrifices possibles sur les questions de détail.

Le seul point essentiel, c'est que les subdivisions de l'unité nouvelle, quelle qu'elle soit, devront être décimales. Cela suffira pour que les résultats réellement importants soient assurés.

Mesures transitoires.

En attendant cette entente internationale, qu'avons-nous à faire?

Le mieux sera, semble-t-il, d'éprouver par des expériences restreintes, mais soigneusement faites, la valeur des différents systèmes proposés

M. Guyou a étudié le projet d'une de ces expériences; elle devrait se faire à bord de quelques bâtiments de l'État qui seraient munis de sextants décimaux, de chronomètres décimaux et d'une édition spéciale de l'*Extrait de la Connaissance des Temps*, où le système décimal serait employé.

La construction de ces instruments décimaux entraînerait une dépense minime que le Département de la Marine consentirait à supporter.

La Commission, dans sa dernière séance, a émis le vœu que toutes les facilités soient données à M. le Commandant Guyou pour mener à bien cette expérience.

Conclusions.

1° Le jour solaire moyen est divisé en 24 heures qui sont subdivisées décimalement;

2° La circonférence est partagée en 400 grades qui sont subdivisés décimalement;

3° Ces nouveaux modes de division du temps et de la circonférence pourront être mis en vigueur dès qu'ils auront été approuvés par un Congrès international.

Il convient, sans attendre cette entente internationale, de décider que l'heure civile légale se comptera de 0 à 24, comme l'heure astronomique.

5° En attendant la réunion du Congrès, il y a lieu de faire des expériences préliminaires que M. le Commandant Guyou veut bien se charger de diriger. La Commission émet le vœu que toute facilité soit donnée pour ces expériences à M. Guyou par le Département de la Marine.

CONFÉRENCE SUR LES COMÈTES

Bulletin de la Société industrielle de Mulhouse, t. 80, p. 311-323 (octobre 1910).

Les amateurs de comètes ont été favorisés cette année ; ils ont eu deux belles comètes visibles à l'œil nu ou du moins qui auraient dû l'être si le temps l'avait permis. La première, la plus belle des deux, n'avait pas été annoncée; la seconde, au contraire, avait été prédite; on avait calculé son orbite d'avance et elle est arrivée à point nommé avec une exactitude que pourraient envier les trains de l'Ouest-État; mais ce n'est pas cette exactitude qui a fait la popularité de la comète de Halley; on avait annoncé que sa rencontre avec la Terre amènerait la fin du monde dans la nuit du 18 mai. En France, cela se borna à quelques chansons, mais il y a eu des pays où l'on a eu réellement peur, et l'on a vu des pharmaciens qui ont fait fortune en débitant je ne sais quel antidote contre le cyanogène. Je ne vous apprendrai rien en vous disant que le monde a continué à vivre après le 18 mai. Mais alors ce fut une autre antienne; comme la comète ne se montrait pas, beaucoup de gens se sont imaginé qu'elle n'avait jamais existé et que les astronomes étaient des mystificateurs. Toujours est-il qu'on en a beaucoup parlé et la comète de Halley était encore une actualité quand j'ai choisi le sujet de cette Conférence; aujourd'hui elle est peut-être un peu oubliée; sans doute, il est trop tard pour parler encore d'elle. Cependant, peut-être y a-t-il quelque intérêt à rechercher si réellement notre planète vient d'échapper à un si grand danger qu'on l'a dit.

La comète de Halley est chère aux astronomes parce que c'est la première dont le retour a été prédit. Halley l'ayant observée au XVIIe siècle, calcula son orbite avec assez d'exactitude pour annoncer qu'elle reviendrait au bout de

75 ans. Il mourut, bien entendu, avant l'échéance, mais ses successeurs revirent l'astre chevelu en 1759 et il revint encore à point nommé en 1835. On l'attendait en 1910 et dès l'année dernière on espérait pouvoir le voir avec de bons instruments. Deux astronomes anglais calculèrent avec soin les circonstances de ce retour; ce n'est pas chose facile, les comètes sont exposées à une foule de mauvaises rencontres dans ces espaces célestes où il rôde tant de planètes; chacune de ces rencontres, même à très grande distance, les détourne légèrement de leur route, il fallait n'oublier aucune de ces rencontres et en prévoir les effets. Quoi qu'il en soit, on m'a montré l'année dernière, à Greenwich, une plaque photographique représentant une portion du ciel étoilé; on y voyait une petite tache à peine perceptible, c'était la comète qui se trouvait exactement au point calculé d'avance. Depuis elle a grossi et si on ne l'a pas vue à Paris à cause du mauvais temps, ou parce qu'elle était trop bas sur l'horizon, on l'a admirée d'un grand nombre de points du Globe.

Mais arrivons au point qui nous intéresse. Avons-nous réellement traversé la queue de la comète? Nous pouvons d'abord répondre hardiment, *non*, nous ne sommes pas passés à travers la queue le 18 mai; si nous y étions passés, ce ne pourrait être que deux jours après. Pourquoi avait-on pu croire que nous rencontrerions cette queue précisément dans la nuit en question ? On avait calculé que le noyau de la comète passerait à ce moment devant le Soleil et cela est arrivé effectivement; on ne pouvait pas le voir en Europe parce que le Soleil et la comète étaient couchés à l'heure du passage. On ne l'a pas vu non plus aux antipodes, parce que le Soleil est tellement brillant et la matière du noyau si peu dense et, par conséquent, si transparente que l'éclat du disque solaire n'en était pas affaibli; mais on a pu observer le noyau un peu avant et un peu après le passage et l'on s'est assuré que sa trajectoire apparente passait bien devant le Soleil. Ainsi, a un certain moment, le Soleil, le noyau et la Terre se sont trouvés en ligne droite. Si la queue était rectiligne, si elle était dirigée à l'opposé du Soleil, et si elle était assez longue, elle devait donc rencontrer la Terre. Les deux dernières conditions étaient certainement remplies; mais pouvait-on admettre que la queue était en ligne droite. On a souvent observé des comètes à queue recourbée; si la queue paraît souvent rectiligne, cela peut être par un effet de perspective, parce que l'œil est placé dans le plan de la courbe. Cette courbure paraît varier d'une comète à l'autre et dépendre de la composition de la queue, c'est ce que nous verrons plus loin. On ne pouvait donc prévoir quelle serait cette courbure, ni si elle serait assez faible pour que la rencontre restât possible; les observations ne nous apprenaient rien non plus, parce que le mauvais temps avait empêché de rien voir en Europe dans les jours qui avaient précédé le passage, et que celles qui nous venaient des autres continents nous arrivaient par le télégraphe et sous une forme singulièrement succincte. Mais si la queue avait été rectiligne on aurait dû la voir le lendemain très courte et opposée au Soleil; ce n'est pas du tout cela qu'on a vu; le soir on voyait le noyau avec une courte queue se perdant sous l'horizon du côté du Soleil, et le matin, le noyau et le Soleil n'étant pas encore levés, on voyait encore une certaine longueur de queue; c'est ce qu'on vit le 19 et le 20 mai au matin. La terre n'avait donc pas encore franchi la queue; le 21 seulement cette queue du matin avait disparu, nous venions seulement de dépasser la queue.

La queue était donc notablement courbe et si nous l'avons traversée, ce n'est que dans la nuit du 20 au 21. Quelle que soit sa courbure, nous l'aurions rencontrée tôt ou tard si l'orbite de la comète et celle de la Terre avaient été dans un même plan. Mais il n'en est plus de même si les deux orbites sont inclinées l'une sur l'autre; nous pouvons alors dépasser la queue sans passer dedans, mais en passant dessus ou dessous. L'axe de la queue était évidemment dans le plan de l'orbite de la comète; l'inclinaison de ce plan étant de 18°, la Terre était à plus d'un million de kilomètres de ce plan dans la nuit du 20 mai. Ne vous effrayez pas de ce chiffre, cela n'est pas énorme; la question est de savoir si l'épaisseur de la queue était de plus de 2 000 000 de kilomètres. Il semble que non d'après les observations faites, et alors nous devons conclure que nous n'avons pas traversé la queue, que nous l'avons tout au plus frôlée en effleurant les parties extérieures les moins denses.

Déjà en 1861, on a dit qne nous étions passés dans la queue d'une comète; les données me manquent pour vous dire si cette hypothèse est conforme aux faits; en tout cas les choses se sont passées d'une façon aussi peu tragique que le 18 mai dernier. Mais une autre question se pose : si réellement nous avions traversé la queue d'une comète que serait-il arrivé ? Pour y répondre, il est nécessaire que je vous rappelle rapidement ce que nous savons des comètes en général.

Et d'abord, d'où viennent les comètes ? Sont-elles étrangères à notre système solaire; traversent-elles en tous sens les espaces immenses qui séparent les étoiles ? sont-elles des messagères qui vont d'une constellation à l'autre; ou bien, au contraire, ces astres sont-ils des membres fantaisistes de notre système, des satellites très excentriques du Soleil ? Dans ce dernier cas, elles doivent toutes décrire des courbes fermées, des ellipses; dans le premier, leurs trajectoires doivent s'étendre à l'infini; c'est ce que nous appelons des hyperboles. La plupart décrivent des courbes tellement allongées qu'il est impossible de savoir si elles sont fermées ou non, si, par conséquent, l'astre qui les décrit nous reviendra un jour, ou si nous sommes destinés à ne le revoir jamais; je ne parle pas de nous, bien entendu, mais de nos descendants les plus lointains; car, si la comète doit revenir, ce sera souvent dans 10 000 ans, peut-être dans 50 000 ans. Mais le calcul des probabilités nous montre que si les comètes n'appartenaient pas au système solaire, elles devraient, en majorité, avoir des orbites franchement hyperboliques, sur lesquelles il n'y aurait pas moyen de se tromper; or, il n'y en a pas une seule qui soit dans ce cas.

La conclusion, c'est que les comètes ont appartenu de tout temps au système solaire, qu'elles ne nous apportent pas des nouvelles des mondes plus lointains, de ceux qui gravitent autour des autres étoiles. En général, elles décrivent des orbites beaucoup plus allongées que les planètes, elles s'éloignent beaucoup plus du Soleil et l'on peut admettre qu'elles mettent plusieurs milliers d'années à faire une révolution complète. La première comète de cette année, la plus belle des deux, n'avait pas été annoncée parce qu'elle n'était pas encore passée dans notre voisinage depuis les temps historiques; c'était la première fois qu'on la voyait. Nous avons vu toutefois que la seconde, celle de Halley, revient tous les 75 ans; il y en a d'autres dont le retour est encore plus fréquent, tous les 6 ans, par exemple. A quoi cela tient-il; ont-elles une autre origine que les autres, une origine qui ferait d'elles des intermédiaires entre les comètes proprement dites et les planètes ? Pas le moins du monde; autrefois, elles mettaient comme les autres des milliers d'années à faire le tour de leur orbite, mais il leur est arrivé dans le cours de leur histoire une mésaventure; elles ont rencontré une grosse planète; je ne veux pas dire qu'elles l'ont choquée; elles sont simplement passées assez près pour que leur trajectoire soit profondément troublée; déviées de leur route, elles ont quitté la grande ellipse allongée qu'elles décrivaient, pour suivre une autre ellipse plus petite, plus semblable à un cercle, qu'elles peuvent parcourir en moins de temps. C'est ainsi que la comète de Halley a été captée, comme on dit, par Neptune, et la plupart des autres comètes périodiques par Jupiter.

Quel est maintenant l'avenir des comètes ? Nous voyons les planètes graviter autour du Soleil sans subir de changement sensible; sans doute, elles ne sont pas éternelles, elles périront un jour, mais dans si longtemps ! En est-il de même des comètes ? Non, ces astres périclitent rapidement et nous en avons vu disparaître sous nos yeux.

Ainsi, il y avait une comète, celle de Biéla, qui avait été captée par Jupiter et qui revenait tous les 6 ans. A un de ces passages, il y a une cinquantaine d'années, comme on avait été quelques jours sans pouvoir l'observer, à cause du mauvais temps, on l'a revue divisée en deux par je ne sais quel cataclysme; les deux noyaux semblaient s'éloigner l'un de l'autre. On les revit encore à l'apparition suivante. Six ans après encore, on attendait la comète, on ne la vit pas reparaître et, depuis, elle n'est plus revenue; mais, au lieu et place de la comète défunte, on a une pluie d'étoiles filantes qui reviennent maintenant régulièrement; si l'on calcule l'orbite de ces étoiles filantes, on trouve qu'elle coïncide avec celle que suivait autrefois la comète; c'est pourquoi ces étoiles filantes que l'on revoit tous les ans, le 27 novembre, ont reçu le nom de Biélides. Schiaparelli, le grand astronome italien qui vient de mourir, a généralisé ce résultat; il a reconnu qu'un grand nombre d'essaims de météores ont des orbites en connexion intime avec celles de comètes vivantes ou disparues. Sans doute, la coïncidence n'est pas parfaite, puisque l'orbite de la comète ne rencontrant pas celle de la Terre, nous ne verrions pas les météores, s'ils ne s'en écartaient un peu. D'ailleurs ces étoiles filantes suivent à peu près la route de la comète, mais elles sont répandues tout le long de cette route, plus ou moins en retard sur la comète qui lenr a donné naissance.

Ceci me rappelle encore une histoire de fin du monde. L'essaim des Léonides circule dans l'orbite de la comète de 1866; on voit tous les ans des étoiles filantes le 13 novembre; mais, tous les 33 ans, le nombre des météores aperçus est un maximum, parce que la durée de la révolution de la comète est de 33 ans. Or, les journaux bien informés avaient annoncé que la fin du monde devait avoir lieu le 13 novembre 1899. Tout éploré, un journaliste vint m'interviewer, je le rassurai en lui disant que le même phénomène s'était déjà produit en 1833 et en 1866.

Ainsi, les comètes se désagrègent peu à peu et finissent par se résoudre en un essaim d'étoiles filantes; comment se fait-il alors qu'il y ait encore des comètes depuis le temps que le monde dure ? C'est que cette lente destruction des astres chevelus paraît ne se produire qu'au moment où ils passent près du Soleil. Tant qu'une comète ne passe au périhélie que tous les 10 000 ans, par exemple, elle peut évidemment durer longtemps; mais vient-elle à être captée par une planète, comme nous l'avons dit tout à l'heure, elle devient périodique, se rapproche davantage du Soleil et revient tous les siècles, ou même tous les 10 ans, se réchauffer à ses rayons. Désormais, ses jours sont comptés et l'œuvre de mort se poursuit rapidement.

Pourquoi maintenant les comètes ont-elles des queues ? et si elles n'avaient pas de queue, il faut bien le reconnaître, personne, en dehors des professionnels, ne ferait attention à elle. C'est là une question dont on a proposé bien des solutions plus ou moins saugrenues; il y en a une maintenant qui est à la mode et qui paraît appuyée d'assez bonnes raisons pour qu'on puisse se demander si elle n'est pas destinée à durer. Mais ceci nécessite quelques explications. Maxwell, en se fondant sur des considérations théoriques était arrivé à cette conclusion que la lumière devait repousser les corps qu'elle frappe; depuis, Bartholi, par d'autres considérations théoriques aussi, mais entièrement différentes, était arrivé à la même conclusion. Il restait à vérifier ces hypothèses et la difficulté provenait de la petitesse de cette répulsion. C'est dans ce but que fut imaginé un instrument que vous connaissez bien, le radiomètre; on espérait qu'il tournerait sous l'influence de la lumière, comme l'exigeait la théorie. Il tourna, en effet; il tourna même beaucoup plus vite qu'on ne s'y attendait; malheureusement, il tournait à l'envers. Il y avait donc un effet que personne n'avait prévu, qui était beaucoup plus considérable que celui qu'on avait calculé et qui le masquait complètement; il fallait en découvrir la cause; on y parvint sans trop de peine; la rotation est due aux mouvements déterminés dans l'air très raréfié qui remplit l'appareil par les inégalités d'échauffement.

On essaya alors d'éliminer cet effet perturbateur en prenant des palettes très minces et brillantes des deux côtés; l'appareil ne tourna pas, mais il subit une légère déviation; on m'a dit que cette déviation est en accord avec la théorie. J'ai entendu parler aussi d'une expérience plus frappante. On fait tomber dans un sablier un mélange de limaille de fer et de poudre de lycopode; à un certain moment, on dirige sur ce mélange un faisceau lumineux; le fer, qui est plus lourd, continue son chemin vertical, mais le lycopode, repoussé par la lumière, se trouve dévié et séparé de la limaille. On aurait là, pense-t-on, une reproduction artificielle des queues cométaires; la limaille représenterait le noyau, formé de matières plus lourdes, qui continuerait à parcourir son ellipse, avec la sagesse d'une simple planète; le lycopode, ce serait la queue qui, au lieu de rester sur cette ellipse, serait déviée et rejetée au loin par la répulsion due à la lumière solaire.

La queue serait donc formée de particules très ténues, assez ténues pour que cette répulsion l'emporte sur l'attraction newtonienne. On conçoit, en effet, que cette attraction est proportionnelle aux masses, tandis que la répulsion, qui agit superficiellement, est proportionnelle aux surfaces; si donc on considère deux sphères et que la plus grande ait un rayon double, la plus grande sera attirée huit fois plus et repoussée quatre fois plus que la petite; il peut donc se faire que la répulsion prédomine pour la plus petite et l'attraction pour la plus grande.

Quelle peut être la dimension de ces particules? On peut s'en rendre compte. Un astronome russe, M. Bredichin, a étudié les formes des queues cométaires; il a reconnu que la théorie précédente pouvait en rendre compte; que la courbure des queues était variable, sans doute d'après la composition des particules, et que cette courbure dénotait différents types de particules, pour lesquels la répulsion était soit cinq fois, soit sept fois, soit même vingt fois plus grande que l'attraction. A quelles dimensions cela nous conduit-il pour ces corpuscules? Cela dépend naturellement de la densité qu'on leur attribue; mais remarquons qu'ils ne peuvent être gazeux; les gaz sont transparents, ils laissent passer la lumière qui les traverserait sans agir sur eux.

On les regarde donc comme solides ou liquides et on leur attribue, un peu arbitrairement, la densité du pétrole, sans doute parce que l'on a trouvé les raies des hydrocarbures dans le spectre des comètes. Le calcul montre alors que le diamètre de ces particules doit être de l'ordre du millième de millimètre. Les divers types de queues de Bredichin correspondraient alors, soit à des particules de diamètres différents, soit à des particules formées de substances plus ou moins denses.

On voit comment nous devons maintenant nous représenter la genèse des queues cométaires. La queue est comme un panache que le noyau transporte avec lui; mais il y a deux espèces de panaches; il y a celui que le militaire porte à son casque ou à son képi, et il y a le panache de fumée qui sort de la cheminée des bateaux à vapeur. Le panache du militaire voyage avec lui, il est toujours formé des mêmes plumes, il fait corps avec le casque. Un observateur superficiel pourrait croire qu'il en est de même du panache de fumée du paquebot, puisqu'il verrait que le navire est allé de New-York au Havre sans cesser de traîner derrière lui une sorte de queue qui a conservé tout le temps à peu près la même forme. Et pourtant nous savons qu'il n'en est rien, que la fumée se serait promptement dissipée si la cheminée n'en avait constamment fourni de nouvelle pour remplacer celle qui disparaissait. La fumée qui est arrivée au Havre n'est pas du tout celle qui était partie de New-York.

La queue d'une comète est semblable à la fumée du bateau; ce n'est pas une espèce de grand sabre avec lequel la comète fauche l'espace. Mais à chaque instant, pour une cause inconnue, et sans doute sous l'influence de la chaleur solaire, des particules se détachent du noyau; la comète s'effrite, pour ainsi dire; une fois détachées, leur légèreté même les expose à la répulsion due à la lumière solaire et elles s'éloignent en se perdant dans l'espace; la queue aurait bientôt disparu, si elle ne se renouvelait sans cesse.

Dans ces conditions, vous comprenez que la rencontre de cette queue ne peut pas être bien redoutable. Et d'abord la masse des comètes n'est pas très considérable; on n'a jamais observé qu'elles exerçassent sur les orbites planétaires la plus légère influence perturbatrice. Une d'elles est passée une fois entre Jupiter et ses satellites; sa trajectoire a été fortement déviée, mais ni Jupiter ni les satellites n'ont eu l'air de s'apercevoir de rien. Laplace a été jusqu'à dire que la masse d'une comète n'est que de quelques kilogrammes; en cela, il exagérait, évidemment; la rencontre d'un noyau avec la Terre engendrerait sans doute quelques dégâts, mais cette éventualité est extrêmement peu probable, les noyaux sont relativement très petits et nous n'aurions vraiment pas de chance d'aller donner justement dans un but aussi restreint. Il n'en est pas de même pour les queues, qui occupent dans le ciel des espaces énormes, mais alors leur densité devient vraiment négligeable et il est aisé de s'en rendre compte.

Ce qui pourrait faire croire le contraire, c'est la lumière dont elles brillent. Si nous admettons même que tout provient de la lumière solaire réfléchie et qu'il n'y a pas à faire intervenir ces phénomènes cathodiques qui peuvent se produire dans le vide, il n'y aurait pas lieu de trop s'effrayer.

Si nous considérons une même masse éclairée par le Soleil, la quantité de lumière qu'elle réfléchira sera d'autant plus grande qu'elle sera plus divisée. Si cette masse est formée d'un grand nombre de petites sphères, la lumière réfléchie sera d'autant plus intense que ces sphères seront plus petites. Il est aisé de s'en rendre compte; considérons de grosses sphères de 2^c de rayon et de petites sphères de 1^c de rayon; le volume ou la masse de la grosse sphère sera huit fois le volume de la masse de la petite, mais la surface de la grosse sphère sera seulement quatre fois la surface de la petite. Huit petites sphères équivaudront donc à une grosse au point de vue de la masse; mais elles auront en tout deux fois plus de surface; elles réfléchiront donc deux fois plus de lumière. La Lune a un peu plus de 1 000 km de rayon et nos particules ont un millième de millimètre. Si donc nous remplissions le volume de la Lune par de pareilles particules, de façon que la densité totale soit un million de millions de fois plus petite que celle de la Lune, la lumière qu'elles réfléchiraient aurait l'éclat de la Lune. Si nous les regardions à la distance de notre satellite, elles nous feraient l'effet de la Lune; si nous étions plus loin, nous verrions un disque plus petit, mais dont l'éclat serait le même.

Or, on ne saurait songer à comparer l'éclat d'une queue cométaire à celui de la Lune; il est peut-être cent mille fois plus faible, je ne crois pas qu'on ait fait de mesure, mettons mille fois; nous devons conclure que la densité de ces particules est 10^{15} fois plus petite que celle de l'eau; nous pouvons dire que c'est le vide, puisque c'est une densité un milliard de fois plus faible que celles auxquelles nous parvenons avec beaucoup de peine quand nous avons fait le vide dans nos appareils, avec les moyens artificiels les plus perfectionnés que nous connaissions.

Nous n'avons donc rien à redouter du choc; allons-nous donc craindre les effets calorifiques ? En voyant les queues si brillantes, nous pourrions croire qu'elles sont chaudes; mais notre Terre, qui n'est pas chaude, apparaîtrait bien plus brillante encore; à cette distance, elle aurait l'aspect qu'ont pour nous Mars ou Jupiter. Ces particules sont, au contraire, très froides, et elles seraient chaudes qu'il n'y aurait pas à s'en inquiéter, parce que leur masse est trop faible; une goutte d'eau bouillante jetée dans la mer ne la réchaufferait pas sensiblement. Nous devons donc conclure comme il suit : nous n'avons pas traversé la queue le 18 mai, nous n'avons fait que la frôler le 20, mais nous l'aurions rencontrée que nous ne nous en serions pas aperçus; nous aurions dormi comme à l'ordinaire et, en nous réveillant le lendemain, nous aurions trouvé le monde tout pareil à ce qu'il était la veille. Les astronomes qui auraient veillé n'auraient rien vu du tout, pas même ces étoiles filantes dues à la désagrégation des comètes et qu'on a observées en 1899.

Il reste cependant une question, celle des gaz délétères; nous n'aurions été ni écrasés ni brûlés; nous aurions pu être empoisonnés.

Il est certain que la comète de Halley est particulièrement riche en cyanogène; on l'a reconnu en étudiant son spectre, mais les raies du cyanogène, comme celles des autres gaz, n'ont été observées que dans les parties de la chevelure les plus voisines du noyau; on n'en voit pas dans la queue, soit qu'il n'y en ait réellement pas, soit qu'il y en ait trop peu, soit qu'à une certaine distance de la tête il cesse d'être lumineux. Si le mécanisme de la formation de la queue est celui que je vous ai exposé, celui que suppose Bredichin, il n'y a aucune raison pour que le cyanogène soit entraîné dans la queue. La répulsion de la lumière solaire n'agit que sur les particules solides ou liquides, elle n'agit pas sur les gaz, parce que ceux-ci sont transparents et n'arrêtent pas la lumière; les poussières solides ou liquides sont seules entraînées et ce sont elles exclusivement qui doivent former la queue. S'il y avait des gaz, leur densité serait sans doute plus faible encore que la densité moyenne de la queue, que nous avons calculée tout à l'heure, elle serait tout à fait insensible, même pour nos meilleurs instruments, même pour les organismes les plus susceptibles. On a fait des prises d'essai après le passage pour savoir si la composition de l'atmosphère avait varié; on n'a rien trouvé du tout; c'était bien inutile, il était bien impossible qu'on y trouvât quelque chose. Le danger d'empoisonnement était donc aussi chimérique que les deux autres.

Une dernière question; les deux comètes de cette année ont-elles été pour quelque chose dans les mauvais temps que nous avons subis? Il y a, à ce sujet, une théorie intéressante de mon ami M. Deslandres. On admet généralement que le Soleil nous envoie des rayons cathodiques et ce sont ces rayons, qui produiraient, par exemple, les aurores boréales. Quand les rayons cathodiques frappent dans le vide une surface solide ou liquide, ils engendrent des rayons X; les rayons cathodiques solaires trouvent dans les particules qui forment les queues cométaires une grande étendue de surface réfléchissante. La présence des comètes va donc engendrer des rayons X qui sillonneront l'espace. Les rayons X ionisent l'atmosphère et les ions déterminent la condensation de la vapeur d'eau. Cela ne veut pas dire qu'il pleuvra partout; les ions ne peuvent condenser la vapeur d'eau que s'il y en a une quantité notable; mais dans des lieux où l'on aurait eu simplement beau temps avec degré hygrométrique élevé, on aura des nuages et de la pluie.

Cette théorie est séduisante; elle mérite d'être examinée, mais elle soulève bien des objections. D'abord, la tradition parle de comètes qui, au lieu de nous apporter de l'eau, nous ont apporté du vin. Et puis, s'il y a des rayons X partout, ils doivent voiler les plaques photographiques même à travers les châssis. A-t-on observé que, cette année, il y a eu plus de plaques qui se sont voilées, sans savoir pourquoi ? Jusqu'à nouvel ordre, nous devons donc voir dans les mauvais temps en question une simple coïncidence.

Je ne veux pas abuser plus longtemps de votre attention. Vous voyez que si les comètes ne sont pas si terribles qu'on le dit, elles restent, à bien des égards, des astres mystérieux; leur origine, leur nature, celle de la lumière qu'elles nous envoient, leur destinée, sont encore mal connues; je vous ai dit ce qu'on en savait et vous avez vu qu'on n'en sait pas grand chose.

LA DÉCIMALISATION DE L'HEURE

ET

DE LA CIRCONFÉRENCE

L'Éclairage électrique, t. 11, p. 529-531 (12 juin 1897).

M. Cornu a publié, dans un des numéros précédents, un fort intéressant article sur les projets de décimalisation du temps et de la circonférence.

Pour faire connaître aux lecteurs de *L'Éclairage* toutes les opinions, je voudrais reproduire quelques-unes des raisons que j'ai fait valoir devant la Commission, instituée pour étudier cette question.

La question présente un aspect complexe : bien des intérêts différents étaient à ménager, on ne pouvait aboutir qu'à une cote mal taillée.

De pareilles solutions ne satisfont parfaitement personne et il est aisé, en les jugeant d'un point de vue exclusif, de les accabler de critiques.

Mais il suffit qu'elles réalisent un progrès pour que l'on s'y résigne.

Pour mon compte, mes préférences étaient pour le système Sarrauton; j'ai néanmoins accepté de faire le rapport bien qu'une solution différente ait prévalu.

Le seul point essentiel à mes yeux, c'est qu'on fera disparaître les « nombres complexes » tels que $8^h 25^m 40^s$, $25^\circ 17' 14''$, etc.

Le choix des unités importe peu pourvu qu'elles soient divisées décimalement.

Je crois que les électriciens se sont exagéré les inconvénients qui résulteraient pour eux de la réforme; ceux qu'engendrerait la nécessité de renouveler les chronomètres et les cercles divisés sont bien autrement considérables.

Voici la portion du rapport qui est relative au système C. G. S.

« Pour les mécaniciens, les physiciens, les électriciens, l'unité de temps est la seconde; ils se servent rarement de l'heure et de la minute, de sorte qu'un changement d'unité serait pour eux une gêne presque sans compensation.

« Mais ce n'est pas tout; des trois unités fondamentales : longueur, masse et temps, dérivent toutes les unités secondaires, on ne pourrait toucher à la seconde sans modifier en même temps l'unité de force, et les unités électriques, ohm, ampère, volt, etc.

« A la suite de longues discussions, les physiciens sont arrivés à un système d'unités parfaitement cohérent et tout à fait satisfaisant pour l'esprit. Son avènement a paru un progrès comparable à l'invention du système métrique. Il est clair que les physiciens ne pourraient l'abandonner sans répugnance.

« Sans doute un changement ne rencontrerait pas des obstacles matériels insurmontables; mais l'uniformité des mesures électriques est une conquête trop récente et trop précieuse. On craindrait de la compromettre en remettant tout en discussion.

« Cependant les physiciens peuvent conserver la seconde, quand même les astronomes, les marins, ou même le public adopteraient l'heure décimalisée.

« Cette dualité aura-t-elle quelque inconvénient ? Je ne le crois pas.

« Les industriels ne s'en apercevront même pas.

« Pour les physiciens de laboratoire ce ne sera qu'une gêne insignifiante.

« L'industriel qui emploie l'ohm pour mesurer une résistance se rappelle-t-il bien que l'ohm est une vitesse ? En tout cas, ce souvenir ne peut ni le gêner, ni le servir. Peu lui importe, par conséquent, que l'unité de temps qui a servi à l'origine pour la définition de l'ohm soit ou ne soit pas celle dont les astronomes font usage dans des recherches toutes différentes.

« Cette circonstance ne pourrait devenir une gêne que dans les cas où l'on a à mesurer un temps.

« Or, dans les mesures *relatives*, les seules que les industriels aient à effectuer, le temps n'intervient pas. Ni dans la comparaison de deux résistances, ni dans celle de deux intensités, ni dans celle de deux forces électromotrices, on n'a à mesurer un temps. Toutes ces opérations peuvent se faire sans qu'à aucun moment on ait même besoin de se rappeler qu'elle est l'unité de temps employée; pas plus que le boutiquier qui mesure de la toile avec un mètre n'a besoin de se rappeler que ce mètre est la quarante-millionième partie du méridien terrestre.

« Le changement d'unité n'intéresse donc que les physiciens qui ont à faire des déterminations *absolues*, à déterminer par exemple l'ohm, l'ampère et le volt. Eh bien, dans ces recherches, on pourra continuer à se servir d'un chronomètre à secondes. Sans doute ce chronomètre sexagésimal ne pourra plus que difficilement être comparé aux horloges des observatoires devenues décimales. Mais qu'importe ? Ce chronomètre ne doit nous indiquer qu'un *intervalle* de temps, d'ailleurs très court; nous n'avons pas besoin de le remettre à l'heure.

« Mais poussons les choses à l'extrême; faisons une hypothèse qui ne se réalisera sans doute que dans un avenir fort éloigné; les astronomes ont adopté l'heure décimale; cet usage s'est répandu dans le public et il est devenu tellement général que l'on ne peut plus se procurer chez les horlogers de chronomètres à secondes.

« Quelle gêne en résultera-t-il pour les rares physiciens qui auront à déterminer la valeur absolue de l'ohm ? Il auront à effectuer une multplication par 36.

« Et pour leur éviter cette opération, on imposerait quotidiennement des calculs fastidieux à des milliers de marins, à des millions d'élèves ou d'anciens élèves des écoles primaires.

« A-t-on plus souvent à déterminer la valeur absolue de l'ohm, ou bien à faire le point à la mer, à additionner deux angles ou deux temps ?

« Que reste-t-il donc ? Une anomalie purement théorique. Il y aura deux unités, l'heure pour les astronomes, la seconde pour les physiciens; cela est certainement peu satisfaisant pour l'esprit.

« Mais, en somme, ces deux unités existent déjà : les électriciens eux-mêmes emploient concurremment l'ampère-heure et le coulomb. Le rapport de la seconde à l'heure deviendra-t-il plus compliqué quand les astronomes ne compteront plus en secondes ?

« L'anomalie existe donc déjà; seulement elle paraîtra plus choquante parce qu'elle aura disparu ailleurs.

« En résumé, on ne voit pas pourquoi les physiciens interdiraient un progrès aux astronomes et au public, uniquement parce qu'ils ne peuvent pas eux-mêmes en profiter. »

A cette citation, je n'ajouterai qu'un mot.

La question peut se poser ainsi :

Nous avons pour le moment quatre unités de temps; le jour, l'heure, la minute et la seconde.

Avec le nouveau système on en conservera trois, le jour et l'heure pour les astronomes et le public, la seconde pour les mécaniciens et les physiciens.

C'est là un inconvénient évident.

Mais cet inconvénient peut-on l'éviter ?

Les électriciens sont-ils disposés à renoncer à la seconde.

La campagne qu'ils mènent actuellement prouve bien le contraire.

Le public est-il disposé à renoncer à l'heure ?

Les astronomes eux-mêmes peuvent-ils y renoncer ?

En tout cas, s'ils le faisaient, ce ne serait pas pour adopter la seconde, mais le jour; il y aurait donc encore deux unités, le jour et la seconde.

Si cet inconvénient est accepté, vaut-il mieux avoir à changer d'unité, de temps en temps par un calcul simple, toutes les fois que l'on passera de la lecture d'un traité d'astronomie à celle d'un traité d'électricité ?

Ou bien devra-t-on, comme par le passé, changer trois fois d'unité, *dans l'énoncé d'un seul nombre*, en disant 8^h, 14^m, 25^s.

Un progrès partiel vaut-il mieux que pas de progrès du tout ?

NOTES ET COMMENTAIRES

PREMIÈRE PARTIE

FONCTION PERTURBATRICE ET PÉRIODES DES INTÉGRALES DOUBLES

Soient deux corps attirés par un corps principal et Δ leur distance mutuelle. Chaque corps soumis à la seule action du corps principal aurait un mouvement keplérien. Par suite de l'action réciproque des deux petits corps l'un sur l'autre, le mouvement réel n'est pas un mouvement keplérien. Les forces qui modifient le mouvement keplérien dérivent d'une fonction de force désignée sons le nom de fonction perturbatrice. La fonction perturbatrice se compose d'une partie principale et d'une partie complémentaire dont les développements en séries ainsi que ceux de leurs dérivées se déduisent du développement de Δ^{-1}. Les coefficients du développement de cette quantité ont été étudiés par Laplace dans le cas où les orbites sont circulaires et leurs plans confondus (coefficients de Laplace), par Tisserand dans le cas où les orbites sont circulaires et leur inclinaison mutuelle quelconque (polynomes de Tisserand), par Newcomb dans le cas général (opérateurs de Newcomb).

Les développements de la quantité Δ^{-1} peuvent prendre la forme suivante :

$$\Delta^{-1} = \Sigma\, A_{m,m'}\, E^{i(ml+m'l')} = \Sigma\, B_{m,m'}\, E^{i(mu+m'u')},$$

avec

$$A_{m,m'} = \iint \frac{Q E^{\Omega}\, dx\, dy}{x^{-m} y^{-m'} \sqrt{F}}, \qquad \Omega = \frac{me}{2}\left(x - \frac{1}{x}\right) + \frac{m'e'}{2}\left(y - \frac{1}{y}\right),$$

l'intégration s'effectuant suivant les cercles $|x| = 1$, $|y| = 1$.

On a posé :

$$l = u - e\sin u, \qquad x = E^{iu}, \qquad l' = u' - e'\sin u', \qquad y = E^{iu'}.$$

Lorsque les moyens mouvements des petites planètes sont presque commensurables, certains termes de la fonction perturbatrice acquièrent, malgré leur rang élevé, une importance considérable par suite de la présence de petits diviseurs. Après Flamme, Poincaré a établi des principes qui, basés sur la détermination des points singuliers, sont propres au calcul des valeurs approchées de ces coefficients et cela sans connaître les termes qui précèdent.

Cette détermination des points singuliers est extrêmement difficile et elle n'a pu être appliquée qu'à des cas particuliers du problème des trois corps. (*Voir* chap. XXIII du t. 2 des *Leçons de Mécanique céleste*).

Poincaré a également calculé la valeur approchée des coefficients A et B pour de grandes valeurs de m et de m' en recherchant encore les points singuliers d'une certaine fonction.

Entre les coefficients de Laplace, il existe des relations de récurrence. Si des relations analogues existaient dans le cas général entre les coefficients $A_{mm'}$ ou $B_{mm'}$, le calcul de ces coefficients serait évidemment simplifié. Poincaré s'est attaqué à ce problème par la considération d'une intégrale double de la forme

$$\Pi = \iint \frac{\mathrm{H}\mathrm{E}^{\Omega}}{xy\,\mathrm{F}^s}\,dx\,dy.$$

(*Voir* chap. XXI du t. 2 des *Leçons de Mécanique céleste.*)

Les intégrales Π sont des fonctions des éléments, par exemple des grands axes, des excentricités et des inclinaisons et Poincaré montre qu'elles peuvent se réduire à un certain nombre d'entre elles linéairement indépendantes. Si f et ω sont respectivement les degrés de F et de Ω, il y a au plus $8(f+\omega)^2$ expressions Π distinctes. Ce nombre se réduit à $4(f+\omega)^2$ si les polynomes F, Ω, H sont symétriques. En appliquant ces résultats aux coefficients $A_{mm'}$, $B_{mm'}$, Poincaré montre que le nombre des coefficients $A_{mm'}$ distincts est égal à 36 et que le nombre des coefficients $B_{mm'}$ est égal à 16. Si les orbites sont circulaires, le nombre des coefficients indépendants est égal à 4.

Lambert (t. **26**, 1920, *Mémoires* (*Ann. Observ. de Paris*), supposant connus les quatre coefficients pour une valeur de l'inclinaison des orbites et pour une valeur particulière du rapport des rayons, a cherché quel parti on pouvait tirer de cette connaissance pour le cas où les éléments ont des valeurs différentes.

Poincaré a également indiqué une méthode propre à l'étude de la convergence des séries qui représentent les coefficients $A_{mm'}$ et $B_{mm'}$ fonctions des puissances des excentricités et des inclinaisons (chap. XX du t. 2 des *Leçons de Mécanique céleste*). Cette méthode a été appliquée par Poincaré dans le cas où les excentricités sont nulles et celui où l'inclinaison est nulle et par H. von Zeipel dans le cas général (*Arkiv för matematik, astronomi o. fysik*, Bd 6, n° **33**).

Les méthodes ingénieuses et originales que Poincaré a imaginées pour la résolution des différents problèmes énumérés ci-dessus sont d'une application très difficile et de nombreuses questions mériteraient encore une étude attentive et approfondie.

DEUXIÈME PARTIE

FIGURE DE LA TERRE.

L'aplatissement de la Terre peut être déterminé par de délicates observations géodésiques. Les valeurs successivement admises pour l'inverse de l'aplatissement sont les suivantes :

Clarke (1880)	293,5
Helmert (1907)	298,3
Hayford (1909)	297
Helmert (1915)	296
Helbronner (1925)	293,3.

En 1915, Brown a montre que la valeur 294 conviendrait à la théorie de la Lune. A partir de mesures de parallaxes effectuées au Cap et à Grenwich, W. D. Lambert a obtenu en 1928 la valeur 293,5.

L'étude de la figure d'équilibre d'une masse fluide hétérogène discontinue et l'étude de la figure d'équilibre d'une masse fluide hétérogène continue permettent d'établir des relations entre la valeur de l'aplatissement et la constante de la précession déduite de la théorie de la rotation de la Terre et de l'observation.

En tenant compte des termes de l'ordre de la seconde puissance de la vitesse angulaire de la terre ω, Poincaré montre qu'il y a désaccord entre les valeurs de l'aplatissement données par les mesures géodésiques (Clarke, 293,5) et la théorie de la rotation de la Terre (298,3) (Tisserand, *Mécanique céleste*, t. **2**, 1891, p. 224).

En tenant compte des termes de l'ordre de la quatrième puissance de la vitesse angulaire, M. Wavre, montre qu'il y a accord entre les mesures géodésiques et les mesures précessionnelles. A partir des relations citées, M. Wavre trouve que l'inverse de l'aplatissement de la Terre est compris entre 294,4 et 296,5, nombres plus approchés que le précédent de la valeur de Clarke (Wavre, *Figures planétaires et géodésie*, 1932).

L'introduction par M. Wavre des termes de la quatrième puissance de ω a permis à M. Tiercy de trouver pour la densité superficielle de la Terre une valeur théorique voisine de la valeur observée (2,65). La loi de Roche donne alors une valeur pouvant aller jusqu'à 2,6 au lieu de la valeur 2,1 obtenue en se limitant aux termes ω^2.

Les études séismologiques modernes permettent de se représenter la structure de la Terre. La Terre serait formée d'un noyau central sur lequel reposeraient trois couches et l'écorce terrestre. M. Bullen représente les densités ρ par les formules suivantes :

Entre 35 et 474^{km} de profondeur.......	$3,29 + 0,000\,843\,d$
» 474 et 1100^{km} »	$3,92 + 0,000\,655\,d$
» 1100 et 2900^{km}	$4,10 + 0,000\,494\,d$.

Pour le noyau :

$$12,08 - 0,000\,000\,19\,r^2$$

$$(r = \text{rayon de la couche};\ d = 6371^{km} - r).$$

(Bullen, Suppl. géophysique des *Monthly Notices*, vol. III, n° 9, 1936.)

(Fabre, *Bull. astron.*, t. 11, p. 313-326.)

Page 138. — A partir de l'équation 3, le calcul de Poincaré comporte des erreurs de signes qui entachent les conclusions relatives à la loi des densités.

TROISIÈME PARTIE

THÉORIE DES MARÉES.

L'analyse de la Théorie des marées de Poincaré a été présentée magistralement par H. von Zeipel dans le n° 38 des *Acta Mathematica*, 1921 et tout dernièrement par M. Gougenheim dans une brillante Conférence faite à l'École Polytechnique.

La Théorie des marées de Poincaré repose sur deux méthodes : la méthode de Fredholm et la méthode de Ritz. L'application pratique de la méthode de Fredholm conduit à des calculs très compliqués et Blondel et Mme Chandon ont appliqué la méthode de Ritz à l'étude des marées de la mer Rouge.

La prédiction des marées en un lieu donné est pratiquement résolue au moyen des observations. Le phénomène des marées intéresse surtout les théoriciens qui désireraient connaître tous les aspects de l'influence de la marée en un point quelconque des Océans.

Parmi les œuvres les plus récentes qui traitent de la Théorie des marées, je citerai l'exposé critique de la Théorie des marées par Fichot, *Annales du Bureau des Longitudes*, t. 11, 1938 et t. 12, 1949.

QUATRIÈME PARTIE

THÉORIE DE LA LUNE.

La complexité et les difficultés présentées par l'élaboration d'une Théorie de la Lune ont attiré les mathématiciens les plus illustres de NEWTON à BROWN. Poincaré ne devait pas échapper à l'attrait d'un problème réputé « infernal ». H. VON ZEIPEL a analysé l'œuvre accomplie par Poincaré dans ce domaine (*Acta Mathematica*, t. **38**, 1921).

Pour montrer le labeur énorme exigé par un tel travail, je signalerai que DELAUNAY tint compte de 1400 inégalités et qu'il fallut deux générations de calculateurs pour établir les tables basées sur sa théorie. NEWCOMB et BROWN consacrèrent presque entièrement leur vie à la résolution de ce problème qui n'avait apporté que des déceptions. Aucune théorie ne s'adaptait à la réalité et des écarts subsistaient toujours entre la théorie et l'observation. Les lois de Newton ne pouvaient être mises en doute et l'hypothèse de la variation de la vitesse de la rotation de la Terre permet l'explication des désaccords observés.

Le mouvement de la Lune ne satisfait à la théorie de Brown qu'à la condition d'introduire un terme empirique important et les petites fluctuations dues à l'irrégularité de la vitesse de rotation de la Terre. DE SITTER a montré qu'il était inutile de tenir compte du terme empirique de Brown si au lieu du temps terrestre on utilisait le temps newtonien.

Ainsi le génie des plus grands savants avait enfin dompté le mouvement si capricieux de notre satellite.

Disposant d'une théorie solidement établie, les astronomes ont orienté leurs recherches vers une confrontation systématique de la théorie et de l'observation et ils se sont surtout attachés à recueillir les observations les plus précises de la Lune. Aux observations méridiennes se sont ajoutées les observations des occultations des étoiles par la Lune. Le problème des occultations, en apparence si simple, présente pratiquement de nombreuses difficultés dues aux irrégularités du bord lunaire. Cette étude du bord lunaire est liée à une connaissance précise de la libration de la Lune. M. BANACHIEWICZ, M. KOZIEF, M. YAKOVKIN ont apporté leur contribution à l'étude de la libration et M. WEIMER et M. WATTS ont entrepris les travaux de détermination du bord lunaire.

Les discussions des observations des occultations sont publiées dans l'*Astronomical*

Journal sous la direction de M. Brouwer et les résultats obtenus permettent non seulement l'étude de la trajectoire de la Lune mais aussi celle de la rotation de la Terre.

CINQUIÈME PARTIE

THEORIE DES PLANÈTES.

Sur la détermination des orbites par la méthode de Laplace.

Du point de vue pédagogique, la méthode de Laplace est d'une exposition plus facile que toutes les autres méthodes. Cependant, elle a été délaissée par tous les calculateurs.

Après avoir présenté tous les avantages de cette méthode, Poincaré en a publié une nouvelle étude qui, pratiquement, n'a pas eu de succès. Si les calculs de Poincaré portent bien la marque de son imagination fertile, ils ne sont pas pour autant d'une application facile.

Il appartenait à M. Danjon de rendre pratique la méthode de Laplace (*C. R. Acad. Sc.*, t. **231**, 1950, p. 673-676).

A partir de trois observations, M. Danjon introduit une méthode des positions fictives qui, par itération, fournit une orbite provisoire ; cette orbite provisoire est ensuite corrigée en utilisant toutes les observations disponibles.

Des erreurs de signes commises par Poincaré dans son étude *Sur la détermination des orbites par la méthode de Laplace*, n'altèrent en rien sa conclusion.

Solutions périodiques.

A l'analyse pénétrante de H. von Zeipel sur les travaux de Poincaré relatifs aux solutions périodiques, il faut ajouter l'analyse claire et précise de M. Chazy donnée dans une Conférence faite à l'École polytechnique, le 25 juin 1950.

La seule contribution à présenter ici ne peut concerner que les nombreux travaux qui ont eu leur origine dans les découvertes géniales de Poincaré.

L'étude classique du mouvement d'un corps s'effectue en deux temps :

1° Les éléments de l'orbite sont d'abord déterminés en supposant le corps attiré par le Soleil;

2° Puis il est tenu compte de l'attraction de tous les autres corps (calcul des perturbations).

En 1877, Hill prenait comme point de départ de sa théorie de l'orbite lunaire une trajectoire voisine de celle de la Lune, mais décrite périodiquement par un astre idéal. Poincaré généralisait le Mémoire de Hill et mettait en évidence l'existence de solutions périodiques dans le problème général des trois corps :

1° Solutions périodiques de la 1re sorte : les inclinaisons sont nulles et les excentricités très petites;

2° Solutions périodiques de la 2e sorte : les inclinaisons sont nulles et les excentricités finies;

3° Solutions périodiques de la 3e sorte : les inclinaisons ne sont plus nulles.

Toutes les solutions périodiques de Poincaré dépendent d'un nombre de constantes inférieur à celui du problème des trois corps. Il en résulte que ces solutions sont particulières et n'auront qu'un domaine d'application restreint :

1° Cas où le rapport des moyens mouvements des deux corps soumis à l'attraction du Soleil est voisin de la valeur $\frac{j-1}{j}$ (j étant un entier);

2° Cas où le mouvement du corps étudié présente une grande inégalité.

Ces deux cas sont justement ceux qui défient ou qui rendent difficilement applicable la méthode classique de détermination des orbites.

Darwin a étudié par voie numérique les solutions périodiques du problème des trois corps en supposant une masse principale et deux autres masses finies dont le rapport des masses était 10.

L'École danoise avec ses brillants mathématiciens Burrau, Thiele, E. Strömgren, s'est spécialisée dans la recherche systématique des orbites simples du problème restreint généralisé, par application d'une méthode d'intégration numérique des équations différentielles du problème. Cette méthode consiste à calculer pas à pas les forces agissantes et à en déduire le mouvement résultant. Darwin et Brown ont également étudié analytiquement les solutions périodiques dans le cas du problème restreint.

Perchot et Mascart ont appliqué à cette question la théorie des solutions périodiques de Poincaré.

Simonin, Hill, Schwarzschild ont montré combien les solutions périodiques étaient favorables au calcul des perturbations des petites planètes dont la durée de révolution est en rapport presque rationnel avec celle de Jupiter.

Dans tous les travaux énumérés ci-dessus, il est supposé que les trois corps restent dans le même plan et ce sont donc des solutions de la 1re et de la 2e sorte qui ont été étudiés. H. von Zeipel a considéré les solutions de la 3e sorte dont il a donné une classification des différents types et une discussion des conditions de stabilité (*Recherches sur les solutions périodiques de la 3e sorte dans le problème de Jupiter*, *Soc. Roy. des Sciences d'Upsala*, 1904). En 1915 (*Ark.*, t. **10**, n° **30**) H. von Zeipel pnbliait un Mémoire sur la stabilité des solutions périodiques de la 1re sorte en supposant que le mouvement des petites planètes ne se poursuit pas dans le plan de l'orbite de Jupiter.

L'application des méthodes de Poincaré à la détermination des orbites des petites planètes présente de grandes difficultés, par suite de l'introduction de petits diviseurs qui conduisent à la divergence des séries représentant les solutions du problème. En décomposant l'orbite en parties extrêmement petites et en assimilant chaque partie à l'orbite osculatrice obtenue par intégration des équations différentielles, Heinrich a mis en évidence la présence de ces diviseurs. Ceux-ci étant connus, Heinrich choisit pour solution périodique de départ une solution ne conduisant pas à l'introduction des petits diviseurs, et il tient également compte de la remarque suivante : « les oscillations séculaires des lignes des apsides sont la vraie cause de l'immensité de l'amplitude des oscillations instantanées et, par là, de la divergence des séries pour ce qui concerne les équations aux variations ».

La méthode de Heinrich s'est montrée féconde et, par son application, il a mis en évidence pour le type de commensurabilité $\frac{p+q}{p}$ une multiple infinité de solutions à période séculaire formant la continuation analytique des solutions de 1re sorte de Poincaré à courte période.

Parmi les travaux les plus remarquables parus ces dernières années, je citerai la thèse de M. Fabre sur *Les mouvements récurrents en Mécanique céleste et la variation des éléments des orbites* (*Bull. astron.*, t. **10**, 1937, et **11**, 1938). Un corps céleste est mobile sous l'action d'un corps central fixe et d'un anneau substitué aux astres perturbateurs. Dans le cas où le champ de forces possède un axe de révolution et un équateur, M. Fabre applique les méthodes de Birköff pour établir l'existence de solutions à longues périodes pour les équations du mouvement relatif dans le plan méridien. M. Fabre utilise les solutions périodiques de Poincaré lorsque le potentiel est une fonction périodique du temps et lorsqu'il y a commensurabilité approchée entre les moyens mouvements de la planète perturbée et de la planète perturbatrice.

ERRATA

Page 138, équation (3), *au lieu de*

$$\int e^{u} \frac{a\sqrt{1+\eta}}{\eta^2+2\eta+2}\,\delta u'\,da^5.$$

lire

$$\int e^{u} \frac{a\sqrt{1+\eta}}{\eta^2+2\eta+5}\,\delta u'\,da^5.$$

Page 357, ligne 12, *au lieu de*

Soient B'_1, B'_{e^2}, B'_{γ^2}, B'_{e^2}, B'_{γ^2}

lire

Soient B'_1, B'_{e}, B'_{γ}, B'_{e^2}, B'_{γ^2}

Page 370, à l'avant dernière ligne, *au lieu de*

$$j' \text{ pour } \tau = 0.$$

lire

$$y' \text{ pour } \tau = 0.$$

Page 377, ligne 29, *au lieu de*

$$\xi_3 = \eta_3 = \xi'_3 = \eta'_3\ 0.$$

lire

$$\xi_3 = \eta_3 = \xi'_3 = \eta'_3 = 0.$$

Page 401, ligne 26, *au lieu de*

$$\delta\rho = \frac{d\varphi}{d\xi'}\delta\xi + \frac{d\varphi}{d\xi'}\delta\xi' + \ldots.$$

lire

$$\delta\rho = \frac{d\varphi}{d\xi}\delta\xi + \frac{d\varphi}{d\xi'}\delta\xi' + \ldots.$$

TABLE DES MATIÈRES

DU TOME VIII.

Troisième Partie. — *Théorie des Marées.*

Quatrième Partie. — *Théorie de la Lune.*

Cinquième Partie. — *Théorie des Planètes.*

Sixième Partie. — *Quadratures mécaniques.*

Septième Partie. — *Hypothèses cosmogoniques.*

Huitième Partie. — *Articles.*

This page intentionally left blank

Made in the USA
Coppell, TX
05 November 2026

11307510R00412